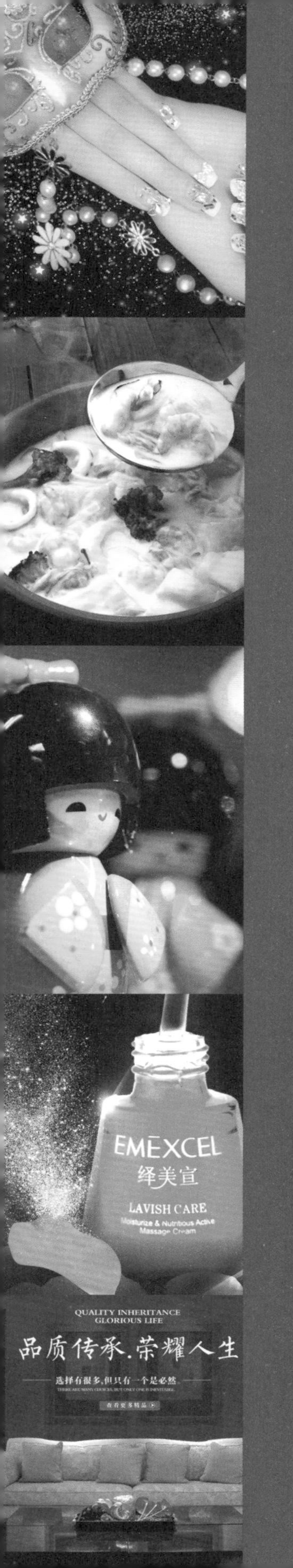

Photoshop+Premiere

淘宝天猫视觉营销·网店美工·商品视频制作从入门到精通

微课视频 全彩版

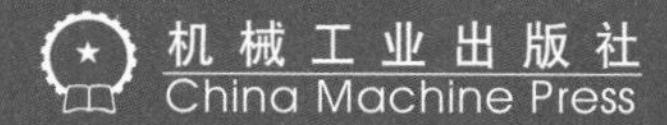
机械工业出版社
China Machine Press

图书在版编目（CIP）数据

Photoshop+Premiere淘宝天猫视觉营销·网店美工·商品视频制作从入门到精通：微课视频全彩版／创锐设计编著．—北京：机械工业出版社，2019.1

ISBN 978-7-111-61608-5

Ⅰ．①P…　Ⅱ．①创…　Ⅲ．①图像处理软件②视频编辑软件　Ⅳ．①TP391.413②TN94

中国版本图书馆CIP数据核字（2018）第289742号

本书以视觉营销为入口，以网店装修为设计对象，以 Photoshop、Premiere Pro 等软件为主要工具，采用理论结合案例的方式讲解了网店视觉营销的具体思路和实现方法。

全书共 9 章。第 1 章讲解网店视觉营销的表现形式，包括如何定义店铺的品牌风格，如何用图片、视频和文字提升阅读体验，如何用视频提高商品转化率，如何对店铺进行全方位包装和宣传等。第 2 章以 Photoshop 为操作平台，讲解商品照片的缩放、裁剪、抠取、调色、精修，文字与图形的添加，图像合成与特效制作等后期处理基本操作，为后续的网店装修设计打下基础。第 3 ～ 6 章以从分到总的方式讲解网店首页和商品详情页面各区域的设计规范和要点，以及页面整体打造的设计思路和操作步骤，并结合具体案例帮助读者更好地理解和掌握相关知识和技能。第 7 ～ 8 章以 Premiere Pro 为操作平台，讲解网店视频的制作技法，包括素材的基本剪辑方法、视频过渡和特效的添加、字幕和音频的添加等，再结合具体案例帮助读者理解和掌握这些技法在网店视频制作中的应用。第 9 章讲解使用 Dreamweaver 编辑网页代码的相关知识与技能，帮助读者掌握更高层次的网店装修技法。

本书图文并茂、内容全面，讲解思路清晰、通俗易懂，案例的实用性和典型性强，不仅适合网店美工从业人员或想自己装修网店的店主学习，也可作为大中专院校相关专业及电子商务技能培训班的教材。

Photoshop+Premiere淘宝天猫视觉营销·网店美工·商品视频制作从入门到精通（微课视频全彩版）

出版发行：机械工业出版社（北京市西城区百万庄大街22号　邮政编码：100037）
责任编辑：杨　倩　　　　责任校对：庄　瑜
印　　刷：北京天颖印刷有限公司　　　　版　　次：2019年2月第1版第1次印刷
开　　本：185mm×260mm　1/16　　　　印　　张：18.5
书　　号：ISBN 978-7-111-61608-5　　　　定　　价：88.00元

凡购本书，如有缺页、倒页、脱页，由本社发行部调换
客服热线：（010）88379426　88361066　　　　投稿热线：（010）88379604
购书热线：（010）68326294　88379649　68995259　　　　读者信箱：hzit@hzbook.com

前言

PREFACE

视觉营销是以吸引消费者视线并达成销售为目的的一种营销技术手段。传统行业中的视觉营销，重点在于对环境氛围的布置和主题的强调，而电子商务中的视觉营销则“成分复杂”，集信息构架、交互设计、用户体验于一体，重点在于利用视线把控消费者的心理。本书将讲解如何将视觉营销的理论与网店美工设计、商品视频制作等技术完美融合，打造出优秀的网店装修效果，从而促进网店商品的销售。

◎内容结构

第 1 章：讲解网店视觉营销的表现形式，包括如何定义店铺的品牌风格，如何用图片、视频和文字提升阅读体验，如何用视频提高商品转化率，如何对店铺进行全方位包装和宣传等。

第 2 章：以 Photoshop 为操作平台，讲解商品照片的缩放、裁剪、抠取、调色、精修，文字与图形的添加，图像合成与特效制作等后期处理基本操作，为后续的网店装修设计打下基础。

第 3 ～ 6 章：以从分到总的方式讲解网店首页和商品详情页面各区域的设计规范和要点，以及页面整体打造的设计思路和操作步骤，并结合具体案例帮助读者更好地理解和掌握相关知识和技能。

第 7 ～ 8 章：以 Premiere Pro 为操作平台，讲解网店视频的制作技法，包括素材的基本剪辑方法、视频过渡和特效的添加、字幕和音频的添加等，再结合具体案例帮助读者理解和掌握这些技法在网店视频制作中的应用。

第 9 章：讲解使用 Dreamweaver 编辑网页代码的相关知识与技能，帮助读者掌握更高层次的网店装修技法。

◎编写特色

实用的视觉营销精髓：本书没有枯燥和深奥的长篇大论，而是对视觉营销在网店中的具体表现形式进行总结与提炼，并以图文并茂的方式进行讲解，帮助读者轻松掌握与电子商务关系最为密切、最具实用价值的视觉营销理论精髓。

全面的网店装修规范：本书对店招与导航条、欢迎模块与轮播图、商品陈列区、客服区与店铺收藏区、商品主图、商品搭配专区、商品细节展示区和功效展示区、主图视频和详情视频等网店页面模块的设计进行了逐一讲解，既有对设计规范的总结，又有对设计技巧的点拨。

深入的设计思路剖析：本书在详解每个设计案例的操作步骤之前，均对案例的框架设计、风格定位、配色方案等设计思路进行了完整而深入的剖析，能帮助读者培养良好的工作习惯，提升分析问题和解决问题的能力。

独特的设计思路扩展：在页面整体打造的综合性案例末尾，通过“案例扩展”栏目对设计进行巧妙变化，获得与原案例风格迥异的设计效果，与之前的案例设计思路剖析一起形成了“从无到有、从有到精”的设计过程，能帮助读者掌握更多开拓思路、激发创意的实用技巧。

齐备的配套学习资源：随书附赠的云空间资料收录了所有案例的素材、源文件和教学视频，读者可以边看、边学、边练，在实际动手操作中更好地理解和掌握相应技法。

◎读者对象

本书非常适合网店美工从业人员或想自己装修网店的店主阅读，新手无须参照其他书籍即可轻松入门，已有一定网店装修经验的读者同样可以通过本书学习更多进阶技能。

由于编者水平有限，在编写本书的过程中难免有不足之处，恳请广大读者指正批评，除了扫描二维码关注订阅号获取资讯以外，也可加入 QQ 群 795824257 与我们交流。

编者

2019 年 1 月

如何获取云空间资料

一 扫描关注微信公众号

在手机微信的“发现”页面中点击“扫一扫”功能，如右一图所示，页面立即切换至“二维码 / 条码”界面，将手机对准右二图中的二维码，即可扫描关注我们的微信公众号。

二 获取资料下载地址和密码

关注公众号后，回复本书书号的后 6 位数字“616085”，公众号就会自动发送云空间资料的下载地址和相应密码，如下图所示。

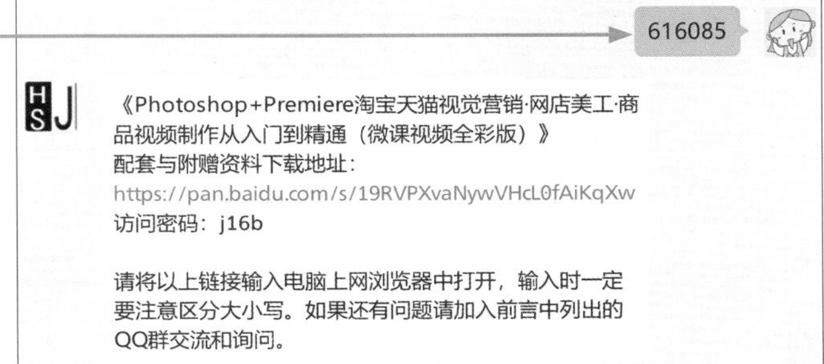

三 打开资料下载页面

方法 1：在计算机的网页浏览器地址栏中输入获取的下载地址（输入时注意区分大小写），如右图所示，按 Enter 键即可打开资料下载页面。

方法 2：在计算机的网页浏览器地址栏中输入“wx.qq.com”，按 Enter 键后打开微信网页版的登录界面。按照登录界面的操作提示，使用手机微信的“扫一扫”功能扫描登录界面中的二维码，然后在手机微信中点击“登录”按钮，浏览器中将自动登录微信网页版。在微信网页版中单击左上角的“阅读”按钮，如右图所示，然后在下方的消息列表中找到并单击刚才公众号发送的消息，在右侧便可看到下载地址和相应密码。将下载地址复制、粘贴到网页浏览器的地址栏中，按 Enter 键即可打开资料下载页面。

四 输入密码并下载资料

在资料下载页面的“请输入提取密码”下方的文本框中输入步骤 2 中获取的访问密码（输入时注意区分大小写），再单击“提取文件”按钮。在新页面中单击打开资料文件夹，在要下载的文件名后单击“下载”按钮，即可将云空间资料下载到计算机中。如果页面中提示选择“高速下载”还是“普通下载”，请选择“普通下载”。下载的资料如为压缩包，可使用 7-Zip、WinRAR 等软件解压。

五 播放多媒体视频

如果解压后得到的视频是 SWF 格式，需要使用 Adobe Flash Player 进行播放。新版本的 Adobe Flash Player 不能单独使用，而是作为浏览器的插件存在，所以最好选用 IE 浏览器来播放 SWF 格式的视频。如下左图所示，右击需要播放的视频文件，然后依次单击“打开方式 >Internet Explorer”，系统会根据操作指令打开 IE 浏览器，如下右图所示，稍等几秒钟后就可看到视频内容。

如果视频是 MP4 格式，可以选用其他通用播放器（如 Windows Media Player、暴风影音）播放。

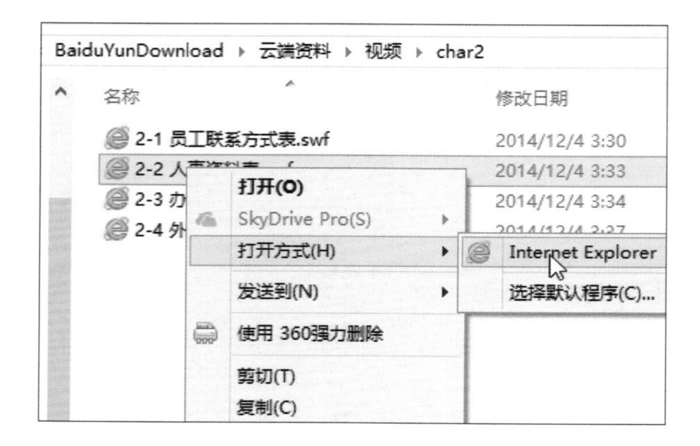

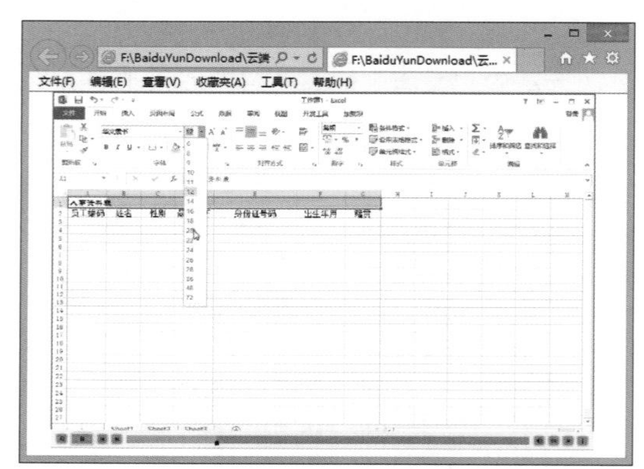

提示

读者在下载和使用云空间资料的过程中如果遇到自己解决不了的问题，请加入 QQ 群 795824257，下载群文件中的详细说明，或寻求群管理员的协助。

目录 CONTENTS

第3章 网店首页各元素设计

第4章 网店首页整体打造

第5章 商品详情页面各元素设计

第6章 商品详情页面整体打造

第7章 网店视频处理必备技法

第8章 网店视频制作实战

第9章 网页制作入门与进阶

第1章 网店视觉营销的表现形式

视觉营销是电子商务必不可少的营销手段之一，它的作用在于吸引消费者，引来流量，进而刺激消费者产生购买商品的欲望。网店视觉营销可以有多种表现形式，如定义属于自己的品牌风格、利用图像和文字引导消费者关注、对店铺进行全方位的策划和包装等。

1.1 定义店铺的品牌风格

品牌是一种识别标志、一种精神象征、一种价值理念，是商品和服务优异品质的核心体现。每个卖家都想让自己的店铺装修别具一格，那么在进行网店装修的过程中，就需要通过各种视觉元素塑造个性化的品牌风格形象。接下来就为大家讲解如何定义店铺的品牌风格。

1.1.1 便于识别的店铺专属VI

VI 是 Visual Identity 的缩写，通译为视觉识别系统，是指将非可视内容转化为静态的视觉识别符号。店铺 VI 不仅能规范店铺的装修，还能在很大程度上帮助消费者记忆，在他们脑海中树立并强化店铺的品牌形象。卖家想要让自己的店铺在竞争中脱颖而出，制定便于识别的店铺 VI 是非常重要的。网店的 VI 与实体店的 VI 有异曲同工之妙，网店中的店招、欢迎模块、商品陈列区等区域的设计，与实体店中的设计都是相通的，如下图所示。

店招中徽标的统一表现

网店首页顶端的店招与实体店外的店铺招牌具有相同的作用。

海报与整店风格的统一

网店首页中的欢迎模块相当于实体店门口张贴的活动海报，告知消费者店铺的最新动态。

商品包装与商品定位、风格的统一

网店中单个商品图片周围的修饰元素与实体店商品的包装类似，为商品形象加分，同时价格信息文字的设计相当于实体店商品的价签。

独具特色且视觉统一的商品陈列区

网店首页中的商品陈列区相当于实体店中陈列着商品的货架，需要遵循标准的设计规范。

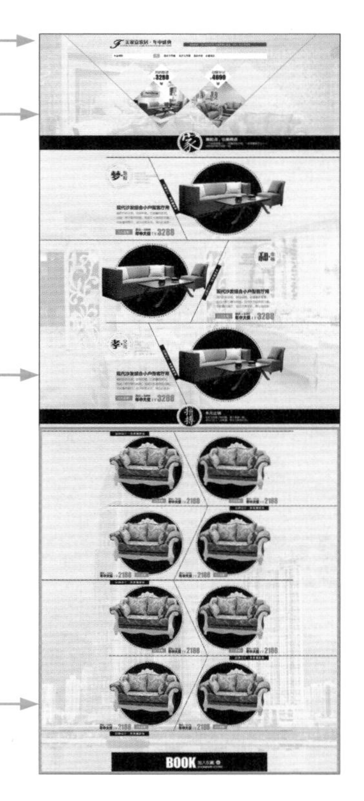

从上述对比可以看出，网店装修中需要规范的设计元素与实体店基本相同，将这些设计元素进行归纳和提炼，可以形成店铺 VI 设计的基本要素系统。店铺 VI 设计的基本要素系统是店铺 VI 形象的核心部分，它严格规定了店铺名称、标准字体、标准色彩、修饰图形及其组合的形式，从根本上规范了店铺装修设计的视觉基本要素。接下来以上述家具店铺的首页装修设计图为例，分析店铺 VI 设计的四个基本要素。

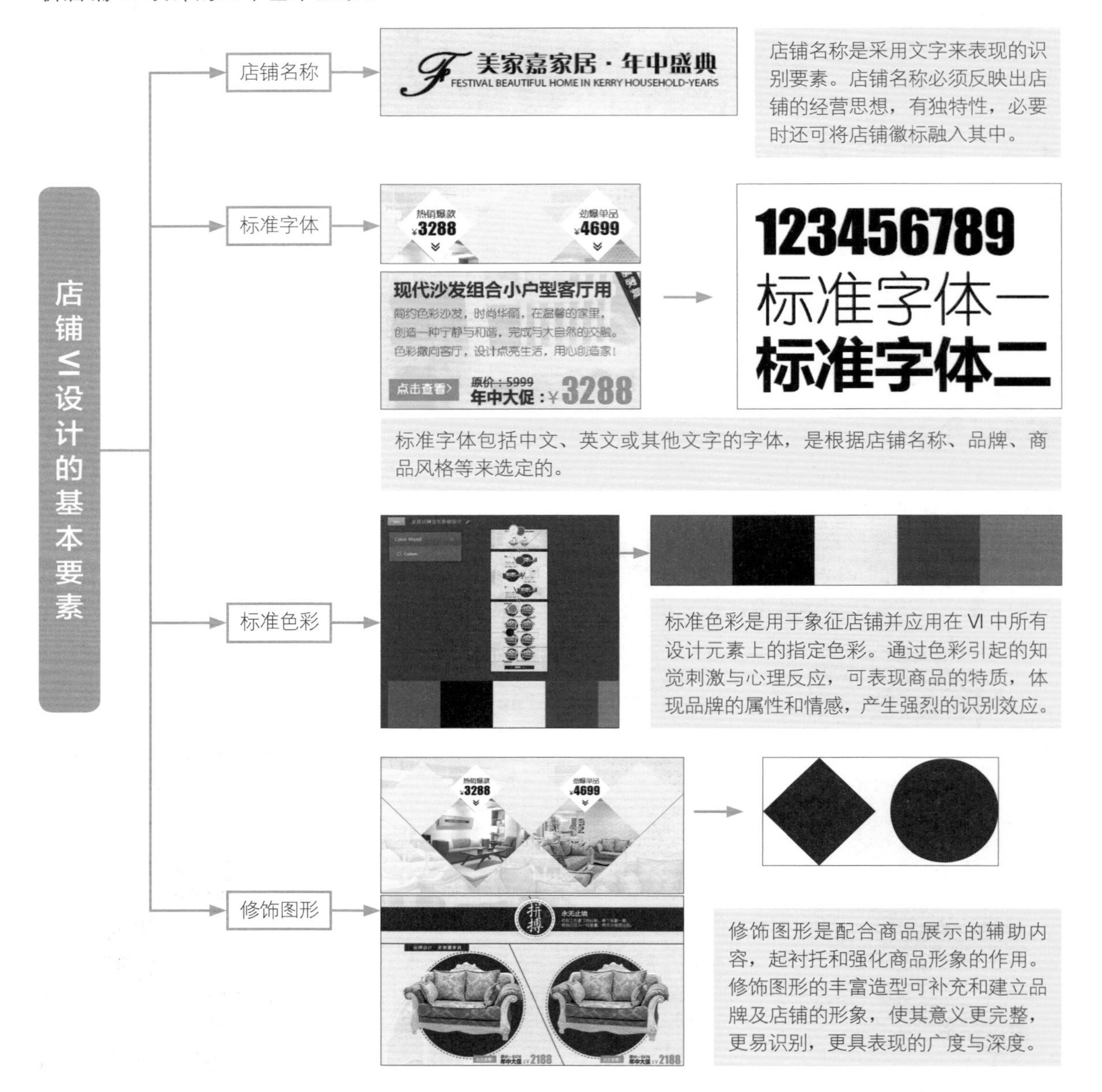

1.1.2 色彩与风格的完美搭配

色彩是定位网店装修风格的重要因素，从某种意义上说，风格承载着色彩，而色彩也成就了风格。单一颜色的美丽是有限的，不同颜色之间的搭配却千变万化。每一种颜色都不是孤立存在的，只有经过搭配才能显现出丰富的魅力。而颜色的搭配运用难度极大，令很多设计师望而却步，但若通过高超的搭配技巧驯服了这些极具个性冲突的颜色，则可以让它们绽放出不同凡响的艺术光彩。如下图所示的色彩搭配中，背景色热情红、主体色橡树黄、点缀色未来银，可以营造出大胆、性感、时尚的视觉效果；背景色中性色、主体色可可棕、点缀色自由黄，则可以营造出简练、现代、有活力的视觉效果。

在网店装修设计的过程中，可以依靠配色软件和配色网站来获取配色方案。如下图所示为使用 Adobe Color CC 来获得设计图中各视觉元素配色的编辑界面。

上述从海洋照片中提取颜色的操作，实际上就是将色彩与风格进行融合的一个环节。从手提包本身的颜色入手进行分析，其色彩主要为蓝色调，而蓝色会让人联想到海洋、天空等大自然中的事物，因此，提取了海洋照片中的孔雀蓝作为配色中的一种。

以上分析的是色彩与商品设计风格的搭配。色彩与风格的搭配，从另外一个角度来讲，则是不同形象的人物与设计图风格之间的统一。例如，在提到“少女”这个词的时候，大多数人首先会想到的往往是一些偏粉嫩的色彩，这些色彩的明度偏高，纯度也较高，利用它们设计出的网店装修设计图也显得明快、可爱，如下图所示。

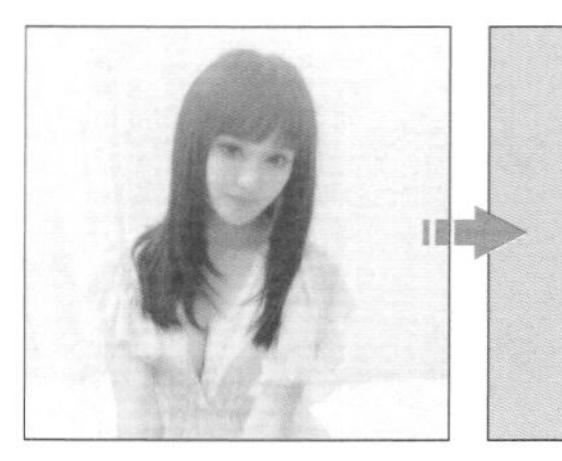

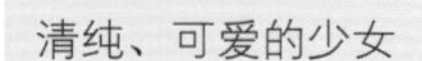
清纯、可爱的少女

明度和纯度较高的色彩

使用了明度和纯度较高的色彩搭配的网店装修设计图，可表现出可爱、温馨、娇嫩、青春、明快、恋爱等意境。

温柔、恬静的女孩

明度和纯度适中的色彩

使用了明度和纯度适中的色彩搭配的网店装修设计图，可表现出女性纯洁、真挚的人格魅力。

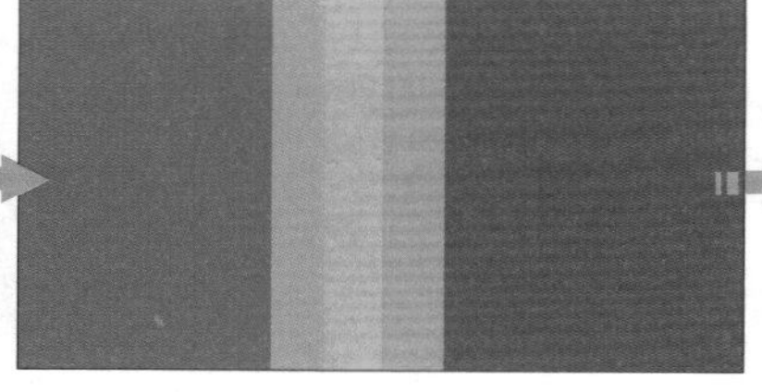

崇尚自由、追求时尚的摩登女郎

明度和纯度较低的色彩

使用了明度和纯度较低的色彩搭配的网店装修设计图，可呈现出冷峻、个性的视觉效果。

上述人物形象与色彩风格的搭配，体现了店铺商品的目标消费群体对设计风格的影响。不同的商品针对不同的消费群体，而不同的消费群体有着不同的个性和特点，他们喜欢的风格也大不相同，就好像性格不同的人有着不同的着装风格一样。因此，在进行网店装修之前，要分析店铺商品的目标消费群体，了解他们的心理特点和喜好，利用不同风格的配色迎合他们的口味，才能获得较好的视觉营销效果。

1.1.3 商品图片的视觉统一化处理

网店想要形成自己的装修风格，除了要在店铺 VI 及色彩搭配上下功夫之外，还要注重商品图片风格的统一。视觉统一化的商品展示能营造较为理想的视觉感受，同时也能展现店铺的品牌和形象。商品图片风格的统一并不单单指在后期设计过程中将商品图片处理成一致的视觉效果，还包括在进行商品拍摄时就把握好照片的构图、修饰元素、光影等方面的统一。如下所示为两组商品图片，其中一组的拍摄风格高度统一，而另外一组则掺杂了多种拍摄效果。两组照片一对比，高下立判。

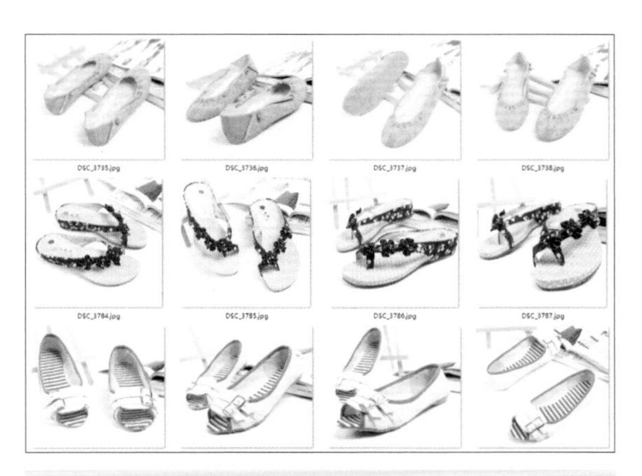

相同的拍摄角度：三组女鞋的拍摄角度大致相同。
统一的修饰元素：使用杂志、木架等统一的辅助元素对画面进行修饰。
统一的拍摄光线：室内拍摄时使用统一的人造光源进行补光，照片的光影效果统一。

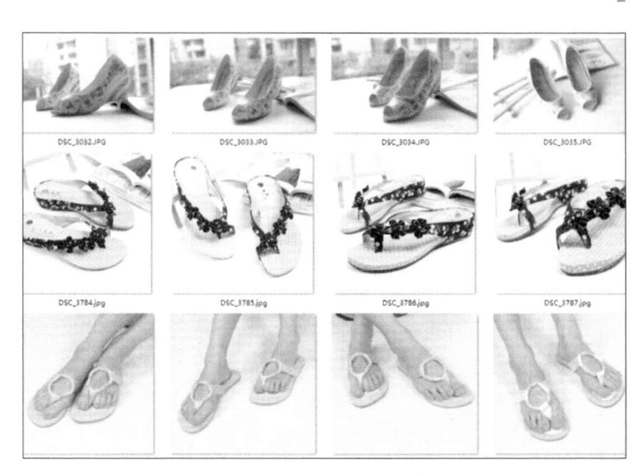

不同的拍摄角度：分别使用平视和俯视的拍摄角度。
不同的拍摄背景：分别使用窗台、桌面、地面作为拍摄背景。
不同的拍摄光线：分别使用室内自然光线、人造光源补光进行拍摄。

为实现前期拍摄的统一，可以将商品拍摄的地点固定，并且后续上新的商品都要按照之前的拍摄方式来制定拍摄方案，这样的拍摄方式适用于一些体积较小的商品。而对一些不适合在棚内拍摄的商品，就需要在拍摄的过程中把握好拍摄地点的相似性，力求使用统一的拍摄环境，或者在后期处理时把商品图像合成到特定的背景中，统一视觉效果。

做好了前期拍摄的统一，接下来就要保证后期处理的统一。有的卖家为了使店铺页面看起来更丰富，将商品图片处理成了多种不同的视觉效果，其实这样反而会使消费者将注意力分散到图片的修饰元素上，弱化了需要突出表现的商品主体。例如，如下所示的一组商品图片包含了晕影、边框、原始照片三种不同的风格，容易使人产生眼花缭乱的感觉。

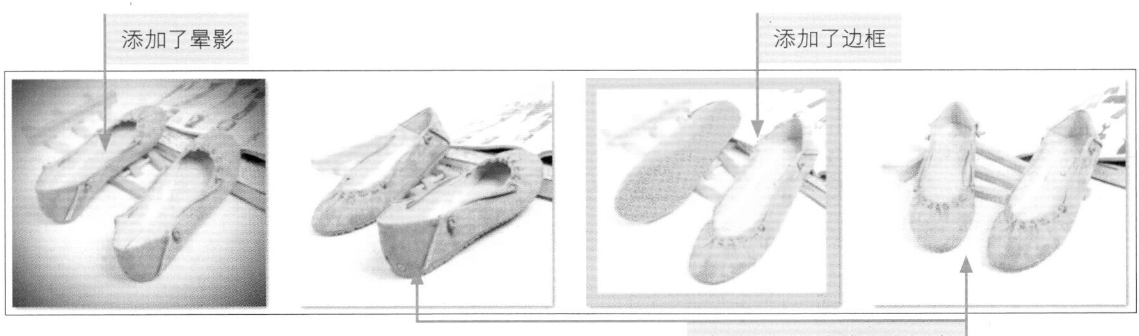

而如下所示的一组商品图片中，每张图片均添加了晕影和边框两种修饰元素，形成了统一的视觉效果，给人以和谐、专业的感受。

除了上述橱窗照中商品图片的统一处理外，在某些装修设计图的制作过程中，商品图片的视觉统一化处理也是必不可少的。

左图所示为某女鞋店铺首页的部分装修设计图，可以看到画面中零散地摆放着不同款式的女鞋。设计者对女鞋图像进行了抠取，并展示在统一的白色背景中，实现了理想的统一视觉效果。

1.2 用图片、文字和视频促进销售

消费者在页面中停留的时间会影响商品的转化率，但这并不是说要把页面做得很长，而是指想传达给消费者的所有信息，消费者都看完了，这才是最关键的。那么要如何引导消费者耐心而又仔细地看完页面呢？我们可以从页面的布局、内容的安排、文案的撰写、视频的添加这几方面入手。

1.2.1 店铺首页的布局优化

网店的首页是店铺的门面，规划合理的页面布局能形成一定的视觉引导效果。具体来说，就是运用各种设计手法，引导消费者的视线沿着一定的方向和路径流畅地移动，“带领”消费者了解更多的商品和店铺信息，从而增大消费者下单的可能性。构建视觉引导线的常用方法有以下两种。

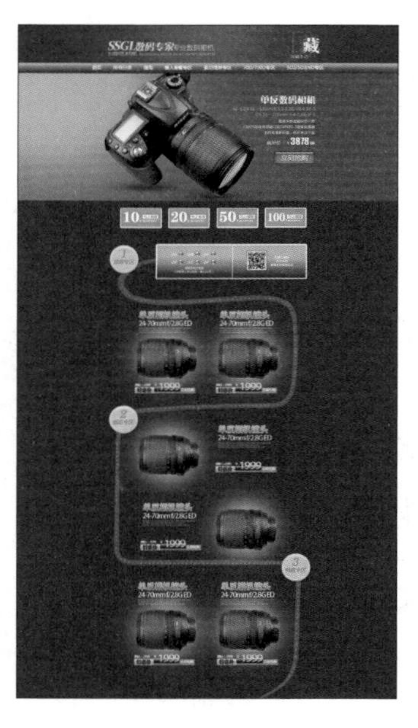

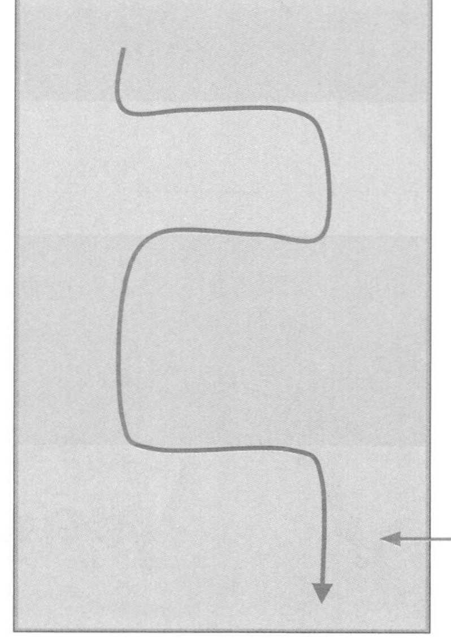

使用修饰素材引导视线

在店铺首页的商品陈列区中，商品是重要的表现元素，若将商品图像密密麻麻地排布在页面中，容易给人眼花缭乱的感觉。如左图所示的店铺首页巧妙地应用线条素材对画面进行分割和修饰，在将商品进行自然分类的同时，营造出一条视觉引导线，得到较合理的布局效果。

巧妙地应用线条素材营造出一条S形的视觉引导线。

巧妙放置商品形成视觉引导线

店铺首页商品陈列区中商品的摆放位置会对布局产生直接影响。消费者的视线往往会随着商品的位置移动。如右图所示的店铺首页将商品陈列区设计为多个平台展示的效果，通过错落有致的商品摆放来形成折线型的视觉引导线，从而优化了首页的布局。

折线型的视觉引导线有一种韵律感，可给人清爽利落的感觉。

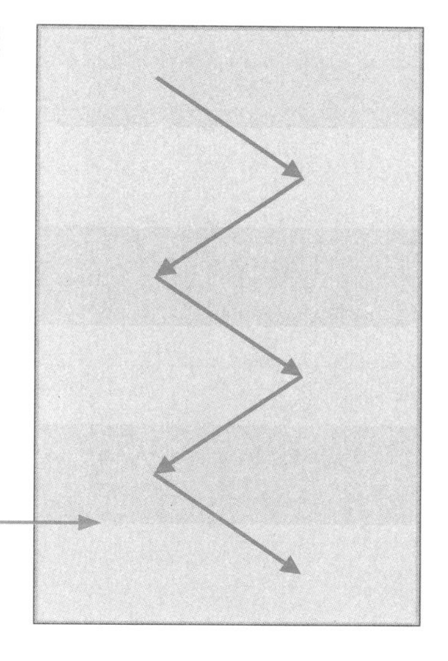

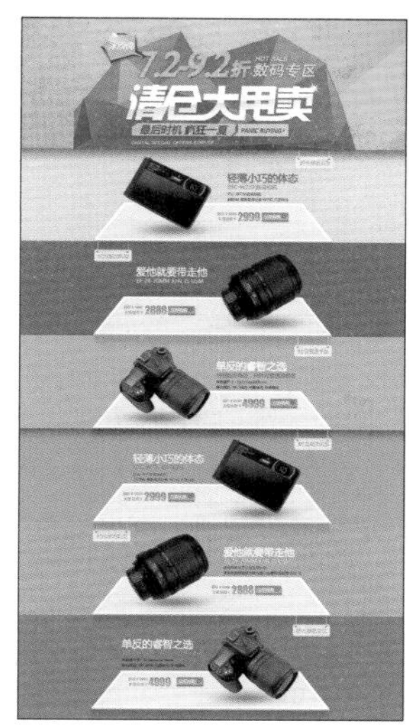

1.2.2 商品详情页面的内容安排

商品详情页面包含大量信息，应按照一定的逻辑顺序去展示，才能收到好的效果，这需要运用消费者在浏览页面时的认知规律。通过对相关数据的分析，可以发现消费者在浏览商品详情页面时都习惯遵循由感性到理性，再由理性到感性的过程，如下图所示。

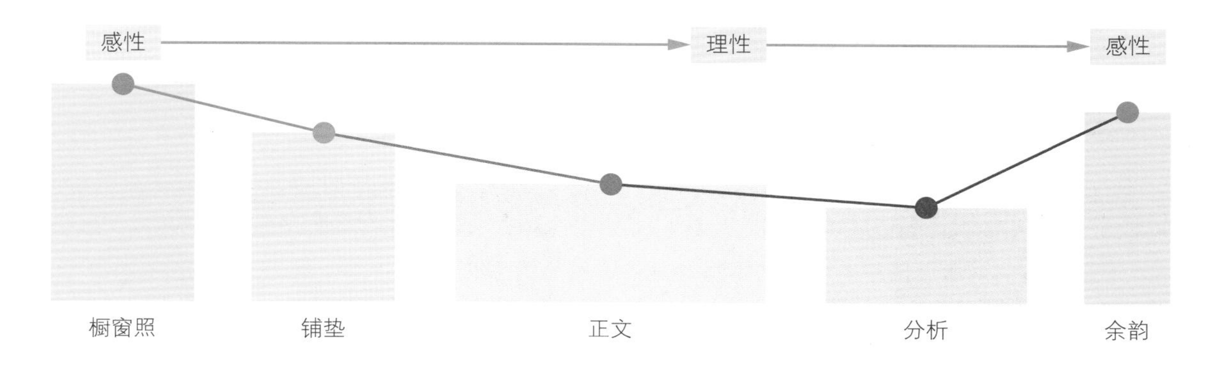

根据上述认知规律，可以将商品详情页面的内容大致分为以下几个模块。

橱窗照：指商品详情页面的第一部分，它的作用是瞬间传递商品和店铺信息，用最短时间使消费者产生继续浏览的欲望，因此这个部分的内容可以尽情展现商品特色。

铺垫：主要展示一些商品的卖点，并且一定要体现卖点和消费者之间的关系，也就是给消费者一个购买这款商品的理由，引导消费者进行下一步的浏览。

正文：要将商品的所有卖点多方位展示出来，让消费者能立体地感受商品，产生购物的冲动。

分析：在消费者产生了购物冲动之后，还需要让消费者有理性购物的思考空间。只有让消费者在冷静判断之后进行购买，才能更好地避免不必要的售后纠纷。

余韵：将消费者由理性层面再引导到感性层面，展现商品的文化内涵、增值服务等相关信息。

商品详情页面除了有一定的逻辑顺序之外，最重要的就是展现商品的价值，包括商品本身的价值和附加价值。通过分析消费者认知规律及商品的信息，可得到如下所示的商品详情页面信息安排表。

信息顺序	信息内容	安排的目的或具体的内容
1	突出情感诉求的文字（200字以内）	引起消费者的注意
2	商品的大图	引发消费者兴趣的场景
3	价值促销点	促进购买的要点，但应该先有价值，后有价格
4	商品荣誉	荣誉越多，商品越受消费者信赖
5	商品在本店的销售和口碑情况	商品的成交记录、历史好评等信息
6	老顾客体验	以旺旺聊天记录截图等形式真实展示老顾客的购物体验和商品使用体验
7	商品最独特卖点的图文说明	语言精简，提出一个较为主要的卖点进行说明
8	商品功能介绍	要有图片、文字、图表等，力求详细
9	与其他同类商品的对比	要详细且实事求是
10	商品实拍图	比较多的实拍图、细节图
11	关联销售的信息	套餐、搭配推荐等
12	商品包装、快递、售后保障等信息	增强消费者的购买信心，消除消费者的后顾之忧
13	商品的品牌或历史背景介绍、公司形象展示等	提升店铺和品牌的形象和专业度

上表中罗列的内容较多，在实际的网店装修过程中，可以根据商品和装修需要进行灵活取舍。同时，为了避免信息之间的交错、混淆，在设计商品详情页面时可使用标题栏对信息进行分类，如下图所示。将相关的信息放在每个标题栏的下方，可使页面显得专业、工整。

1.2.3 网店商品文案的撰写

简单来说，网店装修中的商品文案指的是表达商品信息的文字，主要出现在商品详情页面中。优秀的商品文案不仅要文笔流畅优美，和店铺的整体风格相映生辉，还要能引导销售，大大提高商品的转化率。

■ 商品文案与图片的结合

文案和图片都是商品详情页面不可或缺的组成元素。如果页面中仅有图片，会显得很冰冷，可读性很差；如果页面中全是文案，则会显得很杂乱，缺乏可信度。要达到平衡，必须将文案和图片以恰当的比例结合起来，这样既增加了可信度，又增强了可读性，才能给消费者带来良好的阅读体验，如右图所示。

用标题文字和细节说明文字搭配放大的细节图，图文并茂的表现方式具有更好的可读性及参考性，同时合理安排图片和文字的位置、文字的字体和颜色，赋予了画面一定的美感，让文案的表现更加出众。

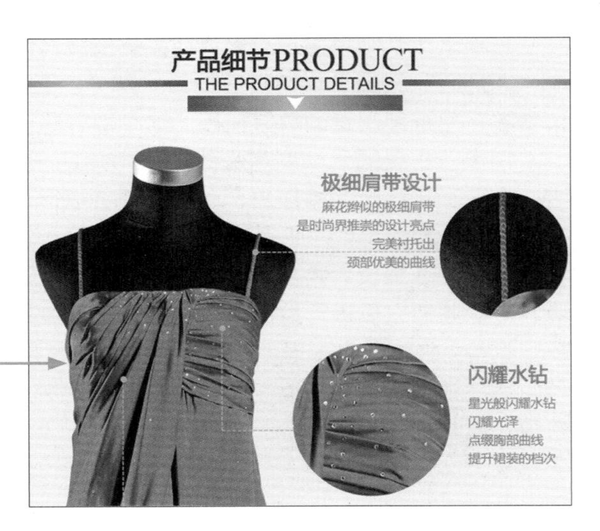

商品文案的类别

商品文案主要分为两类，一类是商品的设计要点及设计思想的诠释，另一类是商品的属性和参数的描述，它们各自具有不同的作用和内容要求，具体见下表。

文案类别	文案的作用	文案可写的内容	图示
商品的设计要点及设计思想的诠释	❶帮助消费者更好地了解商品 ❷引起消费者的情感共鸣 ❸增加图片的可读性	设计师的话、设计亮点剖析、商品核心理念的展开等	
商品的属性和参数的描述	❶可以赋予某些属性特定的含义，以此来提高客户黏度 ❷让商品的细节属性信息更完整 ❸增强品牌形象	补充其他部分没有提到的细节属性、某些属性的意象化（如商品的每种颜色代表不同性格或季节）、文学渲染等	

在撰写商品的设计要点及设计思想的诠释时，设计要点最好分点写，并配合细节展示图，安排好要点的排列顺序，如从上到下或从左到右等，这样才具有更好的可读性和参考性，如下图所示。

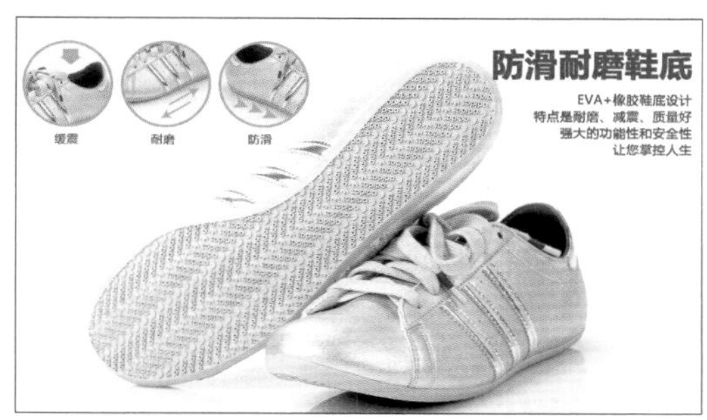

在撰写商品的属性和参数的描述时，可以采取"看图说话"的方式，不仅要配图得当，还要尽量将一些与商品属性相关的关键词写进去，如尺寸、颜色、材质等，如下图所示。

1.2.4 网店视频的添加

视频可以弥补图片和文字的不足，塑造更真实、立体的商品形象。如今各大电商平台都在着力推动商品视频的发展，想要打造新的流量入口。一般来说，卖家可以在商品主图和商品详情中应用视频。

■ 主图视频

主图视频位于商品详情页面第一屏的主图位置上，甚至排在主图图片的前面，消费者在打开商品详情页面时第一眼就能看到。动态的主图视频能让商品展示变得生动起来，比传统的静态主图图片更具吸引力。以创意广告的形式拍摄主图视频，通过高端大气的画面和剪辑在短时间内表现出商品的特性和卖点，不仅能够给消费者带来更新奇的感官体验，而且能够提升商品的档次，让消费者对商品“动心”。主图视频的实例如下图所示。

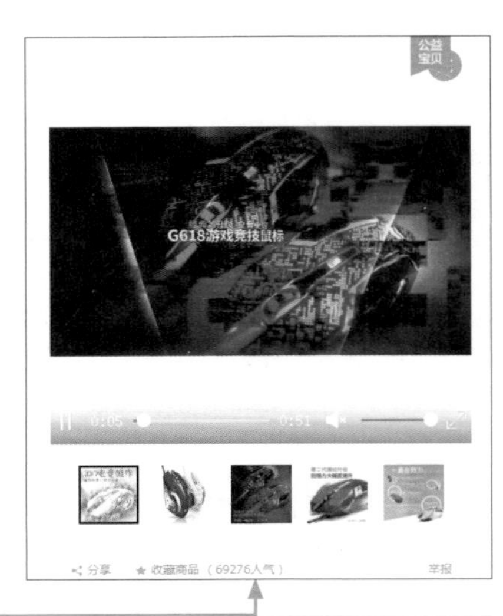

这款鼠标采用了金属喷漆工艺，科技感十足，因此在主图视频中使用炫酷的画面搭配动感的背景音乐进行表现，塑造出“工艺先进、品质高端”的商品形象。

■ 详情视频

详情视频和主图视频相比，在时长等方面的限制较少，因而有更大的发挥空间，除了做成商品展示片、商品使用方法说明片外，还可以做成店铺宣传片、微电影等创意视频。详情视频的实例如下图所示。

这款剃须刀的详情视频中采用 3D 模拟动画配合字幕的方式，展示了剃须刀的内部构造和工作原理，让消费者能够更直观地了解商品的功能和品质。

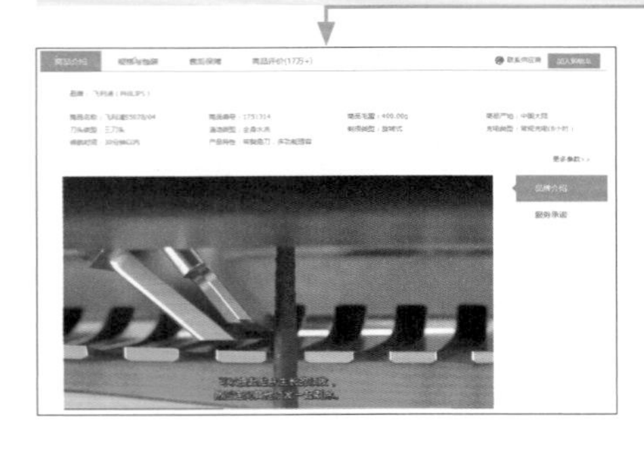

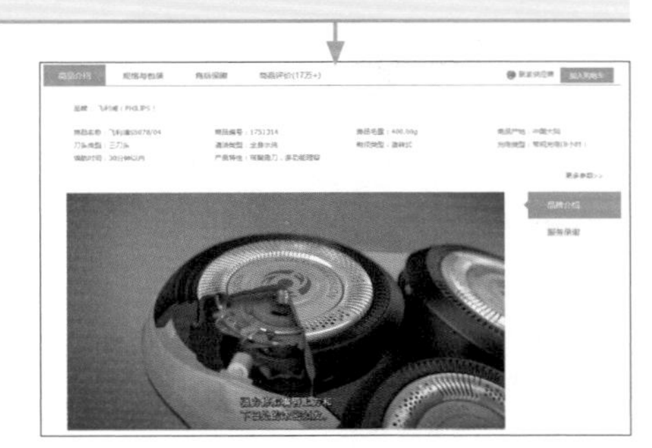

1.3　用视频提高商品转化率

近年来，电商平台中的视频应用发展势头正盛，越来越多的网店开始在页面中添加视频。实践证明，那些较早使用视频展示商品的网店，其客流量和转化率等数据都得到了明显的提升。本节将讲解网店视频的优势、设计规范和拍摄技巧。

1.3.1 网店视频的优势

在商品视频中，卖家可以合理运用各种拍摄和剪辑手法，把商品细节展示变得立体，并全方位地演示商品功能，让消费者能够多角度地了解商品，大大提升他们的购物体验。下面总结一下在网店中应用视频的几个优势。

■ 增强视听刺激性

某电商平台披露的消费者浏览习惯数据显示：浏览一件商品时，仅有 50% 的消费者会停留超过 30 秒的时间。想要在这 30 秒内抓住消费者的眼球，最好的方法就是视频，如下图所示。视频以影音结合的方式呈现，能给予消费者视觉和听觉的双重刺激，更容易激发他们的好奇心，产生进一步了解商品的细节、质量、评价等内容的想法。

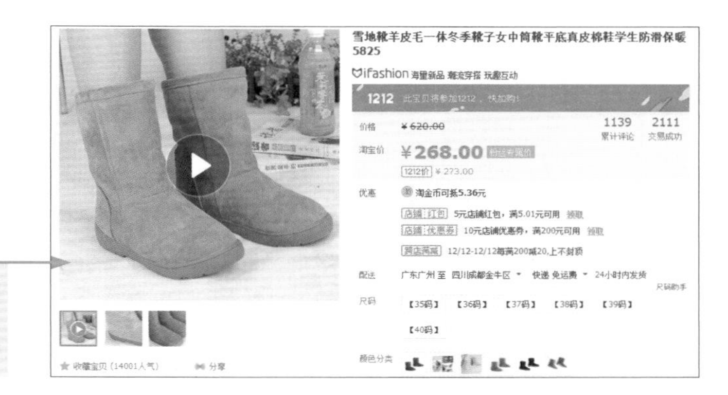

通过模特动态走秀将商品特性及穿着效果展现出来，配合时尚的音乐节奏，给消费者留下深刻印象。

■ 全方位展示商品

当消费者被吸引进入店铺浏览商品时，若在页面中仅用图片展示商品，只能让消费者从外观上大致了解商品。即使增加文字描述，仍然不够直观。而视频则不一样，它可以用最少的篇幅，从更多角度全方位地展示商品，让消费者一次性了解商品的多方面细节，如下图所示。而且由于大多数人认为视频较难造假，所以更容易信任以视频方式展示的商品。

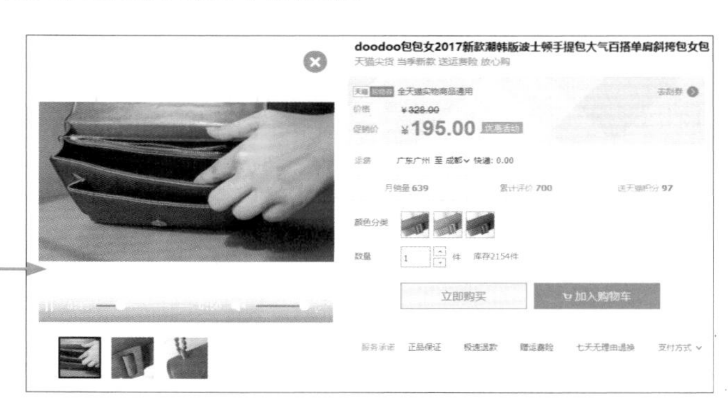

利用模特动态全方位展示手提包的外观和内部结构，消费者不仅能清楚地看到商品，而且能通过模特感受商品的使用效果。

提供手把手客户服务

将商品的组装 / 拆卸方法或使用方法制作成视频应用在网店页面中，既能解决消费者在选购或使用商品的过程中可能遇到的问题，又能让消费者感受到店铺客户服务的贴心和专业，提升他们对店铺的好感度和忠诚度。如下图所示为在一款榨汁机的详情页面中添加的视频，介绍了榨汁机的使用方法，内容丰富，篇幅却比使用图片和文字进行介绍要少得多，能让消费者更有耐心看完。更重要的是，视频解说生动、直观、易懂，消费者就好像在享受一对一、手把手的教学，能够获得更好的购物体验。

视频演示让消费者更全面地了解榨汁机的使用方法，提高商品转化率。

1.3.2 网店视频的制作规范

大多数卖家都是以入驻电商平台的形式开店的，因而也必须遵守电商平台制定的规则。为了顺利发布商品视频，就必须严格按照电商平台的规范和要求来制作视频。下面介绍京东、淘宝、天猫这几个主流电商平台的视频制作规范。

京东视频制作规范

京东是目前较大的一个综合性电商平台，它为每一个第三方店铺标配了店铺首页、商品列表页、店铺简介页、店内搜索结果页 4 个页面，可以应用不同的布局模块对每个页面分别进行装修设计。下表简单列出了京东对第三方店铺中使用的主图视频和详情视频的设计要求。

渠道名称	视频时长	视频大小	视频尺寸	视频格式	其他要求	基础统一要求
主图视频	90秒以内	30 MB以内	推荐1：1，最好800×800	MP4	纯白背景，或者相应的使用场景；尽可能减少出现其他物品及景观，禁止其他无关人物出现在视频中	❶视频内容需原创，版权所有方应为供应商或商家，使用品牌广告或片段需要有品牌方授权 ❷包含模特、明星的视频必须有相应的肖像使用权 ❸视频中的背景音乐、音效等，需要有音效的使用权 ❹如果视频中使用了任何影视作品及有版权的视频片段，需提供授权证明
详情视频	30～180秒	500 MB以内	16：9（服装推荐7：9），500 ≤长边≤ 1920	MP4、MOV、3GP、WMV、F4V、AVI及其他大部分视频格式	保持商品尽量完整出现在可见区域内，保持水平视角，严禁使用歪斜、抖动、频闪、失真等滤镜效果	

淘宝、天猫视频制作规范

淘宝和天猫同属于阿里巴巴公司，因此它们对于网店视频的要求大致相同。网店视频的基础统一要求如下：

❶ 画面尺寸要求720p，比例为16 ：9（横版），后期可支持9 ：16（竖版）和1 ：1（方形）；

❷ 画质高清，如MP4格式的平均码率要大于0.56 Mbps；

❸ 视频大小小于120 MB；

❹ 视频格式要求为MP4、MOV、FLV、F4V、AVI及其他主流视频格式；

❺ 视频只能带同名角标，不能出现任何站外链接和二维码；

❻ 镜头不虚不晃，构图有审美，包装精致，剪辑有想法，风格、类型不限，拒绝纯电视购物等广告类型；

❼ 有趣、有新意，能在短时间内形成吸引力。

根据应用渠道的不同，对视频的大小、播放时间等还有特殊的要求，具体见下表。

渠道名称	店铺要求	视频时长	视频要求	视频分类	其他要求
有好货	DSR 4.6分以上	9～30秒	商品上架比例大于100%，商品数量1个	商品单品视频	商品符合本渠道商品调性：❶小众品牌；❷设计品味；❸创意创新；❹特殊款式；❺海外商品；❻客单价高
必买清单	无	3分钟以内	商品上架比例大于50%，商品数量3～6个	只限视频	❶高端：奢侈品牌、轻奢品牌 ❷中端：性价比高，或小众设计师、海外品牌 以教程、评测类为重点
爱逛街	DSR 4.7分以上，店铺信用1钻以上	1～3分钟	商品上架比例大于50%，商品数量不限	教程、评测、百科、仅限女性人群	过滤爆款 ❶女装：海外品牌、小众、设计师风格单品 ❷美妆：国际线品牌及国际线开架品牌 ❸生活：不限，如美食类的各种教程、评测
每日好店	无	3分钟以内	商品上架比例大于50%，商品数量2～6个	剧情、达人故事	与店铺故事、达人故事相关
淘部落	无	3分钟以内	商品上架比例大于50%，商品数量不限	不限	根据人群标签做匹配后投放
猜你喜欢-全部	无	3分钟以内	商品上架比例大于100%，商品数量1个	不限	商家头图视频比例16 ：9和1 ：1均可，商品与视频关系为1 ：1 达人视频要求与淘宝短视频基础要求一致
猜你喜欢-视频	无	3分钟以内	商品上架比例大于50%，商品数量不限	不限	过滤敏感词
淘宝头条	DSR 4.6分以上	10分钟以内	商品上架比例大于50%，商品数量2～6个	资讯、评测、知识、百科、科学、盘点、剧情、创意广告、脱口秀	优先级如下： ❶护肤彩妆、数码、美食（不仅是食谱教学，与吃有关的内容亦可）、搞笑幽默（萌宠、宝宝、脱口秀等）、居家生活 ❷亲子、汽车、影视、淘系业务相关内容 ❸文艺、个性领域（手作、旅行、运动、星座、二次元、摄影、游戏等）

注：❶ 主图视频：9秒到10分钟不等；
❷ 无线视频：单个视频，大小上限为30 MB，时长上限为3分钟；
❸ 达人渠道短视频：单个视频，大小上限为120 MB，时长分渠道不同，9秒到10分钟不等。

1.3.3 网店视频的拍摄要点

视频素材是视频剪辑的基础。拍摄网店视频素材可以使用专业的数码相机或摄像机，也可以使用手机。在前期拍摄足够数量的视频素材能让后期的视频剪辑拥有更大的发挥空间。同时，视频素材的拍摄质量还需达到一定水准，如画面清晰明亮、主体明确等，这样才能提高素材的利用率。下面简单讲解几条网店视频的拍摄要点。

保证视频画面的清晰度

拍摄商品视频与拍摄商品照片一样，保证画面的清晰度都是非常重要的。如下图所示，模糊的画面不仅不利于消费者了解商品，而且会让他们对商品产生疑虑；而清晰的画面则能提升商品的档次。为了得到清晰的画面，在拍摄时最好利用三脚架等工具固定拍摄设备，坚决消除任何可以避免的晃动因素，拍出的每个镜头都应该是纹丝不动的。即便需要翻动、转动商品，也应力求让画面保持稳定和平衡。

没用三脚架固定拍摄的视频画面模糊，画面中的商品显得廉价、没有档次。

使用三脚架固定拍摄的视频画面清晰，能够表现商品的轮廓特征，提升商品档次。

保证视频画面的明亮、鲜艳

对比右图和下页图所示的视频实例可以看出，足够明亮的画面能让展示的商品更加鲜活，而明亮度不足的画面则颜色暗淡，难以抓住消费者的视线。拍摄环境中的光线强度在极大程度上决定了视频画面的明亮度。如果拍摄环境中的光线强度不理想，可以转换拍摄地点，或使用补光灯、反光板等工具来补光。

在光线明亮的地方拍摄的视频画面，能让消费者清晰地看到茶叶在热水中翻滚的形态和冲泡出的茶汤的颜色，激发他们的品尝欲望。

在光线不足的室内拍摄的视频画面，几乎是漆黑一片，消费者根本看不清商品，自然也很难对商品产生购买欲望。

从消费者角度表现商品

视频拍摄要站在消费者角度，拍摄他们想看到的商品特点，并且将主体置于画面中间或某一固定区域内，使他们能从视频中获得更多有用信息，同时为后期剪辑奠定基础。实例如下图所示。

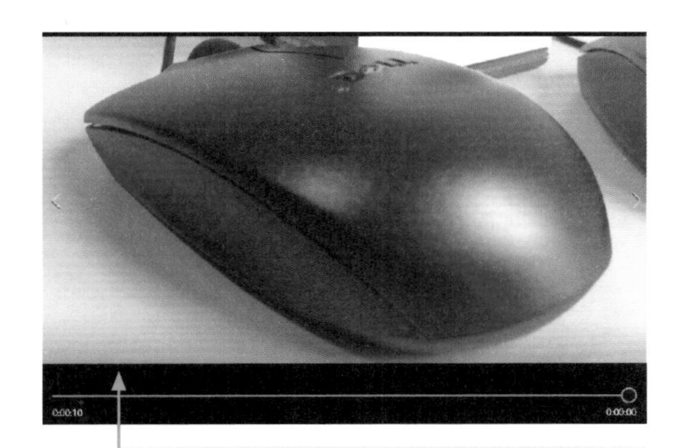

将商品完整地置于视频画面中，通过近距离拍摄的方式，使消费者能够看到商品的整体外观和细节品质。

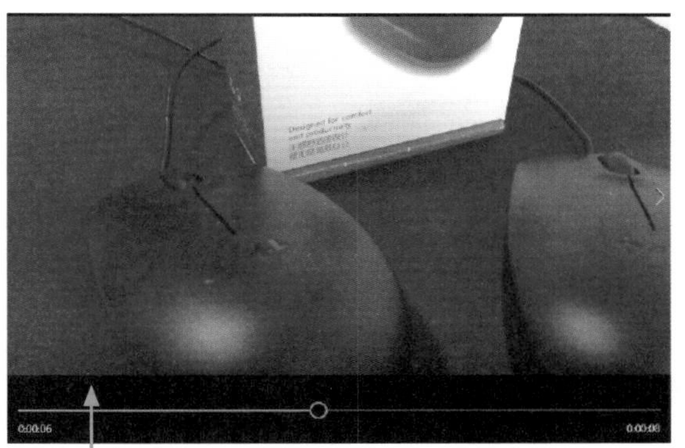

虽然也是近距离拍摄商品，但是没有将商品完整地展示在视频画面中，不利于消费者查看和了解商品。

单镜头拍摄使画面更流畅

视频剪辑推荐一次性构图，建议不超过 2 个镜头的切换。若一定要多镜头切换，最好不超过 4 个镜头，且必须注意画面的衔接，以免剪辑出的视频画面切换太生硬，给人留下造假的印象。实例如下图所示。

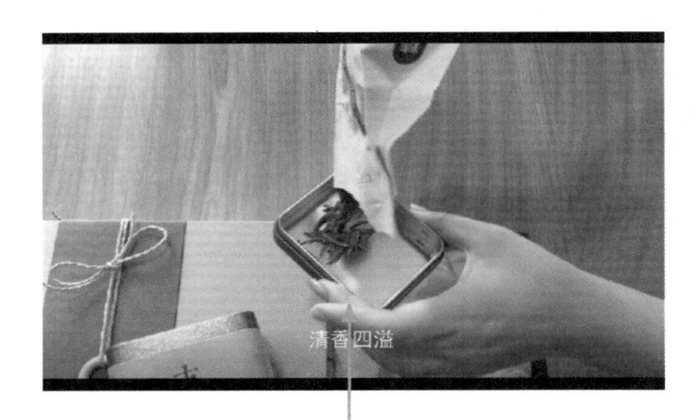

选择同一镜头下拍摄的两段视频进行剪辑，通过设置两段视频衔接处的画面切换方式，不仅展示了精致、古朴的外包装盒，而且能让消费者看到大小均匀的茶叶叶片。

1.4 对店铺进行全方位包装和宣传

网店装修设计涉及网店页面的方方面面，策划活动、安排信息顺序、添加服务内容等，都是完善网店装修设计的工作。全方位、无死角地对网店装修设计进行完善，是增强网店竞争力和销售能力的一种有效方法，接下来就对网店装修中的细节包装和宣传进行讲解。

1.4.1 促销活动的策划与实施技巧

促销就是为将商品成功销售出去而采取的一切可行手段。网店中的促销按照方式可分为折扣促销、抽奖促销、会员制促销、赠品促销等，按照时机可分为开业促销、新品上市促销、季节性促销、节庆促销、庆典促销等。在做促销之前，应该思考如下图所示的问题。

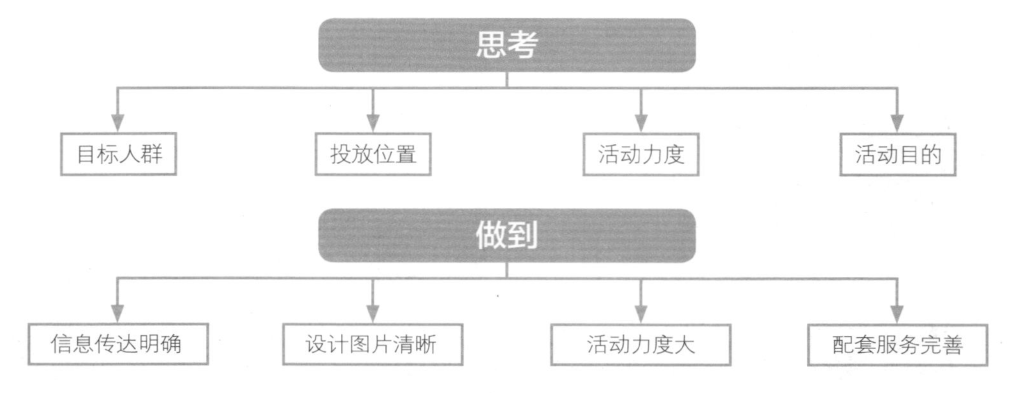

在促销过程中，要有效利用店铺装修、公告及留言，营造良好的促销氛围。有些网店做促销，店外宣传推广做得很不错，可店内氛围却没做好，促销时和没促销时一个样，冷冷清清，店铺公告和留言也没有促销信息，消费者进入店内就感受不到促销氛围，极易造成大量顾客流失。

在促销活动策划中，确定活动的主题是一个非常重要的环节。根据确定的活动主题来规划网店装修设计图，通常可以获得较为理想的效果。下图所示为某店铺以“七夕节”为促销活动主题创作的网店装修设计图，并将这种风格带入网店页面的各个区域，由此营造出浓浓的节日及活动氛围。

值得注意的是，网店装修对促销活动内容的表现要尽量直截了当、言简意赅，让消费者能在很短的时间内明了活动的主题，不要让消费者在思考和理解活动内容上花费过多的时间，否则会让消费者失去了解和购买的欲望。

永远不要让消费者的思考时间超过 3 秒

在促销活动的具体操作环节中还要注意如下图所示的内容，让促销活动的实施更成功，从而提高转化率。

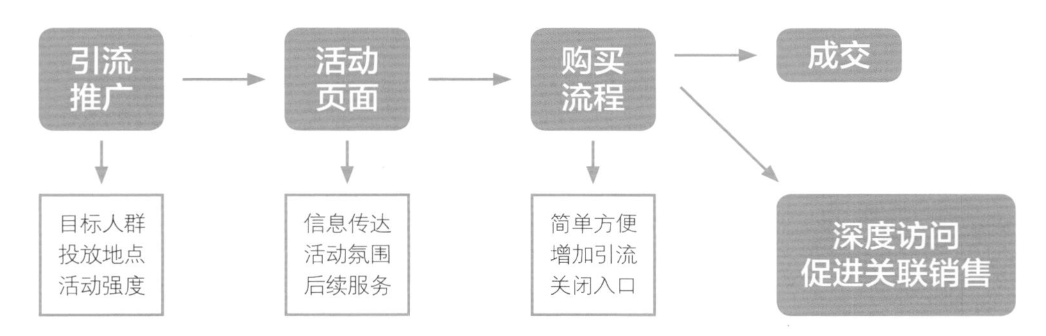

1.4.2 商品分类要充分考虑商品属性与消费者习惯

刚开张的店铺可能商品不多，商品分类方面的问题并不明显。但随着店铺规模的日益扩大和商品门类的增加，问题也就随之而来。面对纷繁芜杂的商品，该如何做好商品分类才能方便消费者的浏览和选购呢？通常情况下，商品分类的方法有三种，分别是基础分类法、品牌分类法、数据分析分类法，具体如下图所示。

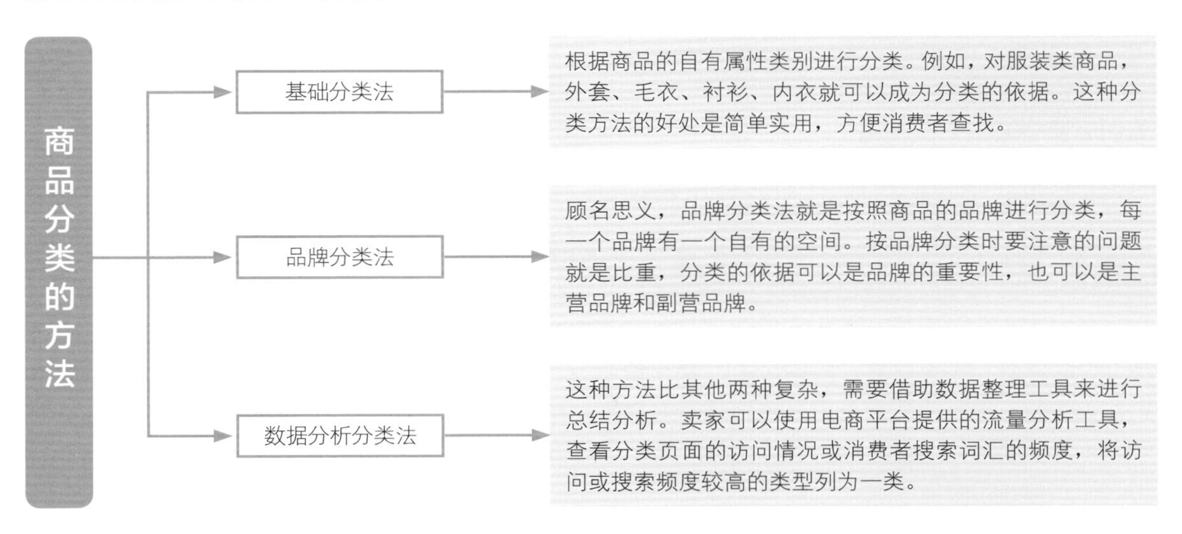

除上述三种分类方法外，还有按价格区间分类等方法。在实际的应用中，大多是多种分类方法嵌套使用的，以方便消费者从不同角度筛选商品。例如，先将商品按品牌（如李宁、安踏等）分成几大类，每个品牌下再按商品自有属性（如跑步鞋、运动裤等）分成小类。新手卖家可以参考一些规模较大的店铺的商品分类，当然也可以请专业的数据分析人士来进行商品分类。新店刚起步时通常规模较小，分类只要不是过于混乱，都是可以被消费者接受的，各种分类方法的效果也不会有太大不同。如下图所示为不同分类方法的应用实例。

在对商品进行合理的分类之后，设计商品分类栏时还可以使用某些具有特殊意义的图标和图片来对信息进行说明，在便于消费者理解的同时为网店页面增添精致感和设计感，如下图所示。

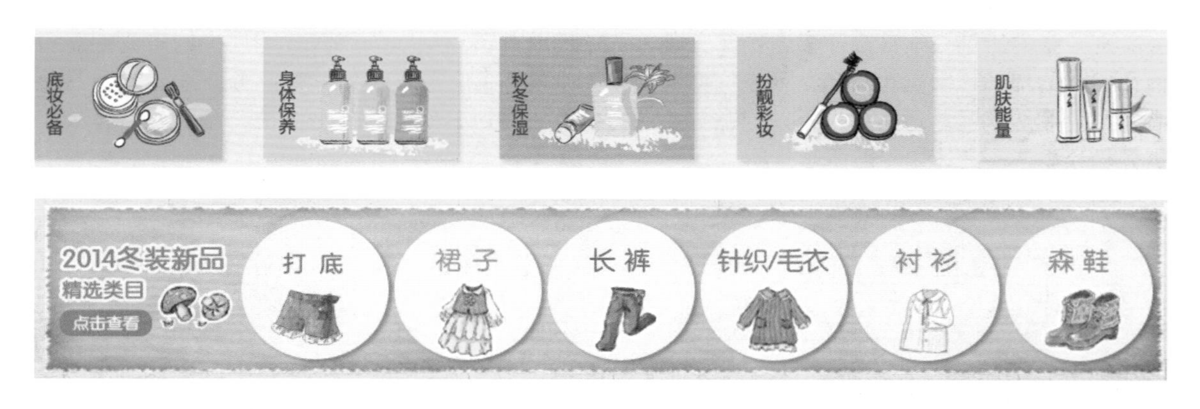

1.4.3 利用辅助信息提升购物体验

网店装修除了展示必要的商品信息、店铺活动等内容外，还需要添加很多辅助信息来完善店铺的购物环境，如优惠券、店铺公告、快递说明等，如下图所示。这些辅助信息能够让进店的消费者掌握更加多元化的信息，某些信息甚至能够让消费者感受到店铺的专业和服务的贴心，从而对店铺更加信赖。

优惠券的多样化让消费者有了更多选择，能够比打折更吸引消费者的注意。

将店铺公告设计成店铺广告样式能够在消费者心中树立店铺的品牌形象。卖家应该先对目标消费群体进行研究，根据他们的“口味”制作出他们容易接受的公告，同时要能给他们留下深刻的印象，以区别于其他店铺的广告。

在首页商品陈列区标题栏的下方添加护肤的步骤，既能让消费者感到服务的贴心，也能帮助和引导消费者选择商品。

在网店首页的最底端添加“在线时间”“关于退换货”“关于快递”等一系列服务相关信息，既能减少客服的工作量，又能在一定程度上避免交易纠纷。

这些辅助信息的添加能达到锦上添花的效果，但是一定要注意信息的摆放位置，不能喧宾夺主，才能更好地发挥作用，提升消费者的购物体验。

读书笔记

Photoshop 核心技法

运用 Photoshop 进行网店装修之前，需要先对 Photoshop 的一些核心技法进行学习，如调整图像大小、裁剪和抠取图像、调整图像色彩等。熟练掌握这些重要的图像处理技法，才能在进行网店装修设计时提高工作的效率。

2.1 调整照片质量

在网店装修中使用的设计图的尺寸只要能够满足显示设备的显示与网络快速传输的要求即可，但通过商品摄影所获得的照片的尺寸往往会超出网店装修的需求，因此，按照网店装修的需求来调整商品照片的质量就显得很有必要。

2.1.1 改变商品照片的尺寸

通过商品摄影得到的原始照片的宽度和高度基本都是 1000 像素以上，这样的大尺寸图片并不能直接用于网店装修，因为过大的图片不仅会降低网页加载的速度，还会在制作网店装修图片的过程中，使软件的处理速度变慢，大大降低工作效率。当然还有一个关键的原因是，尺寸过大的图片不能匹配网店页面的宽度规格。因此，商品照片后期处理往往都需要改变照片的尺寸。

在 Photoshop 中可以通过“图像大小”命令来快速更改商品照片的尺寸，改变照片尺寸的同时，照片文件的大小也会相应改变，具体如下图所示。

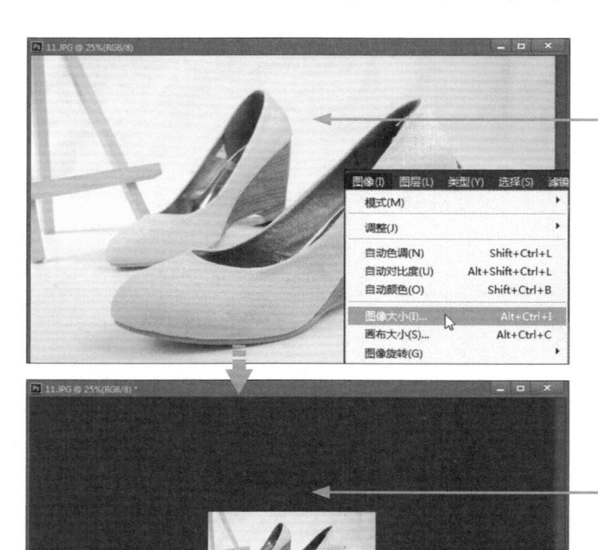

以 25% 比例显示原始的商品照片，照片能够占满整个图像窗口。

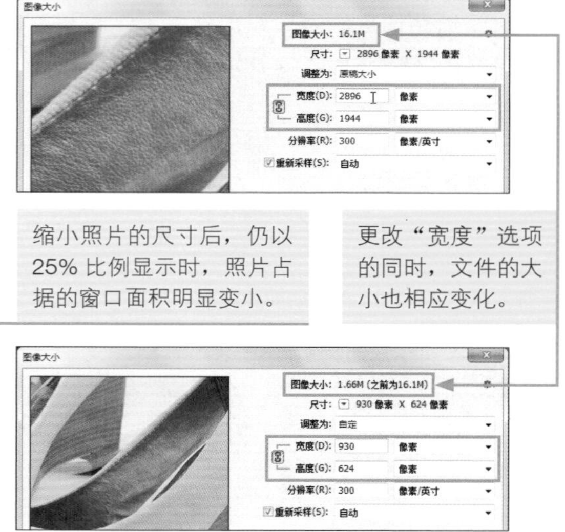

缩小照片的尺寸后，仍以 25% 比例显示时，照片占据的窗口面积明显变小。

更改“宽度”选项的同时，文件的大小也相应变化。

从上述操作过程可以看到，照片“宽度”和“高度”选项等比例减小之后，照片的文件大小随之变小，也就达到了我们之前所期望的结果，即通过缩小照片的尺寸来减小文件占用的存储空间，这样的照片便于进行快速编辑，并且更适合用于网店装修。

2.1.2 更改商品照片的分辨率

一张商品照片的质量与图像分辨率和尺寸大小息息相关。同样尺寸的照片，其分辨率越高，图像越清晰。决定分辨率的主要因素是每单位尺寸含有的像素数量，因此，像素数量与分辨率之间也是相关的。

分辨率很高的图片虽然也可加载在网页中显示，但其清晰度并没有明显提高，体积反而大大增加，从而导致网页加载缓慢，给网站服务器等网络设备带来多余的负担。而图片的分辨率太低，则会导致视觉可见的清晰度下降。因此，在制作网店装修的图片之前必须先确定图像的分辨率。由于网店装修实际上就是网页设计与制作，而网页是显示在电子设备的显示屏中的。综合考虑显示屏的显示原理和显示效果，以及网页显示技术规范的要求，72 像素 / 英寸的图片分辨率可以在保证图片显示清晰度的前提下，最大限度地减小图片体积，达到图片显示效果和网页加载速度的最佳平衡。

在 Photoshop 中使用“图像大小”命令不仅可以更改商品照片的大小，还能通过设置“分辨率”选项将商品照片原本较高的分辨率更改为更适合网页显示的 72 像素 / 英寸的分辨率，如下图所示。

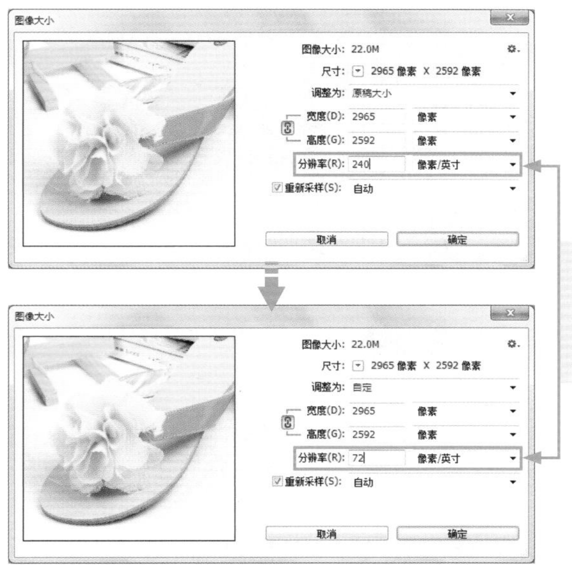

更改分辨率后，图像大小和尺寸并没有发生任何改变。

提示

对于计算机的显示系统来说，一幅图像的 PPI 值是没有意义的，起作用的是这幅图像所包含的总像素数，也就是水平方向的像素数 × 垂直方向的像素数。这种分辨率表示方法同时也表明了图像显示时的宽高尺寸。本书中讲解的调整分辨率的方法，实际上是为了让照片与实际输出的设计图的分辨率一致。

想要确认商品照片的分辨率是否更改成功，可以将设置后的照片进行“另存为”操作，接着利用右键菜单打开照片文件的“属性”对话框，在其中的“详细信息”标签的“图像”选项组中，可以通过查看“水平分辨率”和“垂直分辨率”这两个参数的数值来了解当前商品照片的分辨率，如右图所示。

更改前

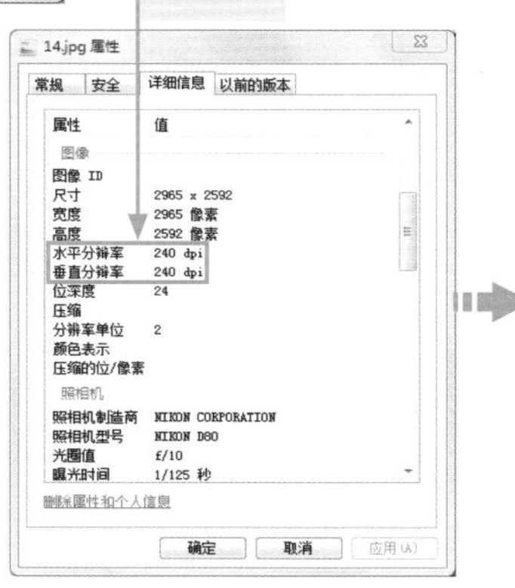

更改后

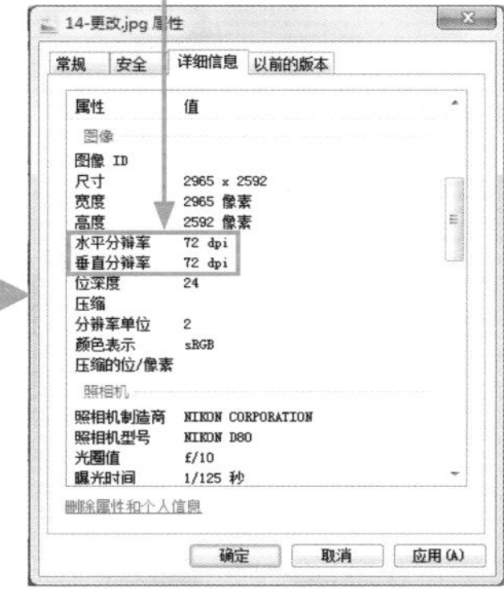

2.2 裁剪和抠取图像

在网店装修过程中，裁剪和抠取商品图像是相当常见的操作。通过应用 Photoshop 中的裁剪功能，可以去掉照片中的多余图像，对画面进行重新构图，还可以选用抠图工具将商品图像抠取出来，去掉杂乱的背景等。接下来就对常用的裁剪和抠图操作进行讲解。

2.2.1 对商品照片进行重新构图

对商品照片进行重新构图，是为了达到两个目的：第一个目的是对前期拍摄中构图不理想的照片进行调整，让商品处于画面视觉中心的位置；第二个目的是对完整的商品照片进行裁剪，以清晰地展示商品的某个局部，制作出商品的细节展示图。后者要求前期拍摄的商品照片尺寸足够大，最好是对原始照片进行裁剪，才能保证裁剪后的图像仍然清晰。

想要让照片中的商品处于视觉中心，在裁剪照片的过程中，就要将商品框选在裁剪框的中心位置。如下图所示，裁剪后的女鞋显示在画面的中间，显得突出而醒目。

使用“裁剪工具”在图像窗口中单击并拖动，调整裁剪框的位置和大小，将商品框选到裁剪框中。

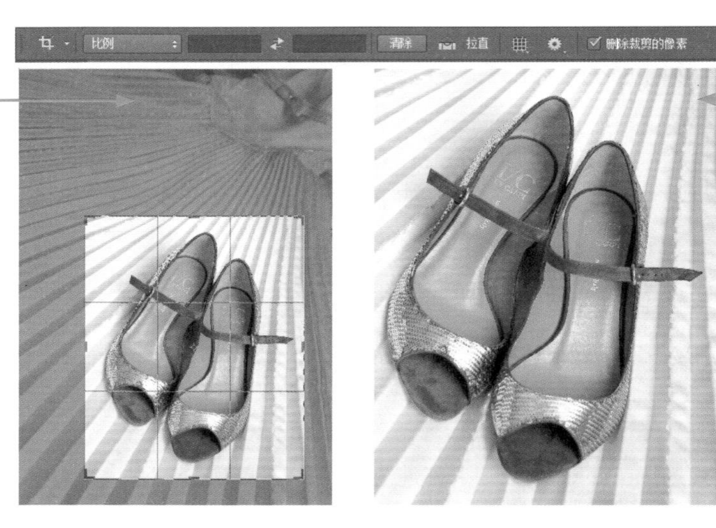

按 Enter 键确认裁剪，可以看到裁剪后的照片中商品主体更加醒目和突出。

裁剪操作的第二个目的如下图所示，就是截取完整商品照片的一部分图像，获得商品的细节展示图。进行这种裁剪操作时最好将照片以 100% 比例显示，以确保裁剪后照片的清晰度。

创建裁剪框，将要突出展示的鞋子内侧的图像框选到其中。

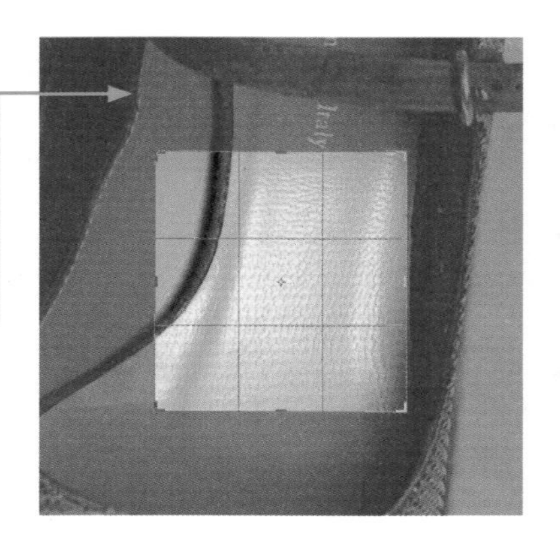

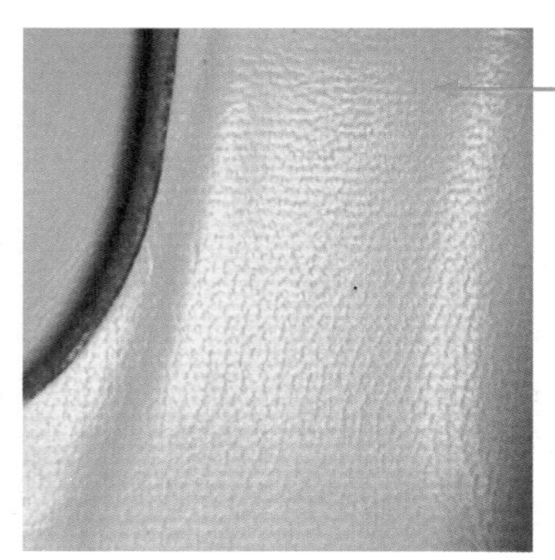

裁剪后的图像主要显示鞋子内侧的材质，展现了商品的局部细节。

2.2.2 拉直水平线让商品端正展示

在拍摄商品照片的过程中，有时会因为拍摄环境或拍摄器材的限制，导致拍出的照片画面倾斜，此时，可以利用 Photoshop 中的“裁剪工具”解决这个问题。“裁剪工具”中的拉直功能可以快速重新定义商品照片画面的水平或垂直基线，以一定的角度对照片进行旋转裁剪。

如下图所示，在工具箱中选择“裁剪工具”，再在其选项栏中单击“拉直”按钮，使用鼠标在照片中单击并沿着画面中的水平或垂直方向拖动，重新绘制画面的水平或垂直基线，在图像窗口中可以看到绘制的直线末端会显示出旋转裁剪的角度，释放鼠标后，Photoshop 会根据绘制的基线创建一个带有一定角度的裁剪框，此时裁剪框中的图像将显示出平稳的视觉效果。

沿着商品照片中的地面水平线创建水平基线。

创建的裁剪框中的图像显示出平稳的视觉效果。

如果对拉直的效果不满意，可以再次单击“拉直”按钮，反复绘制水平或垂直基线，直到获得满意的拉直效果。

拉直画面后，还可以将鼠标放在裁剪框的边缘，单击并拖动来调整裁剪框的高度和宽度，裁剪掉多余的画面部分，使商品得到平稳且集中的展示，如下图所示。

提示

除了使用“拉直工具”拉直图像以外，还可以使用“标尺工具”对图层进行拉直操作。该工具将根据鼠标拖动出的一条直线对图层进行一定角度的旋转。接着使用“裁剪工具”将多余的图像裁剪掉，即可拉直图像。

2.2.3 纯色背景中商品的抠取

在拍摄商品的过程中，若使用了纯色的背景进行拍摄，且背景颜色与商品的颜色有较大的差异，那么这样的商品图像的抠取就较为简单，只需使用“魔棒工具”或者“快速选择工具”即可快速抠取商品，具体如下。

基于颜色差异来构建选区的“魔棒工具”

“魔棒工具”是一种基于色调和颜色差异来构建选区的工具。当照片的背景颜色变化不大，且需要抠取的商品图像边缘轮廓清晰，与背景之间也有一定的差异时，使用该工具可以快速地将商品图像抠出。“魔棒工具”的使用方法非常简单，只需在商品照片的背景上单击，Photoshop就会选择与单击点的色调相似的像素。具体的操作如下图所示。

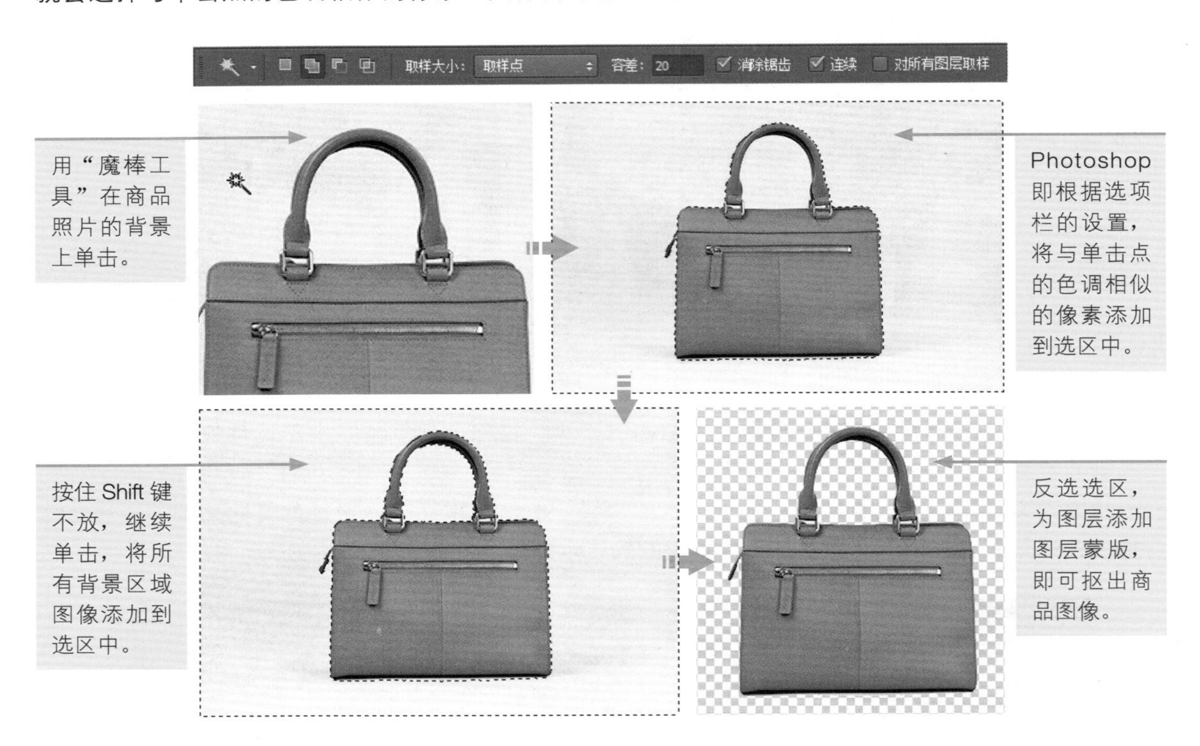

“容差”是影响“魔棒工具”性能的最重要选项，它决定了什么样的像素是与选定的像素点在色调上是相似的。当该选项的参数值较小时，只能选中色调与鼠标单击点像素非常相似的少量像素。该选项的参数值越大，对像素相似程度的要求就越低，因此，选中的像素就越多。在抠取前应当先观察商品照片背景中颜色的相似程度，通过设置多个不同的“容差”值来判断选取的范围，力求找到一个最佳的容差值，将商品图像完整而准确地抠取出来。

模仿画笔操作“绘制”选区的“快速选择工具”

“快速选择工具”的使用就好像画笔一样，通过涂抹的方式“绘制”选区。使用该工具的过程中，会根据选区扩展的边缘自动查找与之相似的图像，因此，“快速选择工具”也适用于背景较为相似且变化不大的商品图像的抠取，具体的操作如下图所示。

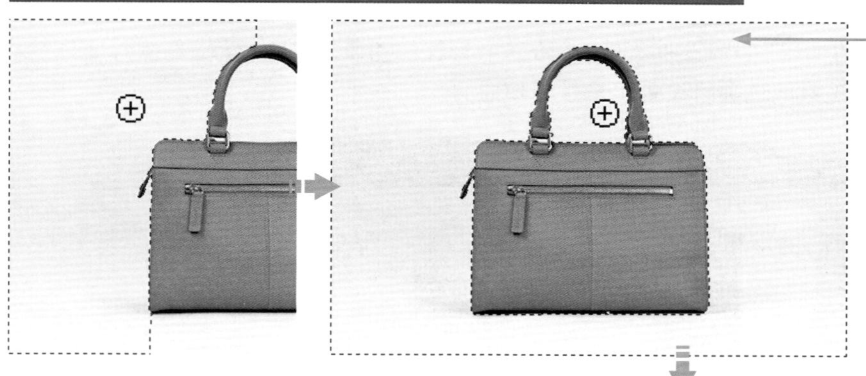

使用“快速选择工具”在商品照片的背景中单击并涂抹，涂抹的过程中，选区范围会随之扩大，逐渐将背景图像添加到选区中。通过选区运算将多个不连续的背景区域添加到选区中，即可选中所有背景图像。

反选选区，为图层添加图层蒙版，即可抠出商品图像。

提示

勾选“快速选择工具”选项栏中的“自动增强”复选框后，可以自动将选区向图像边缘进一步流动并应用一些边缘调整效果，进而降低选区边缘的粗糙感和锯齿感。

2.2.4 外形规则商品的抠取

对于一些外形较为规则的商品图像，如椭圆形、正圆形、长方形或正方形的商品，可以使用Photoshop中的“椭圆选框工具”或“矩形选框工具”进行快速抠取，具体的操作如下。

■ 抠取椭圆形或正圆形商品图像的“椭圆选框工具”

“椭圆选框工具”用于选取外形为椭圆形或正圆形的商品图像。如下图所示为使用“椭圆选框工具”抠取水晶球图像的操作过程。使用该工具在画面中单击并拖动，即可快速创建椭圆形的选区，最后为图层添加图层蒙版，即可在图像窗口中看到完美的抠取效果。

抠取长方形或正方形商品图像的“矩形选框工具”

当拍摄的商品外观为长方形或正方形时，使用“矩形选框工具”进行抠图是一种较为快速和有效的方法。如下图所示为使用“矩形选框工具”抠取正方形挂钟图像的操作过程。具体方法与“椭圆选框工具”类似，两个工具的选项栏设置也是基本相同的。

使用“矩形选框工具”和“椭圆选框工具”抠取商品图像，对于商品照片的拍摄背景没有任何要求，只需要保证商品的外观为规则的形状即可。

2.2.5 外形不规则商品的抠取

在网店装修中遇到的大部分商品的外形都是不规则的。如果商品的外形轮廓主要是由直线组成的多边形，那么可以使用“多边形套索工具”来进行抠取；如果是边缘清晰且与背景反差较大的任意外形的商品，则可以使用“磁性套索工具”来进行抠取。

抠取多边形外观商品图像的“多边形套索工具”

“多边形套索工具”可以创建直线构成的选区，适合选取边缘为直线的对象，如包装盒、积木、衣柜等。使用“多边形套索工具”在需要抠取的商品图像外形轮廓的各个拐角点位置单击，再将单击的起始点与结束点重合在一起，即可创建封闭的多边形选区。如下图所示为使用“多边形套索工具”选取饼干包装盒图像的操作过程。

当起始点与结束点重合时单击鼠标，即可创建多边形选区，接着添加图层蒙版，将饼干包装盒图像抠出，如左图所示。

由于“多边形套索工具”是通过绘制选区来抠取图像的，因此商品照片的背景内容不会对抠取产生影响，只要商品的外形轮廓由直线组成，那么使用该工具抠取就会非常轻松。

抠取任意外形商品图像的“磁性套索工具”

“磁性套索工具”可以自动检测图像的边缘，通过跟踪对象的边缘快速创建选区。边缘复杂且与背景对比较为强烈的商品图像才适合使用该工具进行抠取。如果在拍摄外观较为复杂的商品时注意选择了反差较大的背景，那么在后期抠取图像时使用“磁性套索工具”进行操作就会非常快捷。

在使用“磁性套索工具”的过程中，Photoshop 会自动将选区与对象的边缘对齐，在鼠标经过的位置自动放置锚点来定位和连接选区，如果想要在某一点强制放置一个锚点，可以在鼠标经过该点的时候单击。如果锚点的放置位置不准确，还可以按 Delete 键将其删除。如下图所示为使用“磁性套索工具”抠取头饰图像的操作过程。

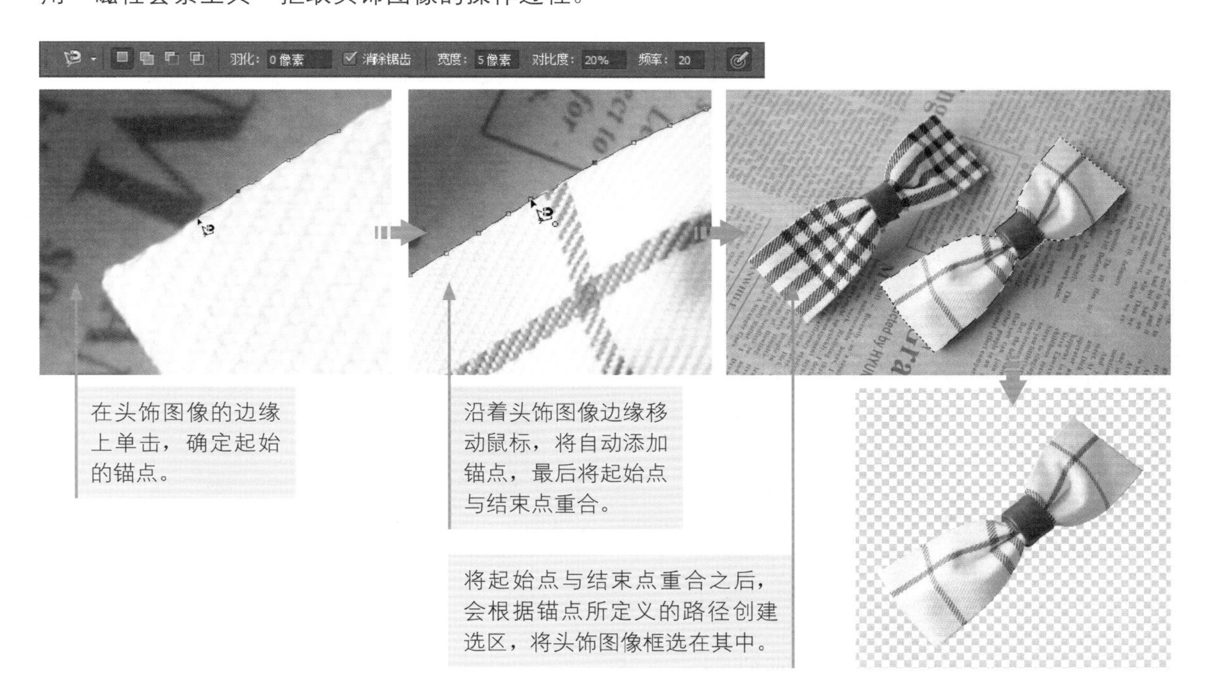

使用“磁性套索工具”抠取图像时，商品图像与背景图像在色调与明度上一定要具有较大的差异，否则工具不能准确定义商品图像的边缘，将影响抠取的最终效果。

“磁性套索工具”选项栏中的“宽度”“对比度”“频率”是三个较为重要的选项，它们会影响工具的使用效果。“宽度”是指工具检测像素的宽度，它决定了鼠标指针周围有多少个像素能被工具检测到；“对比度”决定了选择图像时，商品图像与背景图像之间的对比度有多大才能被工具检测到；“频率”指添加锚点的数量。

2.2.6 精细抠取商品图像

想要得到精确的抠图效果，让抠取出的商品图像边缘平滑、准确，使用“钢笔工具”无疑是最佳的方法。这种方法的思路是先用“钢笔工具”沿商品图像外形边缘绘制路径，再将路径转换为选区，选中商品图像。值得注意的是，“钢笔工具”绘制的路径定义的是极其明确的边界线，这既是它的优点，也是它的缺点。对于边界非常光滑的对象，如汽车、电器、家具、金饰、瓷器等，尤其是在对象与背景之间没有足够的颜色或色调差异，采用其他工具和方法不能奏效的情况下，使用“钢笔工具”往往可以得到满意的抠取结果。但也正是由于“钢笔工具”定义的边界过于清晰、明确，无法用它来选择边界模糊的对象，特别是半透明的对象，如头发、玻璃、轻纱类服饰等。使用“钢笔工具”抠取商品图像的操作过程如下图所示。

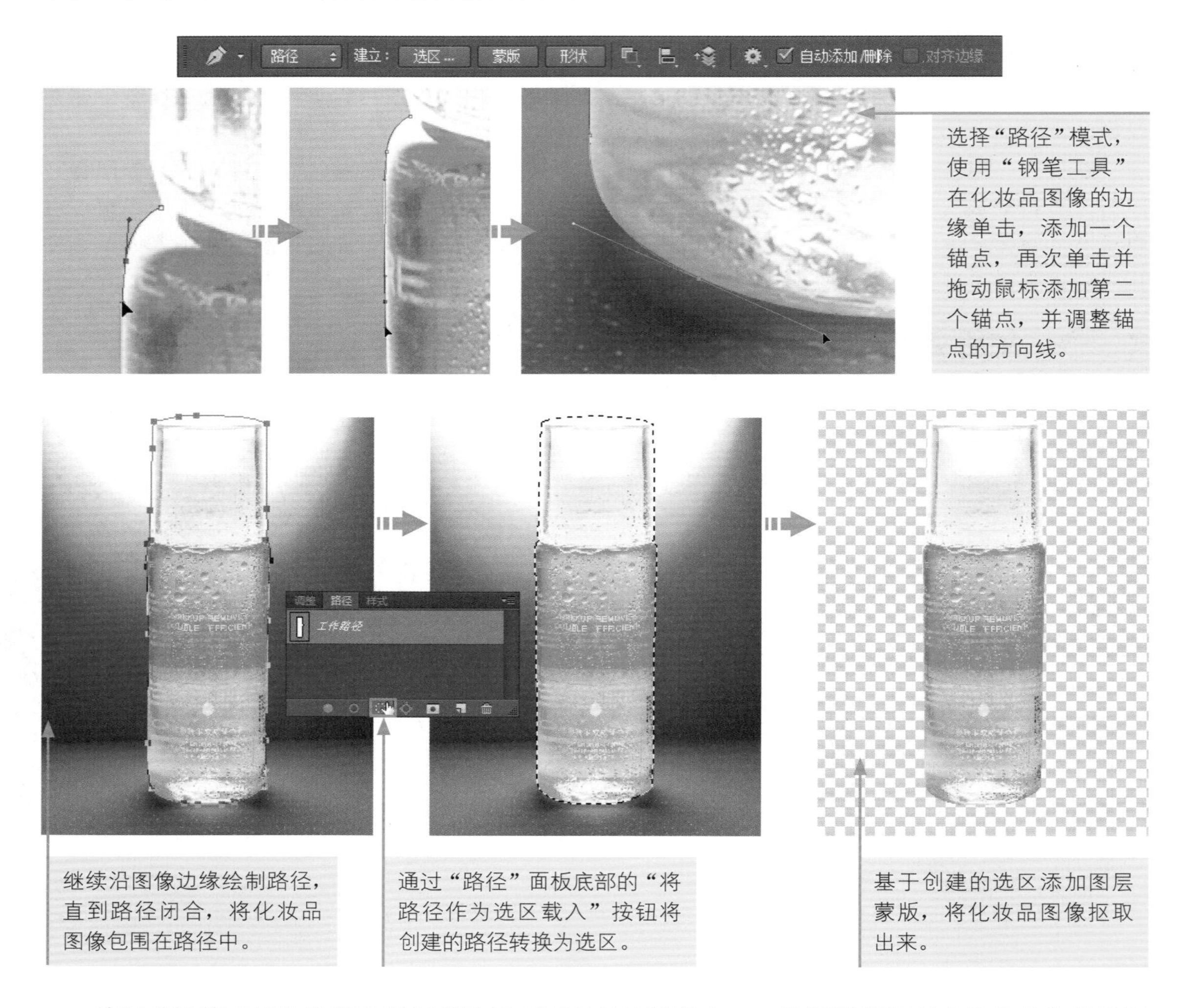

使用“钢笔工具”沿着商品图像边缘创建路径的过程中，一定要调整好每个锚点的位置及路径线段的弧度，使路径与商品图像的边缘完全重合。此外，绘制路径时通常使用“钢笔工具”的“路径”模式，因为该模式只会创建路径，不会生成多余的形状图层。如果需要存储绘制好的路径，可以通过“路径”面板扩展菜单中的“存储路径”命令来实现。

2.2.7 特定颜色的抠取

当需要对商品照片中特定的颜色区域进行选取时，可以使用“色彩范围”命令来快速完成。“色彩范围”命令可以根据图像的颜色和影调范围创建选区，并且提供了较多的控制选项，具有更高的精准度。

例如，打开一张鞋子的商品照片后，需要针对黄色的鞋面进行色彩调整。执行“选择 > 色彩范围”菜单命令，在打开的对话框中使用“吸管工具”提取鞋子表面的颜色，并根据灰度预览图中的显示效果调整参数，确认对话框的设置后，在图像窗口中可以看到黄色的鞋面被框选到了选区中，具体的操作如下图所示。

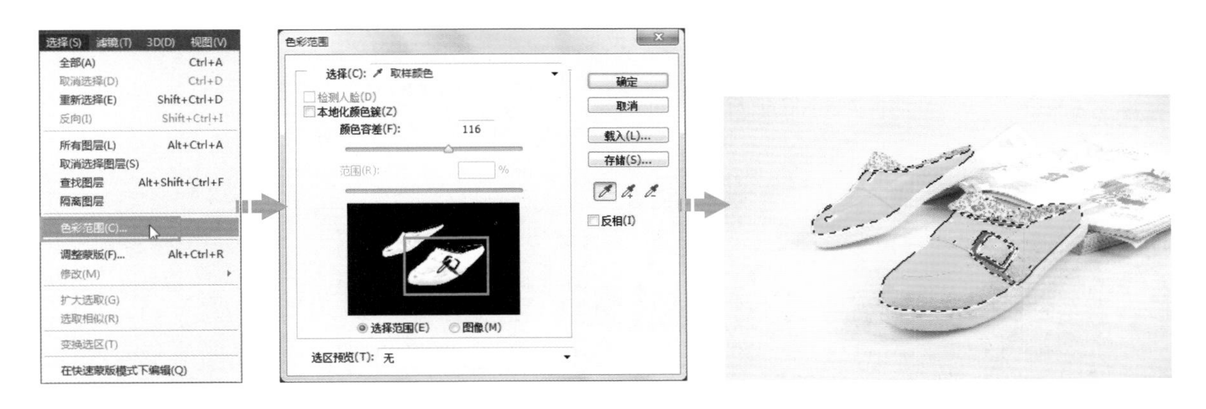

为了验证刚才创建的选区是否精确，以选区为基准创建“色相 / 饱和度”调整图层，调整“色相”选项改变选区中图像的颜色，可以看到黄色的鞋面变成了橘黄色，如下图所示。

使用“色彩范围”命令选取特定颜色区域时，要注意“吸管工具”吸取的图像位置，同时把握好“颜色容差”选项的参数值，这样才能更精准地控制图像的选取范围。除了选择特定颜色的图像外，在“色彩范围”对话框的“选择”下拉列表中，还可以通过预设的选项，选择不同明暗区域的图像。

2.3 商品照片的色彩调整

商品照片的色彩呈现效果是影响消费者对商品第一印象的关键因素。色彩暗淡、画面灰暗的商品照片难以激发消费者的购买欲望，而商品照片的色差问题更可能引发交易纠纷。接下来针对商品照片的色彩调整进行讲解。

2.3.1 恢复商品的真实色彩

商品照片如果存在色差，就不能真实地表达商品原本的色彩，会造成消费者对商品的判断失误，进而导致退换货的情况。色差问题可以通过两个方法来解决：一是使用 Photoshop 中 Camera Raw 插件的“白平衡工具”进行校正；二是利用补色原理精准地校正色差。

应用“白平衡工具”进行校色

如下图所示，在 Photoshop 中打开一张皮包的照片，在图像窗口中可以看到照片的色彩偏暖。执行“滤镜 >Camera Raw 滤镜”菜单命令，在打开的对话框中选择“白平衡工具”，使用该工具在图像中接近白色而又不是纯白色的区域单击，软件会自动对照片的色彩进行校正。如果对校正的效果不满意，可以使用“白平衡工具”进行反复单击，直到商品图像的色彩接近真实色彩为止。当商品照片中的浅色区域较为明显，或者可以确定照片中某区域的真实色彩接近白色时，这种方法尤为实用。

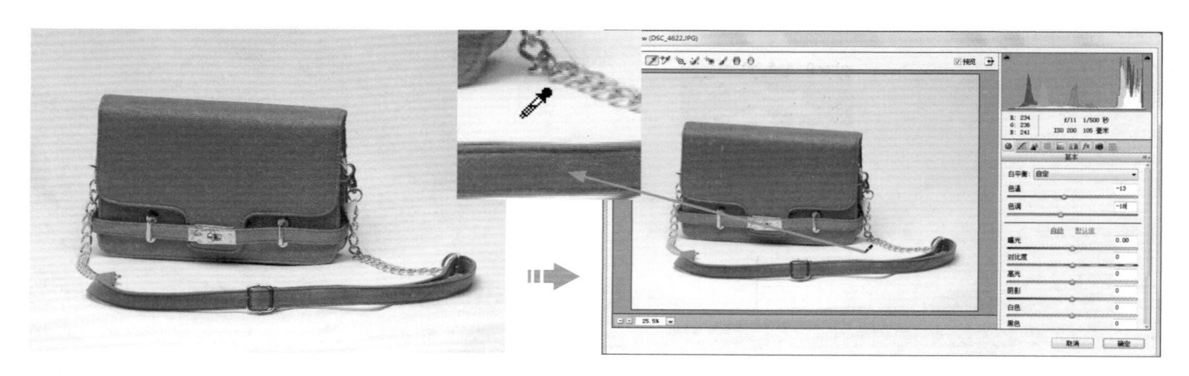

通过补色进行校色

使用“白平衡工具”固然可以校正偏色的照片，但是不能保证校正的效果完全精确，接下来介绍一种利用补色原理进行校色的方法，它能够提高校色的精准度。

首先对需校正的照片的图层进行复制，接着执行“滤镜 > 模糊 > 高斯模糊”菜单命令，使用最大的“半径”参数对图像进行模糊处理，然后执行“图像 > 调整 > 反相”菜单命令，此时所得到的图像就是原照片的补色图像，表示原照片中所欠缺的颜色，最后将图层的混合模式更改为“强光”，并适当降低图层的“不透明度”，可以看到皮包照片偏黄的问题得到了有效改善，如下图所示。

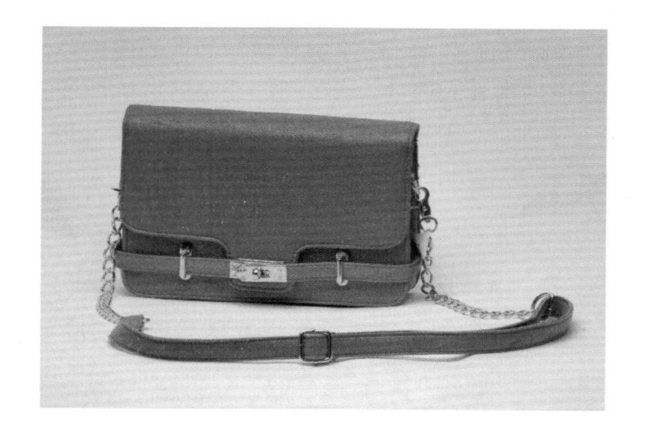

“高斯模糊”后进行“反相”处理，再调整混合模式和不透明度。

2.3.2 让商品照片摆脱“灰色阴影”

拍摄商品时如果曝光不准，尤其是偏向过曝，拍出的照片颜色就会相对淡一些，看起来就像蒙了一层灰白色的雾。此外，拍摄时的光线也很重要，如果是在白天日照强烈时拍摄，光线本就较硬且颜色发灰白，也会使照片蒙上“灰色阴影”。当遇到这些情况的时候，可以在Photoshop中通过简单的几步对商品照片的影调进行调整，使其恢复到正常的层次和视觉效果，便于商品形象的塑造。

如下图所示，在Photoshop中打开一张画面偏灰的唇膏照片，执行“图像 > 调整 > 色阶”菜单命令，在打开的“色阶”对话框中设置“输入色阶”选项组中的参数，或者直接拖动滑块调整参数，在调整的过程中可以看到照片中图像的亮度和层次发生了变化。

观察到照片中商品表面呈现灰蒙蒙的效果，影响商品的形象。

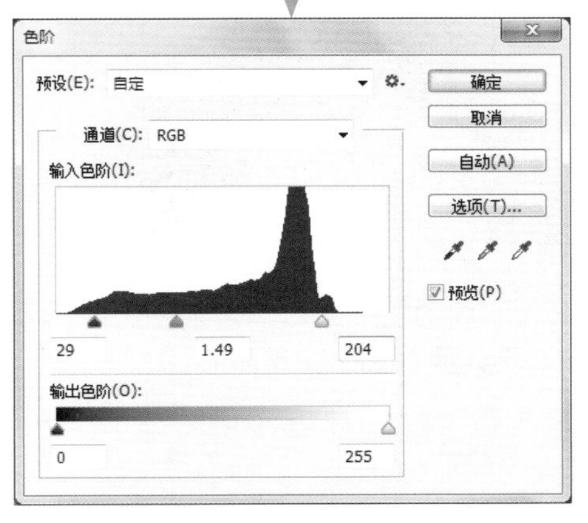

如下图所示，将照片的局部放大，可以看到灰暗的唇膏盖子图像在经过“色阶”命令调整后，显示出了原本的金属色泽，更接近商品的真实外观，能够帮助消费者做出准确的判断。

处理前，画质灰暗，没有层次，显得廉价和没有档次。

处理后，画面层次清晰，表现出了盖子的金属质感。

2.4 商品照片的精细修饰

拍摄商品照片时可能会使用摄影棚、挂钩等辅助场地和工具，同时由于拍摄使用的相机大多像素较高，也会把商品上的灰尘、毛发等细微对象清晰地摄入画面。这些元素也许看起来很微小或不起眼，但一旦出现在商品照片中，就会影响商品照片的表现力，因此，在处理商品照片时就需要将它们去除。

2.4.1 去掉用于悬挂商品的挂钩

拍摄箱包、衣服等商品时通常会使用挂钩将商品悬挂起来，以完整展现商品的某一面，但是挂钩也不可避免地出现在了画面中，破坏了画面的整体美感。下面就来学习如何去除拍摄中用于悬挂商品的挂钩的图像。

打开一张手提包照片，将照片放大后，可以清晰地看到包带顶端出现了一个铁丝挂钩，如下图所示。挂钩的出现使得原本较为理想的商品展示画面变得格外不美观，接下来综合使用多种方法去除在商品内部和外部两个不同位置的挂钩图像。

通过观察可以看到，挂钩上端的铁丝位于商品之外，而且四周的图像颜色较为单一，因此可以使用将铁丝图像添加到选区，再为选区填色的方法来清除，具体操作如下图所示。

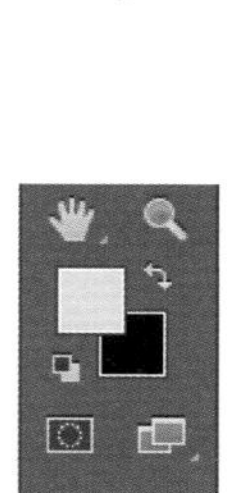

将铁丝图像添加到选区后，在铁丝的周围提取颜色作为前景色，然后使用提取的前景色填充选区。

接下来，为了清除余下的位于包带上的铁丝图像，需要使用其他方法，这里利用“仿制图章工具”的仿制功能，将一个区域的图像复制到目标区域，以遮盖住铁丝图像，如下图所示。在按住 Alt 键时设置仿制区域，接着在目标区域单击，就会把仿制区域的图像覆盖在目标区域上。

80 模式：正常 不透明度：100% 流量：100% 对齐 样本：当前图层

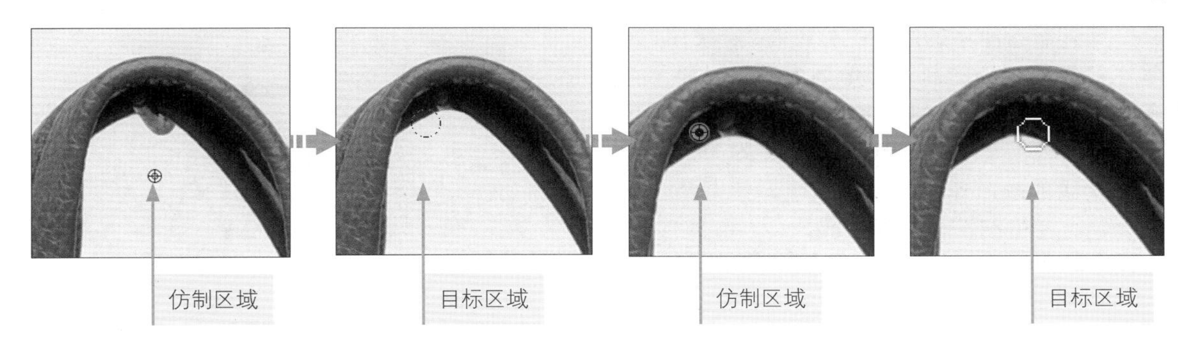

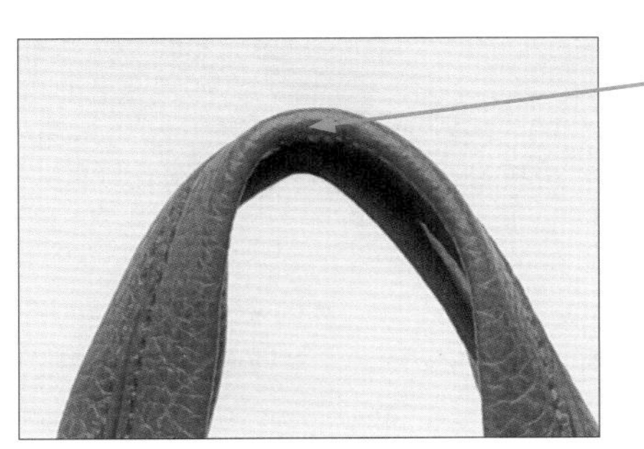

去除了挂钩图像后，可以看到手提包包带原本与挂钩连接的位置显示出较为真实的阴影和材质效果，整体画面更加美观了，如左图所示。

2.4.2 清除摄影棚的痕迹

在摄影棚中拍摄衣服、箱包、鞋子，或者一些体积较小的商品时，很有可能将摄影棚的边角、接缝摄入画面，这些元素会直接暴露拍摄的环境，破坏整个画面的美观性，在处理商品照片时可以通过一个较为有效的方式将其清除，具体的操作如下。

先来观察如左图所示的男式衬衫照片，可以看到衬衫位于画面的中央，周围的图像表明照片是在小型摄影棚中拍摄的。通过仔细观察可以发现，摄影棚图像的颜色基本一致，为了减轻操作的负担并获得较为理想的处理效果，这里使用“画笔工具”清除摄影棚的痕迹。

选择“画笔工具”后，按住Alt键在衬衫图像边缘单击提取颜色作为前景色，接着使用“画笔工具”在衬衫图像周围涂抹，如下图所示。

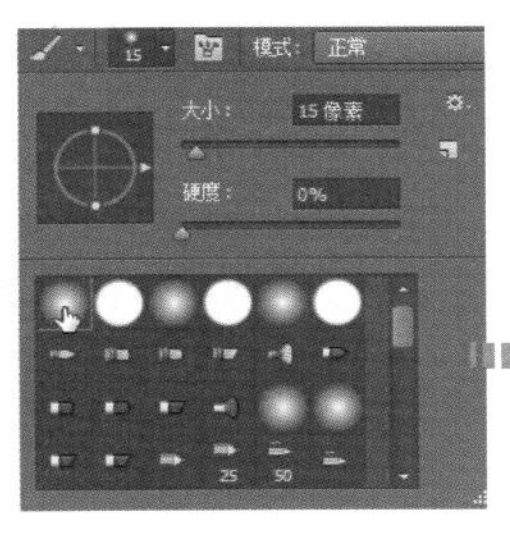

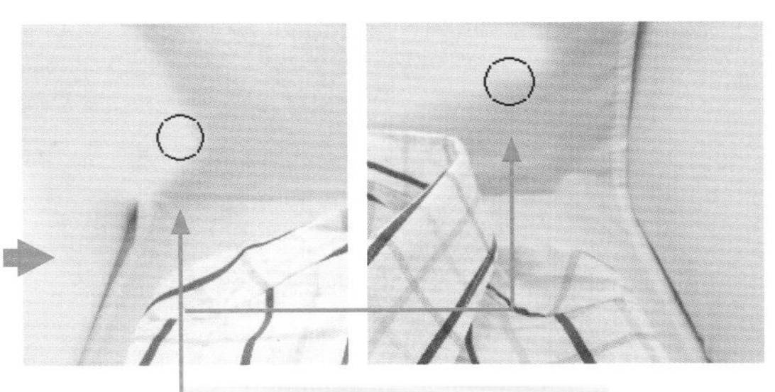

在如右图所示的照片中可以看到，使用“画笔工具”处理后的衬衫图像周围的背景显示为单一的颜色，但是衬衫图像在这样的背景颜色包围下并不会让人感到突兀。那是因为提取了衬衫边缘的颜色作为涂抹的颜色，使得整个画面颜色之间的衔接自然而真实。

提示

这种画笔涂抹的方法之所以有效，是因为这张照片中的摄影棚基本为纯色。如果拍摄背景是有花纹的，那么这种方法就不适用了。

2.4.3 消除模特身上的瑕疵

某些商品会通过模特佩戴、穿着等方式进行展示，这就为商品照片添加了新的对象——模特。模特自身条件是否完美会直接影响商品形象的展示效果，很多时候，需要对照片中模特身上的瑕疵进行消除。

如下图所示为通过模特佩戴来展示项链的照片，尽管由于画面空间有限，只拍摄了模特的颈部等身体的局部，但是仍暴露了模特较多的缺陷。在高分辨率和高像素的照片中，可以清晰地看到模特的皮肤不平整，有很多痘痘和粗大的毛孔，这些因素有损项链的形象，需要对其进行针对性的修复。接下来应用磨皮处理对照片进行美化。

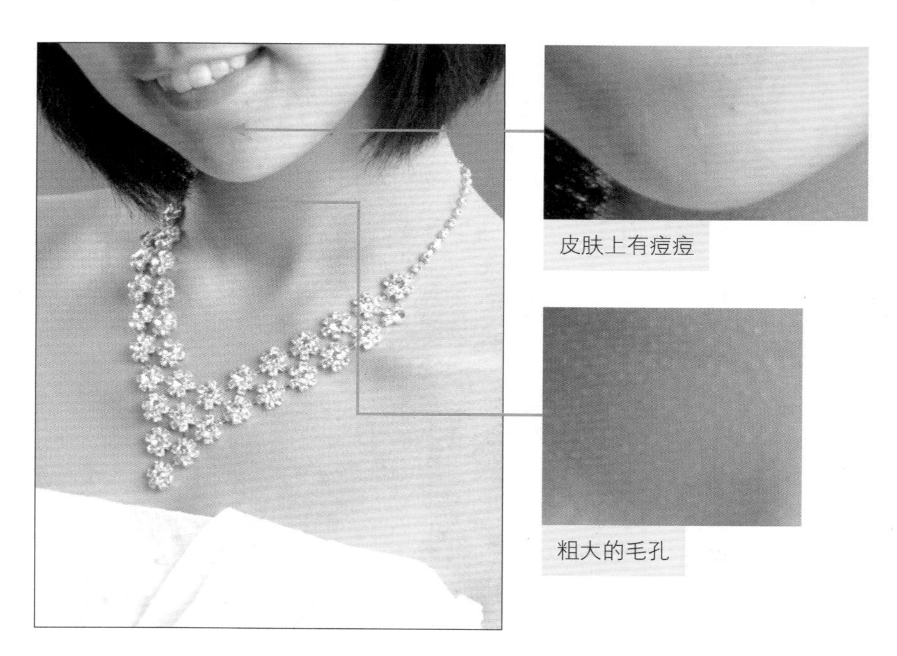

磨皮处理就是让照片中模特的皮肤变得平整而光滑，在 Photoshop 中将“高斯模糊”滤镜与图层蒙版结合使用，可以达到这一目的，具体的操作如下。

复制图层，执行“滤镜 > 模糊 > 高斯模糊”菜单命令，在打开的对话框中设置模糊的半径，接着为图层添加黑色的图层蒙版，如下图所示。

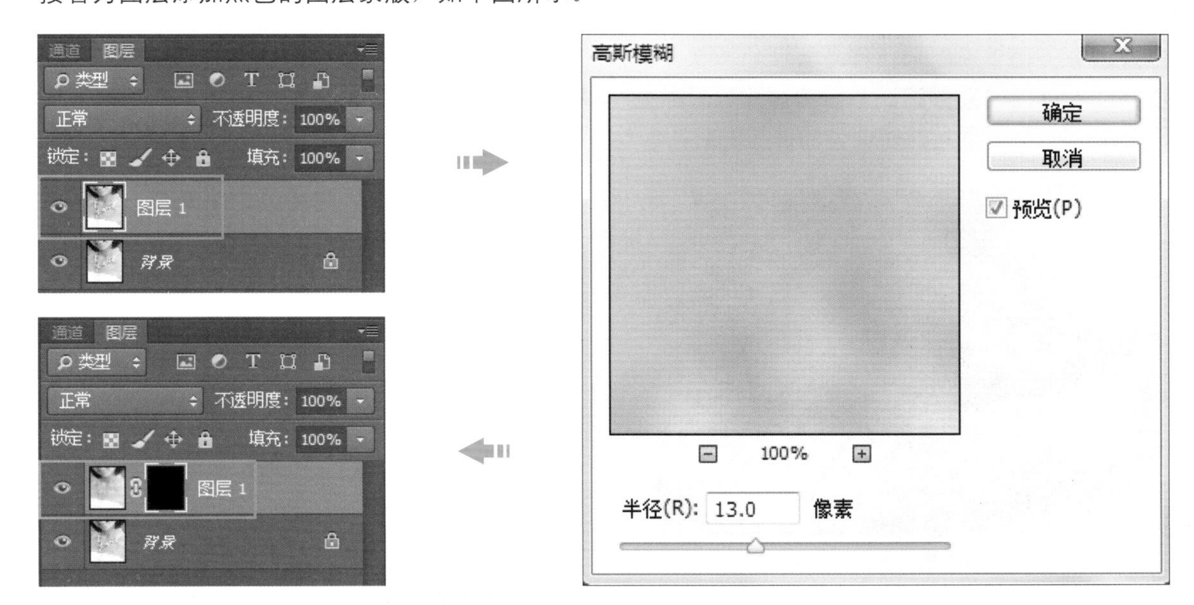

选择工具箱中的“画笔工具”，在其选项栏中进行设置，接着设置前景色为白色，使用白色的画笔在模特的皮肤位置涂抹，涂抹的过程实际就是编辑图层蒙版的过程。在涂抹的过程中可以看到原本不平整的皮肤变得细腻，即显示出应用“高斯模糊”滤镜的效果，如下图所示。

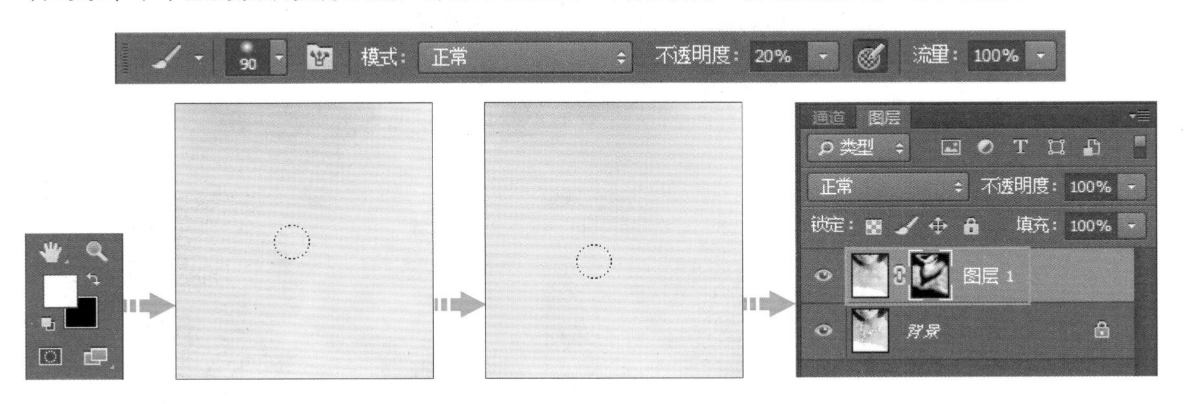

完成图层蒙版的编辑后，将图像放大进行对比，如下图所示。可以看到模特皮肤的明显变化，处理后的皮肤更加细腻、光滑。

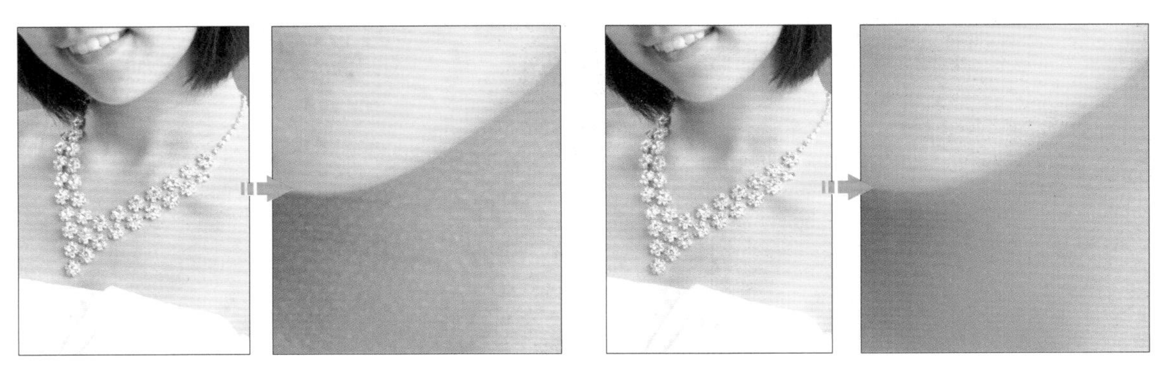

2.4.4 去除商品包装上的瑕疵

在某些商品照片中，商品本身是没有任何明显瑕疵的，但是与商品搭配的包装盒上却可能会出现瑕疵，如不规则的边缘、残缺的边角、毛糙的线头、污迹，都会大大降低商品的档次，不利于商品形象的建立，因此，商品照片的后期处理中，对这些瑕疵的处理也是应该引起注意的。接下来就以一个饰品盒的处理为例进行讲解。

在如左图所示的照片中可以看到，饰品的外观形象较为完整，而饰品盒的边角位置却出现了多处毛糙的线头，这些线头在照片被放大后格外显眼，降低了饰品的档次。根据照片中饰品盒的色彩，可通过创建选区再填色的方式进行修复。

选择工具箱中的“多边形套索工具”，沿着饰品盒的内侧边缘进行绘制，将包含了线头的图像添加到选区中，如下图所示。

绘制选区

创建的选区

创建选区后，使用“吸管工具”在选区中的黑色区域提取颜色作为前景色，接着按快捷键Alt+Delete，为选区填充前景色，完成后可以看到线头图像消失了，如右图所示。

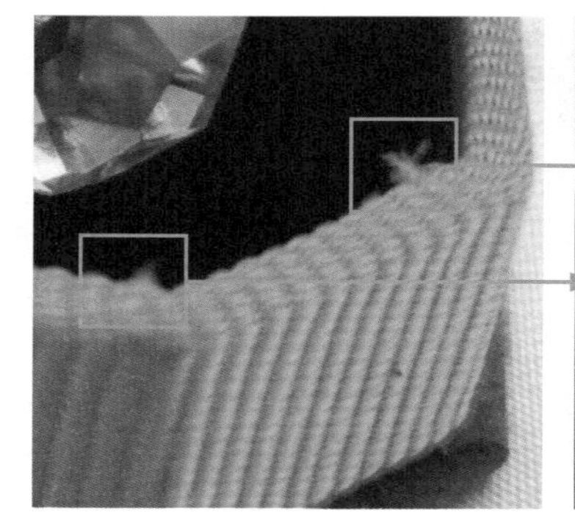

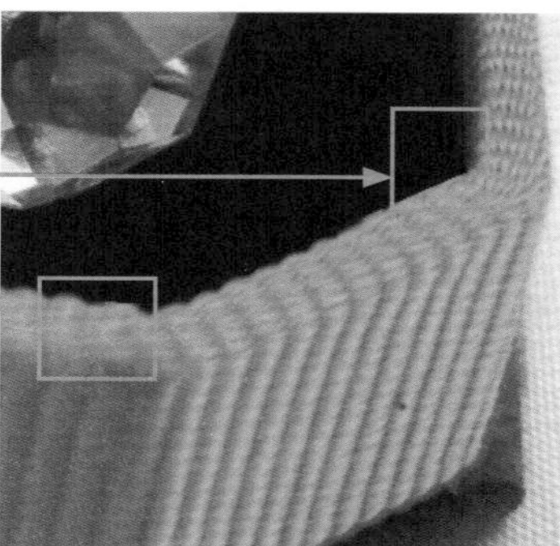

在如左图所示的放大对比图中可以看到，处理后的画面呈现出精致、完美的饰品盒细节，能够更好地帮助建立商品形象。

2.4.5 修补商品表面的缺陷

有些商品表面的缺陷是随机出现的，尤其是使用天然材料制造的商品更加难以保证品质的统一，但是这种缺陷并不会在每件商品中都出现，因此，类似这样的缺陷在商品照片的后期处理中也是需要重点修复的。如下图所示，用天然石材制作的饰品上的麻点或划痕是具有随机性的，并不是每件饰品上都会有相同的缺陷，为了树立商品的形象，将这些瑕疵清除是最佳的选择。接下来就介绍如何将这些瑕疵清除，打造出完美的饰品细节展示图。

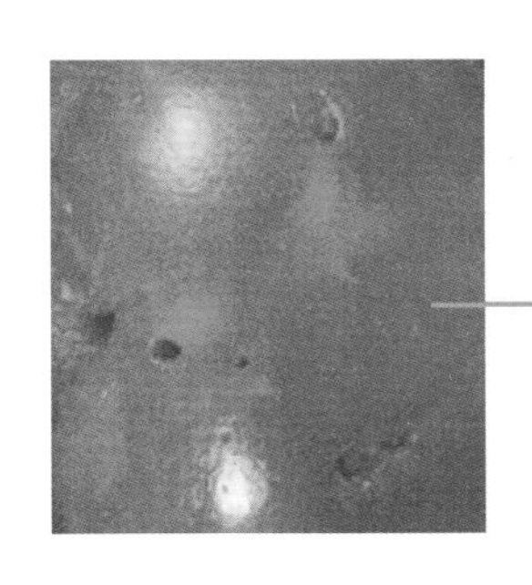

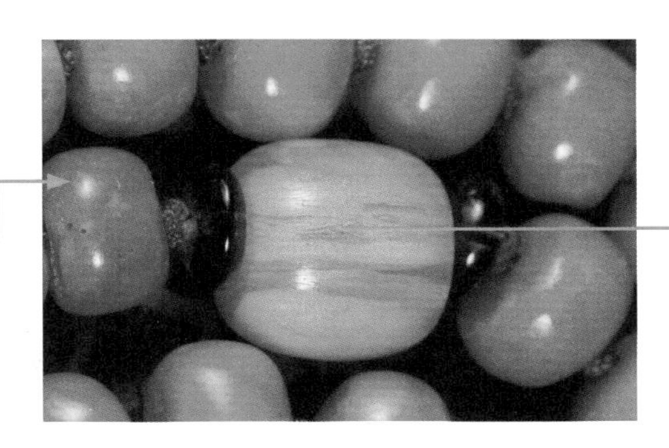

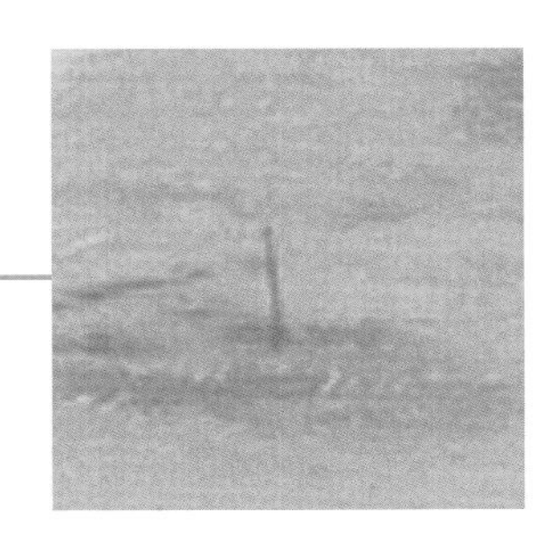

选择工具箱中的“污点修复画笔工具”，在其选项栏中进行设置，接着放大图像，在有瑕疵的串珠图像上涂抹，涂抹之后 Photoshop 自动对瑕疵进行修复。重复以上操作，直到得到较为满意的修复效果，具体操作如下图所示。

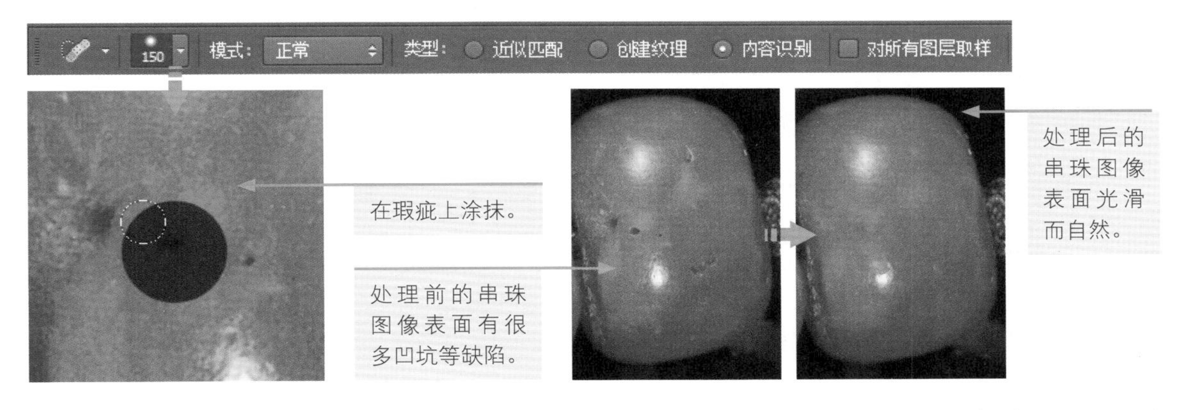

对上述较为独立且细小的瑕疵使用“污点修复画笔工具”可以得到理想的修复效果，但是对于一些周围纹理方向感较为明显的划痕，就需要使用“仿制图章工具”来修复，具体操作如下图所示。首先设置“仿制图章工具”的选项栏，接着按住 Alt 键单击取样，再单击划痕进行修复，修复后的串珠图像纹理清晰、表面光滑，如下图所示。

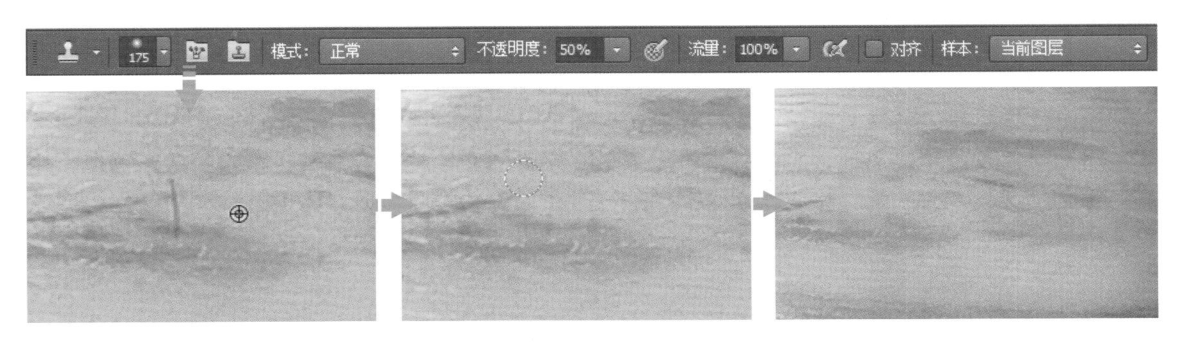

2.5 添加文字与图形修饰

为了向消费者完整传递商品的外观、功能、属性等信息，在网店装修中除了需要添加商品照片外，还要结合文字、图形表现更多有用的商品信息。Photoshop 提供了大量创建和编辑文字和图形的工具。本节就来使用这些工具在图像中添加文字和图形丰富画面效果。

2.5.1 文字的添加与设置

在进行网店装修时会应用到大量的文字，不同风格的文字搭配可以形成不同的视觉效果。Photoshop 拥有完整的文字输入和编辑功能，接下来就对 Photoshop 的文字功能进行讲解。

输入文字

在 Photoshop 中可以使用“横排文字工具”和“直排文字工具”为网店装修设计图添加所需的文字，操作的方法非常简单，只需使用这两个工具在图像窗口中单击，然后使用键盘输入文字即可，具体的操作如下图所示。

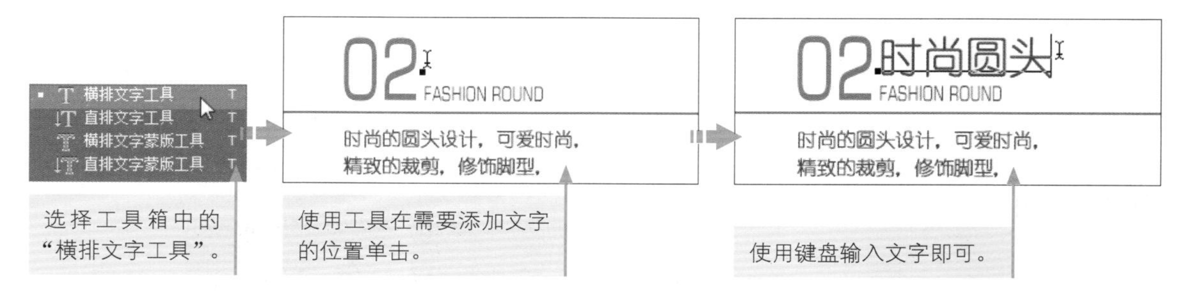

上图所示的操作用于添加点文字，也就是一个水平的文本行或垂直的文本列，它从图像中单击的位置开始。点文字适用于在图像中添加少量文字。

除了点文字外，还有区域文字和路径文字。区域文字是一个文本块，使用“横排文字工具”或“直排文字工具”在图像窗口中需要添加文字的位置单击并拖动，创建出文本框后再在其中输入文字，文本框的边界会对文字的显示进行限制，具体的操作如下图所示。

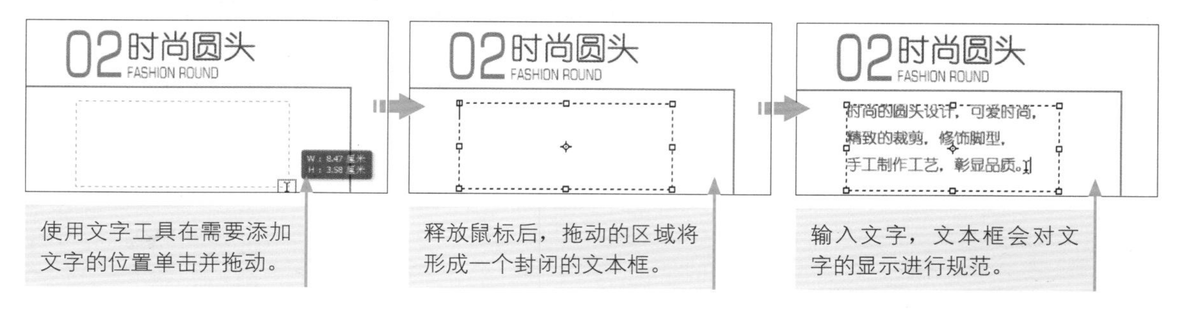

路径文字是指沿着开放或封闭的路径的边缘流动的文字。当沿水平方向输入文字时，文字将沿着与基线垂直的路径出现。当沿垂直方向输入文字时，文字将沿着与基线平行的路径出现。在任何一种情况下，文字都会按将锚点添加到路径时所采用的方向流动。由于这种文字在网店装修中使用频率较低，在这里就不再展开介绍。

设置文字的属性

使用文字工具添加了文字之后，就可以使用“字符”面板调整文字的字体、字号、颜色、间距等属性，还可以通过调整文字基线偏移，修饰文字的排列效果，如下图所示。

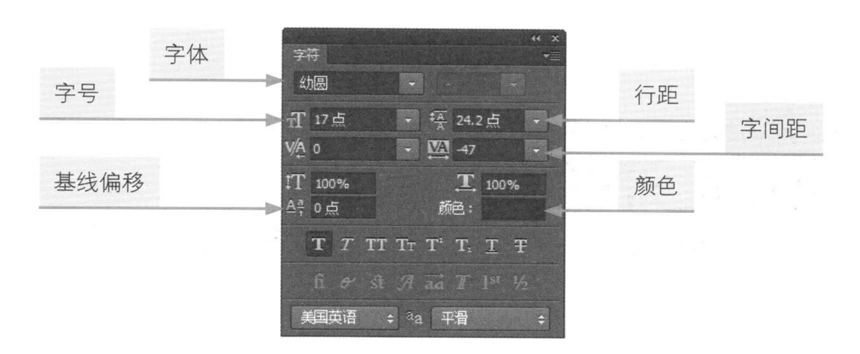

如下图所示为使用“字符”面板对不同内容的文字分别进行属性设置的效果。可以看出，字间距、行距、颜色等选项只是对文字外观的细微更改，而对文字外观的影响最为直接的还是“字体”选项。

如果只需要对文字图层中的部分文字进行设置，可以先使用文字工具选中需要编辑的文字，再在“字符”面板中进行设置，完成设置后切换到其他的工具即可，具体的操作如下图所示。

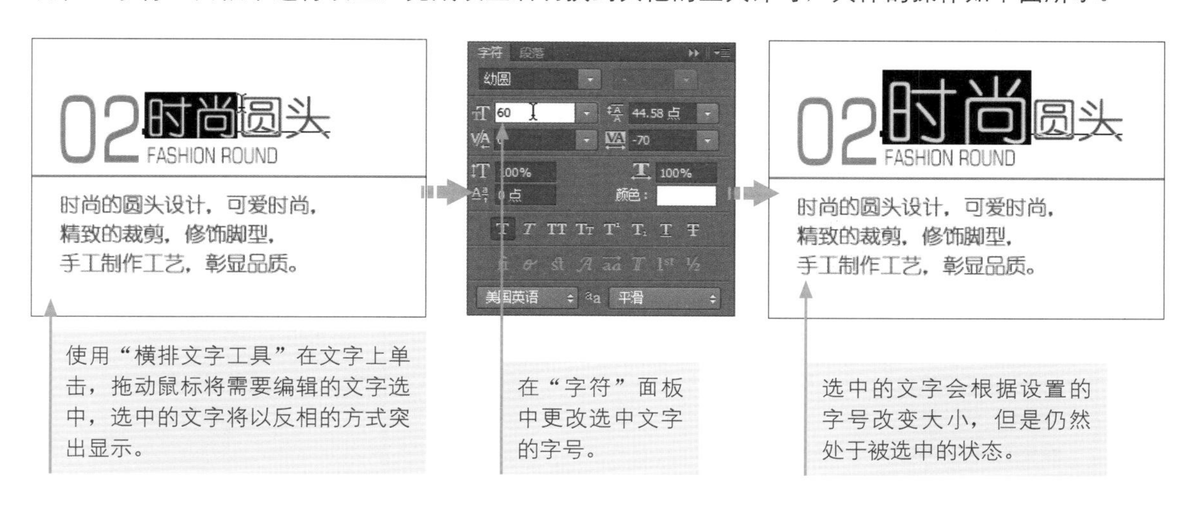

2.5.2 文字的艺术化编排

文字的艺术化编排就是将多组文字以美观的形式组合在一起，表现出一定的层次感、艺术性和较强的视觉冲击力。如下图所示为使用不同字体、字号、颜色的文字进行艺术化布局编排的效果。

在进行文字的艺术化编排时，除了使用不同字体、字号、颜色的文字进行组合搭配之外，还可以为文字添加修饰图形（修饰图形的绘制将在后面的小节中讲解），使文字表现得更清晰醒目，如下图所示。

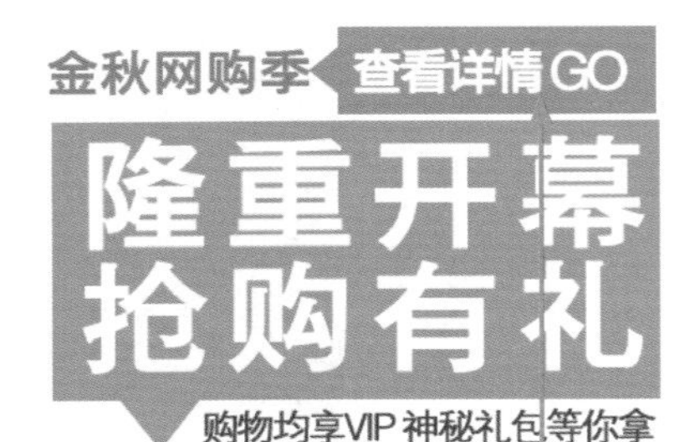

为文字添加箭头形状的修饰图形，既对消费者的视线有一定的指引作用，又可将文字信息区隔开来，显得条理清晰。

文字的对齐方式也是艺术化编排中较重要的因素。左对齐排列的文字符合人们的阅读习惯，给人工整有序的视觉感受；居中对齐排列的文字可以吸引观者的视线，营造一种安静稳定的感觉；右对齐排列的文字可以给人自由、轻松的感受。具体选择何种文字对齐方式，要根据设计图的布局而定。如下图所示分别为左对齐和居中对齐的效果。

左对齐

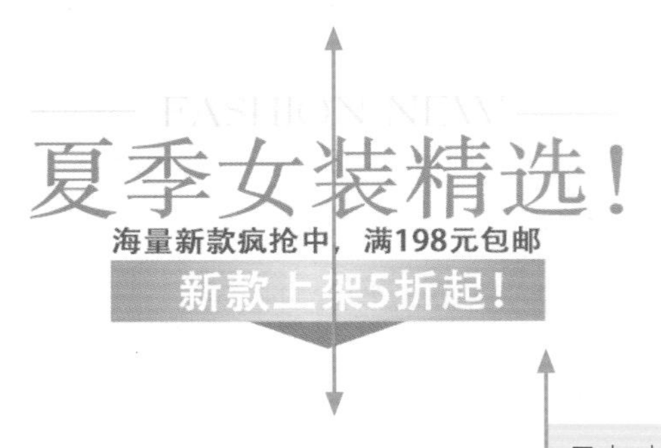

居中对齐

2.5.3 变形文字的制作

变形文字就是通过对文字的部分笔画进行变化，使其呈现出另一种外形，或者构造出别样的风格。制作变形文字有两种方法：第一种是通过“文字变形”命令；第二种是将文字转换为形状后使用“钢笔工具”对文字的笔画进行重新创作。

■ “文字变形”命令

“文字变形”命令可以使文字呈现扇形、波浪形等特殊效果，并提供变形选项让用户可以精确控制变形效果的取向及透视。如下图所示为使用“文字变形”命令的操作过程，可以看到经过处理之后的文字显示出一定的透视和变形效果。

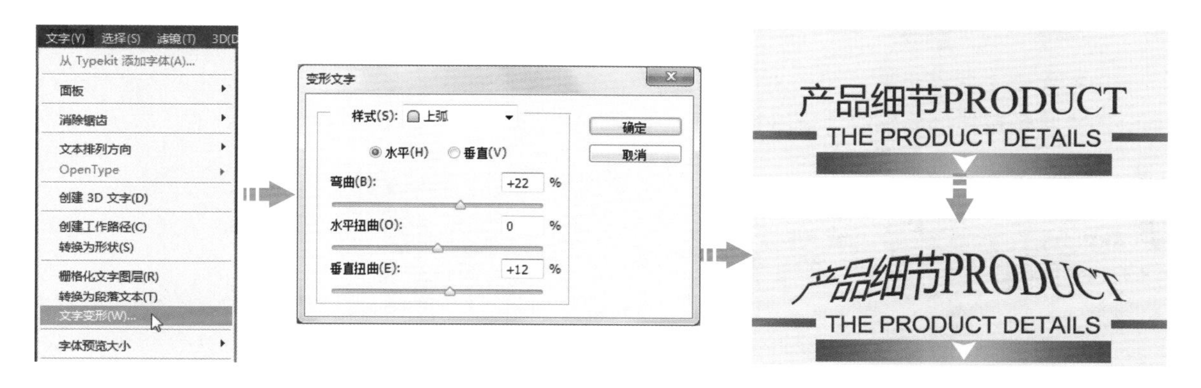

需要注意的是，使用“文字变形”命令不能变形包含“仿粗体”格式设置的文字图层，也不能变形使用不包含轮廓数据的字体的文字图层，如位图字体。

■ 使用“钢笔工具”绘制变形的笔画

为了让网店装修设计图中的标题文字更加引人注目并表现出一定的设计感，在制作标题文字时常常会使用“钢笔工具”对文字的部分笔画进行重新绘制，而保留文字大部分的外观不变。这种变形文字的制作比使用“文字变形”命令更为复杂，但是最终呈现的视觉效果往往更具艺术感。如下图所示为使用“钢笔工具”绘制变形笔画的效果。

2.5.4 绘制规则形状的修饰图形

在网店装修的过程中，常常会使用各种规则的形状来对画面进行点缀、布局等，如矩形、圆形、圆角矩形、多边形等，这些形状都可以利用 Photoshop 中的形状工具绘制出来。接下来就对这些规则形状的绘制方法和技巧进行讲解。

绘制矩形外观的修饰图形

使用“矩形工具”可以绘制出长方形或正方形的修饰图形。选择工具箱中的“矩形工具”，可以看到如下图所示的选项栏，在其中可以对所绘制矩形的填充色、长宽尺寸等进行设置。

矩形在网店装修中的应用较为广泛，例如，可在文字的下方放置矩形以对多组文字信息进行划分，或者利用矩形的外观营造出某种视觉效果，如下图所示。

绘制圆形外观的修饰图形

使用“椭圆工具”可以绘制出椭圆形或正圆形的修饰图形。该工具常用于在网店装修设计图中绘制某些项目符号，或者制作出气泡效果。该工具的选项栏与“矩形工具”的选项栏基本一致，如下图所示。

要绘制椭圆形，只需用“椭圆工具”在图像窗口中单击并拖动即可。如果要绘制正圆形，在拖动鼠标的时候按住 Shift 键即可。如下图所示为在以“椭圆工具”绘制的正圆形的基础上进行创意设计，制作出的网店装修设计图。

绘制圆角矩形外观的修饰图形

“圆角矩形工具”可以绘制出四个角带有一定弧度的矩形，它的选项栏与“矩形工具”的选项栏基本相同，只是多了一个“半径”选项，如下图所示，该选项用于控制圆角的弯曲程度。

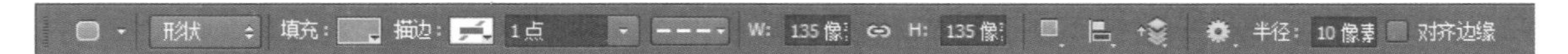

在网店装修设计中，“圆角矩形工具”是一个非常实用且常用的工具，多用来绘制按钮、图标等。如右图所示为使用“圆角矩形工具”绘制的按钮效果。

绘制多边形外观的修饰图形

“多边形工具”可以绘制出多边形和星形，还可以根据需要控制图形的边数和凹陷程度。在工具箱中选中“多边形工具”后，可以在其选项栏中看到如下图所示的选项，大部分选项与“椭圆工具”和“矩形工具”的选项类似。

单击选项栏中的按钮，在弹出的菜单中勾选“星形”复选框即可绘制出星形。选项栏中的“边”选项用于控制绘制出的多边形的边数或星形的顶点数，在该选项的数值框中输入多边形的边数或星形的顶点数，设置的范围为 3 ～ 100，即可绘制不同的多边形或星形，如下图所示。

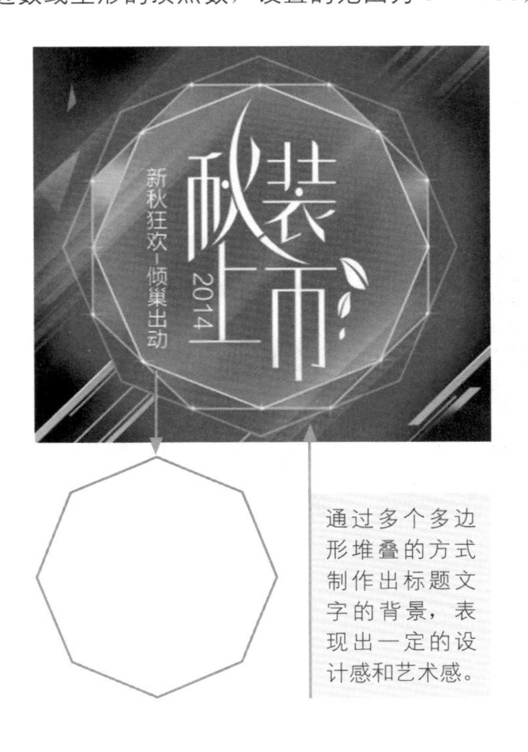

通过多个多边形堆叠的方式制作出标题文字的背景，表现出一定的设计感和艺术感。

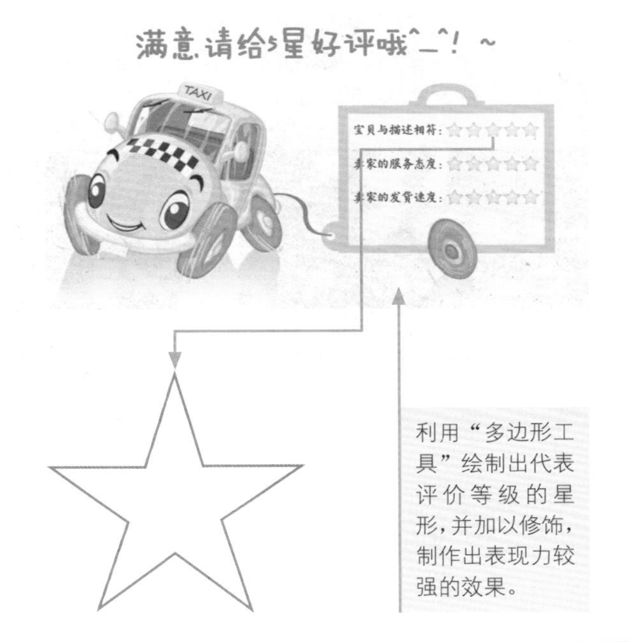

利用“多边形工具”绘制出代表评价等级的星形，并加以修饰，制作出表现力较强的效果。

2.5.5 添加自定义形状让画面更丰富

如果前面介绍的规则形状的修饰图形不能满足网店装修的需要，还可以使用“自定形状工具”快速添加丰富的图形，以提升工作效率。

“自定形状工具”预设了多种形状，用户还可以把自己绘制的形状添加到预设形状列表中，以便今后重复使用。选择工具箱中的“自定形状工具”，可以看到如下图所示的选项栏，该选项栏与其他形状绘制工具的选项栏基本一致，只是多了一个“形状”选取器，用于选择需要绘制的预设形状。

单击“形状”选项后面的下拉按钮，可以打开“形状”选取器，再单击右上角的设置按钮，在弹出的扩展菜单中选择“载入形状”命令，可以打开如下图所示的“载入”对话框，在其中可以选择所需的预设形状，将其载入到“形状”选取器中。

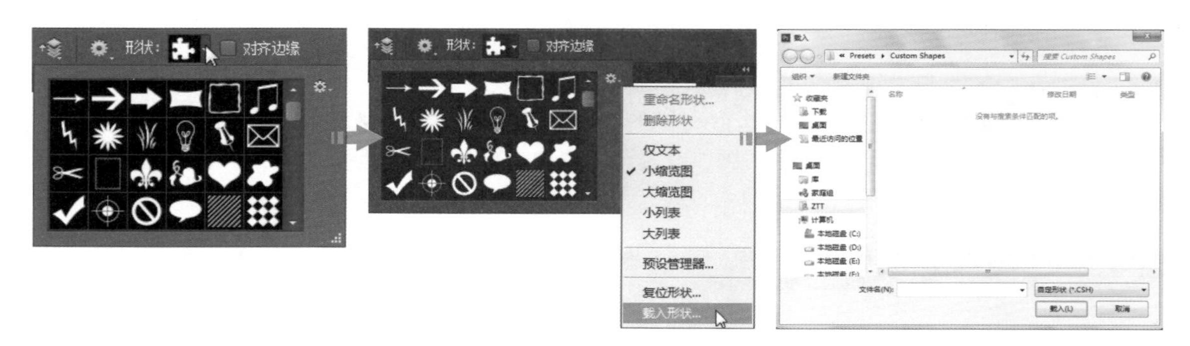

如果选择扩展菜单中的“全部”命令，可以将 Photoshop 中所有的预设形状载入到“形状”选取器中。但如果“形状”选取器中载入了过多的预设形状，选取时就需要花费较多的时间，此时可以在扩展菜单中选择“复位形状”命令，将“形状”选取器中的形状恢复为默认的预设形状，再根据需要载入其他形状类型即可。

除了 Photoshop 提供的预设形状以外，还可以从网络上下载形状预设文件，将其加载到 Photoshop 中使用。如下图所示为加载到“形状”选取器中的常用形状，使用这些形状可以大大提高绘制修饰图形的效率。

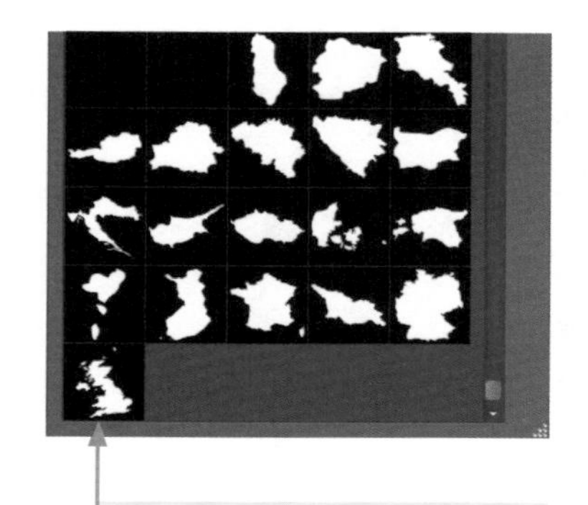

丰富的地图外形的素材，可用于修饰装修设计图的背景。

多种样式的盾牌形状，可用于制作标题栏及商品简介区域。

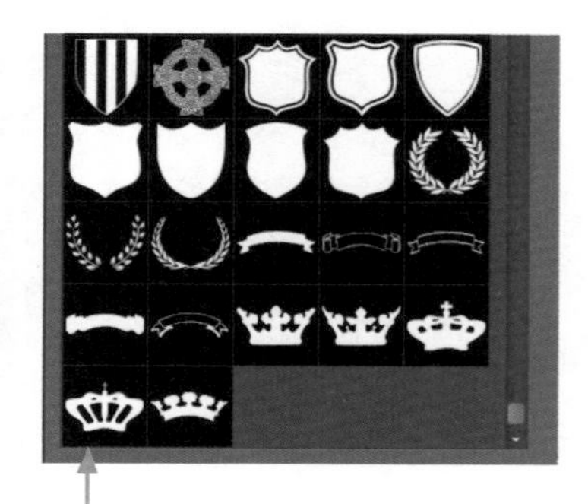

欧洲皇室风格的形状，可用于修饰文字或商品图片。

提示

对于绘制出的自定义形状，如果想要更改其外观，可以使用“直接选择工具”单击形状边线以显示出形状锚点，单击锚点可显示锚点的方向控制杆。此时单击锚点并拖动，可移动锚点位置；单击方向控制杆的端点并拖动，可调整形状的外观。

2.5.6 随心所欲绘制修饰图形

如果前面介绍的绘图工具都不能满足网店装修设计的需要，那么就需要使用“钢笔工具”来进行创作了。这是“钢笔工具”在网店装修中除了精细抠图之外的另一个重要用途。如右图和下图所示的云朵图形、衣服图形等，都是使用“钢笔工具”绘制而成的。

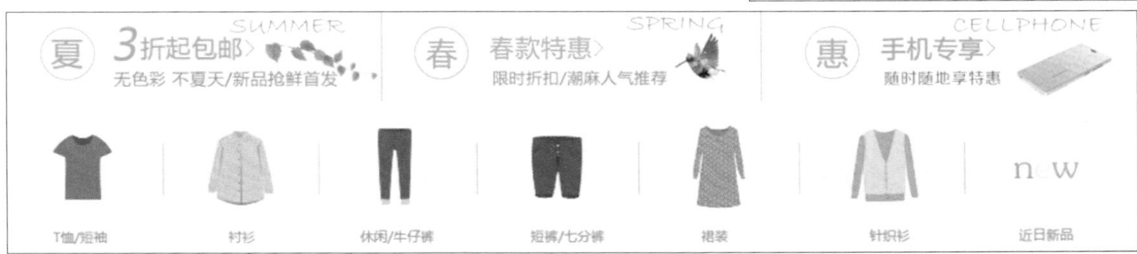

“钢笔工具”可以绘制出任意形状的路径，也可以修改原有的路径。选择“钢笔工具”后，在其选项栏中可以看到如下图所示的选项，与其他绘图工具的选项类似。

使用“钢笔工具”创建的路径由一个或多个直线或曲线线段组成，每个线段的起点和终点由锚点标记。路径可以是闭合的，也可以是开放的，并具有不同的端点。通过拖动路径的锚点、方向点或路径段本身，都可以改变路径的形状。

如下图所示为使用“钢笔工具”绘制路径，然后将路径转换为形状，接着为其填充颜色的操作。

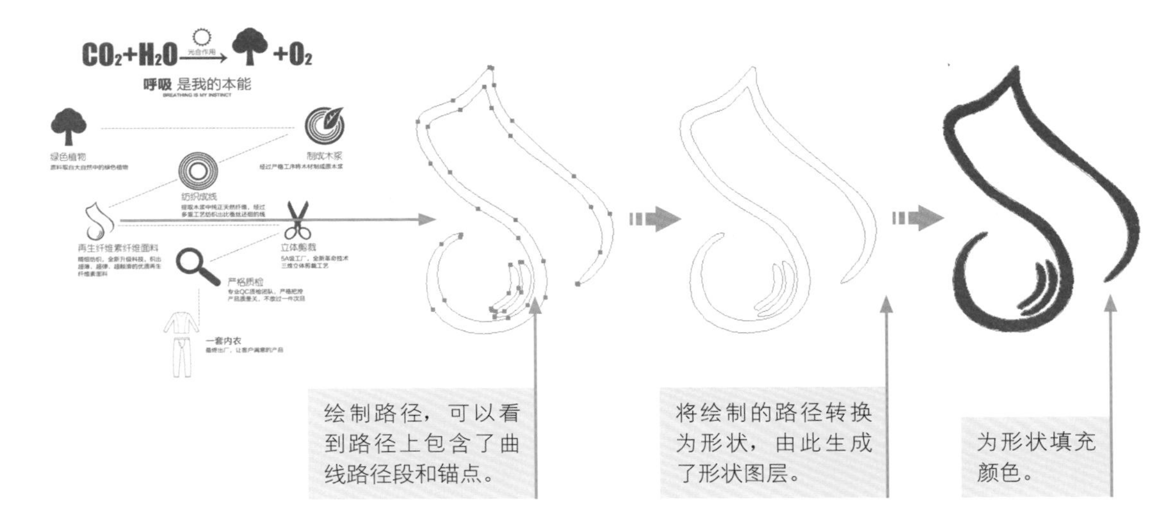

绘制路径，可以看到路径上包含了曲线路径段和锚点。

将绘制的路径转换为形状，由此生成了形状图层。

为形状填充颜色。

使用“钢笔工具”绘制路径时需要注意，方向线始终与锚点处的曲线相切，即与曲线的半径垂直。每条方向线的角度决定曲线的斜度，每条方向线的长度决定曲线的高度或深度。如右图所示分别为调整平滑点上的方向线和角点上的方向线的编辑效果。

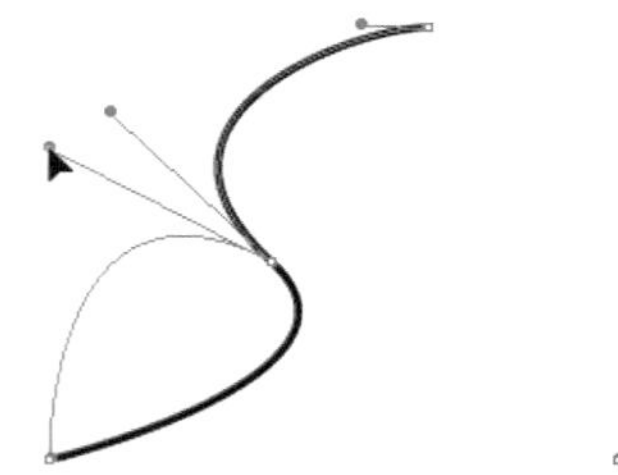

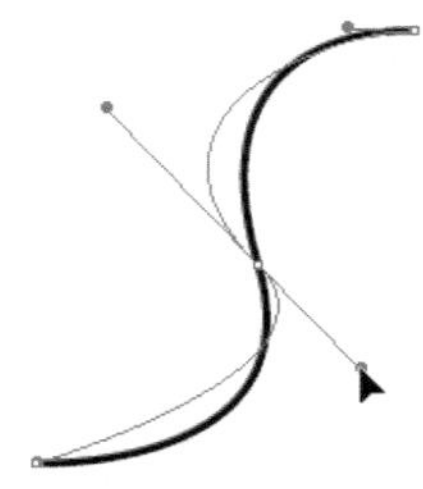

2.6 图像合成与特效制作

进行网店装修时可能会将商品图像合成到其他的画面中，并使用一些特效来创造更有吸引力的画面，如制作白底效果的商品图、将拍摄的照片处理成手绘效果、构建景深等，接下来就对这些合成和特效处理技法进行讲解。

2.6.1 制作白底效果的商品图

网店中的商品在参与电商平台组织的某些特殊营销活动时，电商平台会对活动中使用的商品照片提出一些要求，其中要求提供白底的商品照片就是最为常见的一种。白色的背景可提升视觉上的和谐感，让整个页面的商品显得统一而专业。白底效果的商品图可以通过将商品照片与白色的图像进行合成的方式制作出来。

以一张饰品的商品照片为例，拍摄的背景为报纸，用它制作出白底效果商品图的具体操作过程如下图所示。

将饰品图像添加到选区中。

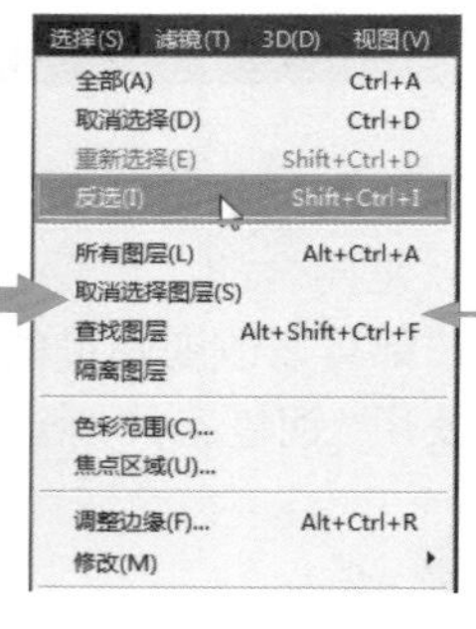

执行“选择 > 反选”菜单命令。

将选区反向后，除饰品图像外的图像被选中。

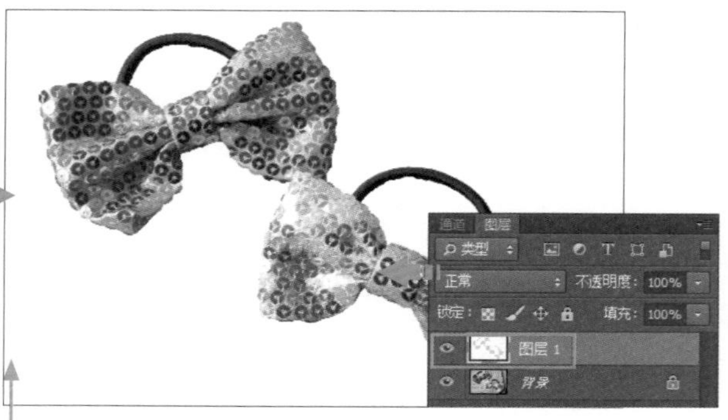

新建图层，使用白色的前景色填充选区。

制作白底效果的商品图是合成图像操作中最简单的一种，其原理就是通过选区来控制白色图像的范围，让白色的图像铺满除商品图像以外的区域。操作中一定要注意准确选取商品图像，才能保证最终的制作效果精致而完美。

2.6.2 合成装饰元素让画面更丰富

在拍摄商品照片时，可能由于装饰道具不易获取等原因无法进行搭配拍摄，那么就可以在后期处理中通过图像合成为商品照片添加装饰元素，挖掘出原本单调、平凡的商品中蕴含的深意，丰富画面的内容。

如下左图所示为某化妆品的商品照片，在拍摄过程中为了能完整地捕捉化妆品包装的外观，没有搭配任何装饰道具。而在后期的网店装修过程中，设计师为了表现出该化妆品“纯天然”的卖点，利用花朵素材来点缀画面，提升了商品的品质感，同时也能够使消费者从画面中了解到更多的信息，如下右图所示。

使用花朵素材合成后的效果

如下图所示为合成花朵素材的操作过程，通过添加素材、抠取花朵图像、调整影调、制作倒影四个环节，将原本毫无关联的化妆品和花朵自然而和谐地拼合在了一个画面中。

添加花朵素材，调整素材的显示角度、大小和位置。

将花朵图像从素材中抠取出来。

调整花朵图像的影调，使其与化妆品图像的影调一致。

为了获得逼真的合成效果，通过复制图层、翻转图像、编辑图层蒙版后制作出花朵的倒影。

2.6.3 简单几步打造手绘设计图

在网店装修中，为了表现出商品的设计感、线条感，以及营造出高档次的效果，往往会在商品详情页面添加手绘设计图，以此来暗示消费者，商品是由专业设计师打造的。下面就来讲解如何用商品照片制作出逼真的手绘设计图效果。

01 打开一张手提包的照片（商品的背景最好为白色或接近白色），接着按快捷键Ctrl+J，复制“背景”图层，得到“图层 1”图层。

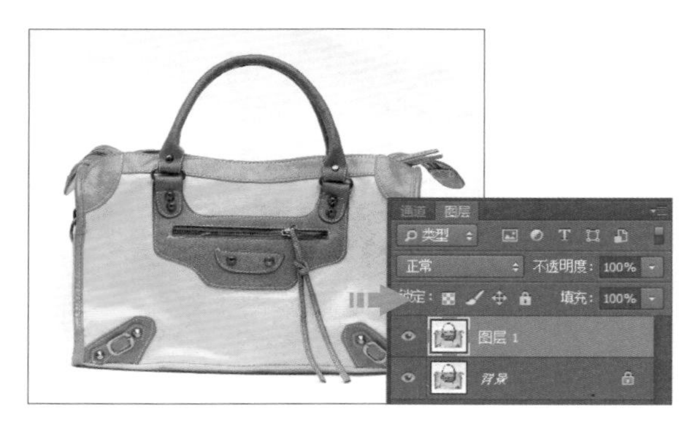

02 选中“图层 1”，执行“图像 > 调整 > 去色”菜单命令，将图层中的彩色图像转换为灰度图像。

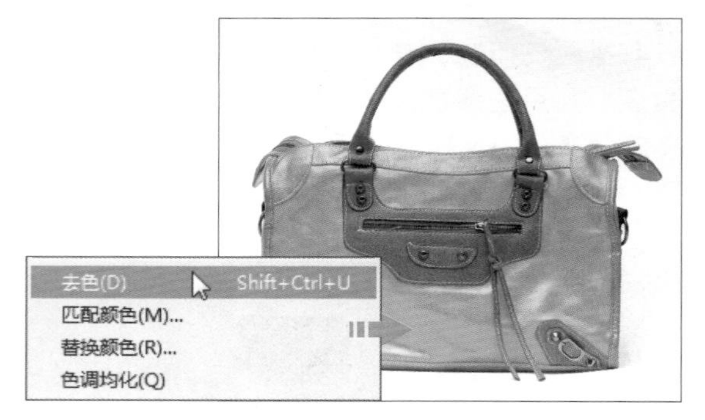

03 对“图层 1”执行“图像 > 调整 > 反相”菜单命令，对灰度图像进行反相处理，随后设置“图层 1”的图层混合模式为“线性减淡（添加）”，此时图像窗口中的手提包图像基本为纯白色。

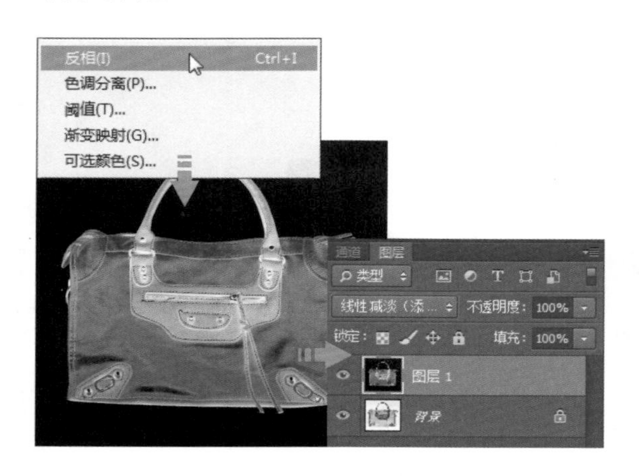

04 执行“滤镜 > 其他 > 最小值”菜单命令，在打开的“最小值”对话框中设置“半径”选项的参数为 6 像素，在“保留”下拉列表中选择“方形”选项，此时图像窗口中的手提包图像显示出彩色边缘的轮廓。

05 创建“黑白”调整图层，在打开的“属性”面板中调整各个选项的参数，控制图像中各种颜色的明暗度。因为手绘设计图一般为铅笔绘制，将图像转换为灰度效果可以让制作出的效果更逼真。

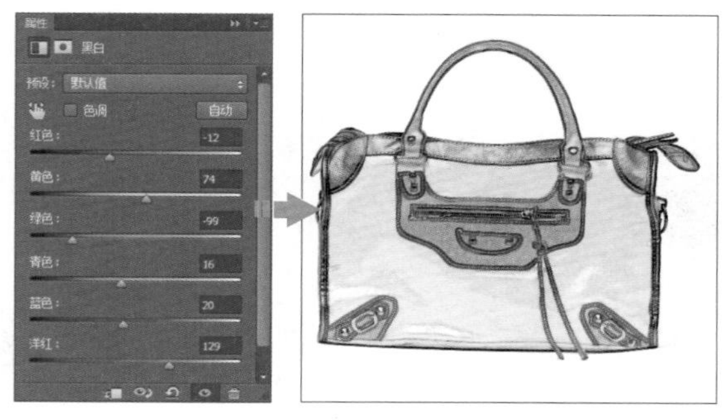

06 创建“色阶”调整图层，在打开的“属性”面板中调整RGB选项下的色阶值，提升图像中明暗之间的层次，以表现出手绘笔画的轻重变化效果。在图像窗口中可以看到手提包图像的线条显得更加轻盈、真实。

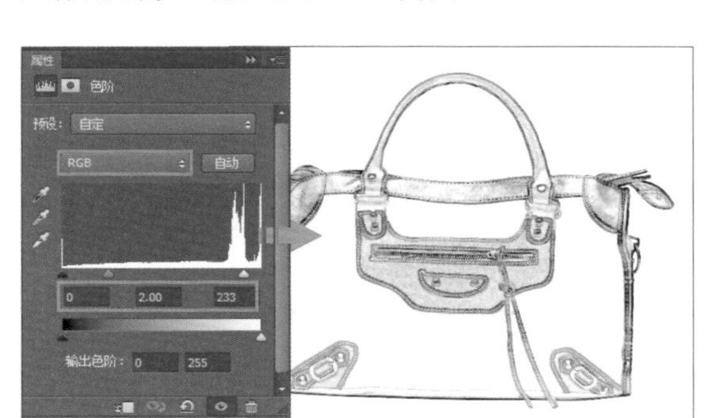

07 为了模拟出真实手绘的笔触效果，还要为线条添加粗糙的绘制痕迹。盖印可见图层后得到“图层2”，将其转换为智能对象图层，接着执行“滤镜 > 滤镜库”菜单命令，使用“阴影线”和“海报边缘”滤镜对图像进行修饰。

08 使用“横排文字工具”输入文字，设置手写体风格的字体，并旋转文字的角度，模拟出手写的随意效果，最后使用“钢笔工具”在文字下方绘制出随手一笔的笔迹，完成手绘设计图的制作。

提示

以上步骤中最关键的操作是“最小值”滤镜的设置及“滤镜库”中滤镜参数的调整。这两个步骤中的参数都是与所编辑照片的像素尺寸有关的，读者可通过反复试验来获得最理想的效果。

2.6.4 构建景深突出商品形象

商品照片中的商品需要处于画面的视觉中心点，但是如果拍摄时背景较为复杂，或者拍摄出来的照片层次不清晰，则会导致商品在画面中不突出。此时可以通过后期处理制作出景深效果，也就是保持商品图像的清晰度，而将商品之外的对象进行适当模糊，以展示出清晰的景深，突出商品的形象。

Photoshop提供了多个用于构建景深的模糊滤镜，特别是“模糊画廊”中的“光圈模糊”“场景模糊”“倾斜偏移”三个滤镜，它们可以快速创建三种不同的模糊效果。其中的“光圈模糊”滤镜可以在照片中模拟出真实的浅景深效果，不管拍摄时使用的是什么相机或镜头，都可以使用该滤镜自定义多个焦点，实现传统相机不可能实现的效果，具体的操作如下图所示。

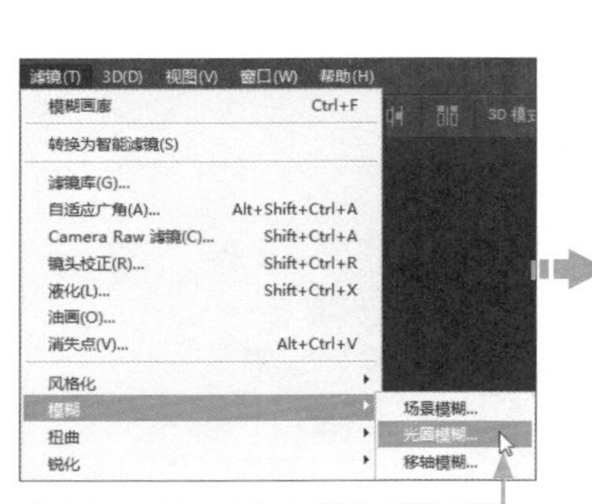

执行“滤镜 > 模糊 > 光圈模糊”菜单命令。

在图像窗口中调整模糊光圈的大小和位置，可以看到光圈中的商品图像保持原本的清晰度，而光圈外的图像显示出逐渐模糊的效果。

如下图所示为使用“光圈模糊”滤镜前后的效果对比。可以看到原照片中的背景及周围的修饰元素都显得较为清晰，使得画面的集中感不强；而处理后的照片将饰品周围的图像进行了适当的模糊处理，使饰品与周围的图像形成了对比，由此构建出景深效果，进一步突出表现了饰品的形象。

处理前的饰品照片

构建景深后的效果

2.6.5 让商品照片细节变清晰的方法

清晰是网店装修设计中对商品照片最基本的要求。为了让商品图像的细节更加清楚，除了在拍摄时要做好对焦外，在后期处理中往往还需要使用 Photoshop 中的锐化滤镜和锐化工具来加强细节的表现力。常用的锐化图像的方法有如下两种。

■ 使用便捷的“USM锐化”滤镜

“USM 锐化”滤镜根据指定的量增强邻近像素的对比，使得较亮的像素变得更亮，而较暗的像素变得更暗。该滤镜需设置的参数较少，操作简单，且图像信息丢失的可能性小，在商品照片的锐化处理中应用较为广泛，具体的使用方法如下。

执行“滤镜 > 锐化 >USM 锐化”菜单命令，在打开的“USM 锐化”对话框中对参数进行设置，可以即时观察到锐化的效果，如下图所示。

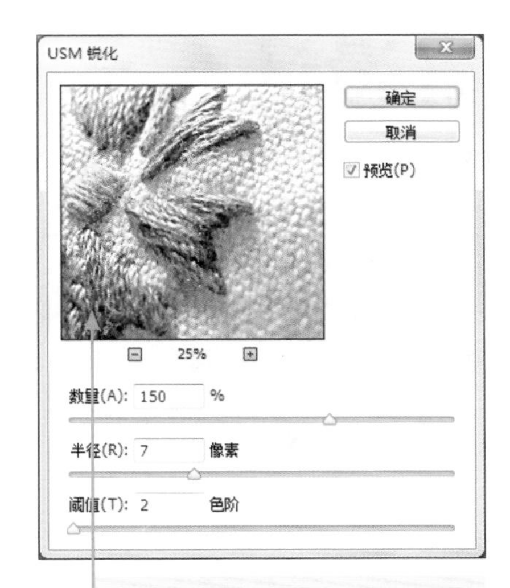

锐化前布料图像的纹理略显模糊，表现力不强。

锐化后布料图像的纹理清晰，表现力更强。

在“USM锐化”对话框中进行设置时，可以在预览区实时预览锐化的效果。

精确控制锐化效果的“智能锐化”滤镜

“智能锐化”滤镜具有“USM锐化”滤镜所没有的锐化控制功能。如果对于商品照片的锐化效果要求较高，可以使用该滤镜对照片进行精细锐化，它能控制对阴影和高光区域的锐化量，并且能减少锐化中杂色的产生。

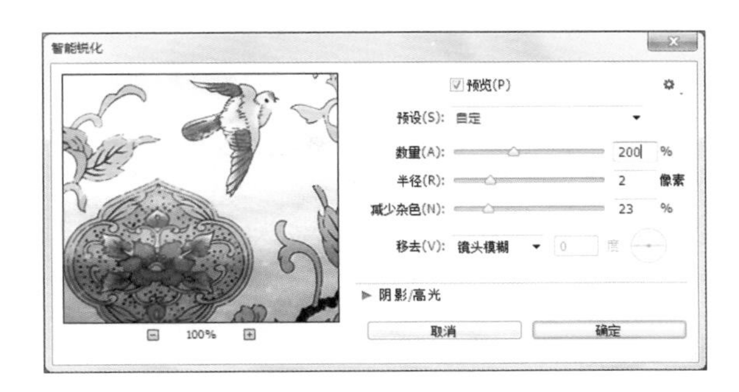

“智能锐化”对话框如左图所示，可以看到该滤镜的基本设置参数。若要对更多参数进行设置，可以单击“阴影/高光”选项前的三角形按钮，展开隐藏的选项。但要注意的是，“智能锐化”滤镜在使用过程中会占用大量内存，多次调整参数后，可能会因为内存不足而无法预览。该滤镜的实际应用效果如下图所示。

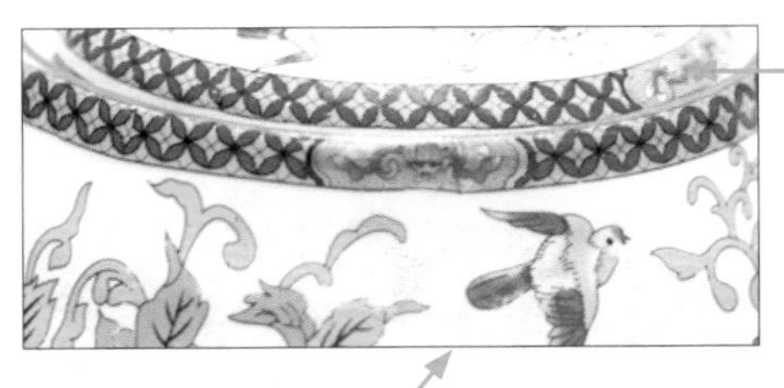

锐化前茶壶上的图案边缘不够清晰，容易造成一种商品不够精致的错觉。

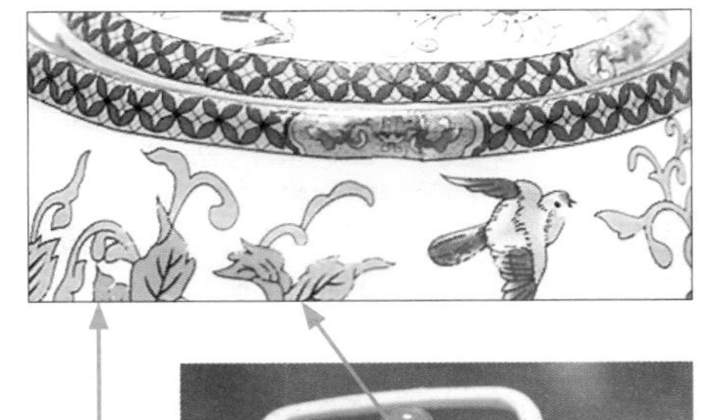

锐化后茶壶上的图案变得精细、锐利，色彩及细节表现更佳，提升了商品的整体档次。

第3章 网店首页各元素设计

网店装修主要包含网店首页的装修和详情页面的装修，其中，网店首页的装修能够最直接地展示店铺的特点和风格。网店首页包括店招、导航条、欢迎模块、商品陈列区、收藏区、客服区等元素。本章将对这些元素的设计一一进行讲解。

3.1 店招与导航条

同实体店一样，网店也有自己的店招，它位于网店首页的最顶端，用于指示和引导，展示店铺的名称、最新活动、销售内容等一系列信息。店招是店铺首页最首要的内容，是消费者进入店铺后看到的第一个模块，也是打造店铺品牌、让消费者瞬间记住店铺的最好阵地。

网店的导航条则相当于实体店中简单的商品区域划分，它位于店招下方，与店招紧密相连，是消费者访问店铺各功能模块的快速通道。消费者通过导航条可以方便地从一个模块跳转到另一个模块，查看店铺的各类商品及信息。清晰的导航条能够保证更多的店铺页面被访问到，使更多的商品、活动被发现，尤其是当消费者要从商品详情页面跳转到其他页面时，若缺乏导航条的指引，店铺的转化率将受到极大影响。

本节将着重讲解网店首页中的店招与导航条的设计规范和设计技巧。

3.1.1 店招与导航条的设计规范

不同的电商平台对店招与导航条的图片尺寸有不同的要求，以淘宝网为例，店招与导航条的设计规范如下图所示。

淘宝网后台设定的店招 + 导航条高度为 150 像素。建议设计时设定店招尺寸为 950 像素 ×120 像素，加上导航条高度 30 像素，刚好是 150 像素，可避免发布后导航条不显示的问题。

清晰展示店铺名称是店招的首要功能，很多网店还在店招中添加店铺近期的促销活动信息、收藏店铺的按钮等内容，力求利用有限的空间传递出更多信息，以刺激消费者的购买欲望；在导航条中也可添加一些方便消费者操作的功能模块，如下图所示。

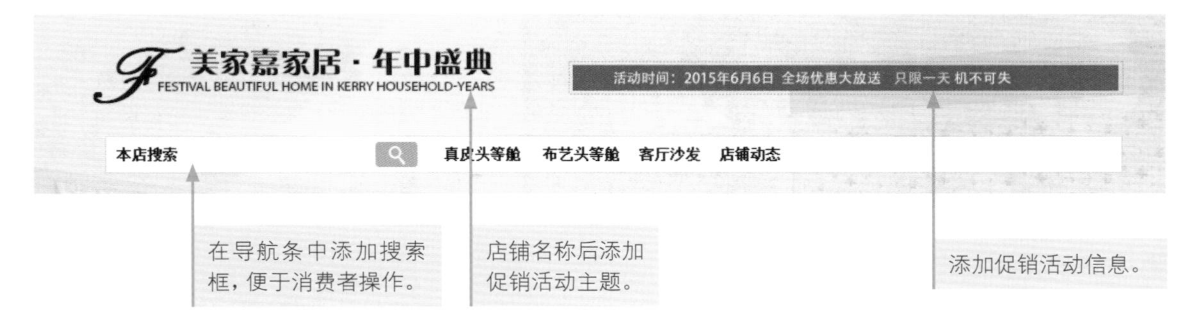

为了树立店铺品牌形象，提升店铺商品的档次和品质感，在设计店招和导航条时要将两者的风格进行统一，利用相似的色彩、修饰元素等来营造视觉上的一致性，打造出独特的店铺装修风格，以让消费者在浏览的短暂时间内对店铺产生预期的印象，如下图所示。

3.1.2 店招中店铺名称的艺术化处理

为了让店招中的店铺名称更具个性，给消费者留下深刻的印象，设计师们总是绞尽脑汁对店铺名称进行各种艺术化处理。接下来就介绍三种对店招中的店铺名称进行艺术化处理的快捷方法。

■ 通过不同字体和字号的组合来营造艺术感

尽管有的店铺会在店招中添加专门设计的店铺徽标或商品品牌徽标来代表店铺名称，但是文字仍是店铺名称最主要的表现形式，因此，可以使用一种最简单也是最有效的方式来美化店铺名称，那就是通过不同字体和字号的组合使用，赋予店铺名称文字一定的设计感或艺术感，如下图所示。

■ 添加特效突出特殊性和醒目度

为了让店招更加美观，在设计时往往会为店招添加合适的背景，但是这样店招中店铺名称的表现常常就会被削弱。此时可以使用添加特效的方式来突出店铺名称的特殊性和醒目度，这些特效包括渐变色、阴影、浮雕、发光等，如下图所示。

为了将店铺名称与导航条、店铺徽标的颜色区分开，使用了金属渐变色和投影来修饰店铺名称，营造出的光泽感和层次感也贴合了店铺中销售的照明设备的特点。

合理使用修饰元素提升观赏性

单一的文字组合、简单的修饰在某些时候并不能真正表现出店铺的风格和设计的精致感。此时通过将合理的修饰元素与店铺名称进行融合设计，以完善、修饰、隐喻或暗示某种信息，让店铺名称的设计更加个性化，不失为一种好方法，如下图所示。

这是三种方法中最为有效，同时也是最为复杂的一种方法，而且这种方法需要设计师具有良好的设计思路、敏锐的观察力和一定的设计经验。

使用花纹素材来修饰店铺名称，文字与素材在外形上的契合，让店铺名称更具个性和艺术感，更容易在消费者心中形成特定的印象。

3.1.3 图层样式在导航条制作中的应用

大部分网店的导航条都是扁平化的风格，因为那是电商的网店装修后台默认的样式，最多允许用户更改导航条的背景颜色，这样的导航条会给人千篇一律的感觉。随着网店装修的个性化、精致化成为一种潮流，导航条也逐渐得到了设计师的关注。一个质感强烈、层次清晰的导航条，不仅可以提升整个店铺首页的档次，而且更具诱惑力，能让消费者更乐意去点击。

那么如何才能提升导航条的质感呢？答案就是使用 Photoshop 中的图层样式。图层样式是网页图像制作中常用的功能之一，它的作用主要是对网页设计元素进行修饰和美化，实现色彩、质感、光泽上的改变。在网店装修中，图层样式同样能够发挥重要的作用。下面通过如下图所示的三个设计案例分析图层样式在导航条制作中的应用。

首页　上装　下装　配饰　售后

同样用“渐变叠加”图层样式来修饰整个导航条，形成中间突出的半圆弧效果，增强了整个导航条的立体感。

用“渐变叠加”图层样式来表现导航条功能按钮被鼠标触碰后的状态，在视觉上形成凹陷的效果，将其与导航条中正常状态下的功能按钮区分开。

首页　茶杯盖　茶杯　茶漏　茶叶架　茶刀

当鼠标触碰到导航条中任意一个功能按钮时，该按钮会呈现向内凹陷的效果，这是添加了“内阴影”和“描边”图层样式的结果。这能给人一种视觉上的错觉，让按钮上的文字更具层次感，更易于展示当前操作的结果。

“首页”是导航条中较重要的一个功能按钮，设计中使用不同于其他按钮的“渐变叠加”图层样式对其进行修饰，使其显得醒目而特殊，以提示消费者该按钮的重要性。

当鼠标触碰到导航条中任意一个功能按钮时，该按钮会呈现出高亮的效果，这个效果是通过调整“渐变叠加”图层样式中的渐变颜色来实现的。

上述三个案例中的导航条外观与大部分导航条类似，不同的是这三个导航条更有立体感，风格上偏向拟物化设计（形态与真实世界中的按钮类似），而这些特殊效果都是利用图层样式来实现的，可见图层样式在导航条设计中的重要性。通过添加图层样式，不仅可以让原本单一的色彩变得绚丽，为设计元素添加内阴影、外发光等特殊的光泽效果，还可以营造立体浮雕、图案纹理等特殊效果。值得注意的是，导航条的设计风格应当和店招乃至整个店铺首页的装修风格一致，不能一味追求华丽而让导航条显得突兀、不协调。

3.1.4 店招与导航条设计案例01

◎ 原始文件：下载资源\素材\03\01.jpg

◎ 最终文件：下载资源\源文件\03\店招与导航条设计案例01.psd

金属色泽的徽标与店铺名称设计：店铺名称的设计是将文字与徽标进行组合编排，其配色是参考化妆品包装上的金属色，通过不同的黄色来组合产生渐变色，使店招中的商品图像与店铺名称文字的颜色更加和谐统一，同时具有点题的作用。

添加主打商品吸引消费者：店招中不能只有店铺名称，本店招还在右侧添加了店铺的广告商品，利用有吸引力的广告语和商品形象来刺激消费者的购买欲望。

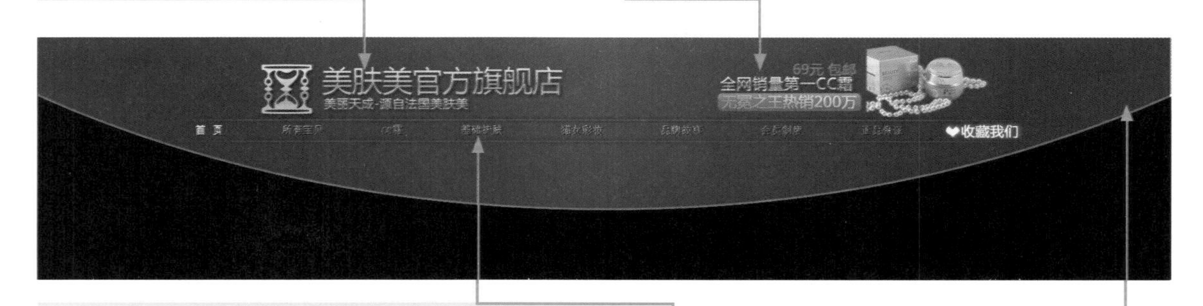

导航条文字设计：为了让导航条中的文字与店招中金色金属色的店铺名称文字在风格上既统一又有差别，对导航条中的文字使用了银色的金属色进行填充。对“收藏我们”这样的特殊文字还使用了外发光的图层样式进行修饰，以使其更加醒目。

弧线形背景设计：在背景设计中使用了圆形的部分弧线，并填充渐变色以提升背景的层次感。弧线象征着女性柔美的外形曲线和温婉的内在气质，与商品的特点一致。

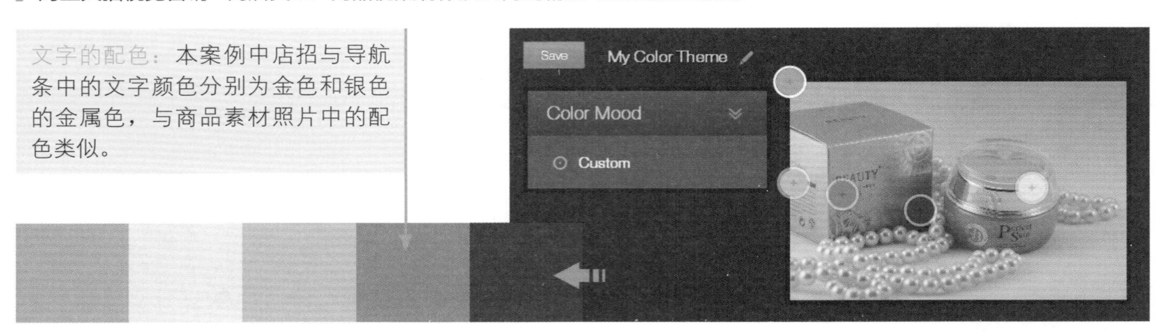

01 运行 Photoshop，新建一个文档，将“背景”图层填充为黑色，接着使用“椭圆工具”绘制一个圆形，只在画面中显示出部分区域，最后使用“描边”和“渐变叠加”图层样式对其进行修饰，制作出店招与导航条的背景。

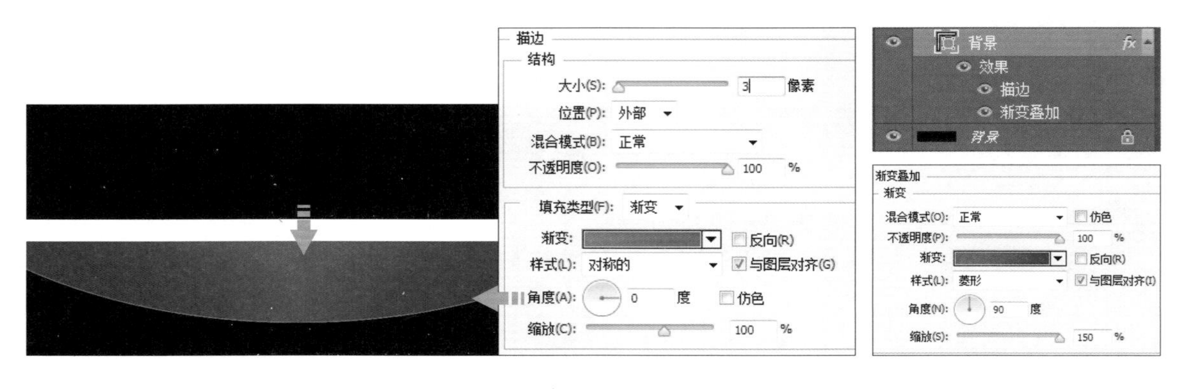

02 选择工具箱中的“圆角矩形工具”，绘制出所需的形状，接着使用“渐变叠加”图层样式对绘制的形状进行修饰，将其作为店招中广告文字的修饰背景。

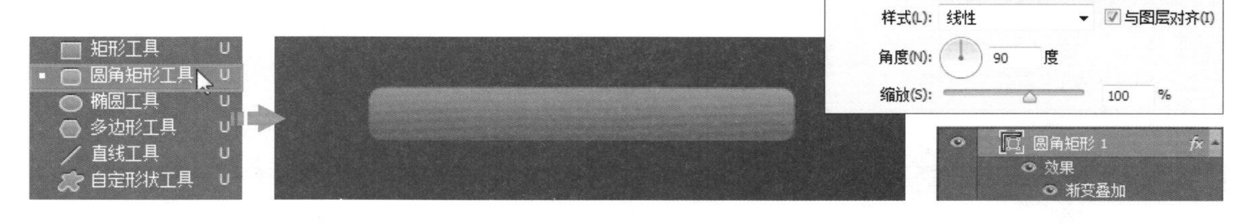

03 选择工具箱中的“横排文字工具”，输入所需的文字，在“字符”面板中设置文字的属性，接着使用“渐变叠加”和“投影”图层样式对文字进行修饰，让文字呈现出银色的金属色。

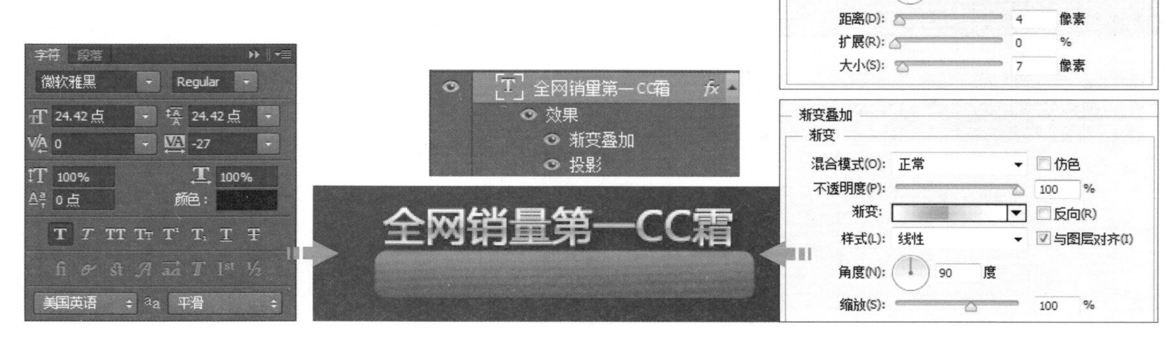

04 继续使用“横排文字工具”输入所需的文字，在“字符”面板中设置文字的属性，同样使用“渐变叠加”和“投影”图层样式对文字进行修饰，将文字移动到前面绘制的圆角矩形上，让文字更加醒目。

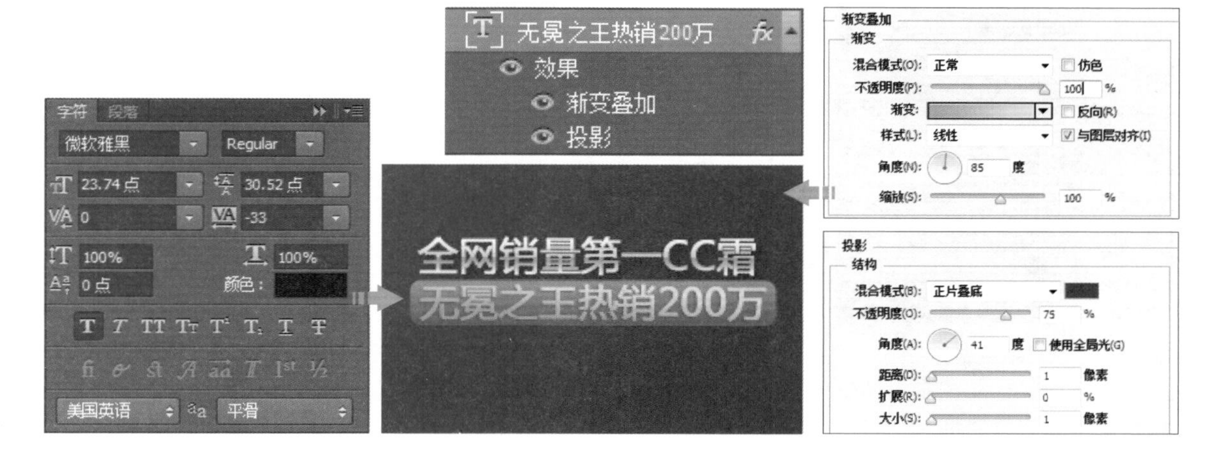

05 添加01.jpg到图像窗口中，适当调整其大小，使用“钢笔工具”沿着化妆品图像创建路径，将路径转换为选区后，为图层添加图层蒙版，将化妆品图像抠取出来。

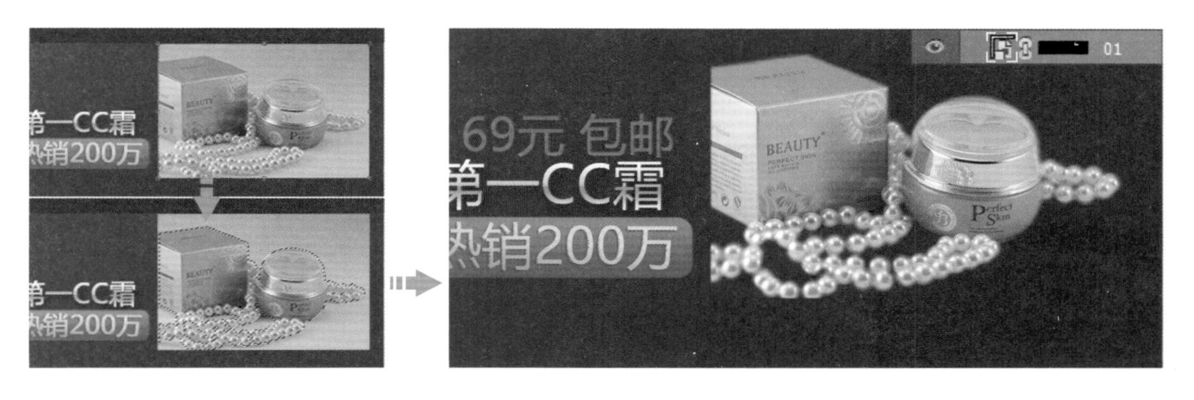

06 为了让化妆品图像的影调与整个画面的影调一致，还需要调整其亮度和层次。将化妆品图像添加到选区中，为选区创建“色阶”调整图层，在打开的“属性”面板中调整参数，提升化妆品图像的亮度和层次。

07 为了进一步完善商品的信息，还需将商品的价格标示出来。选择“横排文字工具”，输入所需文字，在“字符”面板中设置文字的属性，然后将文字放在适当的位置。

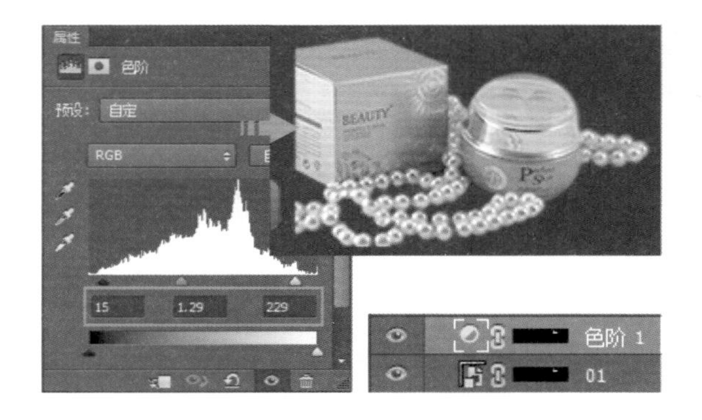

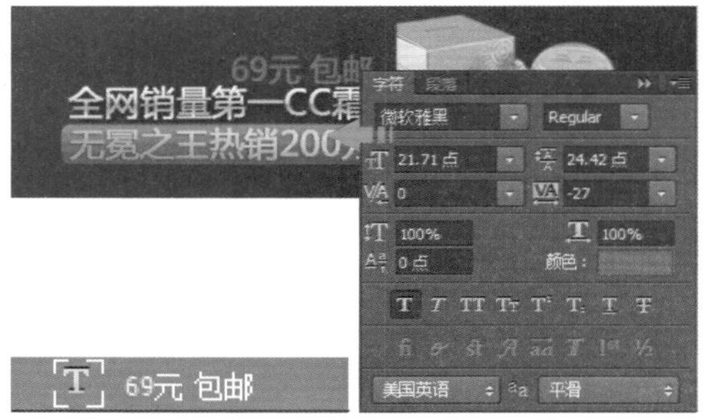

08 继续使用“横排文字工具”输入店招中的店铺名称，接着选择工具箱中的“自定形状工具”，在其选项栏中选择沙漏形状并绘制出来，将输入的文字与绘制的形状组合在一起。

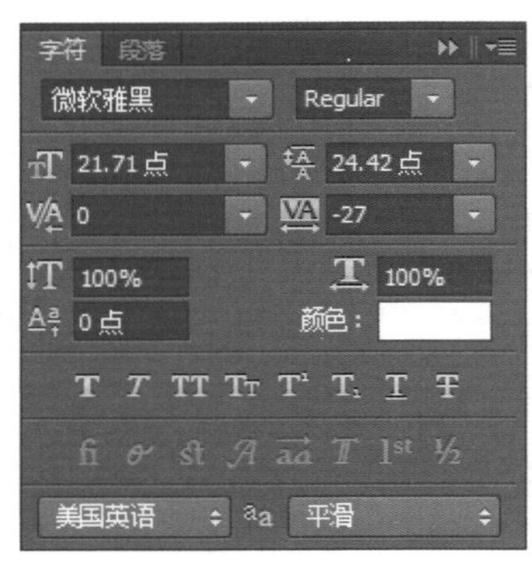

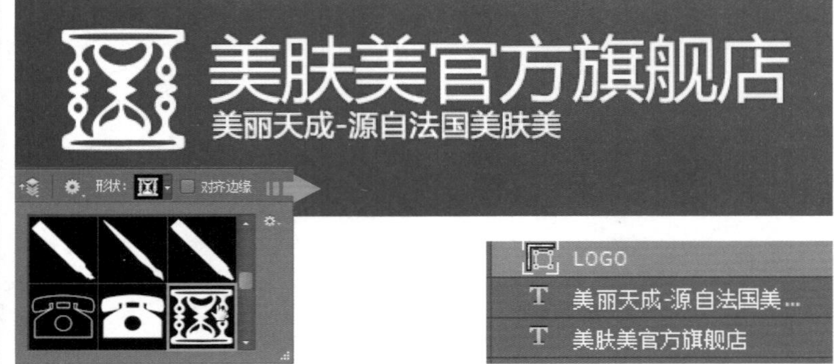

09 为了让店招中的颜色和谐统一，为店铺名称和沙漏形状添加“渐变叠加”和“投影”图层样式进行修饰。

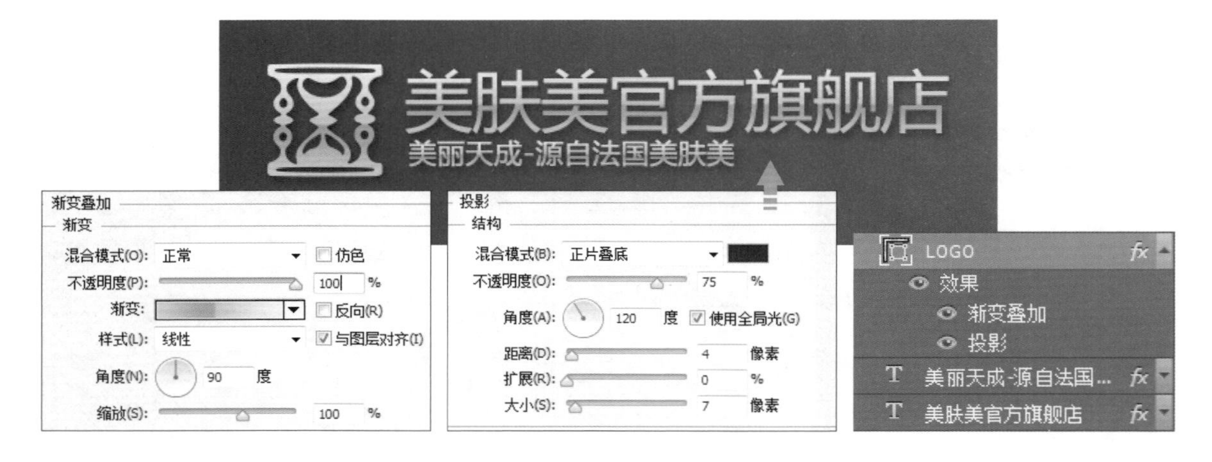

10 为了将导航条与店招区分开，接下来使用线条对画面进行分割和布局。选择工具箱中的“矩形工具”，绘制出一个细长的矩形，填充为紫红色，接着用“外发光”图层样式对其进行修饰。

11 选择工具箱中的“横排文字工具”，输入导航条中的文字，在“字符”面板中设置文字的属性，最后使用“投影”图层样式对文字进行修饰。

12 接着对导航条中的文字进行修饰。选择工具箱中的“矩形工具”，绘制出黑色的矩形，放在文字上方，接着创建剪贴蒙版，控制矩形的显示范围，最后降低矩形的不透明度，制作出银色的金属光泽效果。

13 选择工具箱中的“自定形状工具”，在该工具的选项栏中选择心形的形状并在导航条上适当的位置绘制出来，接着使用“外发光”图层样式对其进行修饰。

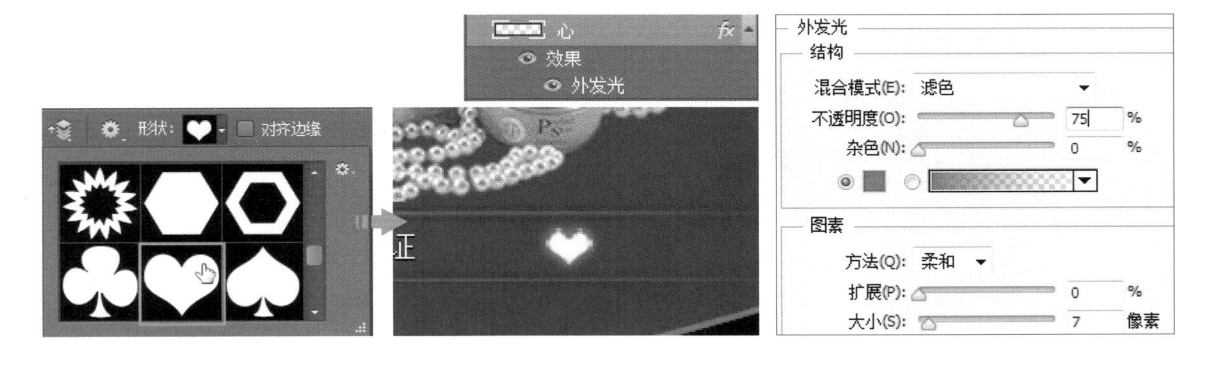

14 完善导航条中的信息，添加“收藏我们”的文字，打开“字符”面板，设置文字的字体、字号、颜色、字间距，接着使用“外发光”图层样式对其进行修饰。至此，本案例就全部制作完成了。

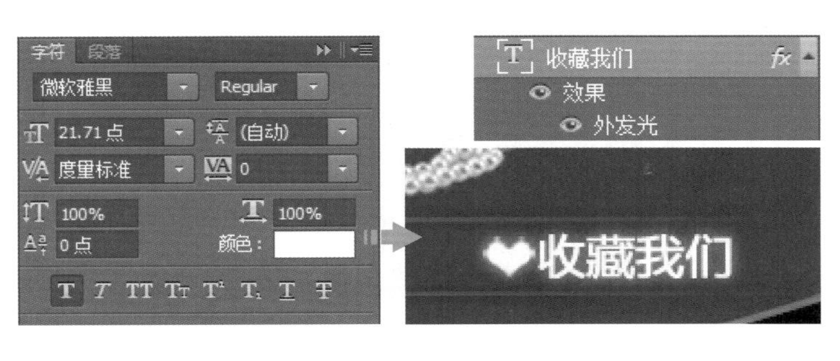

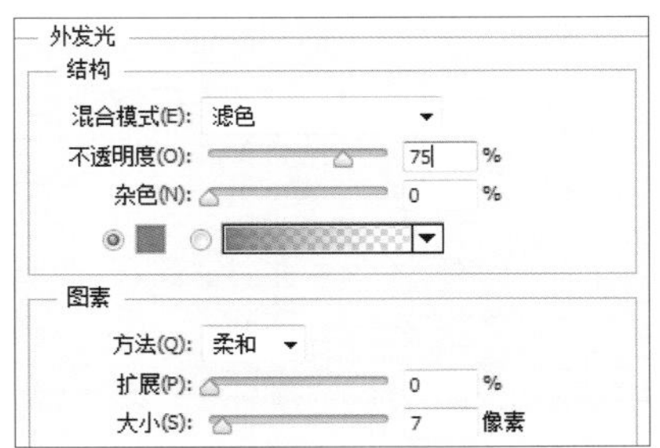

3.1.5 店招与导航条设计案例02

◎ 原始文件：下载资源\素材\03\02.jpg、03.jpg

◎ 最终文件：下载资源\源文件\03\店招与导航条设计案例02.psd

店铺名称设计：将店铺名称、广告语等内容用不同风格的字体表现出来，同时参考热气球的配色，使用橘黄色来填充文字，营造出活泼、热情的视觉效果。

TOP`S 拓素®
来自韩国浪漫国度风采

背景设计：本案例中的店铺主要销售针对年轻女性的韩国品牌化妆品，商品风格走的是清新浪漫路线，因此，在设计背景时添加了热气球、彩虹和天空素材，以营造出自然、年轻、清新的视觉感受。

导航条设计：导航条使用扁平化的设计风格，用简单的矩形作为背景，用渐隐的线条对文字进行分割，用与整个画面色彩浓度相当的咖啡色来进行修饰，使色调和谐、统一。

“收藏店铺”按钮设计：“收藏店铺”按钮采用了云朵外形，与整个画面的风格一致，同时也让整个店招中的信息更加丰富。

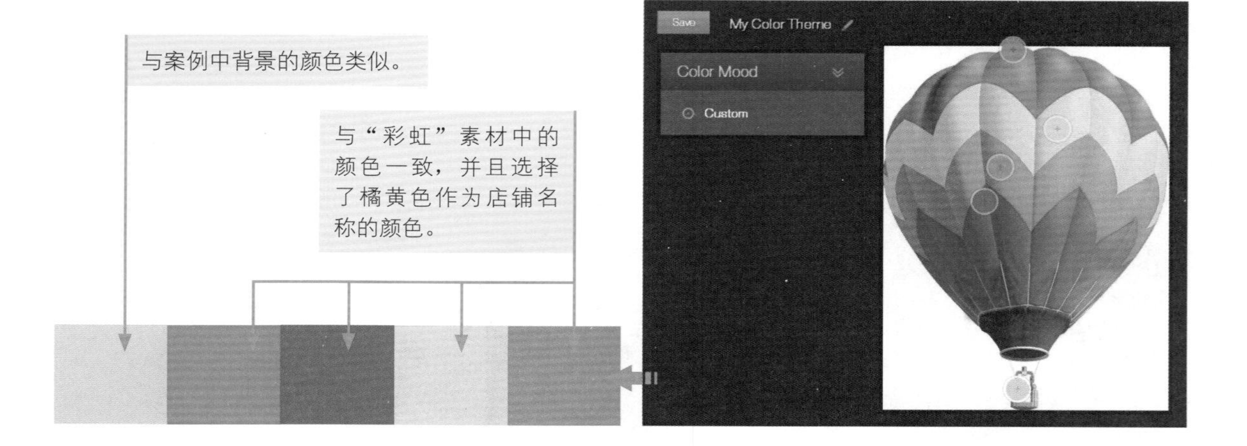

01 在 Photoshop 中新建一个文档，在工具箱中单击前景色色块，在打开的对话框中设置颜色值，按快捷键 Alt+Delete，将“背景”图层填充为前景色，制作出类似晴朗天空的背景。

02 将 02.jpg 添加到图像窗口中，得到“02”图层，适当调整其大小并移动到合适的位置。为了让彩虹图像不显得突兀，在“图层”面板中降低图层的不透明度，并添加图层蒙版，使用黑色的“画笔工具”编辑图层蒙版，让彩虹图像与背景自然地融合在一起。

03 将“02”图层转换为智能对象图层，执行“滤镜 > 模糊 > 高斯模糊”菜单命令，在打开的对话框中设置模糊的半径，让彩虹图像变得模糊，以表现出彩虹的遥远，让画面呈现出一定的层次感。

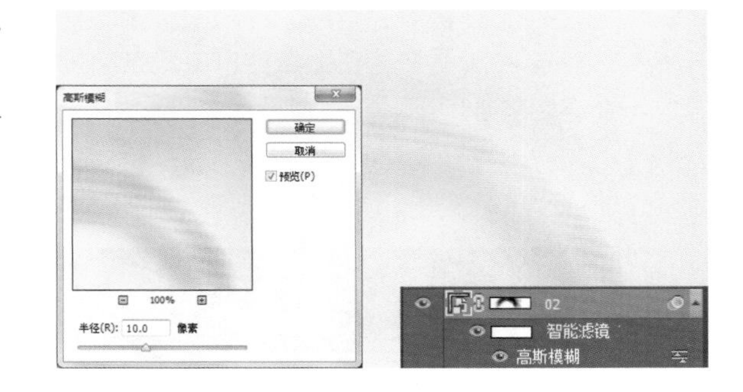

04 将 03.jpg 添加到图像窗口中，适当调整其大小和角度。为了让热气球图像与背景自然地融合在一起，考虑到热气球图像的背景为白色，在“图层”面板中设置图层的混合模式为“变暗”，便隐藏了白色背景。

05 为了丰富背景的内容，继续添加热气球图像，调整热气球图像的大小和位置，将其转换为智能对象图层后，使用一定参数的“高斯模糊”来对热气球图像进行修饰。上述操作的过程中要注意把握好近大远小的视觉效果。

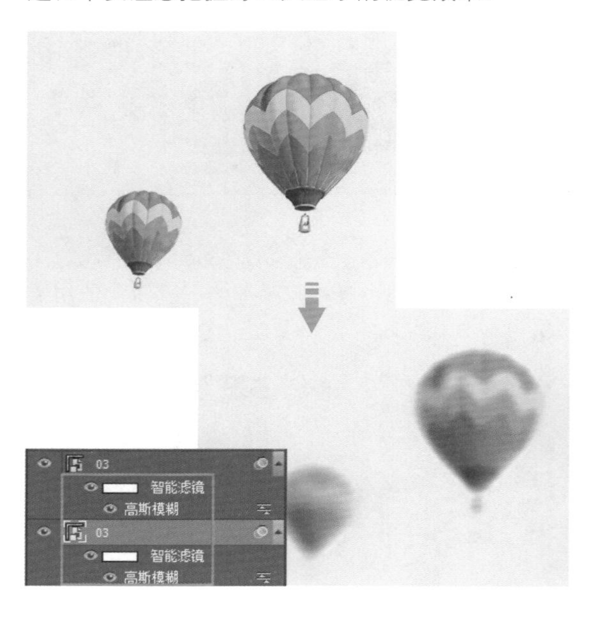

06 为了更加精准地确定店招和导航条各设计元素在画面中的位置，需为画面添加参考线。执行“视图 > 新建参考线”菜单命令，在打开的对话框中设置参考线的方向，然后调整参考线的位置。

07 使用工具箱中的“横排文字工具”和“直排文字工具”，在图像窗口中适当的位置分别输入四组不同的文字，打开“字符”面板，分别对文字的字体、字号和字间距等进行设置。

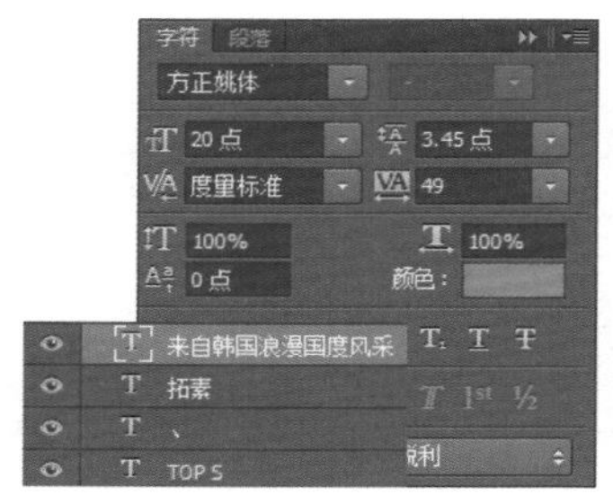

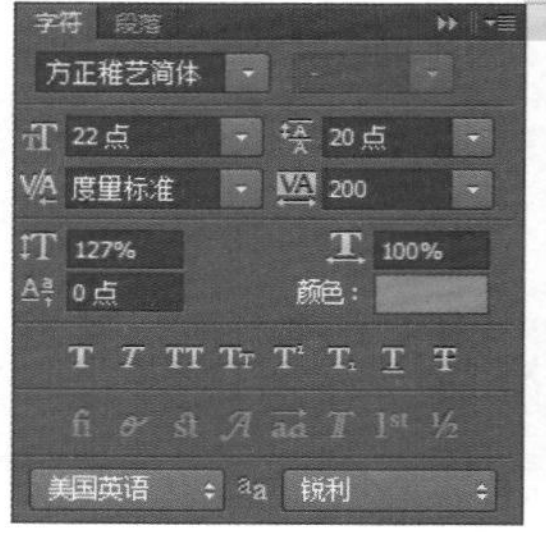

08 选择工具箱中的“自定形状工具”，在其选项栏中选择代表注册商标的 ® 形状并绘制在适当的位置。

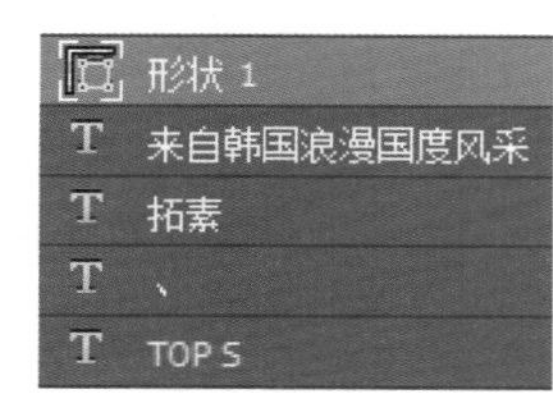

09 创建图层组“店铺名称”，将前面制作出的文字图层和形状图层添加进来，双击图层组，在打开的“图层样式”对话框中添加“渐变叠加”图层样式，并在相应的选项卡中设置参数。

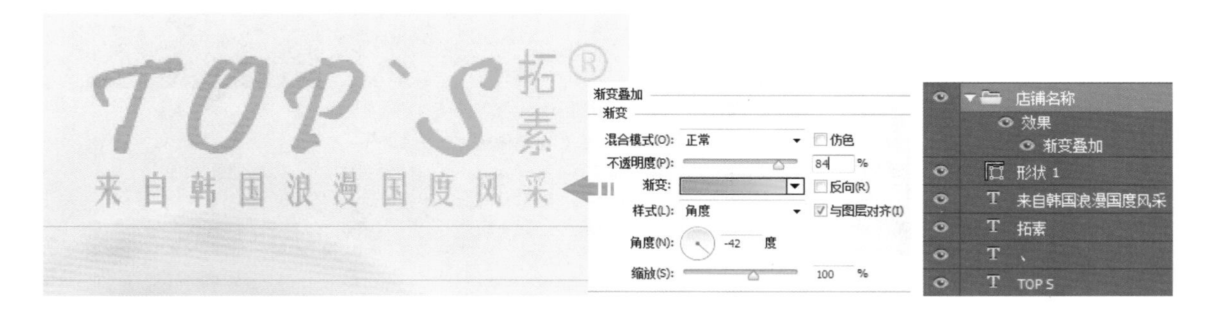

10 由于创建了参考线，接下来绘制导航条背景的操作就会非常轻松。新建图层，命名为“矩形”，接着使用“矩形选框工具”依据参考线围成的矩形区域创建选区，然后设置前景色，按快捷键 Alt+Delete，为选区填充颜色，完成导航条背景的制作。

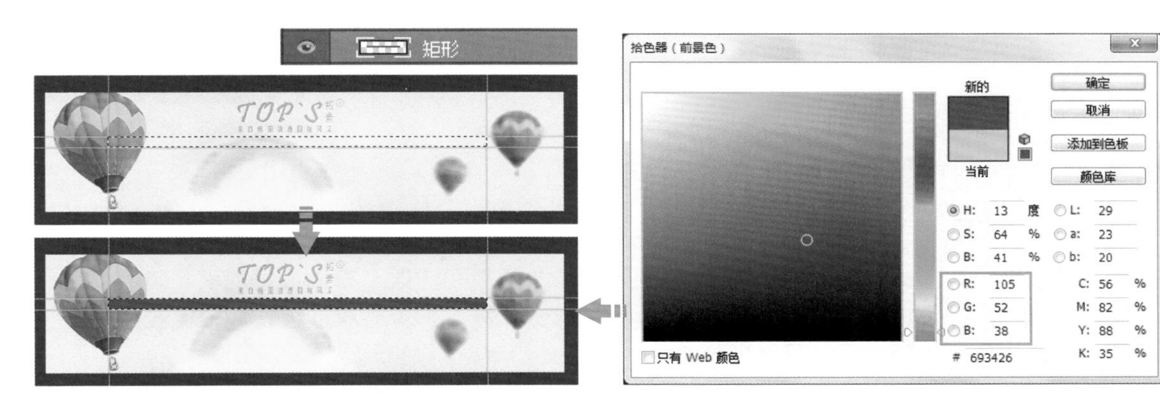

11 选择工具箱中的“横排文字工具”，输入导航条中的文字，接着在“字符”面板中对文字的属性进行设置，然后绘制出文字之间的分隔线。

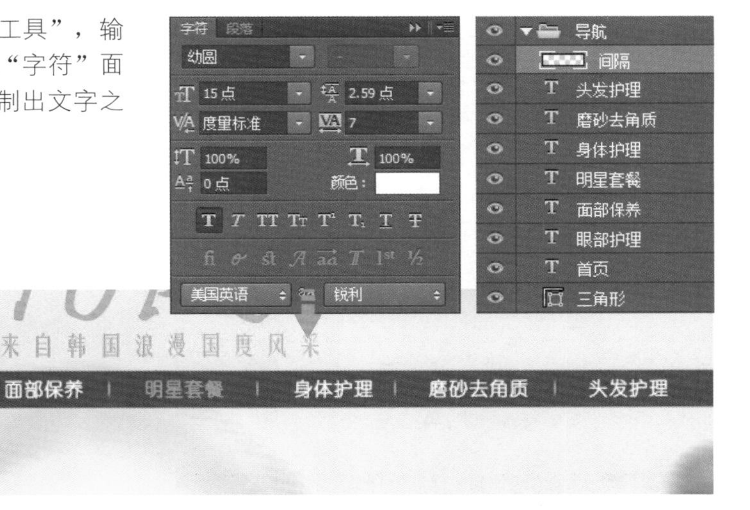

12 选择工具箱中的“钢笔工具”，绘制出云朵的形状并填充为白色，接着为云朵形状添加“投影”图层样式进行修饰。

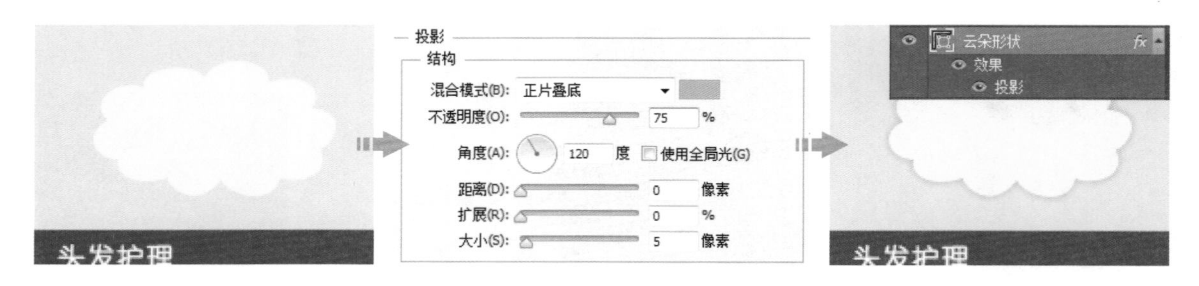

13 使用“横排文字工具”在云朵形状上输入“收藏店铺”，并在“字符”面板中对文字的属性进行设置。最后对各对象进行细微调整，完成本案例的制作。

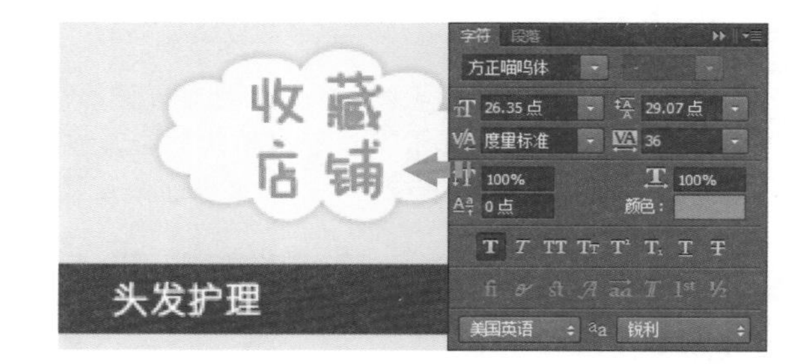

3.2 欢迎模块与轮播图

在店招与导航条的下方，就是店铺的欢迎模块或轮播图，这个模块占据的面积较大，可以放入大量信息，也是整个网店首页中最醒目的部分。接下来就对欢迎模块和轮播图的设计进行讲解。

3.2.1 欢迎模块与轮播图的设计规范

在讲解轮播图之前，先来了解欢迎模块。欢迎模块位于导航条的下方，主要用于告知消费者店铺某个时间段的广告商品或促销活动，如下图所示。不同的电商平台对欢迎模块的设计尺寸要求也是不同的，例如，淘宝网的欢迎模块高度不可超过 600 像素，宽度不可低于 750 像素，京东的欢迎模块宽度则不可低于 980 像素，如果要制作全屏通栏的欢迎模块，那么宽度还将更大。

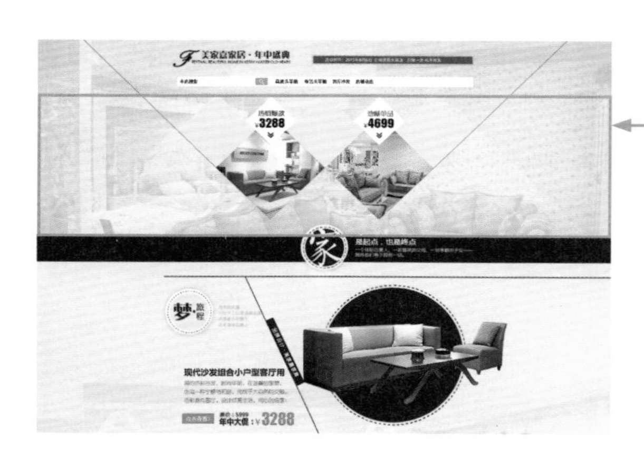

欢迎模块位于导航条的下方。欢迎模块分为标准型和全屏型两种，图中的欢迎模块为全屏型，也就是在宽度方向占满整个页面，不在页面两侧留下空白。

网店欢迎模块的内容可为新品上架、店铺动态、活动预告等，不同内容的设计重点也是不同的。如下图所示分别为以热卖单品、新品上架为主要内容的欢迎模块。

热卖单品

新品上架

为了更有效地利用欢迎模块占用的这一块网页面积，轮播图出现了。它可以按照规定的时间间隔轮流展示多张欢迎模块图片，而在轮播图的下方则有指示图片数量的圆点、数字等标记，如下图所示。值得注意的是，轮播图中的多张图片的尺寸应当在高度上保持一致，才能确保图片被完整地显示出来。

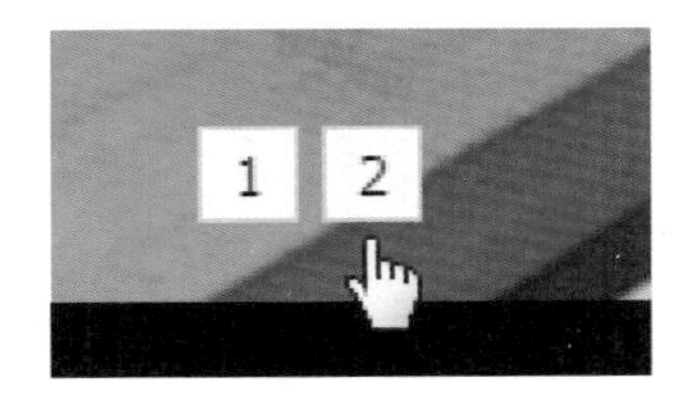

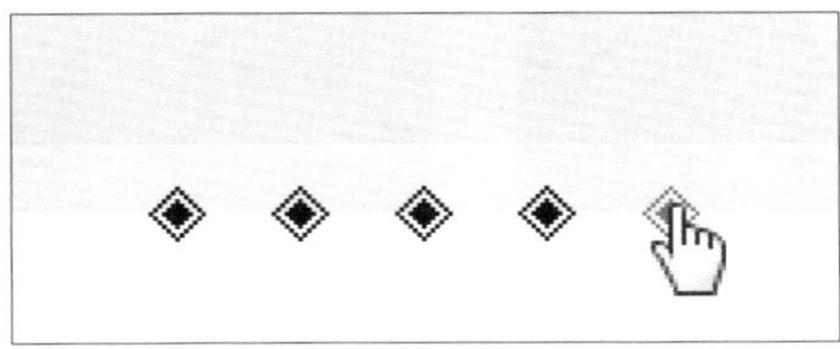

设计欢迎模块时要明确目的，内容要精练，不可过多，一般以图像为主、文案为辅。充分的视觉冲击力可以通过图像和色彩来实现。文案设计要思路清晰，要知道中心主题是什么，衬托文字又是哪些，通过调整文字的疏密、大小、笔画粗细等因素来形成视觉上的平衡。

3.2.2 三大元素构建完美设计图

通过仔细观察和分析多个欢迎模块，可以总结出这样一个规律：网店中的欢迎模块基本上是由三个元素组成的，即完整、精致的商品形象，唯美、绚丽的背景和精心编排的广告文字，如下图所示。

欢迎模块的背景图像一定要与商品的形象保持一致的风格，或者能烘托某种特定的气氛。如下图所示分别为以节日为主题和以促销活动为主题的背景，可以清楚地看到两者之间的差别。

以圣诞节为主题的背景

以“双 12”活动为主题的背景

欢迎模块中的商品形象是商品与消费者的“初次见面”，它直接关系到转化率的高低。色彩得当、画质清晰的商品图像能够树立良好的商品形象，因此，欢迎模块中的商品图像一定要经过色调和光影处理，能够真实再现商品的色彩和品质，或者根据背景和文字的风格和影调做过适当修饰。如下图所示为处理前和处理后的欢迎模块中的商品形象，可以看到处理后的商品形象更能打动人心。

处理前：色彩灰暗，画质朦胧，画面层次不清晰，背景色调不理想。

处理后：色彩纯净，画质清晰，画面层次感强，纯白背景下商品形象更突出。

文字是欢迎模块设计中不可或缺的元素，很多不能用图片表达的信息，都需要使用文字来传达，如活动的内容、商品的名称、商品的价格等。因此，文字的编排在欢迎模块中就显得尤为重要。如下图所示为几种风格迥异的欢迎模块文字编排效果，从中可以看出，文字字体、字号、色彩的变化是设计中最为关键的环节。

3.2.3 溶图在欢迎模块中的应用

欢迎模块三大设计元素中的背景，是决定整个欢迎模块设计成败的关键。很多时候，要设计的欢迎模块并不是用于某个风格明显的节日，因而在选择欢迎模块背景素材时就需要进行更多思考，在这里为大家提供一个捷径，那就是使用溶图。

溶图是用两张或两张以上的图片拼合而成的一张图片，讲究构图严谨，细节处理得当。制作精良的溶图配上文字可以是一件优美的艺术作品。下图所示为一些溶图的实例。

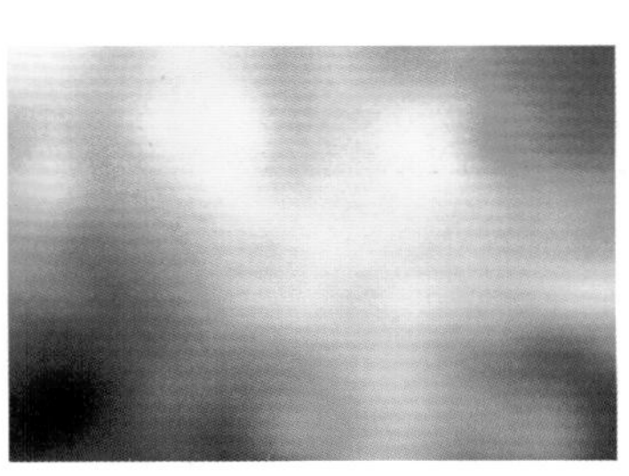

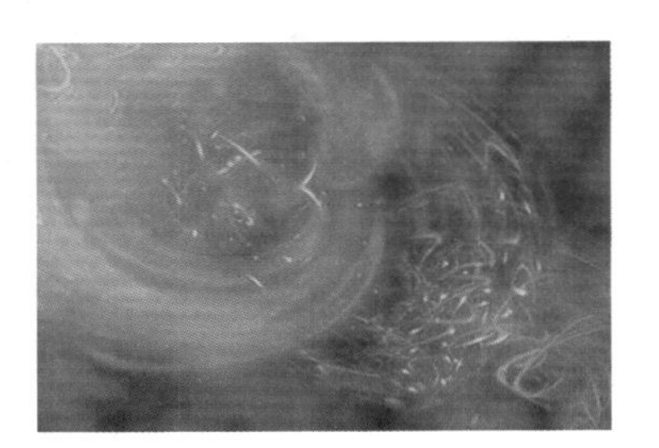

在选择溶图时应当注意，要么溶图的色调与商品相似，要么溶图的影调与商品能够和谐搭配，只有满足其中一个要求，才能保证欢迎模块具备较理想的视觉冲击力和浑然天成的视觉效果。

例如，假设要使用如下图所示的运动鞋照片制作欢迎模块。首先观察运动鞋，发现其内部颜色为紫色，而外观颜色为银色，因此，在构思的过程中刻意寻找兼具紫色和银色的图片。在经过一系列的思路探索和研究分析之后，选择了一张紫色闪电溶图作为背景素材。这张背景素材不仅在色调上与商品和谐统一，而且闪电四射的形象也烘托出了该商品销售的火热程度。

紫色的闪电溶图不论是在色调上还是在寓意上，都有助于商品形象的树立。

3.2.4 欢迎模块设计案例01

◎ 原始文件：下载资源\素材\03\04.jpg～07.jpg
◎ 最终文件：下载资源\源文件\03\欢迎模块设计案例01.psd

金属色质感的主题文字：手提包的五金配件为金色金属色，因此，在设计欢迎模块主题文字时使用了黄色和淡黄色的星光效果来对其进行修饰。

光影感强烈的背景：为了让画面整体表现出强烈的视觉冲击力，选择了明暗分明、层次感极强的溶图作为欢迎模块背景，并将手提包图像放在溶图中亮度集中的区域，使其醒目、突出，能够第一时间吸引消费者的视线。

立体感十足的按钮设计：按钮的色彩与整个画面的色调一致，立体感强，逼真抢眼。

点击查看详情

烘托主题的珍珠素材：为了突出手提包如同蔚蓝色海洋般的魅力，在手提包图像的下方添加了黑珍珠图像作为修饰元素，对手提包乃至整个画面进行点缀，同时也与画面左侧的蓝色海豚这一海洋生物的生存环境相互呼应。

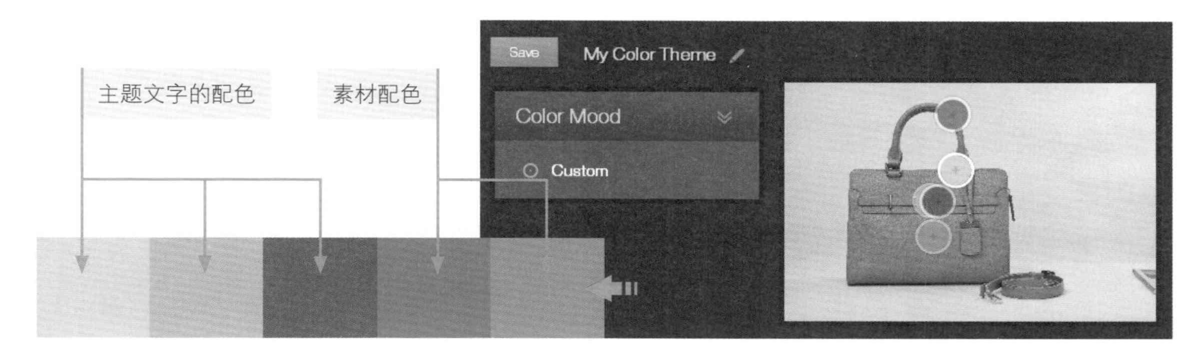

01 运行 Photoshop，新建一个文档，创建一个黑色的颜色填充图层。

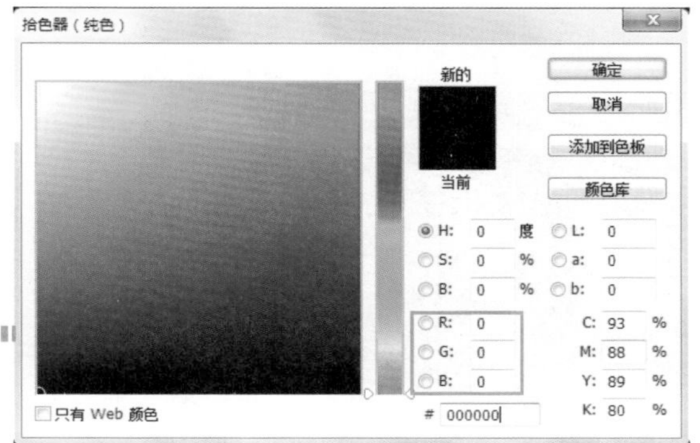

02 将 04.jpg 添加到图像窗口中，适当调整其大小，将其放在画面靠右的位置。为了使添加的溶图素材与背景中的黑色自然地融合在一起，还需要对其边缘进行调整。为“04”图层添加图层蒙版，利用工具箱中的“画笔工具”编辑图层蒙版，使溶图的边缘与黑色背景自然融合。

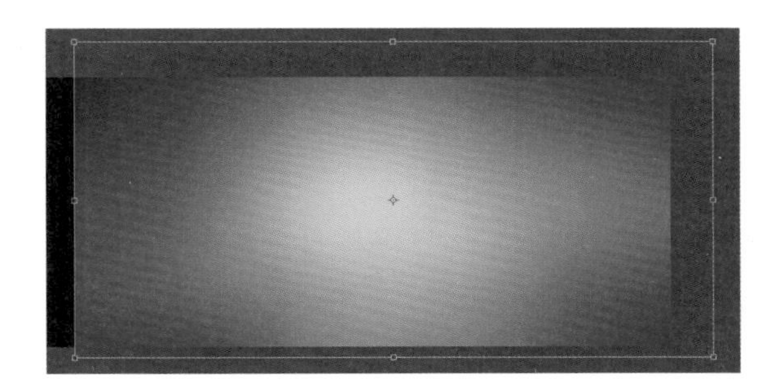

03 执行“滤镜 > 模糊 > 高斯模糊”菜单命令，在打开的“高斯模糊”对话框中设置“半径”选项的参数，对添加的溶图进行模糊处理，使图像的颜色更加自然。

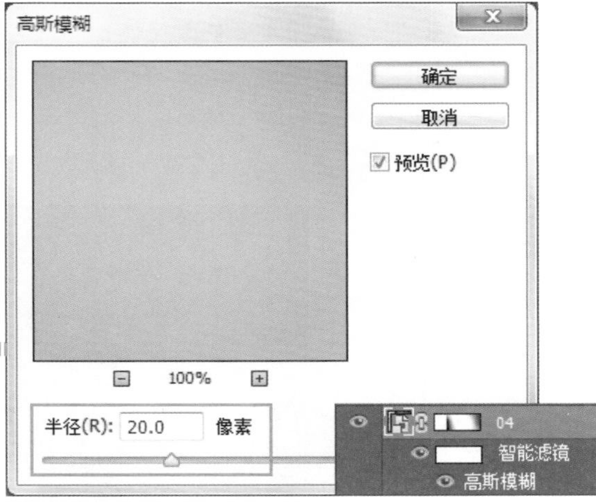

04 为了营造出理想的蓝色调，还需要调整溶图的颜色。创建“色相/饱和度”调整图层，在打开的“属性”面板中设置“全图”和“青色”下的选项，提升画面的颜色浓度，并细微改变画面色调。

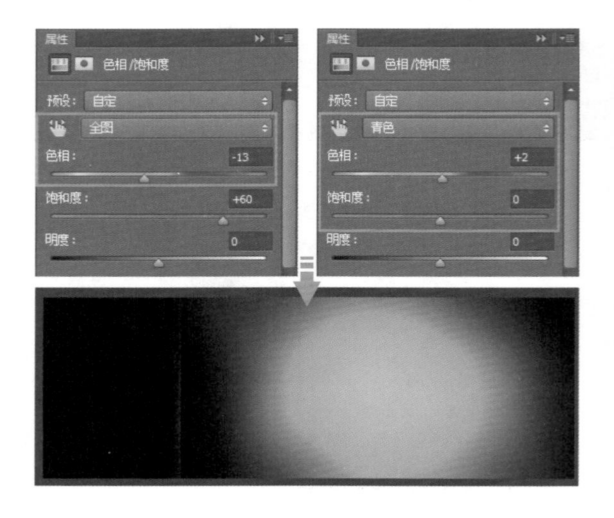

05 将07.jpg添加到图像窗口中，适当调整其大小，接着为该图层添加图层蒙版，并使用“画笔工具”编辑图层蒙版，最后设置图层的混合模式为“滤色”，使海豚素材与背景自然地融合在一起。

06 将05.jpg添加到图像窗口中，得到“05”图层，适当调整其大小。使用“钢笔工具”沿着手提包图像的边缘绘制路径，并将绘制的路径转换为选区。基于选区创建图层蒙版，将手提包图像抠取出来，并移动到适当的位置。

07 为了使手提包图像的影调恢复到正常光照下的效果，将手提包图像添加到选区中，为选区创建“色阶”调整图层，在打开的“属性”面板中调整参数，提高手提包图像的亮度，增强其层次感。

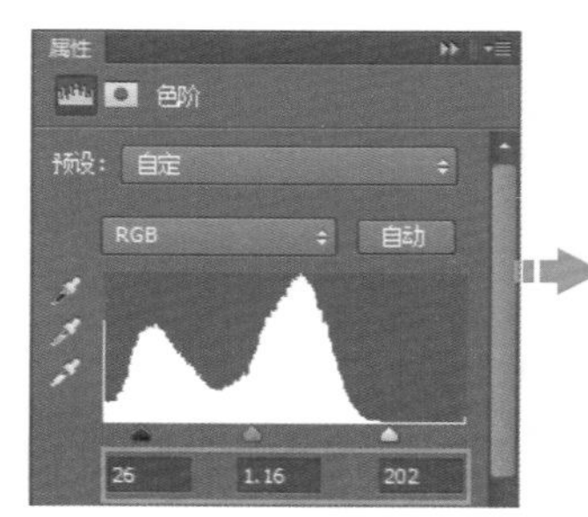

08 将手提包图像再次添加到选区中，为选区创建“色相 / 饱和度”调整图层，在打开的“属性”面板中设置“黄色”和“青色”选项下的参数，还原手提包图像的真实色彩。

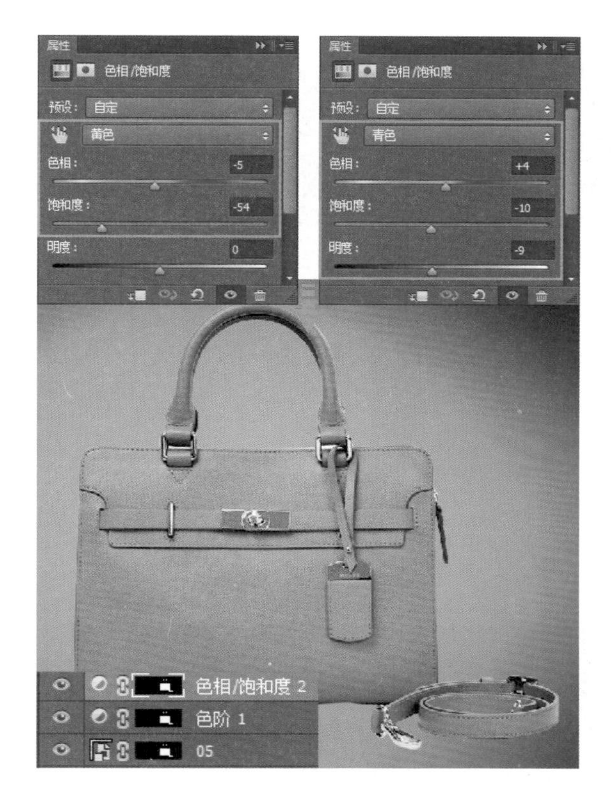

09 对前面编辑手提包图像过程中生成的图层进行复制，并将复制后的图层合并在一起，命名为“合并”。将该图层转换为智能对象图层，接着执行“滤镜 > 锐化 >USM 锐化”菜单命令，在打开的对话框中对参数进行设置，使手提包图像的细节更加清晰，表面的纹理更加明显。

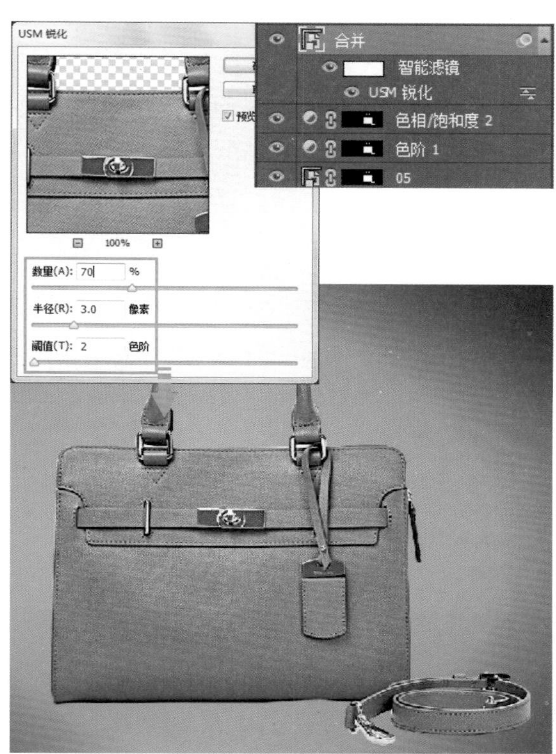

10 将 06.jpg 添加到图像窗口中，适当调整其大小，并移动到适当的位置。接着对图层进行复制，并调整图像大小和位置，形成组合陈列效果。为了让珍珠图像看起来更真实，在“图层”面板中适当降低图层的“不透明度”，并使用“画笔工具”绘制出阴影。

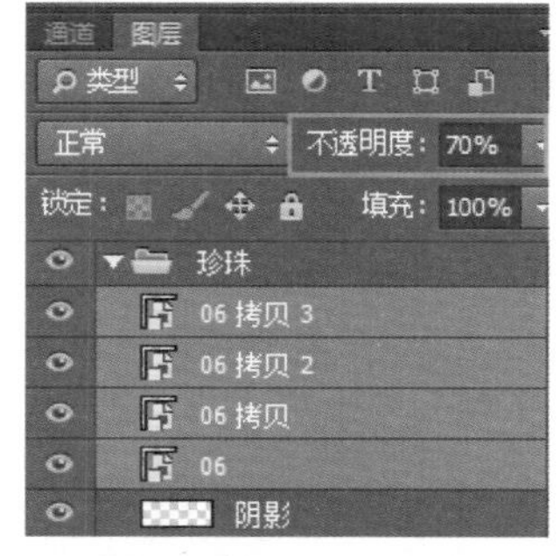

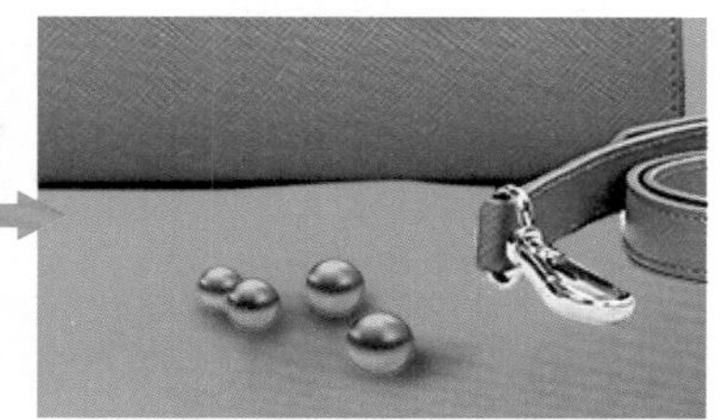

11 为了让手提包图像也呈现出逼真的展示效果，在其下方也要添加阴影。新建图层，命名为“投影”，将其放在“05”图层的下方。接着选择“画笔工具”，设置前景色为黑色，使用该工具在图像窗口中的适当位置涂抹，绘制出阴影效果。

12 使用工具箱中的“钢笔工具”绘制出三角形，使用“渐变叠加”和“外发光”图层样式对其进行修饰，最后为该图层添加图层蒙版，编辑图层蒙版，让三角形的下方显示出半透明的效果。

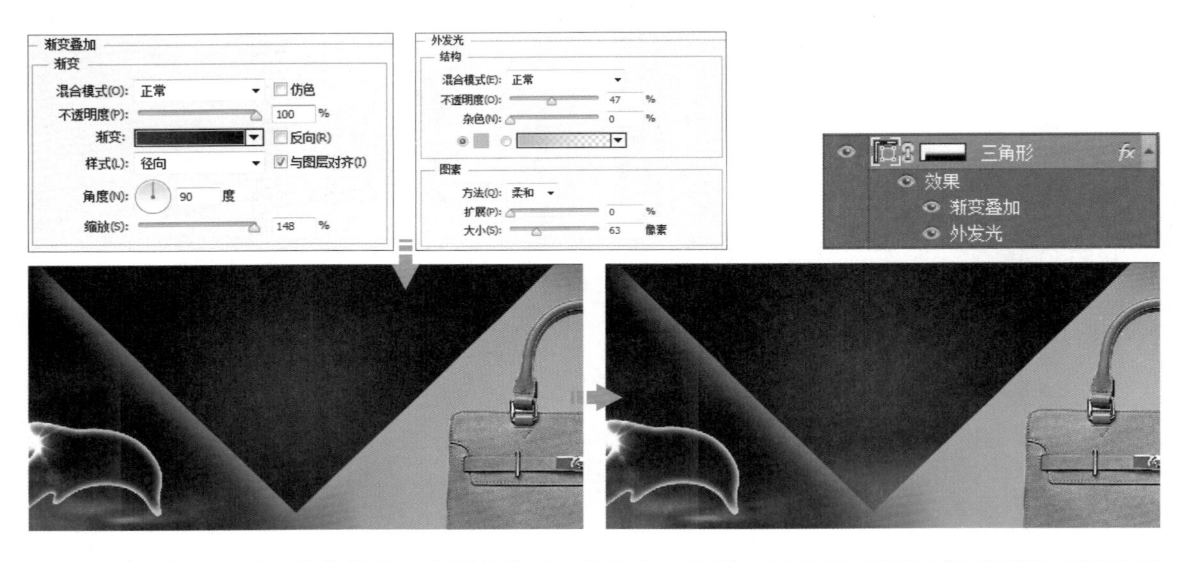

13 复制三角形，接着调整三角形的位置，使两个三角形错开一定的距离，并适当调整三角形图层的“不透明度”，以增强图形的层次感。

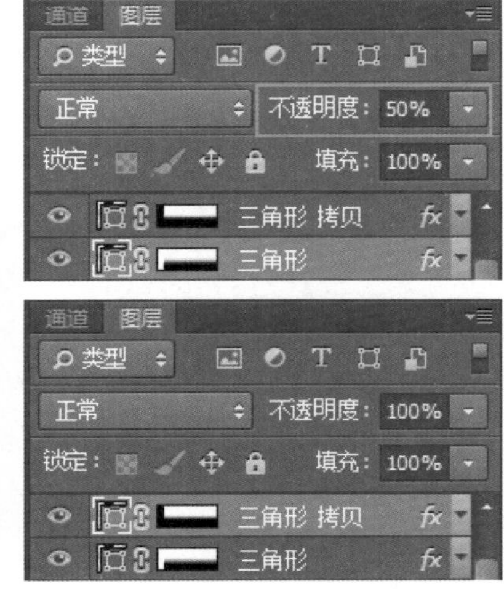

14 想要完整传递出商品的信息，还需要为画面添加文字。选择工具箱中的“横排文字工具”，输入所需的多段文字，调整文字的字体、字号，将其移动到前面绘制的三角形上方。

15 双击英文标题图层，在打开的“图层样式”对话框中勾选“渐变叠加”和“描边”图层样式，并在相应的选项卡中进行设置，让标题文字呈现出金色的金属质感。

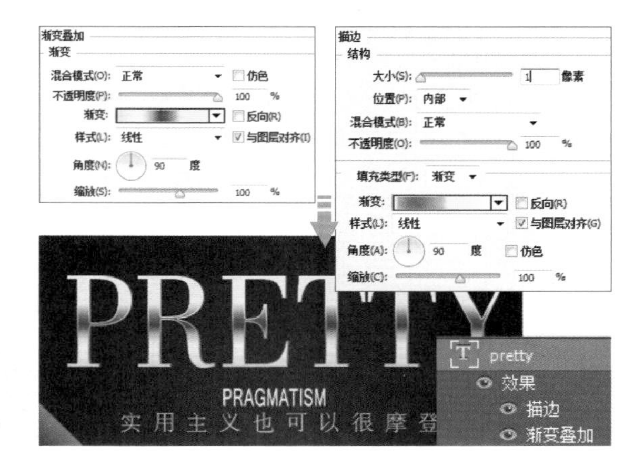

16 使用“矩形工具”绘制一个矩形，接着添加图层蒙版，编辑蒙版让矩形呈现出渐隐的效果。复制编辑好的矩形图层，栅格化图层后将其转换为智能对象图层，对其进行镜像处理。使用编辑后的矩形修饰文字。

17 为了让标题文字更加炫目，接着为其添加耀眼的星光。新建图层，选择工具箱中的“画笔工具”，在其选项栏中进行设置，并在工具箱中设置前景色，使用“画笔工具”在文字上单击，绘制出光点，最后复制图层，调整光点的位置，完成文字的修饰。

18 使用“圆角矩形工具”绘制出所需的按钮形状，接着通过为该图层添加多种图层样式来使圆角矩形具备立体感，然后添加按钮文字，用图层样式调整文字的颜色和添加阴影效果，具体的设置可以参考本案例的源文件。至此，本案例就全部制作完成了。

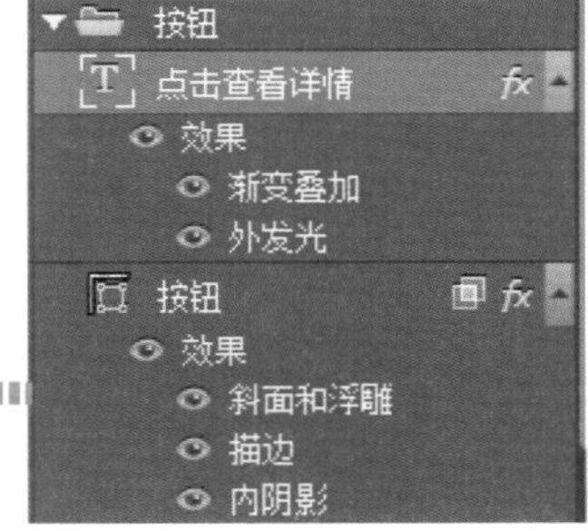

3.2.5 欢迎模块设计案例02

◎ 原始文件：下载资源\素材\03\08.jpg、09.jpg
◎ 最终文件：下载资源\源文件\03\欢迎模块设计案例02.psd

多种字体搭配组成主题文字：案例中的文案信息较多，为了突出文案信息的主要部分，削弱次要部分，为文字设置了多种字体，并利用字号变化营造主次感和艺术感。

醒目色彩突出重点：在本欢迎模块中，消费者如果对商品有兴趣，可以单击特定区域以浏览更多信息。对这个区域使用了醒目的色彩来进行突出，具有提示和指引的作用。

SPRING & SUMMER
NEW 简约潮范 2015
4大亮点
BUY NOW
单击了解更多
ALL ORIGINAL WORK EXPERIENCE SHARING
MASTERPIECE APPRECIATE DESIGN
MATERIALBEST MATCH LAST UPLOADS MOST RECOMMENDED
MOST COMMENTED TOP

近景人物与远景人物搭配增强画面层次感：为了让欢迎模块中的模特展示更具艺术感，利用远景人物展示服装的整体外观，利用近景人物展示服装的材质，一近一远的呈现方式营造出了整个画面的层次感和空间感，同时也提升了画面的设计感。

素材图片的色彩在明度和纯度上的差距较大，因此，在本案例的配色中使用明度较高的浅色调作为背景色，使用低纯度的黑色作为主题文字的颜色，由此形成高对比的视觉效果。

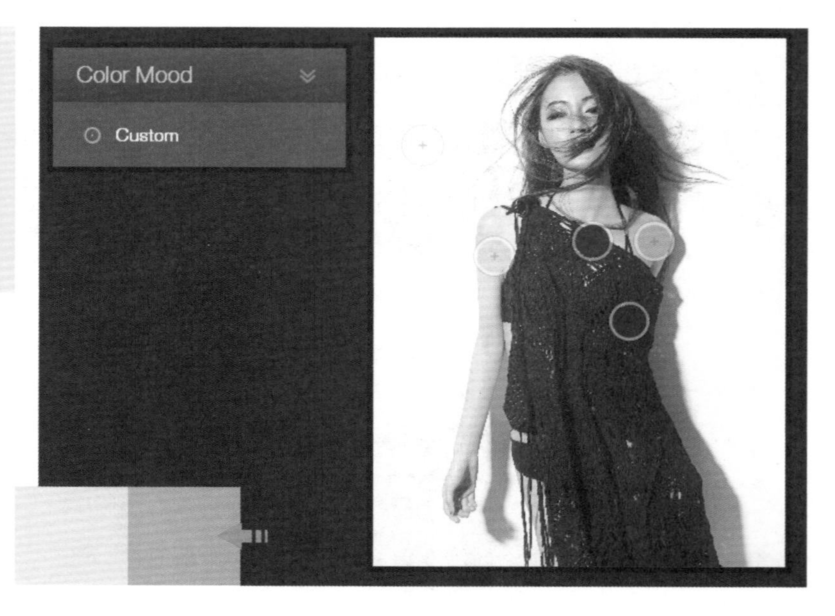

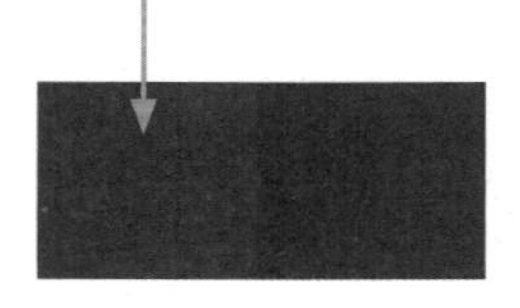

01 运行Photoshop，新建一个文档，接着创建颜色填充图层，在打开的“拾色器（纯色）”对话框中设置颜色值为R238、G240、B239。

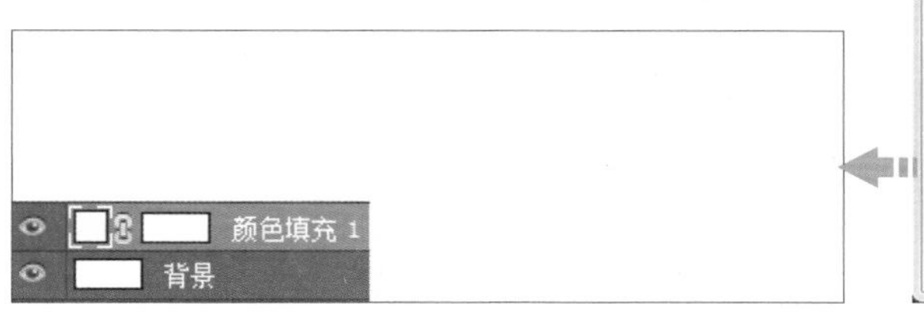

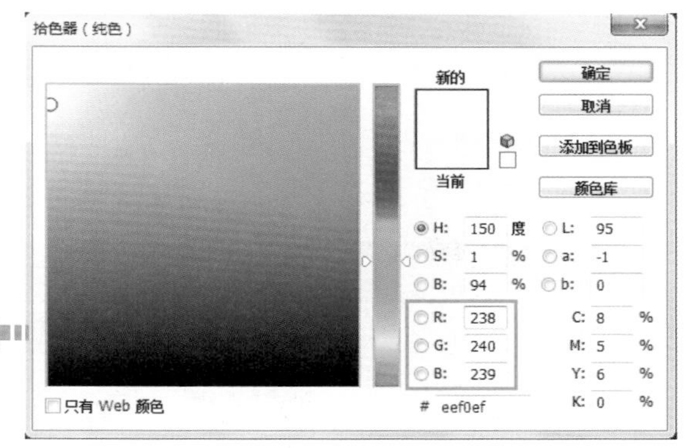

02 将09.jpg添加到图像窗口中，适当调整其大小，并移动到画面的右侧。在“图层”面板中设置图层的混合模式为“变暗”，以隐藏素材中白色的背景。

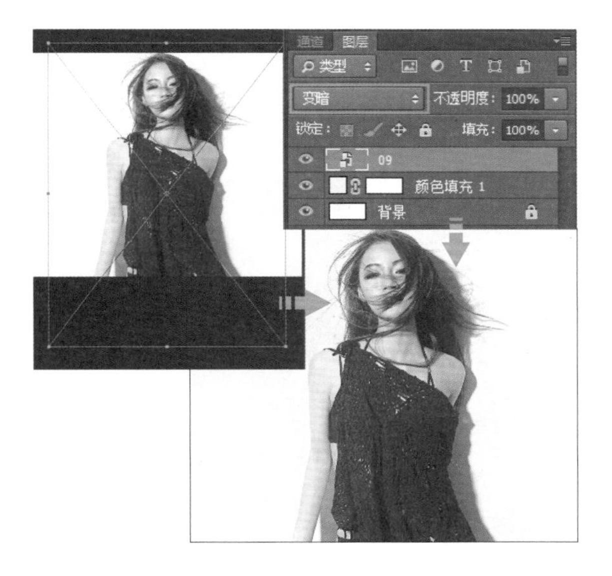

03 将08.jpg添加到图像窗口中，适当调整其大小，并移动到画面的左侧，完整地展示出模特的全身。同样，在“图层”面板中调整图层的混合模式为“变暗”。

04 选择工具箱中的“横排文字工具”，输入次要的文字信息，接着打开“字符”面板，对文字的属性进行设置，将文字按照左对齐的方式进行排列，并移动到画面的适当位置。

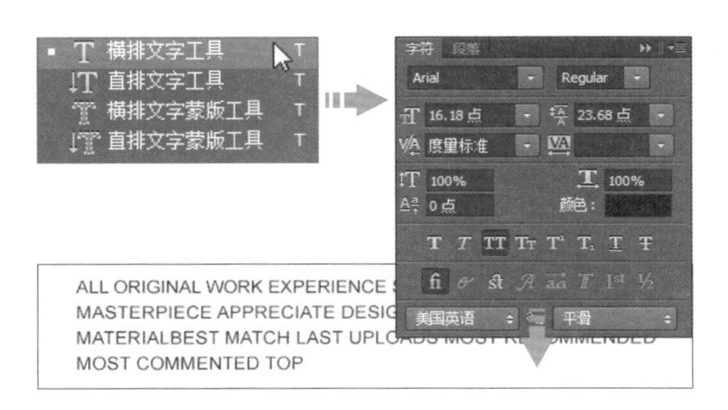

05 继续使用“横排文字工具”输入主题文字，调整文字的字体、字号和在画面中的排列方式。

06 接下来使用文字和修饰形状组合的方式制作消费者可单击的区域。首先选择工具箱中的“自定形状工具”，在其选项栏中进行设置，并选择如图所示的多边形，将其绘制在画面中的适当位置。

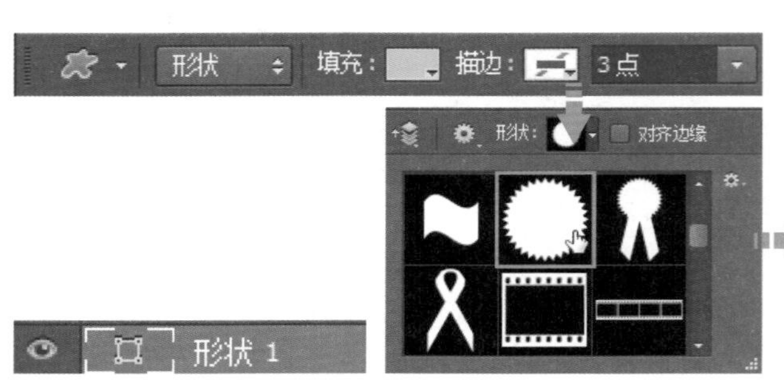

07 选择工具箱中的“矩形工具”，在其选项栏中进行设置后，在画面中绘制出线条。调整线条的宽度和高度，将线条放在多边形的上方。

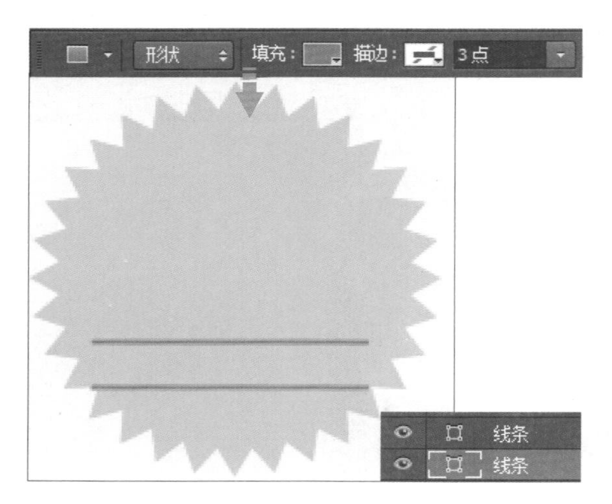

08 选择工具箱中的“横排文字工具”，在多边形上添加文字，并打开“字符”面板，对文字的属性进行设置，让文字与绘制的线条居中对齐排列。

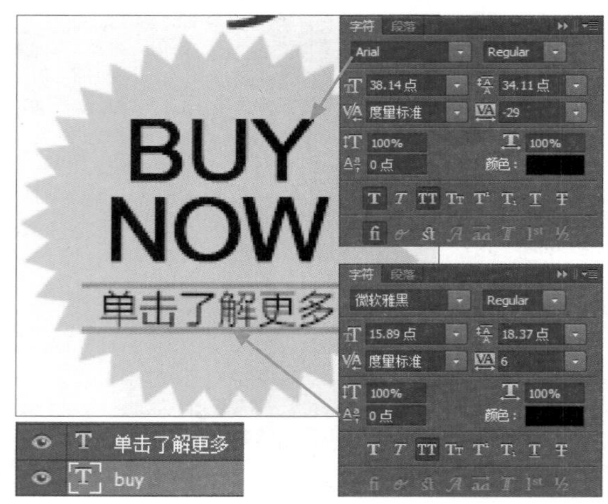

09 想要提升主题文字的表现力，还需要使用修饰线条对文字进行点缀。选择工具箱中的“矩形工具”，在其选项栏中进行设置后，在适当的位置绘制出所需的线条。至此，本案例就全部制作完成了。

提示

在网店装修设计的过程中，线条的修饰作用非常重要。在 Photoshop 中可以使用“矩形工具”来绘制线条，通过调节该工具选项栏中的“H”选项来控制矩形的高度，也就是线条的粗细。当然，也可以使用“直线工具”直接绘制线条，该工具不仅可以绘制实线线条，还可以绘制虚线线条，线条的粗细可以通过该工具选项栏中的“描边”选项来进行调节，操作更加方便、快捷。

3.3　商品陈列区

在设计店铺首页时，除了店招、导航条和欢迎模块之外，大部分网店都会使用商品陈列区来展示商品，让消费者大致了解店铺中商品的形象、风格和价格。商品陈列区也是一个较为重要且尺寸较大的区域，接下来就对商品陈列区的设计进行讲解。

3.3.1　商品陈列区的设计规范

商品陈列区的设计宽度与导航条的宽度一致，但是不同的电商平台或不同版本的网店，对导航条宽度的要求是不一样的，商品陈列区的宽度也会相应变化。如下图所示，设计图中商品陈列区的宽度由导航条的宽度决定，但是其高度没有特殊限制。

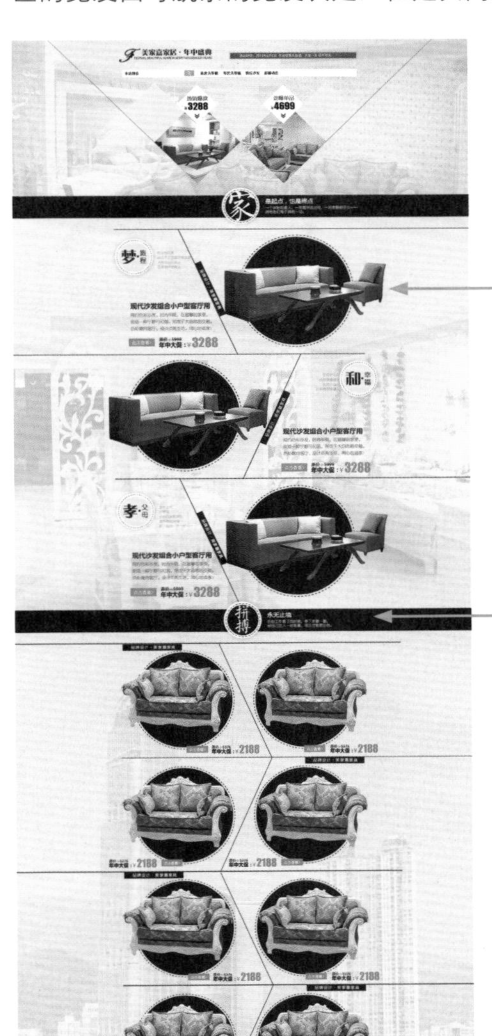

在欢迎模块的下方紧接着就是商品陈列区，这个区域的宽度与导航条的宽度一致，高度由要展示的商品数量决定，没有特殊的限制。

在商品陈列区中会对商品进行分类展示，如新品上架、特价清仓、销售爆款等，因此，在各个商品类别之间通常会设计相应的标题来进行区分。

在设计商品陈列区时，除了商品照片外，通常还会添加商品的名称、价格、主要特点等信息。很多时候，在价格信息的后面还会紧跟着一个“单击购买”的按钮，用于跳转到该商品的详情页面，便于消费者了解更多信息并下单购买。

由于店铺首页空间有限，商品陈列区不可能罗列店铺中的所有商品，而是选择比较有价格优势、有卖点的商品进行陈列。

商品陈列区的风格和设计都应当遵循整个首页的装修风格，尽量让整个页面和谐、统一。

3.3.2 商品陈列区的布局方式

商品照片的布局是影响商品陈列区整体版式的关键，也是确立整个首页风格的关键。很多设计师为了吸引消费者的眼球，会根据商品的功能、外形特点、设计风格来对商品陈列区的布局进行精心规划设计，将店铺中的商品艺术化地展现出来。仔细分析研究众多的网店首页后，可以归纳和总结出三种较为常见的商品陈列区的布局方式，分别为折线型布局、随意型布局和等距等大的方块式布局。

折线型布局

折线型布局就是将商品照片按照错位的方式排列，消费者的视线会沿着商品照片做折线运动，如右图所示。这样的设计可以给人一种清爽、利落的感觉，具有韵律感。但要注意的是，这样的布局会占据大量的页面空间，只适合在商品数量较少时使用。

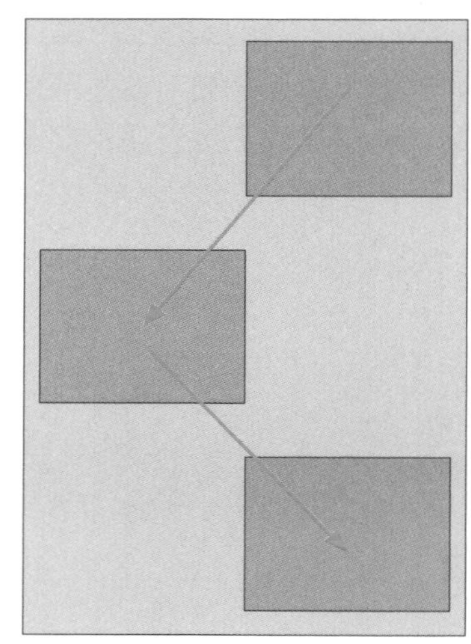

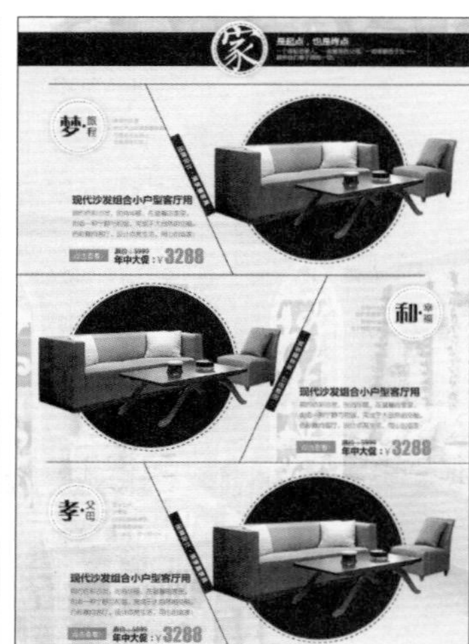

随意型布局

随意型布局就是将商品照片随意地放置在页面中，如下图所示。但是这种随意往往需要营造出一种特定的氛围和感觉，让这些商品之间产生一种联系，否则画面中的商品会由于缺乏联系而显得突兀。随意型布局在女装的搭配、组合销售中使用较多，是一种灵活性较强的布局方式。

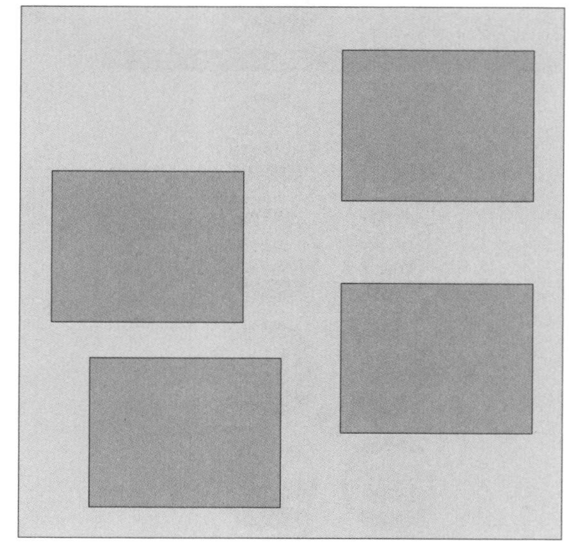

等距等大的方块式布局

等距等大的方块式布局是商品陈列区最常用也是最有效的一种布局方式。它将画面分为相同大小的矩形，像棋盘一般进行页面布局，如下图所示。这种布局方式能让画面形成统一感，可以充分利用页面空间同时展示多个商品。

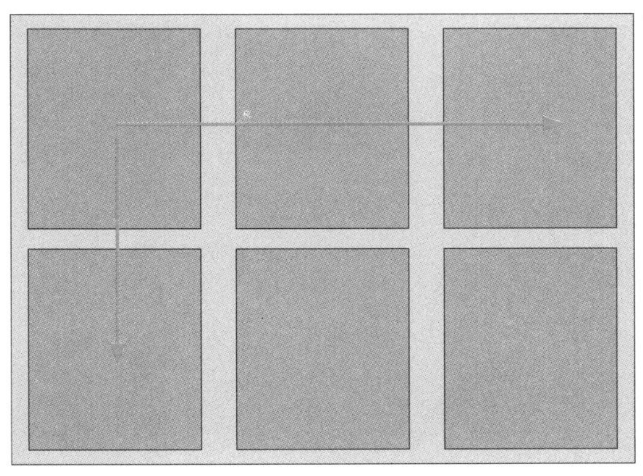

3.3.3 商品陈列区设计案例01

◎ 原始文件：下载资源\素材\03\10.psd、11.jpg～15.jpg、16.psd、17.jpg～21.jpg

◎ 最终文件：下载资源\源文件\03\商品陈列区设计案例01.psd

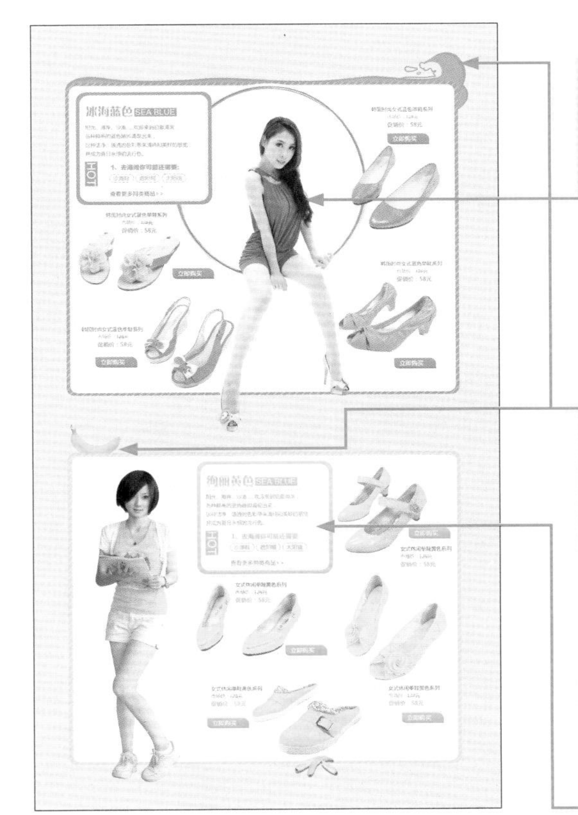

模特与女鞋的完美搭配：为了营造视觉上的和谐统一，尽量挑选着装颜色与女鞋色系相同的模特图像。值得注意的是，除了在色彩上保持和谐外，模特的着装还应当与女鞋的穿着季节相符。

与商品色系相呼应的背景设计：画面中根据商品的色系分别使用蓝色和黄色作为主打色调进行创作，通过对色彩的联想，用蓝色的浪花、黄色的香蕉作为色相的代表对象对画面进行点缀，提升整个画面的设计感。

辅助文字信息刺激消费者的购买欲望：为了提升商品的时尚感，添加了辅助文字描述女鞋颜色的特点和内涵，同时给出相关的搭配着装建议，增强了店铺的时尚专业程度，同时更能刺激消费者的购买欲望。

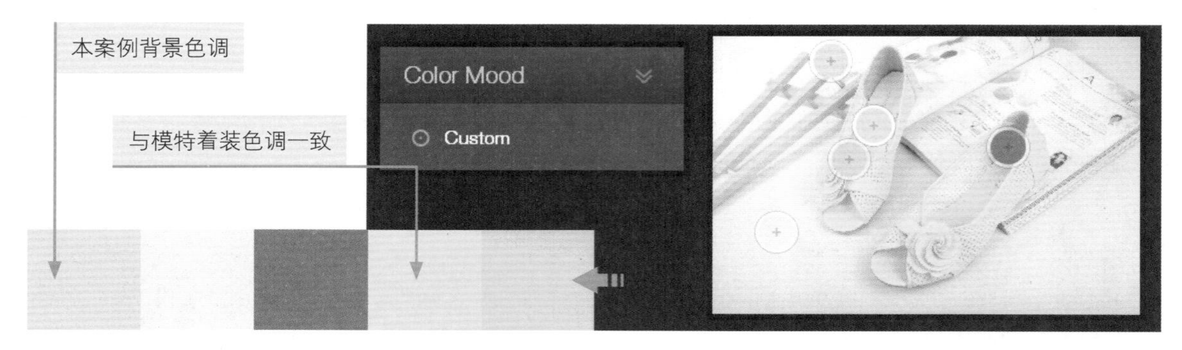

01 运行 Photoshop，新建一个文档，创建一个颜色填充图层，在打开的“拾色器（纯色）”对话框中设置填充色为 R245、G231、B212，完成设置后单击“确定”按钮，在图像窗口中可以看到整个画布被填充为类似肤色的颜色。

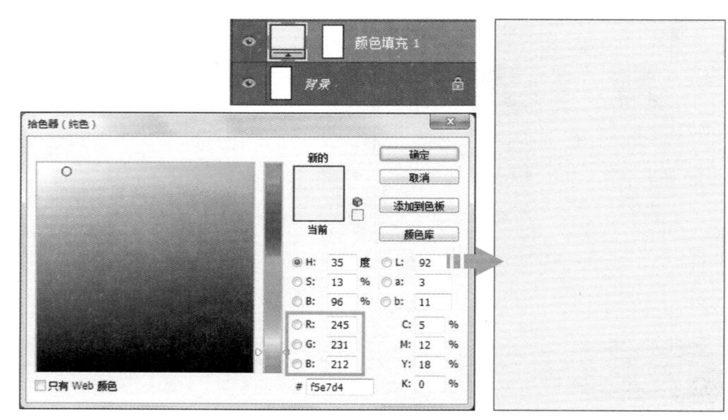

02 将 10.psd 添加到图像窗口中，适当调整其大小，接着将 11.jpg 添加到图像窗口中，使用“钢笔工具”沿着模特图像边缘绘制路径，再将路径转换为选区，添加图层蒙版，将模特图像抠取出来。

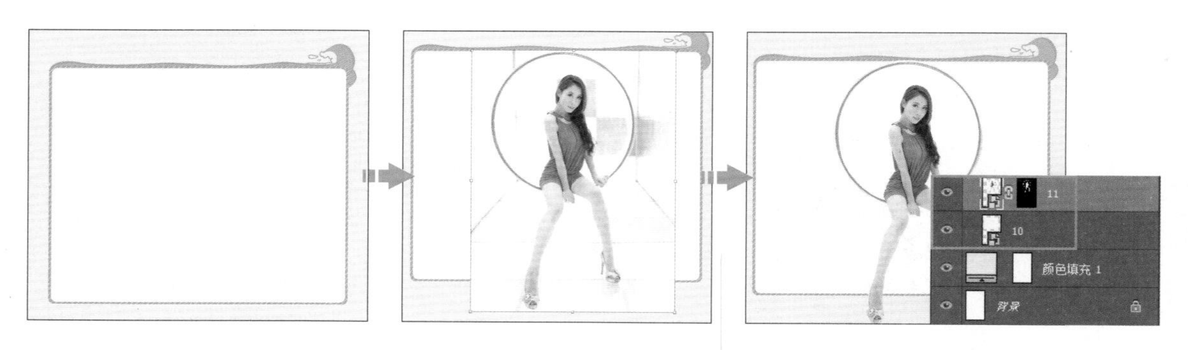

03 将抠取的模特图像添加到选区中，创建“色阶”调整图层，在打开的“属性”面板中调整“RGB”选项下的色阶值，提高模特图像的亮度和对比度，与整个画面的影调保持一致。

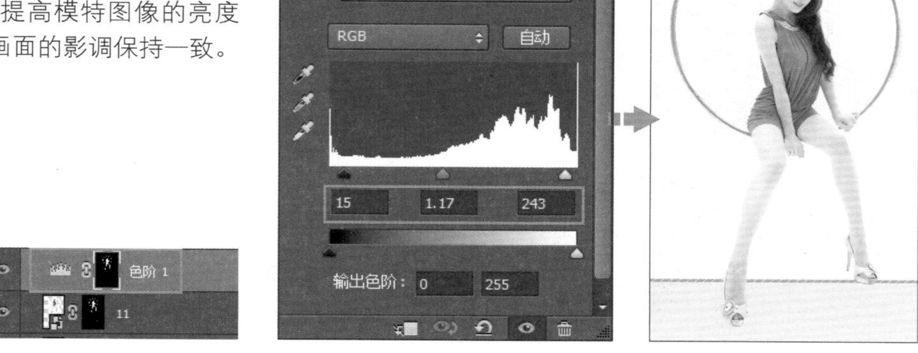

04 使用“圆角矩形工具”绘制两个圆角矩形，调整其大小并叠加组合在一起。分别用“渐变叠加”“斜面和浮雕”“内阴影”图层样式对绘制的圆角矩形进行修饰。

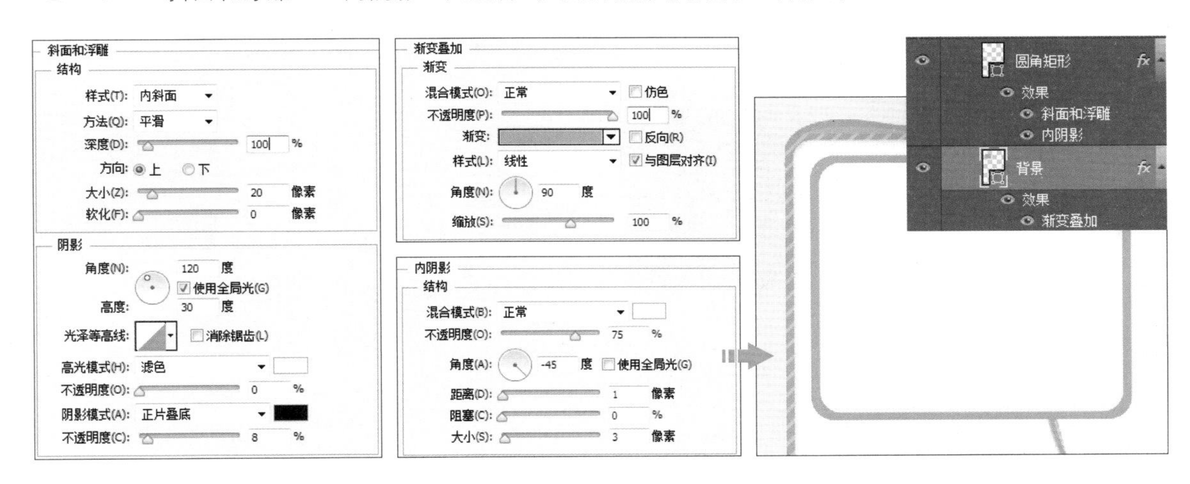

05 选择工具箱中的“横排文字工具”，在圆角矩形上单击，输入文字，利用“字符”面板调整文字的字体、字号等属性，最后使用“描边”“颜色叠加”“投影”图层样式对标题文字进行修饰。

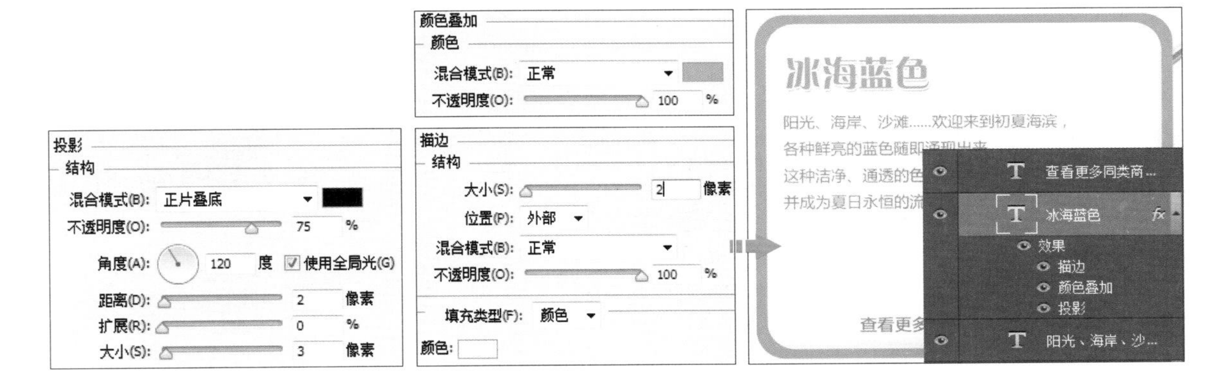

06 为了让文字层次分明、条理清晰，需要添加修饰形状。使用工具箱中的“矩形工具”绘制出大小不一的矩形，分别填充不同的颜色，去除描边色，再放在适当的位置。

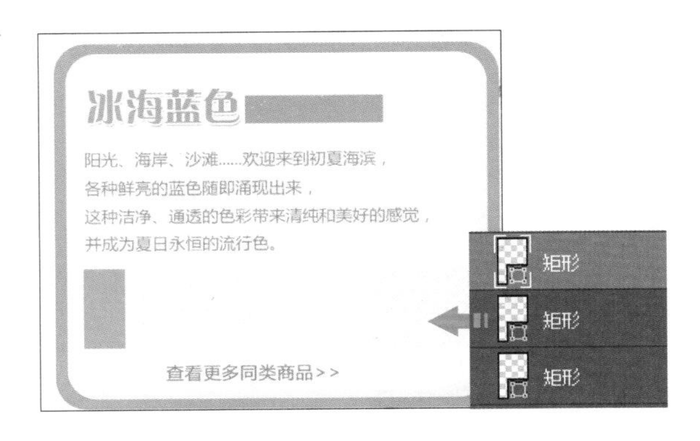

07 分别使用“横排文字工具”和“直排文字工具”输入英文，并对文字的字体、字号和颜色进行设置，把文字放在蓝色的矩形上，再输入减号“-”组成线条，对文字进行修饰。

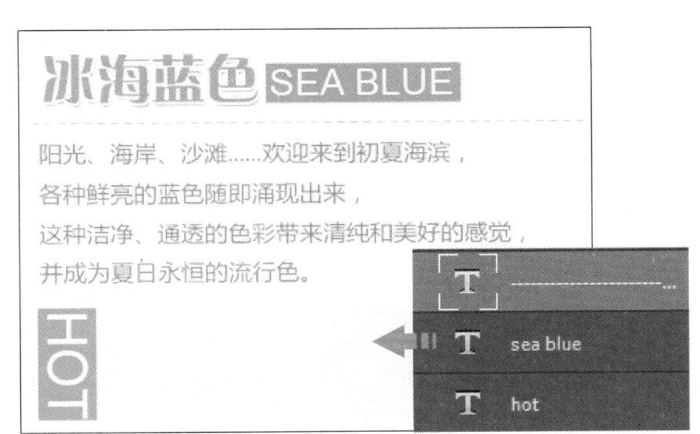

08 使用“圆角矩形工具”绘制出一个圆角矩形，接着使用“描边”图层样式对圆角矩形进行修饰。复制绘制好的圆角矩形，并将它们按照等距的方式排列。

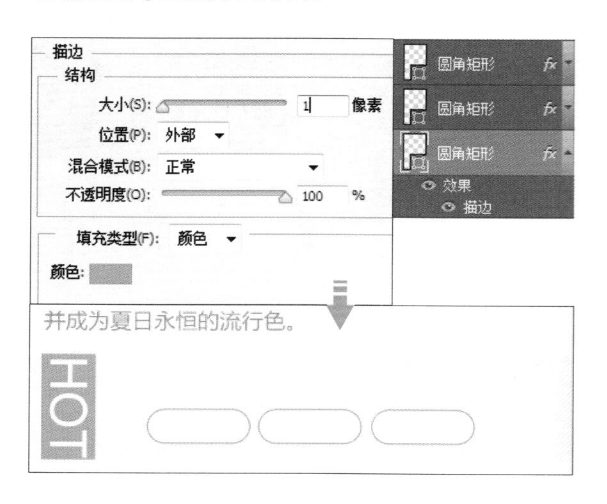

09 使用“横排文字工具”输入文字，调整文字的字体和字号，放置在适当的位置，并使用“描边”图层样式对部分文字进行修饰。

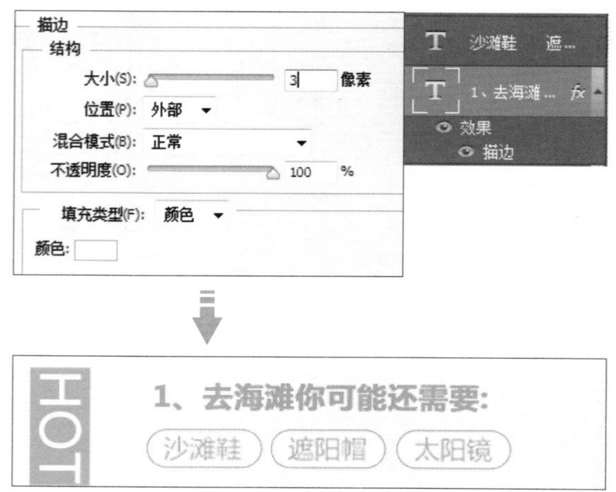

10 使用“钢笔工具”绘制出按钮的形状，填充适当的颜色，去除描边色，接着复制形状，使用“渐变叠加”图层样式对复制后的形状进行修饰，调整两个形状的位置，制作出如下所示的按钮。

11 选择工具箱中的“横排文字工具”，输入按钮上的“立即购买”文字，打开“字符”面板，对文字的属性进行设置，接着使用“钢笔工具”绘制出起指示作用的箭头形状。

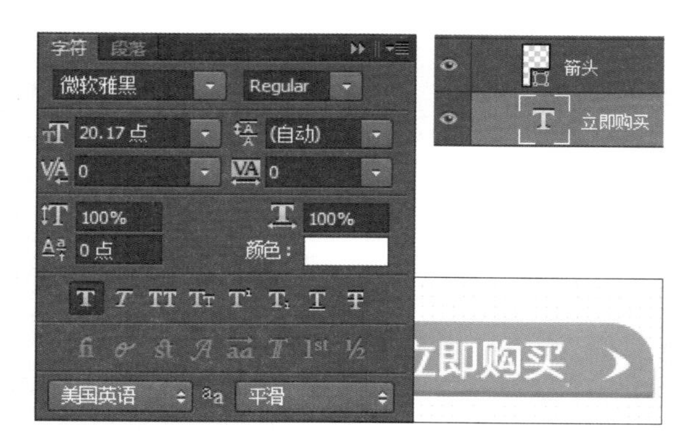

12 继续使用“横排文字工具”输入女鞋的名称、价格等信息，设置好文字的颜色、字体和字号等属性，并调整排列的顺序和位置。

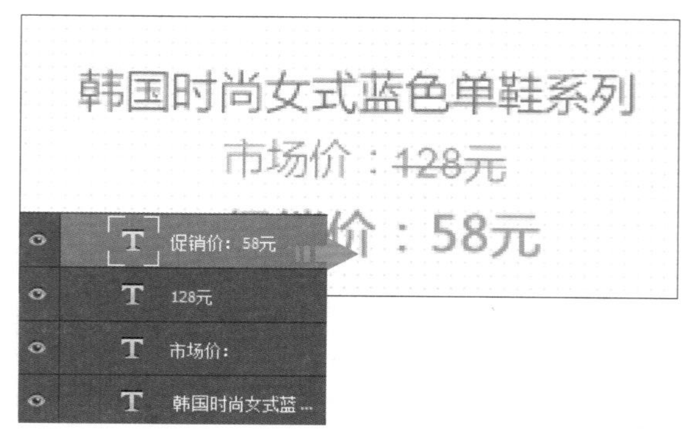

13 将12.jpg添加到图像窗口中，调整女鞋素材的大小和位置，接着使用“钢笔工具”沿着女鞋图像的边缘绘制路径，并将绘制的路径转换为选区，以选区为基准添加图层蒙版，将女鞋图像抠取出来。

14 将女鞋图像添加到选区中，为选区创建“色相/饱和度”调整图层，在“全图”选项下调整图像的“色相”“饱和度”“明度”，使女鞋图像的亮度和颜色与真实商品更加接近。

15 再次将女鞋图像添加到选区中，为选区创建“亮度/对比度”调整图层，在打开的“属性”面板中增大“亮度”和“对比度”的参数值，让女鞋图像的展示效果更具吸引力。

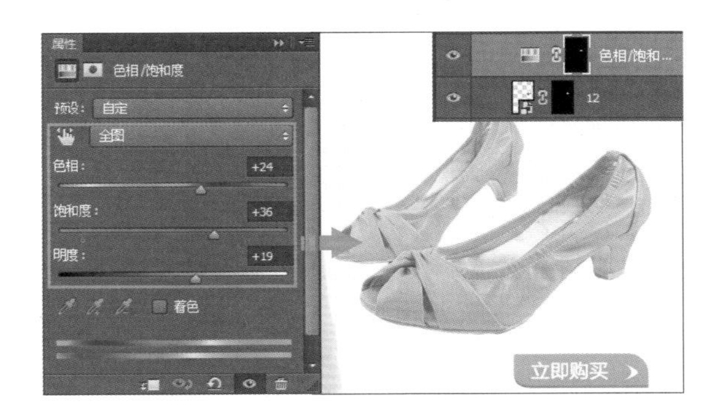

16 使用同样的方法在画面中添加其他的女鞋素材，抠取图像并进行美化。随后复制刚才绘制的“立即购买”按钮，使用“横排文字工具”添加商品信息。对女鞋图像、按钮和商品信息进行组合，放在画面中适当的位置。

17 将16.psd、17.jpg添加到图像窗口中，抠取模特图像，并使用“色阶”“可选颜色”“色相/饱和度”调整图层及颜色填充图层调整模特图像的影调和颜色。

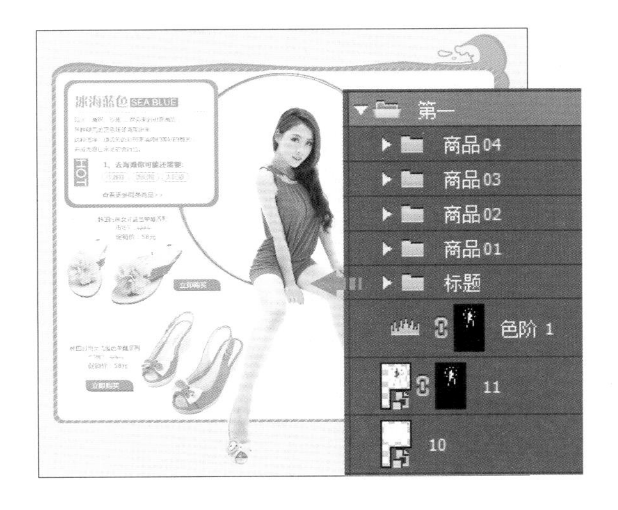

18 参考前面的方法制作出黄色系列的商品陈列区。至此，本案例就全部制作完成了。

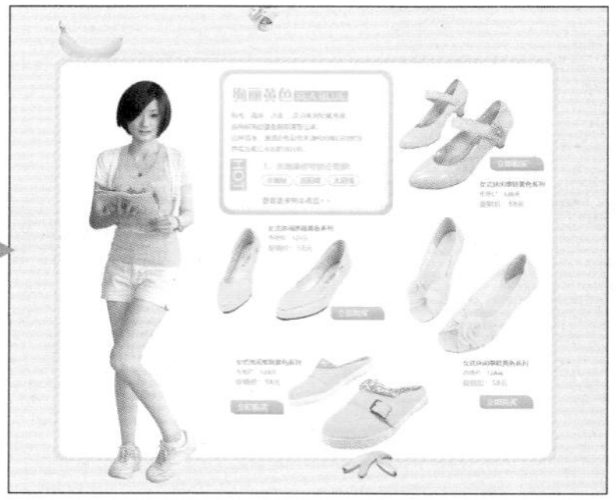
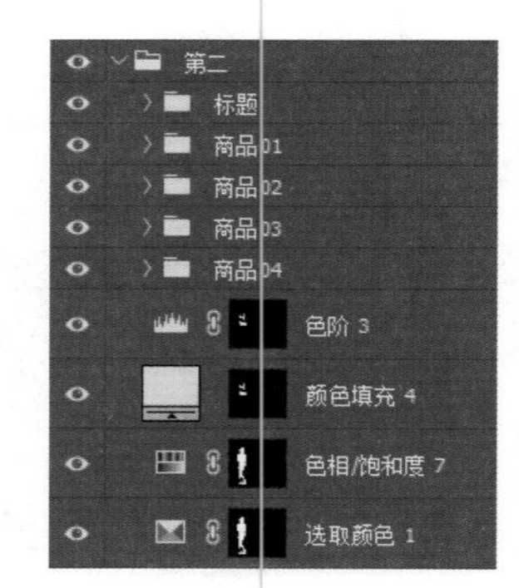

3.3.4 商品陈列区设计案例02

◎ 原始文件：下载资源\素材\03\22.jpg～25.jpg
◎ 最终文件：下载资源\源文件\03\商品陈列区设计案例02.psd

等距等大的方块式布局：使用等距等大的矩形展示商品，并以浅粉色的背景进行修饰，营造出清新、自然的视觉效果，再利用不同颜色对不同类别商品的标题进行区分。

交错式的标题设计：整个设计图的画面分割都非常均匀，但是在标题设计中使用了不同大小的矩形进行错落式的编排和布局，表现出一定的动感，增强了画面的视觉冲击力。

径向渐变的背景提升商品的表现力：为了在视觉上呈现出和谐感和统一感，在商品展示窗口中，对商品照片统一使用了色彩较淡的径向渐变背景，营造出一种专业化、高品质的氛围。

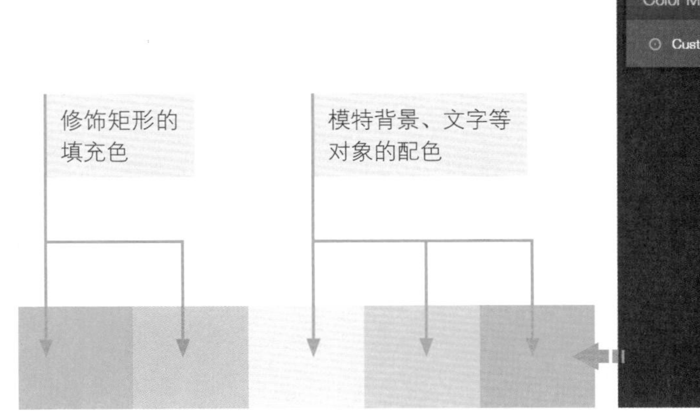

01 运行 Photoshop，新建一个文档，在工具箱中单击前景色色块，在打开的对话框中设置颜色值，按快捷键 Alt+Delete，为“背景”图层填充前景色。

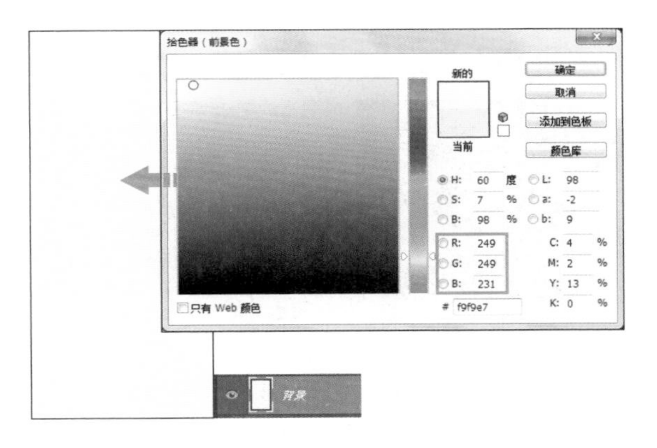

02 使用“矩形工具”绘制出用于划分版面布局的矩形。为了使画面具备一定的层次感，使用“渐变叠加”图层样式对作为商品照片背景的矩形进行修饰。

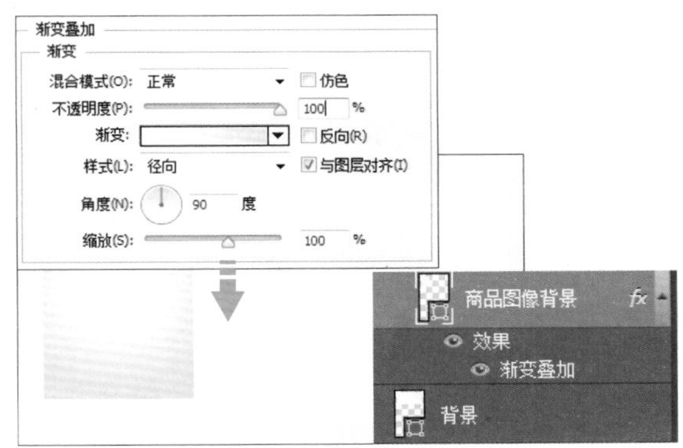

03 使用“矩形工具”继续绘制矩形，分别填充为不同的颜色，放在商品照片背景矩形的下方。接着使用“横排文字工具”添加商品名称、价格等文字，设置文字的字体、字号、颜色，将文字移动到矩形上的适当位置。

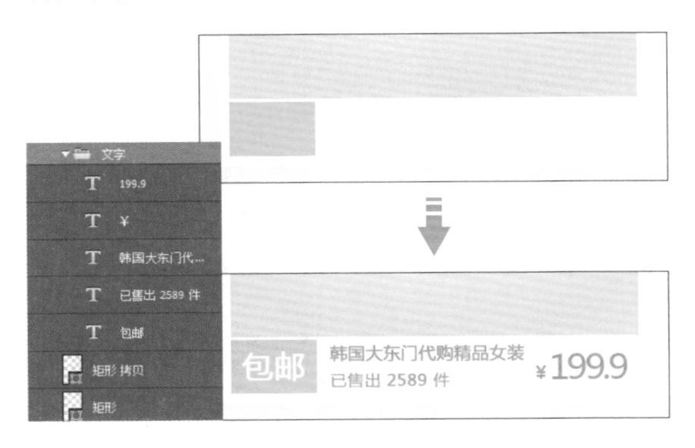

04 将 22.jpg 添加到图像窗口中，适当调整其大小和角度，接着使用“钢笔工具”沿着模特图像的边缘绘制路径，将其抠取出来。

05 将模特图像添加到选区中，创建“亮度/对比度”调整图层，在打开的“属性”面板中设置参数，提高模特图像的亮度和对比度，还原模特身上服装的颜色和层次。

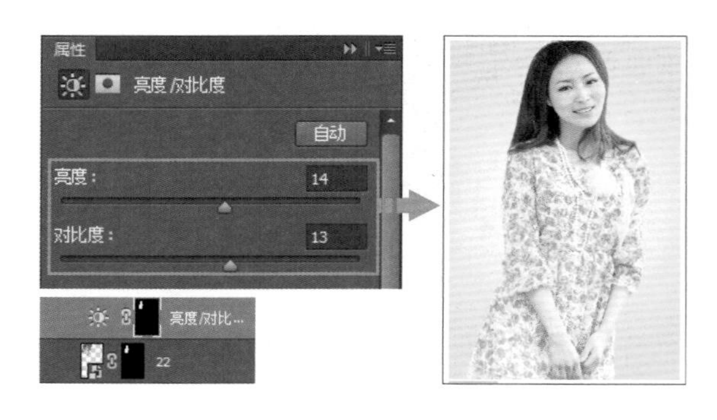

06 参考前面的方法，制作出“爆款”和“精品”区域的内容，将这三组区域以等距的方式排列。

07 使用“矩形工具”绘制出矩形，调整矩形的大小、位置和填充色，将其作为标题的背景。

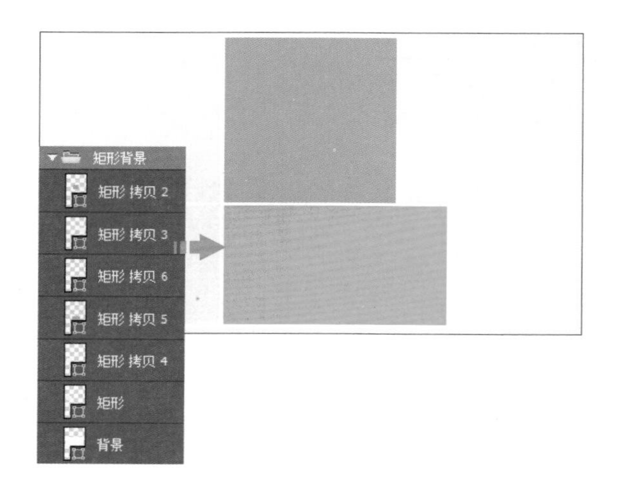

08 使用“横排文字工具”输入标题文字，打开“字符”面板，对文字的属性进行设置，再将文字放在矩形上的合适位置。在“图层”面板中创建“文字”图层组，将上述文字图层添加进图层组以便进行管理。

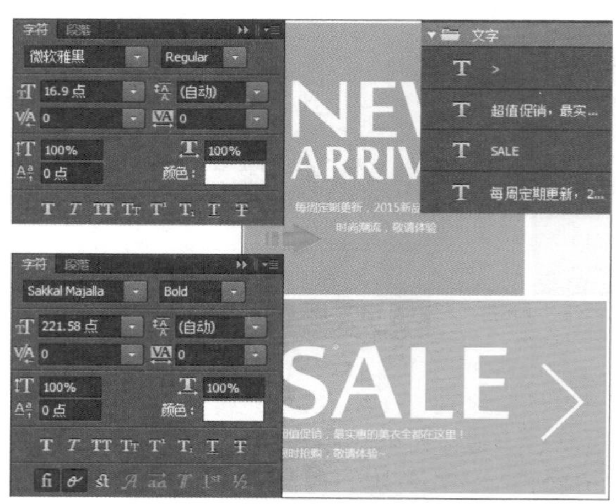

09 将 23.jpg 添加到图像窗口中，适当调整其大小，接着将标题文字左侧的两个矩形添加到选区中，以选区为基准创建图层蒙版，控制模特图像的显示范围。

10 将模特图像添加到选区中，为选区创建“色阶”调整图层，在打开的“属性”面板中调整“RGB”选项下的色阶值，提升模特图像的亮度和层次。

11 将24.jpg添加到图像窗口中，适当调整其大小，参考23.jpg素材图像的编辑方式，通过图层蒙版来控制其显示范围，并利用“色阶”调整图层来调整其亮度和对比度。

12 使用“矩形工具”绘制黑色的矩形，在“图层”面板中降低其“不透明度”，制作出半透明的效果，接着使用“横排文字工具”添加文字，打开“字符”面板，对文字的属性进行设置，制作出小标题。

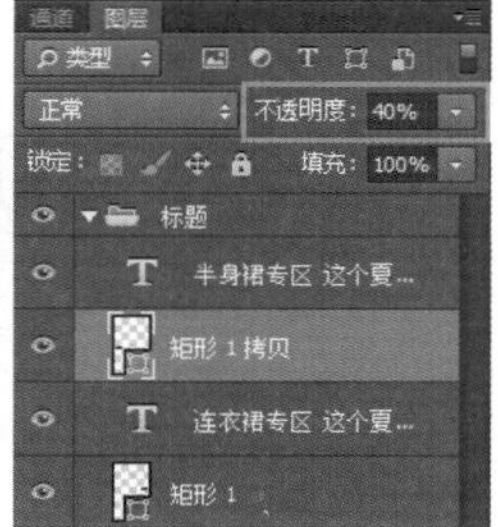

13 参考前面的方法，制作出其他的商品展示模块，并以每行四个模块的方式排列，制作出两行商品展示区。至此，本案例就全部制作完成了。

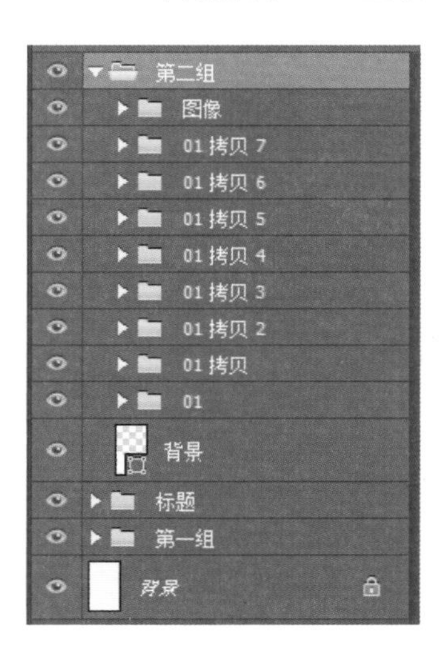

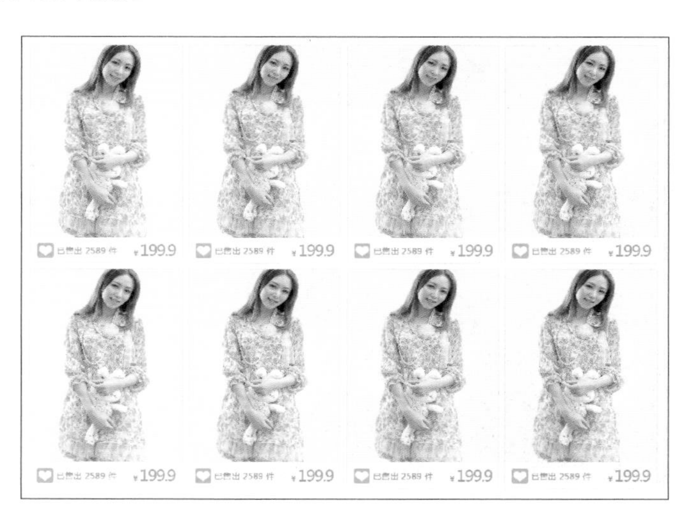

3.4 客服区与店铺收藏区

客服区与店铺收藏区是网店首页装修设计中较为薄弱的环节，因为它们占用的面积通常较小，在页面中也处于相对不显眼的位置，所以常常会被忽略。但是若想获得更加专业、全面的店铺装修效果和更高的转化率，这两个区域仍是必不可少的部分。与首页其他内容的设计相比，客服区与店铺收藏区的设计更为自由，接下来就进行详细讲解。

3.4.1 客服区与店铺收藏区的设计规范

网店的客服就如同实体店铺中的售货员，承担着为消费者提供售前咨询、售后保障等服务的责任。在网店首页中添加客服区作为消费者联系客服人员的入口，可以及时解决消费者的疑问，为店铺的形象加分，提高成交率和回头率。店铺收藏区在网店首页的装修中至关重要，当消费者对店铺的商品感兴趣时，恰到好处的收藏区设计可以促使消费者将店铺添加到收藏夹中，有助于提高店铺的浏览量及消费者再次光临的概率。下图所示即为某网店首页装修设计图中的客服区和店铺收藏区的设计。

客服区的基本组成元素包括旺旺头像和客服名称，有时还需注明客服的服务时间等。设计美观、亲切的客服区能够激发消费者的交流欲望，提升店铺的转化率。

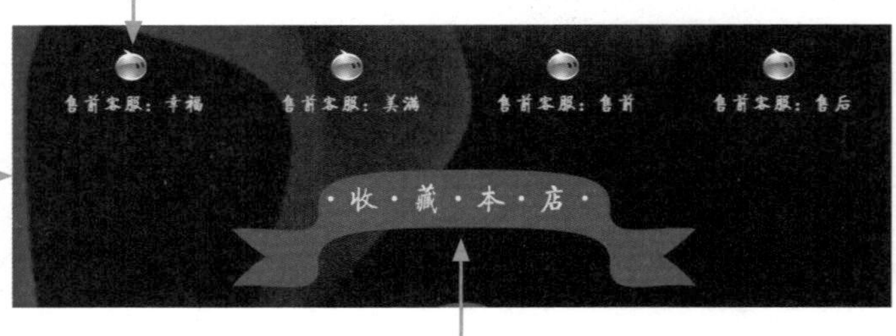

店铺收藏区大部分都由“收藏本店”的文字与某个修饰形状组合而成，设计和制作都较为简单，但是设计的风格一定要与整个首页的装修风格保持一致。

电商平台通常会在网店首页的最顶端统一放置联系客服的图标，以使消费者形成固定的操作习惯，当然这还不够。很多网店为了突显店铺的专业性和服务品质，会在首页的多个区域添加客服区，以便消费者更快捷地联系到客服人员。一般情况下，店铺收藏区内容较为单一，而有的网店为了吸引消费者的注意，还会将一些商品图片、素材图片等添加到店铺收藏区中，达到推销商品和提高收藏量的双重目的。

3.4.2 聊天软件头像的创意表现

如何让客服聊天软件的头像与整店的风格更加和谐，是客服区的设计重点，也是塑造店铺风格的一个关键。不同的电商平台有不同的聊天软件，如下图所示为京东和淘宝网的聊天软件图标。

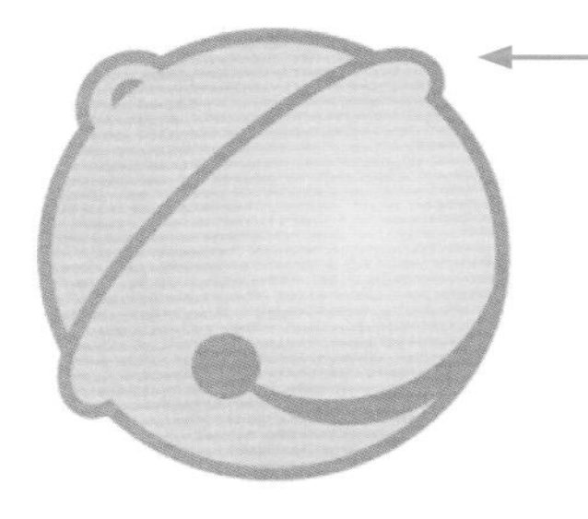

京东咚咚是京东推出的一款即时通信软件，面向京东个人用户、商家客服和京东客服。

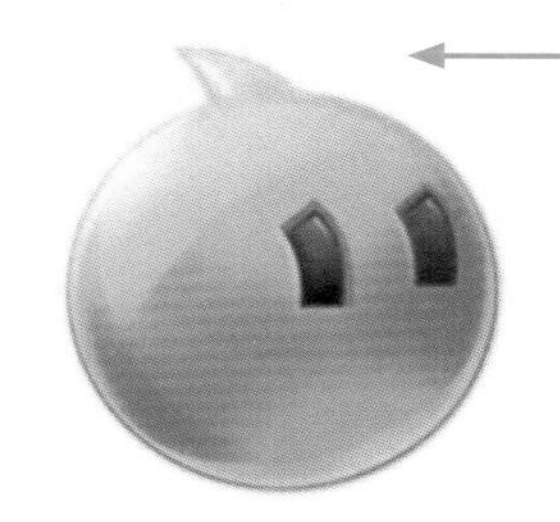

阿里旺旺是淘宝网购物、开店必备的沟通软件，还可以在购物后让消费者随时了解交易状态，让购物更方便、更贴心。

电商平台对客服区的聊天软件图标尺寸是有具体要求的。以淘宝网的旺旺图标为例，如果使用单个旺旺图标作为客服的链接，那么旺旺图标的尺寸为16像素×16像素；如果使用添加了“和我联系”或者“手机在线”字样的旺旺图标，那么图标的尺寸为77像素×19像素。具体如下图所示。

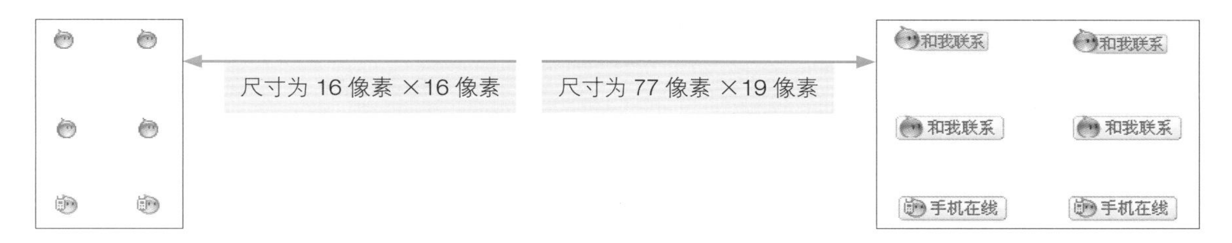

除了上述两种标准的图标尺寸外，很多设计师为了让客服区的设计更加亲切和人性化，还创作出了多种颇具创意的表现方式，如下图所示。

SERVICE CENTER

Online Time 9:00-23:00

售前： 新 年 快 乐 售后： 万 事 如 意

将客服的名称串联成一句祝福语，给人一种新颖别致、与众不同的感觉，更能吸引消费者的目光。

将旺旺客服的小图标与手绘的美女图标组合在一起，与千篇一律的旺旺图标相比，显得更具亲和力，拉近了客服与消费者之间的距离。除手绘头像外，也可使用美观的真人照片作为头像。

使用不同表情的天猫图标作为客服图标，给人一种俏皮、可爱的感觉。

3.4.3 客服区与店铺收藏区设计案例01

◎ 原始文件：下载资源\素材\03\26.jpg、27.jpg、28.psd
◎ 最终文件：下载资源\源文件\03\客服区与店铺收藏区设计案例01.psd

咖啡素材营造惬意、悠闲的氛围：咖啡是一种生活品质的象征，代表悠闲、轻松和浪漫。在设计客服区标题时，选择咖啡素材营造出一种惬意、悠闲的氛围，让消费者感觉亲切、自然。

纯色与渐变色背景组合设计：在客服区中使用纯色的背景，但是在设计店铺收藏区及商品分类区时，使用了渐变色对背景进行填充，以营造有层次感的画面。

各个功能区域的自然分割：为了将众多的信息清晰地展示出来，使用了修饰形状、线条，以及整齐布局、空白间隔的方式，把各个功能区域自然地分割开来。

设计图中各种元素主要使用的色彩

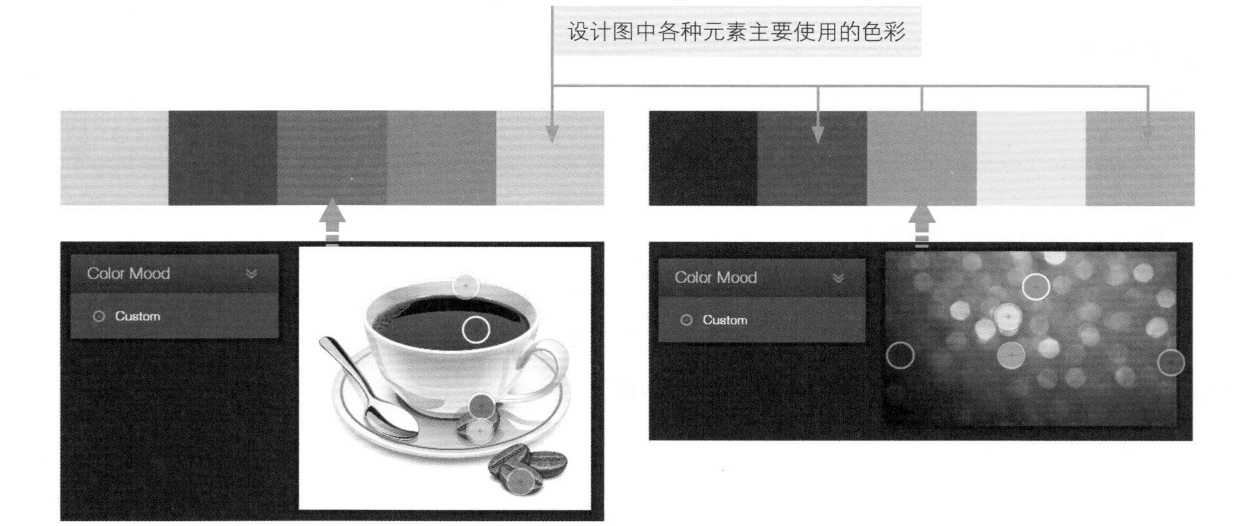

01 在 Photoshop 中新建一个文档，将“背景”图层填充为所需的颜色，接着新建图层，同样命名为“背景”，使用“矩形选框工具”创建矩形选区，为选区填充所需的颜色。

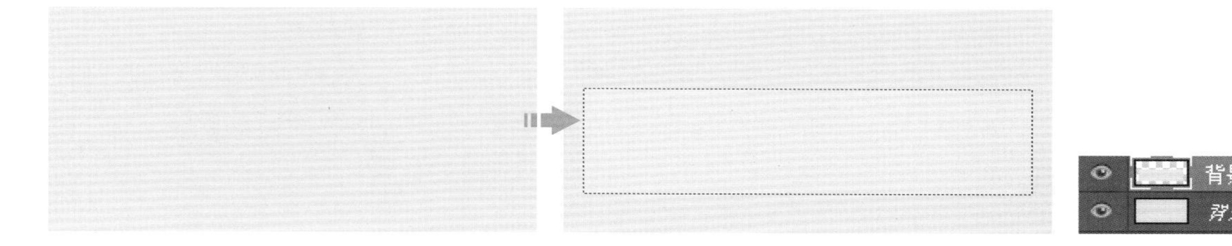

02 复制矩形所在的“背景”图层，得到相应的拷贝图层，接着调整矩形的大小，将其放在适当的位置，使用“内阴影”和“渐变叠加”图层样式对矩形进行修饰。

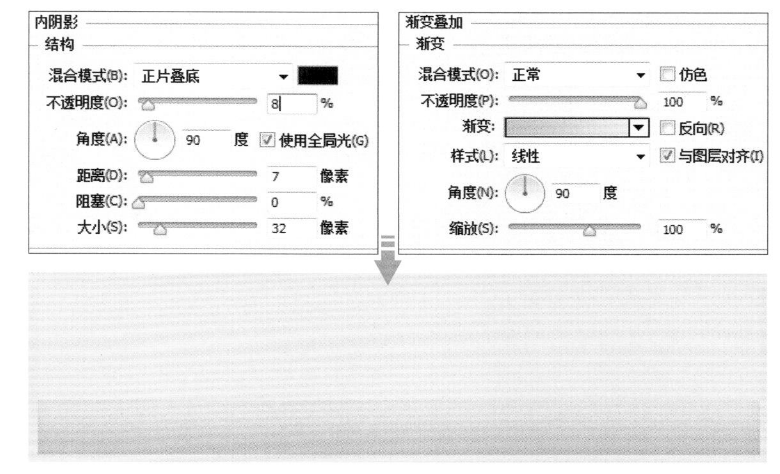

03 使用“矩形工具”绘制出矩形，在该工具的选项栏中对矩形的填充色进行设置，并去掉描边色。调整矩形的大小，将其放在画面适当的位置上。

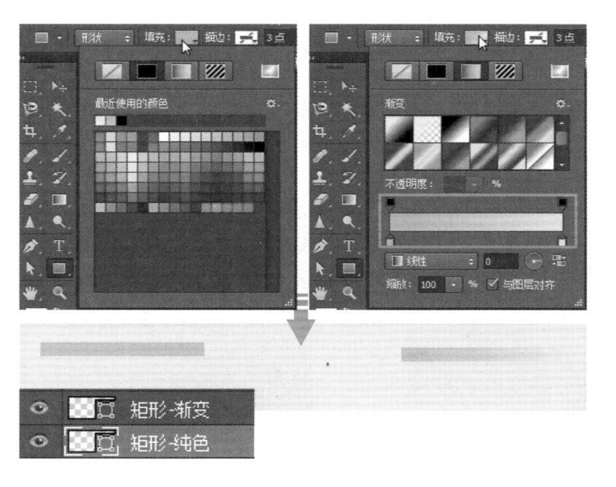

04 选择工具箱中的“横排文字工具”，在适当的位置输入文字，打开“字符”面板，对文字的属性进行设置，再将文字放在矩形的上方。

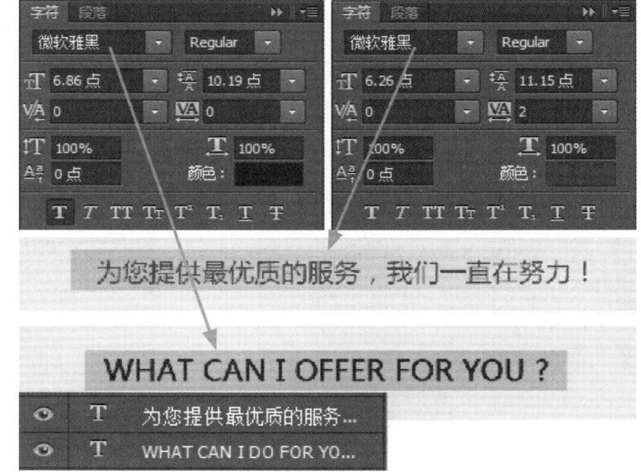

提示

要更改形状图层的颜色，可以在选中任意形状工具后，在其选项栏中进行更改，也可以双击形状图层，在打开的“图层样式”对话框中设置“颜色叠加”或“渐变叠加”样式进行更改。

05 将28.psd中的旺旺图标添加到图像窗口中，复制若干份后按照等距的方式排列。接着使用“横排文字工具”在客服区适当的位置输入客服的名称及服务时间等信息，在“字符”面板中对文字的颜色、字体、字号和字间距等进行设置。

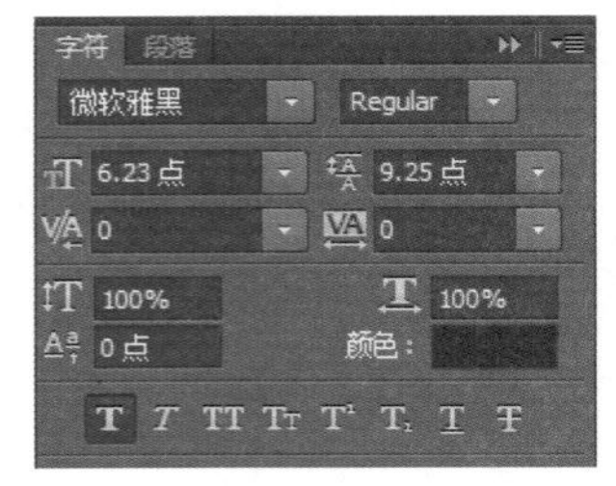

06 使用“矩形工具”绘制矩形，复制矩形后为矩形设置不同的填充色，将两个矩形放在一起。创建“01”图层组，将矩形图层拖动到其中，并添加图层蒙版，然后编辑图层蒙版，制作出渐隐的线条效果。

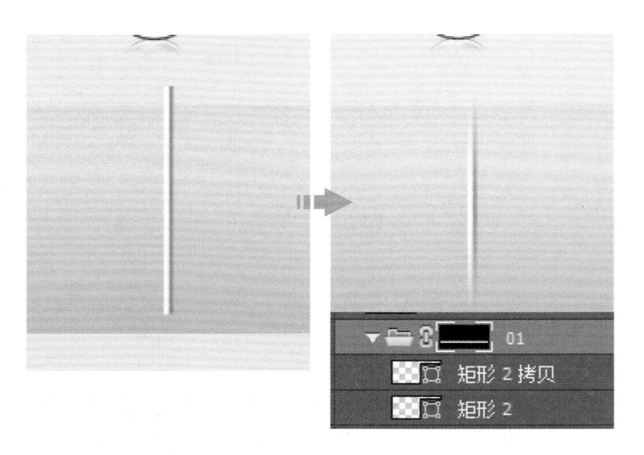

07 复制编辑好的“01”图层组，将渐隐的线条按照等距的方式排列，放置在画面中适当的位置。

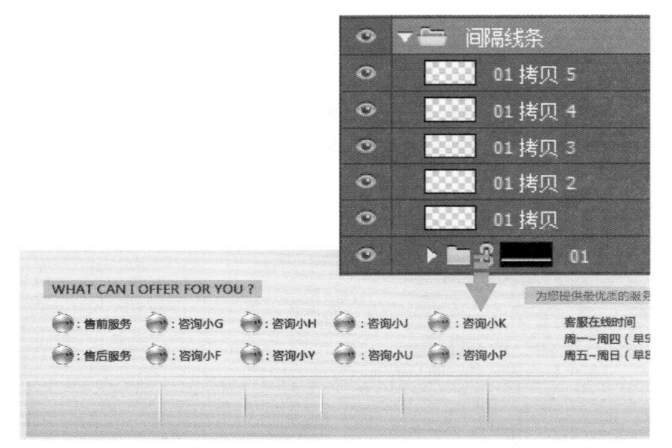

08 选择“横排文字工具”，输入商品分类文字及收藏区文字，打开“字符”面板，对文字的颜色、字体、字号和字间距等进行设置。

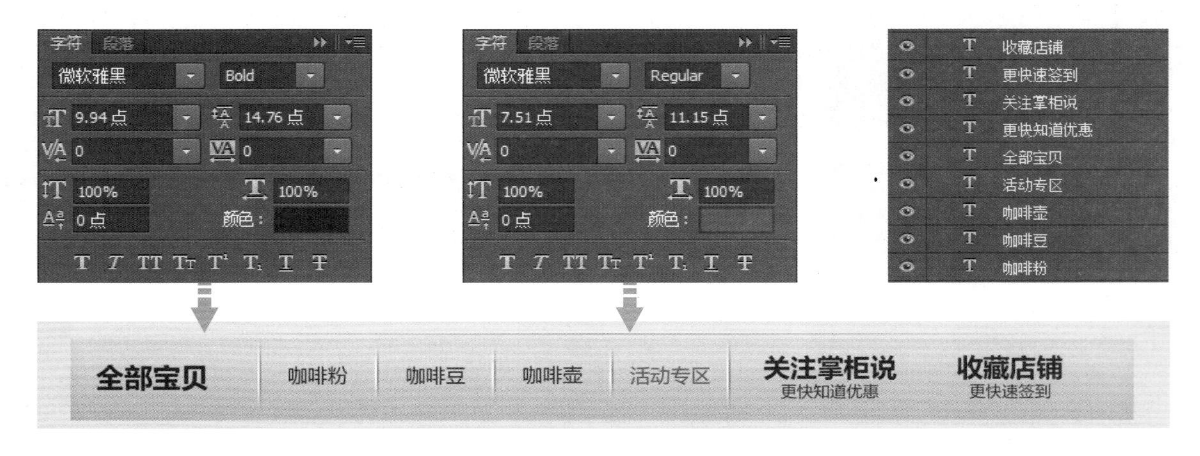

09 使用“钢笔工具”绘制出聊天气泡的形状，接着使用“横排文字工具”输入文字“HOT”，将形状和文字组合在一起，放置在“活动专区”文字的上方。

10 选择工具箱中的“自定形状工具”，在其选项栏中选择三角形并绘制在适当的位置，接着复制图层，调整三角形的角度，将三角形作为起指示作用的修饰形状放在适当的位置。

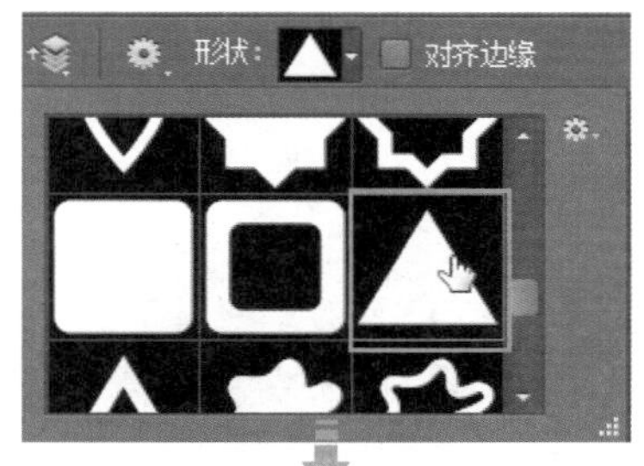

11 将26.jpg添加到图像窗口中，适当调整其大小，使用“矩形选框工具”创建矩形选区，再添加图层蒙版以控制图像的显示范围，作为标题的背景。

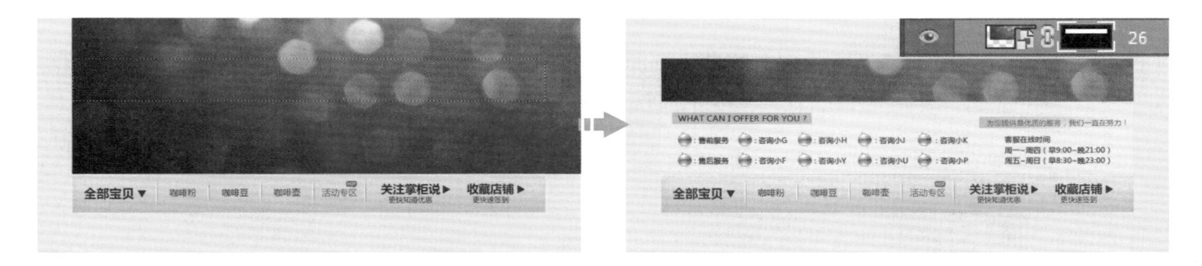

12 将光斑图像添加到选区中，创建“色阶”调整图层，在打开的“属性”面板中设置“RGB”选项下的色阶值，让图像的影调与整个画面的影调相协调。

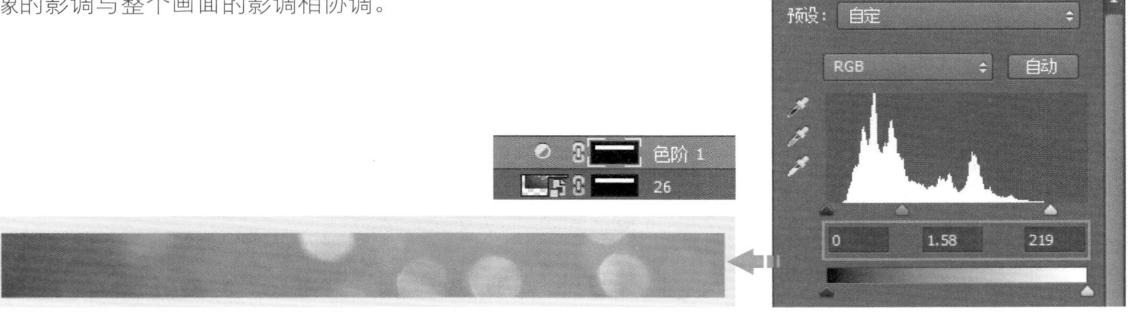

13 将27.jpg添加到图像窗口中，接着复制和翻转图层，适当调整其大小，并使用图层蒙版对咖啡图像的显示范围进行控制，然后设置图层的混合模式为“正片叠底”，隐藏白色的背景区域。

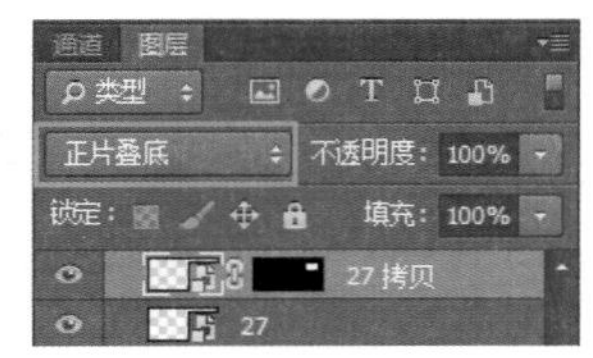

14 再次将光斑图像添加到选区中，创建“亮度/对比度”调整图层，在打开的“属性”面板中设置参数，提高图像的亮度和对比度，让画面更加柔和。

15 第三次将光斑图像添加到选区中，创建颜色填充图层，在打开的对话框中设置填充色，接着设置图层的混合模式为“色相”，将颜色填充图层中的颜色叠加到图像中，可以看到光斑图像的颜色与整个画面的颜色更加统一了。

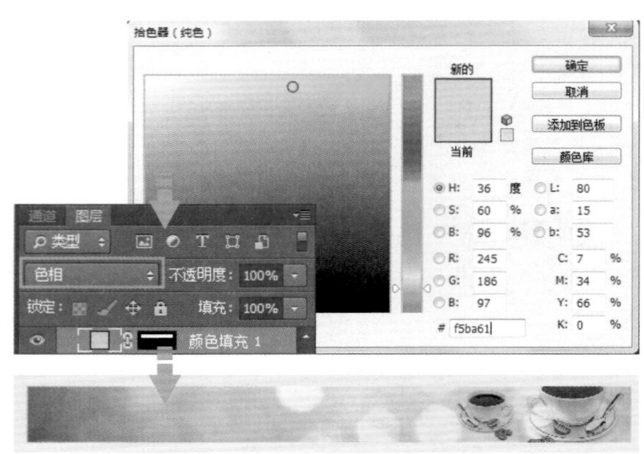

16 选择工具箱中的“横排文字工具”，在光斑图像上输入中文文字，打开“字符”面板，对文字的属性进行设置。

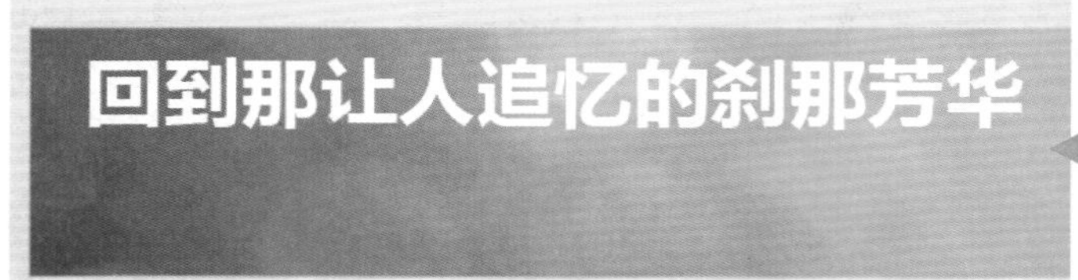

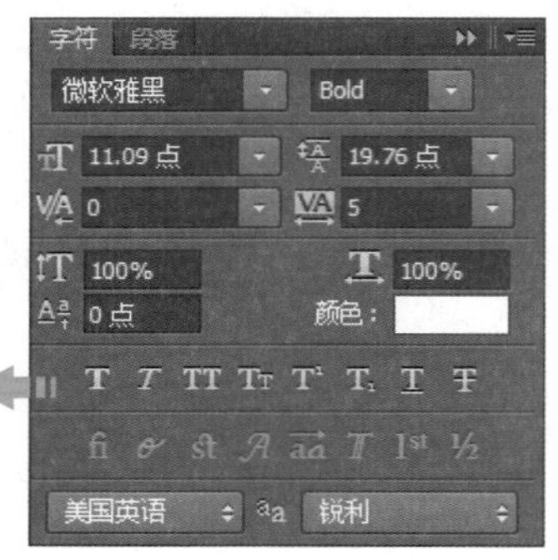

17 选择工具箱中的“横排文字工具”，在光斑图像上输入英文文字，打开“字符”面板，设置文字属性，接着使用“外发光”图层样式对文字进行修饰。

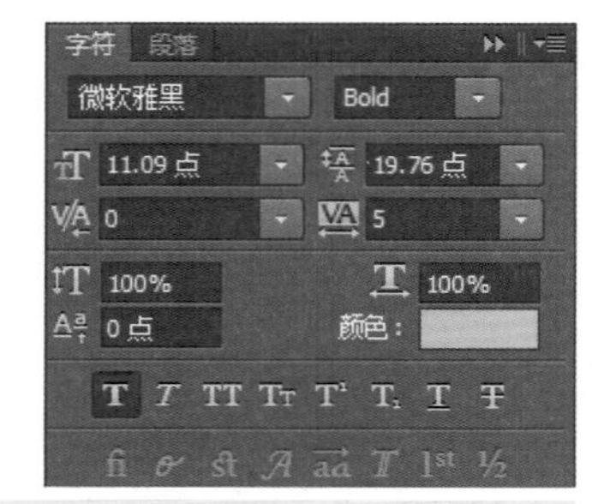

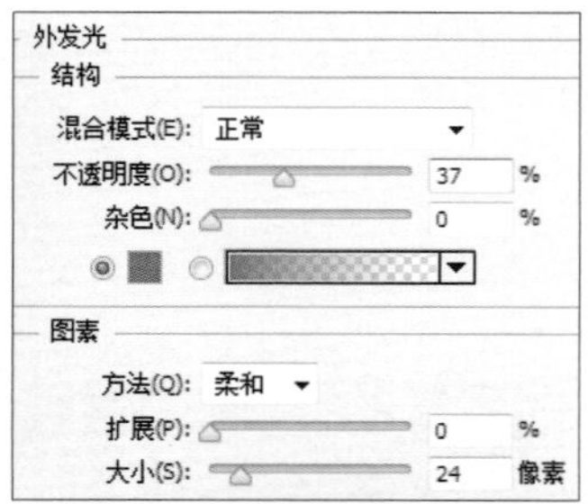

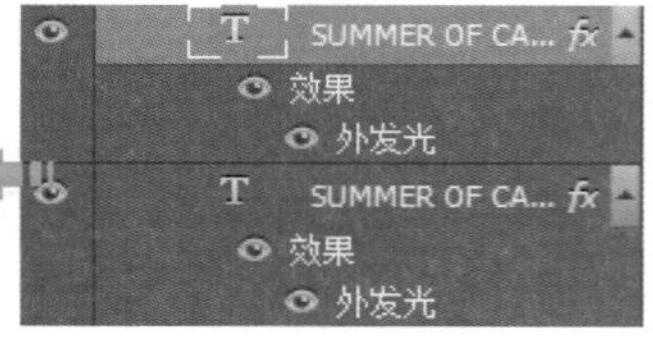

18 选择工具箱中的“自定形状工具”，在其选项栏中选择如下图所示的形状绘制在适当的位置。

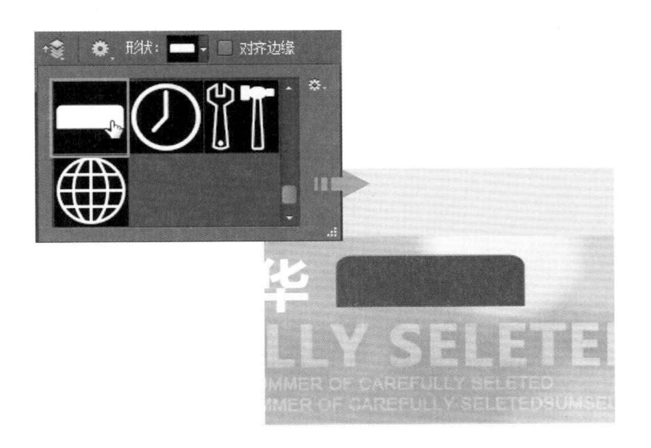

19 选择工具箱中的“横排文字工具”，在前面绘制的形状上添加文字，打开“字符”面板，对文字的属性进行设置。至此，本案例就全部制作完成了。

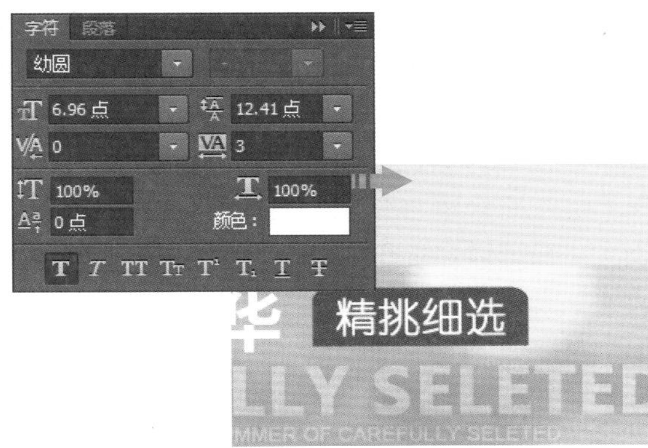

3.4.4 客服区与店铺收藏区设计案例02

◎ 原始文件：下载资源\素材\03\28.psd

◎ 最终文件：下载资源\源文件\03\客服区与店铺收藏区设计案例02.psd

图标与文字组合表现服务信息：每组文字信息都有一个中心点，将这个中心点提取出来，通过图标将其简洁而又形象地表现出来，并利用颜色进行强调，便于消费者阅读和记忆。

反差较大的配色突出重点信息：设计图中的信息很丰富，为了突出信息的重点和主次，使用少量红色与其他颜色形成较大反差，使重点信息更加醒目。

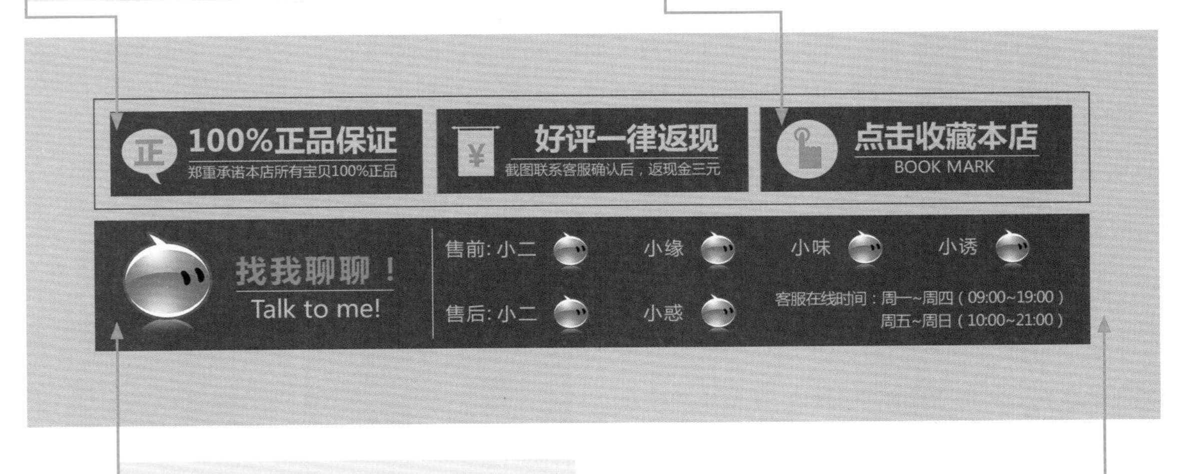

使用矩形对设计图进行布局：利用矩形对整个设计图中的信息进行分组和布局，给人工整、严谨的视觉感受，提升了客服的可信度和专业度。

使用纯色背景避免喧宾夺主：由于整个设计图中的信息较多，故使用简洁的纯色背景来避免对信息表达的干扰。

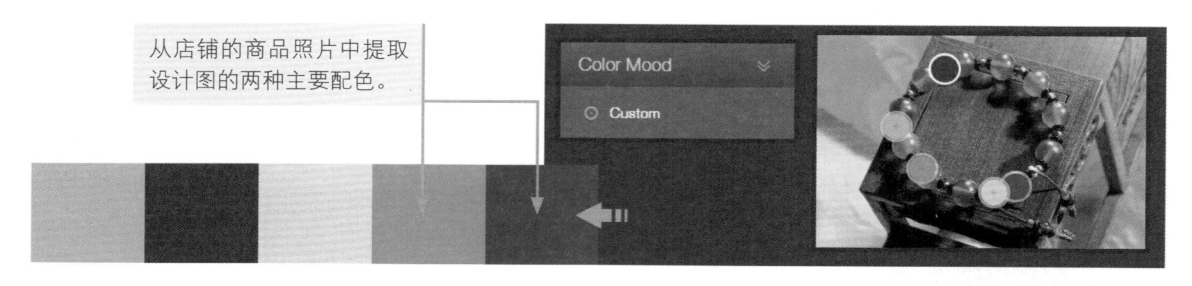

01 运行 Photoshop，新建一个文档，创建颜色填充图层，在打开的“拾色器（纯色）”对话框中对填充色进行设置，将图像的背景设置为纯色。

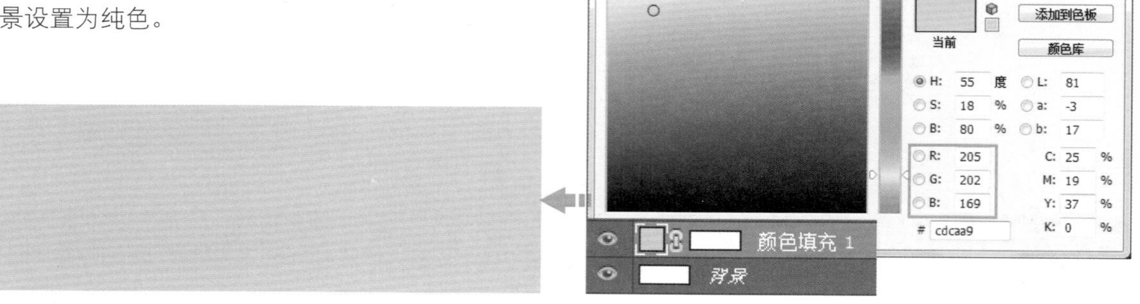

02 选择工具箱中的“矩形工具”，绘制出如下图所示的线条和矩形，分别为绘制的形状填充适当的颜色，调整形状的大小和位置，以划定店铺收藏区的大致布局。

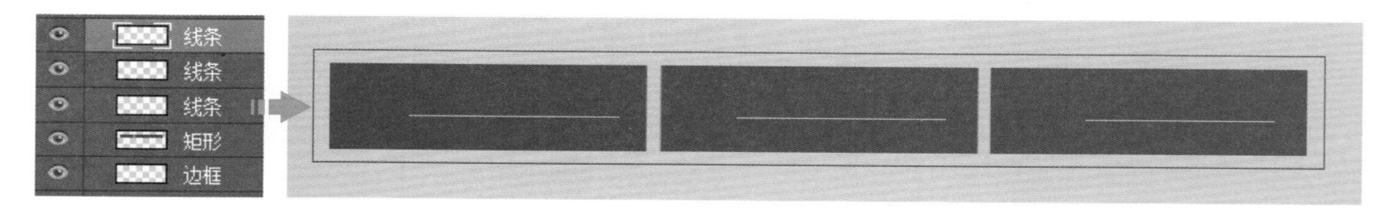

03 选择工具箱中的“钢笔工具”，绘制出如下图所示的形状，分别为其填充不同的颜色，并将其放在适当的位置，对画面进行修饰。

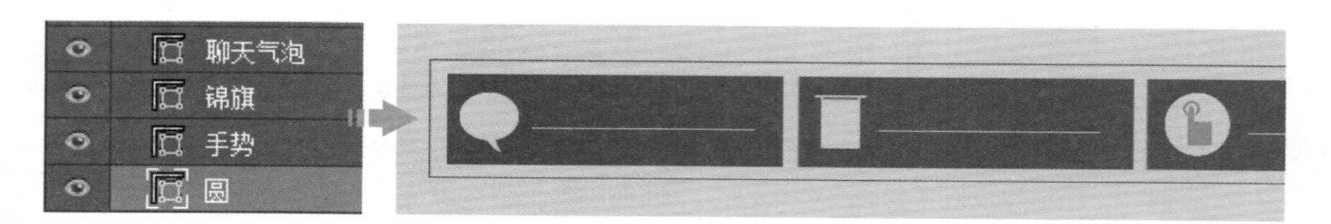

04 选择工具箱中的“横排文字工具”，输入如下图所示的文字，将文字放在画面适当的位置，打开“字符”面板，对每组文字的属性进行设置。店铺收藏区便制作完成了。

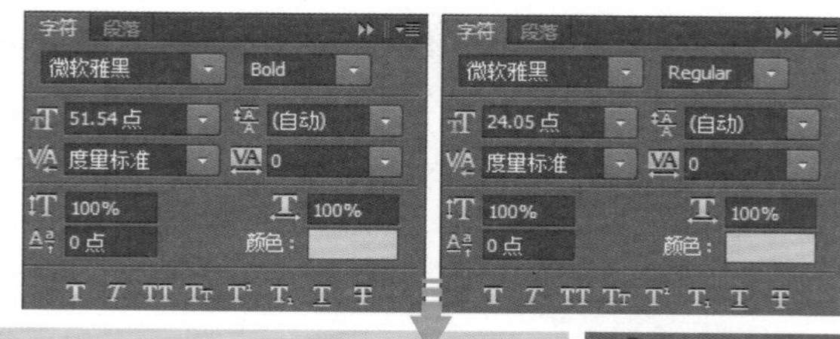

05 接着开始制作客服区。选择工具箱中的“矩形工具”，绘制一个矩形，放在适当的位置，填充适当的颜色，作为客服区的背景。

06 继续使用“矩形工具”绘制出线条，调整线条的宽度和高度，并将其放在适当的位置，对客服区进行布局。

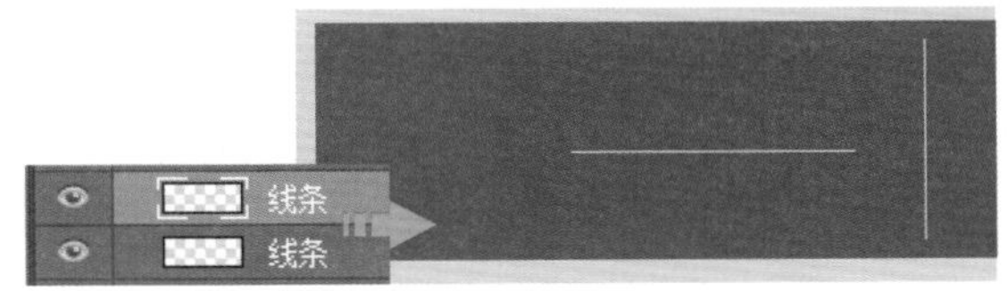

07 选择工具箱中的“横排文字工具”，输入客服区的标题文字，打开“字符”面板，设置文字的属性，并调整文字的位置。

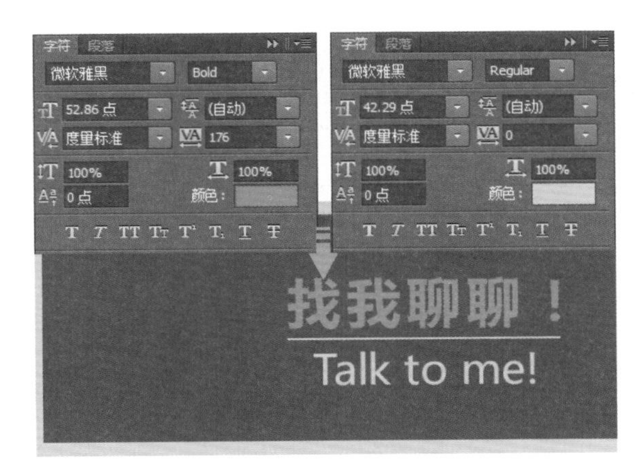

08 使用“横排文字工具”在客服区的适当位置输入客服的名称及服务时间等信息，打开“字符”面板，对文字的颜色、字体、字号和字间距等进行设置。

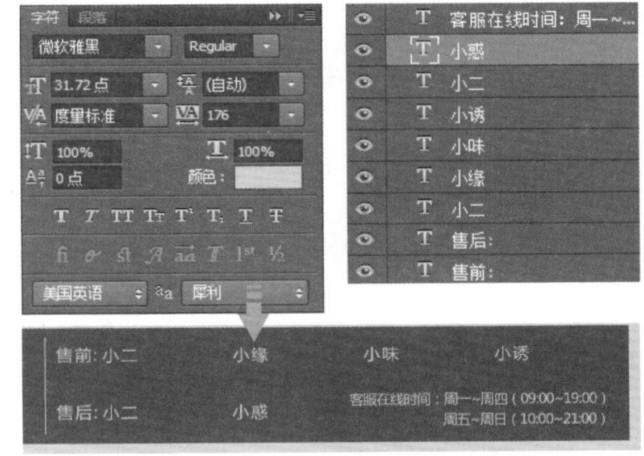

09 将28.psd中的旺旺图标添加到图像窗口中，适当调整其大小后放在客服区标题文字的左侧。

10 复制上一步中添加的旺旺图标，调整其大小后放在每个客服名称的后面。至此，本案例就全部制作完成了。

第4章 网店首页整体打造

网店首页的装修效果是消费者对店铺的第一印象，也是一个店铺的形象，它直接关系到消费者是否会在店铺中停留。上一章对首页页面各元素的设计分别进行了讲解，本章将学习如何将这些元素组合在一起，形成完整的页面效果。

4.1 化妆品店铺首页装修设计

本案例要为某化妆品店铺设计首页装修图。如下图所示为卖家提供的化妆品素材照片及模特素材照片。该品牌化妆品以“植物纯正提取，零添加”为口号，卖家要求首页装修设计图以展示化妆品为主，主要内容要包括店招、导航条、欢迎模块、客服区、商品分类、“镇店之宝”专区、“热卖单品”专区、“纯正护肤”专区及相关的品牌特色展示等。

4.1.1 框架设计

店铺首页装修设计的第一步是根据首页的常规布局结构及卖家的要求，对首页的主要框架进行构思。为了体现出一定的个性，对本案例首页的标题栏采用通栏布局，让观者的视线更加开阔，最大限度地利用店铺首页的装修空间，其大致布局如下图所示。该图只是一个较粗略的构思，最终制作完成的装修设计图布局会与该图有细微差别。

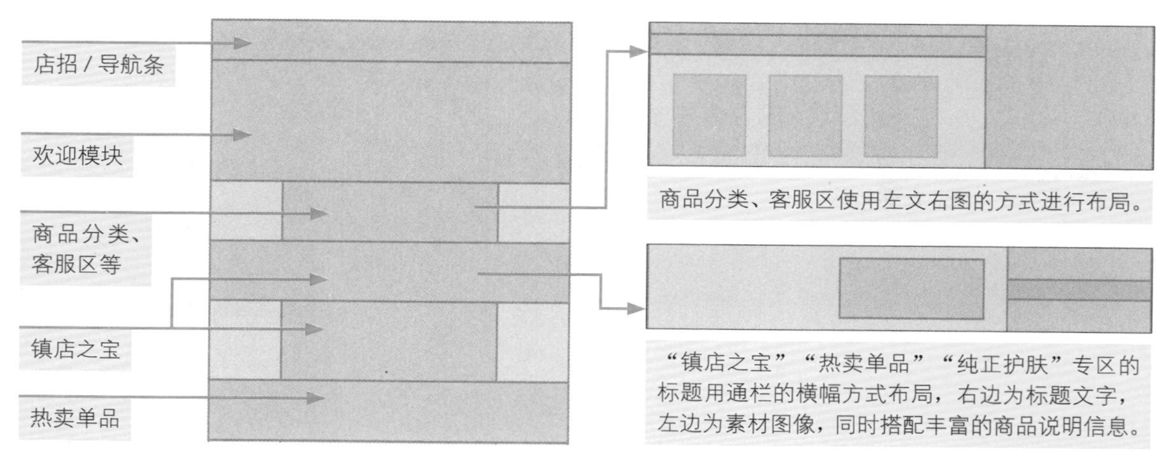

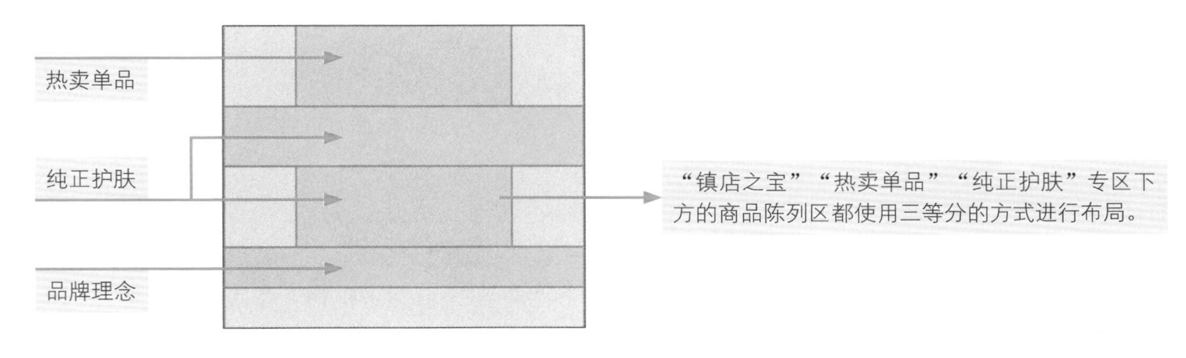

4.1.2 风格定位

根据本案例的设计要求，店铺中销售的化妆品是以“植物纯正提取，零添加”为口号的，并且首页装修设计图要以展示化妆品的形象为主，因此，在确定装修风格时，抓住“植物”这个关键词进行素材的收集和整理。植物给人的印象是阳光的、无污染的、有生命的，在很多化妆品广告中，都可以看到大量花卉、绿叶等植物素材，因此，通过大量植物素材来营造出一种纯天然、清新、健康的视觉效果，可以最大限度地烘托出该店铺的化妆品原料纯正、零添加、无污染的特点。具体的思路如下图所示。

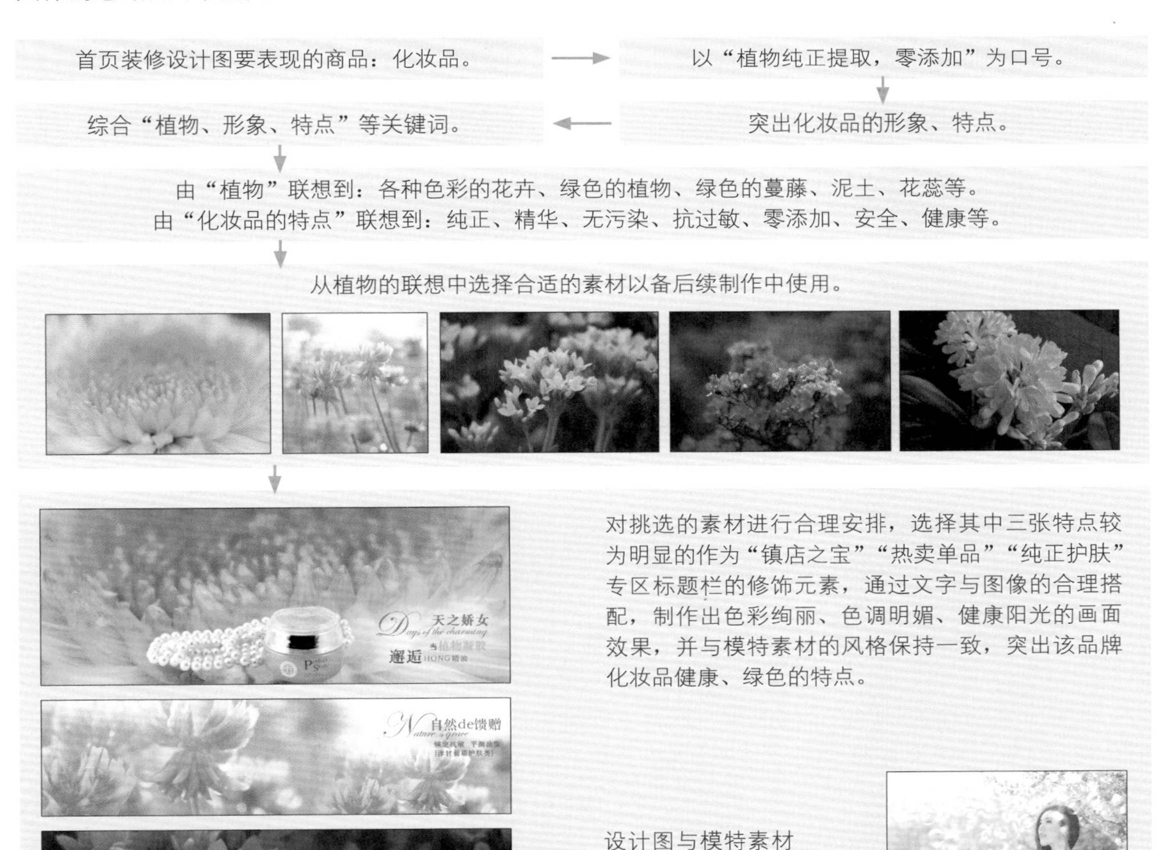

如上所示为本案例选择素材的思路，根据这些素材的内容，再结合化妆品图像及各个设计模块的信息展示，将清新、健康的视觉效果应用到首页装修设计图的各个位置，以突出化妆品的功效和特点。

4.1.3 配色方案

在制定配色方案之前，先来观察模特素材的色调。通过Adobe Color CC的配色分析可以看出，该素材的色调以高明度、高纯度的暖色为主，这样的色彩与大自然中植物、花卉的色彩类似，也与之前构想的设计图风格定位一致。但是，为了缓和配色中冷暖色调之间的差异，加入紫色这一冷色调进行调和，让配色更加丰富，同时紫色也是大自然中较为常见的花卉色彩之一，如常被用作化妆品原料的薰衣草就是紫色的。确定配色方案的思路如下图所示。

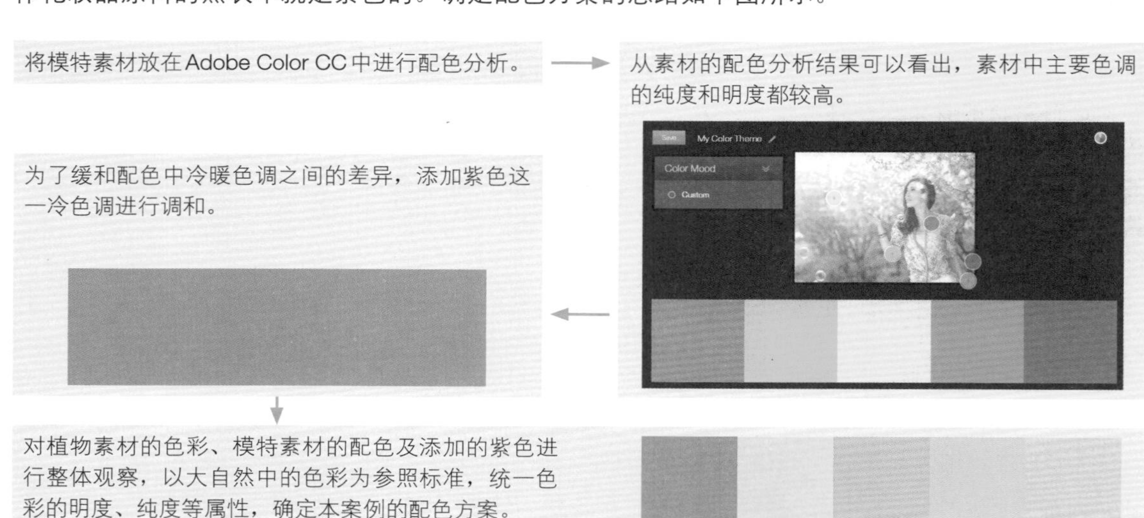

利用确定的配色方案中的色彩来定义首页装修设计图中标题栏的色彩，并且通过对色彩的有效搭配、明度与色相的细微调整来合理应用配色方案。

确定了配色方案之后，设计过程中对颜色的使用都应当遵循该方案。除了添加白色和黑色这种无彩色以外，如果素材的色调不能满足配色方案的要求，还需要通过对图像进行调色来达到目的。右图所示即为将绿色色调的素材调整为红色色调。

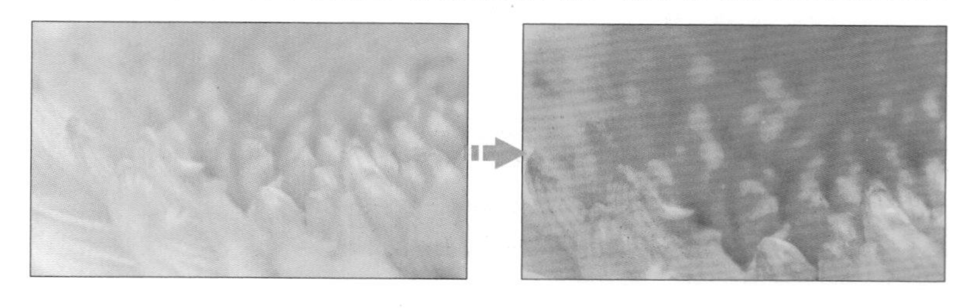

4.1.4 步骤详解

◎ 原始文件：下载资源\素材\04\01.jpg～09.jpg

◎ 最终文件：下载资源\源文件\04\化妆品店铺首页装修设计.psd

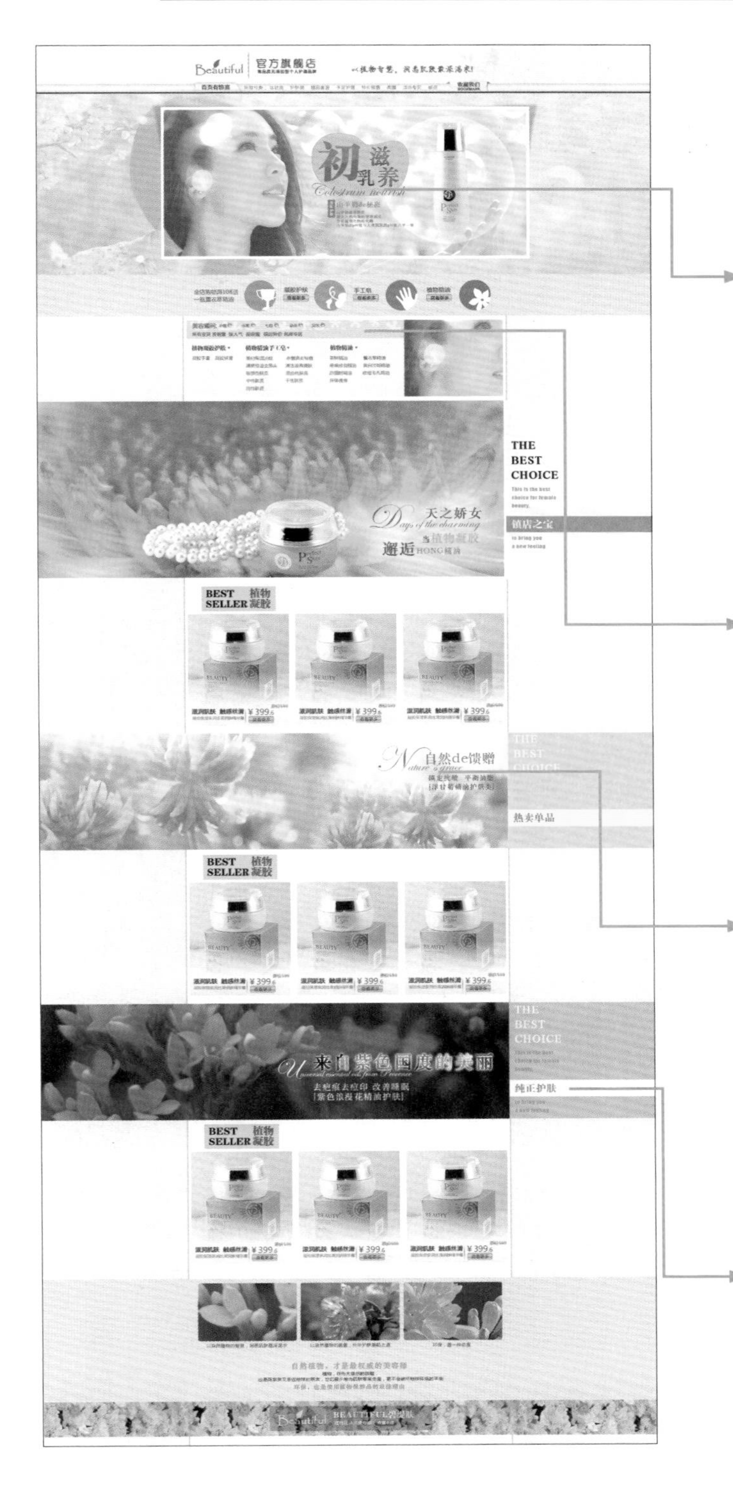

将标题文字设置为不同的字号并随意摆放，利用修饰形状和图层样式来点缀标题文字，使其更加精致。

使用“自定形状工具”和“钢笔工具”绘制出花朵形状，对客服区的背景进行修饰和点缀，避免了纯色背景的呆板、单一，营造出清新的视觉感受。

选择宋体及花式英文字体进行搭配，通过色彩与背景的差异及风格一致的文字与图像，营造出一种清新、简洁、充满文艺气息的氛围。

将不同商品专区的标题设置在整个首页的右侧，使用“矩形工具”绘制出背景，通过添加不同颜色、字体、字号的文字来提升其观赏性和设计感。

01 运行 Photoshop，新建一个文档，在工具箱中设置前景色，接着按快捷键 Alt+Delete，将“背景”图层填充为前景色，作为首页装修设计图的背景。

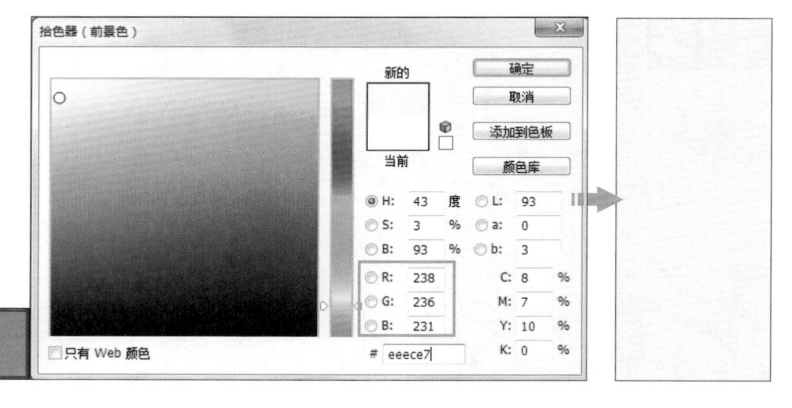

02 新建图层，命名为“白色矩形”，使用“矩形选框工具”创建矩形选区，将选区填充为白色，接着添加“投影”图层样式加以修饰，让白色矩形呈现立体效果，作为商品陈列区的背景。

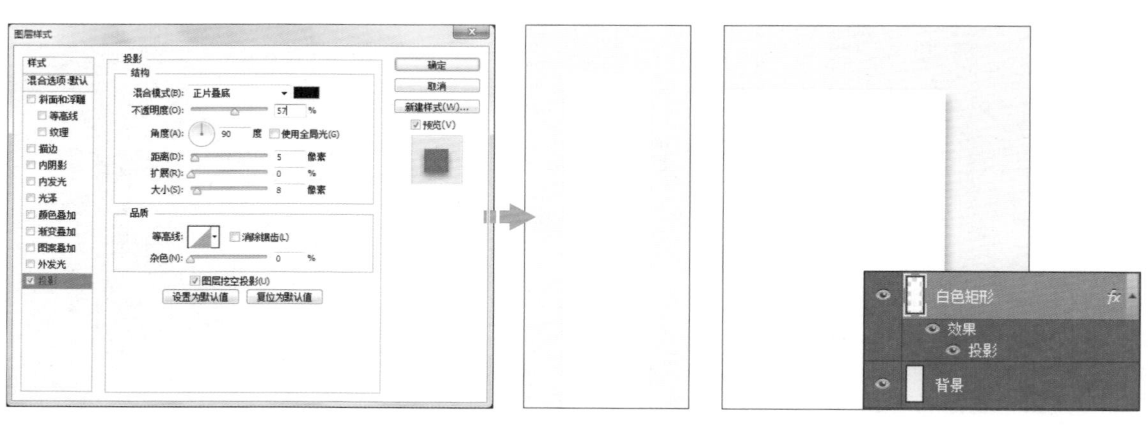

03 选择工具箱中的“横排文字工具”，在画面顶部的店招区域输入店铺名称等文字，打开“字符”面板，对文字的属性进行设置，通过字体、字号的变化来清晰展现文字的主次关系。

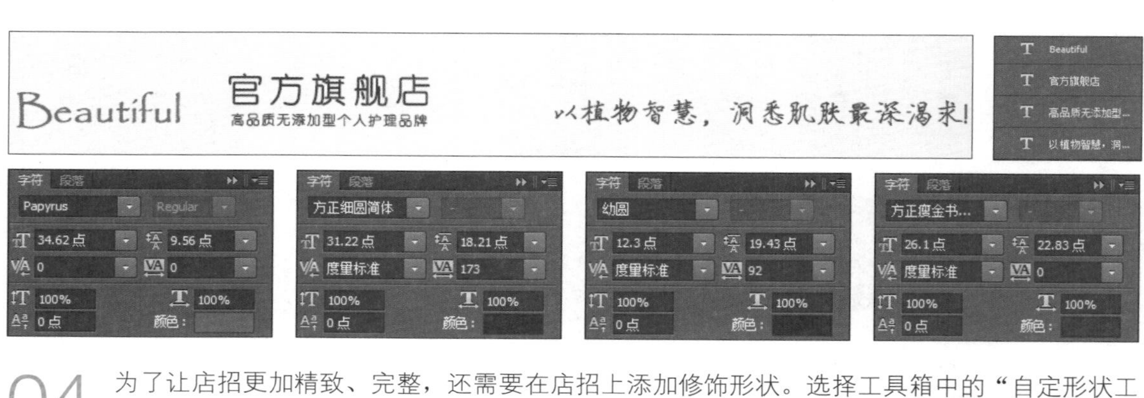

04 为了让店招更加精致、完整，还需要在店招上添加修饰形状。选择工具箱中的“自定形状工具”，在其选项栏中选择如下图所示的树叶和花朵形状并绘制出来，为绘制的形状设置填充色，并将其放在适当的位置。接着选择“矩形工具”，在适当的位置绘制矩形线条。

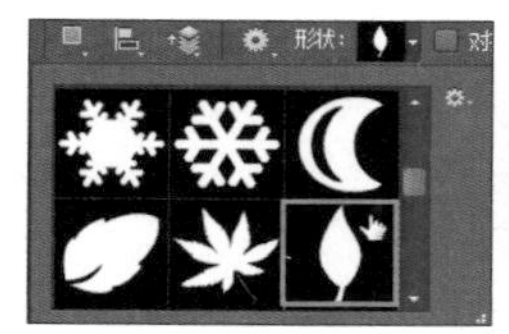
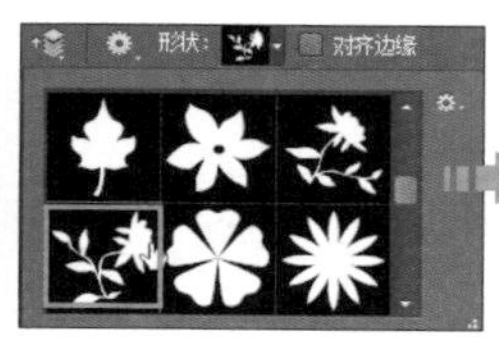
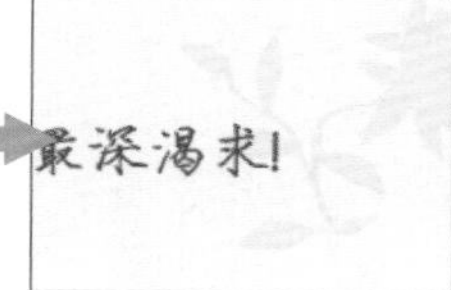

05 为了让导航条呈现出立体感，这一步中将使用渐变色对其进行修饰。绘制一个矩形，作为导航条的背景，接着使用“渐变叠加”图层样式对绘制的矩形进行修饰，渐变的色彩让矩形呈现出一定的立体感。

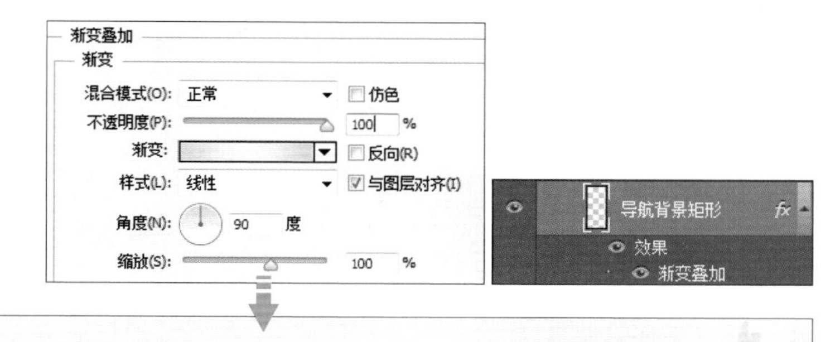

06 为了增强导航条的设计感，这一步将在导航条的关键信息位置添加不同的形状及阴影，以突出重点部分。使用“钢笔工具”绘制如下图所示的形状，并使用图层样式修饰绘制的形状，制作出立体效果。

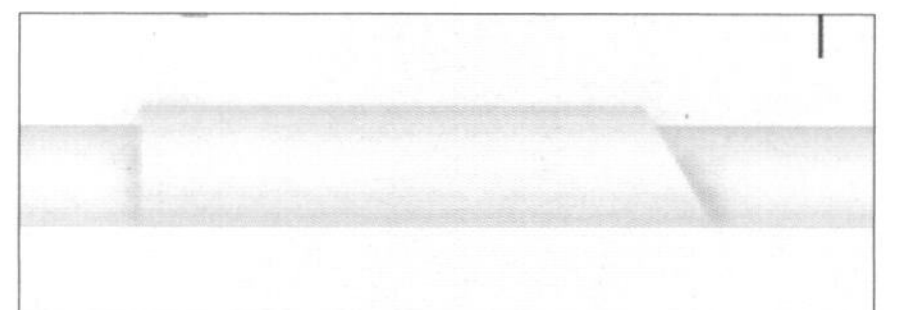

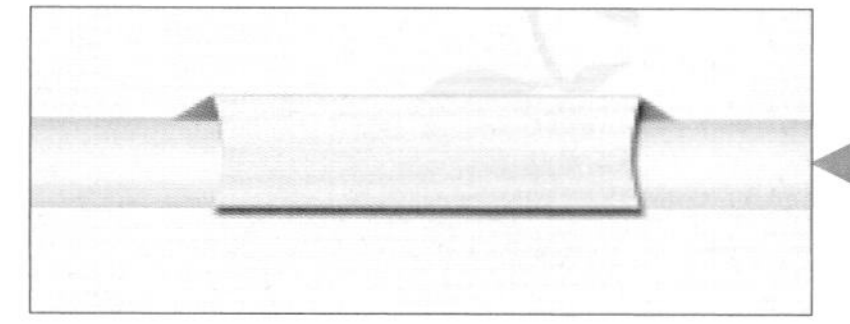

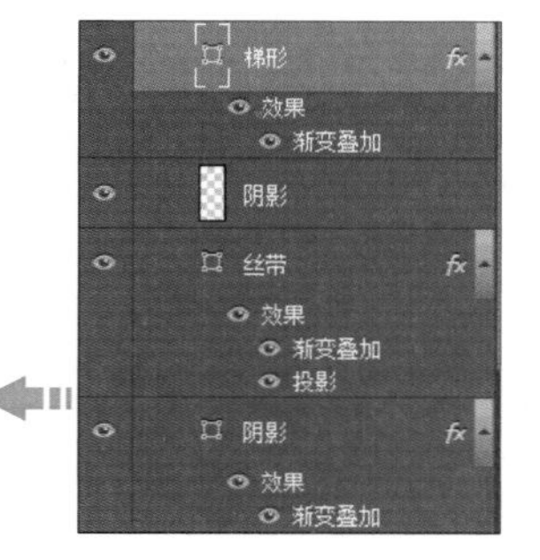

07 接下来要为导航条添加文字。选择工具箱中的“横排文字工具”，在相应的位置单击，输入如下图所示的文字，并使用“投影”图层样式对文字进行修饰。至此，店招和导航条便制作完成了。

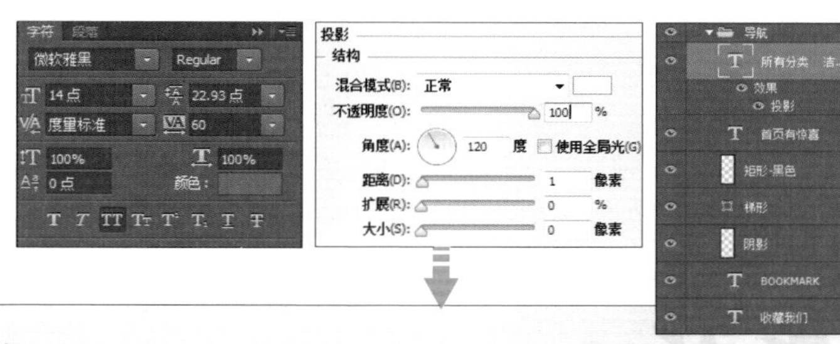

08 接下来制作欢迎模块。创建新图层，命名为“背景矩形”，用“矩形选框工具”创建矩形选区并填充颜色。将01.jpg添加到图像窗口中，调整大小，并进行水平翻转，通过创建剪贴蒙版来控制其显示范围，最后降低该图层的“不透明度”。再新建一个图层，用“矩形选框工具”创建矩形选区，填充适当的颜色，并降低图层的“不透明度”。

09 为了营造出一定的层次感，还需要在欢迎模块中添加修饰形状。使用“钢笔工具”绘制出所需的形状，并使用“画笔工具”涂抹出该形状左上角和右上角位置的投影，使用“描边”和“投影”图层样式对绘制的形状进行修饰。

10 复制添加进来的模特素材，适当调整其大小，使用剪贴蒙版来控制其显示范围，调整素材的位置，作为欢迎模块中主要的广告模特展示图。

11 将02.jpg添加到图像窗口中，适当调整其大小。将化妆品图像抠取出来，并放在模特手部附近。

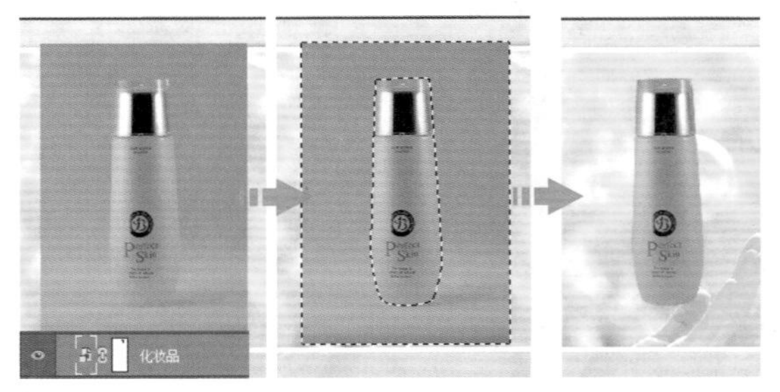

12 将化妆品图像添加到选区中，为选区创建“色阶”调整图层，在打开的“属性”面板中对参数进行设置，提高化妆品图像的亮度，使其呈现出崭新、亮白的效果，与周围图像的影调保持一致。

13 为了提升化妆品的形象，接下来使用气泡和倒影对化妆品图像进行修饰。新建图层后创建圆形选区，使用“画笔工具”绘制出气泡的效果，接着复制化妆品图像，制作出倒影效果。

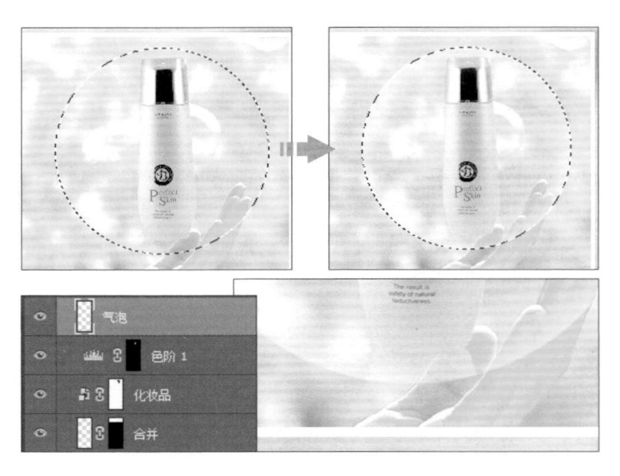

14 使用“横排文字工具”和多种图层样式，在欢迎模块中添加如下图所示的文字，制作出欢迎模块的标题。

15 使用“矩形工具”绘制一个矩形，并使用“图案叠加”图层样式对其进行修饰，作为商品分类概览区的背景。图案的添加让该区域的元素显得更加精致。

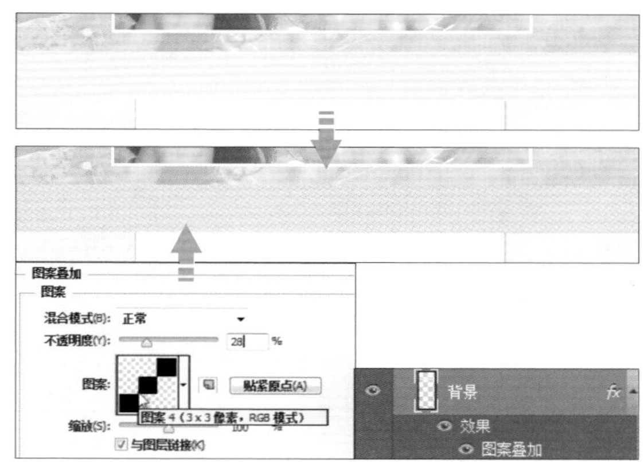

16　选择工具箱中的“圆角矩形工具”，绘制出如下图所示的按钮形状，接着使用“描边”“渐变叠加”“投影”图层样式对其进行修饰。具体参数可以参考本案例的源文件，也可以根据设计的实际需要自行设置。

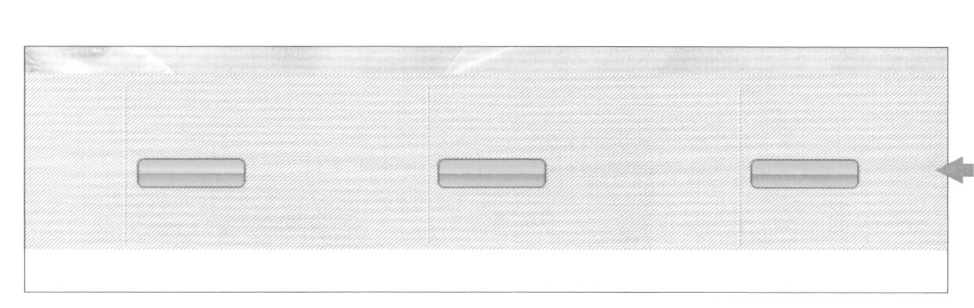

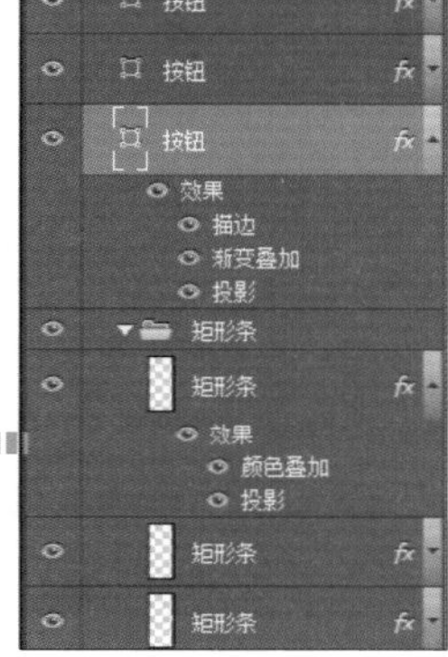

17　选择工具箱中的“横排文字工具”，在适当的位置输入商品分类概览区的文字，在“字符”面板中对文字的属性进行设置，并调整文字的位置。

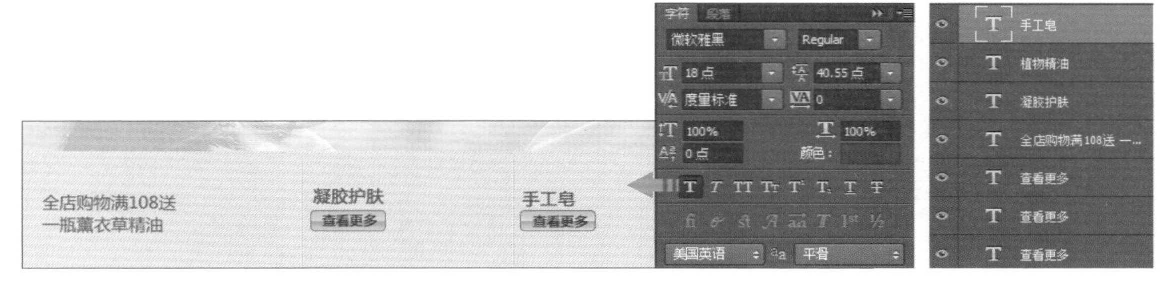

18　使用“椭圆工具”绘制出圆形，接着使用“自定形状工具”在圆形中绘制出修饰形状，通过创建剪贴蒙版来控制修饰形状的显示范围，以此来对商品分类概览区的信息进行提示，便于消费者掌握关键的分类信息。

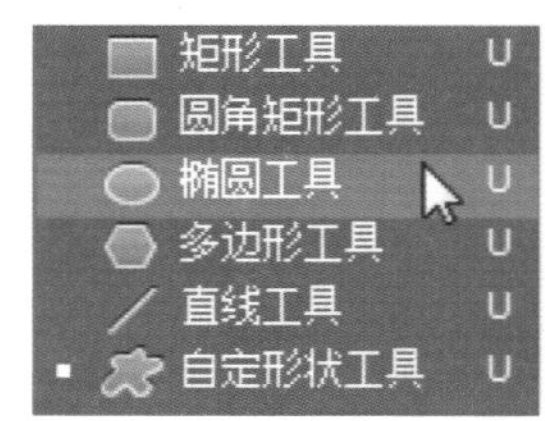

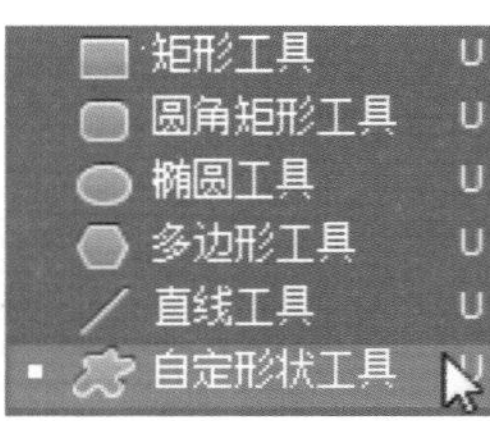

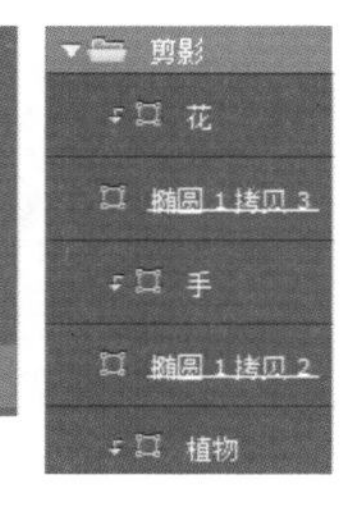

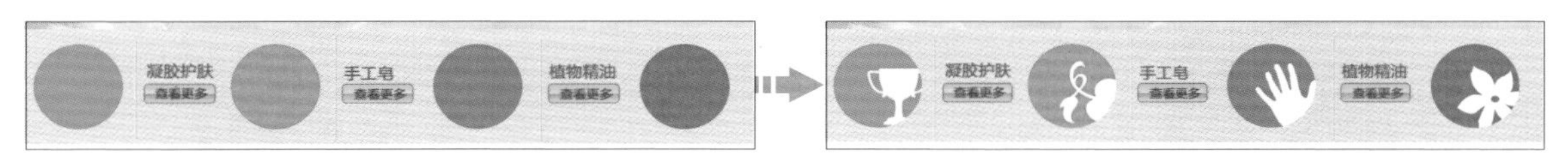

19 使用“矩形工具”绘制出两个不同大小的矩形，设置不同的填充色，接着对前面添加的模特素材进行复制，通过创建剪贴蒙版来控制其显示范围，制作出客服区、商品分类详情区的布局。

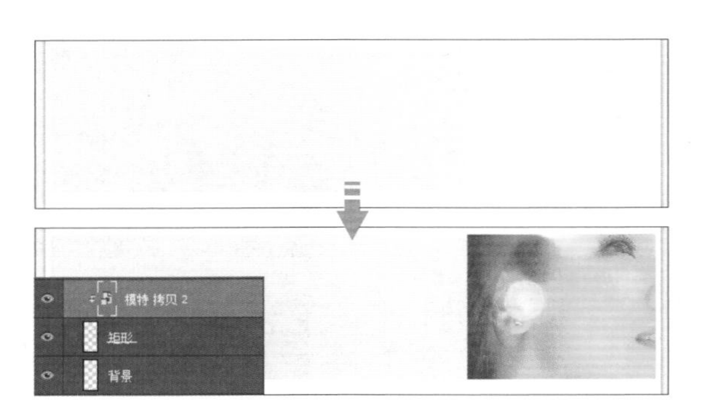

20 使用“横排文字工具”输入商品分类详情区的文字，通过调整文字的字体和字号来表现不同文字的主次关系。接着使用“钢笔工具”在适当的位置绘制出三角形。最后创建图层组，对编辑后的图层进行管理。

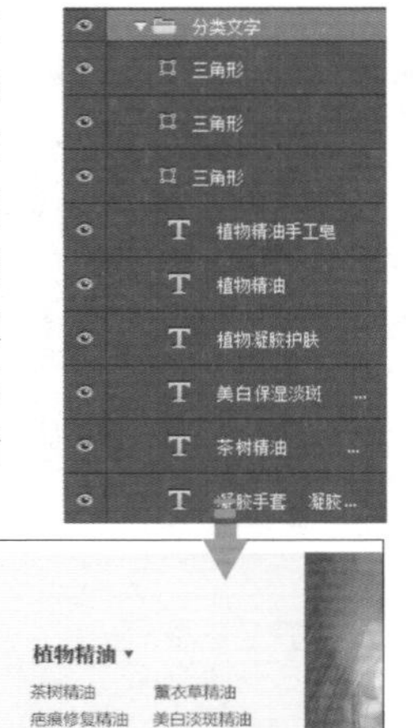

21 使用“钢笔工具”绘制出花朵，作为客服区的背景，接着添加旺旺图标（素材文件见第3章），再输入客服昵称等文字。

22 使用“矩形工具”绘制一个矩形，接着将03.jpg添加到图像窗口中，适当调整其大小，通过创建剪贴蒙版来控制其显示范围。

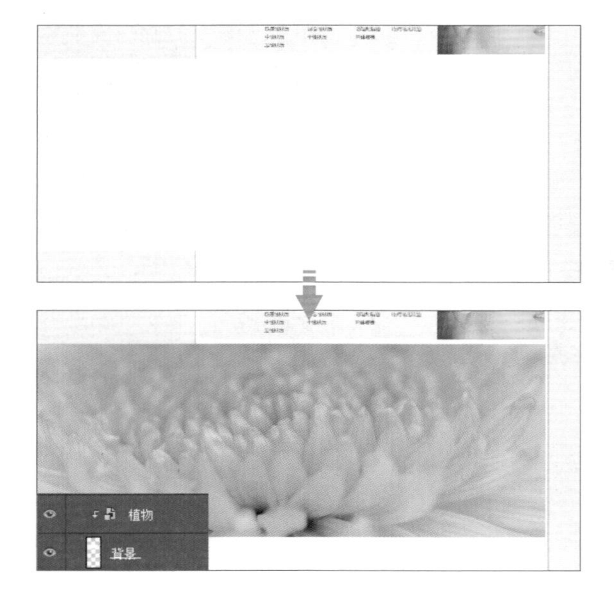

23 将该花卉图像添加到选区中，为选区创建“色相/饱和度”调整图层，在打开的“属性”面板中设置参数，将花卉图像从绿色色调调整为红色色调，以与欢迎模块的色调保持协调。

24 侧边标题设计是本案例的一个亮点。首先使用“矩形工具”绘制背景，接着使用“横排文字工具”在矩形中添加标题文字，最后在花卉图像上添加多种字体的文字，以提升画面的设计感。

25 将04.jpg添加到图像窗口中，适当调整其大小后抠取商品图像，使用调整图层对商品图像的影调和色调进行修饰，以恢复正常的颜色和层次，最后制作出倒影效果。

26 为了清晰地说明商品类别，在商品陈列区的上方还需要添加一个标题。使用形状工具和文字工具制作出标题，通过“字符”面板对文字的属性进行设置。

27 使用“横排文字工具”输入商品特点、名称、价格等文字，综合应用“圆角矩形工具”和图层样式制作出“查看更多”按钮。再添加05.jpg图像，使用调整图层改变其影调，利用图层蒙版控制其显示范围，制作出单品展示效果。

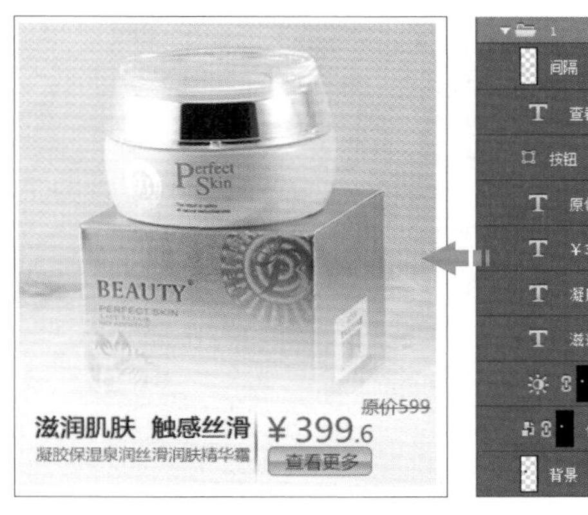

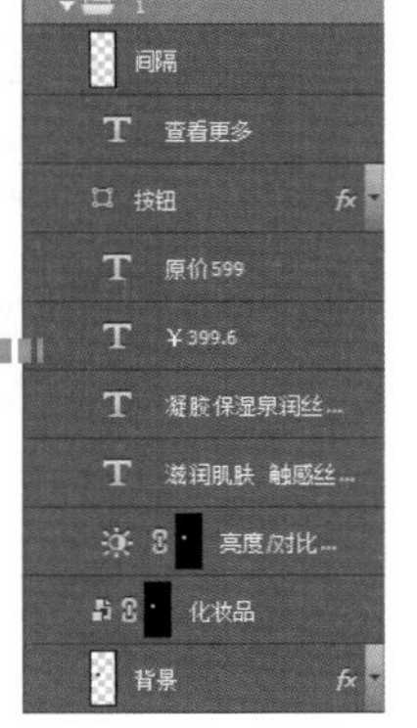

28 创建图层组，将上一步得到的各图层纳入进来，对图层组进行复制，并以相同的间距排列。至此已完成了“镇店之宝”专区的制作。要说明的是，这里为方便演示，使用了相同的商品素材，而在实际工作中要根据店铺中销售的商品进行调整。

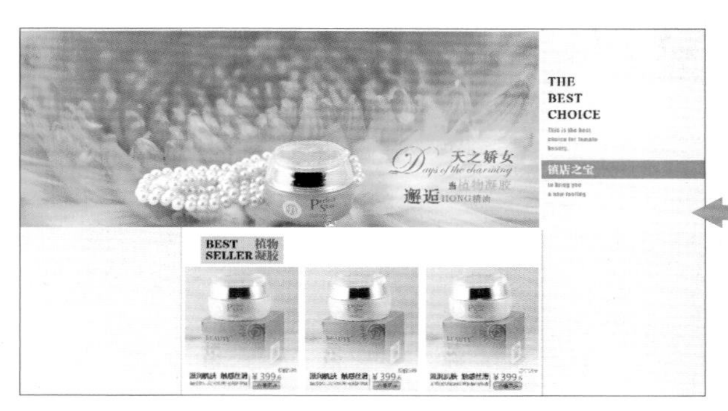

29 参考前面的方法，制作出“热卖单品”和“纯正护肤”专区。在制作过程中，要注意色彩的搭配，以保证整体设计风格的和谐统一。

30 为塑造店铺品牌形象，在页面底部添加品牌理念展示专区。先使用“圆角矩形工具”绘制出如下图所示的形状，接着添加植物素材照片，通过创建剪贴蒙版来控制植物图像的显示范围。

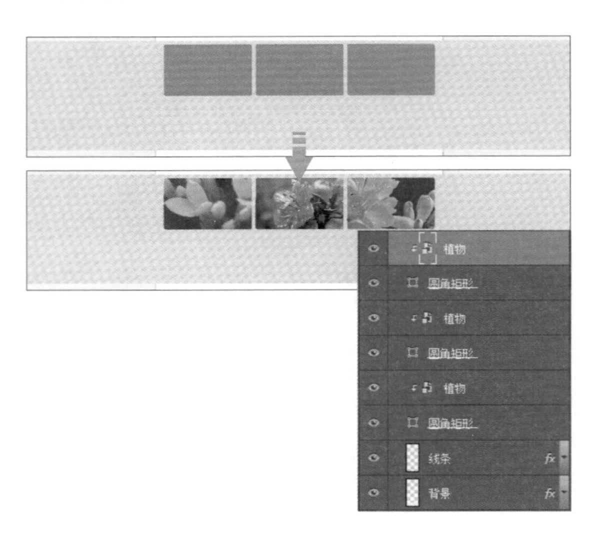

31 使用“横排文字工具”在适当的位置输入品牌理念的文字内容，接着在“字符”面板中对文字的属性进行设置。

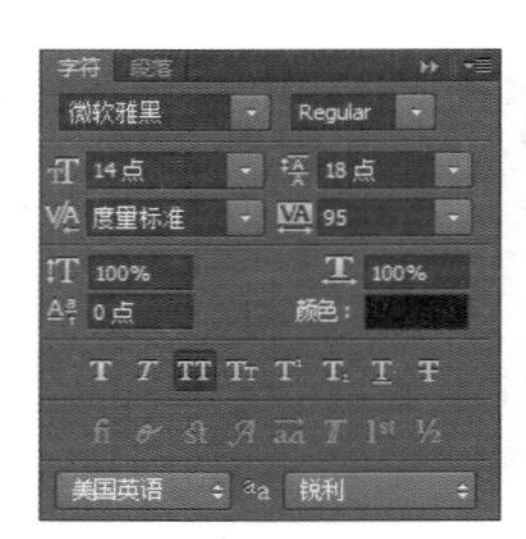

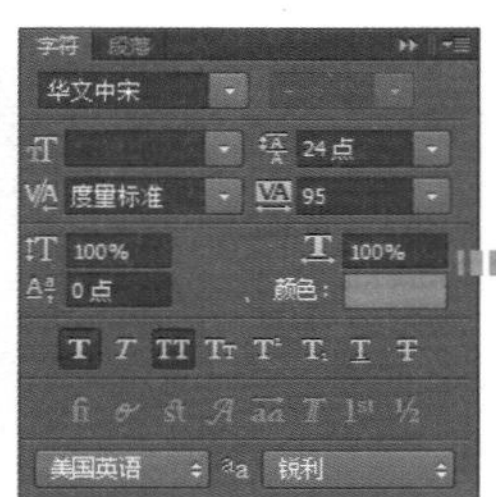

32 使用“矩形工具”绘制出两个矩形，并用“图案叠加”图层样式对其中一个矩形进行修饰，接着在“图层”面板中降低较小的黑色矩形的“不透明度”，使其呈现出半透明的效果。

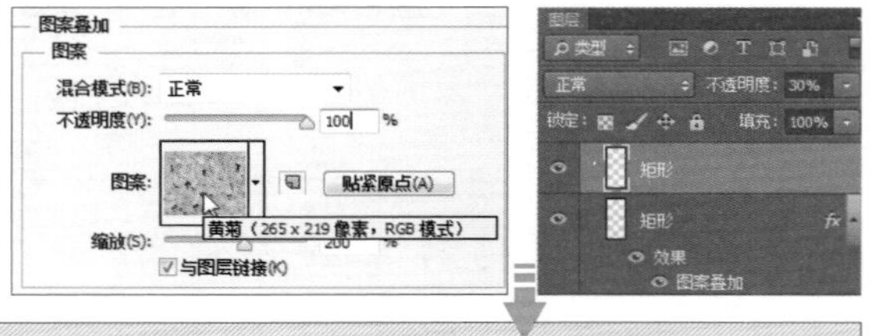

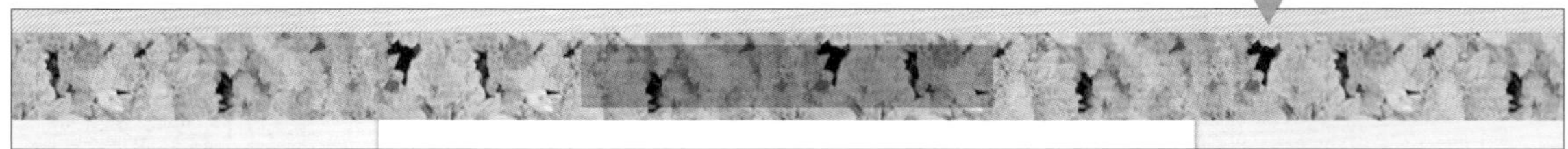

33 对店招中的品牌名称进行复制，移动到半透明矩形中的适当位置，并添加店铺名称和“收藏本店”按钮。至此，本案例就全部制作完成了。

4.1.5 案例扩展

◎ 原始文件：下载资源\素材\04\案例扩展\01.jpg

◎ 最终文件：下载资源\源文件\04\案例扩展\化妆品店铺首页装修设计.psd

将纯色背景更换为绿色花卉背景，营造出更加健康、清新的视觉效果。

通过图层混合模式的设置，将标题中的花卉图像与背景融合在一起，增强画面的层次感。

通过半透明效果的设置，让原本不通透的背景变得若隐若现，丰富了整个画面的内容，提升了页面的观赏性。

4.2 家具店铺首页装修设计

本案例要为某品牌的家具店铺设计首页装修设计图。下图所示为卖家提供的家具素材照片。卖家要求首页要包含店招、导航条、欢迎模块等区域，并对店铺中销售的家具进行形象展示，整个页面要有一定的设计感和艺术感，要能表现商品的品质和品牌的个性。

4.2.1 框架设计

线条、矩形和圆形是最基本的设计元素，而家具就是由这些基本元素构成的组合体，因此，在首页框架设计的过程中，选择使用大量的线条、矩形、圆形来对画面进行分割，利用合理的留白、对称节奏来营造一定的设计感，以提升整个设计图的档次，其大致的布局如下图所示。在具体的设计过程中，可能会根据商品的形状、信息的数量等对布局进行细微调整，但是整个画面都会使用线条、矩形、圆形这些方向性和指示性较强的对象来进行布局。

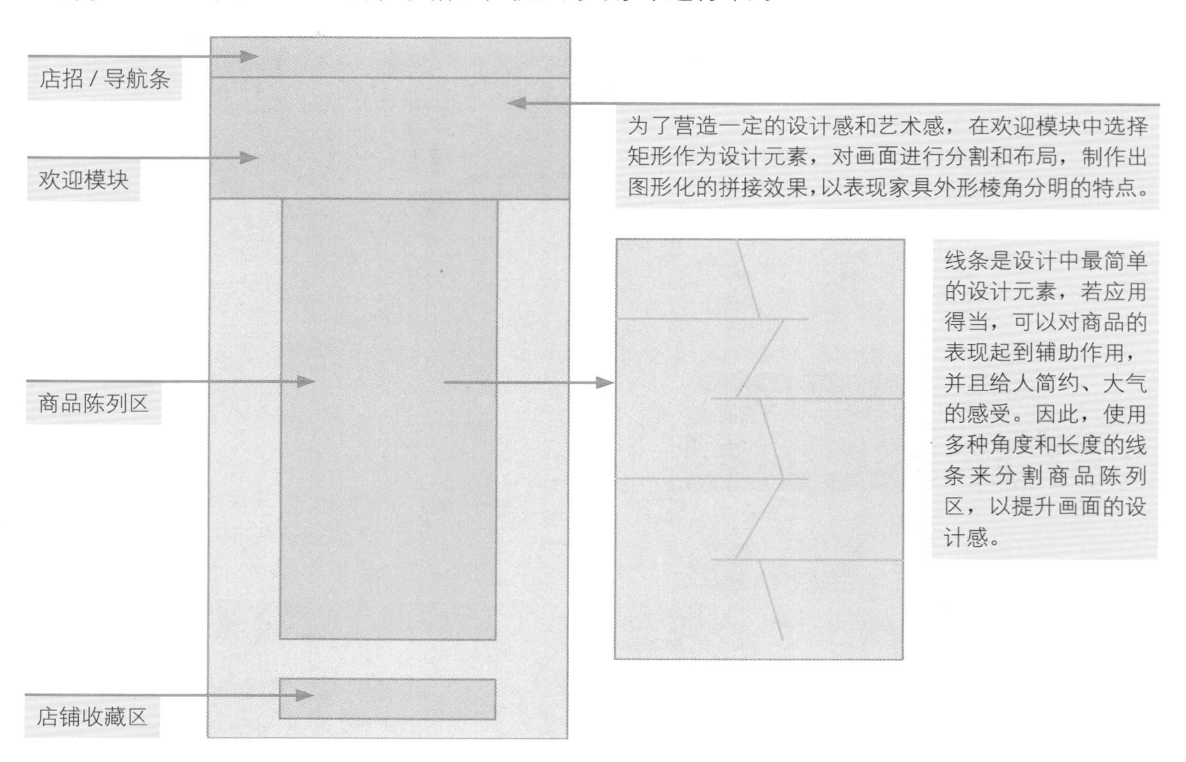

线条的不同组合可以得到不同的布局，在本案例中考虑到素材照片中沙发的外形，使用了如上图所示的布局对画面进行分割，以便放置商品图片。

4.2.2 风格定位

在前面的框架设计中提到了会在设计图中使用大量的线条、圆形和矩形作为修饰形状，原因是这些元素都是家具的基本组成元素。通过观察素材照片中的家具的形象，对线条、圆形和矩形进行修饰和组合，形成具有特定外观的对象。本案例风格定位的形成过程如下图所示。

观察现实生活中的多种家具，可以看到家具的外形多种多样，功能也不尽相同。

为了规范思路，将家具图像转换为黑色的剪影效果，使其展现出最真实、简单的一面。

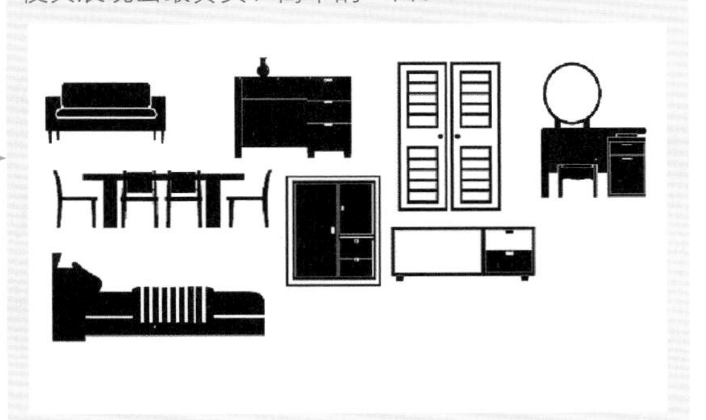

从家具的剪影中可以看到组成家具外形的元素不外乎线条、矩形、圆形三种，因此，为了营造设计感较强的视觉效果，选择这三种元素作为基础元素创作首页装修设计图。

线条

矩形

圆形

确定了设计图中主要的设计元素之后，再对这些元素进行适当变化。例如，将线条变为虚线，把这三个元素进行组合，调整元素的角度等，这些方式都可以让设计变得多样化。

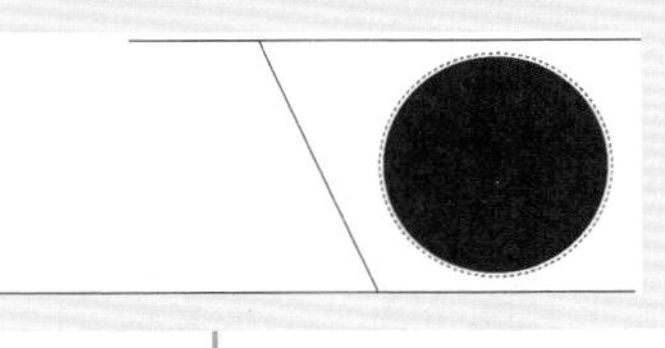

线条、矩形和圆形的组合，让设计元素显示出简约、大气、直观的视觉效果，因此，本案例的设计风格定位为简约、现代风格，这也是当前家具设计中较为主流的一种风格。

在本案例的设计过程中，合理应用线条可以将信息的间隔拉开，圆形的使用能增强区域的划定，虚线的修饰让设计的精致度提升，而矩形的拼接也让设计充满了创意。这些设计元素将全部采用单一颜色填充，因此给人的感受就是简约、现代、直观。

4.2.3 配色方案

由于本案例是以展示商品为主的，而突出商品的特点和形象是整个首页设计的宗旨。因此，首先需要观察家具素材照片的颜色，不难看出，卡其色、棕色、驼色是最主要的色调，这些颜色给人祥和、惬意的感受，能营造出放松和休闲的氛围。确定配色方案的思路如下图所示。

任选两张家具素材照片，在 Adobe Color CC 中进行配色分析。

从分析结果可以看出，卡其色、棕色、驼色是主要的色调，这些颜色都偏暖，容易给人怀旧、休闲、放松的感受，如下图所示。

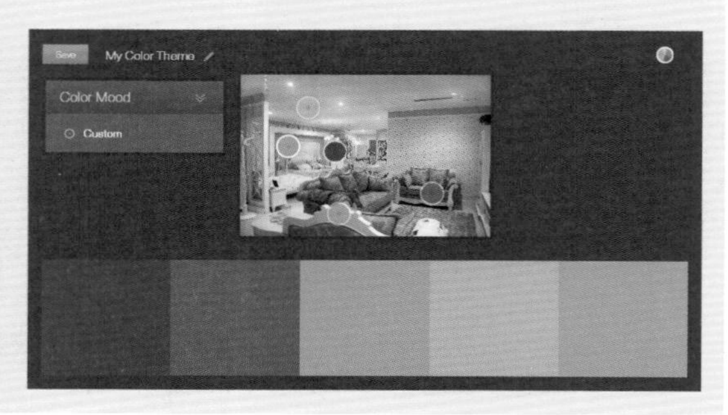

通过对两张家具素材照片中的颜色进行组合、综合，得到色差、纯度适宜的颜色，同时搭配上纯度较高的红色作为点缀色，用于突出设计图中的少量重点信息。确定了配色方案后，在后续的设计中，都将使用配色方案中的颜色对设计元素进行填充。

前四种颜色由素材照片得到

色相反差较大的点缀色

将确定的设计元素与配色方案中的颜色进行综合应用，得到简约风格的设计效果。其中，红色用于对价格、按钮等重要的特殊信息进行突出指示，而大部分色调为和谐的棕色系。

BOOK 加入收藏 BOOKMARK STORE
现代沙发组合小户型客厅用
简约色彩沙发，时尚华丽，在温馨的家里，
创造一种宁静与和谐，完成与大自然的交融。
色彩露向客厅，设计点亮生活，用心创造家！
点击查看 原价：5999 年中大促：¥3288

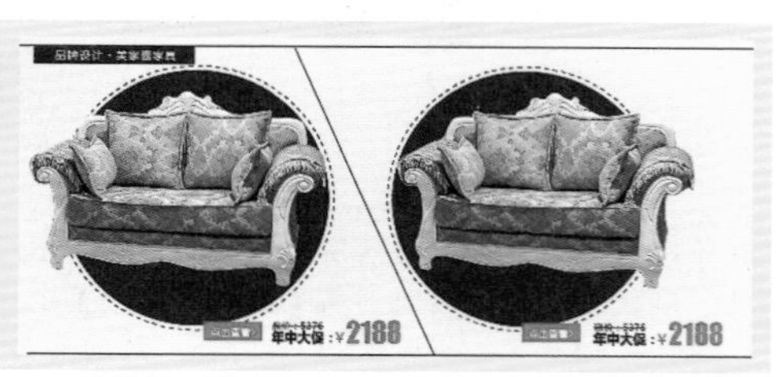

使用与商品照片色调同色系的颜色作为设计图的配色，可以让整个画面呈现出和谐、统一的视觉效果，大大降低配色错误带来的风险，而且这样的配色很容易让商品形象与整个画面融为一体，给人舒适、自然的感受。但要注意的是，在这样的配色方式中，为了避免单一和呆板，通常都会选择一种或两种点缀色，如本案例中使用的红色，通过点缀色来突出重要信息，区分信息的主次。

4.2.4 步骤详解

◎ 原始文件：下载资源\素材\04\10.jpg～13.jpg
◎ 最终文件：下载资源\源文件\04\家具店铺首页装修设计.psd

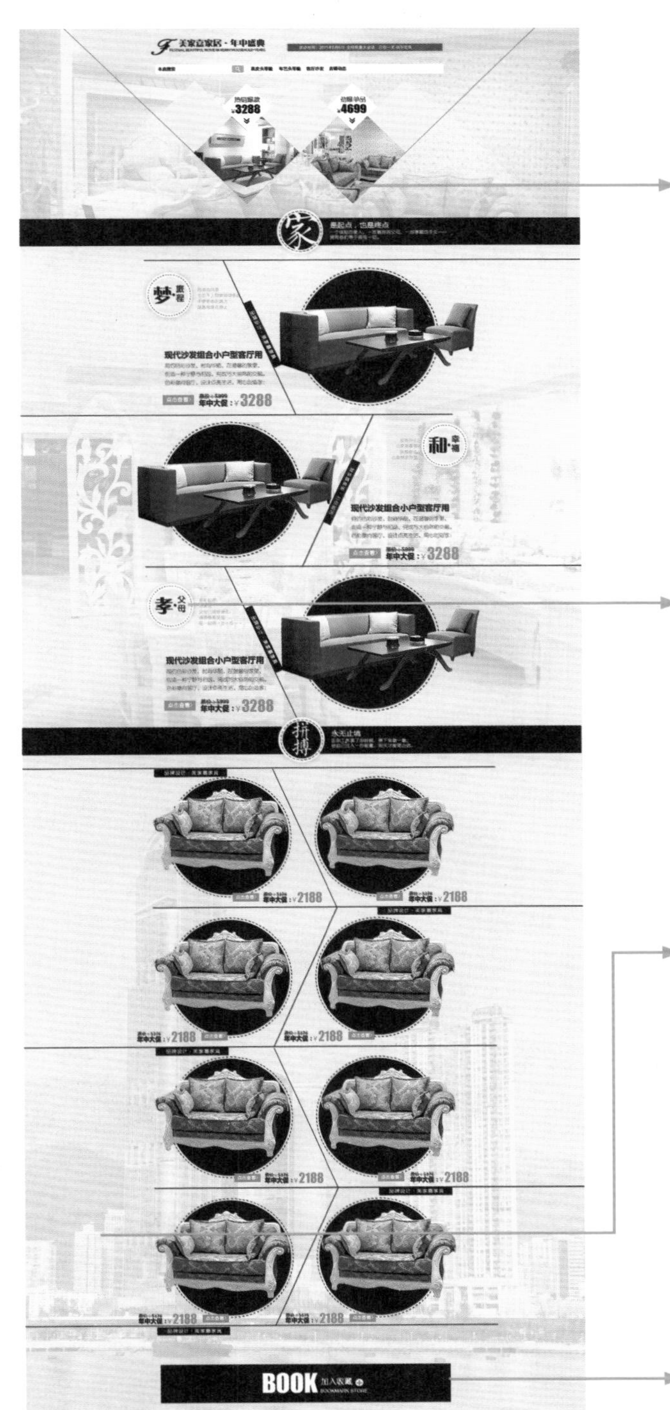

使用“矩形工具”绘制出矩形，并在矩形上使用“横排文字工具”添加商品信息，同时利用图层蒙版控制家具图像的显示范围。

用路径文字制作虚线圆形，提升画面精致感。

通过自由变换框调整建筑素材图像的大小，接着使用“明度”混合模式及20%的“不透明度”来制作出若隐若现的建筑背景效果，与本店铺的家具商品主题相呼应。

使用“横排文字工具”添加文字，利用“字符”面板调整文字的属性，再绘制形状作为修饰。

01 运行 Photoshop，新建一个文档，在工具箱中设置前景色，接着按快捷键 Alt+Delete，将“背景”图层填充为前景色，作为首页装修设计图的背景。

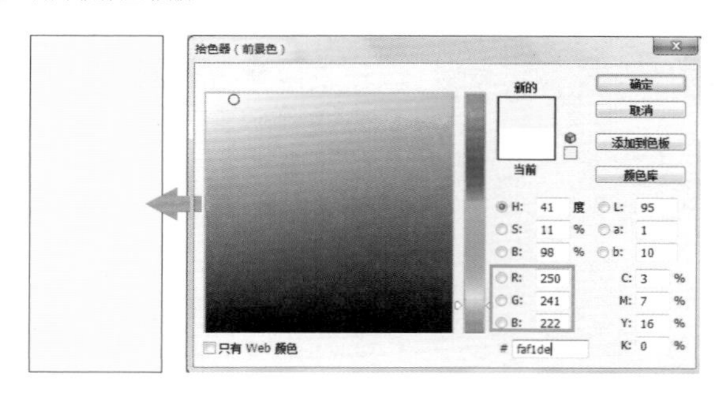

02 将 10.jpg 添加到图像窗口中，适当调整其大小，在“图层”面板中调整其图层混合模式和“不透明度”选项，制作出渐隐的效果，让设计图的背景内容更加丰富。

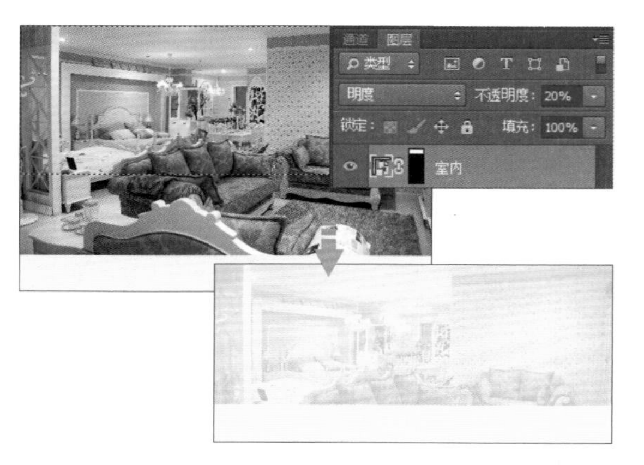

03 为了让欢迎模块更具设计感，选用矩形、三角形、线条等作为修饰元素。选择工具箱中的“矩形工具”和“钢笔工具”，绘制出矩形、三角形和线条，并适当调整这些形状的大小和颜色，对欢迎模块进行布局和修饰。

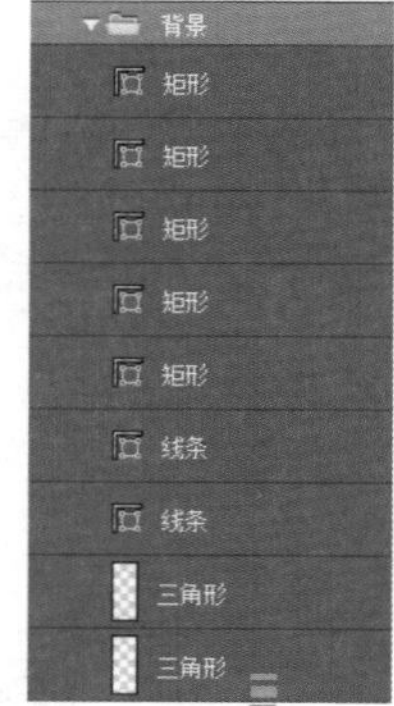

04 为了突出广告商品的价格和特点，还需要在欢迎模块中添加相应的文字。选择工具箱中的“横排文字工具”，输入如下图所示的文字，在“字符”面板中对文字的属性进行设置，再将文字移到合适的位置。

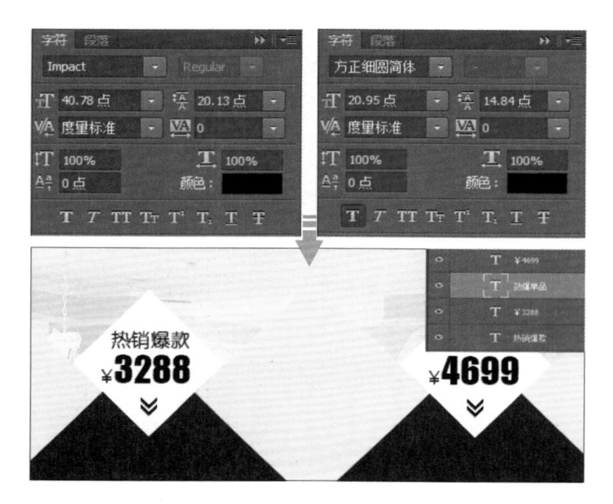

05 将 11.jpg、12.jpg 添加到图像窗口中，适当调整其大小，使用图层蒙版控制图像只在黑色的矩形中显示，保持整个欢迎模块的布局不变。

06 为了让家具图像的影调呈现出与真实商品相同的色调和明度，需要对其进行调整。将家具图像添加到选区中，为选区创建“自然饱和度”和“曲线”调整图层，在打开的“属性”面板中调整参数和曲线形态，完成欢迎模块的制作。

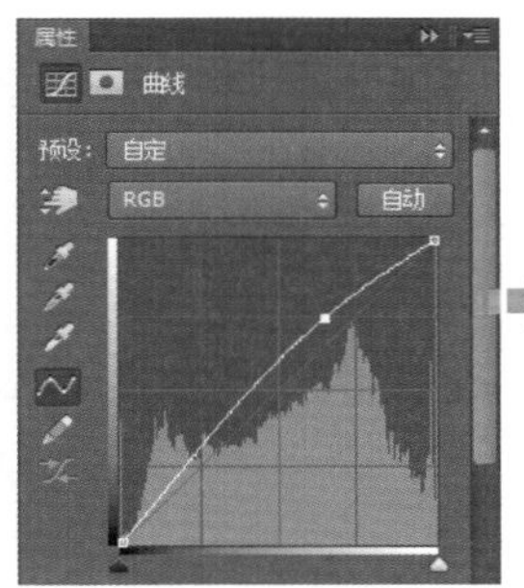

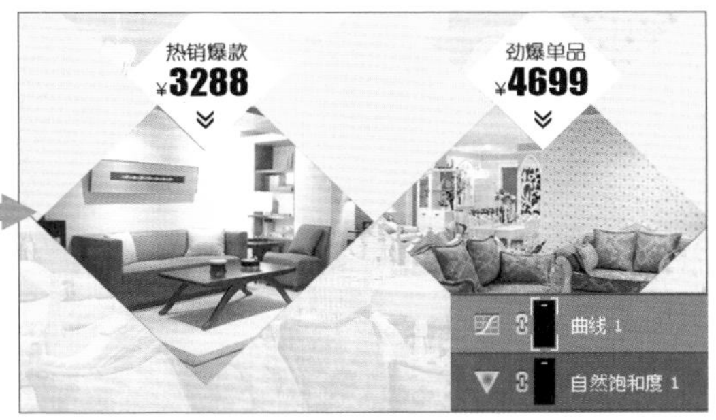

07 接着开始店招的制作。店招主要由店铺名称和促销活动信息等内容组成。选择工具箱中的“横排文字工具”，输入店铺名称等文字，在“字符”面板中对文字的字体和字号进行设置，通过字体和字号的变化来突显一定的设计感。

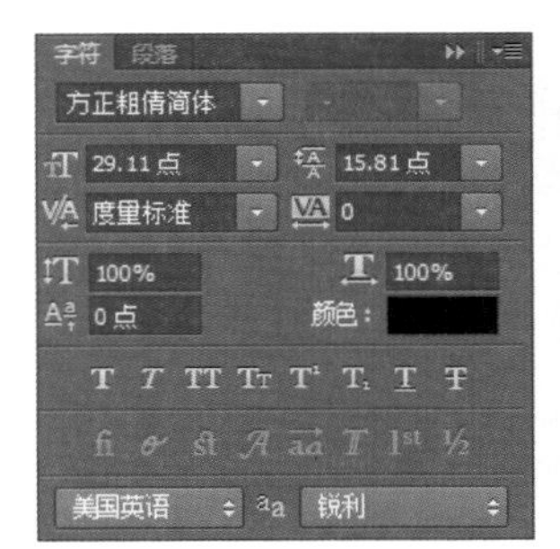

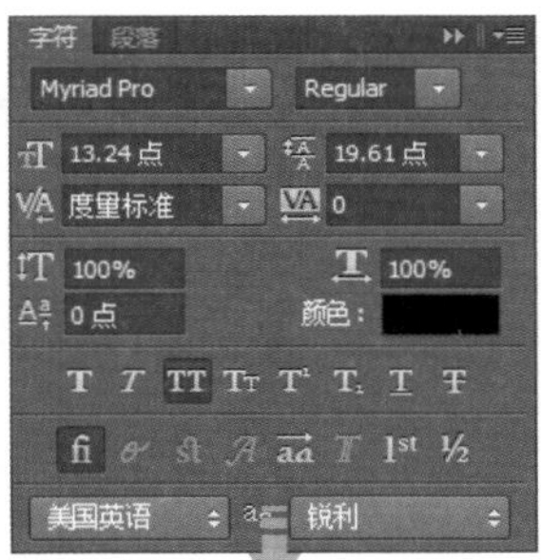

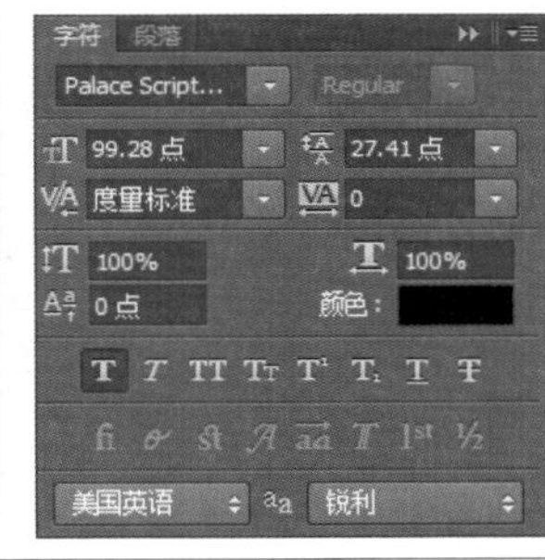

08 选择工具箱中的形状工具和文字工具，制作出促销活动内容，通过颜色之间的差异来突出重点信息，选择红色作为文字的背景，以营造喜庆、热闹的氛围。

提示

要制作出虚线描边的闭合形状，可以先用形状工具绘制出所需的形状，接着使用“横排文字工具”输入减号“-”，沿着绘制的形状创建路径文字，再增大字间距即可。

09 使用“矩形工具”绘制出导航条的背景，利用“描边”图层样式对其进行修饰，接着使用“横排文字工具”输入导航条中的文字，在“字符”面板中对文字的属性进行设置。

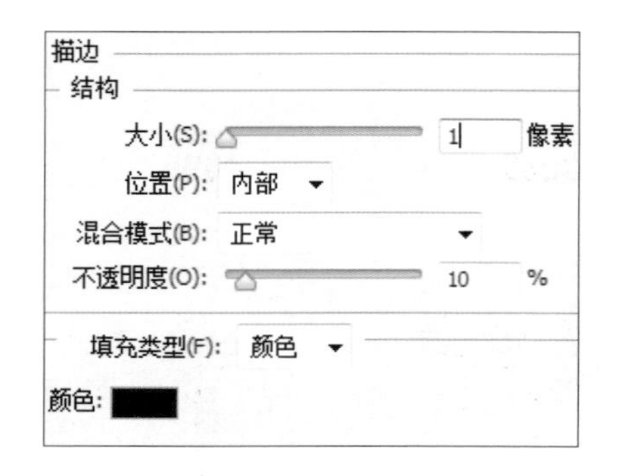

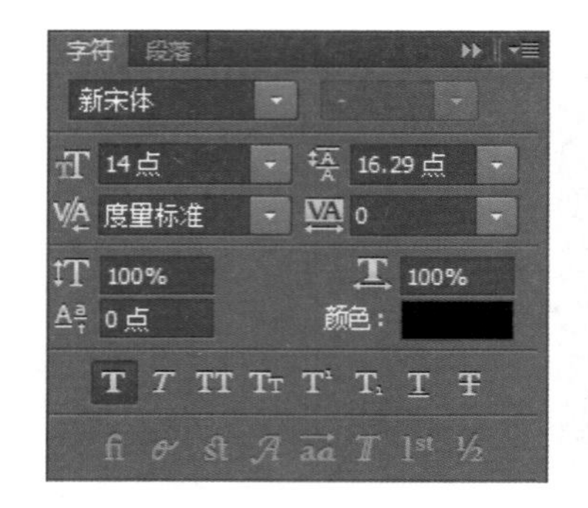

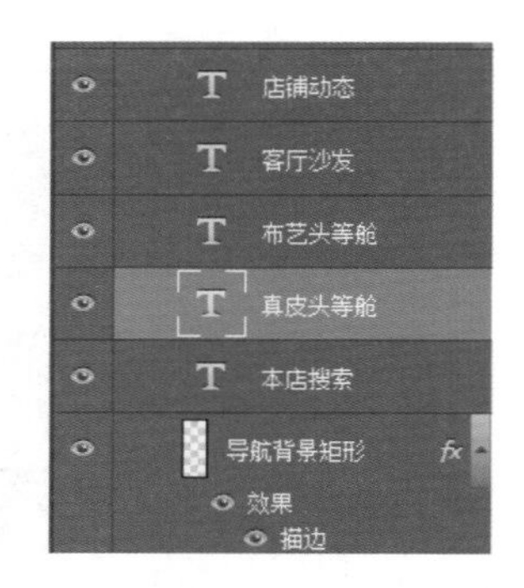

10 利用“矩形工具”绘制出搜索栏中的输入框形状，使用“描边”和“内阴影”图层样式对其进行修饰，接着使用“圆角矩形工具”绘制出按钮的外形，再用“钢笔工具”绘制出放大镜图标，完成搜索栏的绘制。

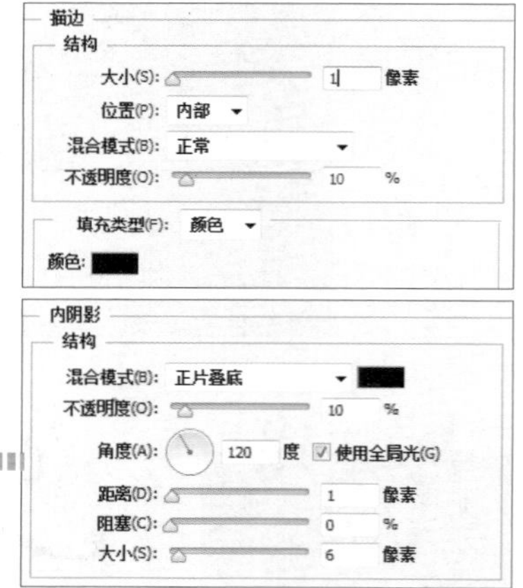

11 将12.jpg添加到图像窗口中，适当调整其大小，使用图层蒙版对图像的显示范围进行控制，最后在“图层”面板中调整图层的混合模式和不透明度。

12 使用“矩形工具”绘制出标题栏，接着使用“椭圆工具”绘制两个圆形，分别填充不同的颜色，为下方的圆形添加“投影”图层样式。

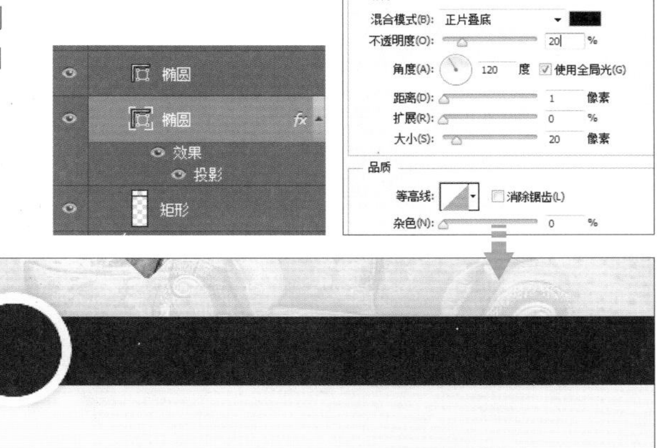

13 选择工具箱中的“横排文字工具”，输入标题栏中的文字，在“字符”面板中对文字的属性进行设置，利用字体、颜色之间的差异，让标题栏呈现出设计感。

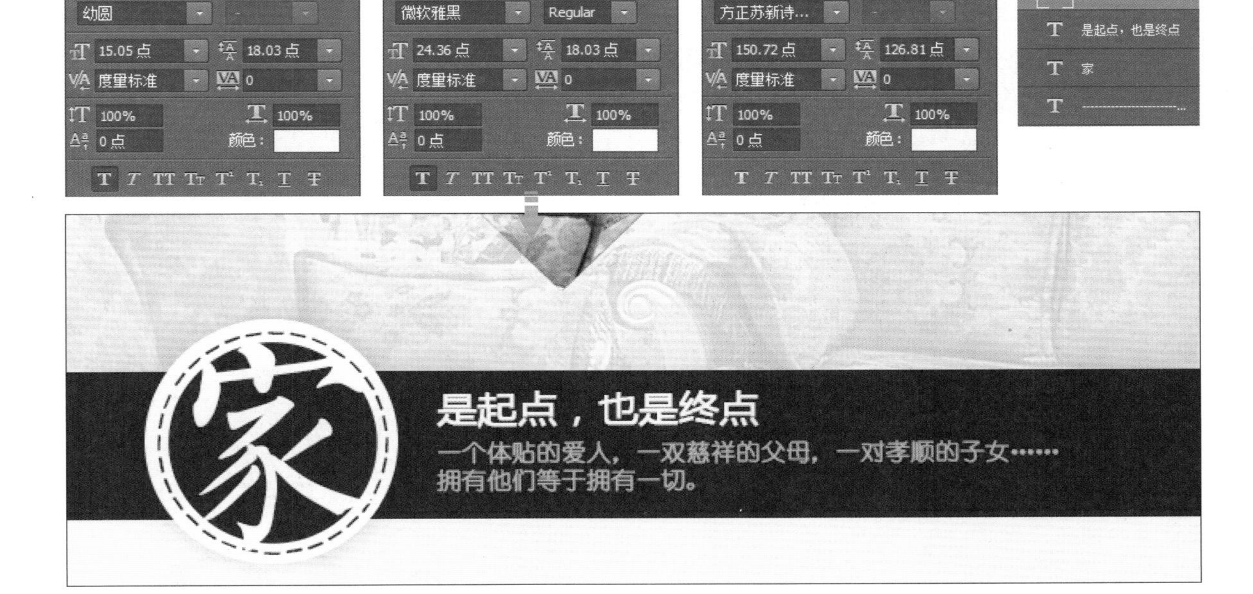

14 为了丰富画面内容，在商品陈列区还使用形状工具和文字工具添加了更多标签文字，以辅助家具商品的表现。

15 选择工具箱中的“矩形工具”，绘制出如下图所示的线条，调整线条的长度和角度，对商品陈列区进行分隔和布局。接着使用“矩形工具”和“横排文字工具”在线条上添加修饰形状和文字。

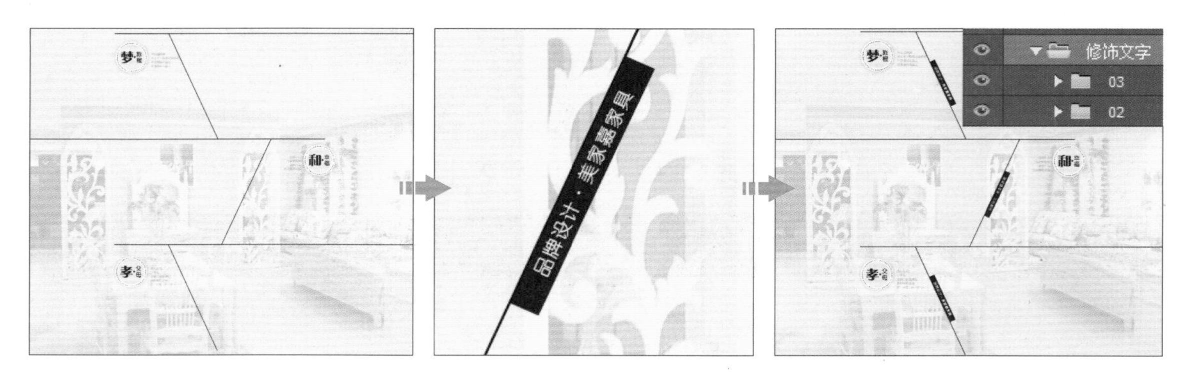

16 选择工具箱中的“椭圆工具”，绘制出如下图所示的圆形，接着使用“横排文字工具”输入减号，创建路径文字，制作出虚线圆形的效果，作为家具图像陈列的背景。

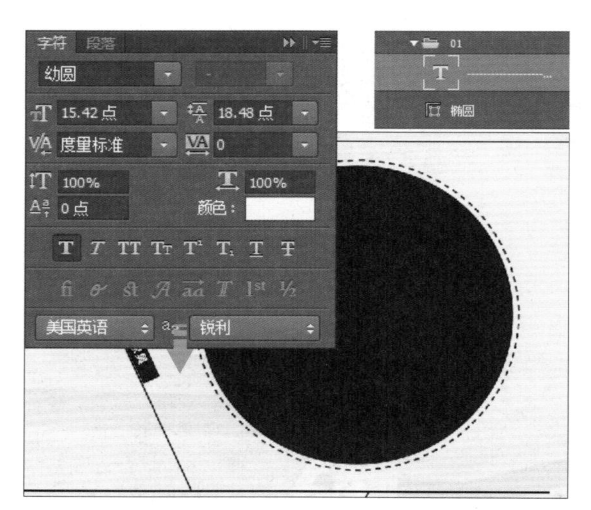

17 为了使商品陈列区呈现出和谐、统一的视觉效果，对上一步中绘制的形状和文字进行复制，并将其放在合适的位置。

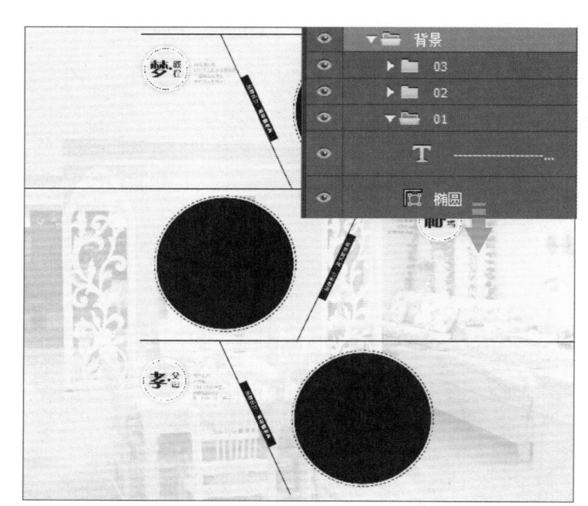

18 在商品陈列区中还需要通过文字展示商品的名称、价格、特点等信息。选择工具箱中的“矩形工具”，绘制出“点击查看”按钮的形状，接着使用“横排文字工具”输入商品的名称、价格、特点等内容，调整文字的颜色、字体和字号等属性。

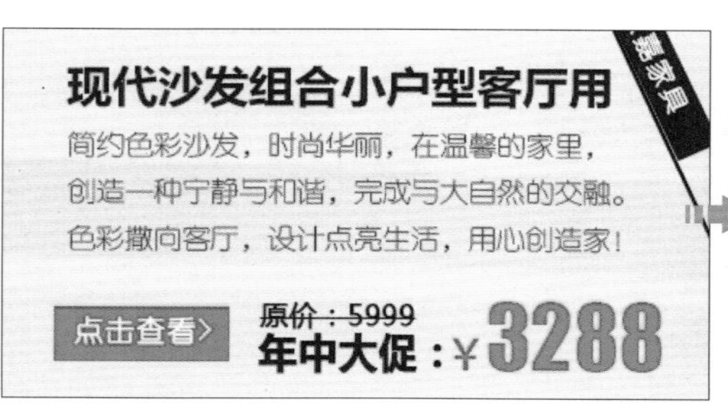

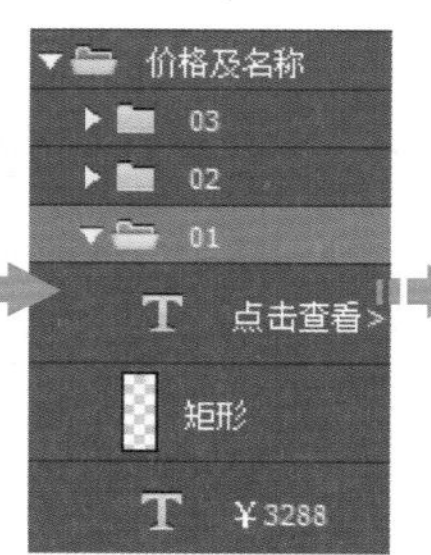

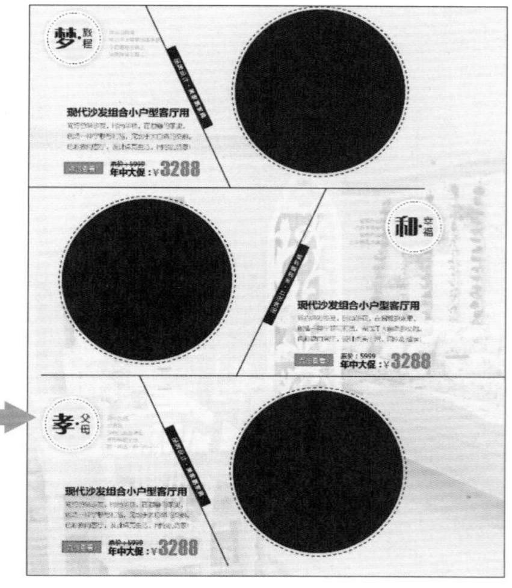

19 将 11.jpg 添加到图像窗口中，适当调整其大小，接着使用“多边形套索工具”沿着沙发图像的边缘创建选区，为图层添加图层蒙版，将沙发图像抠取出来，放在圆形修饰背景的上方。

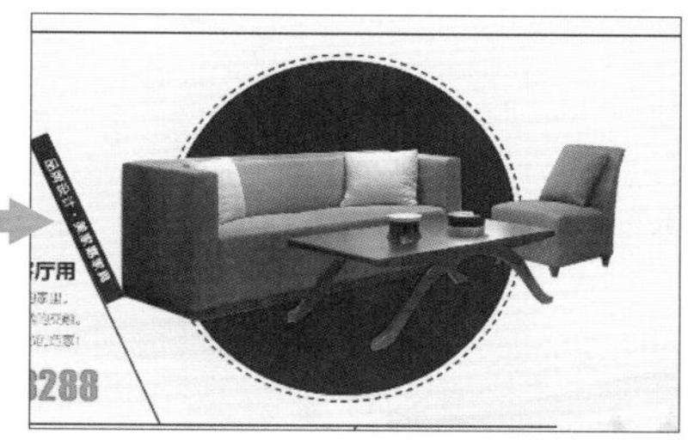

20 复制上一步抠取的沙发图像，并放在适当的位置。为了让沙发图像的影调接近真实商品，需要对其进行调整。将沙发图像添加到选区中，为选区创建“亮度 / 对比度”调整图层，在打开的“属性”面板中设置参数，提高沙发图像的亮度和对比度。

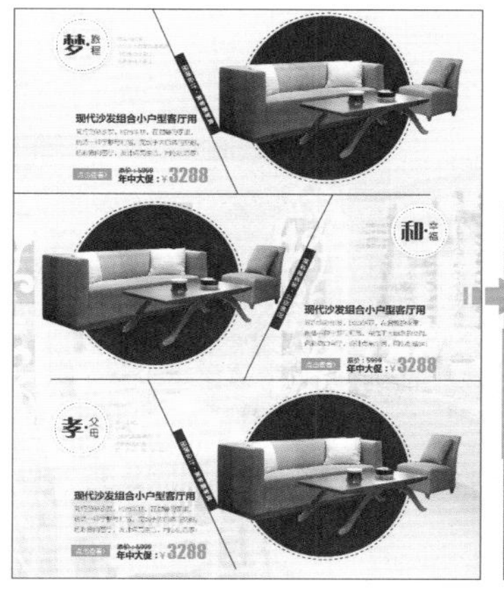

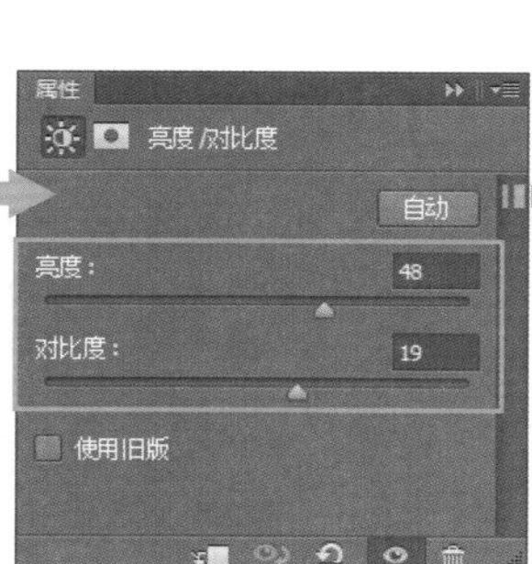

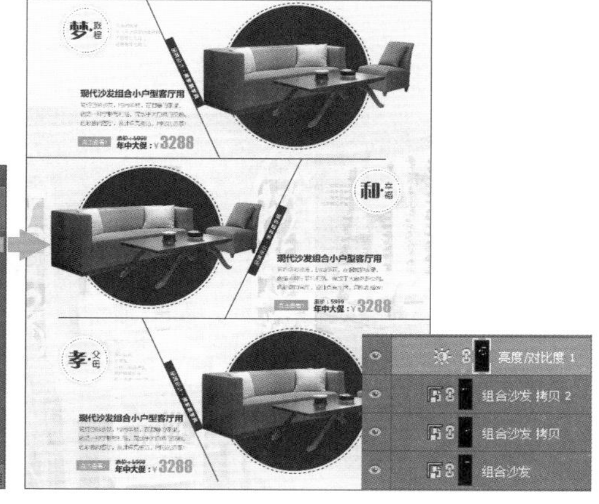

21 完成影调的调整后，若要使沙发图像的颜色与真实商品的颜色相近，还需要对沙发图像的色调进行调整。将沙发图像添加到选区中，为选区创建“色相 / 饱和度”调整图层，在打开的“属性”面板中设置参数即可。

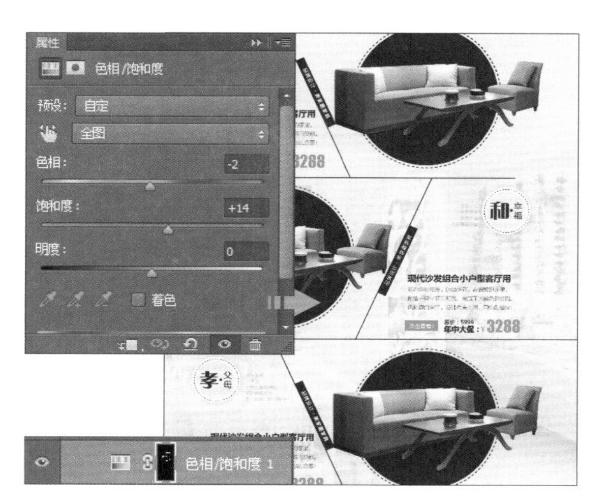

22 为了提高沙发图像的清晰度，还需要对其进行锐化处理。复制前面编辑好的沙发图像，合并图层后将其转换为智能对象图层，接着使用“USM 锐化”滤镜进行处理，使其细节显示得更加清晰。

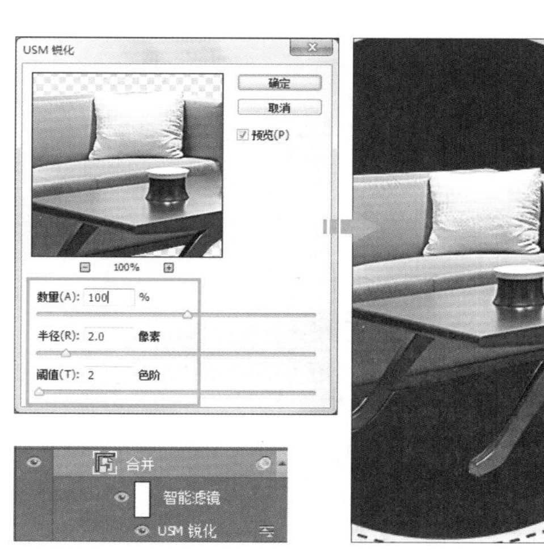

23 继续制作其他商品的陈列区。参考前面的制作方法，使用线条对画面进行分割，再使用圆形作为修饰背景，添加所需的商品图像后，制作出另外一组商品的陈列区。

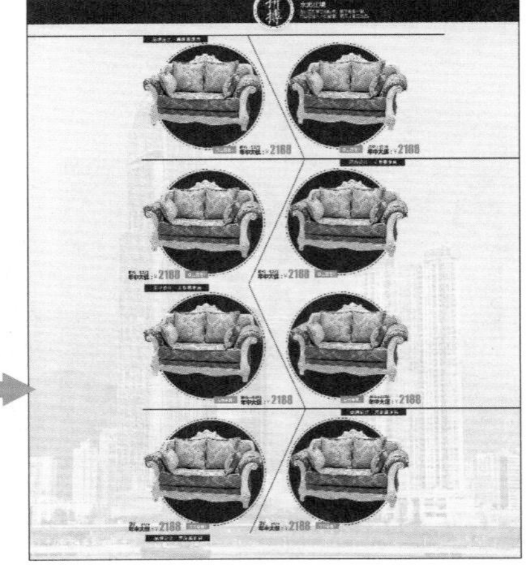

24 在首页设计图的底部还需要添加店铺收藏区。使用“矩形工具”绘制出矩形，接着使用“横排文字工具”输入如下图所示的文字，在“字符”面板中设置文字的属性。

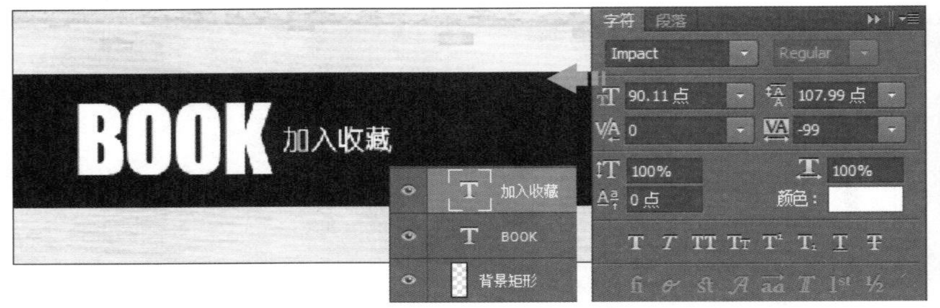

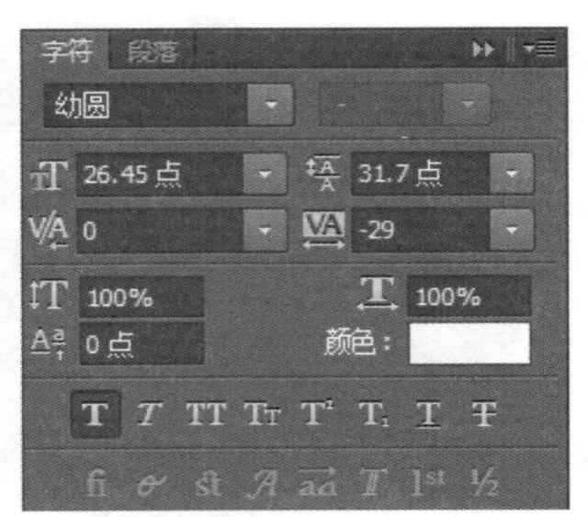

25 选择工具箱中的“椭圆工具”，在其选项栏中进行设置，接着使用该工具在适当的位置绘制出白色的圆形，作为店铺收藏区的点缀。

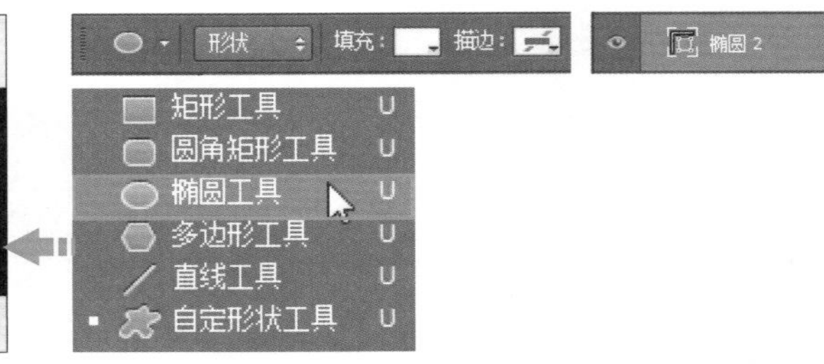

26 选择工具箱中的“横排文字工具”，继续输入如下图所示的“+”等文字，在“字符”面板中对文字的属性进行设置，完善店铺收藏区的内容。至此，本案例就全部制作完成了。

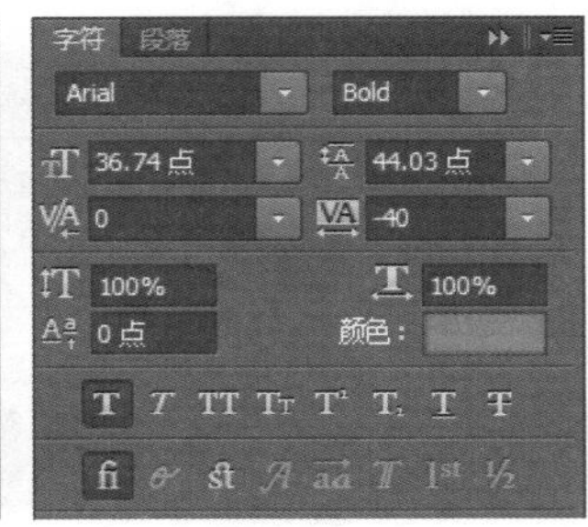

4.2.5 案例扩展

◎ 原始文件：下载资源\素材\04\案例扩展\02.jpg

◎ 最终文件：下载资源\源文件\04\案例扩展\家具店铺首页装修设计.psd

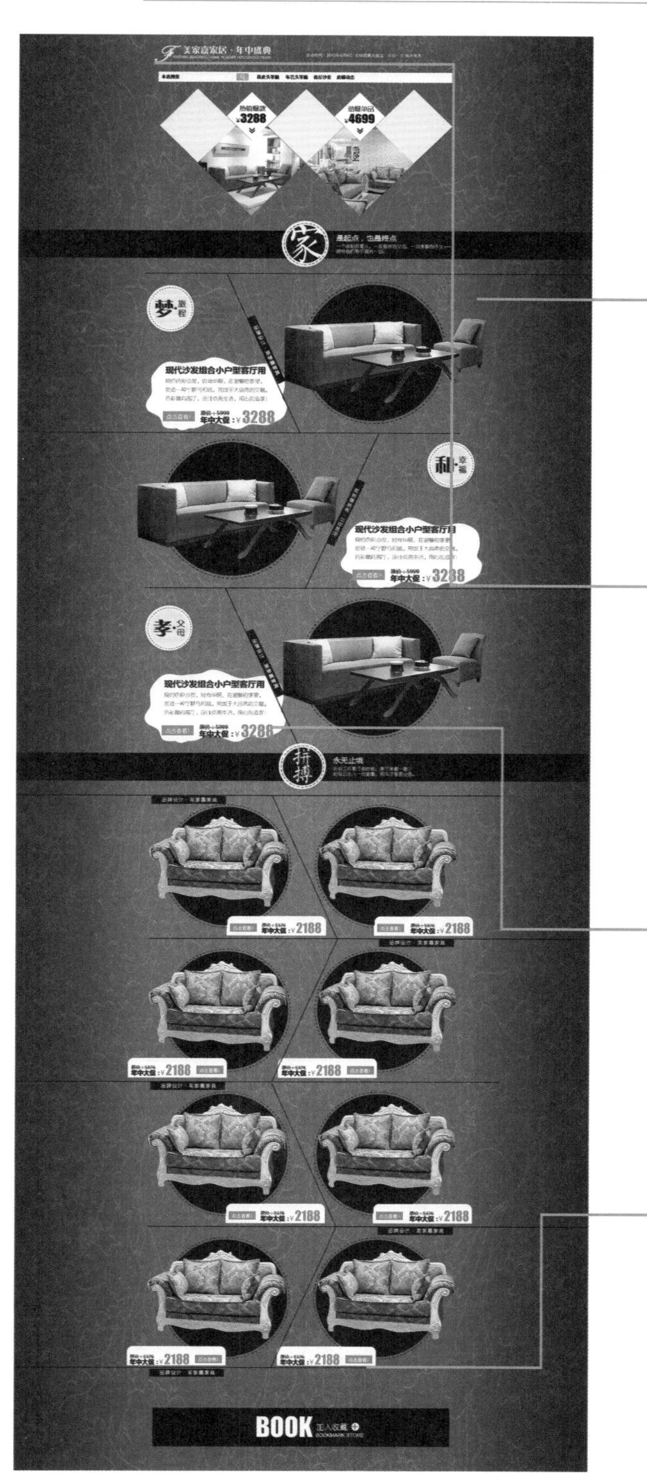

将背景更换为红色的纹理背景，营造出喜庆的氛围，改变了整个设计的风格。

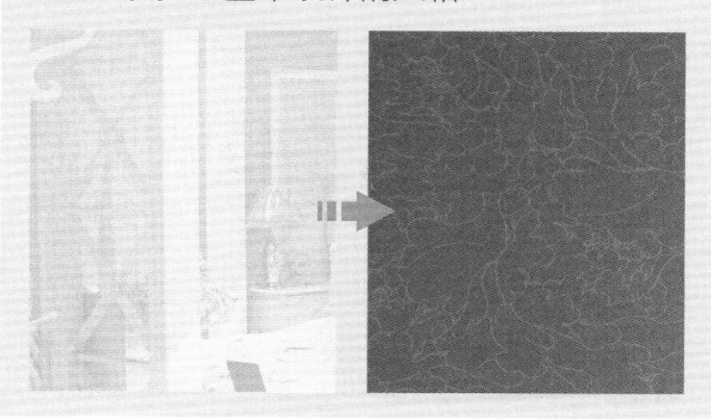

由于更换了背景，因此相应调整了店招文字的颜色，以营造出华贵、喜庆的视觉效果。

更换背景后，商品信息文字变得不太醒目，因此使用白色的形状来衬托文字。

使用“自定形状工具”中的“选项卡按钮”形状修饰价格信息，使其更加突出。

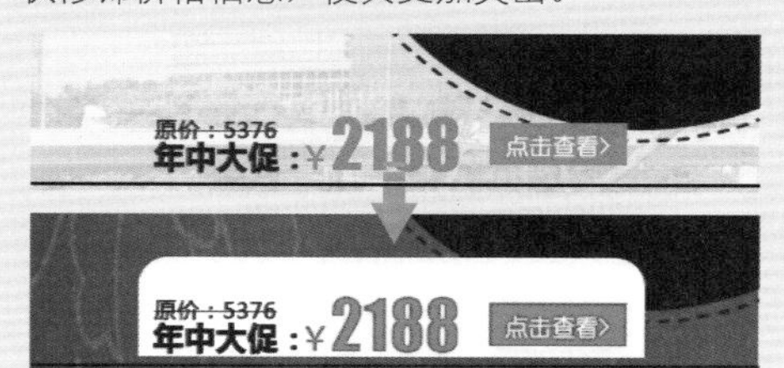

商品详情页面各元素设计

当消费者在首页中看中某个商品后，就会选择进入商品详情页面，查看商品的具体信息，包括优惠活动、搭配方案、局部细节、主要功能等。通过这些信息，消费者可以更加全面地了解商品。本章将详细介绍商品详情页面中各元素的设计方法。

5.1 商品主图

当消费者在电商平台中搜索商品时，显示在搜索结果页面中的若干张商品图片就是商品主图。如果消费者对搜索结果页面中的某款商品感兴趣，就会单击这款商品的主图，打开该商品的详情页面，对商品做进一步了解，而商品详情页面的左上角也会显示出与之前搜索结果页面中相同的主图。可以说，在很多时候，商品主图是消费者对商品的第一印象，决定了消费者是否点击打开商品详情页面，并对商品产生购买欲望。因此，商品主图的设计专业性和视觉吸引力直接影响着网店的点击率和转化率。下面就来讲解商品主图设计的相关知识与技能。

5.1.1 商品主图的设计规范

以淘宝网为例，显示在搜索结果页面中的商品主图的尺寸为 220 像素 ×220 像素，而显示在商品详情页面左上角的商品主图的尺寸为 400 像素 ×400 像素，如下图所示。商品主图的文件大小要小于 500 KB，图片格式可以为 JPG、PNG、GIF 格式。当上传的商品主图尺寸大于 700 像素 ×700 像素时，商品详情页面会自动提供“放大镜”功能，即消费者将鼠标移动到商品主图上时会显示局部放大效果，以便查看商品细节。

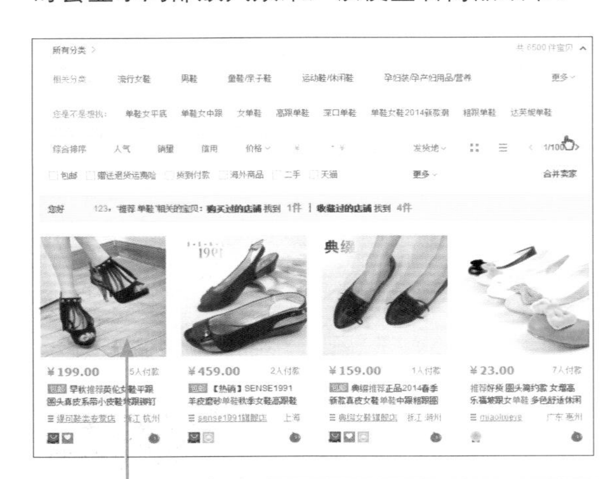

搜索结果页面中的商品主图尺寸为 220 像素 ×220 像素。

商品详情页面中的商品主图尺寸为 400 像素 ×400 像素。

商品主图是商品与消费者的“初次见面”，所以要在商品主图的设计上多花一些心思。首先，设计商品主图的基础素材，要选择展现商品某一角度全貌的照片，而不要选择只显示商品局部内容的照片。商品主图的尺寸要把展示区填满。商品主图的设计范例如下图所示。

这张商品主图通过对戒指图像的光影、角度和背景进行整体修饰，完整呈现出戒指的花纹和形状，让消费者一眼就可以了解到戒指的大致外形、材质和纹理。

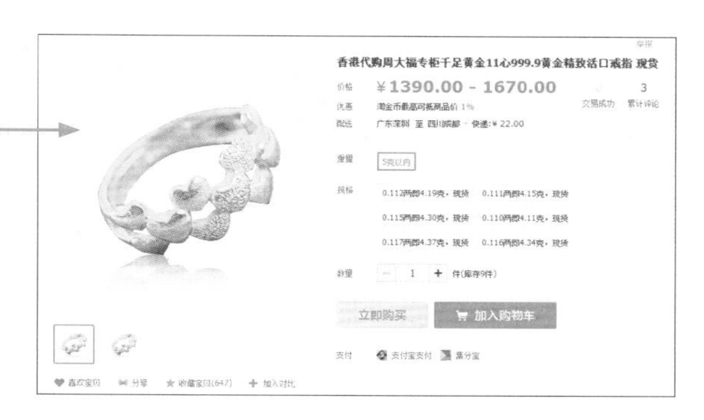

通常情况下，商品主图可以根据店铺的风格定位来进行创作，自由展示商品形象，但要注意避免同质化，即不能与其他店铺的主图大同小异。在某些特殊的销售专区，电商平台还会对商品主图做特殊要求。例如，淘宝网要求参加“淘抢购”活动专区的商品主图都应该为白色背景，这样的主图才能通过电商平台工作人员的审核。

天猫商城的商品主图设计规范又与淘宝网不同，具体为：尺寸 800 像素 ×800 像素以上，自动拥有“放大镜”功能；必须为白底，实物拍摄，展示商品的正面；不许出现图片留白、拼接、水印，不得包含促销、夸大描述等文字说明，该文字说明包括但不限于“秒杀”“限时折扣”“包邮”“× 折”“满 × 送 ×”等。不同行业店铺的主图要求也会有不同。

京东对于第三方店铺的商品主图设计要求为：尺寸 800 像素 ×800 像素，分辨率达到 72 dpi，图片格式为 JPG；必须为商品主体正面实物图，图片清晰、无噪点，不能模糊，满画布居中显示，保证亮度充足，真实还原商品的色彩。

以上大致介绍了几个主流电商平台的商品主图设计规范，在实际工作中要根据主图所使用的电商平台的设计规范进行设计。

5.1.2 用辅助文案提高商品主图点击率

商品主图是吸引消费者了解商品和进店浏览的关键，因此，要充分利用主图的画面空间，在主图上添加一些描述商品特色和卖点及刺激消费者购买欲望的辅助文案，如“正品”“惊爆价”“包邮”等，设计范例如下图所示。

添加价格和包邮信息，以激发消费者的购买欲望，提高点击率。

添加商品的材质简介及发售情况，提升商品的形象，让消费者掌握更多商品信息。

将商品的特点用简短的文字表达出来，作为吸引消费者的关键点，让消费者在了解商品外形的同时，掌握商品的主要功能特征，以激发消费者对商品的潜在需求。

与仅使用商品照片的形式相比，添加了辅助文案的主图可以传递更多的商品信息，让消费者通过一张图片就能对商品有更多了解，更容易激发消费者的点击兴趣和购买欲望。当然，这类辅助信息的添加要实事求是，遵守电商平台的规范，同时要保证显示效果正常，文案清晰可读。

5.1.3 商品主图设计案例01

◎ 原始文件：下载资源\素材\05\01.jpg
◎ 最终文件：下载资源\源文件\05\商品主图设计案例01.psd

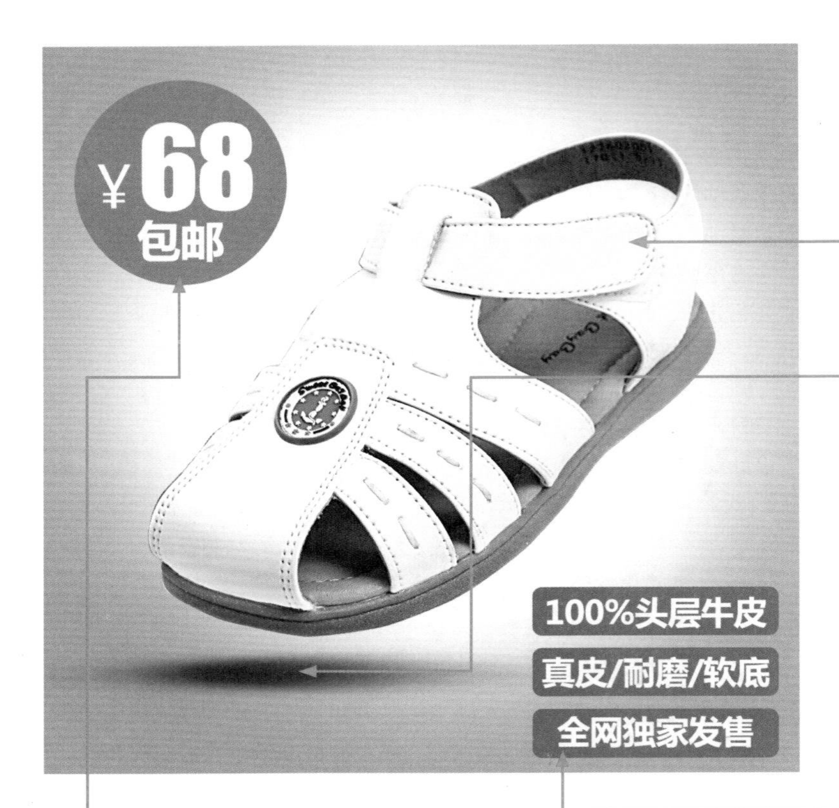

走线清晰的鞋面：通过调整鞋子图像的光影、色调，使鞋面呈现出最佳的亮度及真实的色彩，利用锐化功能让鞋面图像更加清晰，使消费者能准确掌握商品的信息。

添加阴影：在使用颜色填充图层完成主图背景的制作后，还通过添加阴影营造出一种逼真自然的悬浮展示效果。

标注价格及包邮信息：为了突出价格和运费方面的优惠，将价格和包邮信息添加到了主图中，以从不同方面打动消费者。

添加材质等辅助信息：商品的材质、质量是消费者关心的重点，在主图中将这些信息以关键词的方式展示出来，通过适当的配色及修饰形状与文字的合理组合使信息突出、醒目。

设计元素的配色：为了让整个主图的色调和谐而统一，提取了商品照片中的灰度色彩作为文字、修饰形状、背景等设计元素的基础配色。

鞋底的颜色

Color Mood

Custom

01 运行 Photoshop，新建一个文档，首先创建一个颜色填充图层，将其填充色设置为一定程度的灰度色彩，并用黑色的画笔编辑图层蒙版，制作出类似晕影的效果，让主图的背景呈现出一定的光影层次感。

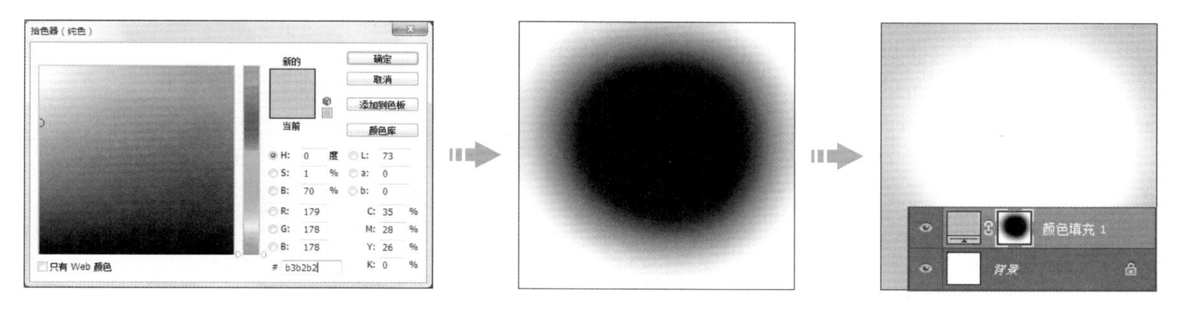

02 选择工具箱中的“画笔工具”，在其选项栏中设置参数，新建图层，使用“画笔工具”在适当的位置绘制出鞋子的阴影，然后设置图层的“不透明度”为 70%。

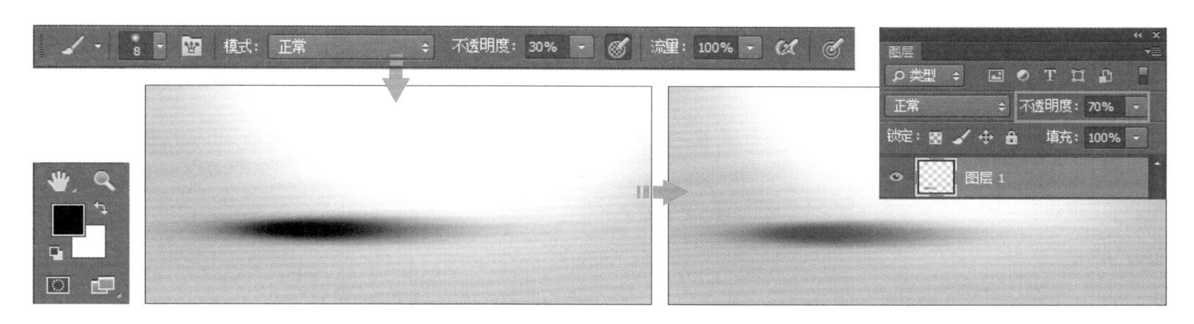

03 将 01.jpg 添加到图像窗口中，适当调整其角度和大小，接着使用“钢笔工具”沿着其中一只鞋子图像的边缘绘制路径，然后打开“路径”面板，单击面板底部的“将路径作为选区载入”按钮，将绘制的路径转换为选区。

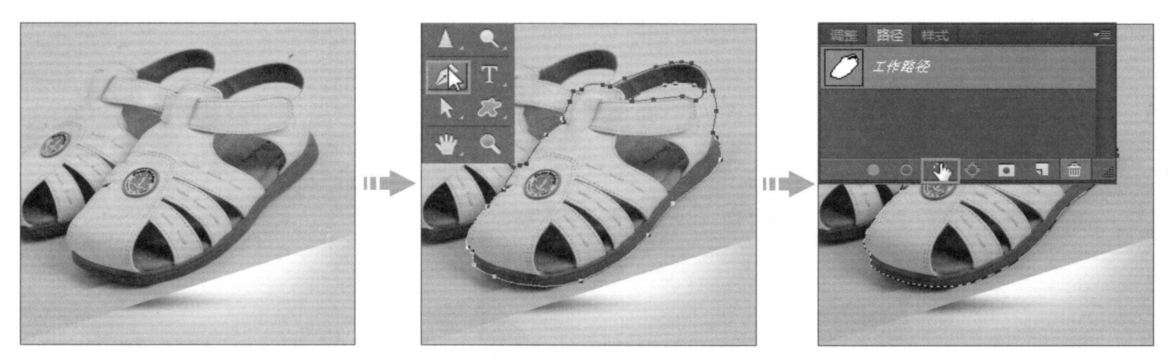

04 将路径转换为选区后，单击“图层”面板底部的“添加图层蒙版”按钮，基于选区为图层添加图层蒙版，将鞋子图像抠取出来，使商品完整而突出地展现在画面中。

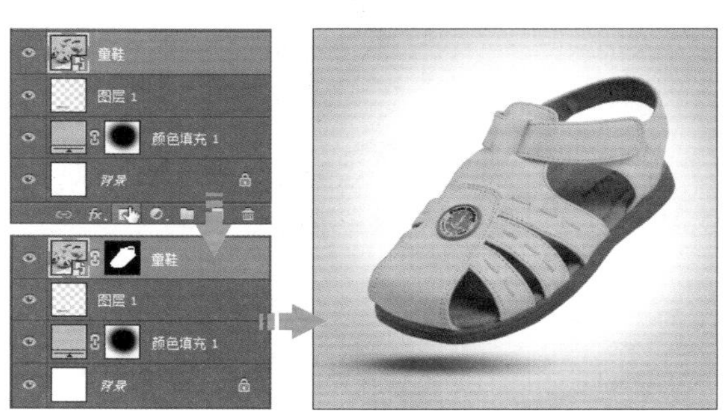

05 再次将鞋子图像添加到选区中，创建“色阶”调整图层，在打开的“属性”面板中将“RGB”选项下的色阶值分别设置为 19、1.38、202，调整鞋子图像的亮度。可以看到鞋子图像变得更亮，且层次没有发生变化。

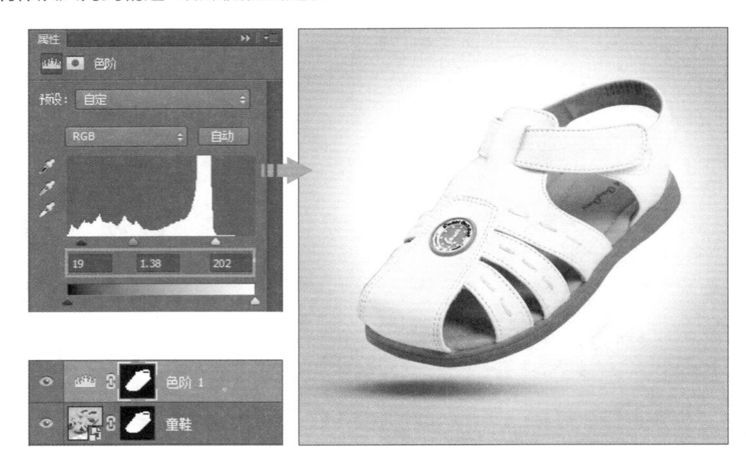

06 将鞋子图像再次添加到选区中，创建“亮度 / 对比度”调整图层，在打开的“属性”面板中设置“亮度”为 4、“对比度”为 23，提高鞋子图像的亮度，使其恢复到正常光照下的显示效果。处理后鞋子图像与背景的影调看起来更加和谐。

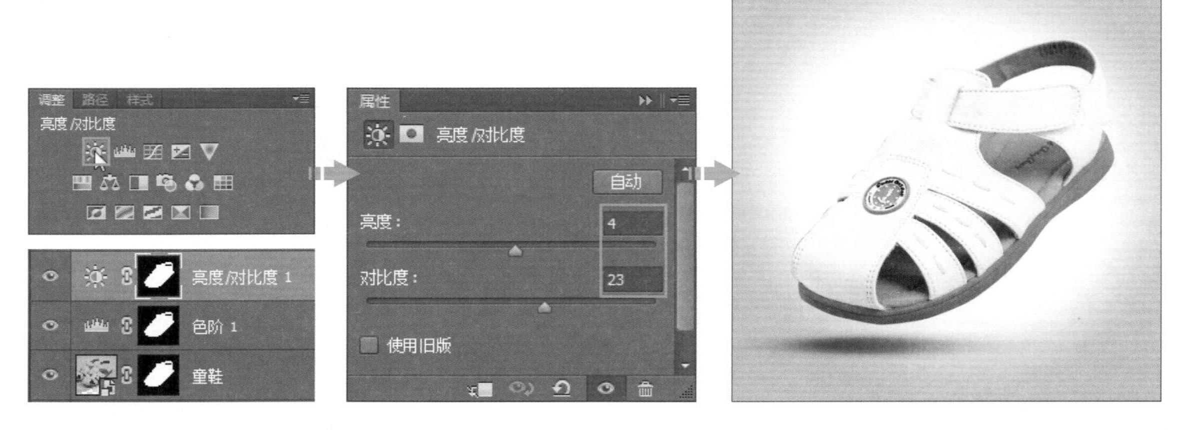

07 创建“曲线”调整图层，在打开的“属性”面板中调整曲线的形状，接着将该调整图层的蒙版填充为黑色，把鞋子图像添加到选区中，再使用白色的画笔在选区中涂抹，目的是编辑“曲线”调整图层的蒙版，使调整只对鞋底部分的图像生效，处理后鞋子图像的整体影调趋于平衡。

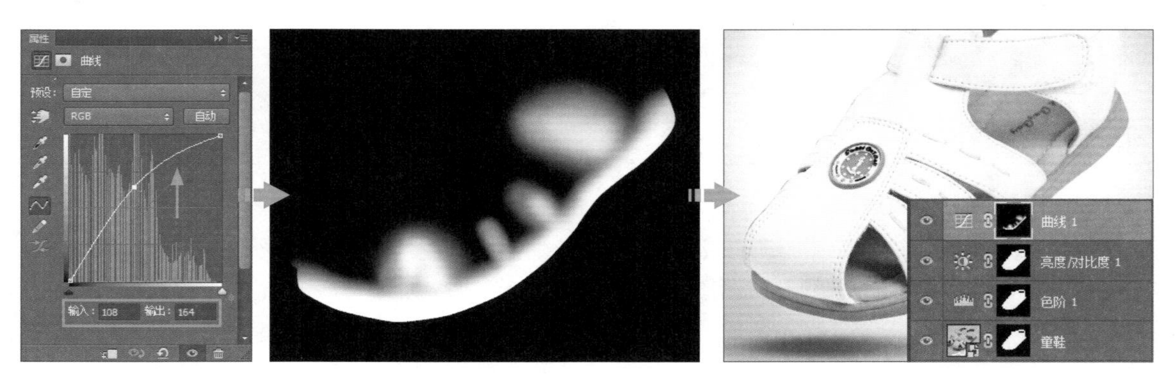

08 将鞋子图像再一次添加到选区中，创建“色彩平衡”调整图层，在打开的“属性”面板中分别调整“阴影”“中间调”“高光”选项下的色阶值，让偏黄的鞋面图像恢复正常的色调，变得更洁白。

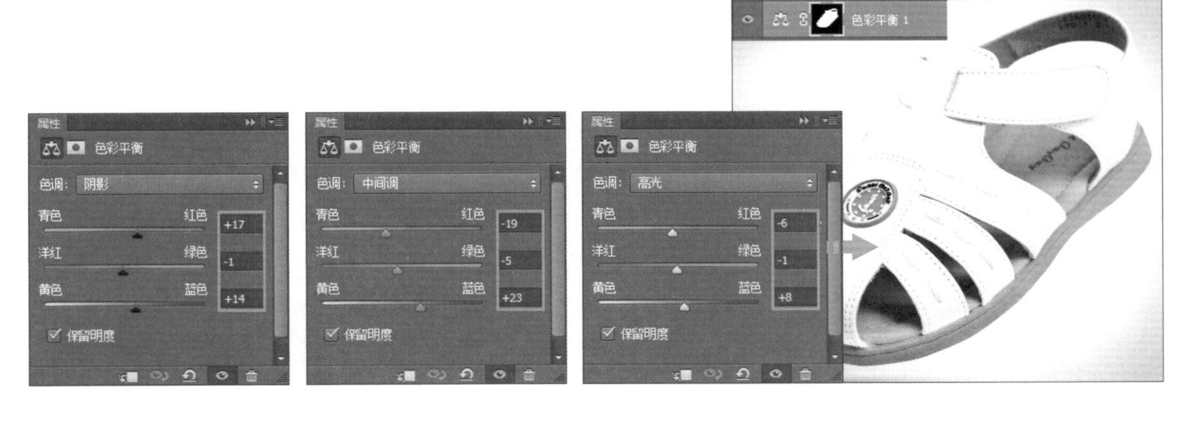

09　在“图层”面板中将编辑鞋子图像过程中生成的五个图层选中，按快捷键 Ctrl+J 复制图层，得到相应的拷贝图层，接着右击鼠标，在弹出的菜单中选择“合并图层”命令，合并拷贝后的图层，并将合并后的图层重命名为“合并”。

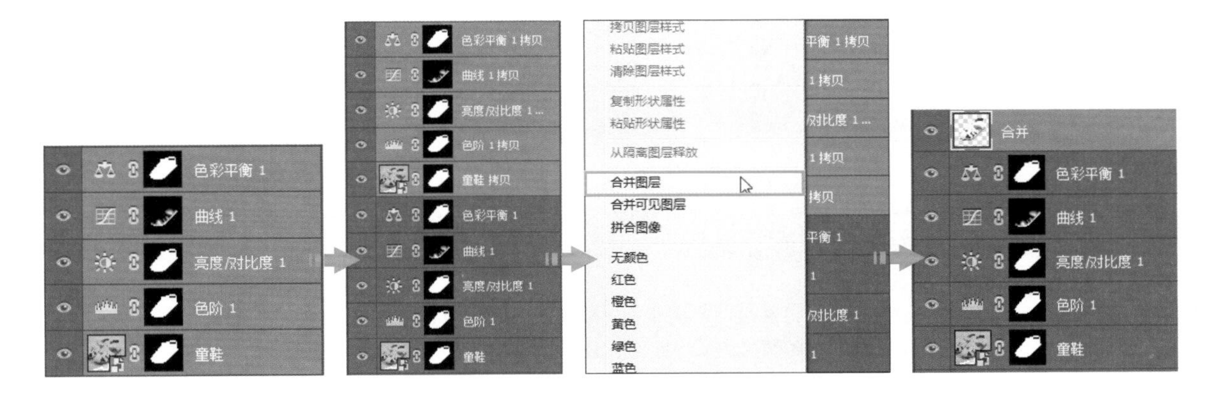

10　执行“滤镜 > 转换为智能滤镜”菜单命令，将“合并”图层转换为智能对象图层，接着执行“滤镜 > 锐化 >USM 锐化”菜单命令，在打开的“USM 锐化”对话框中设置参数，对鞋子图像进行锐化处理，在图像窗口中可以看到鞋子图像的鞋面变得更清晰。

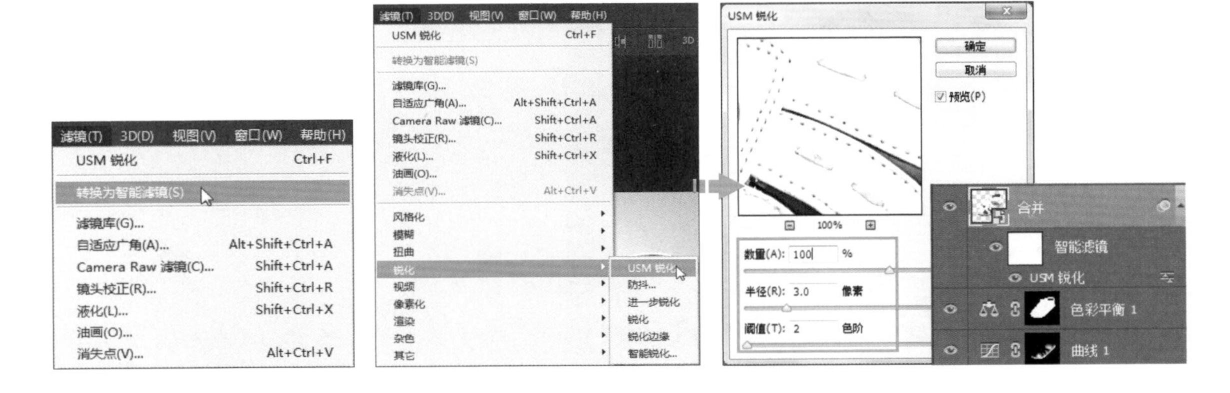

11　选择“椭圆工具”，绘制一个正圆形，设置适当的填充色，接着利用“横排文字工具”在适当的位置添加文字信息，并在“字符”面板中对文字的属性进行设置。

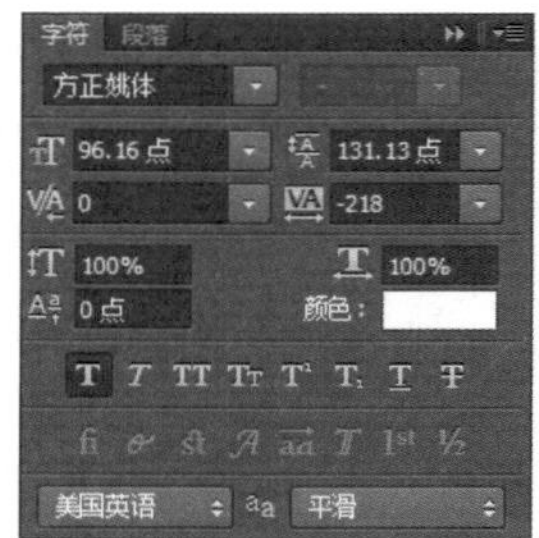
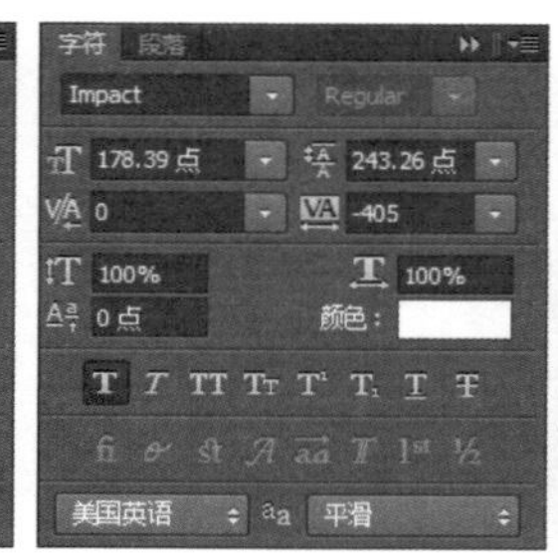
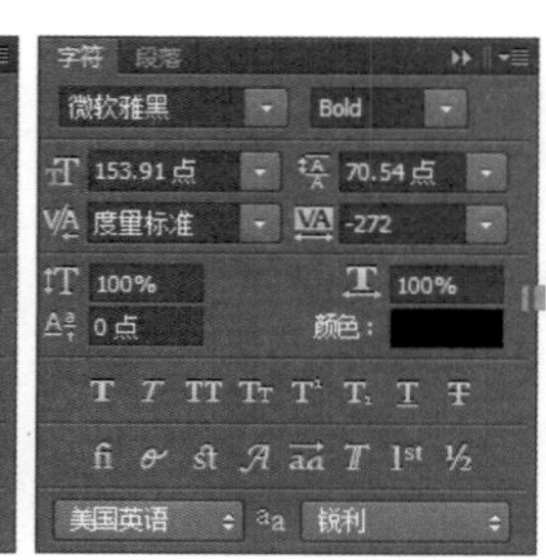

12 选择“圆角矩形工具”，绘制出如下图所示的形状，接着使用“横排文字工具”添加商品信息文字，打开“字符”和“段落”面板，设置文字的属性和对齐方式。至此，本案例就全部制作完成了。

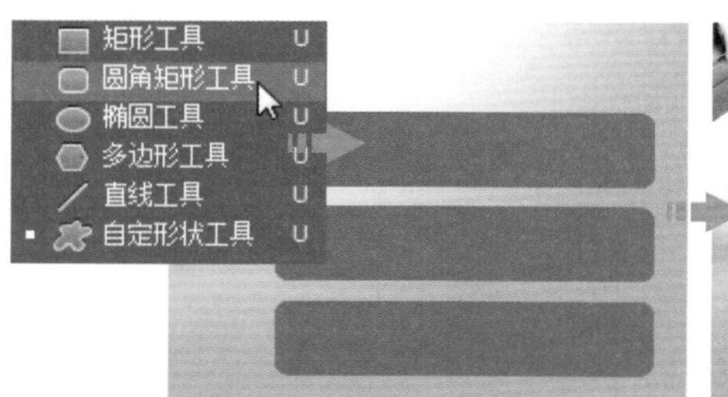
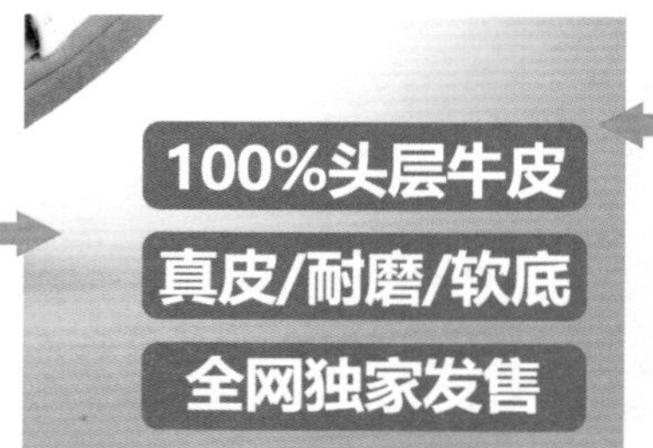

5.1.4 商品主图设计案例02

◎ 原始文件：下载资源\素材\05\02.jpg、03.jpg、04.psd
◎ 最终文件：下载资源\源文件\05\商品主图设计案例02.psd

丰富的商品功效文字：通过简单的文字对洗面奶的功效进行介绍，利用白色文字与蓝色背景之间的颜色差异来突出文字信息，并通过调整字号来体现一定的设计感。

抠取洗面奶图像：通过“钢笔工具”将洗面奶图像抠取出来，再调整其光影和色调，将商品完美、精致地展现在消费者面前，提升商品的外在价值及消费者的信任度。

添加颜色与画面反差较大的修饰元素：为强调商品在价格方面的优势，添加了包邮信息，并通过颜色之间的反差来使信息更显眼，以提高转化率。

合成包含水元素的素材：根据洗面奶的保湿补水功效，添加包含水元素的素材来烘托商品形象。

与修饰元素同类的色调：参考洗面奶包装上的玫红色，对“包邮”文字底部的多边形及“官方授权”文字使用红色调进行配色。

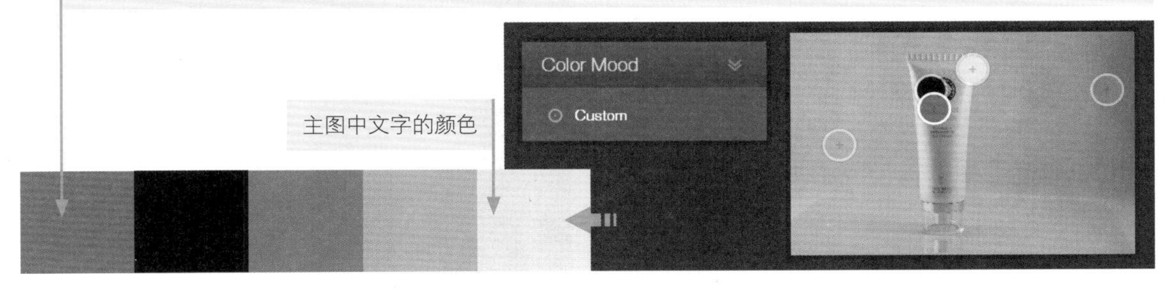

01 运行 Photoshop，新建一个文档，接着将 02.jpg 添加到图像窗口中，适当调整其大小，让溶图素材中的部分图像显示在图像窗口中，按 Enter 键确认调整，在“图层”面板中更改添加的智能对象图层名为“溶图”。

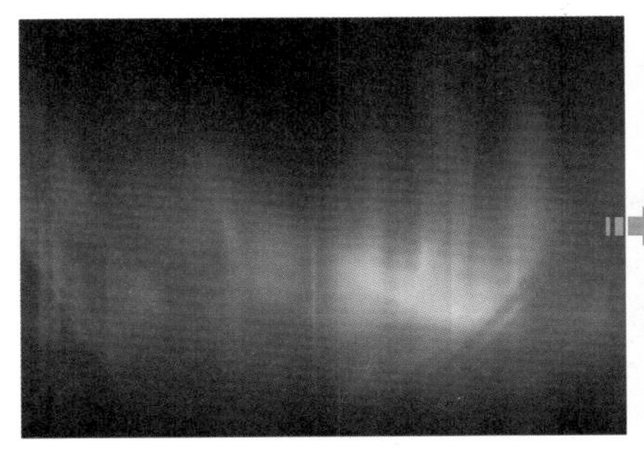
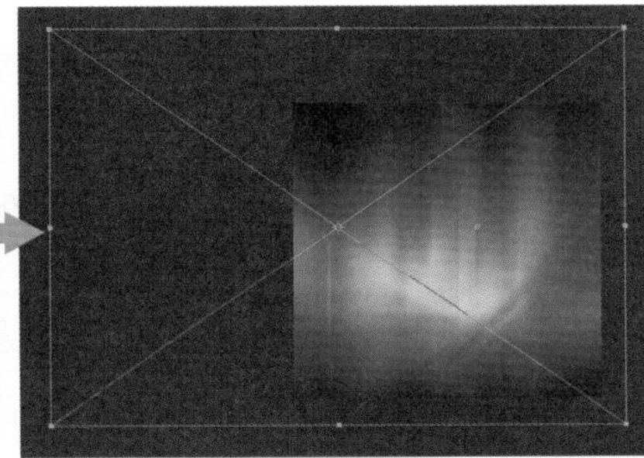
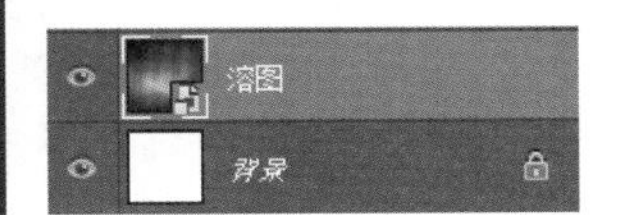

02 创建“色阶”调整图层，在打开的“属性”面板中将“RGB”选项下的色阶值分别设置为16、1.88、240，对溶图的影调进行调整，使其变得更加明亮。

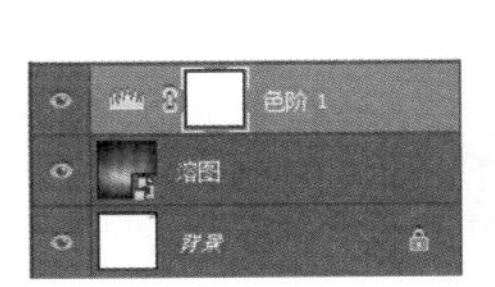

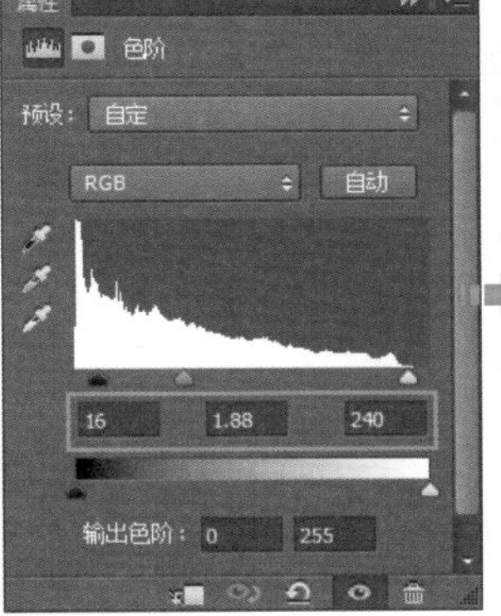

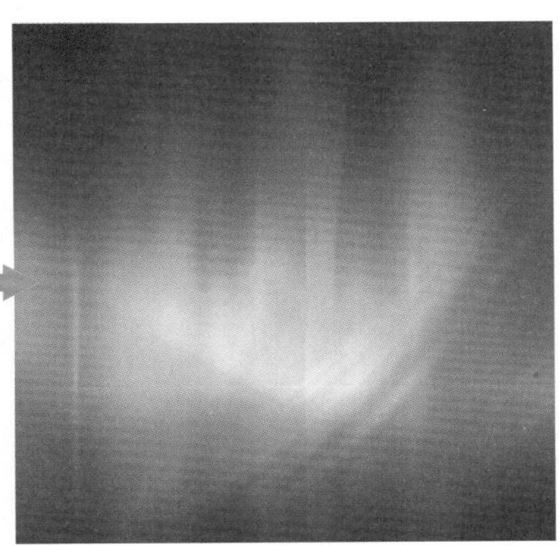

03 将 03.jpg 添加到图像窗口中，适当调整其大小，使用“钢笔工具”沿着洗面奶图像创建路径，将路径转换为选区后，为图层添加图层蒙版，将洗面奶图像抠取出来。

04 将洗面奶图像添加到选区，创建“色阶”调整图层，在打开的“属性”面板中对“RGB”选项下的色阶值进行设置，提高洗面奶图像的影调，接着使用黑色的画笔编辑图层蒙版，消除过曝。

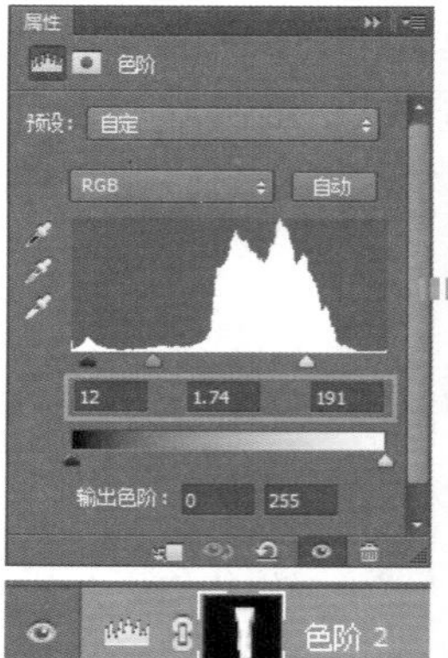

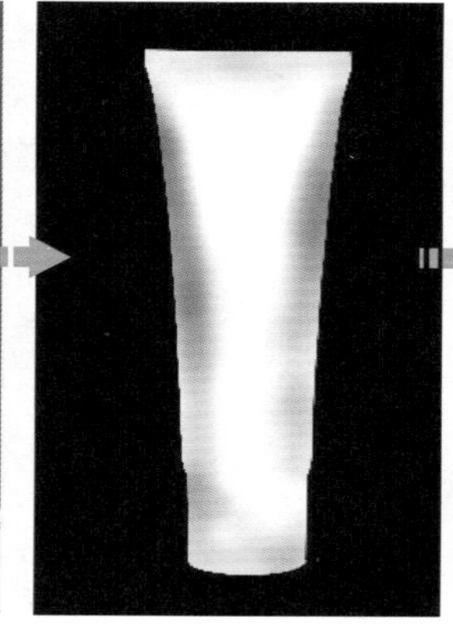

05 将洗面奶图像再次添加到选区中，创建“色相/饱和度”调整图层，在打开的“属性”面板中设置“全图”下的“色相”为+8、“饱和度”为+33、“明度”为+4，进一步修饰洗面奶图像。

06 对洗面奶图像及相关的调整图层进行复制，将复制后的图层合并在一起，命名为“合并”。将“合并”图层转换为智能对象图层，执行“滤镜 > 锐化 >USM 锐化”菜单命令，对图像进行锐化处理，使其变得更加清晰。

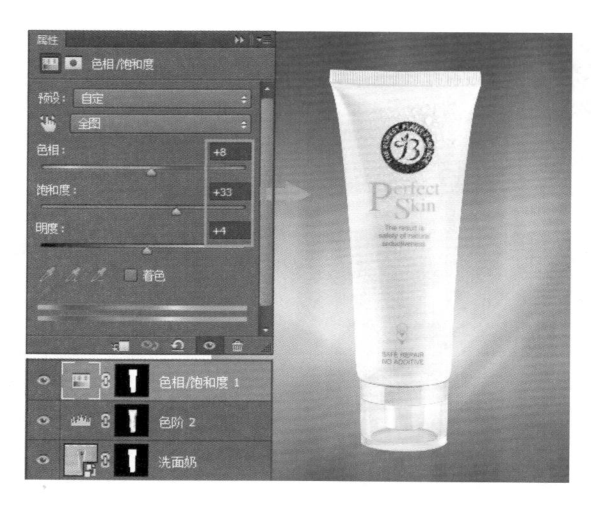

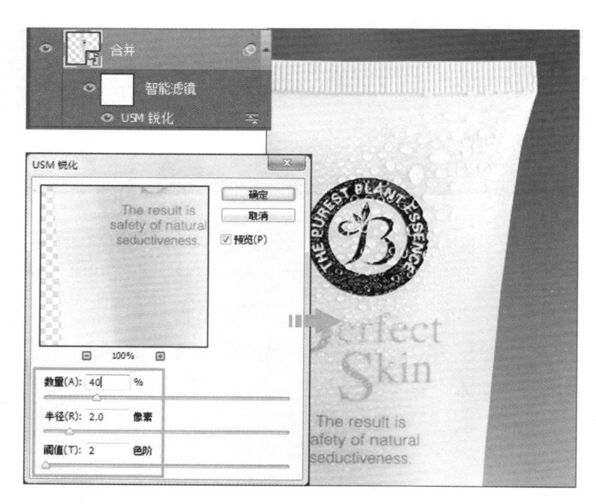

07 对“合并”图层进行复制，并进行栅格化处理。适当调整“合并拷贝”图层的位置，并做镜像处理。接着为“合并拷贝”图层添加图层蒙版，使用“渐变工具”对图层蒙版进行编辑，制作出洗面奶的倒影效果。

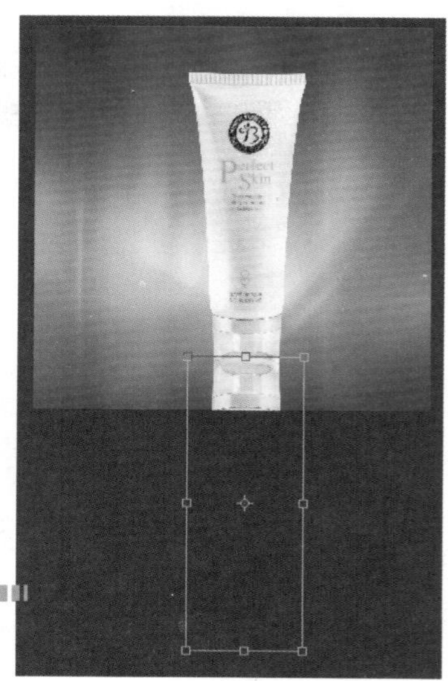

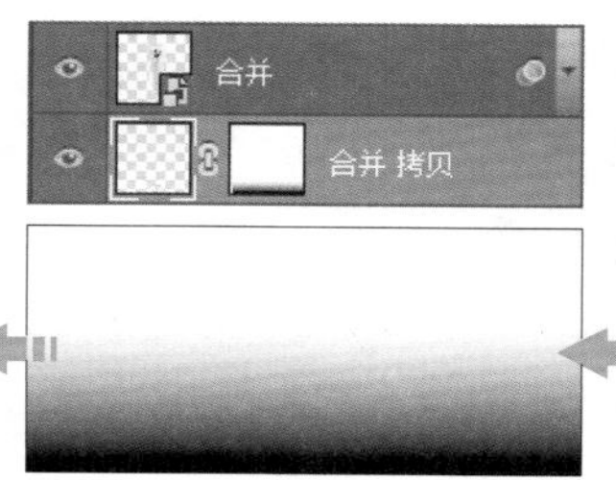

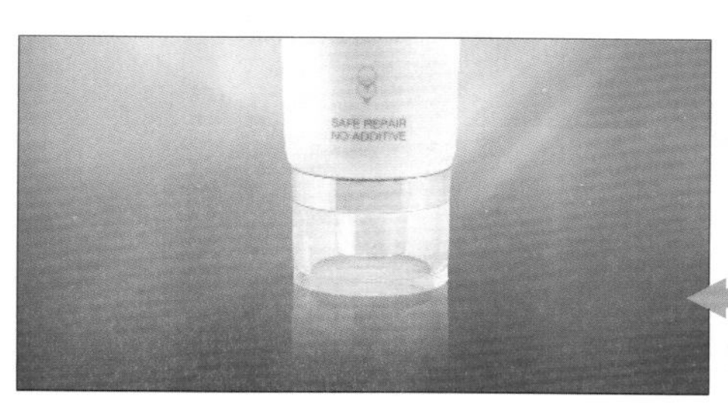

08 将04.psd添加到图像窗口中，适当调整其大小，使图像窗口中只显示需要的部分水元素图像。接着在“图层”面板中设置该图层的混合模式为“强光”，使水元素与洗面奶、背景图像自然融合。

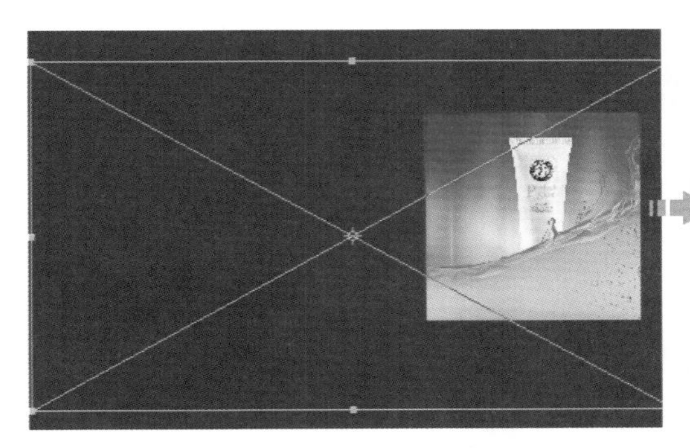

09 为了突显洗面奶的功效，还需要为主图添加文字。选择工具箱中的“横排文字工具”，在画面中输入如下图所示的文字，接着打开“字符”面板，对文字的属性进行设置，并将文字放在适当位置。

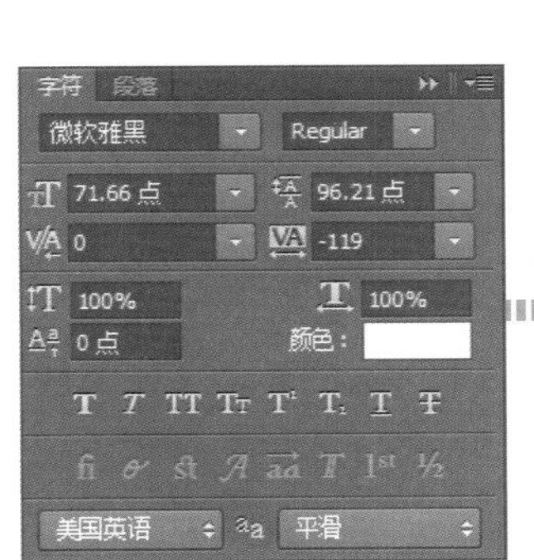

10 选择工具箱中的“自定形状工具”，在其选项栏中选择“封印”形状并绘制出来，再填充适当的颜色，接着在“图层”面板中设置绘制得到的“形状1”图层的混合模式为“线性光”，使其与背景自然地融合在一起。

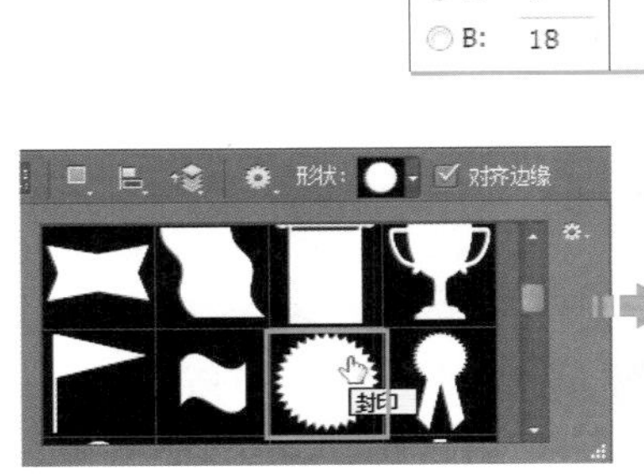

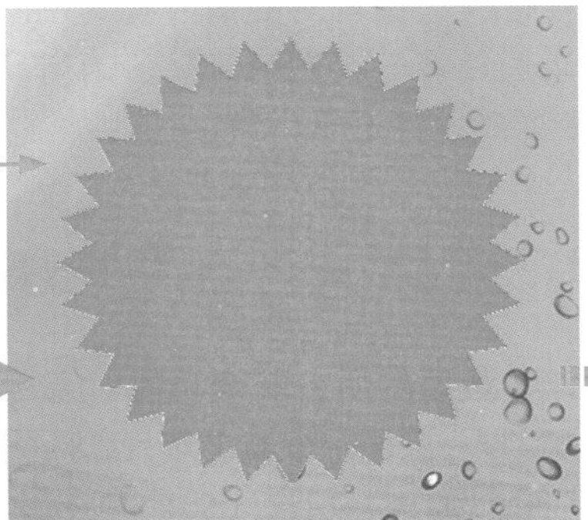

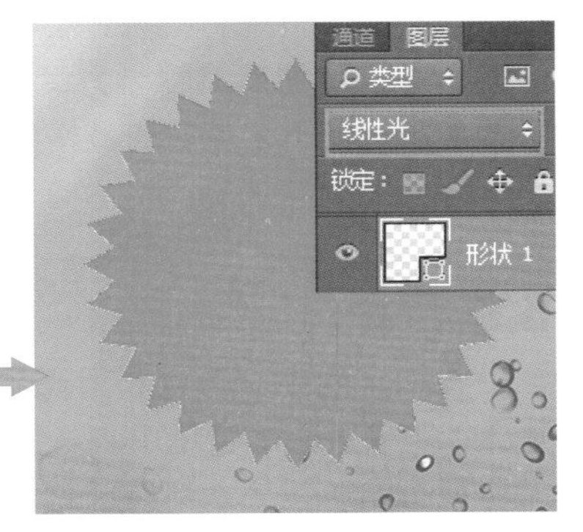

11 双击“形状 1”图层，在打开的“图层样式”对话框中勾选“投影”复选框，接着在右侧设置相应的参数，为绘制的形状添加自然的阴影效果。在图像窗口中可以看到编辑后的形状显得更加层次分明。

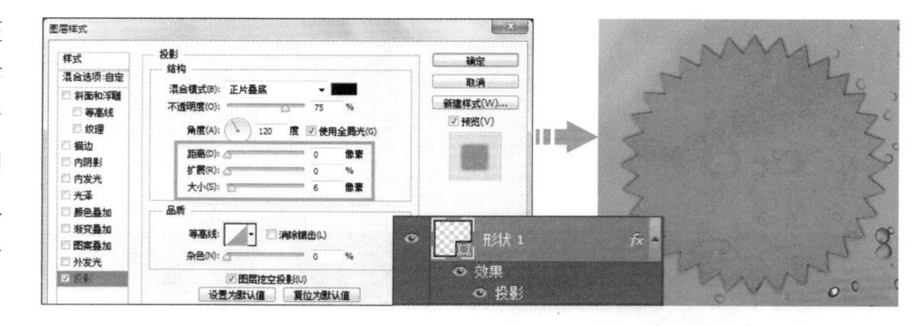

12 选择工具箱中的“椭圆工具”，绘制一个圆形，接着打开该图层的“图层样式”对话框，添加“斜面和浮雕”“内阴影”“光泽”“颜色叠加”“内发光”图层样式，并设置相应的参数，调整图层的“填充”为 85%，制作出有立体感的圆形。

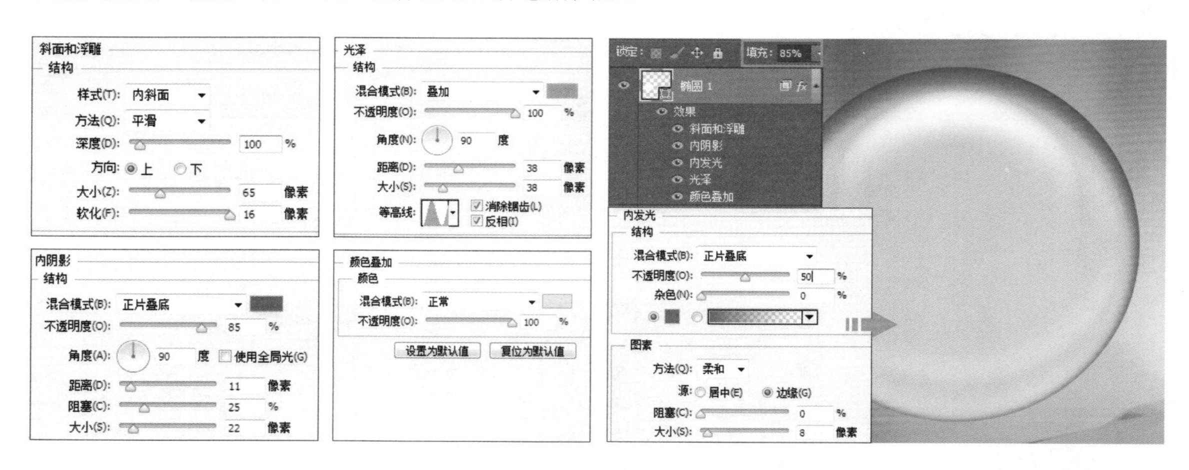

13 选择工具箱中的“横排文字工具”，输入如右图所示的文字，使用图层样式对部分文字进行修饰，并打开“字符”面板，对文字的属性进行调整。至此，本案例就全部制作完成了。

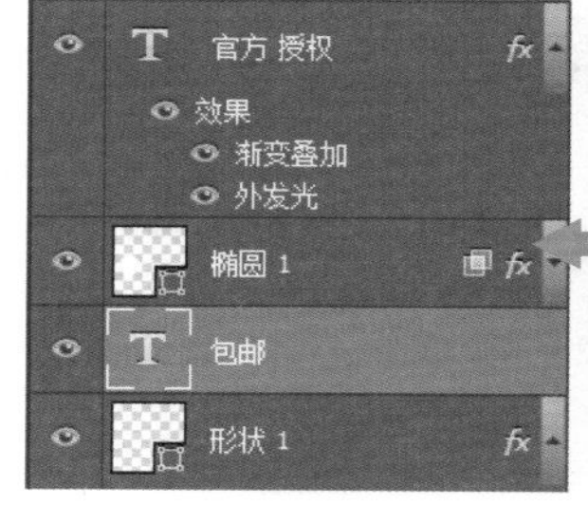

5.2 商品搭配专区

搭配套餐是将几种商品组合在一起销售的促销方式。在商品详情页面中设置商品搭配专区，可以增加商品曝光力度，让消费者一次性购买更多的商品，提高店铺的客单价，节约人力成本。接下来就对商品搭配专区的设计进行讲解。

5.2.1 商品搭配专区的表现方式

在淘宝网中，可以利用商品详情页面的后台装修功能，直接制作商品搭配套餐，具体方法是进入“卖家中心 > 营销中心 > 促销管理”页面，在其中选择“搭配套餐”，即可创建新的搭配套餐，并可以查看、编辑、删除已创建的搭配套餐。使用此功能制作出的搭配套餐效果如下图所示。

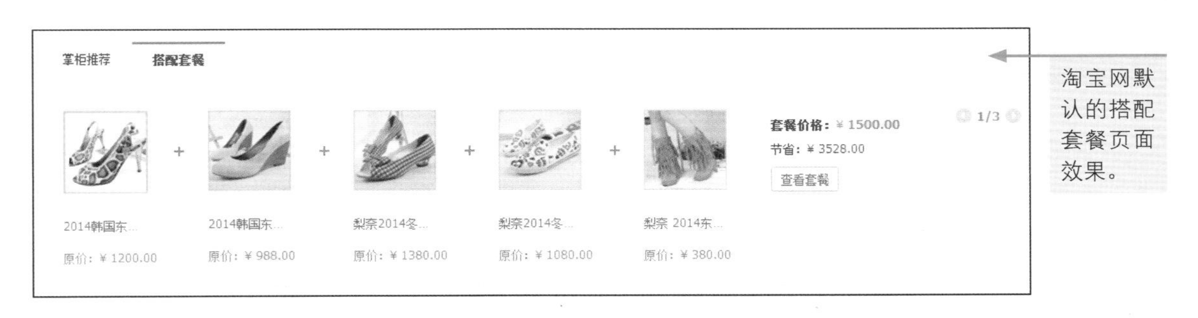

淘宝网默认的搭配套餐页面效果。

如果想要让搭配套餐更加吸引消费者的眼球，那么在单个商品的详情页面中，可以设计商品搭配专区，用个性化的、符合商品特点的设计图来打动消费者。商品搭配专区的表现形式有两种：第一种是不同商品之间的叠加销售，第二种是单个商品与其他多种商品之间的叠加销售。具体如下图所示。

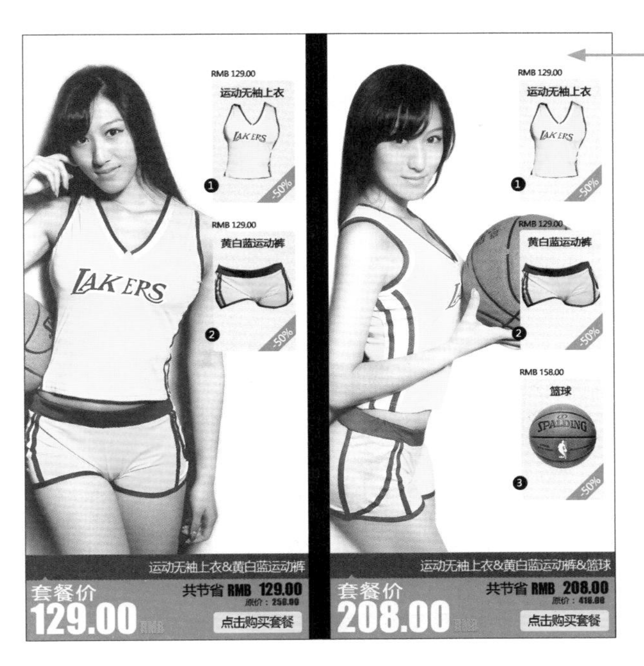

不同商品之间的叠加销售：不同商品之间的叠加销售，就是将两个或两个以上的不同商品进行组合，以比整体原价更低的组合价进行销售。这些组合的商品之间可能会存在一定的联系，如内衣与内裤的组合、鞋子与袜子的组合、耳机与耳机盒的组合等。这种有关联的组合可以大大提高商品成交的概率。当然，也可能是一组商品与另外一组商品的捆绑式组合销售。具体的搭配要根据店铺的商品情况、价格优势等因素进行考虑。

单个商品与其他多个商品之间的叠加销售：单个商品与其他多个商品之间的叠加销售，就是以一个商品作为基准，再选择多个其他商品与其分别进行搭配组合。

无论使用哪种搭配套餐的表现形式，其目的都是将商品销售出去，因此，进行商品组合的过程中，应该从商品的关联性、实用性等角度考虑，弥补消费者在购买过程中缺失的购物空间，获得较高的客单价。

5.2.2 指示性符号在商品搭配专区中的妙用

进行商品搭配专区的设计时，为了让套餐的内容吸引消费者的注意，激发消费者的购买欲望，在设计图中往往需要添加素材来营造一种氛围、表达一种含义或者引导消费者的视线，这些素材常见的有箭头、加号、等号等指示性符号。如下图所示的两个实例展示了指示性符号在商品搭配专区中的妙用。

使用箭头将消费者视线引向画面右侧的赠品和套餐组合价格上，以激发消费者的购买欲望。

使用向下的箭头营造出价格下降的视觉感受，生动形象地突显了套餐的价格优势。

使用等号引出套餐组合价格，并添加原价进行对比，以突显套餐价格的实惠。

使用向右的箭头作为捆绑销售的两个商品的背景，既对画面起修饰作用，又有一定的引导作用，能将消费者的视线牵引到后面的价格区域上。

在突出套餐节省的金额之后，通过倒三角形来指示出套餐价格，在引导视线的同时，也让画面的修饰元素更加丰富。

设计商品搭配专区时使用的箭头素材并不一定要是完整的箭头形状，一些同样在视觉上有指示和引导作用的三角形也能对消费者的视线进行有效牵引，如左图所示。

5.2.3 商品搭配专区设计案例01

◎ 原始文件：下载资源\素材\05\05.jpg～07.jpg
◎ 最终文件：下载资源\源文件\05\商品搭配专区设计案例01.psd

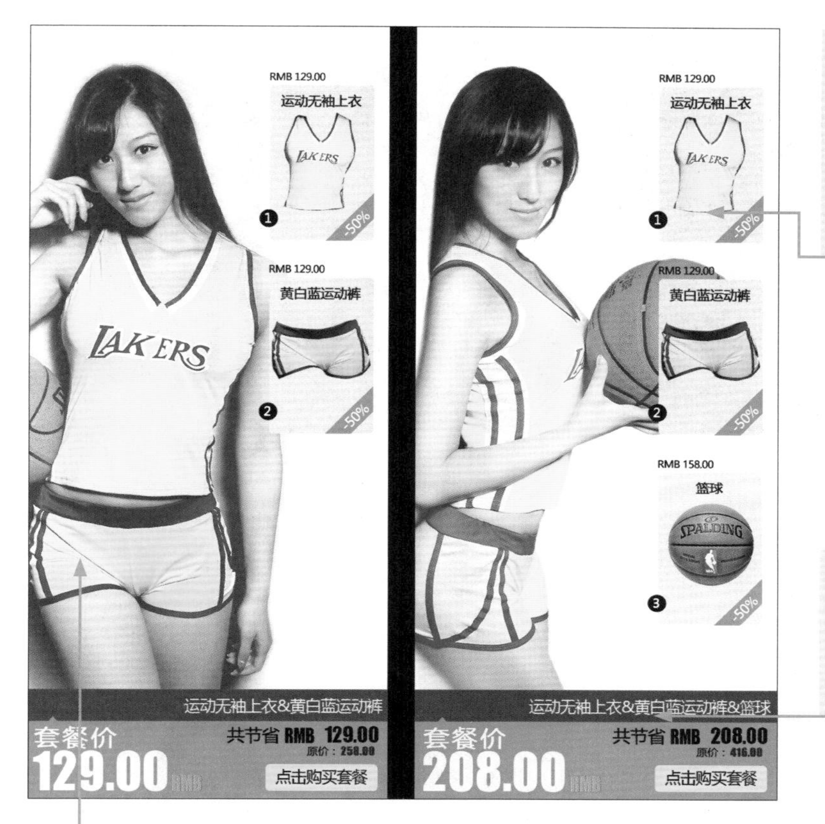

使用橱窗展示的形式表现商品：搭配销售的商品为运动服饰和运动用品，在设计中使用了橱窗展示的表现方式来塑造商品形象，通过绘制圆角矩形和丝带来制作出橱窗背景，并添加适当的商品信息文字。

巧妙应用颜色突显重点信息：在价格展示区域，通过鲜艳的颜色和较大的颜色差异来突出重要的价格信息，让消费者能够一目了然地了解到重点信息。

利用模特完整展示套装穿着效果：橱窗展示中的图像不能直观地表现商品的使用效果，因此，在设计图的大部分区域安排了身穿商品的模特图像，让商品的形象更加具体，可加深消费者对商品的印象。

与设计图中按钮的颜色是同类色。

与设计图中橱窗圆角矩形的颜色是同类色。

01 运行Photoshop，新建一个文档，将“背景”图层填充为黑色。新建图层，命名为“矩形背景”，接着使用“矩形选框工具”创建选区，为选区填充白色，作为商品搭配专区的背景。

02 将05.jpg添加到图像窗口中，适当调整其大小。接着为该图层添加图层蒙版，使用黑色的“画笔工具”编辑图层蒙版，抠出模特图像。

03 创建“曲线”调整图层，在打开的“属性”面板中调整曲线的形状，接着使用“画笔工具”编辑图层蒙版，调整部分图像的影调，让模特图像显得更加明亮。

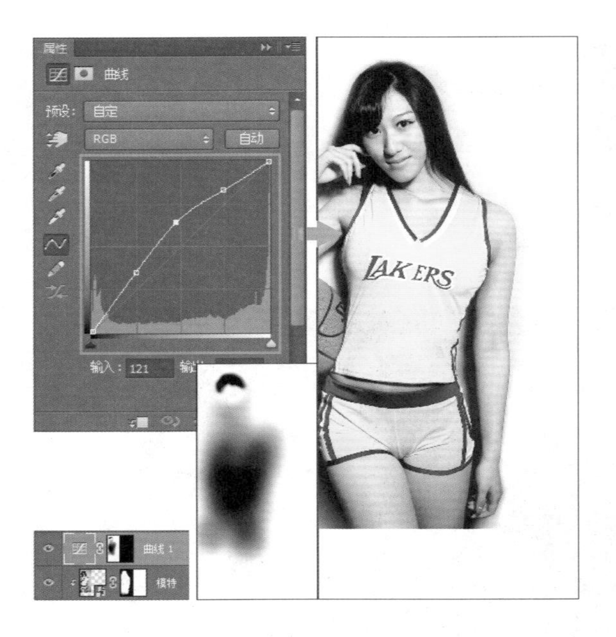

04 创建“亮度/对比度”调整图层，在打开的“属性”面板中设置“亮度”为39、“对比度”为0，提高模特图像的亮度。接着使用“画笔工具”编辑图层蒙版，在图像窗口中可以看到模特图像的影调显得更加自然。

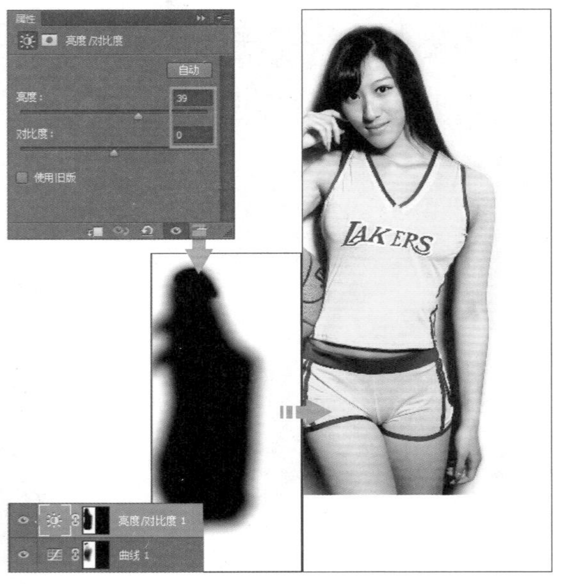

提示

如果为“亮度/对比度”调整图层的“亮度”选项设置了过大的参数，可能会使图像产生过曝现象，从而出现白色的图像区域，因此需要使用“画笔工具”编辑图层蒙版，控制亮度调整的范围。

05 为了让模特身上的衣服图像的颜色与商品的真实颜色更加接近，还需要调整图像的颜色。创建“色相/饱和度”调整图层，在打开的“属性”面板中设置“全图”选项下的“明度”为+16；“红色”选项下的“色相”为+8、“饱和度”为-15；“黄色”选项下的“饱和度”为+45、“明度”为+3。

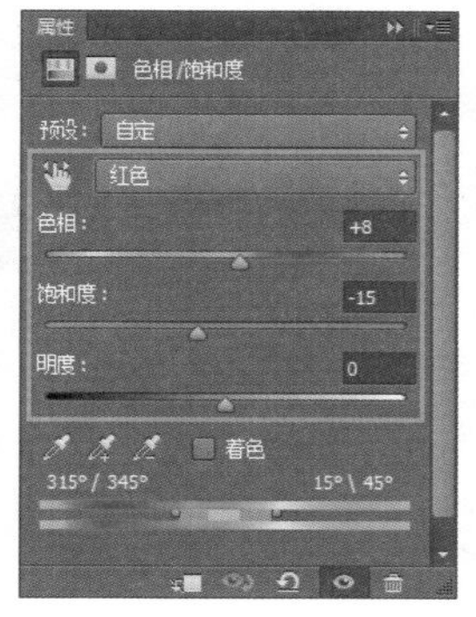

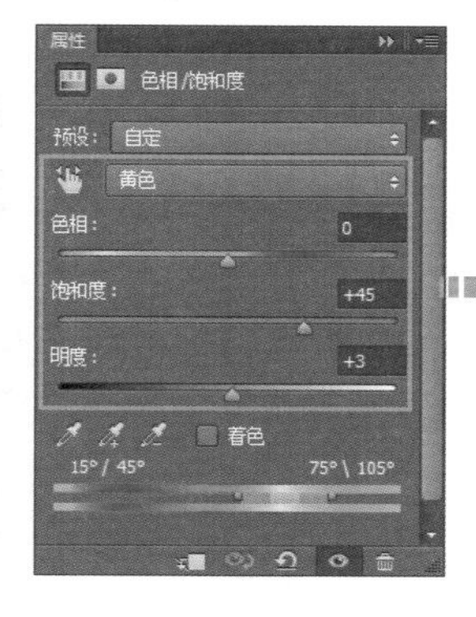

06 选择工具箱中的“圆角矩形工具”，绘制出如下图所示的圆角矩形。接着使用“钢笔工具”绘制出丝带图形，通过创建剪贴蒙版来控制其显示范围。使用“椭圆工具”绘制出如下图所示的圆形，制作出橱窗展示的背景区域。

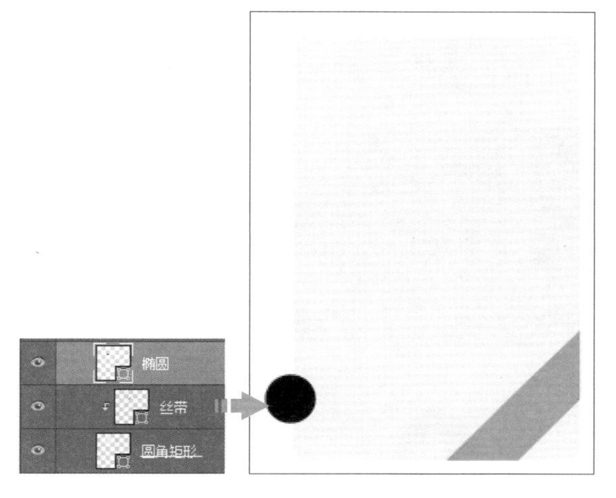

07 选择工具箱中的“横排文字工具”，输入如下图所示的文字，对文字的字体、字号、颜色等进行设置，并适当调整部分文字的角度，将文字放在适当的位置。

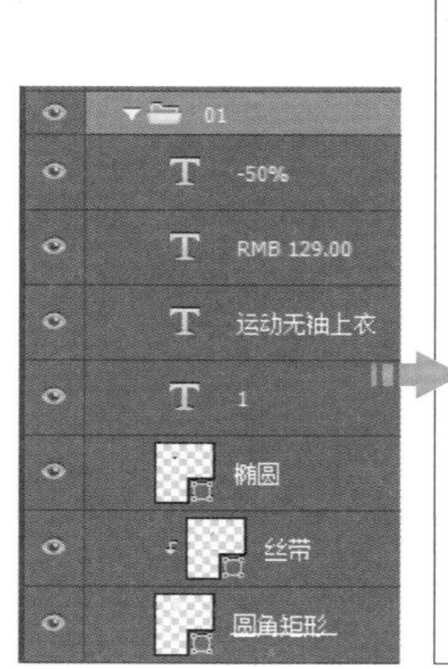

08 参考步骤06、07的方法，制作出两个橱窗展示的背景和文字内容，将其放在模特图像的右侧。在实际工作中可根据商品的形状和布局来进行灵活安排。

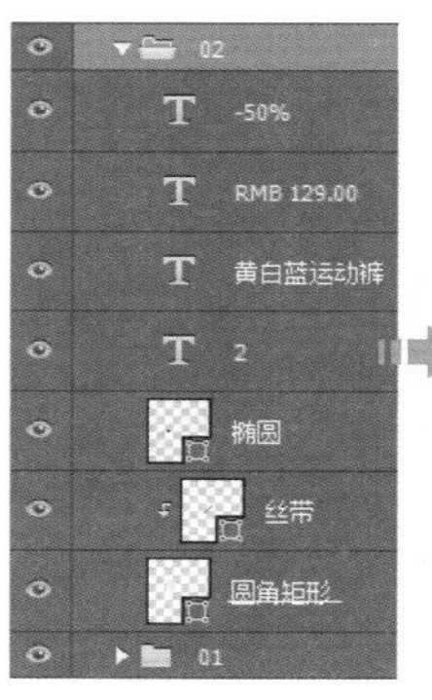

09 将 05.jpg 再次添加到图像窗口中，适当调整其大小，使用“钢笔工具”将运动裤图像抠取出来，并放在橱窗的适当位置上，形成单品展示的陈列效果。

10 将上衣图像也抠取出来添加到橱窗的适当位置。接着将图像添加到选区中，创建“色相/饱和度”调整图层，在打开的“属性”面板中设置“全图”选项下的“饱和度”为 +26、“明度”为 +2，还原商品的真实颜色。

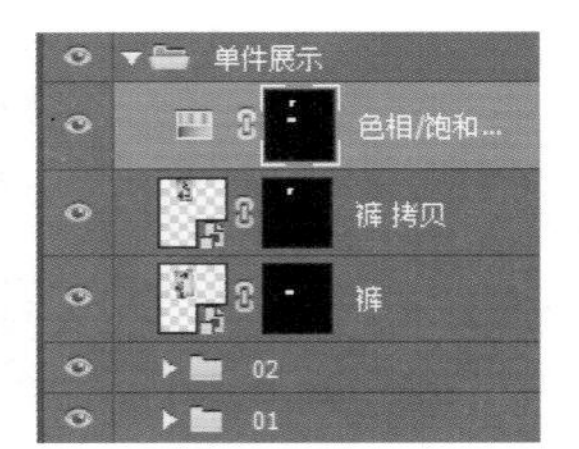

11 利用工具箱中的“钢笔工具”“矩形工具”“圆角矩形工具”等工具绘制出如右图所示的形状，分别填充适当的颜色，并组合在一起，放在模特图像的下方，作为商品名称及价格介绍区域的背景。

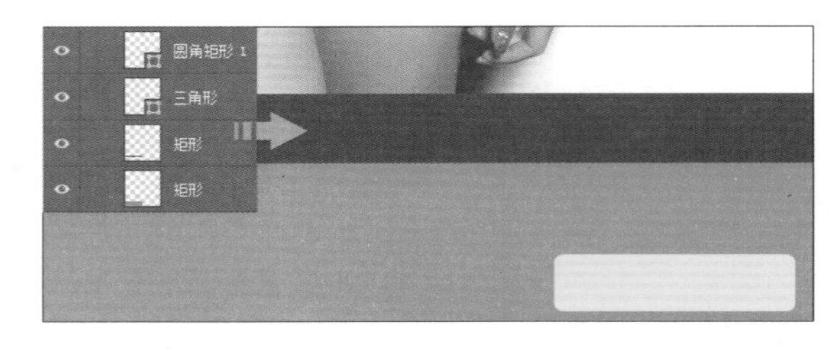

12 选择工具箱中的“横排文字工具”，输入商品名称和价格信息等文字，利用“字符”面板为文字设置适当的字体、字号、颜色，然后将文字放在步骤 11 中绘制的形状上方。

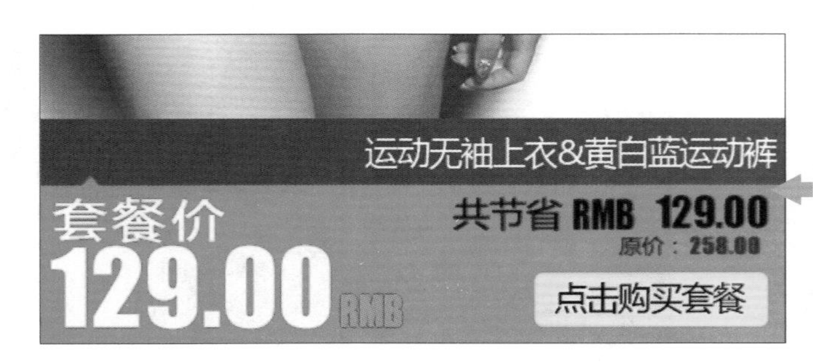

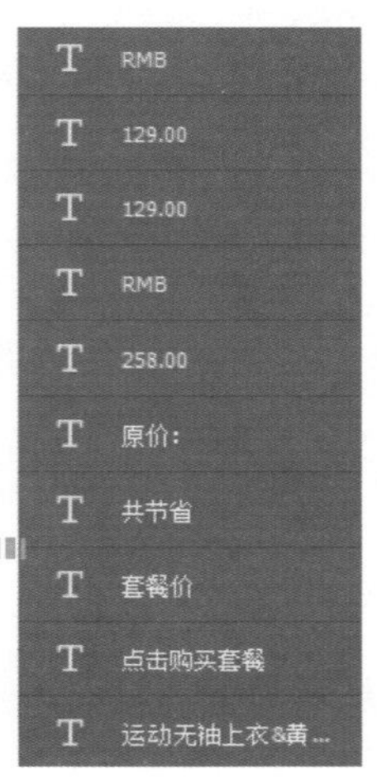

13 参考前面的方法制作出另外一组搭配套餐，将其放置在画面右侧，形成两组并列展示的搭配套餐效果，让画面整齐、统一。至此，本案例就全部制作完成了。

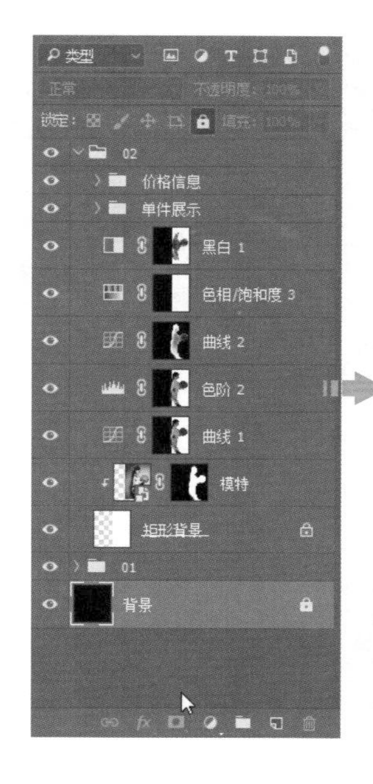

5.2.4 商品搭配专区设计案例02

◎ 原始文件：下载资源\素材\05\08.jpg～10.jpg

◎ 最终文件：下载资源\源文件\05\商品搭配专区设计案例02.psd

合成背景突出商品形象：选择搭配套餐中的重点商品——相机作为商品搭配专区标题的背景，通过“正片叠底”图层混合模式，将其与背景中的图像叠加在一起，进一步突出商品的形象。

利用灯光、光影营造出柜台展示效果：相机属于数码产品，因此，使用了灯光、光影来营造出类似数码卖场柜台展示的销售场景。

应用符号素材表达套餐内容：通过加号、箭头等设计元素的暗示和引导作用来展示套餐的内容，让消费者对套餐包含的商品、套餐的价格、赠品等信息一目了然。

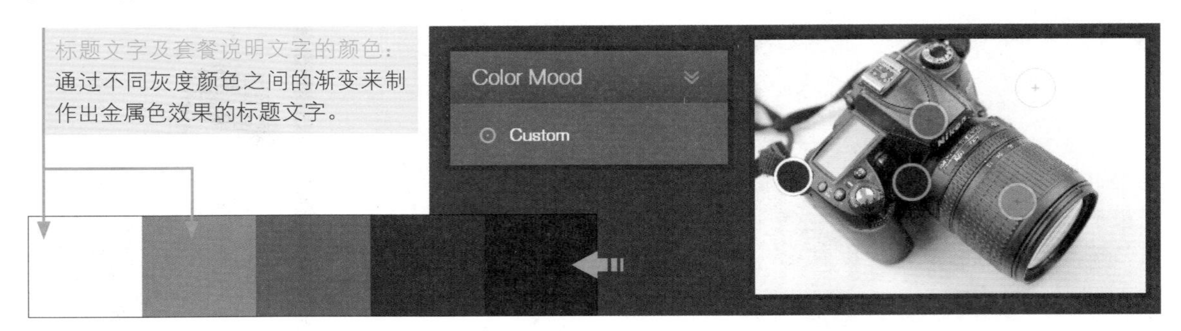

01 运行 Photoshop，新建一个文档，单击工具箱中的前景色色块，在打开的“拾色器（前景色）”对话框中设置颜色，然后按快捷键 Alt+Delete，为“背景”图层填充前景色。

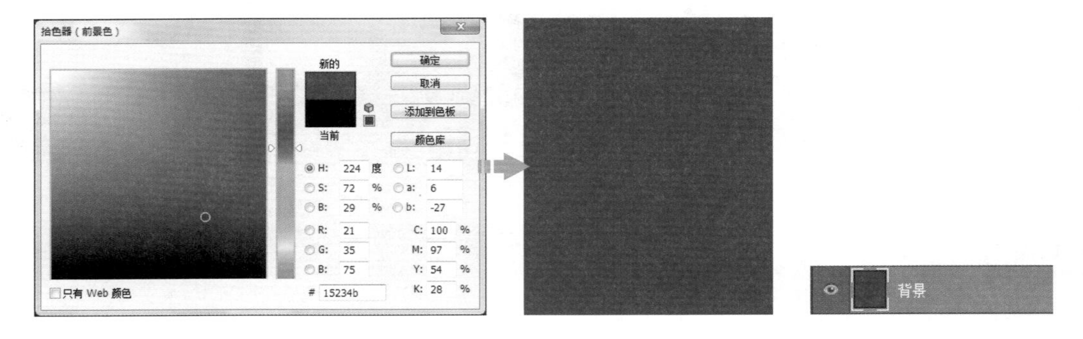

02 新建图层，命名为“矩形”，利用“矩形选框工具”创建矩形选区。选择工具箱中的“渐变工具”，在其选项栏中设置渐变颜色，使用“渐变工具”在选区中拖动，为选区填充径向渐变效果。

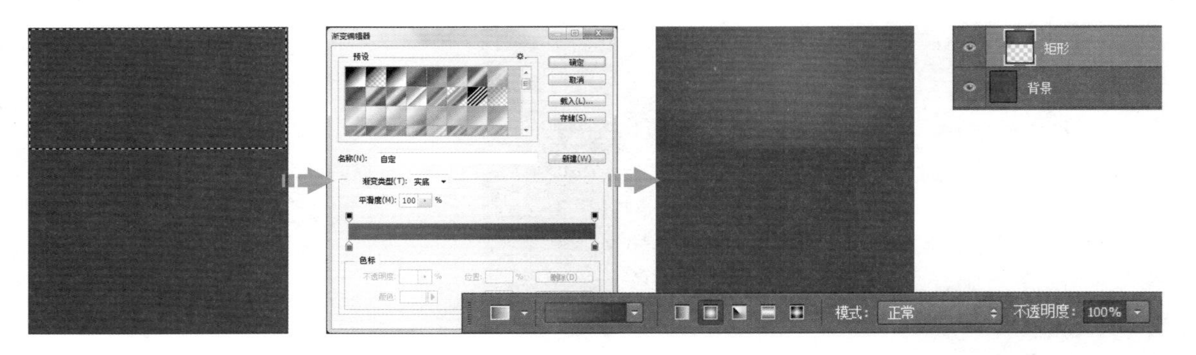

03 新建两个图层，均命名为“光”。在工具箱中设置好前景色，选择“画笔工具”，在其选项栏中设置好参数后在图像窗口中绘制两束光晕，并在“图层”面板中调整图层“不透明度”，制作出溶图效果。

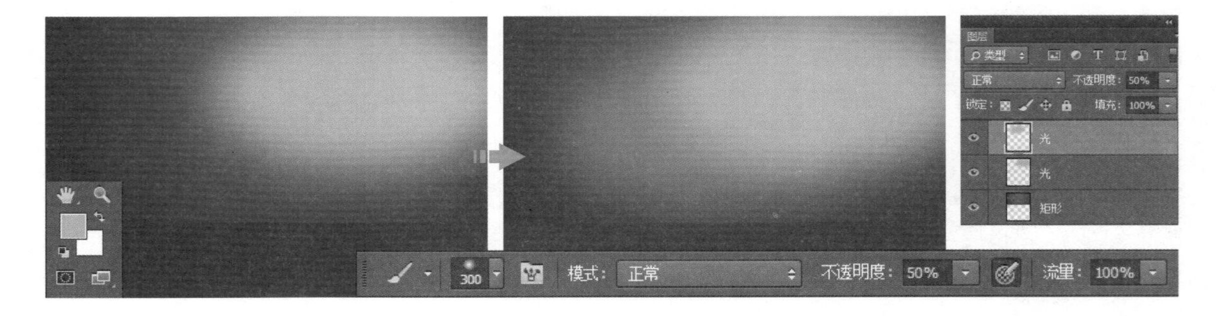

04 为了提升画面的观赏性，增强画面的精致感，还要为画面添加星光效果。选择工具箱中的“画笔工具”，调整好前景色，新建图层后，在图像窗口中绘制出点点星光。

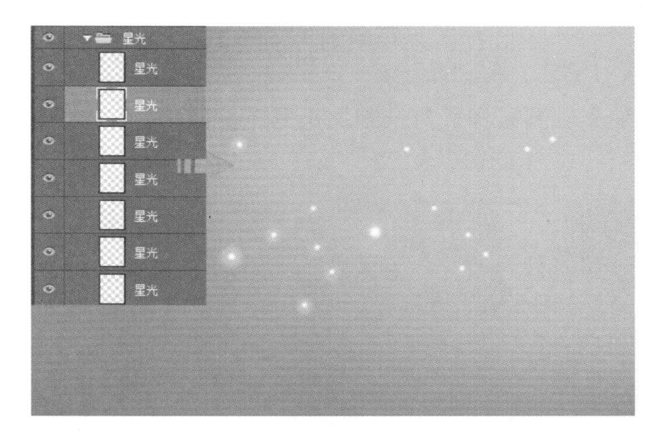

05 选择工具箱中的“椭圆工具”，在画面的适当位置绘制一个圆形，填充适当的颜色，接着使用“内发光”图层样式对其进行修饰，调整图层的“不透明度”为 7%，制作出若隐若现的光斑效果。

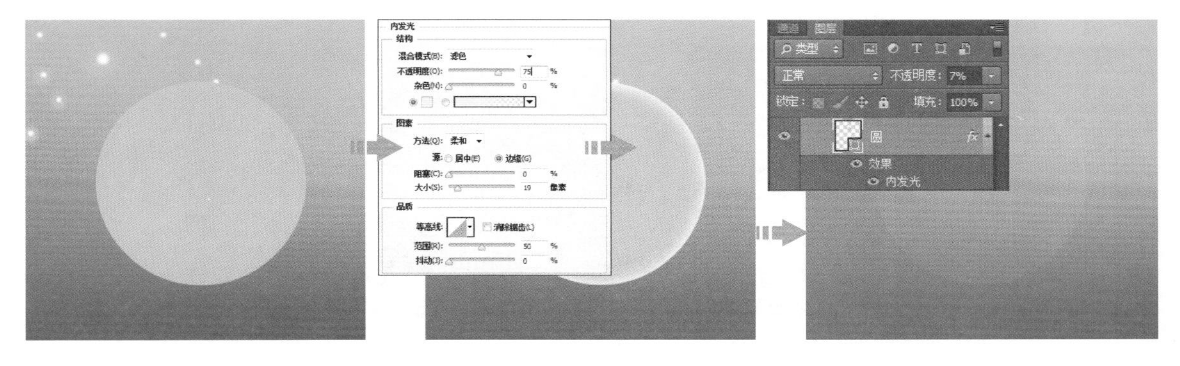

06 参考步骤 05 的方法，制作出其余的光斑效果。调整光斑的大小，将其随机放置在画面中，并创建图层组对这些图层进行管理。

07 使用“画笔工具”在画面中较空旷的区域绘制出星光，使画面内容充实起来，并创建图层组对图层进行管理。

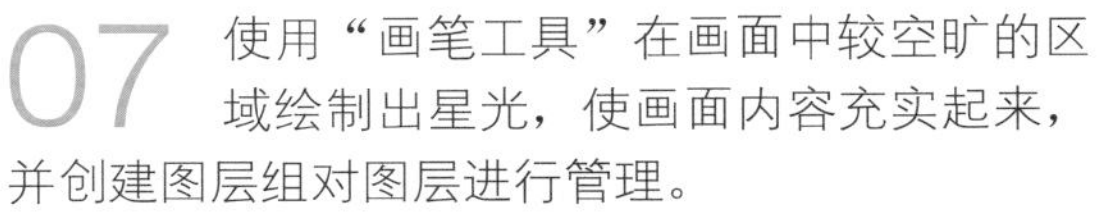

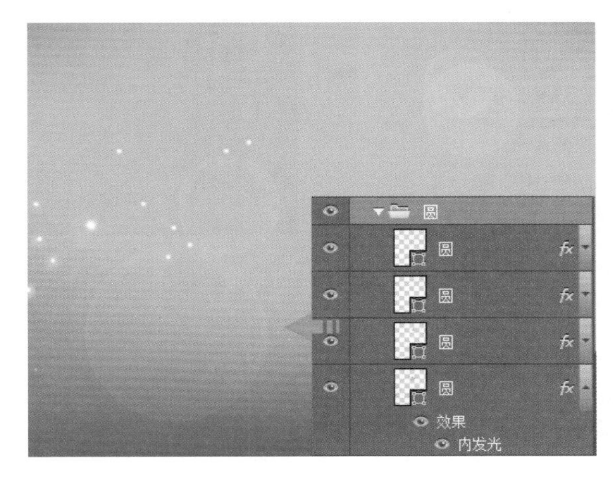

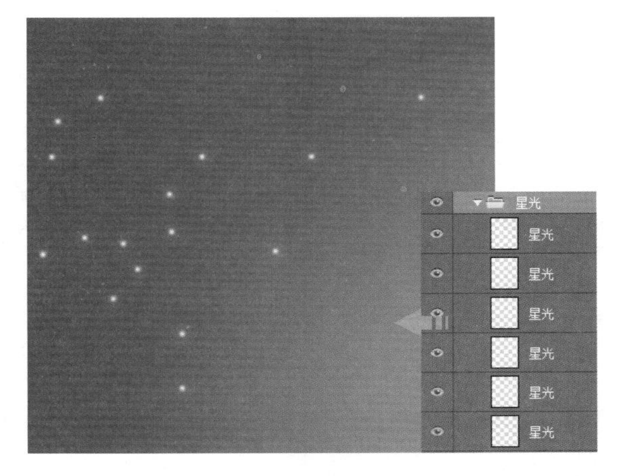

08 选择工具箱中的“矩形工具”，在其选项栏中设置好参数后，绘制出如右图所示的矩形，并放在画面的适当位置。

09 选择工具箱中的“矩形工具”，绘制出如下图所示的矩形，作为“立即购买”按钮的外形。接着使用“渐变叠加”“描边”“内发光”图层样式对绘制的矩形进行修饰。

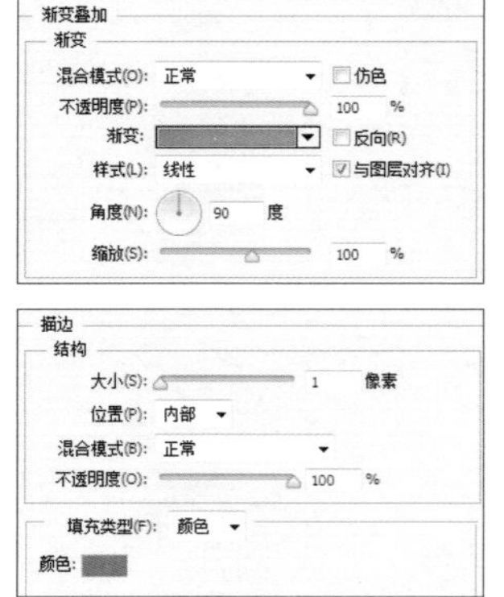

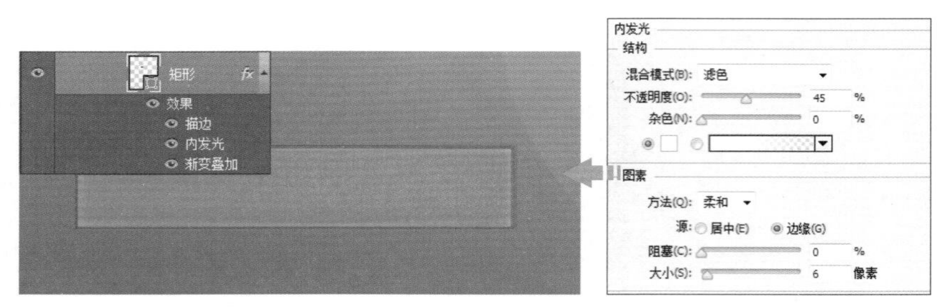

10 使用“钢笔工具”和“椭圆工具”绘制出如下图所示的形状，分别填充适当的颜色，并使用“描边”“渐变叠加”图层样式对三角形进行修饰。使用“横排文字工具”输入按钮文字，在“字符”面板中设置文字的属性。

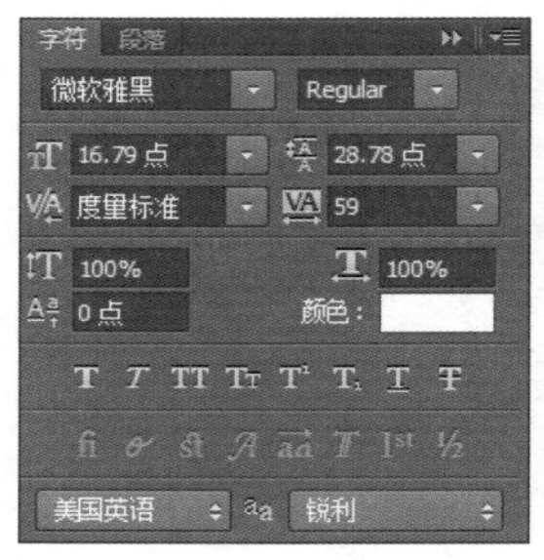

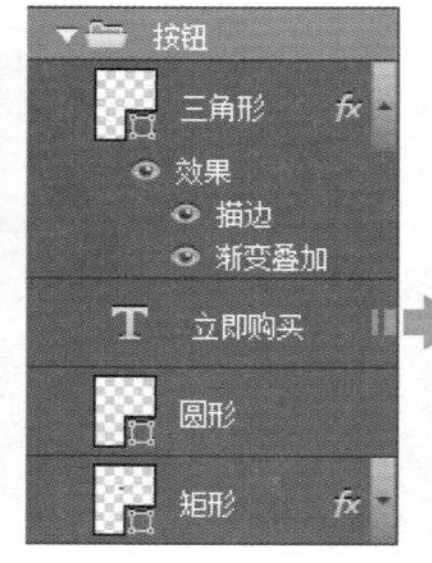

11 选择工具箱中的“横排文字工具”，输入文字“4999元”，打开“字符”面板，对文字的属性进行设置，接着使用“描边”图层样式对文字进行修饰。

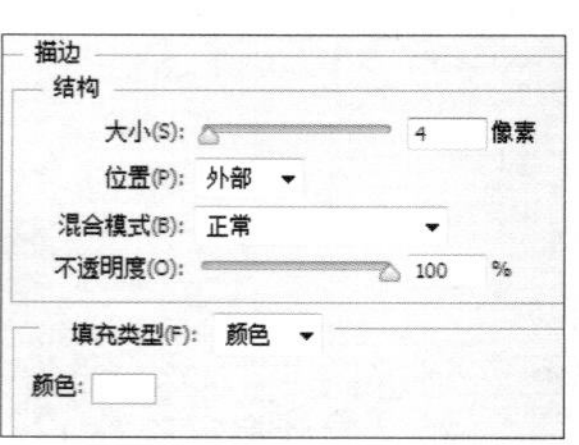

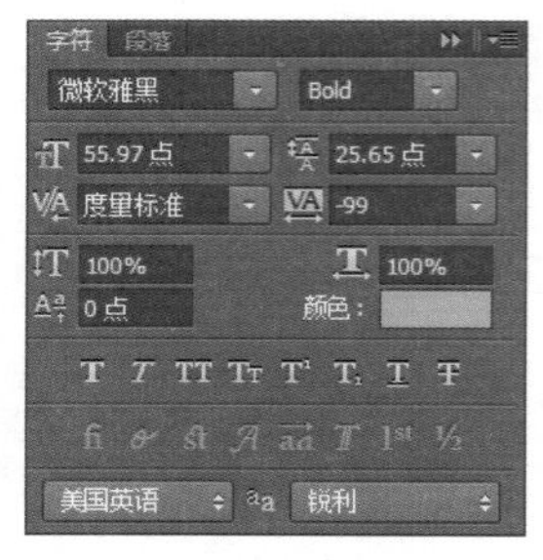

12 利用加号、箭头、礼品图形、文字等元素，采用视图化的方式更加直观地表现套餐的优惠力度，并利用色彩、字体来增强表现力。

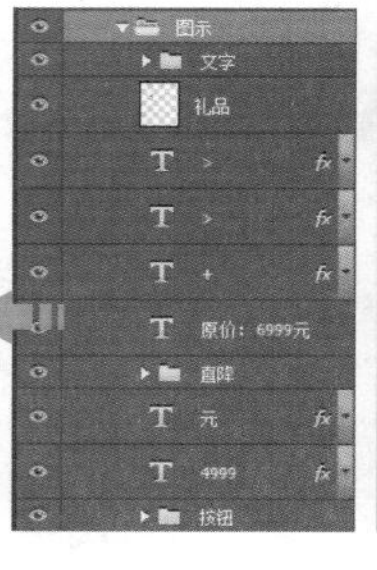

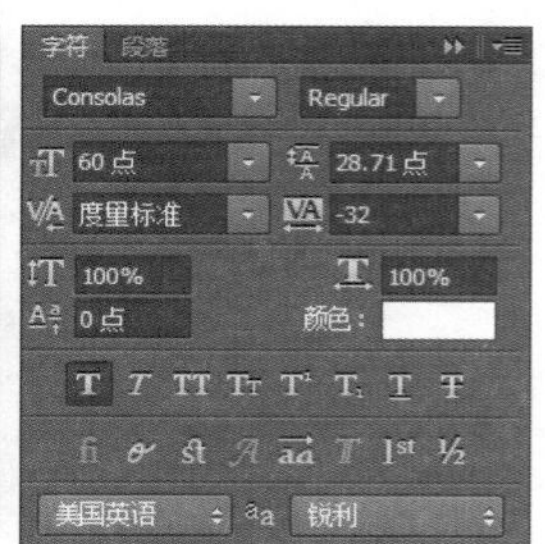

13 选择工具箱中的“横排文字工具”，输入如下图所示的文字，打开“字符”面板，对文字的属性进行设置，接着使用“投影”图层样式对文字进行修饰。

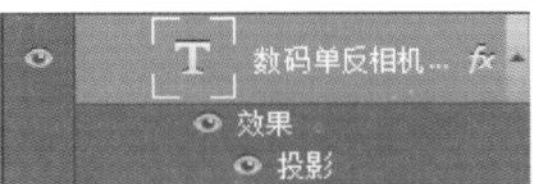

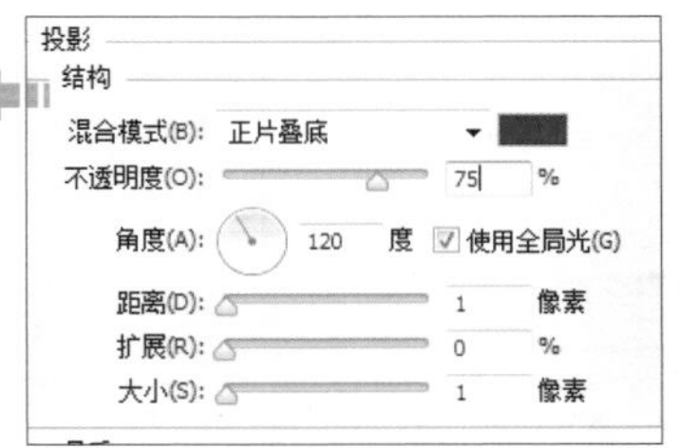

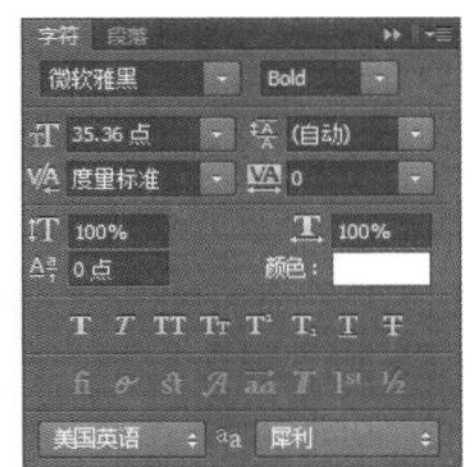

14 选择工具箱中的“矩形工具”，绘制一个矩形，填充适当的颜色，为图层添加图层蒙版，接着使用“渐变工具”编辑图层蒙版，制作出渐隐的线条效果。再绘制一个矩形，按照相同的方式进行编辑。

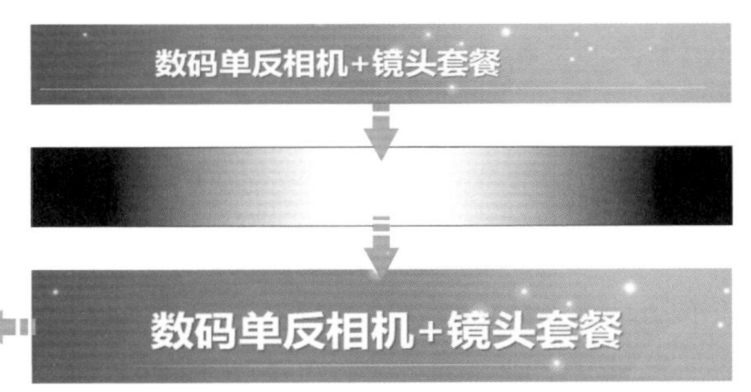

15 将08.jpg添加到图像窗口中，水平翻转后适当调整其大小，将其放在画面的右侧。接着在“图层”面板中设置该图层的混合模式为“正片叠底”，使相机图像与背景自然地融合在一起。

16 选择工具箱中的“横排文字工具”，输入如下图所示的标题文字，打开“字符”面板，对文字的字体、字号、字间距、颜色等属性进行设置，将编辑好的文字移到适当的位置。

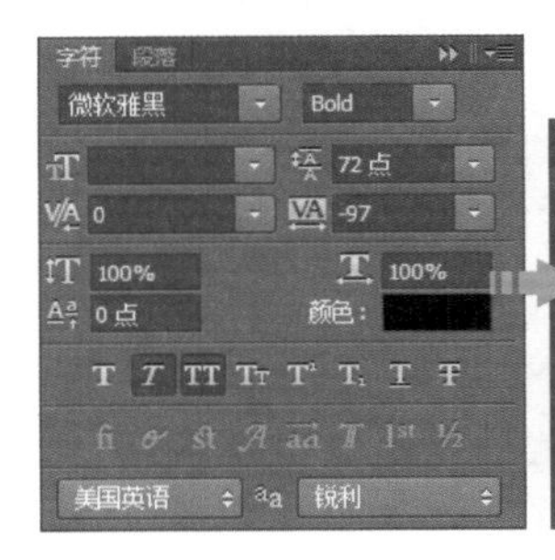

17 双击编辑好的文字图层，打开“图层样式”对话框，在其中勾选“描边”“渐变叠加”“投影”复选框，使用这三个图层样式对文字进行修饰。在图像窗口中可以看到编辑后的标题文字变得精致而大气，呈现出金属质感。

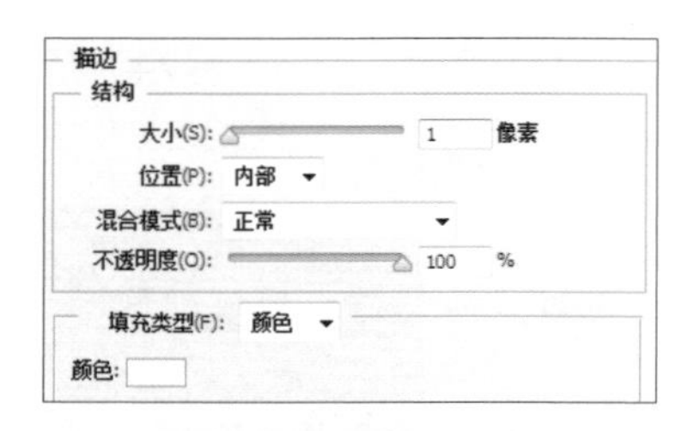

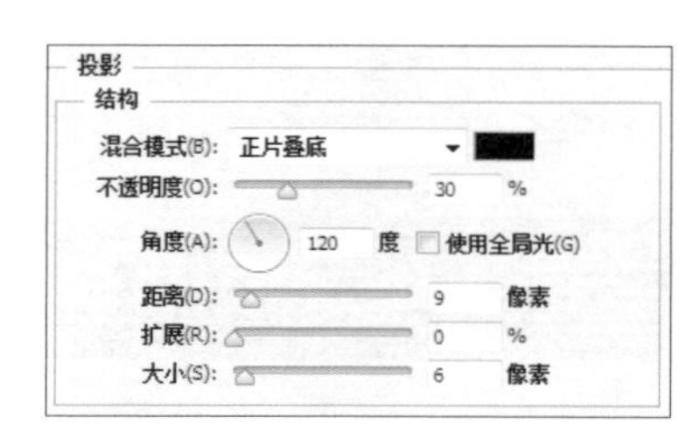

套餐直降+送大礼
PACKAGE STRAIGHT DOWN + FREE GIFT

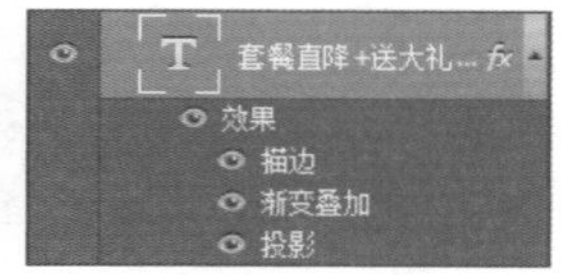

18 为了营造出柜台展示的效果，通过绘图工具的绘制、填色及文字的添加等操作，制作出套餐展示区的背景，并创建图层组对相关图层进行管理。

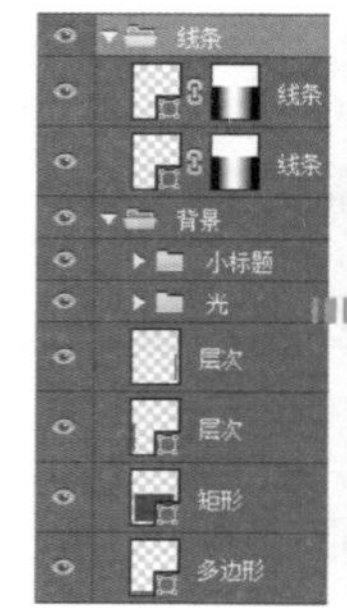

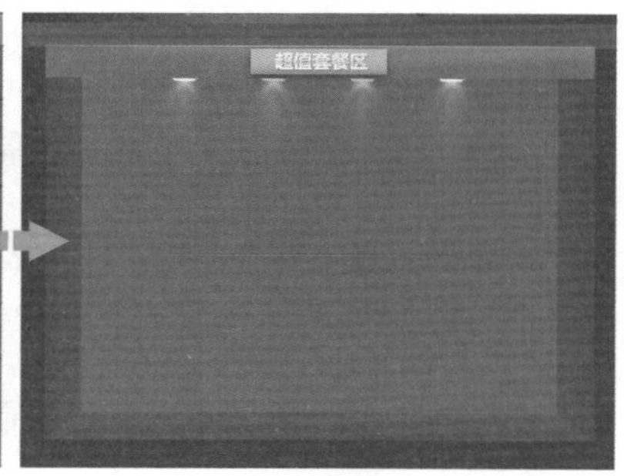

19 将 08.jpg 再次添加到图像窗口中并做水平翻转，适当调整其大小后放在合适的位置，接着使用“钢笔工具”沿着相机图像的边缘绘制路径，将绘制的路径转换为选区，添加图层蒙版后将相机图像抠取出来。

20 为了让相机图像的影调呈现出最佳的效果，还需调整相机图像的局部亮度。创建“色阶”调整图层，在打开的“属性”面板中设置参数。把“色阶”调整图层的蒙版填充为黑色，接着将相机图像添加到选区中，使用白色的“画笔工具”在需要调整的区域上涂抹。

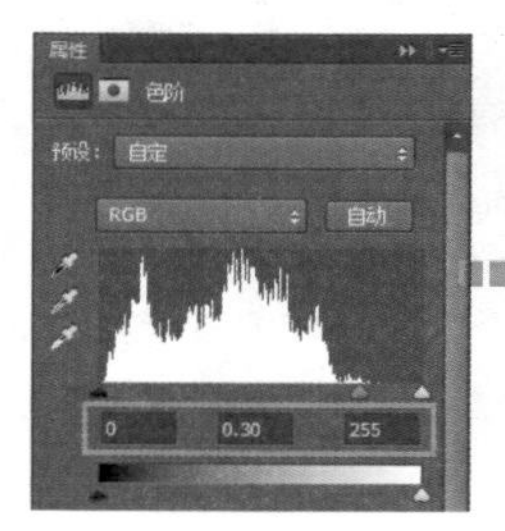

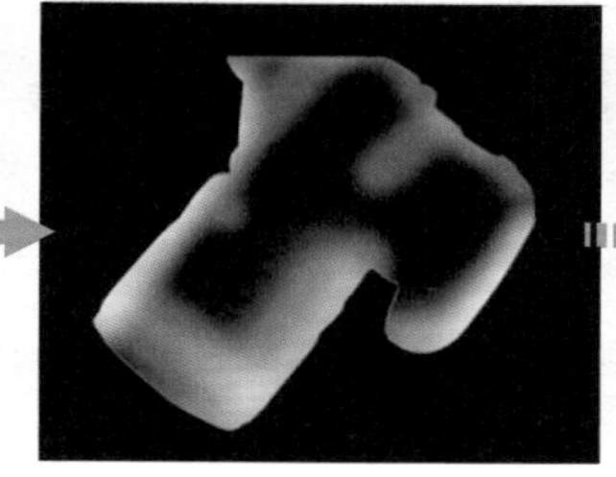

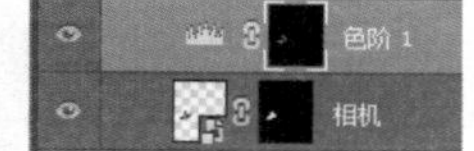

21 将镜头、遮光罩等素材照片添加到图像窗口中，参考抠取相机图像的方法，使用“钢笔工具”将它们分别抠取出来，排列在适当的位置。

22 对前面绘制的箭头和按钮、输入的文字等对象进行复制，并移动到商品图像附近，完善套餐展示区的内容。参考前面的操作制作出另外一组套餐。至此，本案例就全部制作完成了。

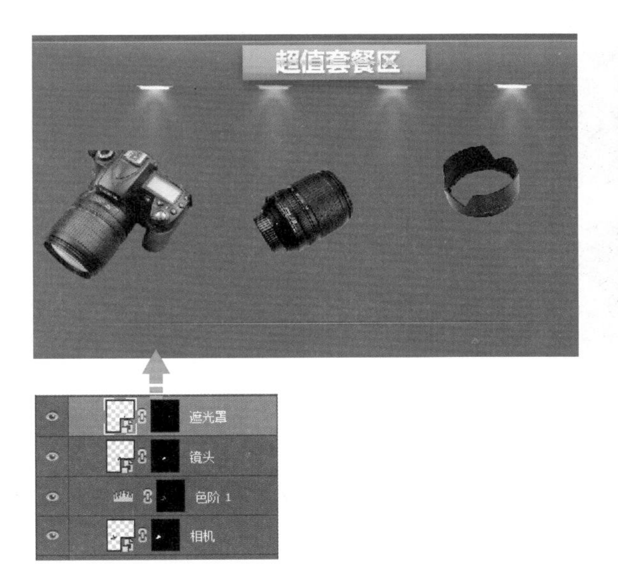

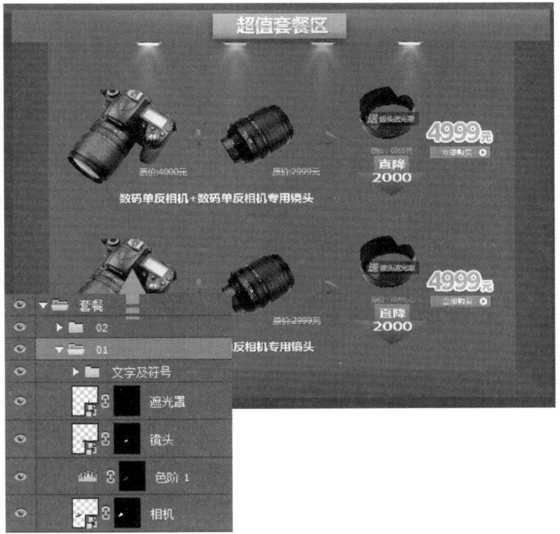

5.3 商品细节展示区

在商品详情页面中，为了让消费者能够完整而清晰地了解商品的细节和特点，会设计相应的模块来对商品进行全方位展示，也就是在浏览网店时经常会看到的商品细节展示区。本节将对这一区域的设计要点和技巧进行讲解。

5.3.1 商品细节展示区的表现方式

与其他区域的设计要求类似，商品细节展示区的尺寸仍要遵循电商平台的设计规范来进行规划。考虑到不同商品在材质、功能、外观等方面的差异，在设计商品细节展示区时也会采用不同的表现方式。商品细节展示区常见的表现方式有指示型和局部图解型两种。下面就来介绍这两种表现方式的特点和适用的商品范围。

■ 指示型表现方式

指示型表现方式就是先将商品完整地展示出来，再把商品需要突出展示的局部细节图片以类似放大镜的形式排布在完整商品图像的四周，并利用线条、箭头等设计元素将细节图片与完整商品图像连接起来，有时还会用简单的说明性文字对细节进行解说，如下图所示。

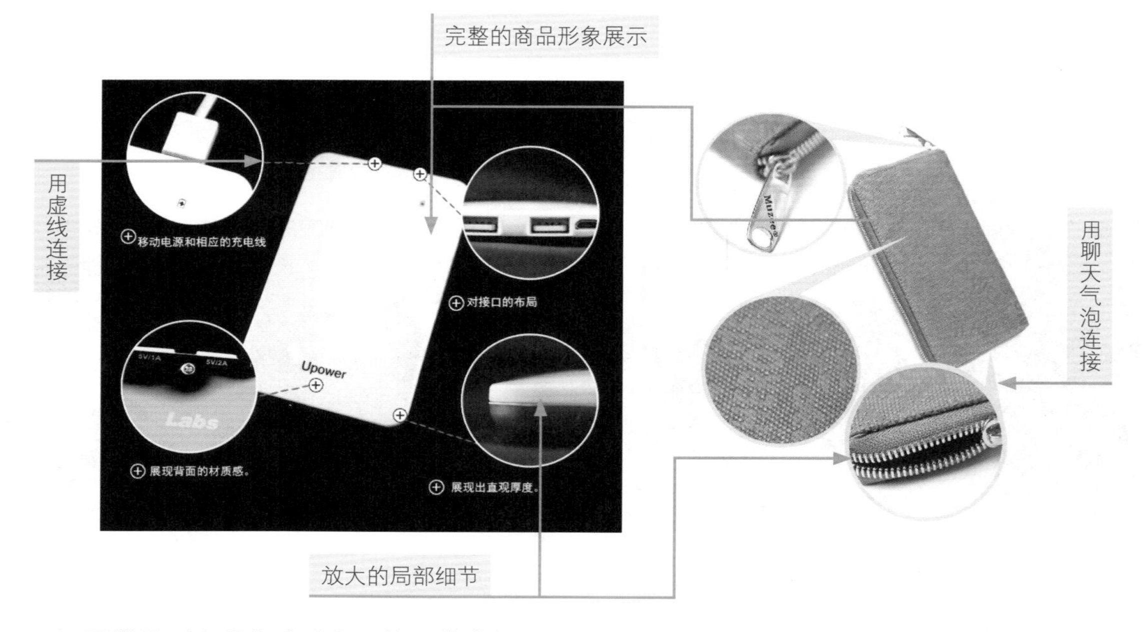

运用指示型表现方式对商品的细节进行展示，既可宏观呈现商品的完整外观，又可深入展现重要部分的细节，非常适用于体积较小、部件较多的商品或家具等外形特大商品的细节展示。这种表现方式能够清楚地告诉消费者所展示的细节位于商品的哪个位置。

局部图解型表现方式

与指示型表现方式相比，局部图解型表现方式的设计更为简单，只需将商品的局部细节放大即可，不需要对该细节的位置进行指示，但是局部图解型表现方式可以增加说明性文字的内容，比较适用于外观简单、部件少的商品及日常用品的细节展示。

如下图所示为局部图解型表现方式的设计范例，可以看到设计者将手提包和玩具车的局部放大，并通过文字对该部分细节进行说明。尽管没有使用任何修饰元素来指明各部分细节位于商品的哪个位置，消费者还是可以很容易地自己判断出来。

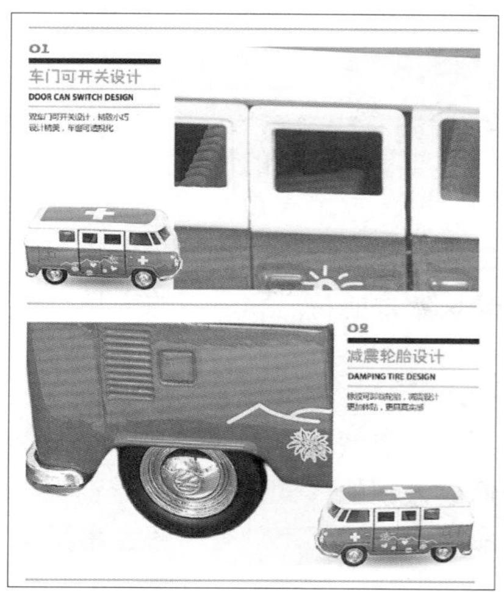

在使用局部图解型表现方式制作商品细节展示区时要注意的是，一定要在商品详情页面的开头对商品进行整体外观的展示，这样才能便于消费者在浏览的过程中理解细节图所传递的信息。

5.3.2 文字与素材在商品细节展示区中的作用

在设计商品细节展示区时，如果画面中只有图片，而没有必要的文字说明和细节修饰，会让商品的表现显得单一，并且不能完整、准确地表达商品的整体形象和特点。在商品细节展示区中合理运用文字和素材，能起到画龙点睛的作用，具体的设计技巧如下。

■ 文字对细节进行解说

在实体店中，销售人员会讲解商品的特点，让消费者了解更多相关信息。而在网店中，想要让消费者全方位掌握商品的特点，就只有依靠文字来进行说明。在商品细节展示区的设计中，文字的添加也是有技巧的，通常情况下，会使用标题文字和段落说明文字组合的方式进行表现，具体如下图所示。

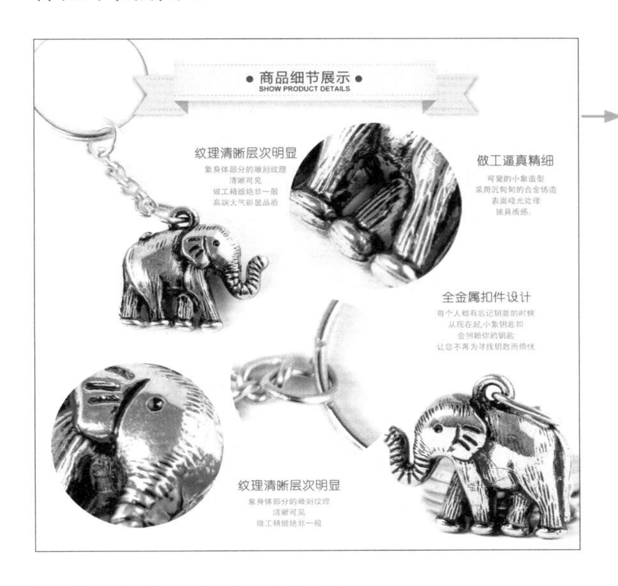

做工逼真精细

可爱的小象造型
采用沉甸甸的合金铸造
表面亚光处理
独具质感。

标题文字：对该细节图的内容进行概括和归纳，应用画龙点睛的关键词进行文案设计。

段落说明文字：详细阐述该细节图的内容，对标题文字进行展开解说。这部分文字的颜色与标题文字的颜色相比一般显得不那么突出，且文字的对齐方式也和画面整体的版式有关。

对女鞋的细节参数进行系统介绍，让消费者一次性掌握完整的信息。

在细节图的周围并没有使用文字进行介绍。

在细节图的周围添加说明文字固然是比较通用的设计方式，但有时为了满足版式设计的需要或出于其他原因，在进行细节展示之前，可以先用较为系统的表格、段落文字等逐一介绍商品的属性，在细节展示区则重点展示商品的局部细节图片，是否还要添加文字则根据实际的设计内容而定。

如左图所示的女鞋详情设计图，先详细说明了女鞋的风格、里料材质、跟型、绑带类型等属性，接着在细节展示区中仅使用图片对女鞋三个较为重要的区域进行指示型的放大展示，让消费者能集中而专注地感受商品的形象，避免多余信息的干扰。

素材让细节展示更直观、精确

在设计商品细节展示区时，素材的添加和绘制是必不可少的，它能够让图像之间产生一定的联系，还能对画面的布局、文字的排版进行规范。如下图所示为在商品细节展示中应用非常广泛的箭头形状素材和聊天气泡素材。

箭头将商品整体外观图与细节图联系起来，具有引导视线的作用。

聊天气泡用于修饰细节图、说明文字的边框，使文字和图片能一一对应，准确传递商品信息。

在下图所示的两幅商品细节展示图中，前者使用了圆角矩形作为说明文字的边框，使其工整地显示在固定的区域内，而后者利用圆形的聊天气泡素材让细节图与商品整体外观图之间产生一定的联系，让消费者在浏览时能够快速明白细节图的出处和含义。

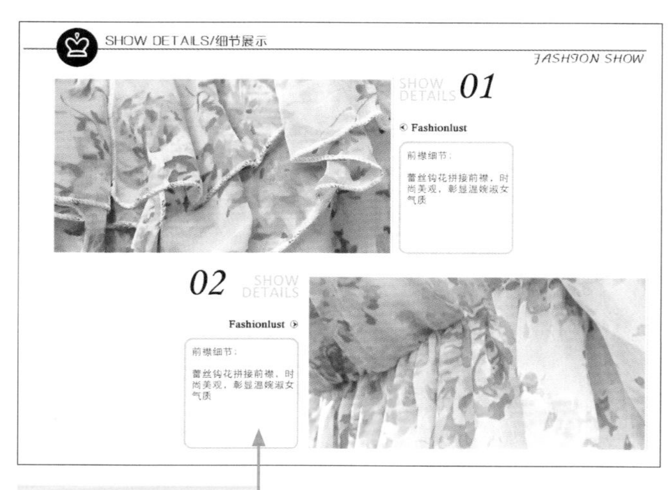

方框规范了文字的显示范围。

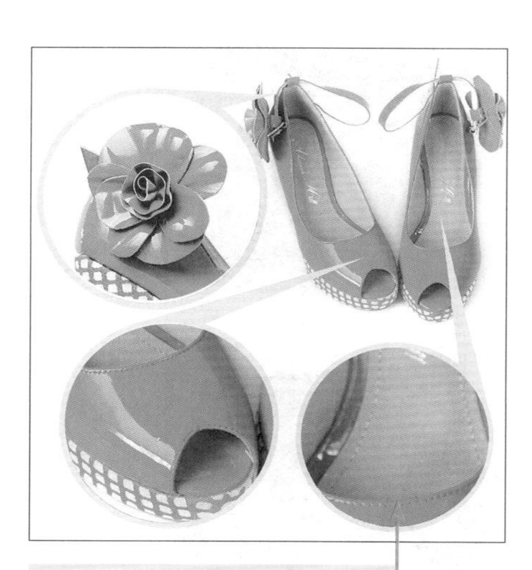

聊天气泡的指示作用让图像之间产生一定的联系。

5.3.3 商品细节展示区设计案例01

◎ 原始文件：下载资源\素材\05\11.jpg、12.jpg

◎ 最终文件：下载资源\源文件\05\商品细节展示区设计案例01.psd

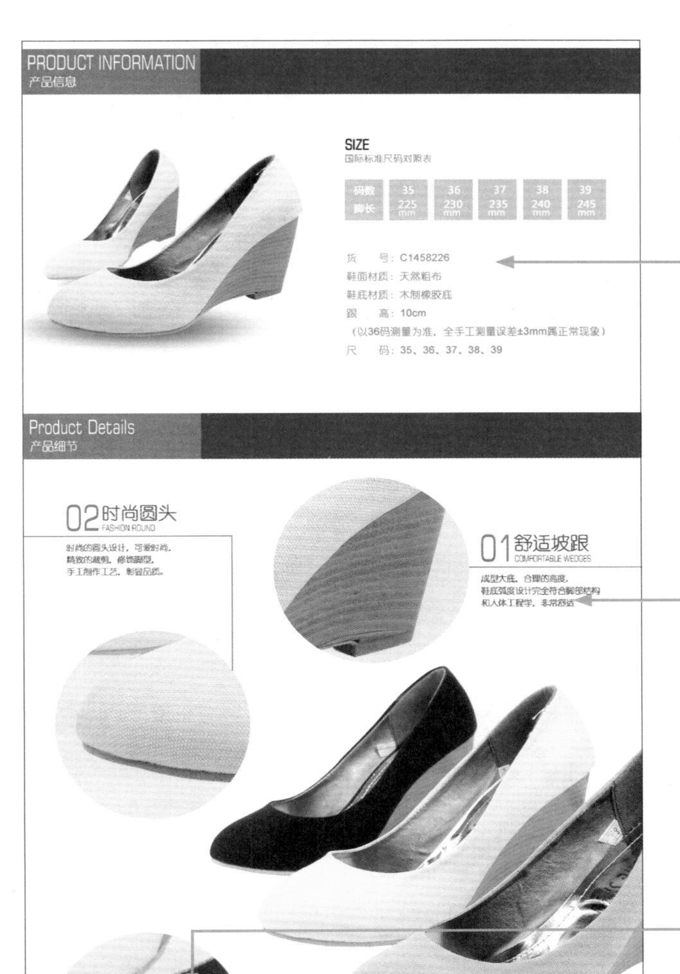

使用矩形区分不同文字信息：“产品信息”区中的尺码、货号等信息内容较多，为了清晰地展示出信息，同时将不同信息区分开，在设计中使用“矩形工具”绘制了多个矩形放在文字的下方，让消费者阅读起来更轻松。

利用线条将文字和细节图联系起来：为了让细节图与说明文字之间产生一定的联系，便于对细节图进行准确讲解，在设计中使用了线条来进行修饰，线条的添加也让画面更具设计感。

局部图解型的表现方式：因为女鞋是一种较为常见的商品，所以本案例使用局部图解型表现方式逐一展示女鞋的重点细节，就可以让消费者明白所展示的是女鞋的哪个部位。设计中通过圆形的局部图片、相同的背景来形成视觉上的统一感。

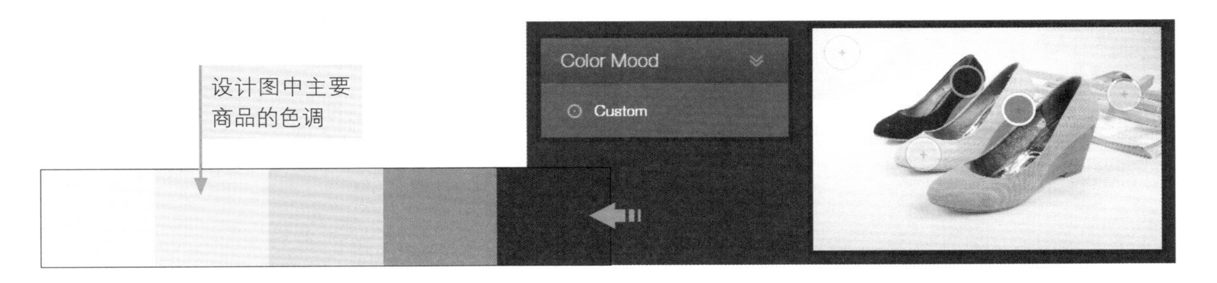

设计图中主要商品的色调

01 运行 Photoshop，新建一个文档，选择工具箱中的“矩形工具”，绘制矩形后为其填充适当的颜色，接着使用“横排文字工具”输入如下图所示的文字，打开“字符”面板，对文字的属性进行设置，完成标题栏的制作。

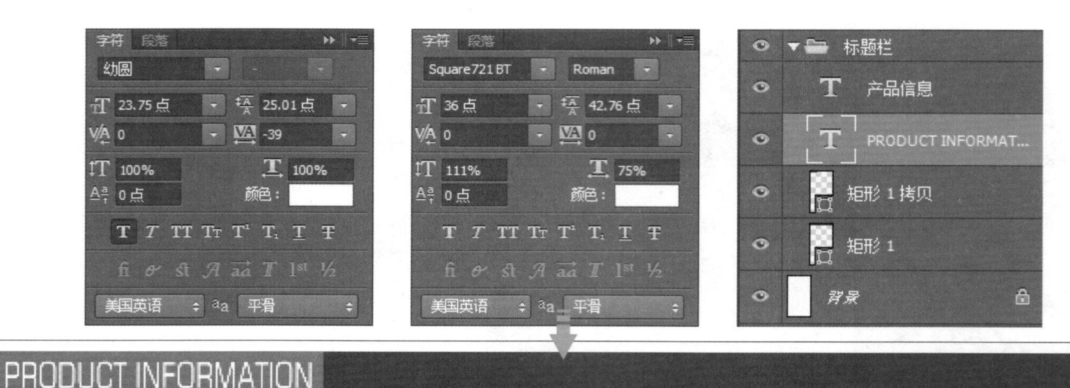

02 继续使用“横排文字工具”输入如下图所示的文字，打开“字符”面板，对文字的属性进行设置，通过字体与颜色的变化来让文字更具设计感。使用“矩形工具”绘制出一个矩形，然后对绘制的矩形进行复制，将这些矩形按照等距的方式排列。

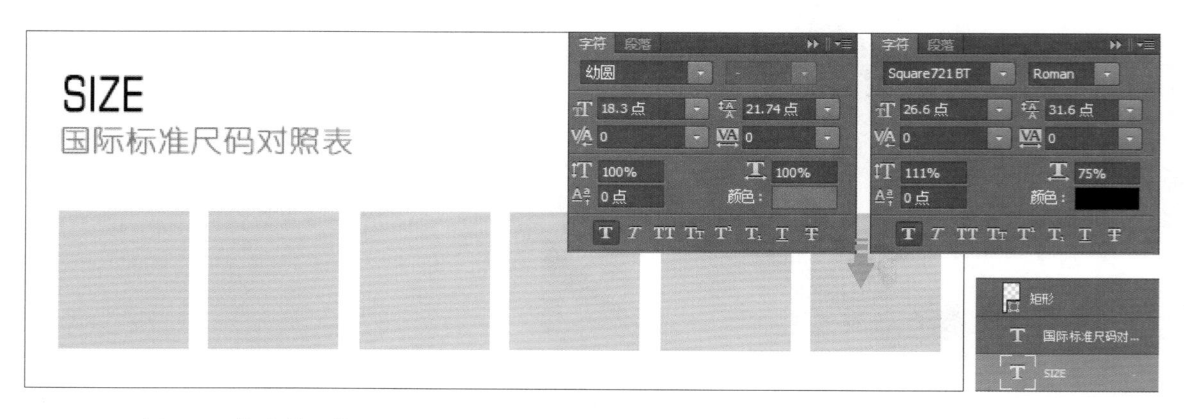

03 选择工具箱中的“横排文字工具”，输入尺码信息，打开“字符”面板，对文字的属性进行设置，将文字放在矩形的上方，通过添加空格来让文字居中显示。

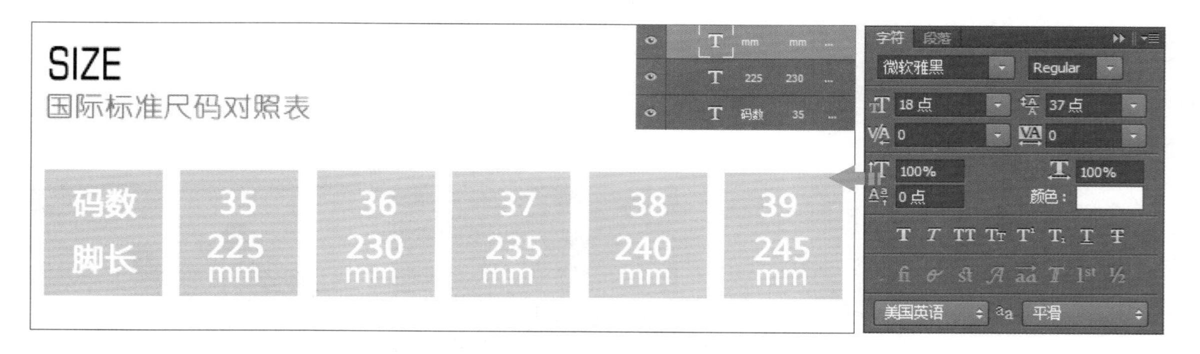

04 使用“矩形工具”绘制一个矩形，填充适当的颜色，接着使用“横排文字工具”输入商品详情文字，打开“字符”面板，对文字的属性进行设置，并将文字放在适当的位置。

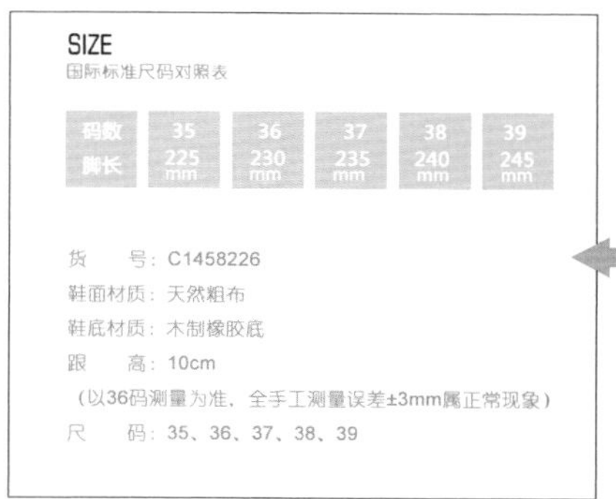

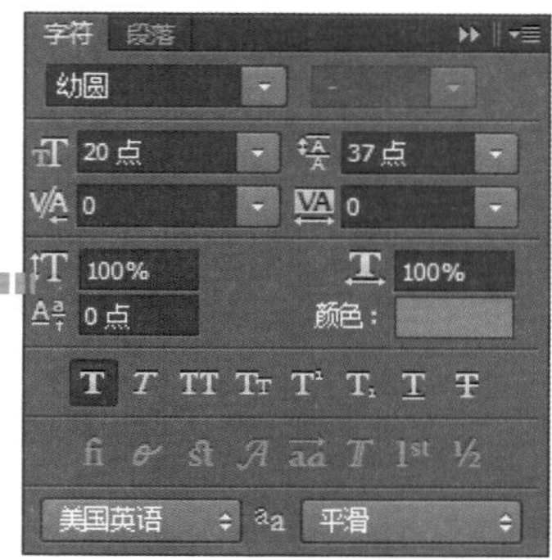

05 将11.jpg添加到图像窗口中，适当调整其大小，并修改图层名。接着使用“钢笔工具”沿着女鞋图像的边缘绘制路径，将绘制的路径转换为选区，添加图层蒙版，将女鞋图像抠取出来，放在画面的适当位置。

06 为了让女鞋的形象更加完美，还需要调整女鞋图像的影调。将女鞋图像添加到选区中，创建“色阶”调整图层，在打开的“属性”面板中将“RGB”选项下的色阶值分别设置为29、1.38、234，可以看到女鞋图像变得更加明亮。

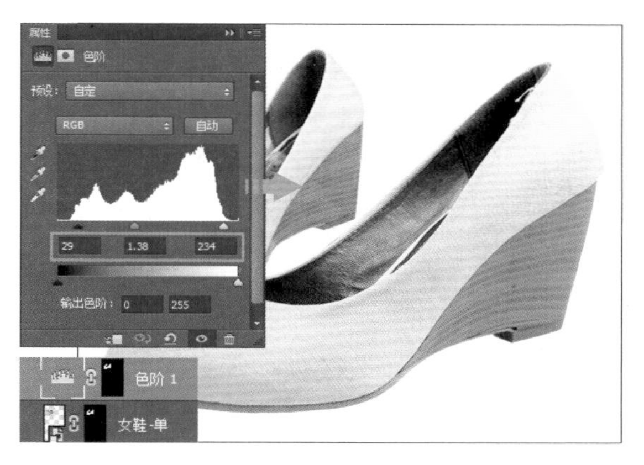

07 为了让女鞋图像呈现出立体感，还需要为其添加自然的阴影。新建图层，命名为“阴影”，调整图层的顺序，接着选择工具箱中的“画笔工具”，在其选项栏中进行设置后，绘制出女鞋的阴影。

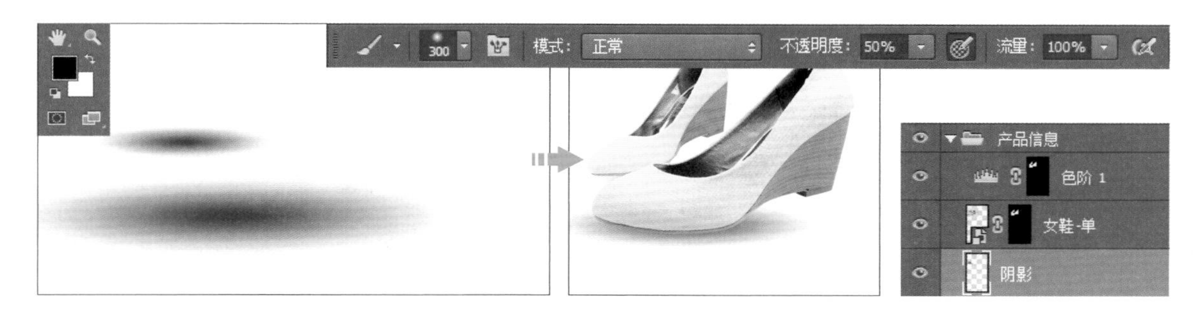

提示

此处展示的女鞋有两只，想要让两只鞋都呈现出阴影，可以先绘制出其中一只鞋的阴影，然后通过复制、缩放的方式制作出另外一只鞋的阴影。

08 复制前面绘制完成的标题栏，将其放在画面中另外的位置，接着使用“横排文字工具”修改文字的内容。

09 将12.jpg添加到图像窗口中，适当调整其大小，接着使用“钢笔工具”沿着女鞋图像的边缘绘制路径，将绘制的路径转换为选区，添加图层蒙版，将女鞋图像抠取出来，放在画面的适当位置。

10 接下来同样需要调整女鞋图像的影调。将女鞋图像添加到选区中，为选区创建“色阶”调整图层，在打开的“属性”面板中将“RGB”选项下的色阶值分别设置为29、1.23、234，在图像窗口中可以看到女鞋图像变得更加明亮了。

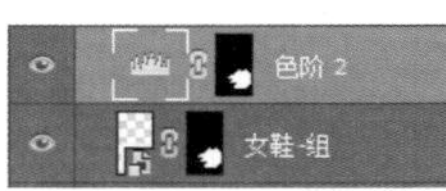

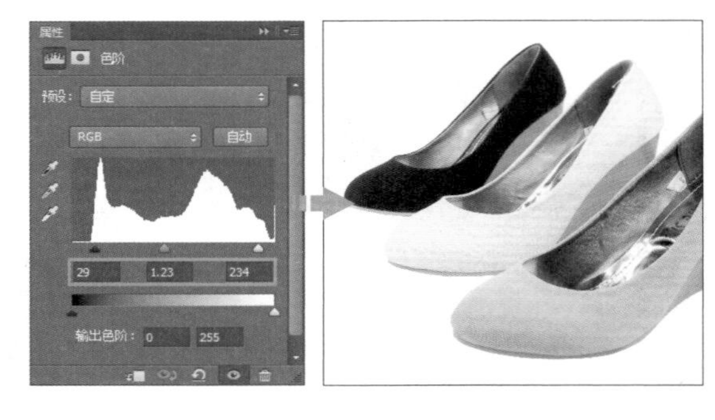

11 利用工具箱中的“椭圆工具”绘制圆形，复制后放在适当的位置。复制前面编辑好的单款女鞋的图层，执行“图层 > 创建剪贴蒙版”菜单命令，通过创建剪贴蒙版来控制女鞋图像的显示范围。调整女鞋图像的位置，将要重点展示的三个局部细节显示在圆形中。

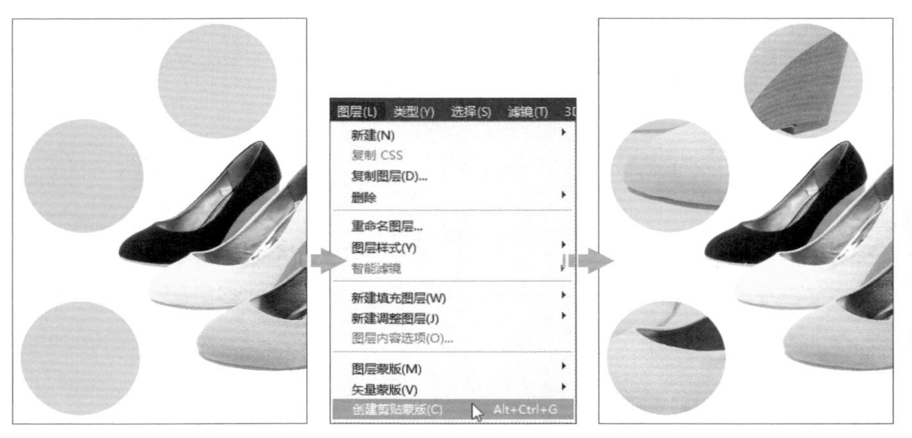

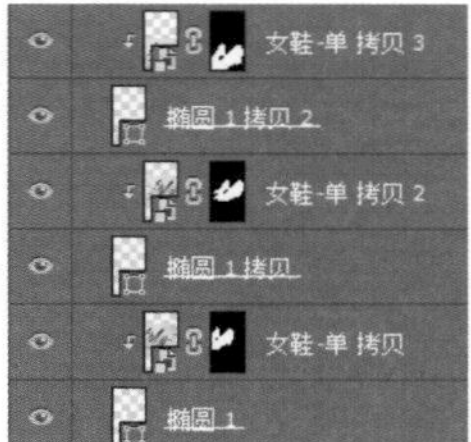

12 将三个圆形添加到选区中，为选区创建“曲线”调整图层，在打开的“属性”面板中调整曲线的形状，改变细节图的影调，使整个画面中女鞋图像的影调保持一致。

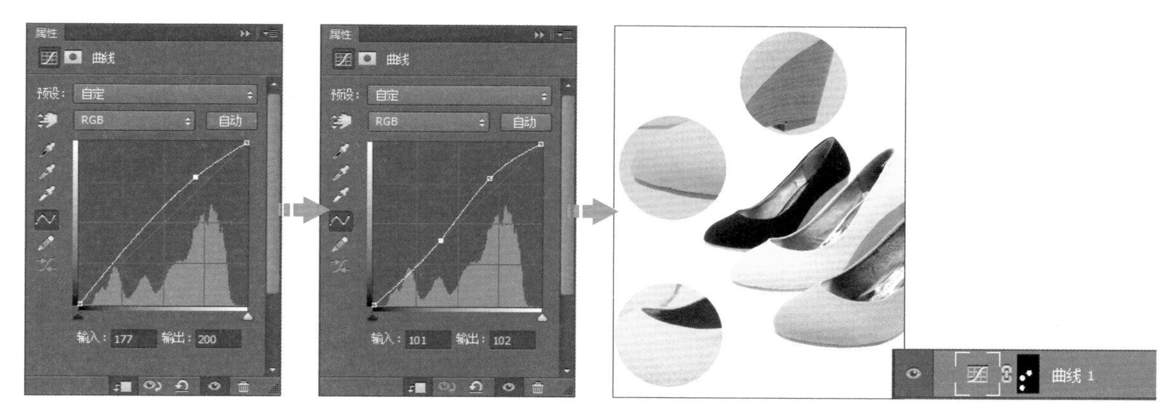

13 为了让细节图与文字之间产生联系，需要在细节图和文字之间绘制出线条。选择工具箱中的“矩形工具”，在其选项栏中设置后绘制出线条，将线条放在适当的位置。

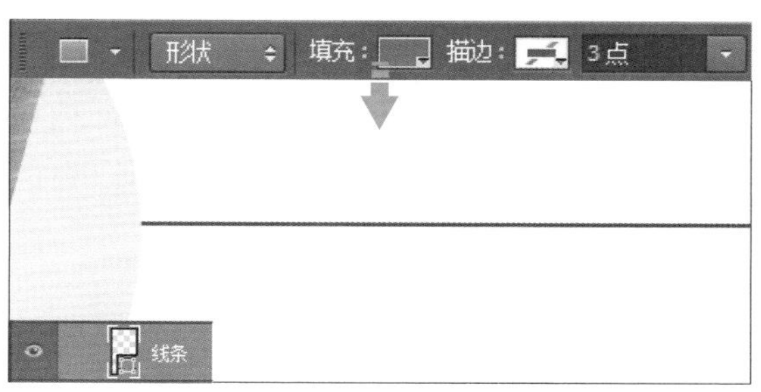

14 选择工具箱中的“横排文字工具”，输入细节图的说明文字，打开“字符”面板，为标题文字和段落说明文字设置不同的字体和颜色，再将文字放在线条的附近，完成第一组细节展示的制作。

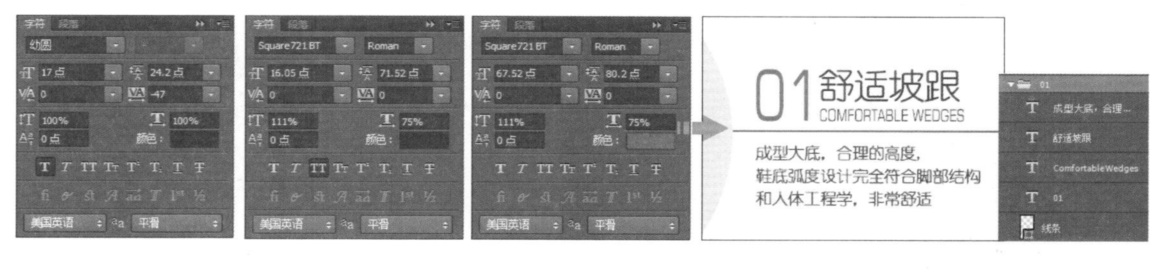

15 复制前面绘制的线条，调整线条的长度，接着再复制一根线条，调整线条的角度，将两根线条组合起来，对第二个细节图进行指示。

16 参考步骤14，在线条的附近添加文字，对细节图进行说明，调整文字的字体、颜色等属性，完成第二组细节展示的制作。

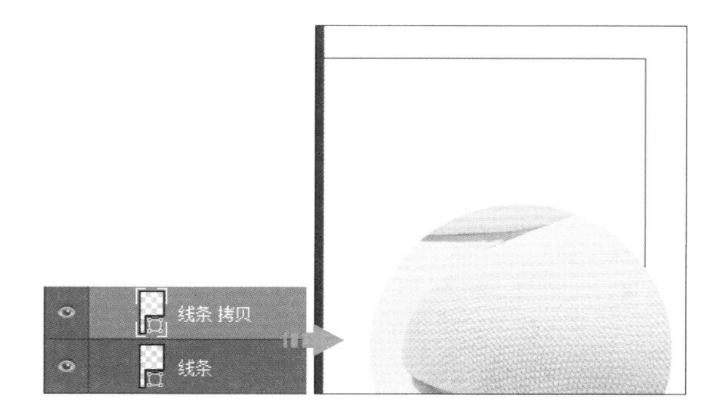

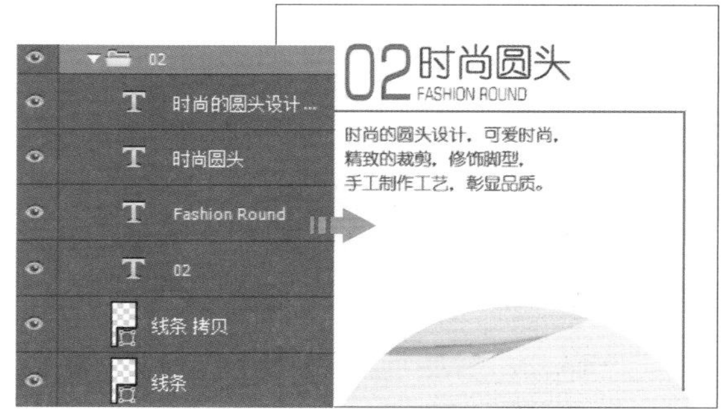

17 再绘制一根线条，对第三个细节图进行指示。要根据画面中的空白合理调整线条的长度和角度。

18 参考步骤14，在线条的附近添加文字，对细节图进行说明，调整文字的字体、颜色等属性，完成第三组细节展示的制作。至此，本案例就全部制作完成了。

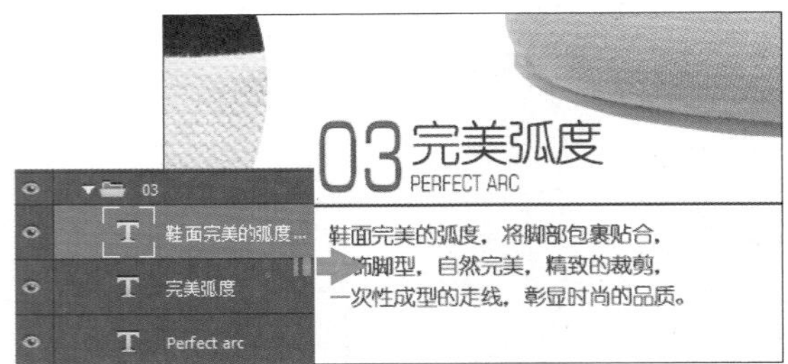

5.3.4 商品细节展示区设计案例02

◎ 原始文件：下载资源\素材\05\13.jpg、14.jpg

◎ 最终文件：下载资源\源文件\05\商品细节展示区设计案例02.psd

面料解析设计：对礼服的面料进行单独介绍，以图示方式表现面料的特点，同时添加图标、文字等元素辅助解说，增强商品信息的说服力。

标题栏的设计：“面料解析”和“产品细节”标题栏使用矩形和文字组合的方式进行艺术化编排，有效地对商品信息进行分区。

指示型的表现方式：采用指示型的表现方式，将礼服的局部细节放大。利用虚线进行指示，显得精致，并且不会过度遮挡商品图像。在细节图的旁边，用简短的说明文字介绍细节中的设计亮点。

纯色的背景设计：纯色的背景让画面中的礼服更加突出，不会形成喧宾夺主的视觉效果，同时也提升了商品的品质感。

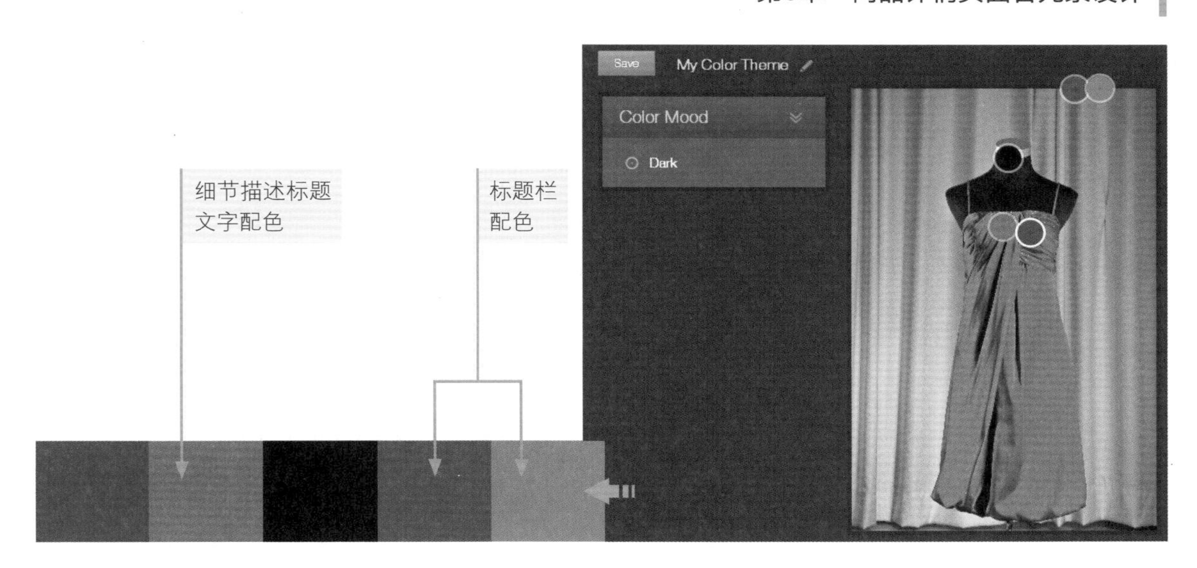

01 运行 Photoshop，新建一个文档，创建颜色填充图层，在打开的对话框中对填充色进行设置，将图像的背景设置为纯色。

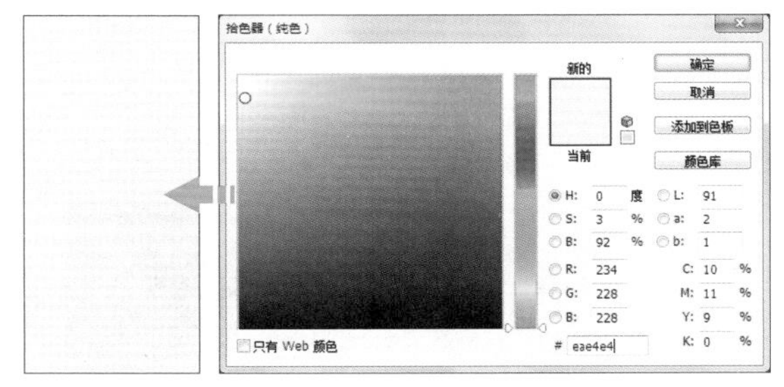

02 选择工具箱中的“横排文字工具”，输入标题栏文字，打开“字符”面板，对文字的属性进行设置，通过字体之间的差异来营造一定的设计感。

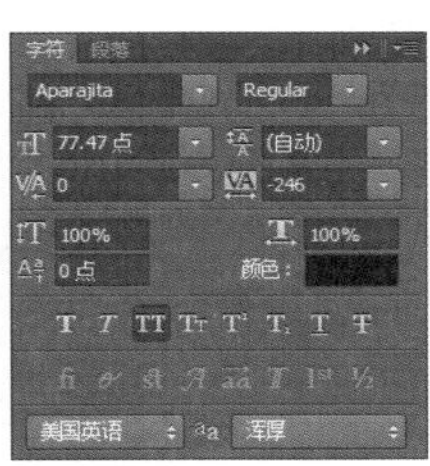

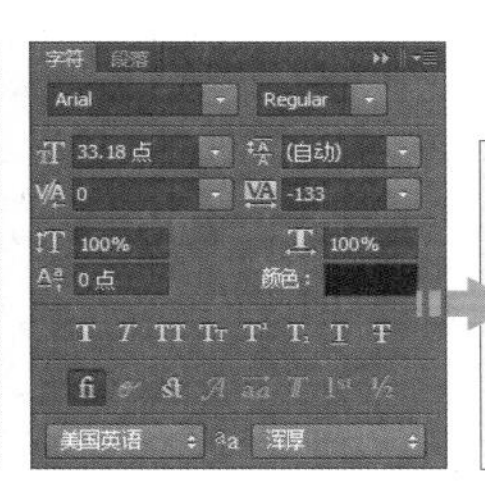

03 选择工具箱中的“矩形工具”，在其选项栏中进行设置，使用渐变的填充色，绘制出如下图所示的矩形，放在文字的附近，接着复制矩形，调整矩形的大小，完成标题栏的制作。

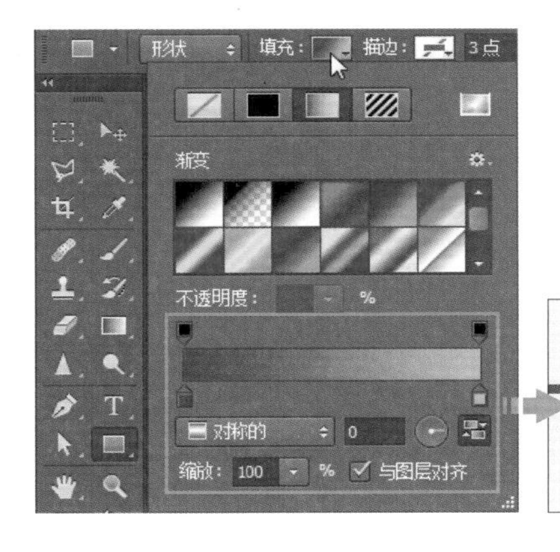

04 选择工具箱中的“自定形状工具”，在其选项栏中选择箭头形状并绘制在适当的位置，完成标题栏的制作。

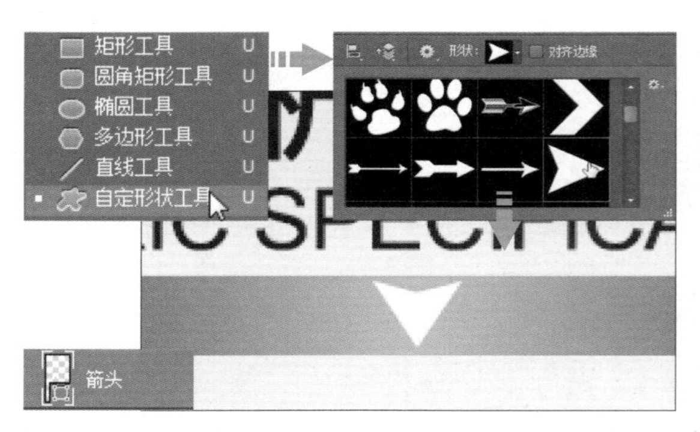

05 新建图层，命名为“底色”，使用“矩形选框工具”创建选区，为选区填充适当的颜色，将其作为“面料解析”区内容的背景。

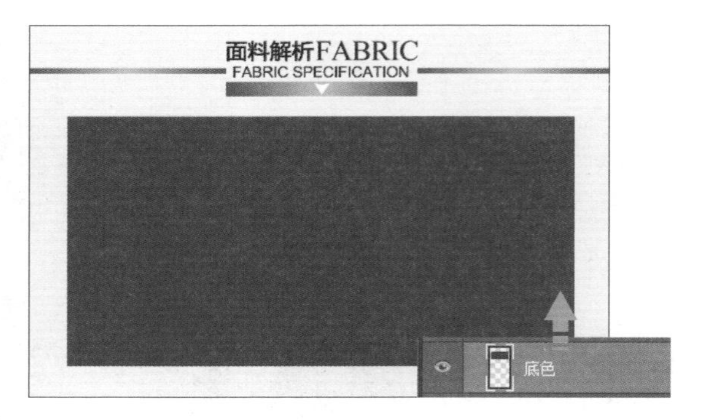

06 将13.jpg添加到图像窗口中，适当调整素材的大小并修改图层名，接着使用“矩形选框工具”创建矩形选区，添加图层蒙版，控制图像的显示范围。

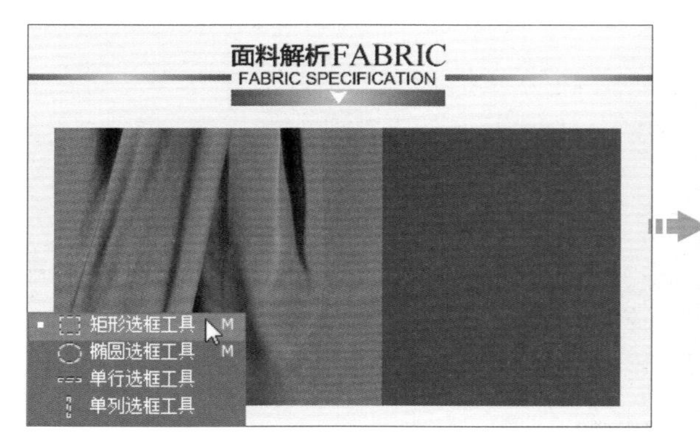

07 使用“矩形工具”绘制出白色的矩形，然后用“横排文字工具”输入如下图所示的文字，调整文字的属性，并按如下图所示的位置排列。

08 如下图所示，使用“圆角矩形工具”绘制出圆角矩形，再使用“自定形状工具”绘制出图标，接着输入文字，制作出面料特点总结展示。

09 选择工具箱中的“横排文字工具”，输入如下图所示的文字，并设置文字的颜色为白色。

10 将14.jpg添加到图像窗口中，适当调整图像的大小并修改图层名，使用图层蒙版控制图像的显示范围，并添加“描边”图层样式对其进行修饰。

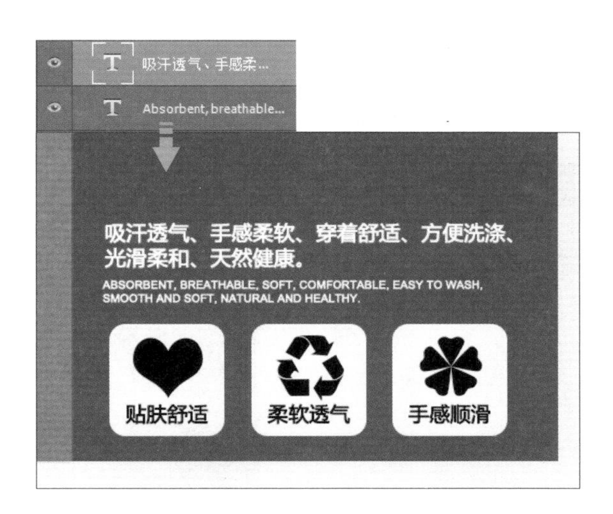

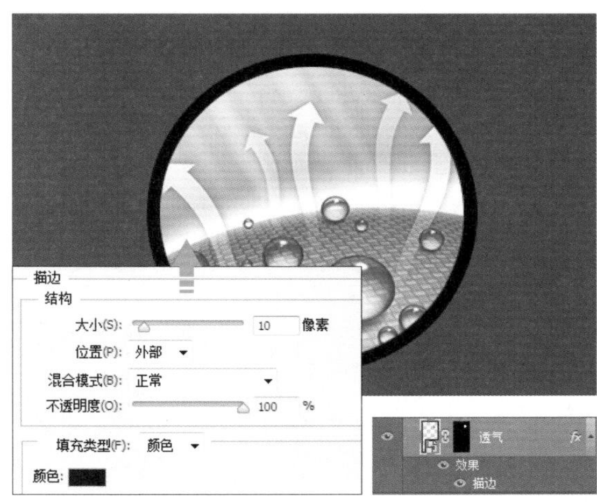

11　复制前面制作完成的标题栏，将其放在画面的其他位置，选择工具箱中的“横排文字工具”，修改标题栏的文字内容。

12　复制“衣服”图层，适当调整图像大小，接着使用“钢笔工具”沿着礼服图像的边缘绘制路径，将绘制的路径转换为选区，添加图层蒙版，将礼服图像抠取出来，放在画面的适当位置。

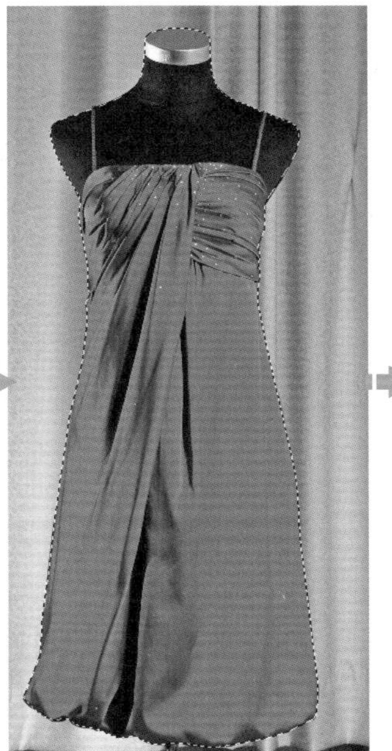

13 选择工具箱中的“椭圆工具”，绘制出如下图所示的圆形，接着使用“横排文字工具”输入若干减号“-”组成虚线形状，打开“字符”面板，对减号的字体和颜色等进行设置。复制圆形和减号，并放在合适的位置，作为礼服细节展示的指示线。

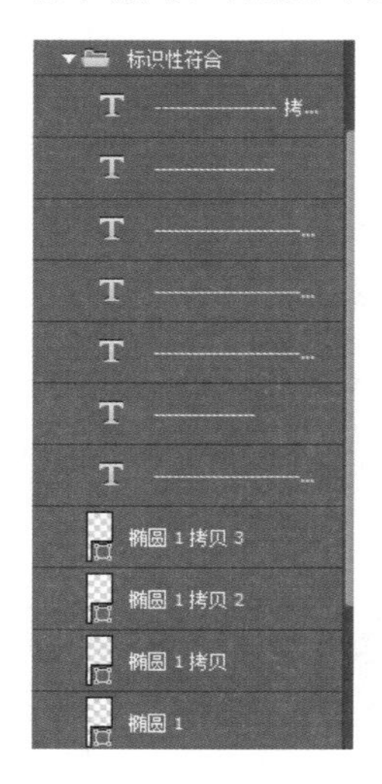
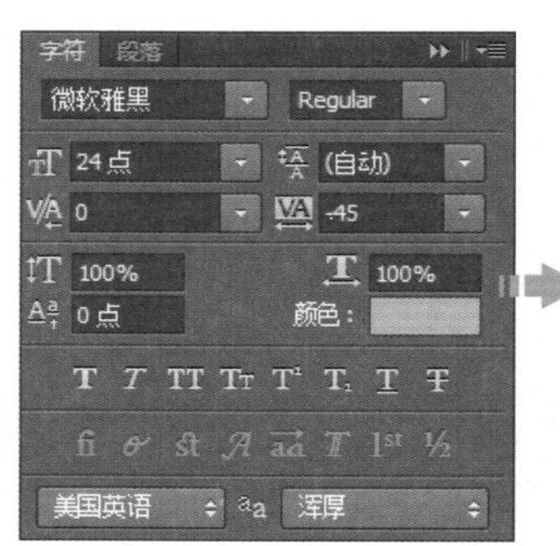

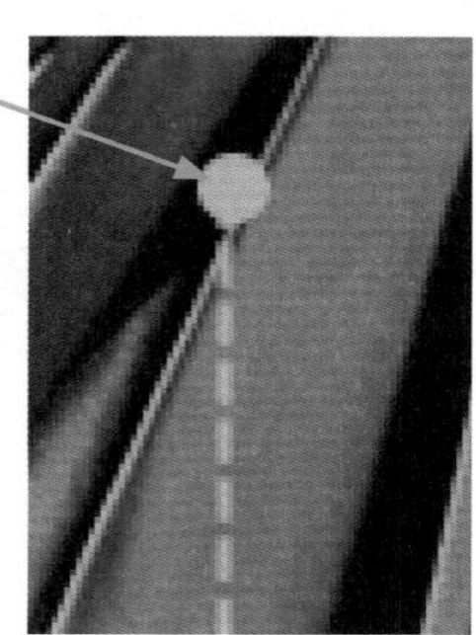

14 利用工具箱中的“椭圆工具”绘制出如下图所示的圆形，放在适当的位置。接着复制抠取出来的礼服图像，通过创建剪贴蒙版来控制图像的显示范围。

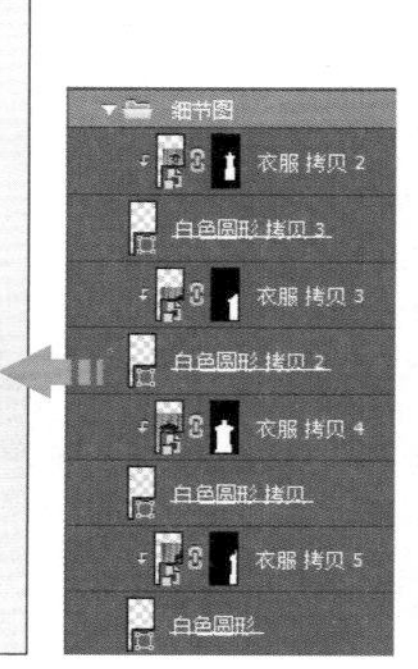

15 选择工具箱中的“横排文字工具”，输入如下图所示的文字，打开“字符”面板，对文字的属性进行设置，将文字放在适当的位置，作为细节说明文字的标题。

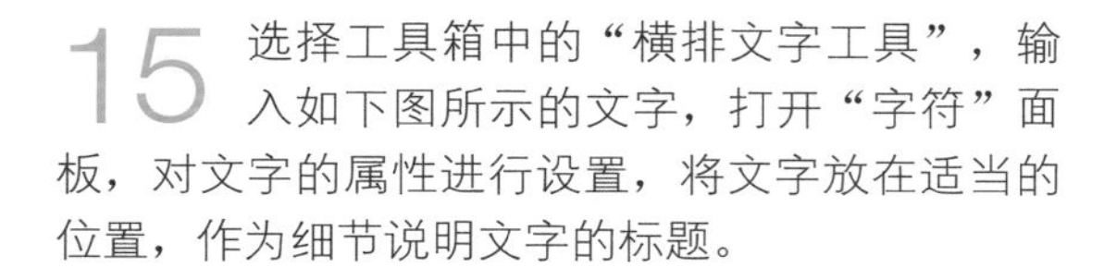
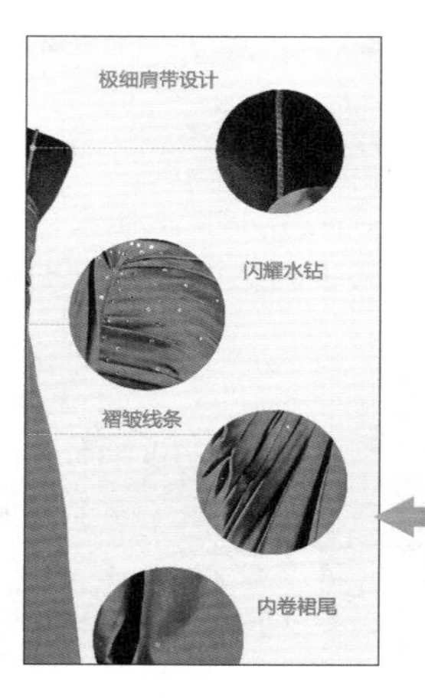

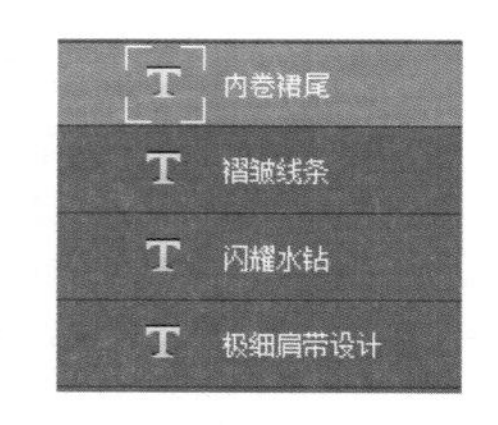

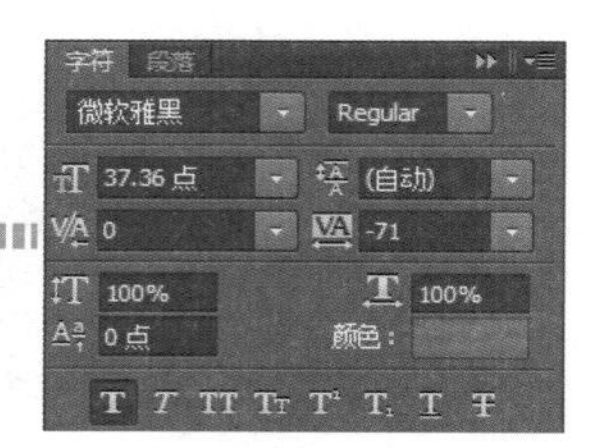

16 选择工具箱中的“横排文字工具”，继续输入细节的段落说明文字，打开“字符”面板，对文字的属性进行设置，并按照版式设计需要调整文字的对齐方式。

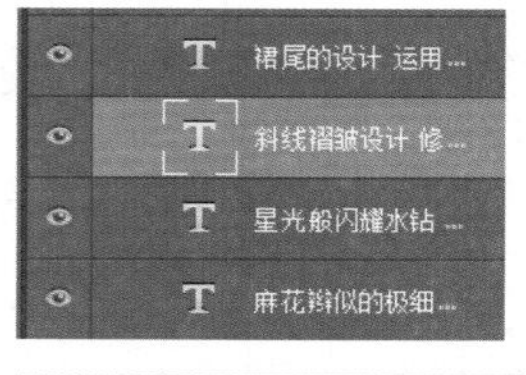

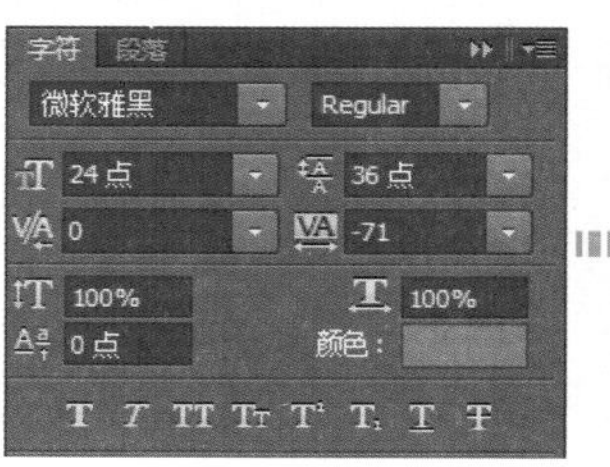
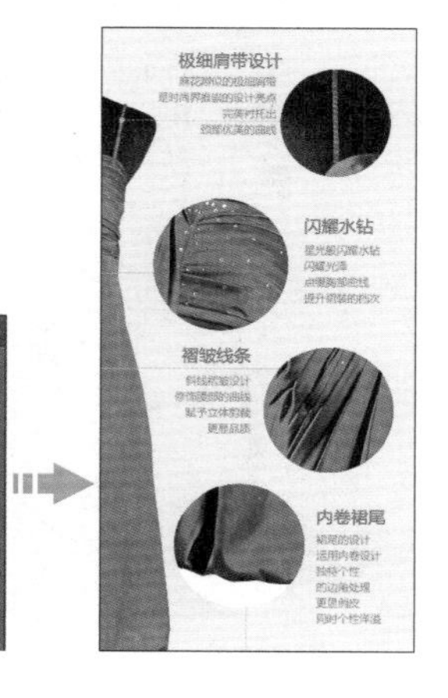

17 单击“调整”面板中的“色相/饱和度”按钮，创建“色相/饱和度”调整图层，在打开的“属性”面板中设置“洋红”选项下的“色相”为+3、“饱和度”为+29、“明度”为+25。

18 创建“可选颜色”调整图层，在打开的“属性”面板中将“洋红”选项下的色阶值分别设置为-27、+21、-9、-3，以调整画面中的特定颜色，让礼服图像的颜色与实物的颜色更相符。至此，本案例就全部制作完成了。

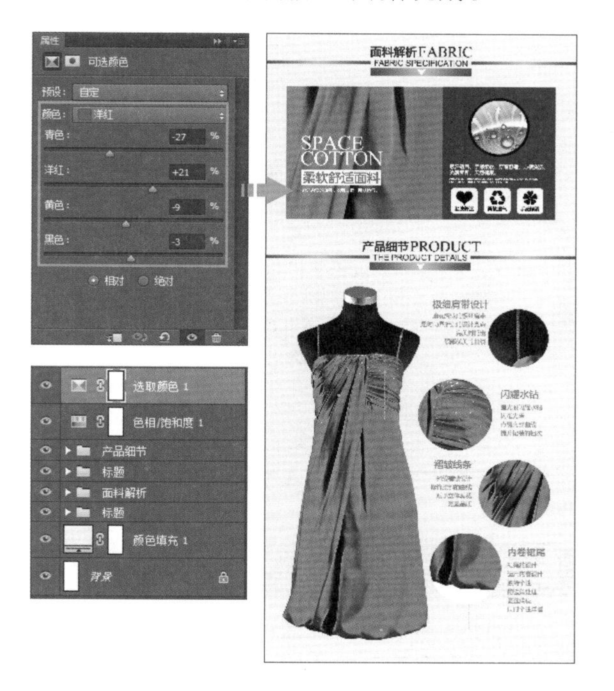

5.4 商品功效简介区

在商品详情页面中，商品功效简介区用于对商品的功能、作用进行详尽、透彻的分析和解说。功效简介区的位置在整个商品详情页面中算是比较靠后的，消费者能坚持浏览到这里说明已经对商品产生了相当大的兴趣，将功效简介区设计得有特色，可进一步提升消费者对商品的好感，从而促成交易。

5.4.1 商品功效简介区的设计规范

商品功效简介区是商品详情页面的一部分，因此，其设计宽度受到商品详情页面宽度的限制，高度上则不受限制。下表为几个较主流的电商平台的商品详情页面设计尺寸规范。

电商平台	商品详情页面设计尺寸规范
淘宝网	商品详情页面左侧边栏宽190像素，中间空10像素，右侧宽750像素，加起来总宽度950像素。如果关闭左侧边栏，就可以显示950像素宽，不然只能显示750像素宽
天猫商城	天猫商城的商品详情页面布局与淘宝网的类似，不同的是，天猫商城新版页面的宽度由750像素变更为790像素
京东	京东对商品详情页面布局的要求较为统一，其商品详情页面整体宽度不超过740像素

商品功效简介区主要是介绍商品的功能、作用等信息，如果使用平铺直叙的语言，那么大量的文字势必会让消费者失去阅读的兴趣，从而导致转化率的下降。因此，商品功效简介区的设计重点就是对商品的功效进行总结和归纳，通过文字、色彩和修饰元素的完美搭配来提升可读性。如下图所示为两款化妆品的功效简介区设计范例，它们通过对文字进行总结性归纳，将文字与修饰元素组合在一起，并合理进行版面布局规划，增强了文字的可读性。

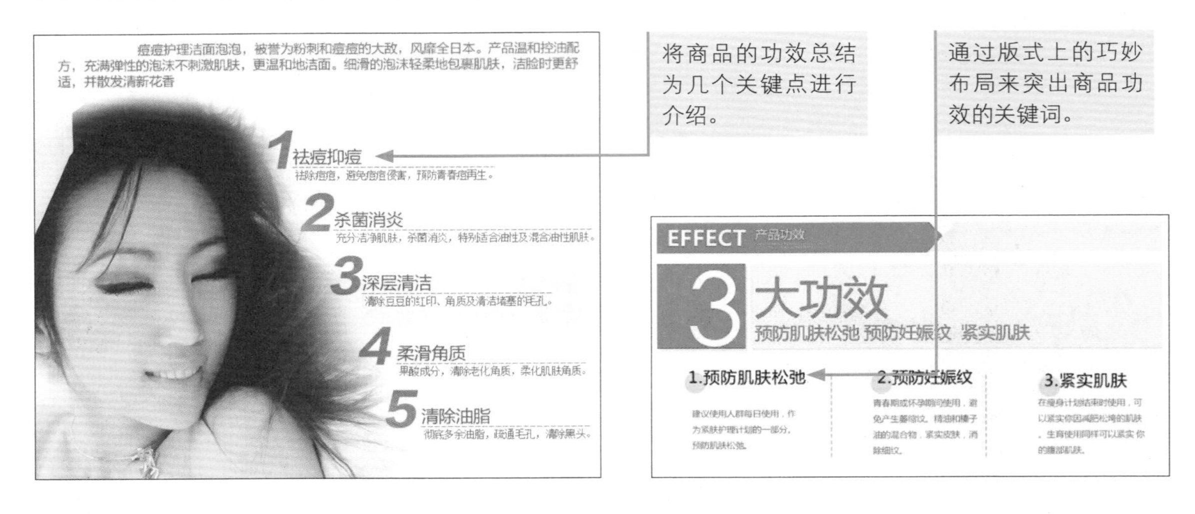

5.4.2 修饰元素让商品功效简介区更生动

设计商品功效简介区时，为了将商品功效表述得更加直观、形象、生动，往往会使用多种修饰元素来丰富画面的内容，例如用图片来代替某些文字，或者使用素材来突出某些文字，有时甚至直接采用信息视图的表现方式来展示商品的功效特点。修饰元素的巧妙应用能够提升信息的可读性，在给消费者带来美好视觉享受的同时更有助于消费者理解商品的功效。如下图所示为几款商品的功效简介区的设计分析，可帮助读者理解修饰元素在设计中的重要性。

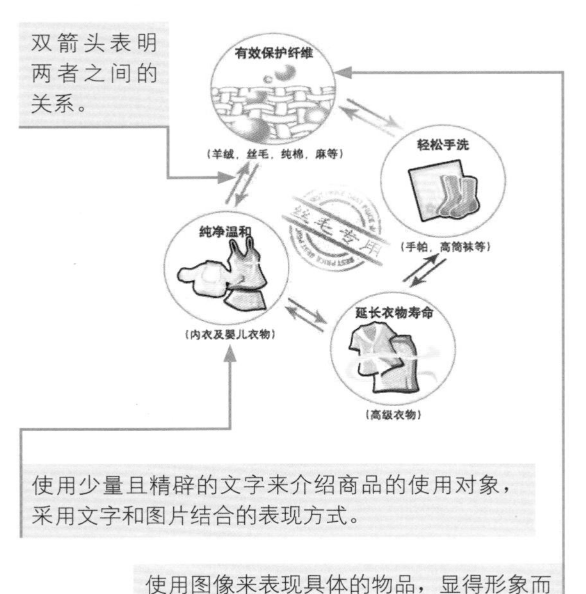

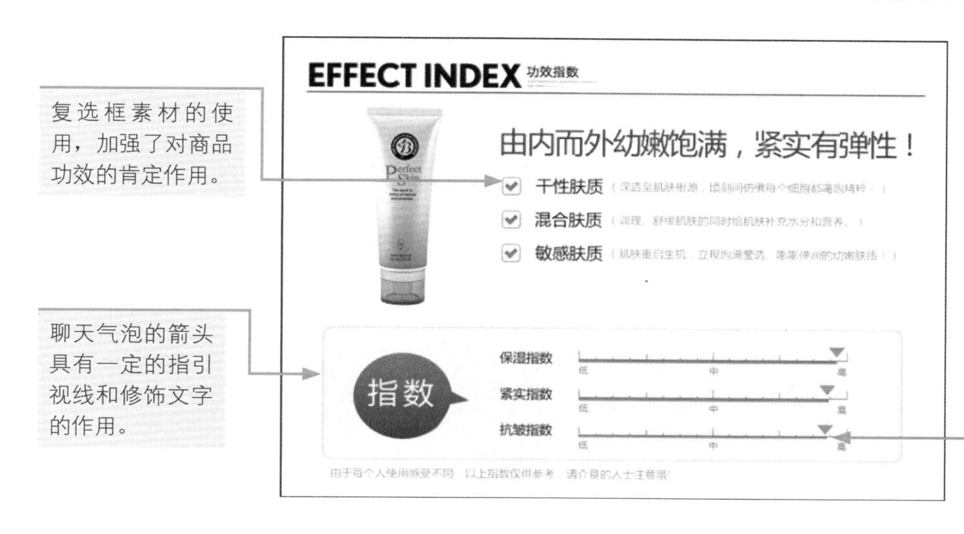

复选框素材的使用，加强了对商品功效的肯定作用。

聊天气泡的箭头具有一定的指引视线和修饰文字的作用。

使用刻度对商品的某些功效进行具象表现，利用数据、比例上的优势来增强说服力，提升商品功效简介的可信度。

5.4.3 商品功效简介区设计案例01

◎ 原始文件：下载资源\素材\05\15.png、16.jpg、17.jpg

◎ 最终文件：下载资源\源文件\05\商品功效简介区设计案例01.psd

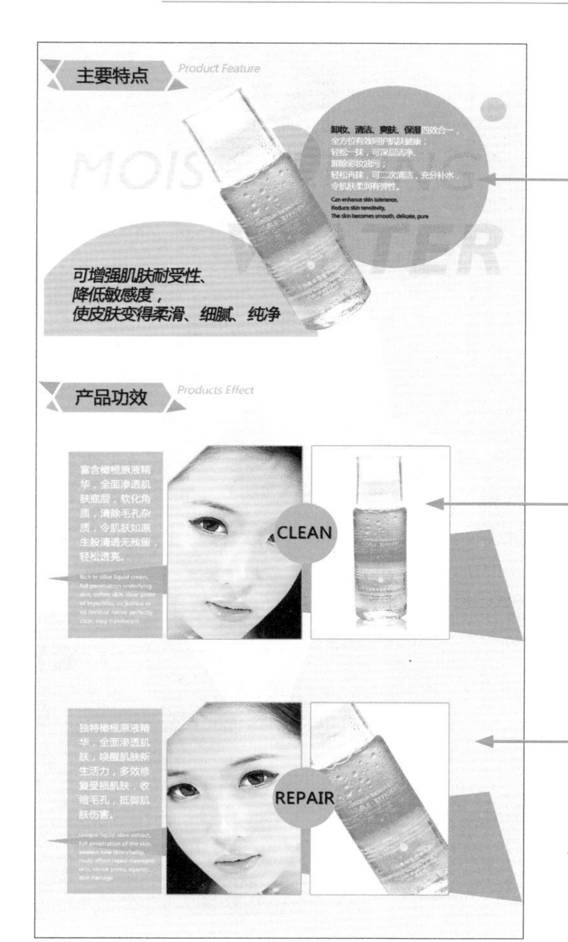

圆形修饰元素烘托保湿功效：本案例中的商品为卸妆水，但是该商品又具有保湿的功效，因此使用圆形作为修饰元素对文字进行点缀，以圆形类似水滴的形状来烘托商品的保湿功效。

分类介绍商品的重点功效：利用文字、商品形象、模特图片和修饰形状组合的方式来表达商品的两个重点功效，逐一讲解商品的特点，显得系统而完整，和谐的配色也使画面显得精致、统一。

灰度色彩的多边形拼接背景：为了营造出一定的设计感，使用了多边形拼接的灰度图像对背景进行修饰，显得精致、丰富。

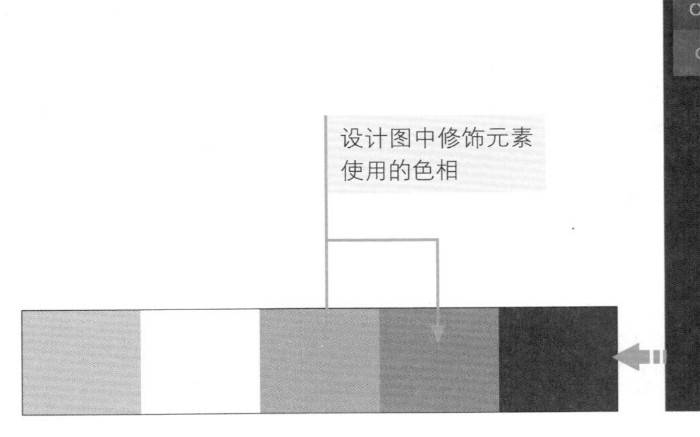

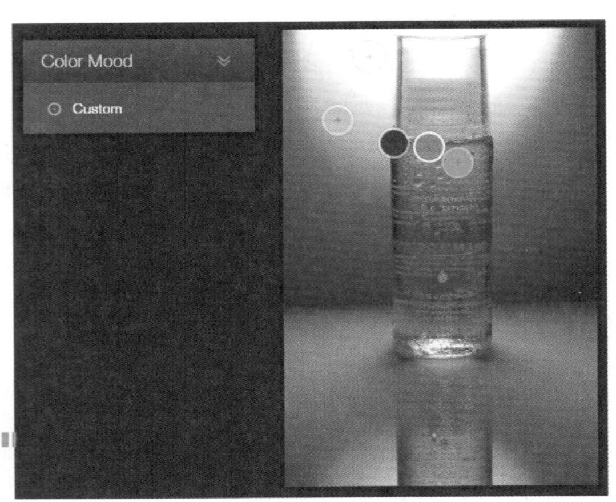

01 运行 Photoshop，新建一个文档，将 15.png 添加到图像窗口中，适当调整其大小，接着在“图层”面板中设置图层的混合模式为“明度”、“不透明度”为 12%。

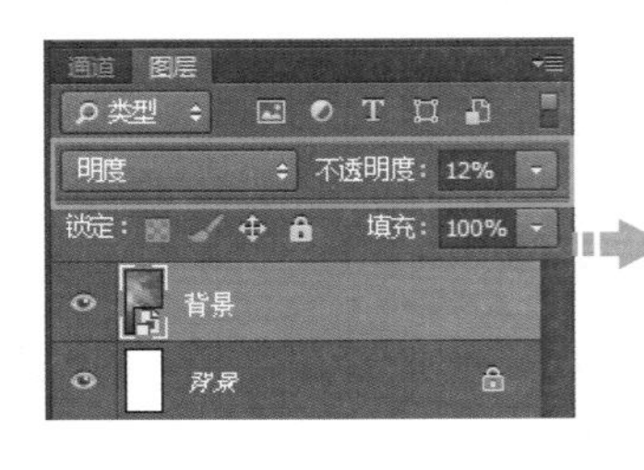

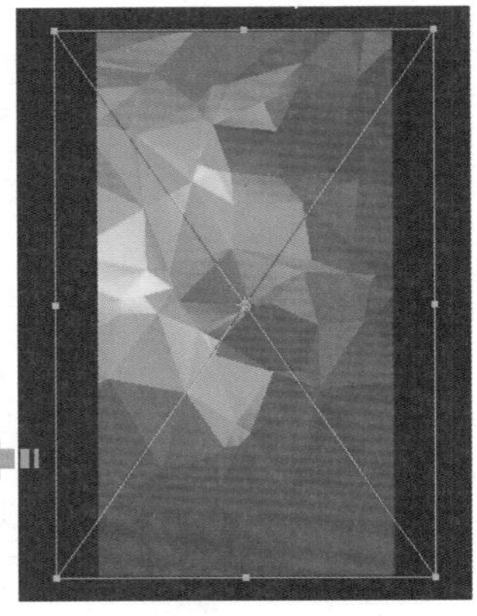

02 选择工具箱中的“钢笔工具”，绘制出如下图所示的形状，分别填充适当的颜色，接着使用“横排文字工具”输入如下图所示的文字，在“字符”面板中对文字的属性进行设置，制作出标题栏。

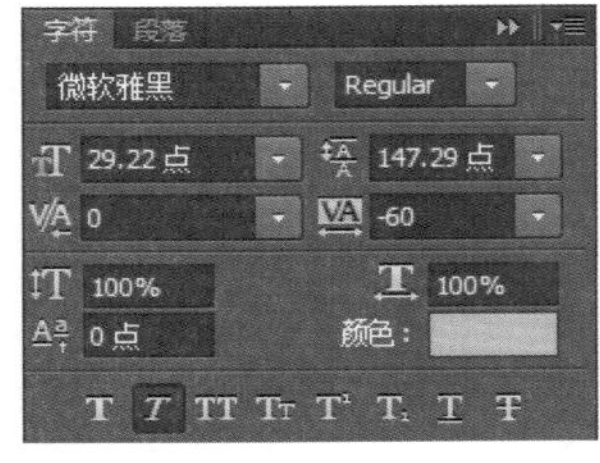

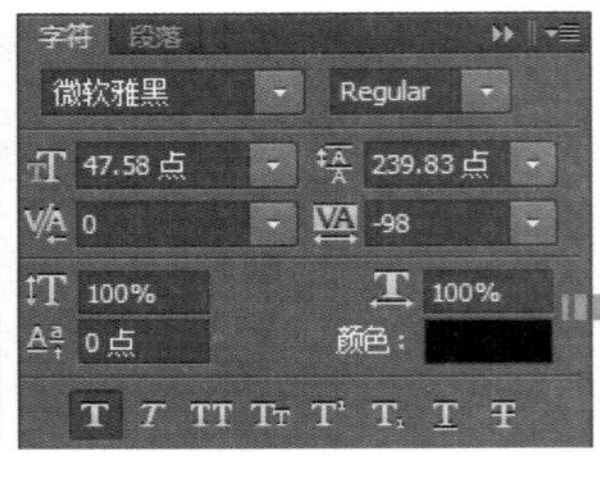

03 为了提升画面的设计感，烘托商品的补水功效，在画面中需要添加修饰的圆形。选择工具箱中的“椭圆工具”，在其选项栏中进行设置，绘制圆形后，在“图层”面板中调整图层的混合模式和“不透明度”，制作出自然的叠加效果。

04 选择工具箱中的“横排文字工具”，输入如下图所示的文字，对文字的属性进行设置，调整文字图层的混合模式和“不透明度”，让文字成为背景中的修饰元素。可以根据商品的外在形象设置文字的字体，让整个画面的风格和谐统一。

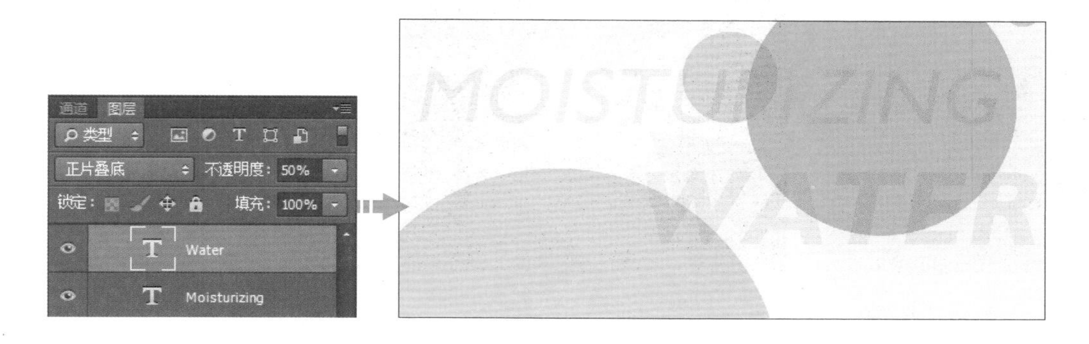

05 完善“主要特点”区域中的内容，使用“横排文字工具”输入如下图所示的文字，在“字符”面板中对文字的属性进行设置，将文字放在画面的适当位置。

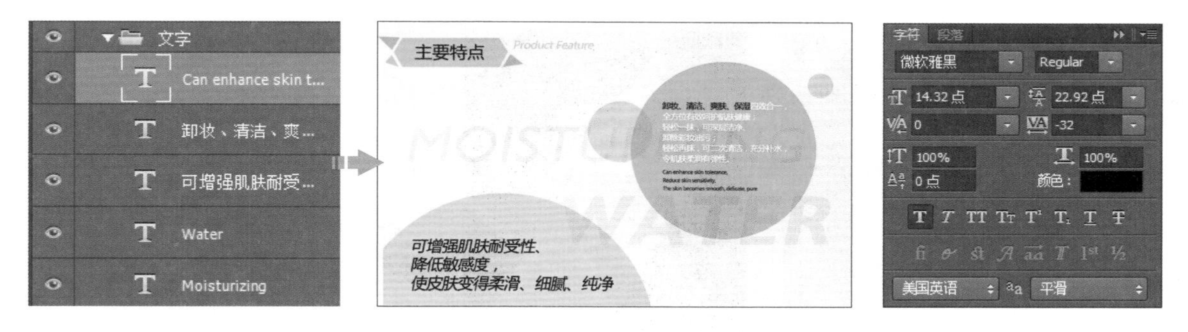

06 将16.jpg添加到图像窗口中，将卸妆水图像抠取出来，适当调整其大小和角度并更改图层名。将卸妆水图像添加到选区中，创建“色阶”调整图层，在打开的“属性”面板中设置参数，调整卸妆水图像的影调，还原其真实的颜色、明亮度。

07 创建“色阶”调整图层，在打开的“属性”面板中将“RGB”选项下的色阶值分别设置为136、1.23、255，接着将该图层的蒙版填充为黑色，使用白色的“画笔工具”编辑蒙版，使调整只对部分图像生效。

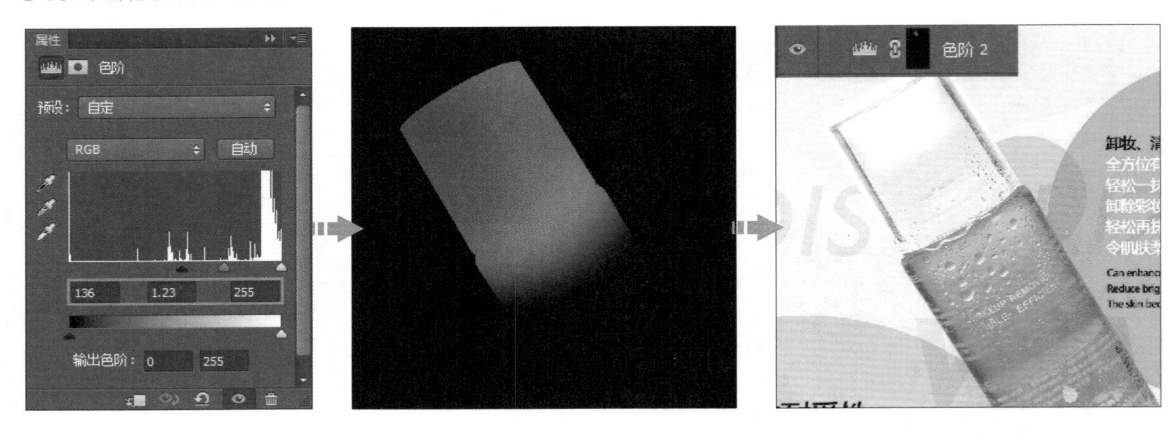

08 创建“曲线”调整图层，在打开的“属性”面板中调整曲线的形状，接着使用“画笔工具”编辑“曲线”调整图层的蒙版，调整部分图像的影调。

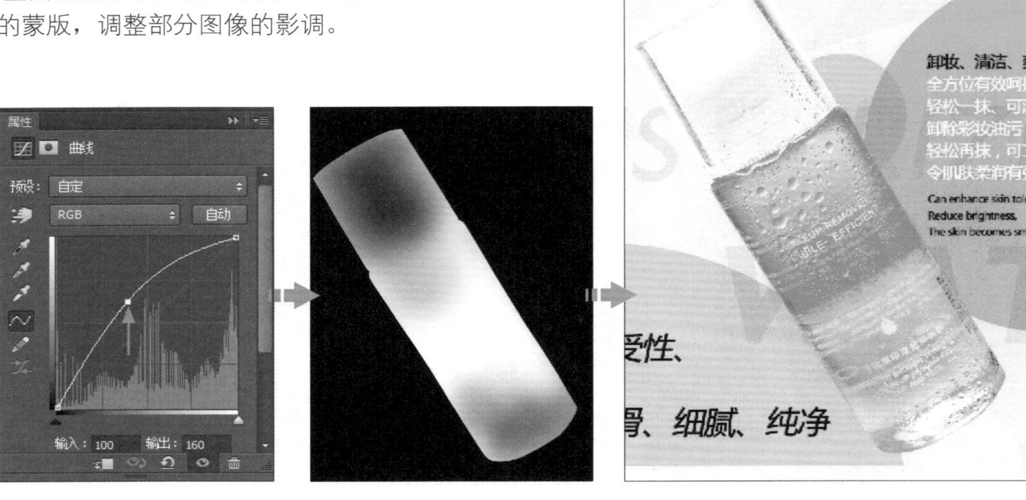

09 复制前面制作的标题栏，修改复制的标题栏中的文字内容，将标题栏放置在画面的适当位置。

10 选择工具箱中的“矩形工具”，绘制出如下图所示的矩形，填充适当的颜色，并使用“描边”图层样式修饰部分矩形。接着使用“椭圆工具”和“钢笔工具”绘制出如下图所示的圆形和三角形等形状，为绘制的形状填充适当的颜色，完成功效区背景的制作。

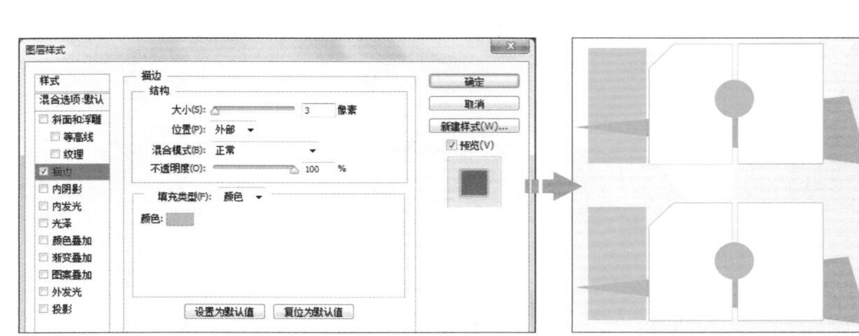

11　选择工具箱中的“横排文字工具”，输入如下图所示的文字，调整文字的字体、字号和颜色，将文字放置在适当的位置。

12　将17.jpg添加到图像窗口中并更改图层名，接着复制前面编辑好的卸妆水图像。调整图像的大小和角度，使用图层蒙版控制其显示范围。至此，本案例就全部制作完成了。

5.4.4 商品功效简介区设计案例02

◎ 原始文件：下载资源\素材\05\18.jpg～20.jpg
◎ 最终文件：下载资源\源文件\05\商品功效简介区设计案例02.psd

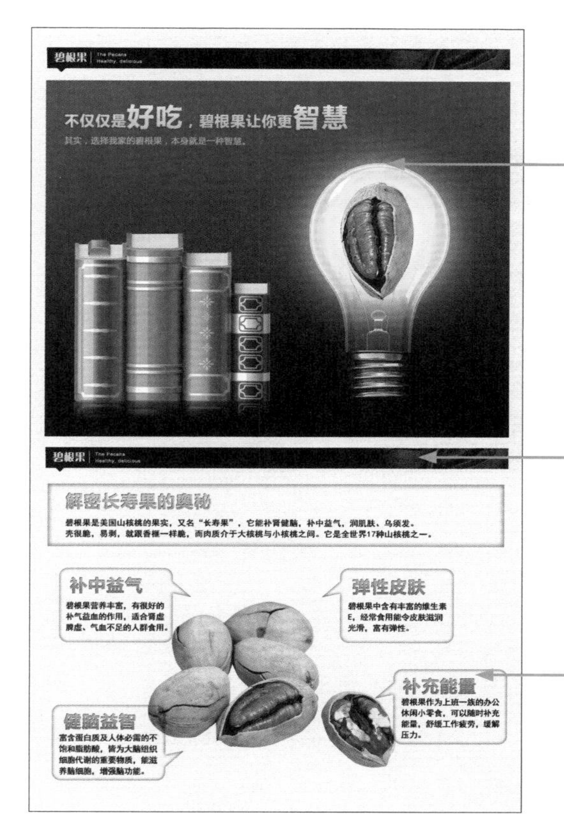

使用书籍和灯泡图像表现智力的开发：为了突出商品的益智功效，在画面中添加了书籍和灯泡等元素来暗示智力开发。具体的制作中通过抠图、图层混合模式的设置来完成。

标题栏中使用商品图像进行修饰：在标题栏中使用商品图像作为修饰，具有一定的反复推销、展示的作用，进一步强化了商品形象。

聊天气泡指示商品不同功效：为了系统展示商品的功效，将其总结为四个方面，通过聊天气泡进行解说，显得生动、具体。具体制作中通过添加图层样式来增强元素的层次感。

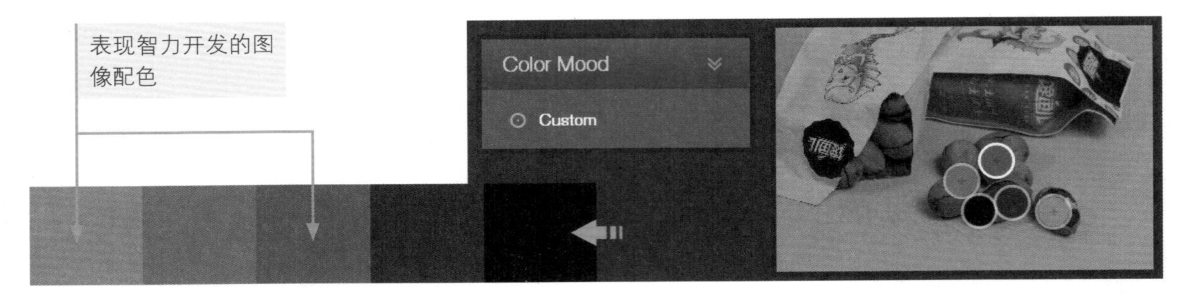

01 运行 Photoshop，新建一个文档，创建颜色填充图层，在打开的对话框中设置填充色，接着使用“图案叠加”图层样式对该图层进行修饰，制作出背景图像。

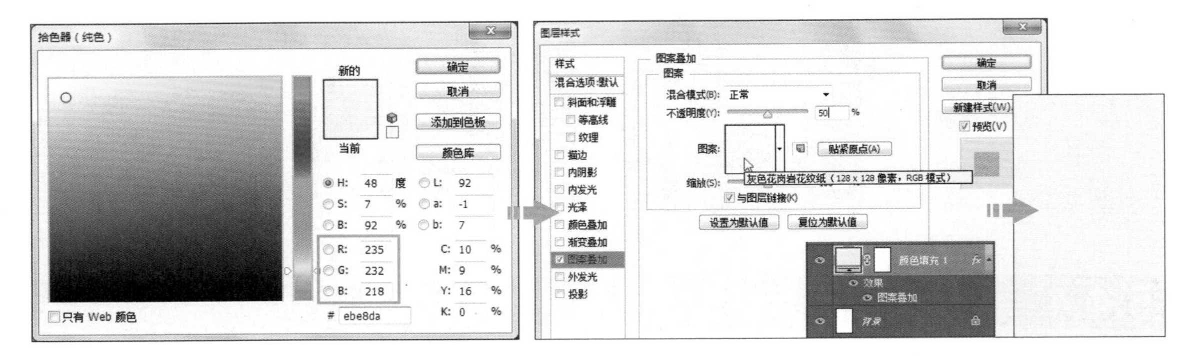

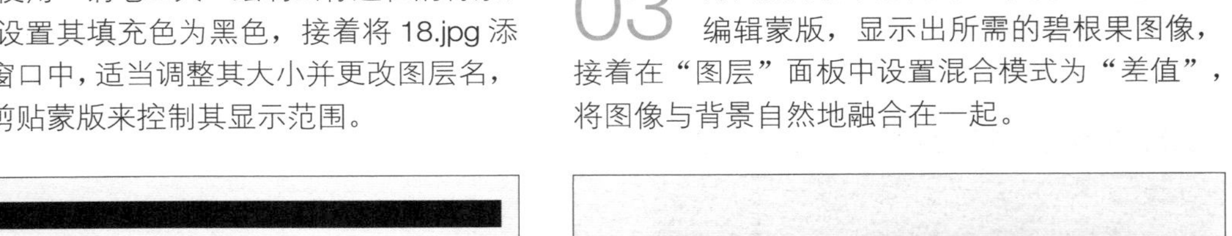

02 使用“钢笔工具”绘制出标题栏的背景，设置其填充色为黑色，接着将 18.jpg 添加到图像窗口中，适当调整其大小并更改图层名，通过创建剪贴蒙版来控制其显示范围。

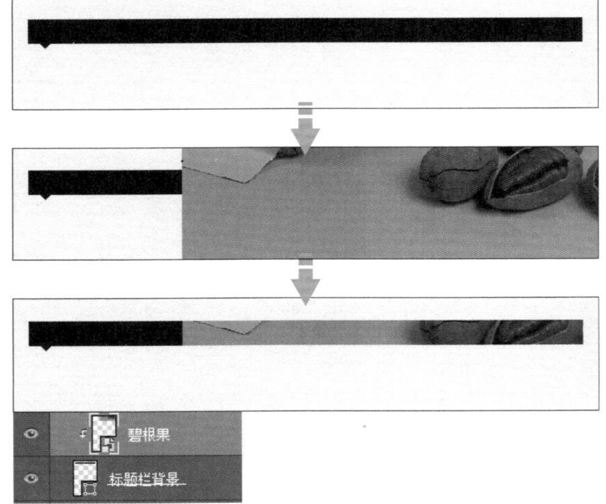

03 为图层添加图层蒙版，使用“画笔工具”编辑蒙版，显示出所需的碧根果图像，接着在“图层”面板中设置混合模式为“差值”，将图像与背景自然地融合在一起。

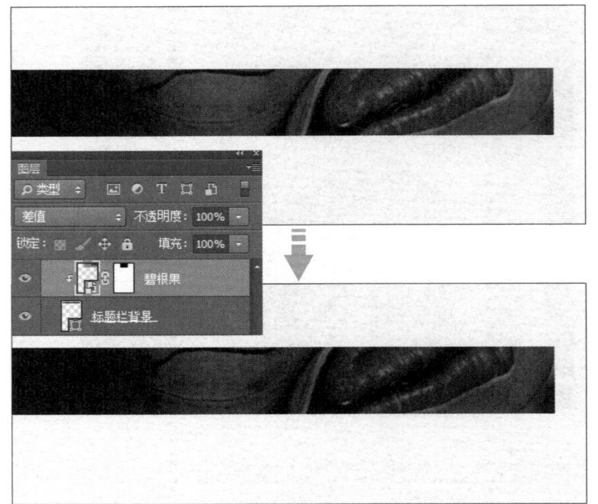

提示

“差值”混合模式可以从基色中减去混合色或从混合色中减去基色，得到结果色。其中的基色是指源图像的颜色，混合色是指通过绘画或编辑工具应用的颜色，结果色是指混合后得到的颜色。

04 选择工具箱中的“横排文字工具”，输入如下图所示的文字，在“字符”面板中设置文字的属性。接着使用“矩形工具”在适当位置绘制垂直的矩形条，对文字进行分隔，第一组标题栏便制作完成了。创建图层组对标题栏的相关图层进行管理。

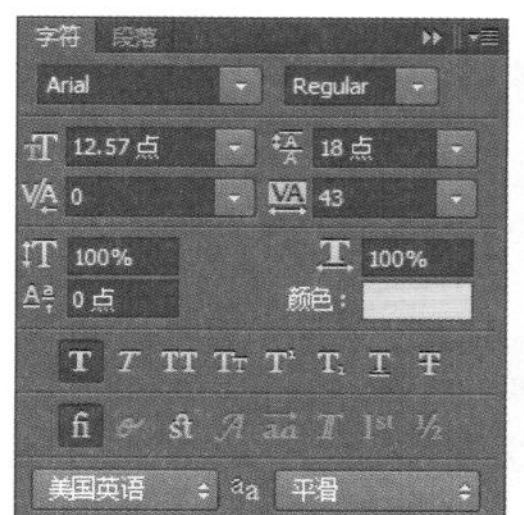
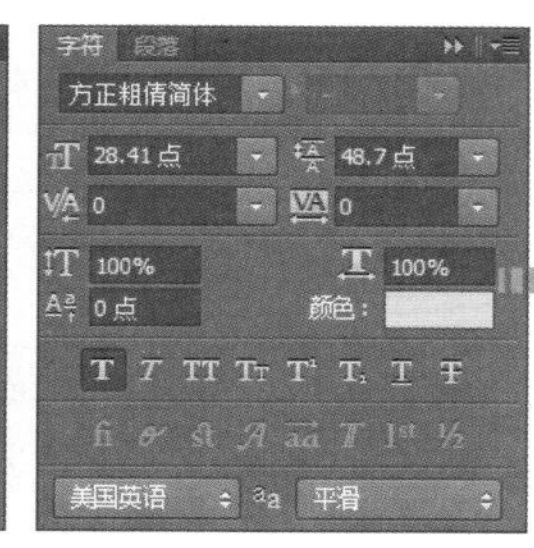

05 使用工具箱中的“矩形选框工具”创建矩形选区，为选区创建渐变填充图层，在打开的“渐变填充”对话框中设置参数，为选区设置适当的线性渐变填充效果，将其作为功效区的背景。

06 将20.jpg添加到图像窗口中，适当调整其大小，并放在适当的位置。设置该图层的混合模式为“滤色”，在图像窗口中可以看到灯泡图像与背景自然地融合在一起。

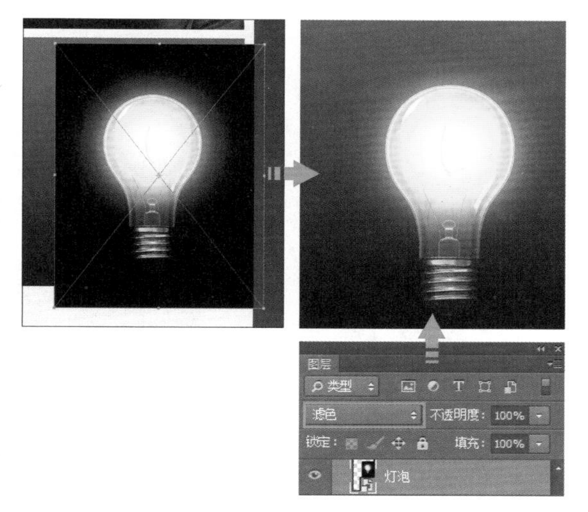

07 将19.jpg添加到图像窗口中并更改图层名，使用“钢笔工具”沿着书籍图像的边缘创建路径，将路径转换为选区，接着为图层添加蒙版，将书籍图像抠取出来。

08 复制“书”智能图层，对复制出的图层进行栅格化处理，接着调整书籍图像的位置，进行镜像处理，添加图层蒙版，使用“渐变工具”编辑添加的图层蒙版，制作出书籍图像的倒影效果。

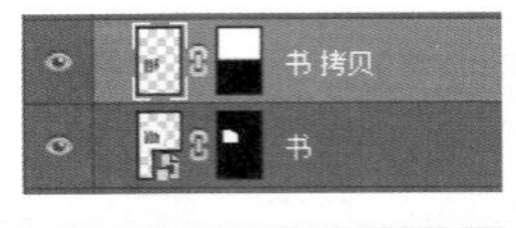

09 将18.jpg再次添加到图像窗口中并更改图层名，结合应用“钢笔工具”和图层蒙版将其中一个碧根果的图像抠取出来，放在灯泡图像上的适当位置。

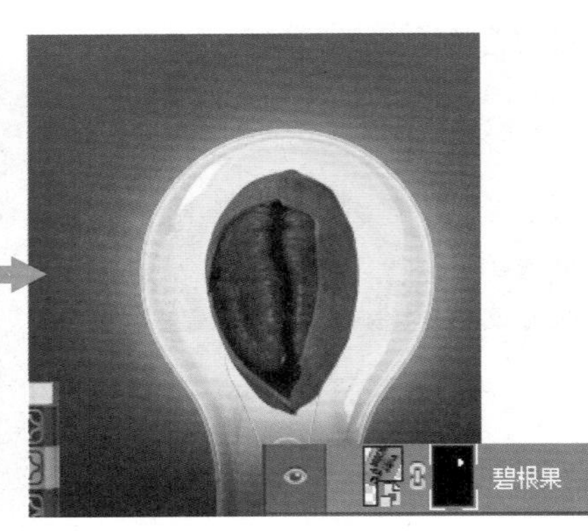

10 将碧根果图像添加到选区中，创建“色阶”调整图层，在打开的“属性”面板中将“RGB”选项下的色阶值分别设置为10、1.44、147，使图像的影调趋于正常。

11 再次将碧根果图像添加到选区中，创建“亮度/对比度”调整图层，在打开的“属性”面板中设置“亮度”为1、“对比度”为48。在图像窗口中可以看到碧根果图像的亮度提高，对比度也增强了。

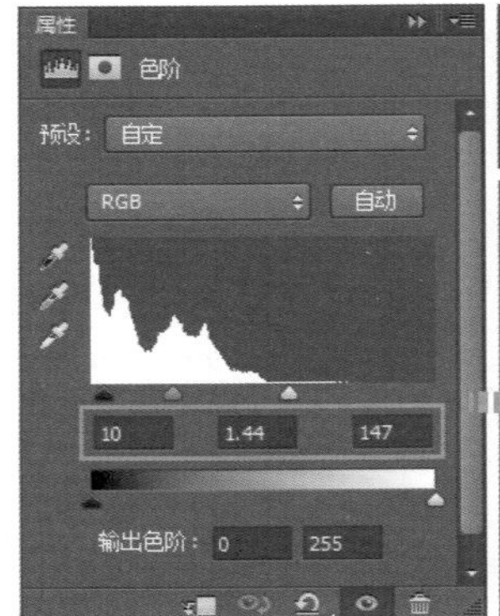

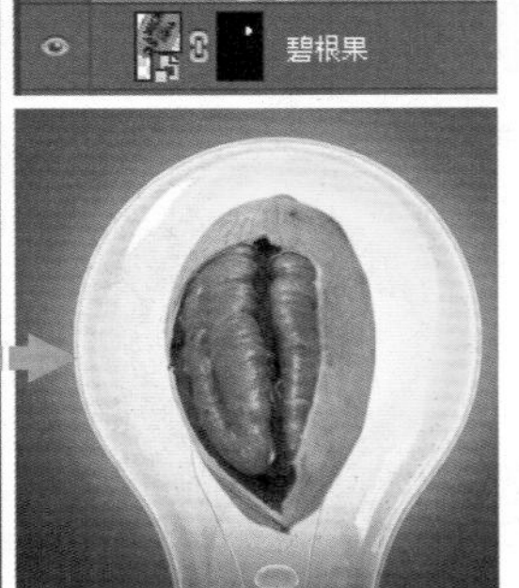

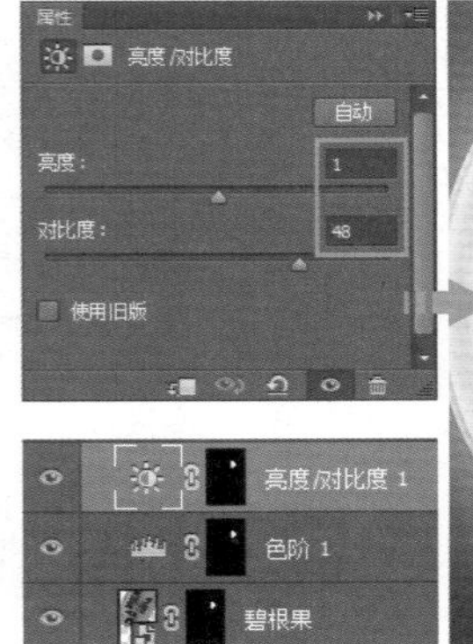

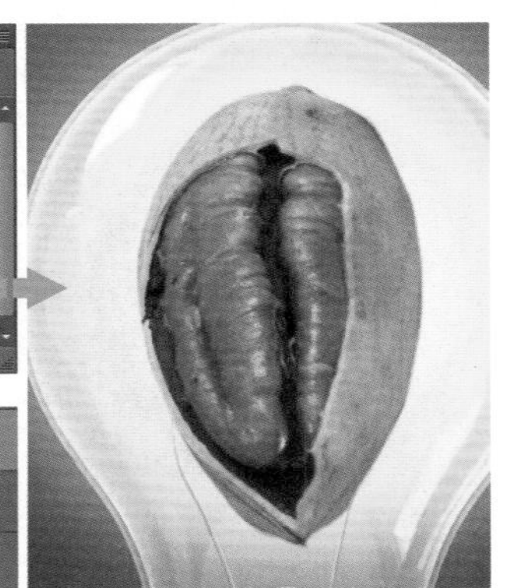

12 将碧根果图像再一次添加到选区中，创建“色彩平衡”调整图层，在打开的“属性”面板中将“中间调”选项下的色阶值分别设置为 +10、0、-40，使图像的色调趋于正常。

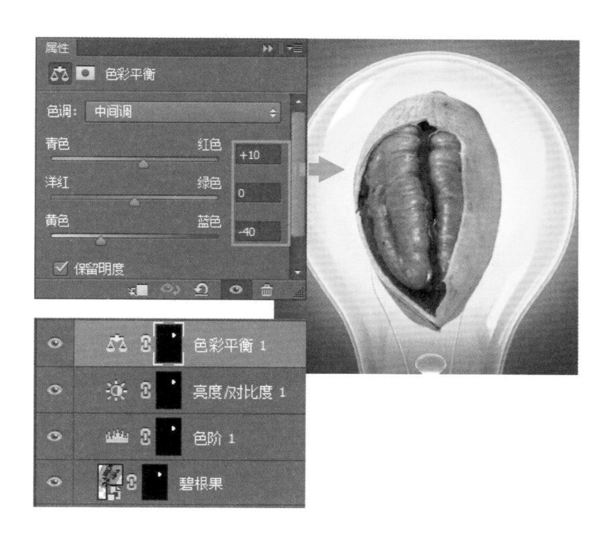

13 复制前面编辑好的碧根果图像的相关图层，将复制的图层合并为一个图层，并将合并后的图层转换为智能对象图层。执行“滤镜 > 锐化 >USM 锐化”菜单命令，在打开的“USM 锐化”对话框中设置参数，对图像进行锐化处理，在图像窗口中可以看到图像更加清晰了。

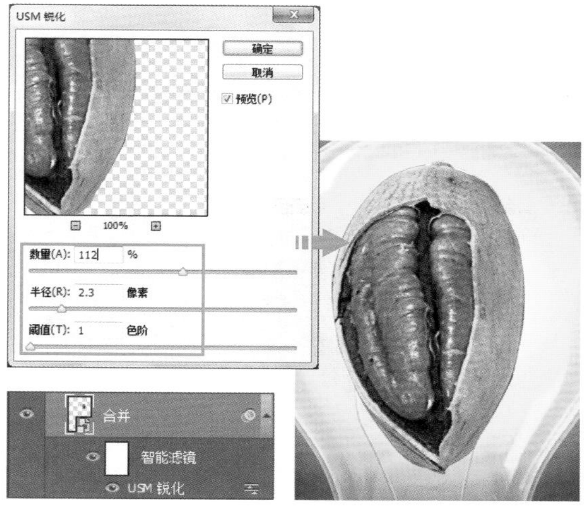

提示

“USM 锐化”对话框中的参数要设置适当，若过大会产生亮边，若过小则锐化效果不明显。

14 选择工具箱中的“横排文字工具”，输入如下图所示的文字，在“字符”面板中设置文字的属性，通过字号和颜色的变化来体现一定的设计感，并突出重点信息，将编辑好的文字放在画面的适当位置。

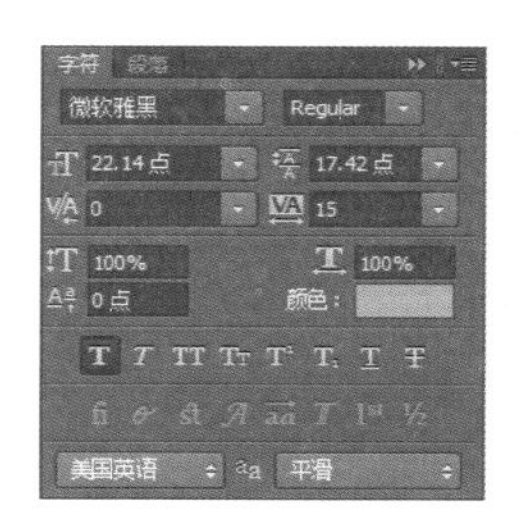

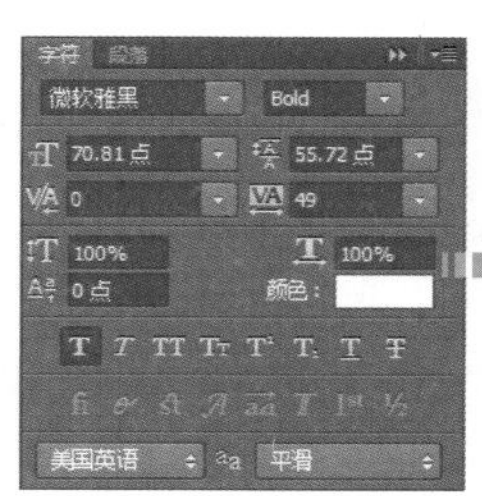

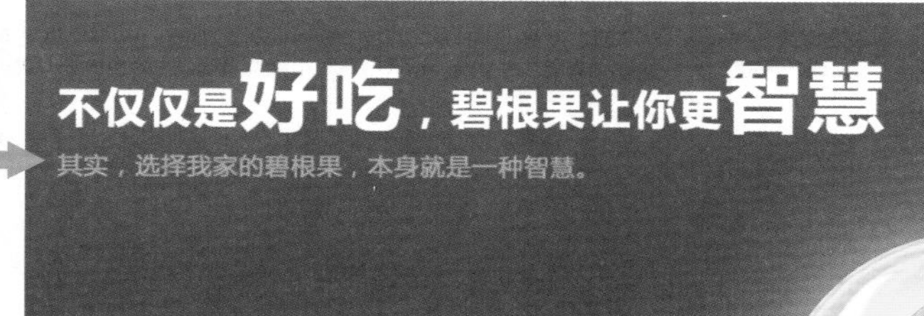

15 双击编辑完成的文字图层，在打开的“图层样式”对话框中勾选“渐变叠加”和“描边”图层样式，在相应的选项卡中设置参数，对文字进行修饰，在图像窗口中可以看到文字呈现出较为精致、醒目的效果。

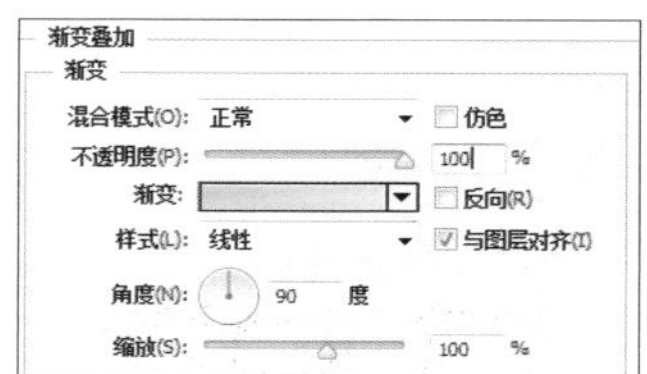

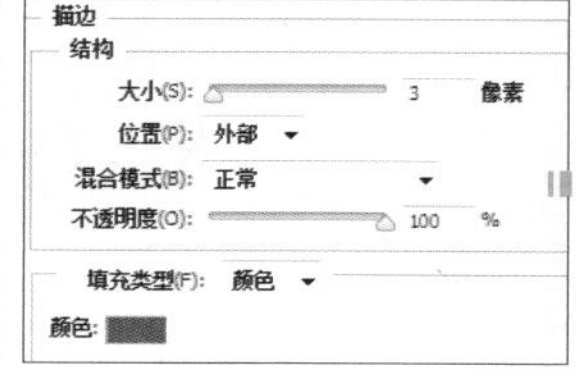

16 选中第一组标题栏的图层组，按快捷键Ctrl+J复制图层组，将复制后的图层组放在画面的适当位置，作为第二组标题栏。

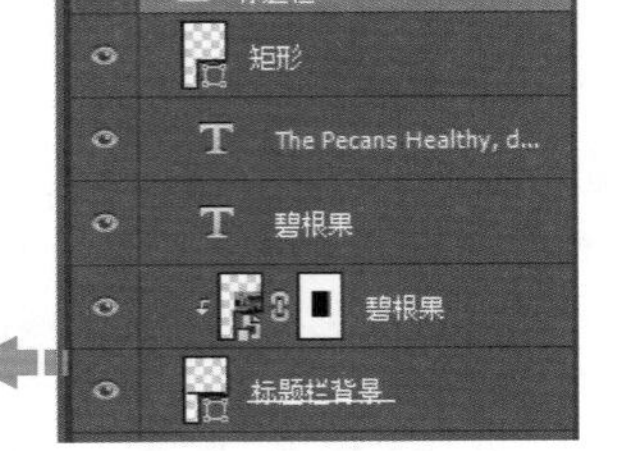

17 选择工具箱中的“矩形工具”，绘制一个矩形，设置其“填充”为0%，使用“内阴影”和“投影”图层样式对其进行修饰。

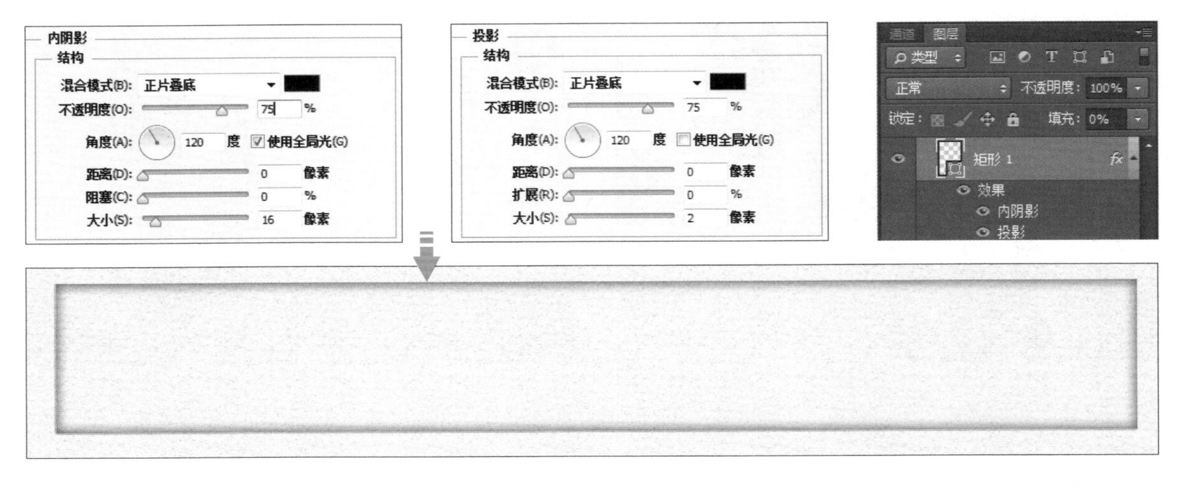

18 参考步骤15，使用“横排文字工具”在矩形上添加如下图所示的文字，并使用图层样式对部分文字进行修饰。

19 将18.jpg再次添加到图像窗口中并更改图层名，使用“钢笔工具”将碧根果图像抠取出来，再用与步骤10～12相同的参数调整图像的影调和颜色。

20 选择工具箱中的“自定形状工具”，绘制出如下图所示的聊天气泡形状，调整形状的大小和角度，使用与步骤17相同的图层样式对其进行修饰。

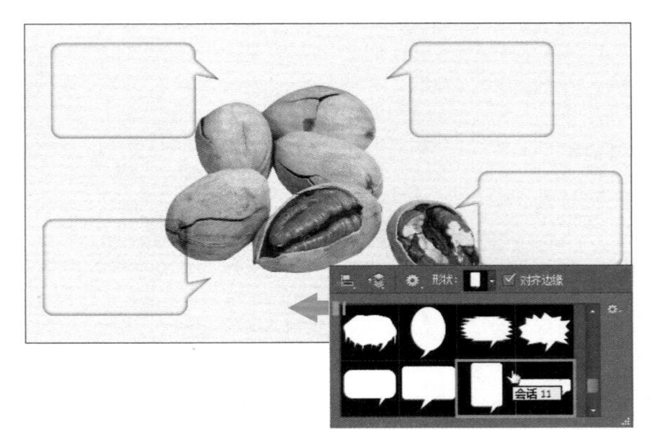

21　参考前面编辑文字的方法，在聊天气泡中添加所需的文字，并使用图层样式对标题文字进行修饰。至此，本案例就全部制作完成了。

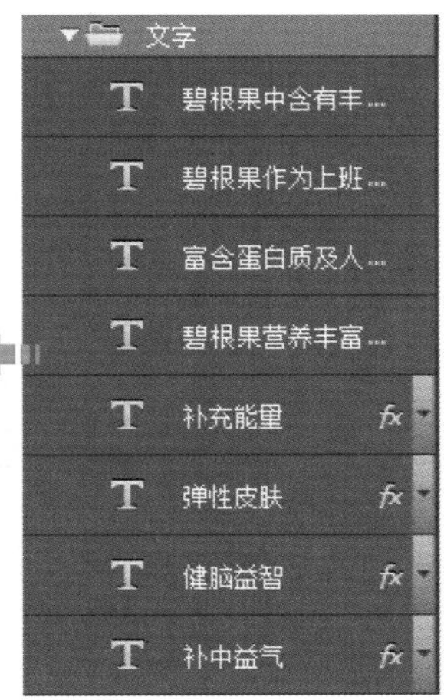

读书笔记

商品详情页面整体打造

商品详情页面包含与单个商品相关的所有详细信息，是消费者是否选择购买该商品的关键因素之一。上一章介绍了详情页面中各元素的设计方法，本章将学习如何工整有序地安排页面中的各元素，得到完整的详情页面装修效果。

6.1 运动鞋详情页面装修设计

本案例要为某款运动鞋设计商品详情页面，设计内容包括橱窗照、商品介绍等，设计出的页面要能够清晰、准确地说明运动鞋的特点、选购须知等。如下图所示为卖家提供的运动鞋的商品照片。

6.1.1 框架设计

根据本案例的设计要求，结合运动鞋的选购特征，并参考实体店中购买运动鞋的过程，可以分析总结出本案例详情页面的设计要点：首先，一定要展示出该款运动鞋的完整外观；其次，要说明运动鞋的设计特点及尺码标准等。这是为了让消费者完整、清晰、准确地掌握运动鞋的外在及内在信息，以避免购物过程中出现认知偏差而导致交易纠纷。根据上述分析，可以大致规划出本案例详情页面的结构框架，具体如下图所示。

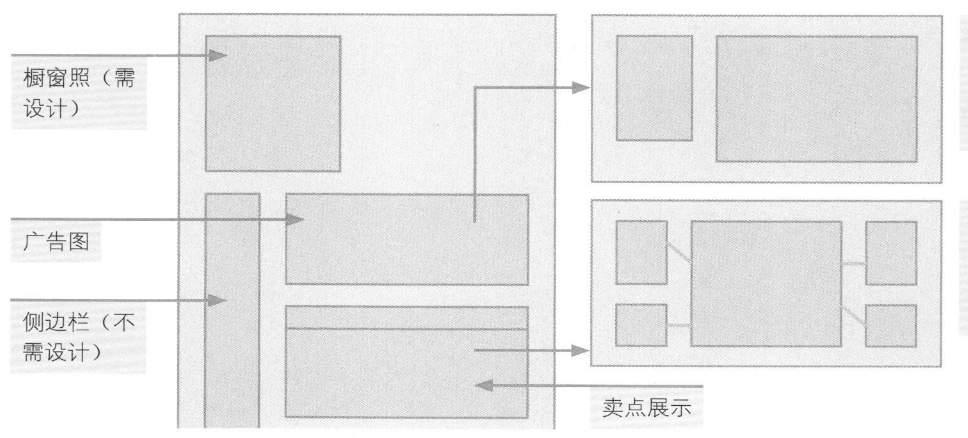

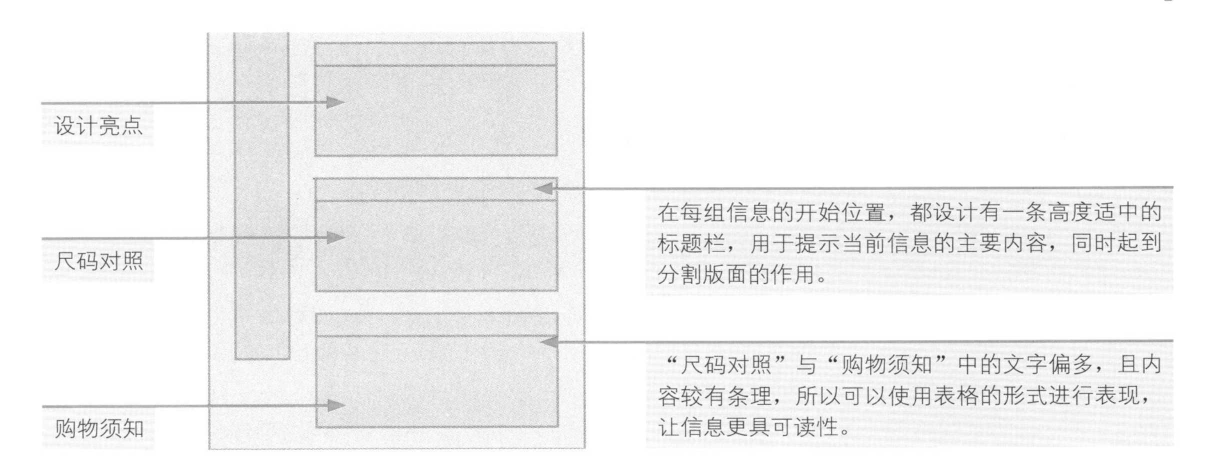

6.1.2 风格定位

首先观察运动鞋的商品照片，可以看到运动鞋的颜色为银色，与常见的普通运动鞋的颜色相比，显得更加酷炫和耀眼。既然商品本身的形象就已经非常夺人眼球，那么在设计详情页面时只需突出表现商品的外观即可。因此为本案例选择了一种较为保守和简约的设计风格，以削弱其他设计元素对商品形象表现的影响。

简约风格所使用的素材和修饰元素的外形都较为单一和简单，与运动鞋的耀眼外观形成了风格上的碰撞，这样的碰撞不但不会显得突兀，反而能在清晰表达商品信息的同时，让运动鞋的形象更加深入人心，而不会造成喧宾夺主的现象。确定详情页面风格定位的思路如下图所示。

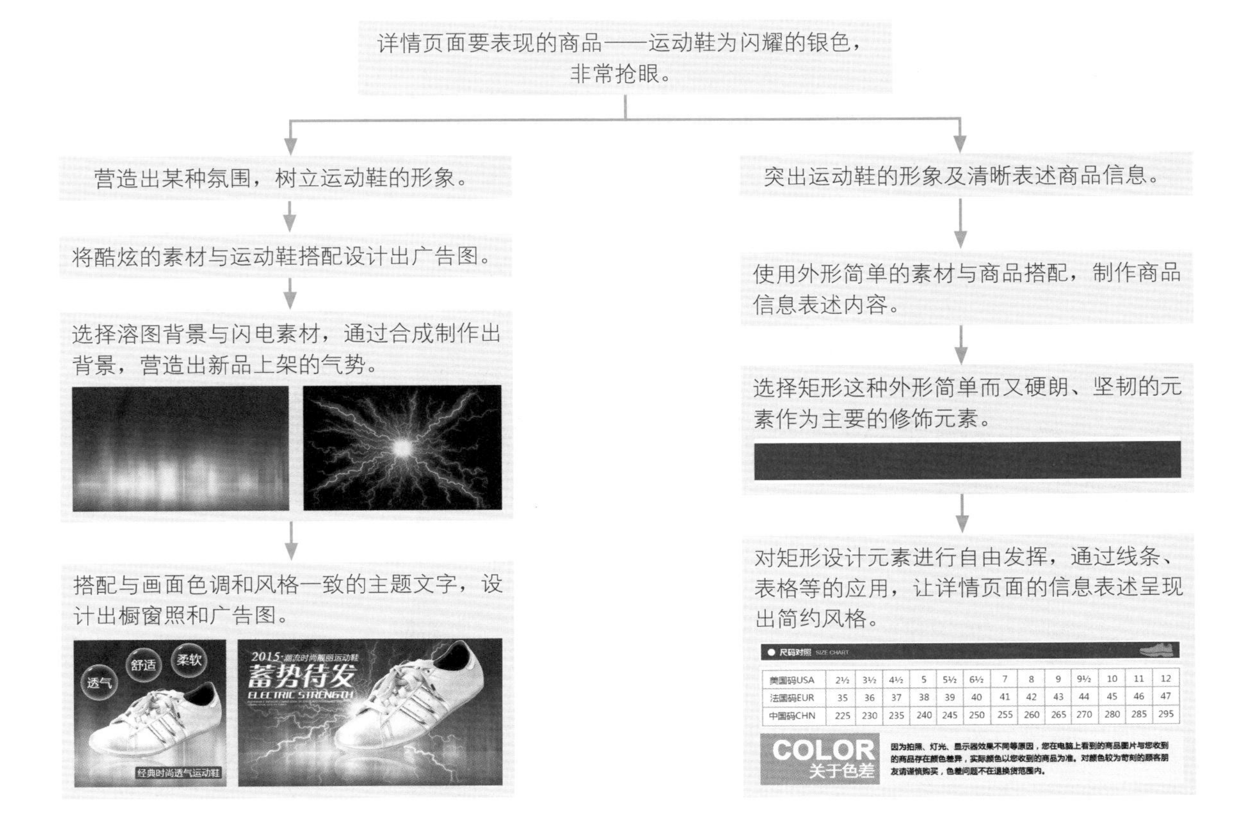

美国码USA	2½	3½	4½	5	5½	6½	7	8	9	9½	10	11	12
法国码EUR	35	36	37	38	39	40	41	42	43	44	45	46	47
中国码CHN	225	230	235	240	245	250	255	260	265	270	280	285	295

从上图中可以看出，本案例的设计风格定位主要分为两条思路：一条思路是放大运动鞋的外在形象，搭配相同风格的素材，让画面更具冲击力，这样的风格搭配主要应用在广告图和橱窗照的设计中；而另一条思路就是尽量将设计元素简化，以矩形为主要修饰元素，将其应用到详情页面的各个方面，使运动鞋的信息得到清晰而突出的表达。

6.1.3 配色方案

之前确定了本案例的设计方向是突出运动鞋的形象和特点，因此，在制定配色方案时，也需要首先分析运动鞋的配色。使用 Adobe Color CC 分解运动鞋商品照片的配色，可以看到运动鞋主要包含紫蓝色和灰度的银色这两种颜色，刚好是有彩色与无彩色的搭配。为了让详情页面呈现统一、和谐的视觉效果，同时避免多余的颜色干扰消费者的视线，让运动鞋的形象更加深入人心，决定使用紫蓝色作为主色调，对整个详情页面进行配色，具体的思路如下图所示。

选择一张运动鞋照片，在 Adobe Color CC 中进行配色分析。

从配色分析结果可以看出，照片中的主要颜色为蓝紫色与灰度色，即为有彩色与无彩色的搭配。

在解析出来的五种颜色中，选择色相、明度最佳的一种颜色。

使用单一颜色会导致整个页面缺乏层次感，不能清晰地表述商品信息，因此，将选定的颜色进行扩展，即对其色相、明度、纯度进行细微变化，得到多种不同层次的颜色。

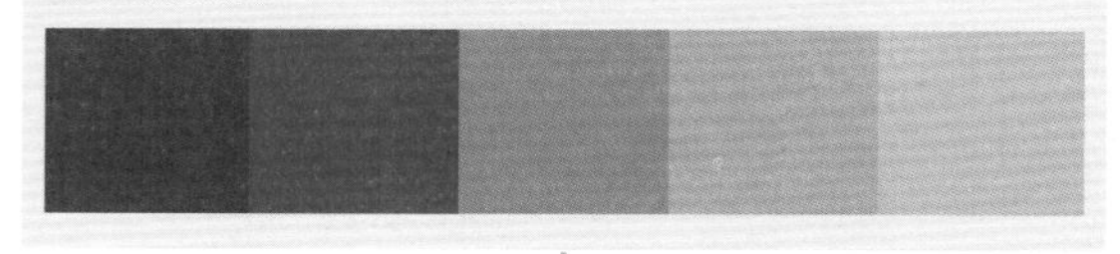

由于在风格定位环节中将详情页面的修饰元素确定为矩形，因此，在这里把确定的配色方案应用到矩形中，使用渐变色和纯色对矩形进行填充。

确定了修饰元素的颜色后，在调整画面中某些素材的颜色时，也可以参照配色方案来进行。例如，在制作广告图时，对闪电和溶图素材合成的背景进行了调色。

修饰元素的配色和风格都确定之后，就能够根据这些规范来设计出详情页面中的信息了。

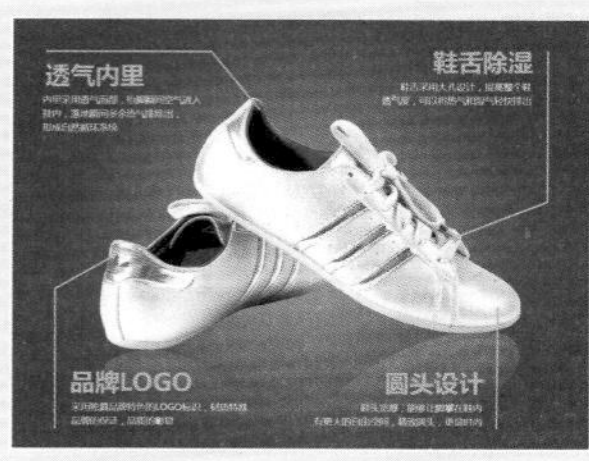

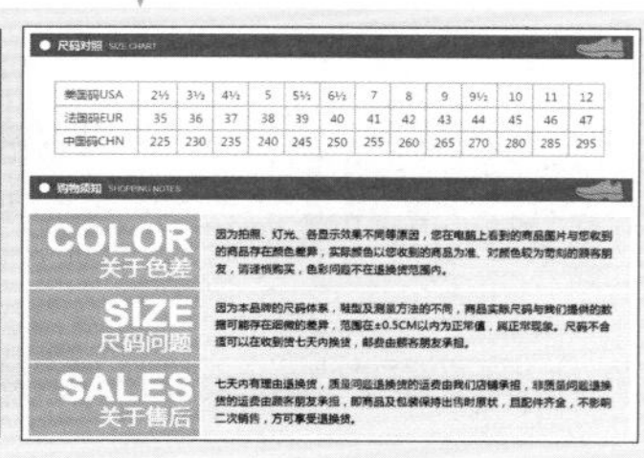

6.1.4 步骤详解

◎ 原始文件：下载资源\素材\06\01.jpg～06.jpg

◎ 最终文件：下载资源\源文件\06\运动鞋详情页面装修设计.psd

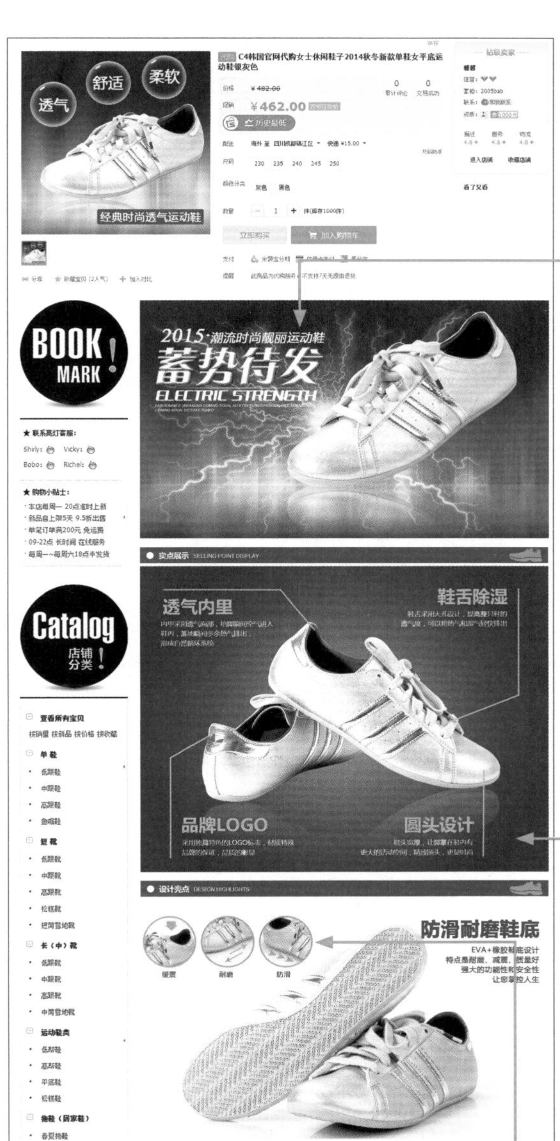

合成两张素材后利用“色相/饱和度”调整图层调整颜色。

使用“径向渐变”填充背景的矩形，通过抠取运动鞋图像去除多余的内容，再利用“钢笔工具”绘制出指示的线条，用“横排文字工具”添加说明文字，运动鞋的倒影是通过复制图层后编辑图层蒙版得到的。

使用剪贴蒙版控制图像的显示范围，利用“自定形状工具”添加不同外形的箭头形状，指示出运动鞋的特定功能。

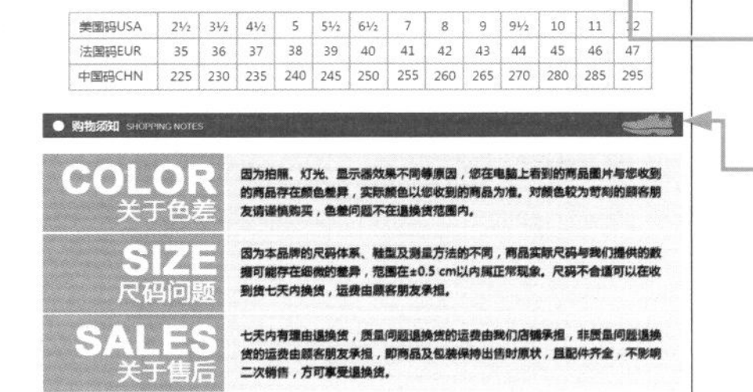

使用“钢笔工具”绘制出运动鞋的剪影效果，接着调整图层的“不透明度”，让标题栏更加精致。

01 运行 Photoshop，新建一个文档，开始详情页面中广告图的制作。将 01.jpg、02.jpg 添加到图像窗口中，适当调整其大小，并调整“02”图层的混合模式，使其与下方的图层叠加在一起，作为广告图的背景。

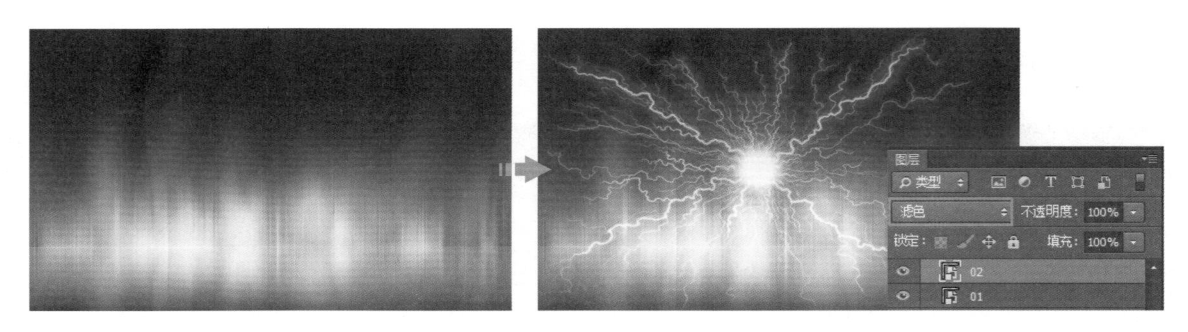

02 为了让广告图中背景图像的颜色与运动鞋的颜色和谐而统一，需要调整背景图像的颜色。将背景图像添加到选区中，创建“色相 / 饱和度”调整图层，在“全图”和“洋红”选项下设置参数。

03 将 03.jpg 添加到图像窗口中，适当调整其大小，并旋转一定的角度。接着使用“钢笔工具”沿着运动鞋图像的边缘绘制路径，再将路径转换为选区，添加图层蒙版，将运动鞋图像抠取出来。

04 将运动鞋图像添加到选区中，创建“色阶”调整图层，在打开的“属性”面板中对“RGB”选项下的参数进行设置，改善运动鞋图像的亮度和层次。在图像窗口中可以看到编辑后的运动鞋图像与背景图像的影调一致。

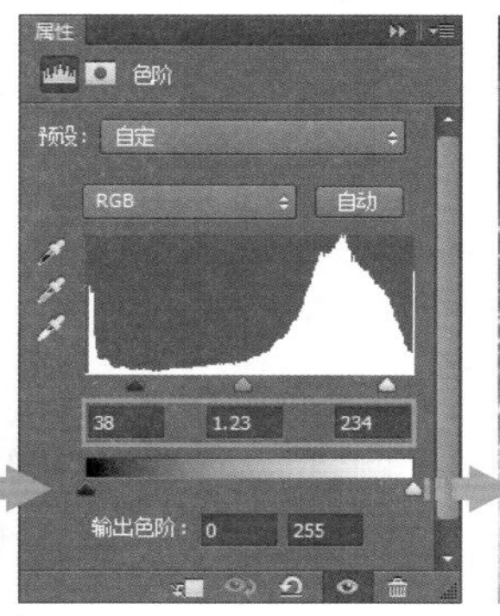

05　复制编辑好的运动鞋图层与“色阶”调整图层，将复制出的图层合并为一个图层，命名为“合并-阴影”，调整图层的顺序，并翻转图像，添加图层蒙版后进行编辑，制作出运动鞋的倒影效果。

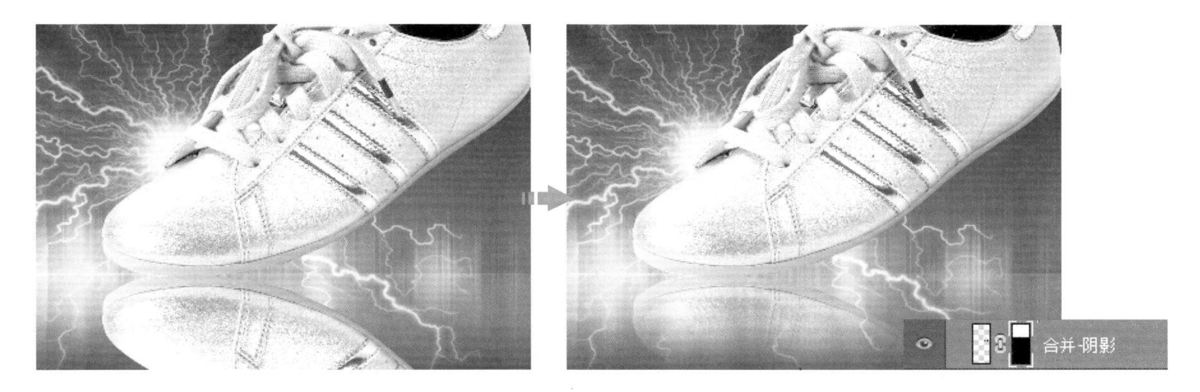

06　使用“横排文字工具”为画面添加广告语，打开“字符”面板，对文字的字体、字号、字间距等进行设置，并调整好文字的位置。

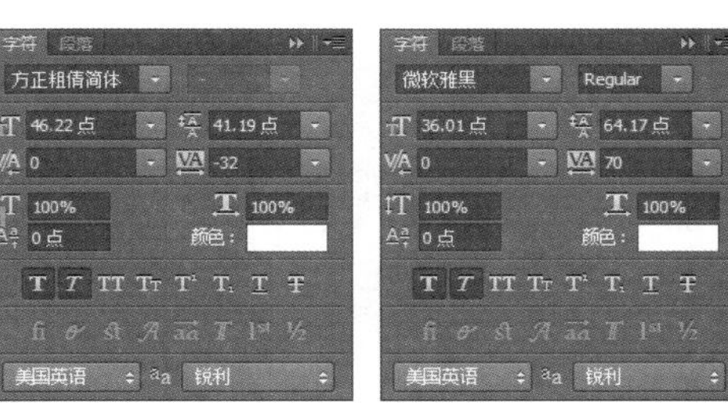

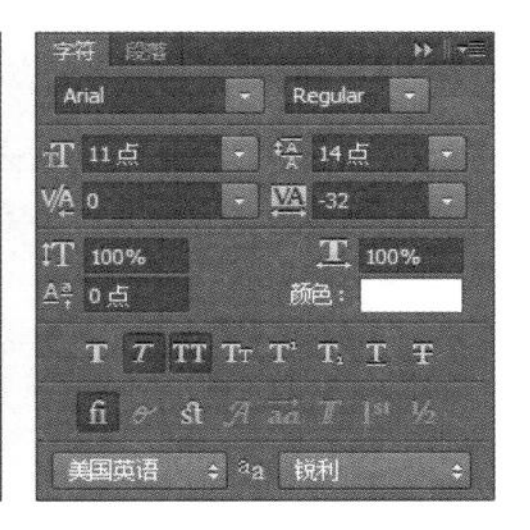

07　选择工具箱中的“矩形工具”，绘制出矩形线条，并填充白色，取消描边色，将其放在英文文字的上方。接着为图层添加图层蒙版，对蒙版进行编辑，制作出两端渐隐的效果。

08 使用“横排文字工具”输入“蓄势待发”的主题文字，在“字符”面板中对文字的属性进行设置。为了增强文字的表现力，使用“斜面和浮雕”“描边”“投影”图层样式对文字进行修饰。

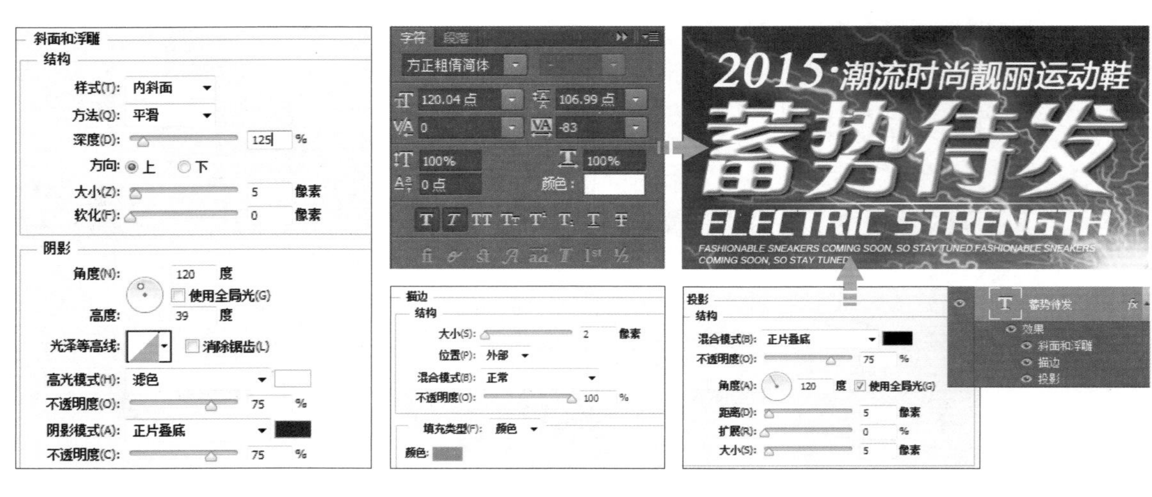

09 使用“矩形工具”绘制出矩形，作为标题栏的背景。接着使用“椭圆工具”绘制白色的圆形，再利用“横排文字工具”添加标题文字，在“字符”面板中设置文字的属性，最后使用“钢笔工具”绘制出运动鞋的剪影，并降低图层“不透明度”。

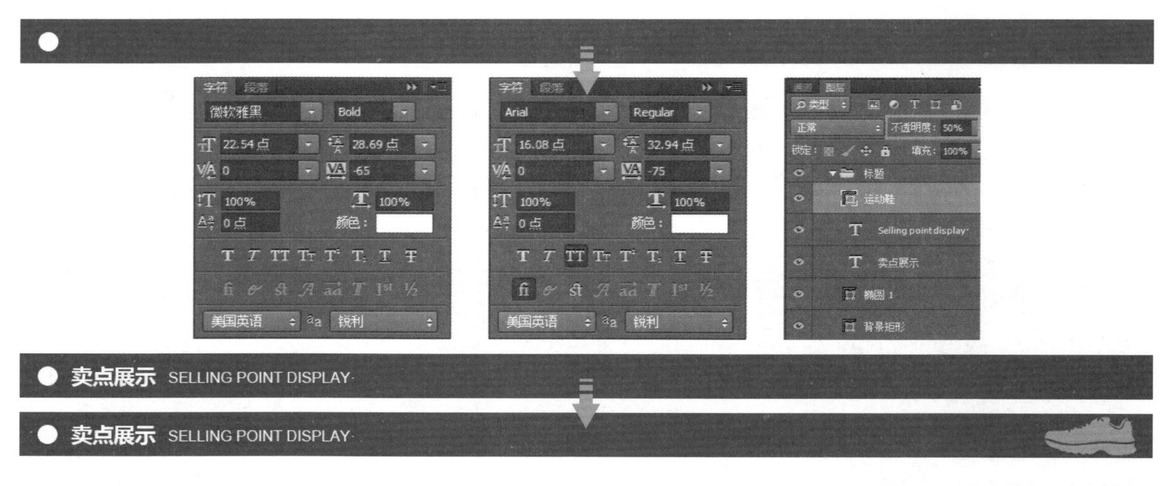

10 使用“矩形工具”绘制出一个矩形，在该工具的选项栏中进行设置，使用径向渐变对矩形进行填充，并取消描边色，制作出“卖点展示”区域的背景。

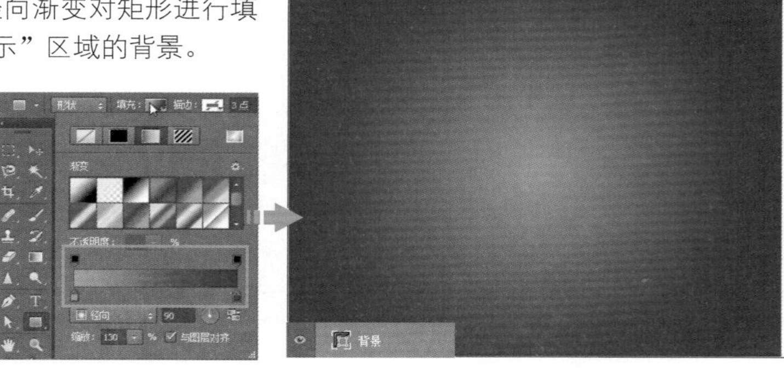

11 将04.jpg添加到图像窗口中，适当调整其大小，放在矩形背景上方。接着使用“钢笔工具”沿着运动鞋图像的边缘绘制路径，再将路径转换为选区，添加图层蒙版，将运动鞋图像抠取出来。

12 将运动鞋图像添加到选区中，创建“色阶”调整图层，在打开的“属性”面板中对“RGB”选项下的色阶值进行设置，以提升运动鞋图像的亮度和层次。

13 再次将运动鞋图像添加到选区中，创建“色彩平衡”调整图层，在打开的“属性”面板中对“中间调”选项下的参数进行调整，让运动鞋图像的颜色接近真实商品的颜色。

14 复制编辑好的运动鞋图层与相关调整图层，将复制出的图层合并为一个图层，命名为“合并-阴影”，调整图层的顺序，并翻转图像，添加图层蒙版后进行编辑，制作出运动鞋的倒影效果。

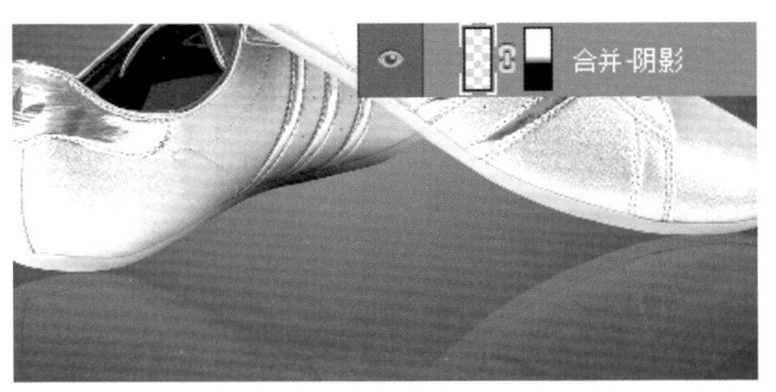

15 使用“横排文字工具”输入介绍卖点的文字，在“字符”面板中对文字的属性进行设置，将文字分别组合在一起，放在画面的适当位置。

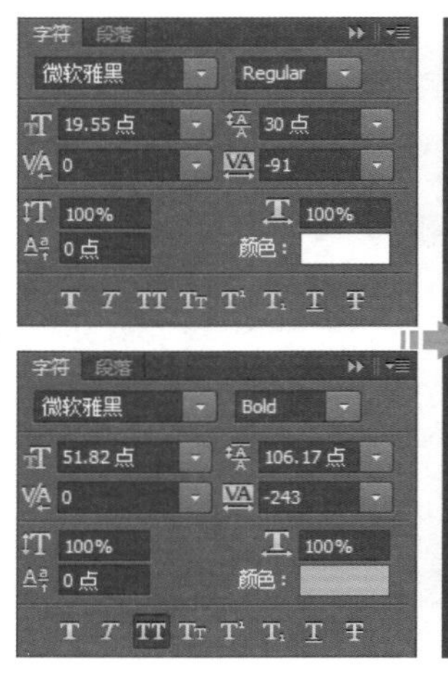
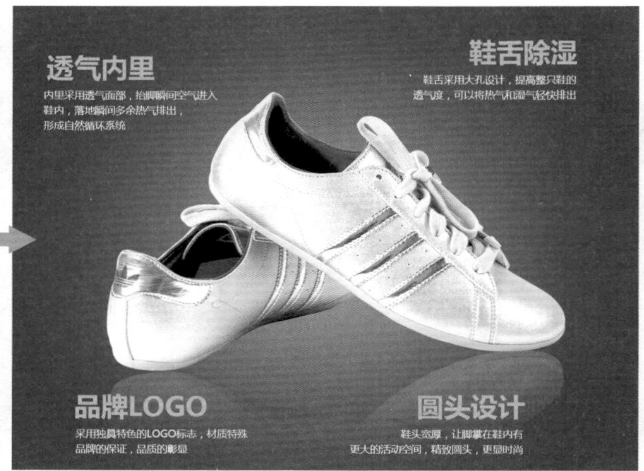

16 选择工具箱中的“钢笔工具”，在其选项栏中进行设置后，在画面中的适当位置绘制出折线，使文字与运动鞋各部位之间的对应关系更加明确。

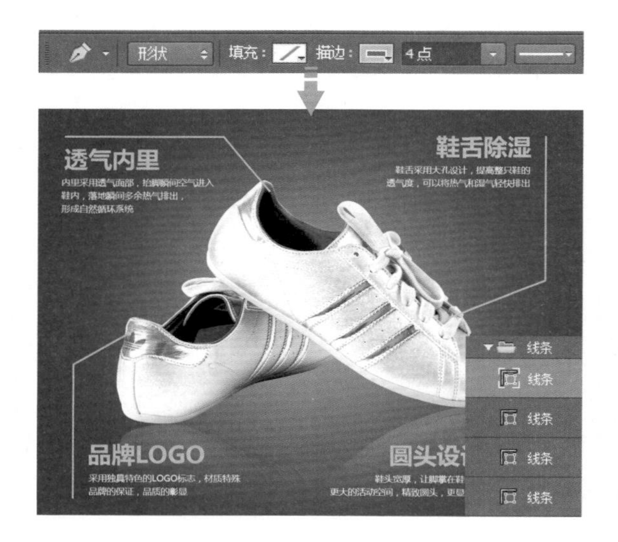

17 复制“卖点展示”区域的标题栏，修改标题文字。接着将 05.jpg 添加到图像窗口中，适当调整图像的大小。参考前面的抠图方法将运动鞋图像抠取出来，并使用“色阶”调整图层对其进行修饰。

18 选择工具箱中的“椭圆工具”，在其选项栏中进行设置后绘制出圆形，并将运动鞋的素材照片添加到图像窗口中，适当调整图像的大小，通过创建剪贴蒙版控制其显示范围。

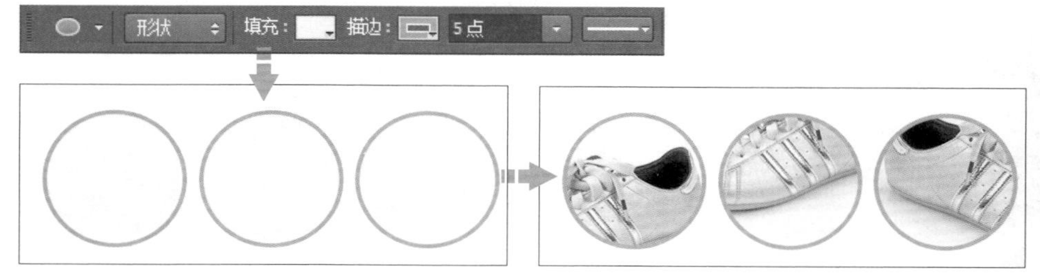
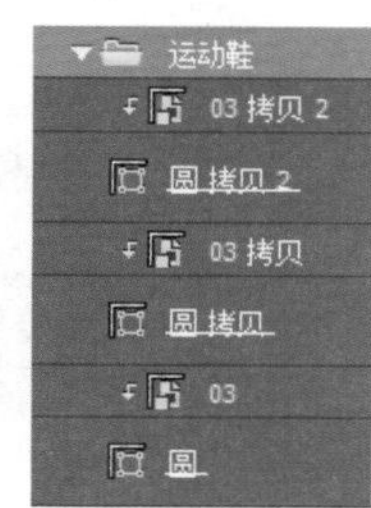

19 选择工具箱中的“自定形状工具”，在其选项栏中选择合适的箭头形状，绘制在适当的位置，以清晰地表达出运动鞋的功能特点。

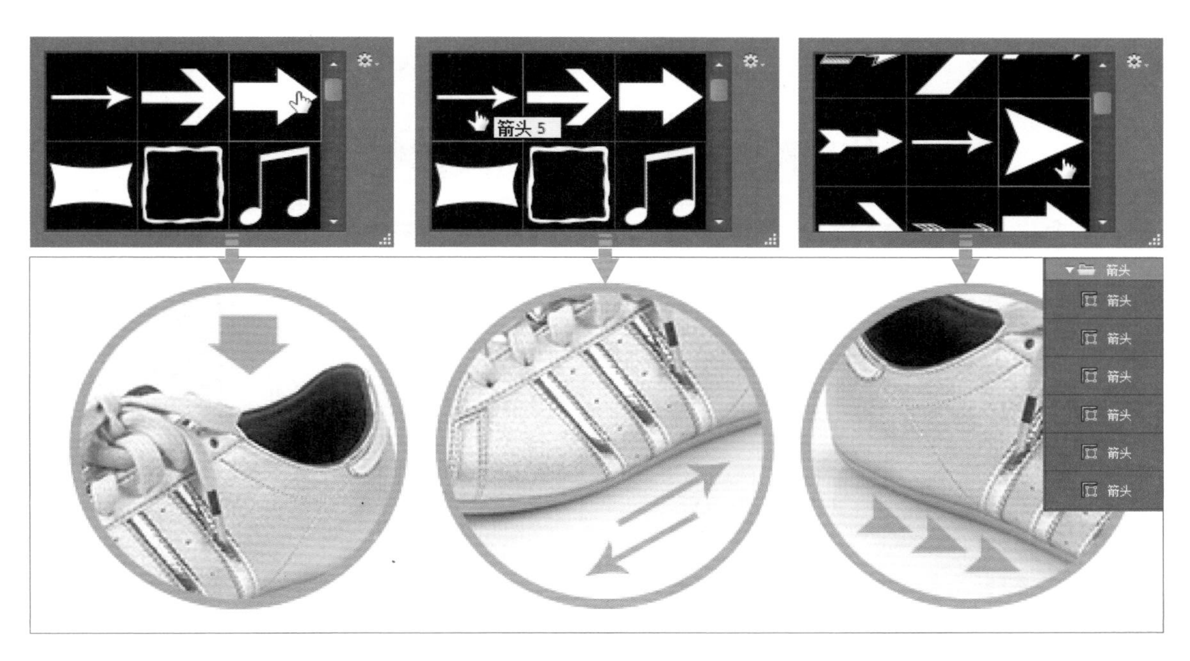

20 选择工具箱中的“横排文字工具”，输入“设计亮点”区域的内容文字，并在“字符”面板中对文字的属性进行设置。

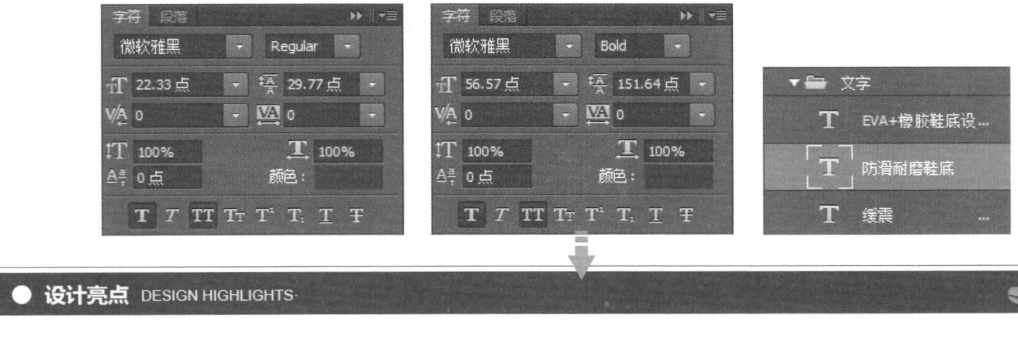

21 运用相同的方法，通过复制图层并修改文字，制作出“尺码对照”区域的标题栏。

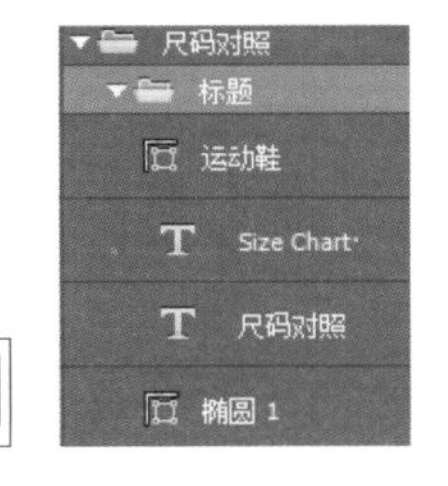

22 选择工具箱中的“矩形工具”，在其选项栏中进行设置后绘制出矩形。复制多个绘制的矩形，将其组合成一个表格，用于展示尺码信息。

23 使用工具箱中的“横排文字工具”输入表格中的文字，打开“字符”面板，对文字的字体、字号和字间距等进行设置，再将文字放在表格单元格的适当位置，完成尺码对照表的制作。

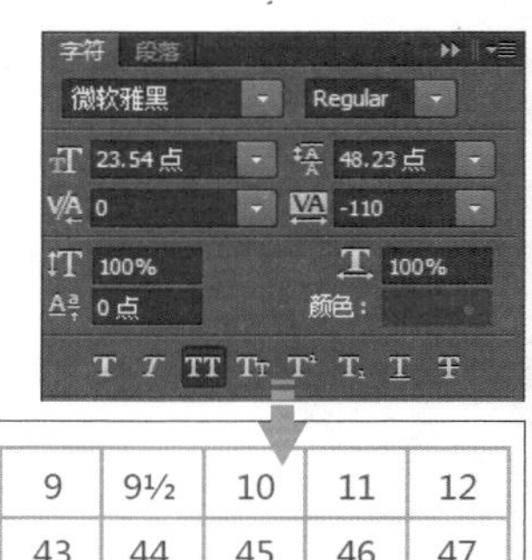

美国码USA	2½	3½	4½	5	5½	6½	7	8	9	9½	10	11	12
法国码EUR	35	36	37	38	39	40	41	42	43	44	45	46	47
中国码CHN	225	230	235	240	245	250	255	260	265	270	280	285	295

文字
12 47 295
11 46 285
10 45 280
9½ 44 270
9 43 265
8 42 260
7 41 255
6½ 40 250
5½ 39 245
5 38 240
4½ 37 235
3½ 36 230
2½ 35 225

24 同样运用复制图层并修改文字的方法制作出“购物须知”区域的标题栏。使用“矩形工具”绘制出矩形，分别填充不同的颜色。

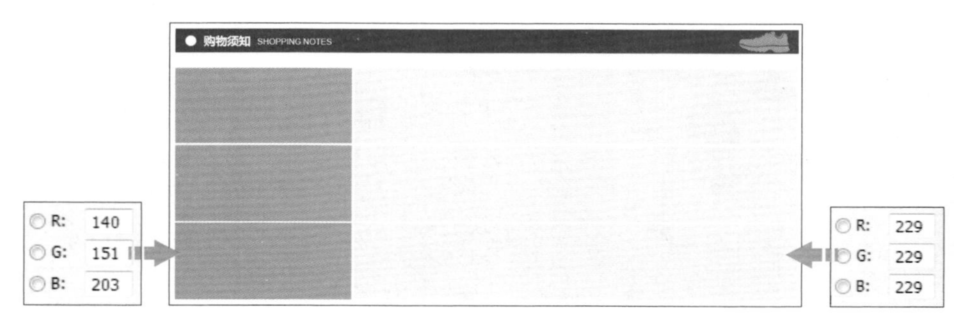

25 选择工具箱中的“横排文字工具”，输入“购物须知”区域的内容文字，在“字符”面板中对文字的属性进行设置，通过字体和字号的差异来体现文字的主次。

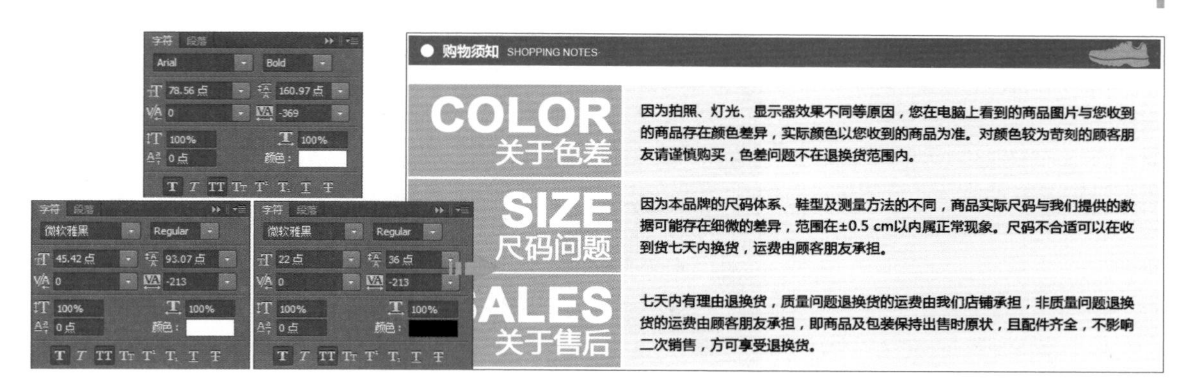

26　接下来开始制作橱窗照。将01.jpg添加到图像窗口中，使用“矩形选框工具”创建正方形选区，添加图层蒙版，控制图像的显示范围，制作出橱窗照的背景。

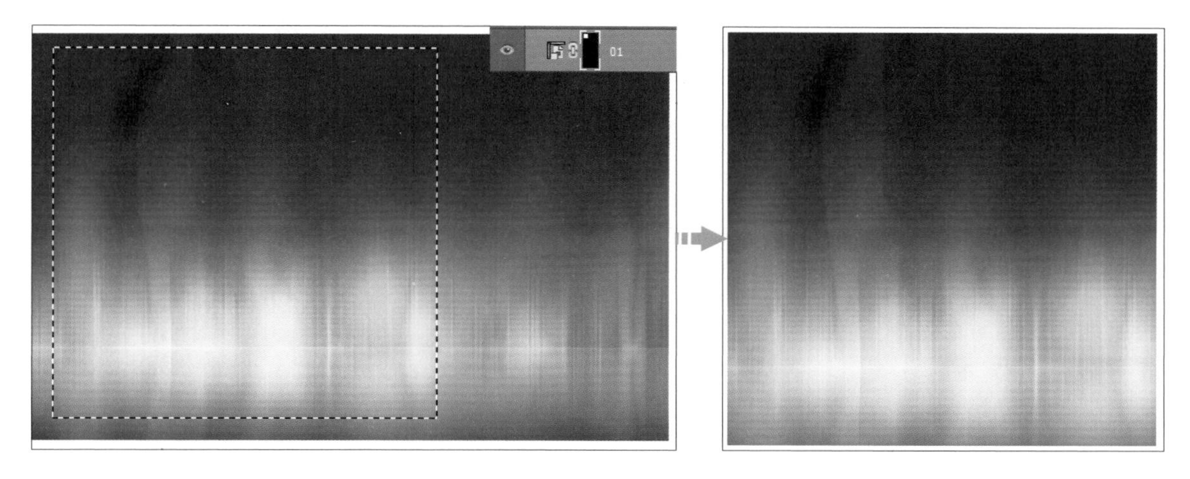

27　将03.jpg添加到图像窗口中，适当调整其大小和位置，使用“钢笔工具”沿着运动鞋图像绘制路径，接着将路径转换为选区，添加图层蒙版，将运动鞋图像抠取出来。

28 将运动鞋图像添加到选区，创建“色阶”调整图层，在打开的“属性”面板中对“RGB”选项下的参数进行设置，使运动鞋图像的影调与整个画面的影调保持协调。

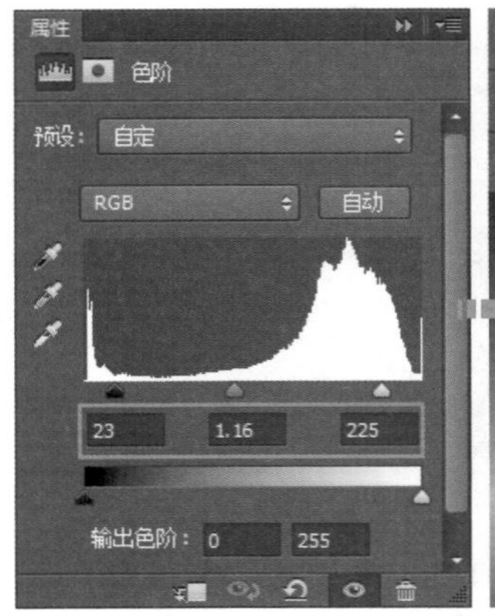

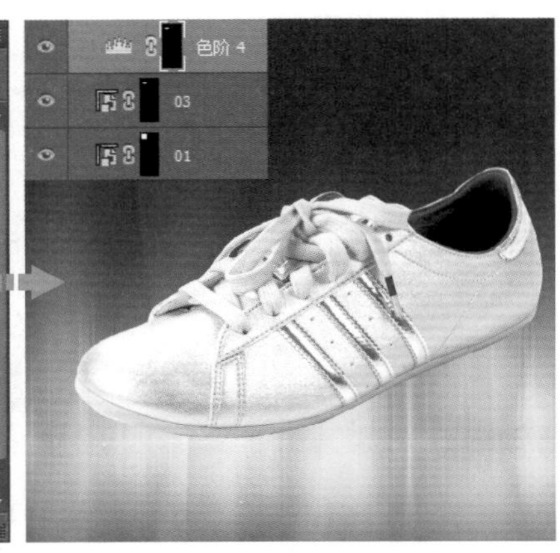

29 复制前面编辑好的运动鞋相关图层，并合并为一个图层，命名为“合并”。将“合并”图层转换为智能对象图层，执行“滤镜>锐化>USM 锐化”菜单命令，在打开的对话框中设置参数，对图像进行锐化处理，使其细节更加清晰。

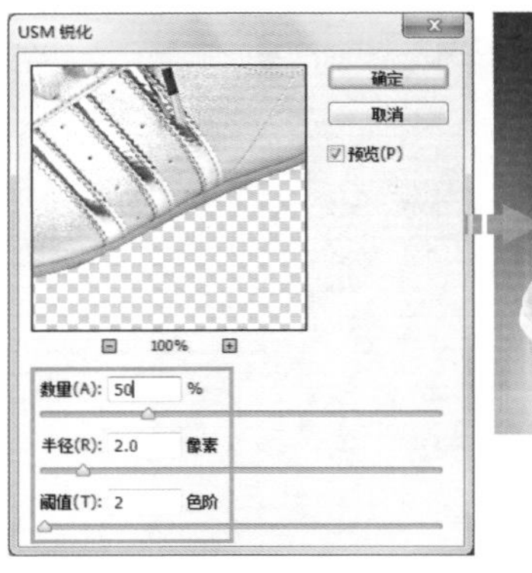

30 再次复制运动鞋图层与“色阶”调整图层，将复制出的图层合并为一个图层，命名为“合并-阴影”，调整图层的顺序，并翻转图像，添加图层蒙版后进行编辑，制作出运动鞋的倒影效果。

合并-阴影

31 将 06.jpg 添加到图像窗口中，适当调整其大小。接着复制图层，调整气泡图像的大小，并设置图层混合模式为“滤色”，去除气泡图像中的黑色，使其与背景自然地融合在一起。

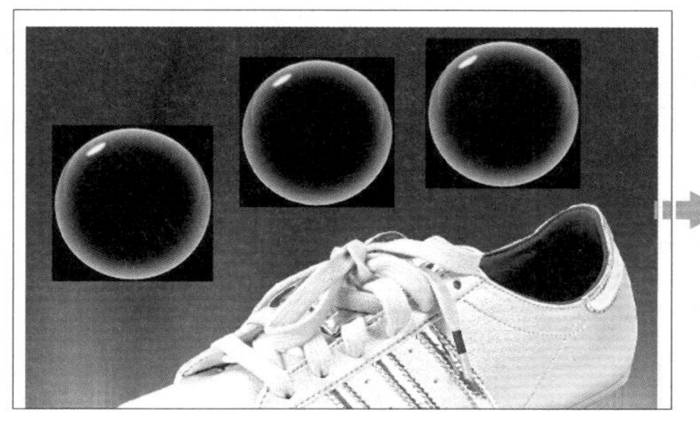

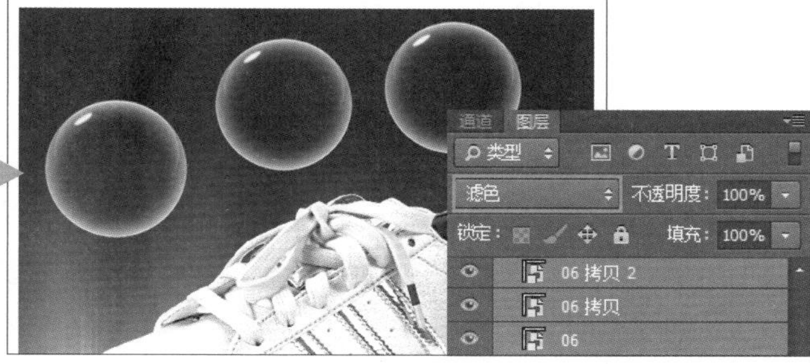

32 选择工具箱中的“横排文字工具”，输入三组文字，接着在“字符”面板中对文字的属性进行设置，将文字分别放在气泡上。

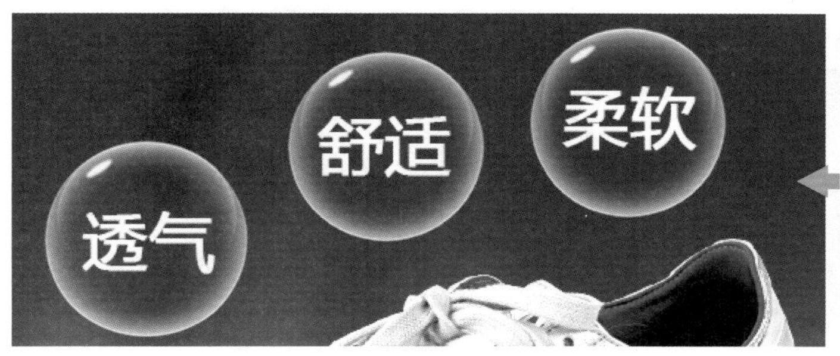

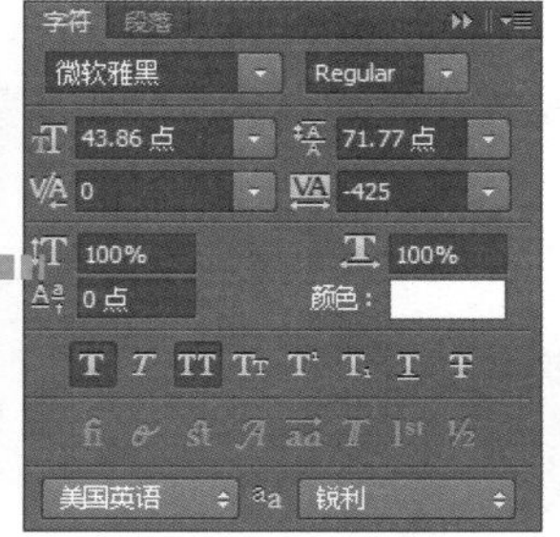

33 选择工具箱中的“圆角矩形工具”，在其选项栏中进行设置，接着绘制出圆角矩形，放在橱窗照的下方，作为文字的背景。

34 使用“横排文字工具”在圆角矩形中输入文字，在“字符”面板中对文字的属性进行设置。至此，本案例就全部制作完成了。

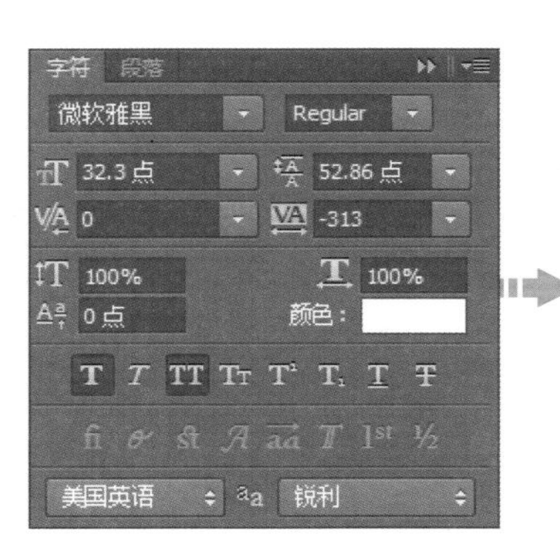

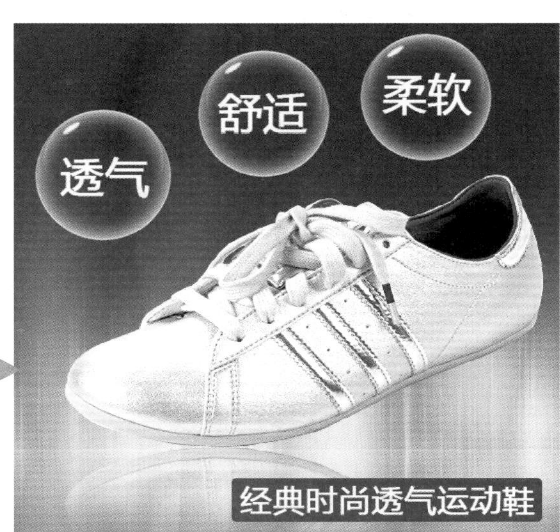

6.1.5 案例扩展

◎ 原始文件：无
◎ 最终文件：下载资源\源文件\06\案例扩展\运动鞋详情页面装修设计.psd

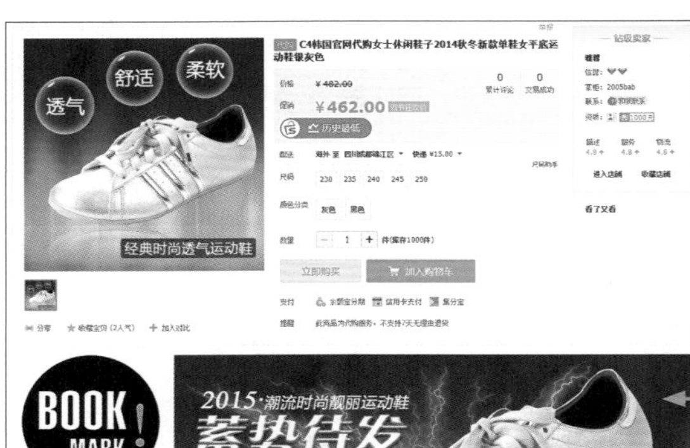

将背景从紫色调更换为绿色调，因为绿色调与草地的色调一致，这样的调整能突出运动鞋的穿着场景，给人健康环保的感觉。

根据前面广告图中背景色调的更改，在其他区域的文字、背景和指示线条的配色上都进行了相应更改，通过绿色的使用，为画面注入清新、自然的元素。

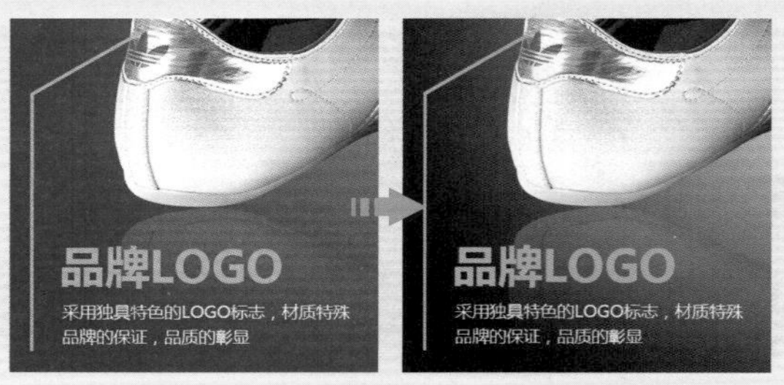

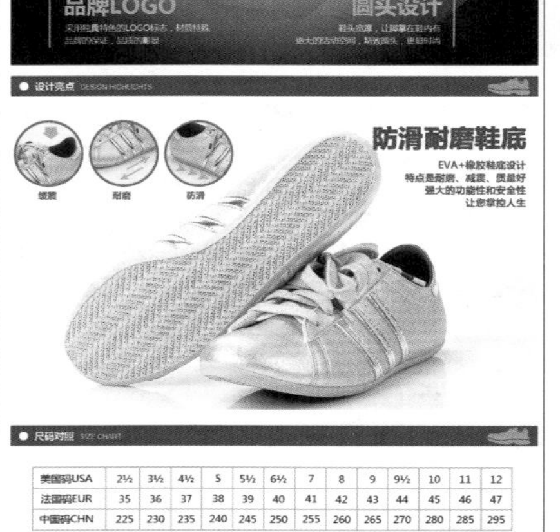

美国码USA	2½	3½	4½	5	5½	6½	7	8	9	9½	10	11	12
法国码EUR	35	36	37	38	39	40	41	42	43	44	45	46	47
中国码CHN	225	230	235	240	245	250	255	260	265	270	280	285	295

标题栏是整个详情页面中风格设计的关键，在更改了大部分设计元素颜色的情况下，也对标题栏的颜色进行了更改。

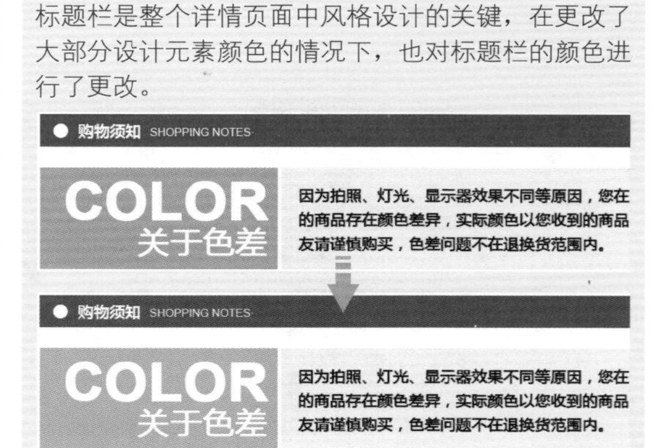

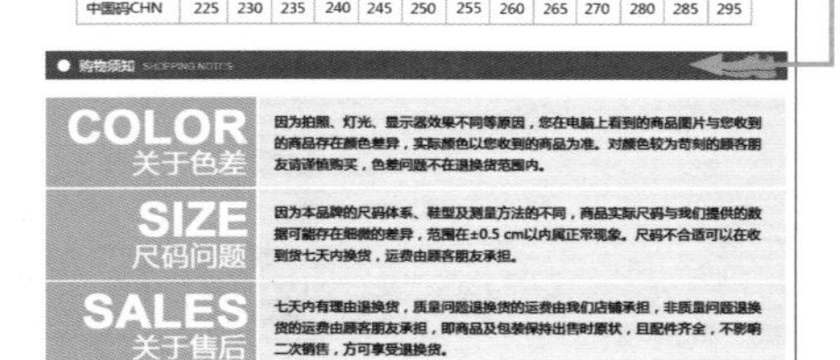

6.2 眼镜框详情页面装修设计

本案例要为一款眼镜框设计详情页面，设计内容包括橱窗照、商品介绍等，设计出的页面要能够准确清晰地表达眼镜框的特点、购买注意事项等信息。如下图所示为卖家提供的眼镜框的商品照片。

6.2.1 框架设计

根据本案例的设计要求，结合眼镜框的特点、功能、使用对象等因素，可以总结出本案例详情页面的几个设计要点：首先，详情页面的基本内容要包含眼镜框的材质信息、佩戴信息和服务信息等；其次，现在的消费者在选购眼镜框时除了关注功能性之外，还追求美观性，所以详情页面还要突出眼镜框的外观设计亮点。根据上述分析，可以大致规划出本案例详情页面的结构框架，具体如下图所示。

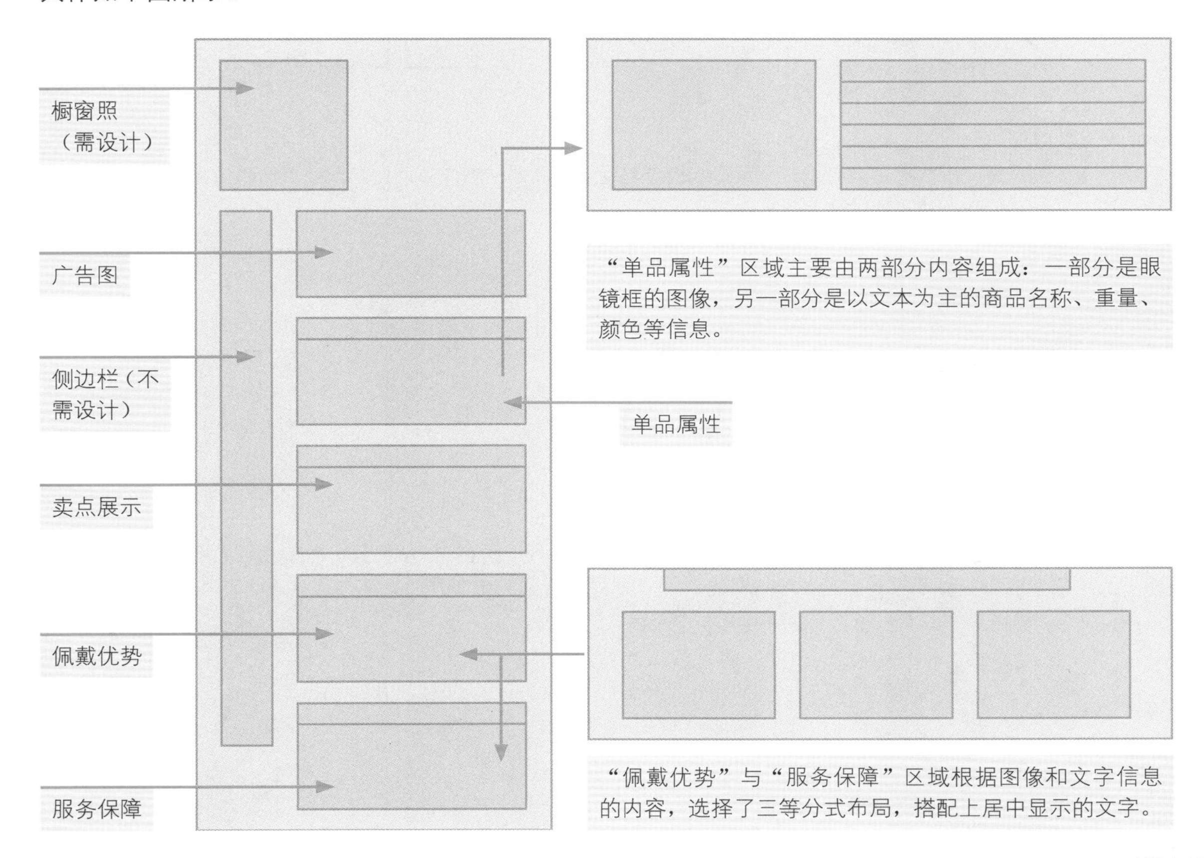

6.2.2 风格定位

为获得风格定位的灵感和思路，首先收集了许多眼镜的图片，这些眼镜的外形风格各异，但还是没有获得很好的设计思路。于是接着将收集到的眼镜图片进行净化和去色，去掉多余的信息，让信息简化，得到黑白色的眼镜图像。在这些图像中可以看到，眼镜框的外形大致由弯曲的线条、椭圆形的线框组成。由此产生了详情页面风格定位的灵感，决定以线性化风格为主，打造出线条感强烈的画面效果。确定详情页面风格定位的思路如下图所示。

观察现实生活中多种不同功能的眼镜，如墨镜、近视眼镜、装饰眼镜等，可以看到它们的眼镜框的外观都基本相同。

为了规范思路，将眼镜图像中的颜色、光影等去除，使其显示出最真实、简单的一面。

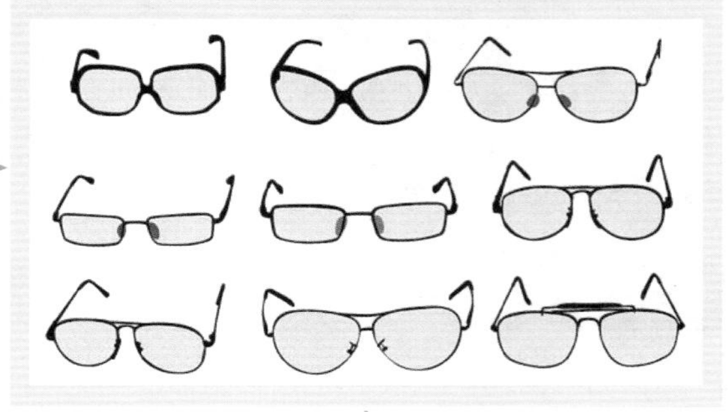

从眼镜的简化图中可以看到，线条、椭圆形是组成眼镜框的主要元素，因此，定义详情页面的主要设计元素为线性的对象。

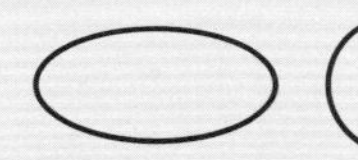

圆形

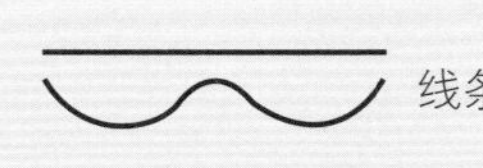
线条

其他线性对象

确定了主要的设计元素之后，再将设计元素巧妙地应用到详情页面的制作中，例如，使用直线修饰标题栏，使用折线指示文字，使用圆角矩形修饰文字等。

PRODUCT DATA 单品属性

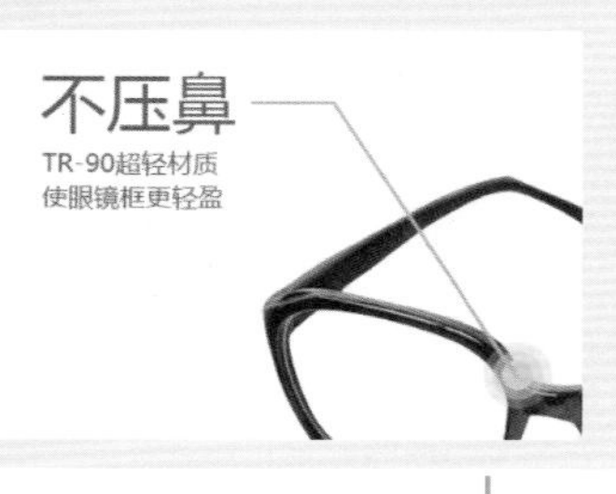

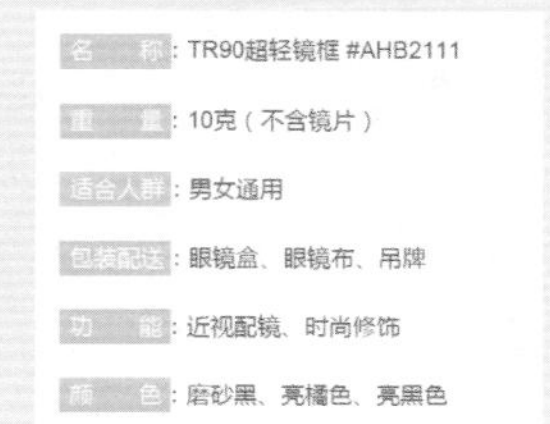

线条是组成眼镜框的主要元素，因此，在设计本案例的过程中，大量使用线条元素可以使画面风格与商品风格保持一致。线条能够赋予视觉一定的延伸性和方向性，也具有很强的修饰功能。将线性风格合理应用到详情页面中，可以提升画面的设计感，同时提高商品的档次。

6.2.3 配色方案

本案例是为眼镜框设计详情页面，根据惯例，在制定配色方案时，首先对商品照片的颜色进行分析。从配色分析结果中可以看到，整个画面主要由橙色系和灰度颜色组成，这两种颜色的色相差异较大。为了保守起见，选择橙色作为详情页面中唯一的有彩色来进行配色。因为前面定义了详情页面的风格为线性化风格，在画面中肯定会出现大量线条，如果使用多种颜色的线条，势必会让整个页面产生凌乱的感觉，因此，利用橙色这种与商品色彩一致的颜色进行配色是最佳的选择。确定本案例配色方案的思路如下图所示。

选择一张眼镜框照片，在Adobe Color CC中进行配色分析。

从配色分析结果可以看出，橙色和黑色是照片中的主要颜色，也是眼镜框的颜色。

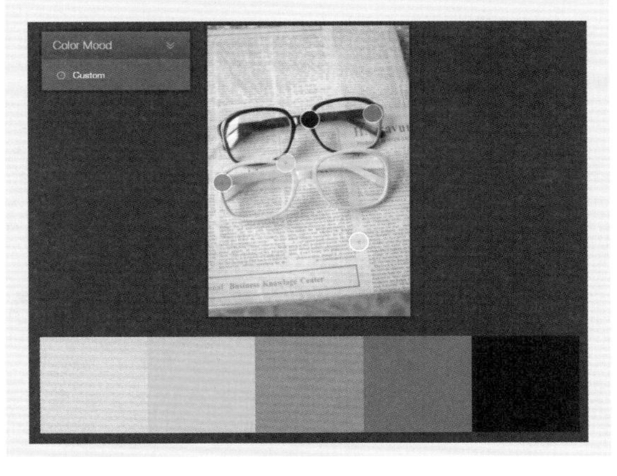

鉴于橙色具有较高的鲜艳度和亮度，决定提取橙色作为主色调。

选择了橙色作为主色调之后，还需要选择其他颜色用于辅助表现。鉴于眼镜框为黑色和橙色两种，因此确定次要颜色为黑色，并通过调整黑色的明度，扩展出多种灰度的颜色。

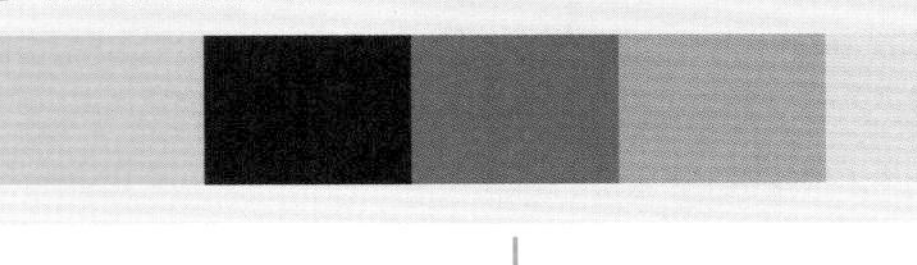

确定了详情页面的配色方案之后，将配色方案应用到具体的制作中。将小部分线条、文字和修饰元素填充为橙色，并利用不透明度的变化来营造颜色的层次感，而对大部分设计元素使用灰度的颜色进行修饰。

在为详情页面添加文字和绘制修饰元素时，可以调整这些元素的颜色，使其满足配色方案的要求。而当需要添加图像素材时，就要注意尽量选择颜色与配色方案中的颜色相近的图像。

6.2.4 步骤详解

◎ 原始文件：下载资源\素材\06\07.jpg～10.jpg

◎ 最终文件：下载资源\源文件\06\眼镜框详情页面装修设计.psd

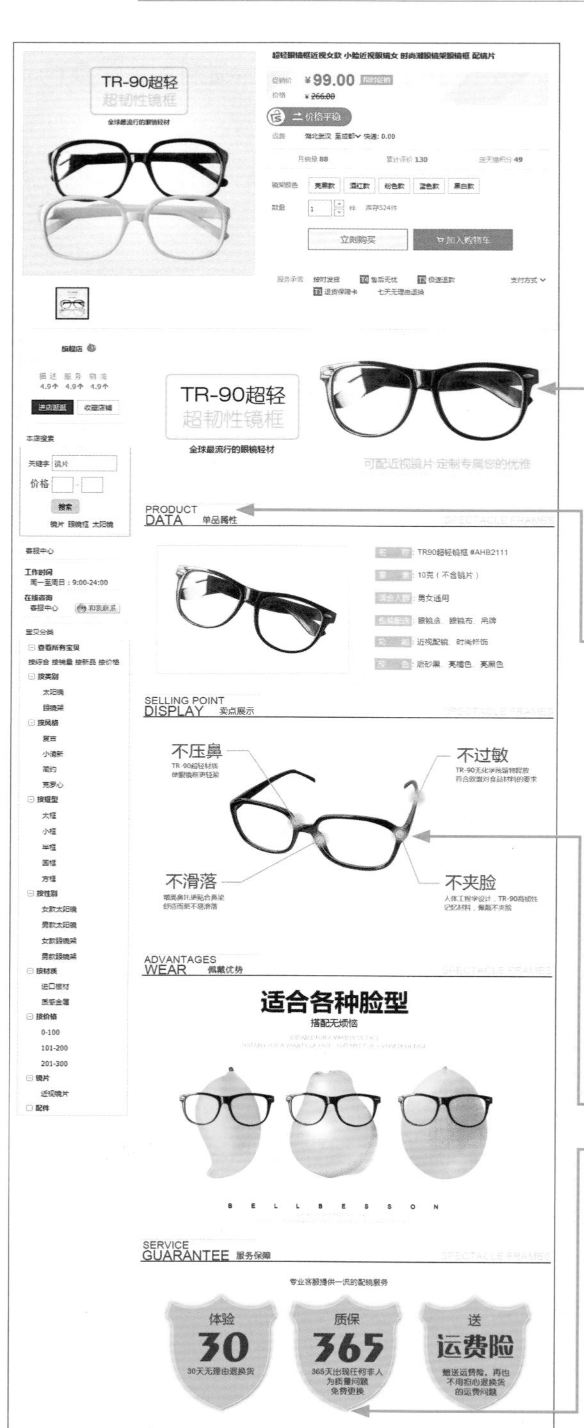

使用“钢笔工具”绘制路径，将路径转换为选区后，添加图层蒙版，将眼镜框图像从复杂的背景中抠取出来，使用调整图层调整眼镜框图像的颜色。

PRODUCT
DATA 单品属性

使用“矩形工具”绘制线条，然后用“横排文字工具”添加文字，制作出简约、线性化的标题栏。

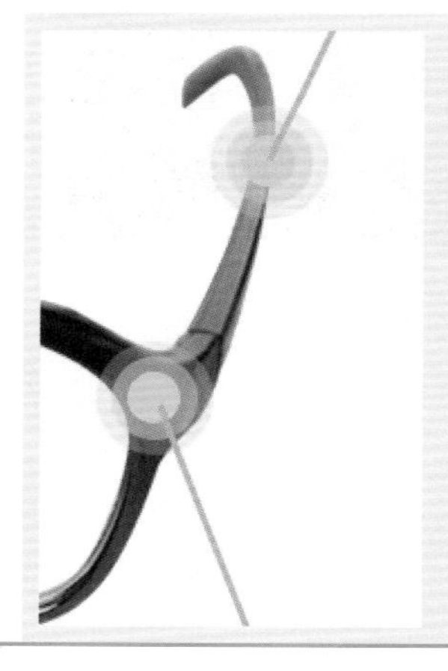

使用“椭圆工具”绘制出三个不同大小的圆形，在其选项栏中设置圆形的填充色，接着分别调整每个圆形的图层不透明度，最后将三个圆形进行居中排列，制作出重点标记的效果。

使用“自定形状工具”绘制出盾牌的形状，接着通过添加图层样式让盾牌形状看起来更精致。

01　运行 Photoshop，新建一个文档，使用“矩形工具”绘制出详情页面中广告图的背景，填充为一定程度的灰色，取消描边色。接着将 07.jpg 添加到图像窗口中，并利用“钢笔工具”将眼镜框图像抠取出来。

02　将眼镜框图像添加到选区中，创建“色阶”调整图层，在打开的“属性”面板中设置参数，增强眼镜框图像的层次。

03　由于拍摄时的反光导致眼镜框图像的颜色与商品的真实颜色有些许差异，因此，再次将眼镜框图像添加到选区中，创建“自然饱和度”调整图层，在打开的“属性”面板中设置参数，将眼镜框图像调整为黑白色。

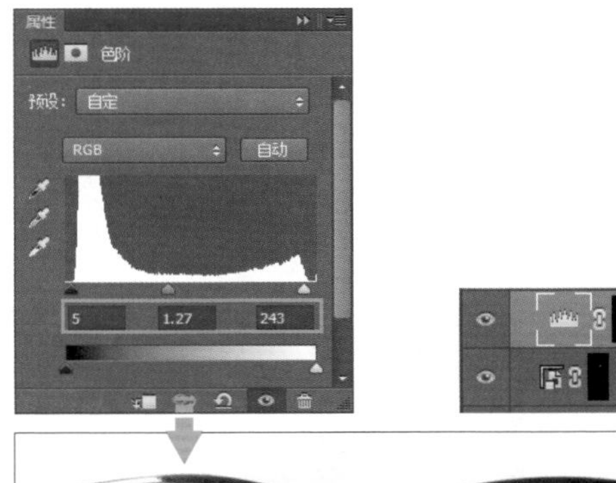

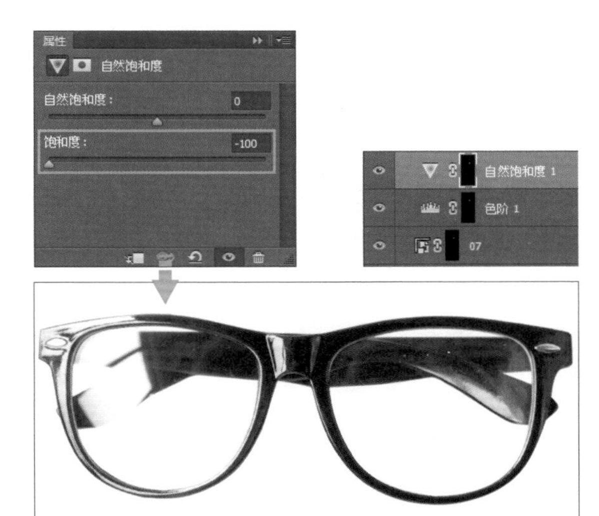

04　选择工具箱中的“横排文字工具”，输入广告图的文字，调整文字的字体和字号，使用黑色和橙色进行颜色填充。

05 选择工具箱中的“圆角矩形工具”，在其选项栏中进行设置，绘制出圆角矩形。调整圆角矩形的大小，将广告图中的主题文字框在其中，对文字进行修饰。

形状 填充： 描边： 3点

TR-90超轻
超韧性镜框
全球最流行的眼镜轻材
圆角矩形

06 使用“矩形工具”绘制矩形线条，并用“横排文字工具”输入标题栏文字，将矩形线条与文字组合在一起，制作出“单品属性”区域的标题栏。

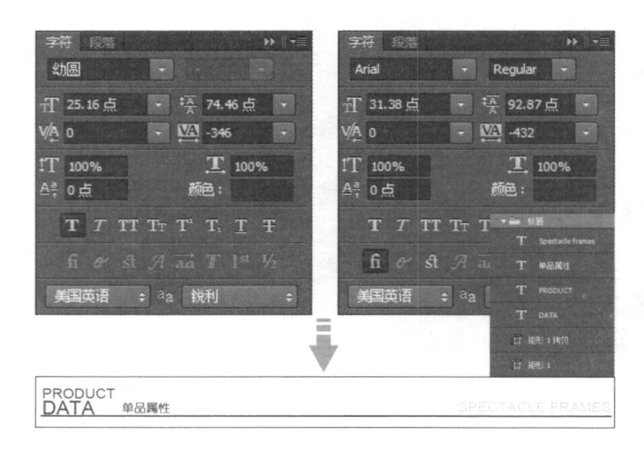

07 选择工具箱中的“矩形工具”，在该工具的选项栏中进行设置，接着绘制出矩形，放在“单品属性”标题栏下方靠左的位置，作为放置商品图像的背景。

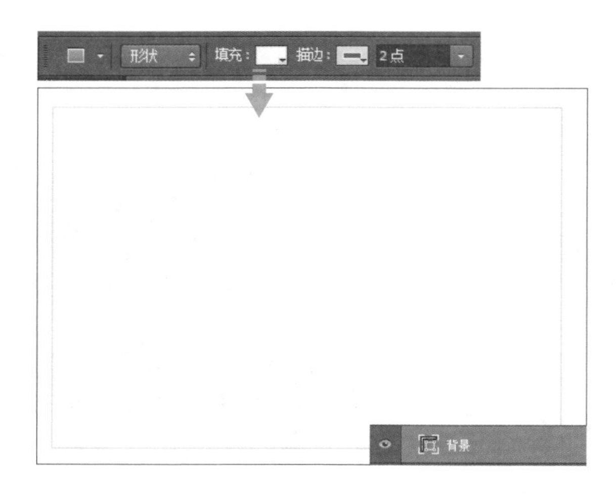

08 复制前面抠取并编辑好的眼镜框图像相关图层，把复制出的图层合并为一个图层，调整图像角度后放在矩形上。接着使用“矩形工具”绘制出若干个矩形，填充为橙色，取消描边色。

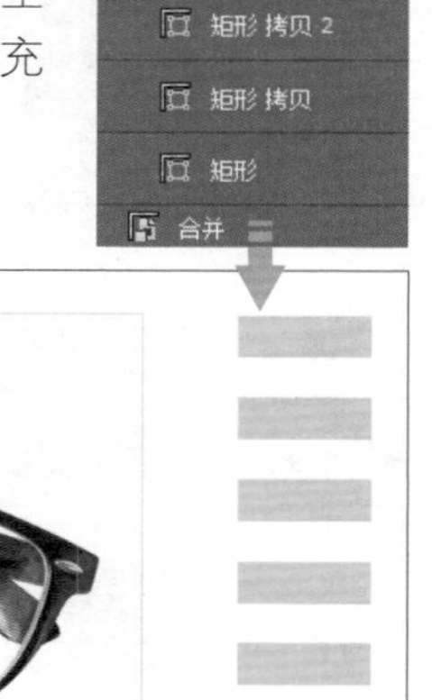

09 选择工具箱中的“横排文字工具”，输入描述商品属性的文字，将部分文字的颜色设置为白色，放在橙色矩形上，在“字符”面板中对这些文字的字体、字号、字间距等进行调整。

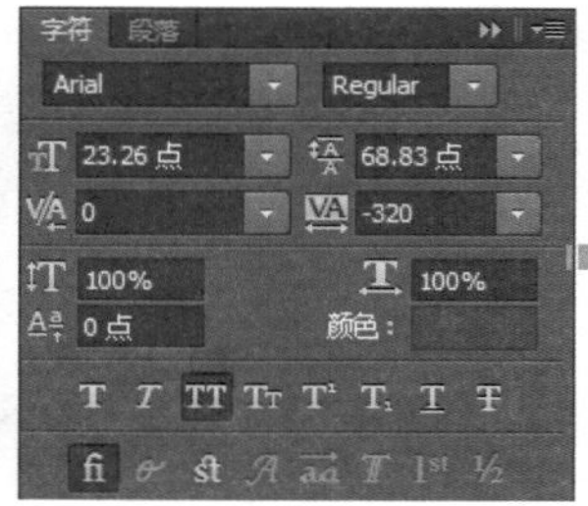

名　　称	TR90超轻镜框 #AHB2111
重　　量	10克（不含镜片）
适合人群	男女通用
包装配送	眼镜盒、眼镜布、吊牌
功　　能	近视配镜、时尚修饰
颜　　色	磨砂黑、亮橘色、亮黑色

10 为了进一步体现线性化的设计风格，使用矩形线条对文字进行修饰。选择工具箱中的“矩形工具”，绘制出矩形线条，设置填充色为较浅的灰色，复制线条并按照等距方式排列，修饰商品属性文字。

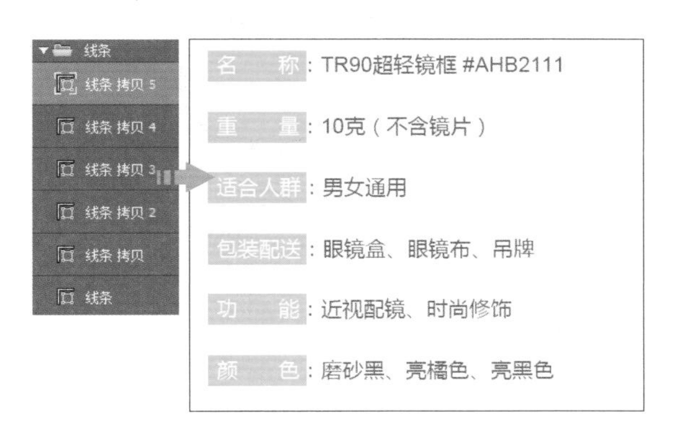

11 复制“单品属性”标题栏的相关图层，修改文字，制作出“卖点展示”区域的标题栏。使用“矩形工具”绘制一个填充为浅灰色、无描边色的矩形，作为“卖点展示”区域的背景。

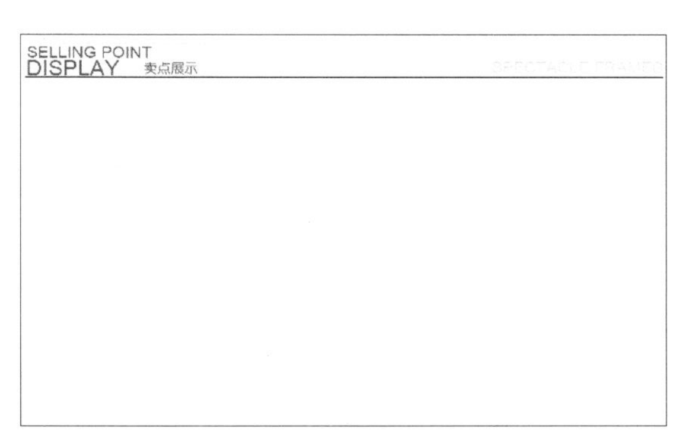

12 将08.jpg添加到图像窗口中，适当调整其大小，使用“钢笔工具”沿着黑色眼镜框图像绘制路径，将绘制的路径转换为选区，添加图层蒙版，将眼镜框图像抠取出来，放在绘制的灰色矩形上。

13 将眼镜框图像添加到选区中，创建“色相/饱和度”调整图层，在打开的“属性”面板中调整“黄色”选项下的参数，使眼镜框图像呈现出亮眼的黑色，在图像窗口中可以看到眼镜框图像的色调和亮度更理想了。

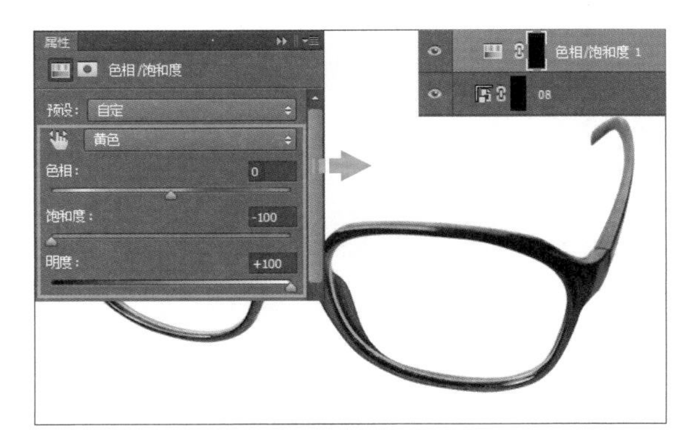

14 为了对眼镜框上几个较特殊的部位进行指示说明，将使用圆形对这些部位进行重点标记。使用“椭圆工具”绘制出三个不同大小的橙色圆形，调整图层的“不透明度”并居中排列，制作出涟漪状发散的效果。

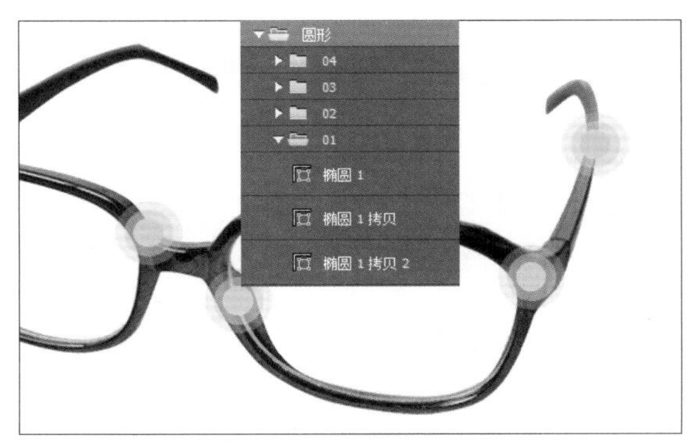

15 选择工具箱中的“钢笔工具”，在其选项栏中进行设置，接着在画面的适当位置绘制出折线，用于连接指示位置与文字。

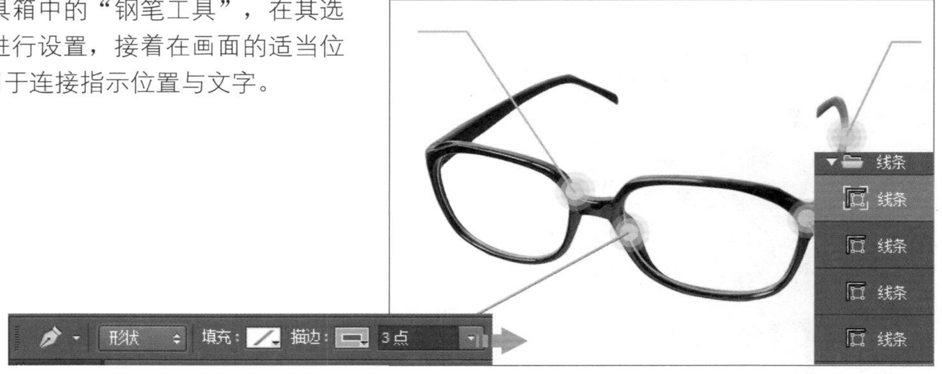

16 选择工具箱中的“横排文字工具”，输入眼镜框的卖点信息，调整文字的字号、字间距，将文字以标题搭配说明文字的方式进行组合，放在指示线条的一端，完成“卖点展示”区域的制作。

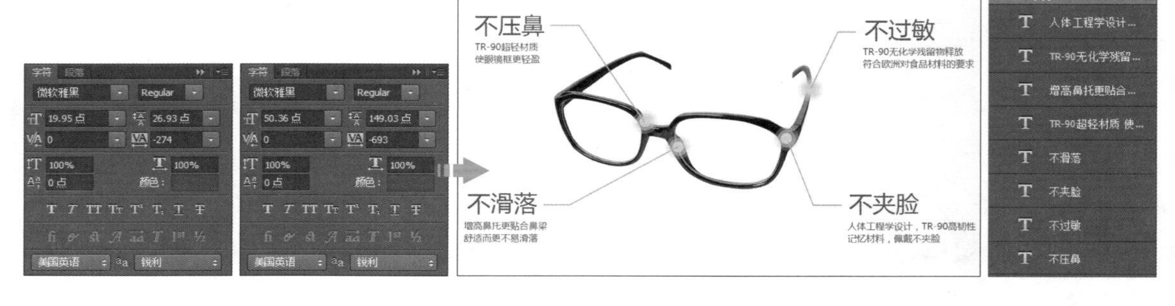

17 参照前面先复制图层后修改文字的方式，制作出“佩戴优势”区域的标题栏。接着将09.jpg添加到图像窗口中，适当调整大小后放在合适的位置。

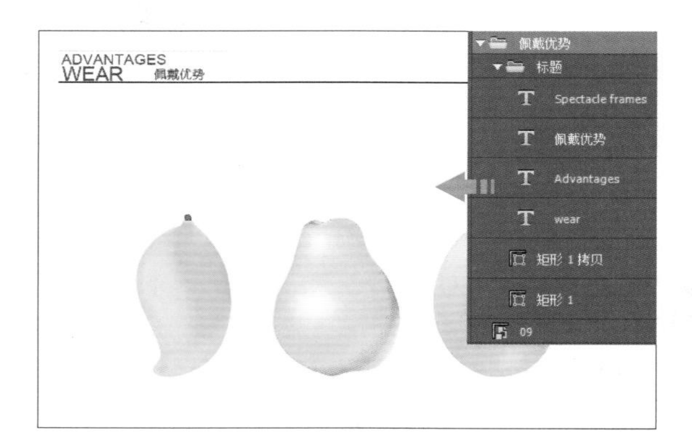

18 将07.jpg添加到图像窗口中，使用“钢笔工具”抠取眼镜框的部分图像，复制抠取后的图层，将其分别放在水果素材的上方。

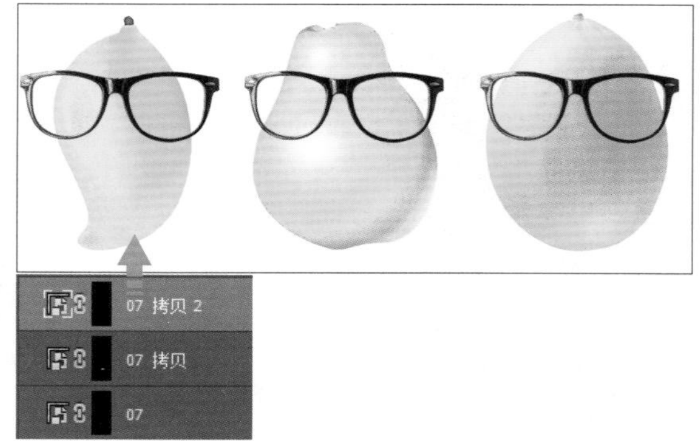

提示

在设计商品详情页面的过程中，为了提升商品的表现力，让商品描述的内容更加饱满、形象，可以使用辅助元素来配合商品形象的表现。例如，本案例中使用不同外形的水果来代表不同的脸型，以形象生动的方式展示出不同脸型的人佩戴这款眼镜框的效果。为了保持画面颜色的统一、和谐，选择的水果图像都是颜色相近的。

19 选择工具箱中的“横排文字工具”，输入“佩戴优势”区域的文字信息，调整文字的字体、字号、颜色，按照居中排列方式进行布局，完成“佩戴优势”区域的制作。

20 参照前面先复制图层后修改文字的方式，制作出“服务保障”区域的标题栏。选择“自定形状工具”，在选项栏中选择盾牌形状进行绘制，复制绘制的盾牌，并将其做等距排列。

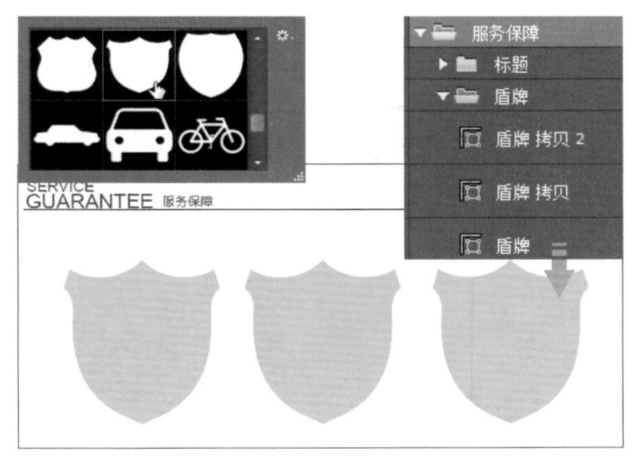

21 使用“描边”“外发光”“投影”图层样式对盾牌形状进行修饰，让盾牌形状的边缘呈现出多层线条的效果。

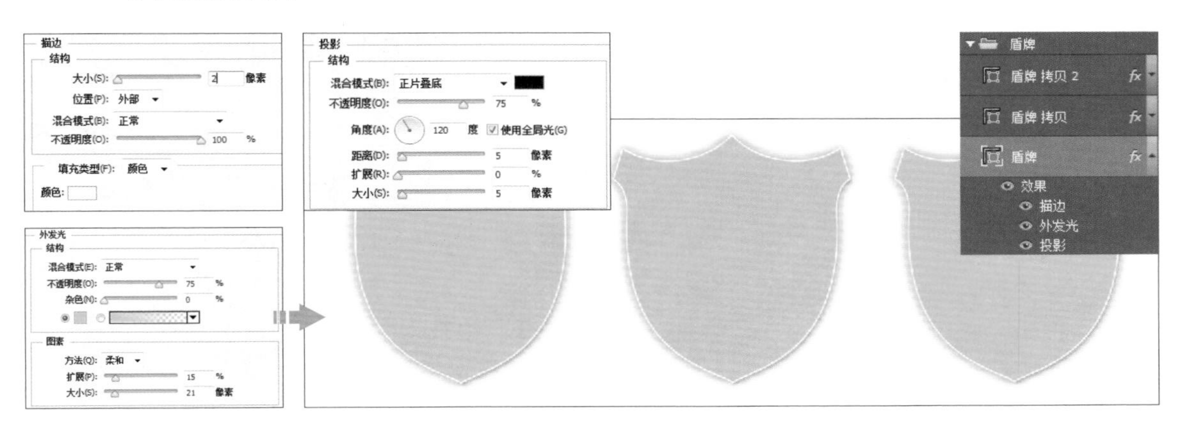

22 选择工具箱中的“横排文字工具”，输入“服务保障”区域的文字，调整文字的字体、字号和字间距，将文字以居中排列的方式放置在盾牌形状上。

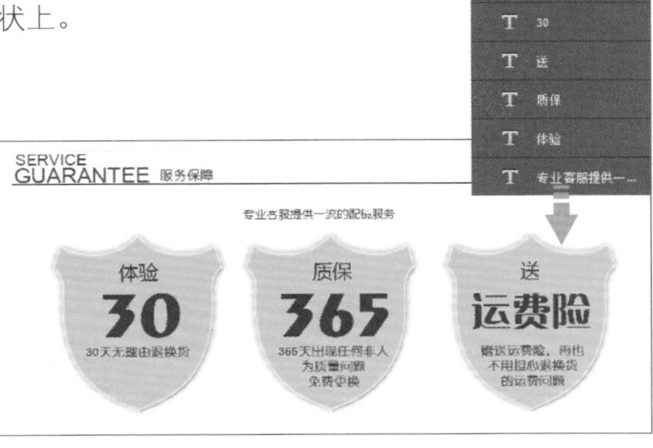

23 最后还需要制作橱窗照。为了让整个详情页面的设计风格保持统一，复制广告图中的文字和商品图像进行搭配，制作出橱窗照。至此，本案例就全部制作完成了。

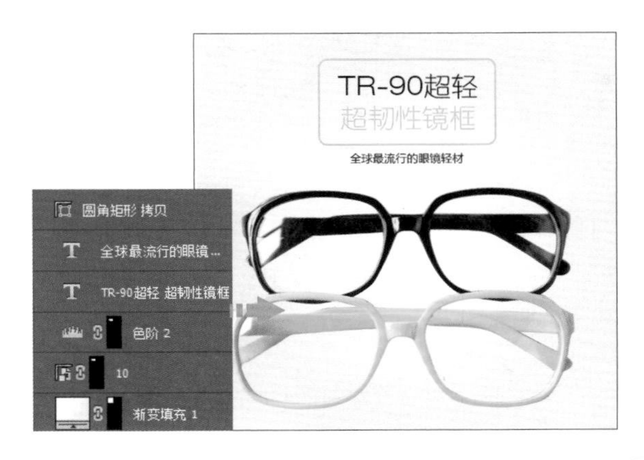

6.2.5 案例扩展

◎ 原始文件：无

◎ 最终文件：下载资源\源文件\06\案例扩展\眼镜框详情页面装修设计.psd

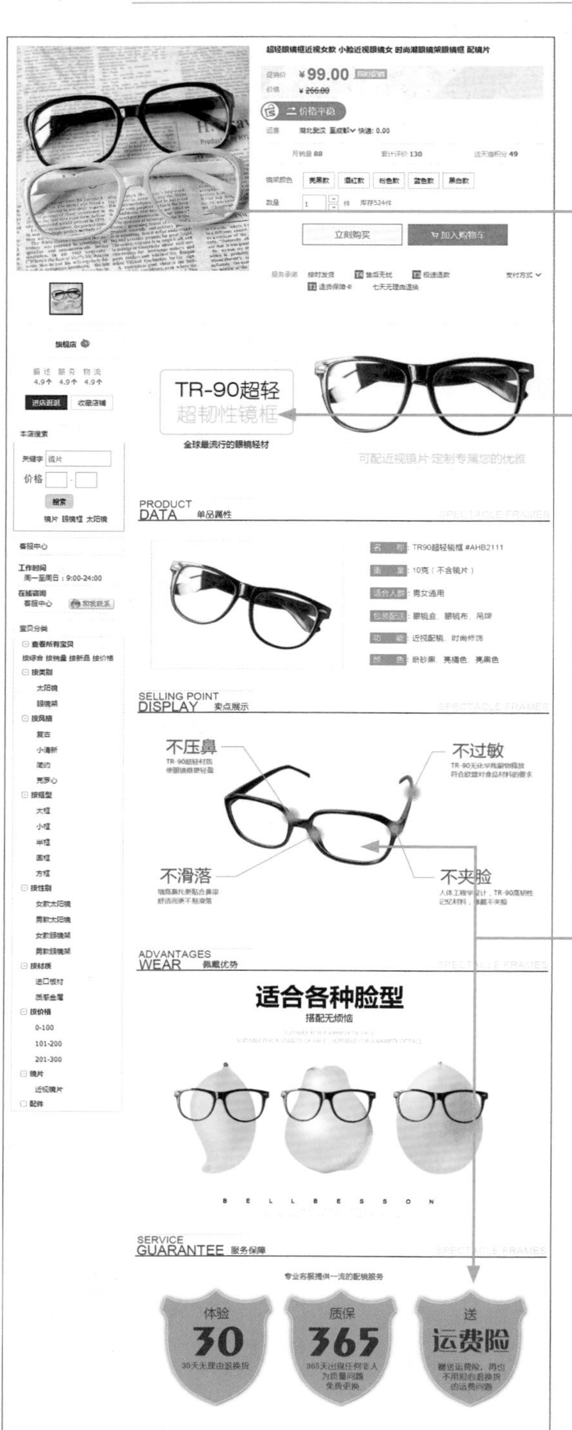

将灰底的背景图像更换为报纸背景图像，利用报纸来突出镜片的通透感。

将橙色的文字和边框修改为绿色，利用绿色所代表的环保、健康、自然的意象来突出商品的特点，辅助商品形象的展现。

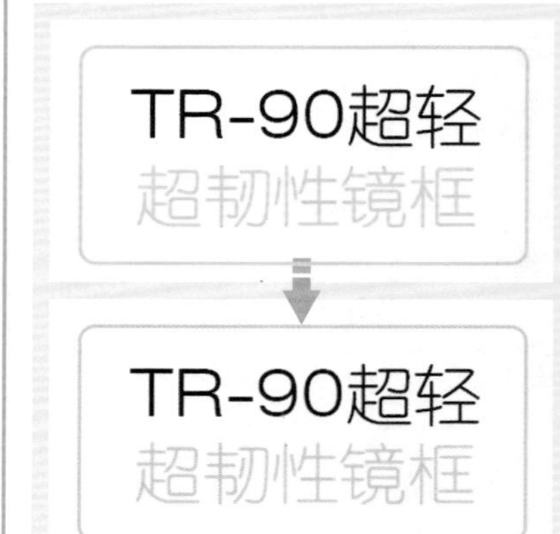

为了保持整个详情页面色调的统一，对页面中其他元素的颜色也进行了相应的更改。

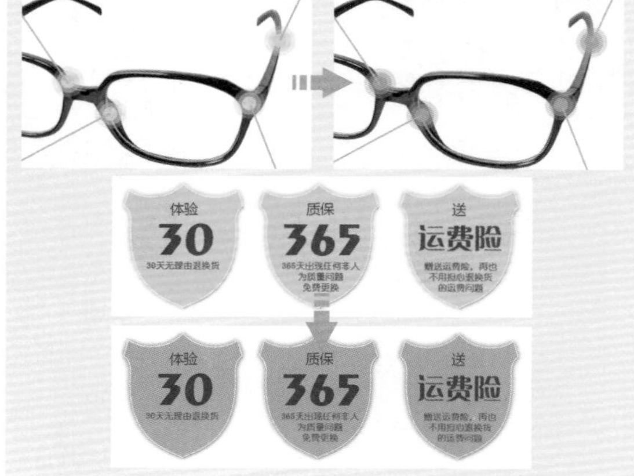

网店视频处理必备技法

要运用视频达到理想的商品展示效果，需使用视频编辑软件对拍摄的视频素材进行剪辑。本章以 Premiere Pro CC 2014 为平台，介绍网店视频处理的必备技法，包括导入素材、输出剪辑成果、素材编辑和调色、添加过渡效果和视频效果、添加字幕、处理音频等。

7.1 网店视频编辑基础

应用 Premiere Pro 制作商品视频时，需要创建项目文件，并将准备好的素材添加到创建的项目文件中，对它进行一些简单的设置，为视频的精细剪辑奠定基础。接下来就对视频编辑的这些基本操作进行讲解。

7.1.1 创建项目文件

创建符合要求的新项目是视频编辑前的第一步准备工作。在 Premiere Pro 中，创建项目有两种方法：一种是在欢迎屏幕中单击“新建项目”按钮，另一种是执行“文件 > 新建 > 项目”菜单命令。

■ 从欢迎屏幕创建

如下图所示，启动 Premiere Pro 时，会弹出欢迎对话框，在其中单击“新建项目”按钮，将打开“新建项目”对话框，在对话框中设置新建项目的名称、保存位置等选项，单击“确定”按钮，即可创建新的项目，新创建的项目会显示在 Premiere Pro 窗口中的“项目”面板中。

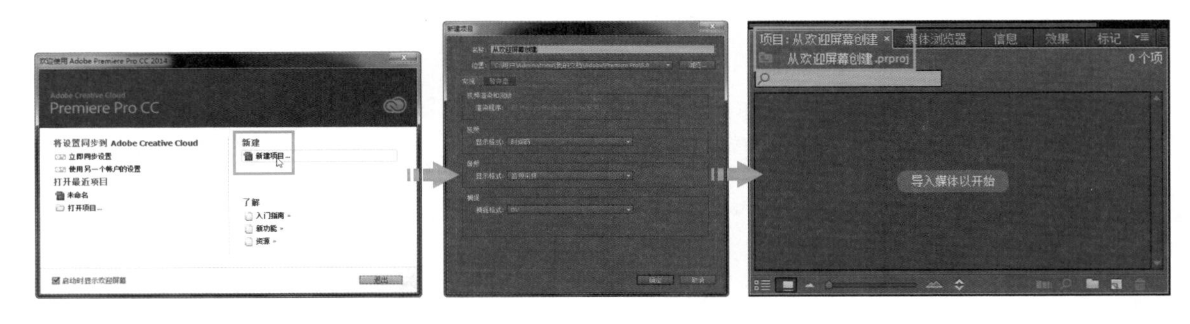

■ 执行菜单命令创建

如果 Premiere Pro 已打开，并且窗口中未显示欢迎屏幕，则执行“文件 > 新建 > 项目”菜单命令，打开“新建项目”对话框，在对话框中设置选项后同样可以创建新项目，如下图所示。

提示

在 Premiere Pro 窗口中按快捷键 Ctrl+Alt+N 可以快速打开“新建项目”对话框。

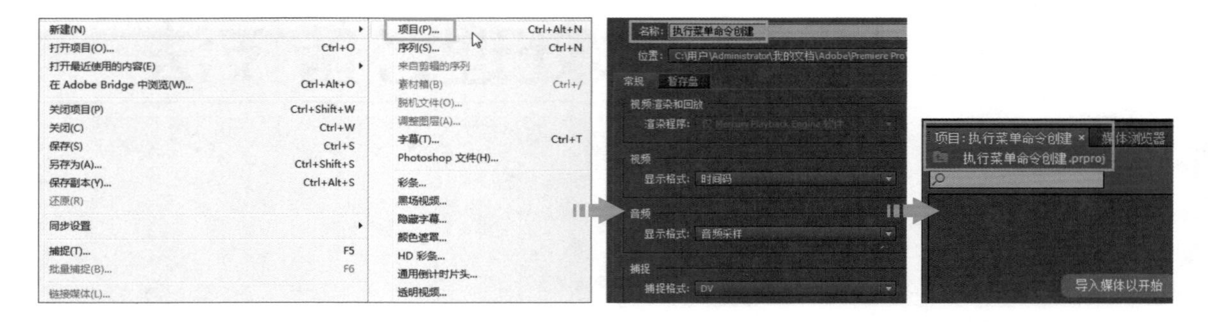

7.1.2 向项目中导入素材

视频素材包括视频、音频、图片等，可以是自己制作、拍摄和录制的素材，也可以是从其他渠道获取的、按照电商平台的规定可以使用的素材。经过挑选确定了需要使用的素材后，就需要将这些素材导入到创建的项目文件中。

如下图所示，双击“项目”面板中间的“导入媒体以开始”按钮，可打开“导入”对话框，在此对话框中选择需要使用的素材文件，再单击下方的“打开”按钮，即可导入选择的素材文件，并显示在“项目”面板中。

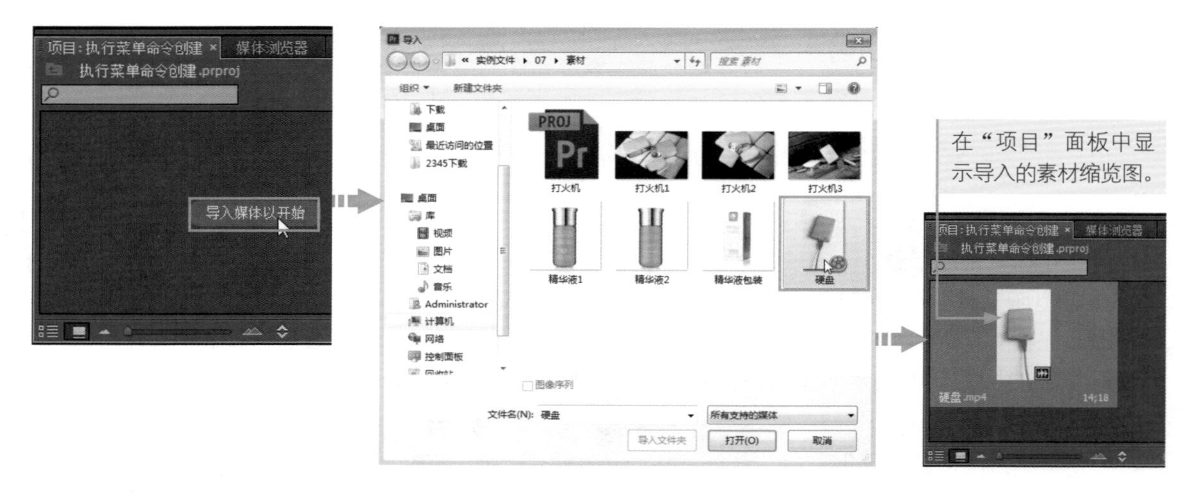

提示

执行“文件 > 导入”菜单命令或按快捷键 Ctrl+I 同样可以打开“导入”对话框。在“导入”对话框中按住 Ctrl 键可以同时选中多个需要导入的素材文件。

7.1.3 创建序列

序列文件是一类比较特殊的素材文件，一般是由其他软件输出的由多张具有统一编号的图像素材构成的视频文件，单独一张是图像文件，而它们连接起来就是视频文件。制作网店视频时，都需要创建一个与将要编辑的主资源的特征匹配的序列。

在 Premiere Pro 中可以通过将资源拖到“项目”面板底部的“新建项”按钮上，创建与该资源的特征匹配的序列。也可以根据需要创建特定长宽比的序列，单击“项目”面板底部的“新建项”按钮，在展开的菜单中执行“序列”命令，打开“新建序列”对话框，在对话框中指定新建序列的长宽比，单击“确定”按钮，创建新序列，如下图所示。

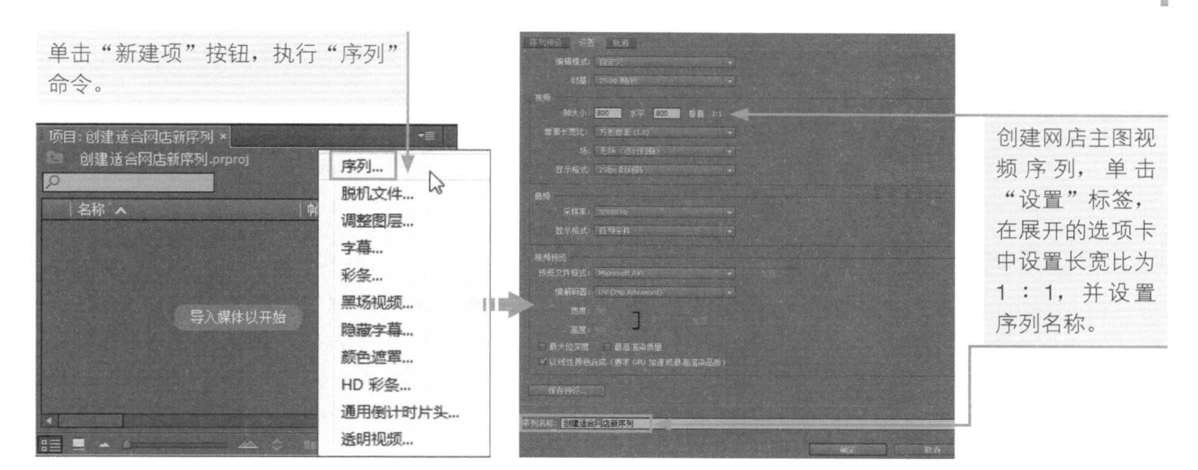

创建序列后，在“项目”面板中会显示该序列，并且可以在“节目监视器”面板中看到该序列的长宽比效果，如下图所示。

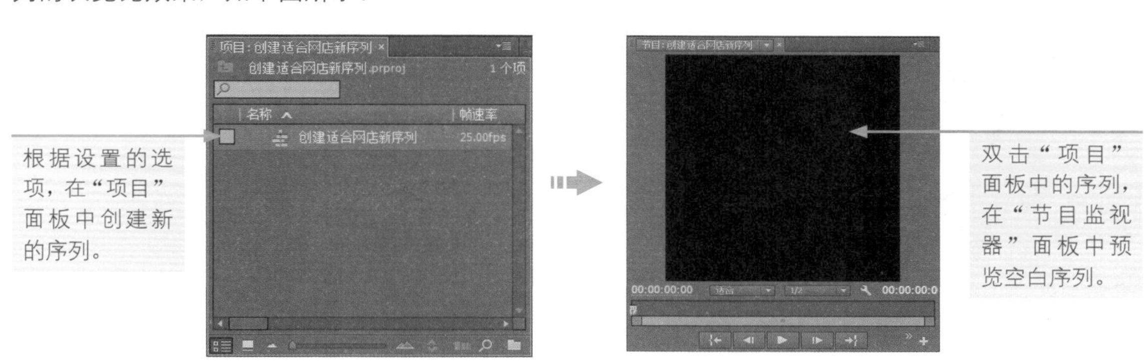

7.1.4 在序列中添加素材

创建序列后，会自动在“时间轴”面板中打开序列，此时在“时间轴”面板中会显示多条视频和音频轨道，用户可以将已导入的商品照片、视频画面及音频文件分别添加到各个视频和音频轨道中。

打开项目文件，将从不同角度拍摄的某品牌精华液的素材图像导入“项目”面板中，打开“精华液”序列，将导入的精华液图像添加到“精华液”序列中，通过打开该序列文件，能够从视频中了解商品的外观效果，如下图所示。

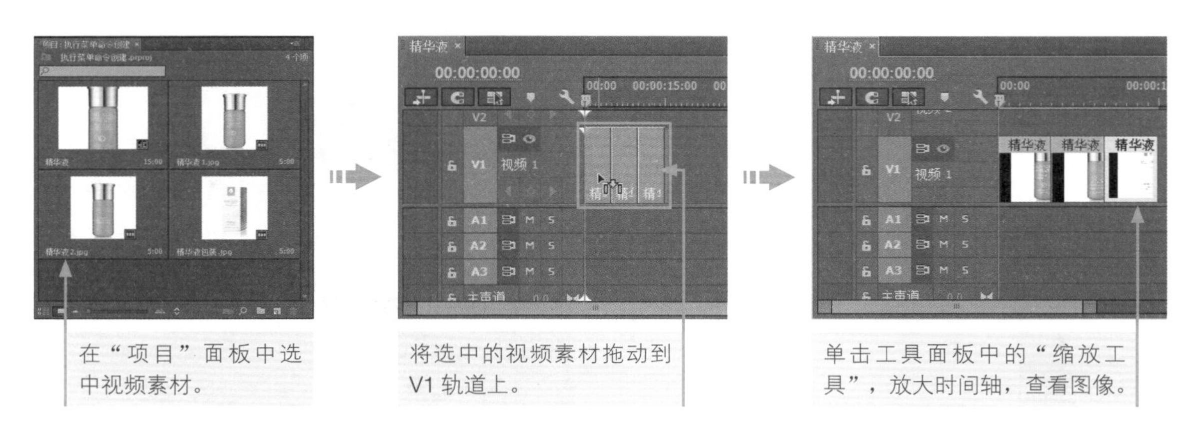

7.1.5 存储和输出文件

在创建和编辑项目后，为了避免突然断电、软件非正常退出等造成编辑成果的丢失或项目文件的损坏，需要及时保存项目文件。如果已经完成了项目文件的编辑操作，则可将其导出为指定的视频格式，以便播放视频，查看编辑效果。

保存项目文件

在 Premiere Pro 中，使用“保存”或“另存为”菜单命令可以保存正在编辑的项目文件。执行“保存”命令时，会自动将编辑过后的项目文件存储于“新建项目”对话框中设置的文件夹中，并替换最初的项目文件；执行“另存为”命令，则会打开“保存项目”对话框，在该对话框中可以重新指定项目文件的存储位置和名称等。

创建一个项目文件，将图像素材添加到项目中，并为其设置视频过渡效果，再执行“文件 > 另存为”菜单命令，打开“保存项目”对话框，在对话框中设置相应的存储选项，存储编辑后的项目文件，具体操作过程如下图所示。

导出视频

在 Premiere Pro 中完成项目文件的编辑后，用户可以采用最适合进一步编辑或最适合观众观看的形式从序列中导出视频。Premiere Pro 支持采用适合各种用途和目标设备的格式导出，执行“文件 > 导出”菜单命令即可快速导出视频。

打开编辑好的项目文件，执行“文件 > 导出 > 媒体”菜单命令，打开“导出设置”对话框，在对话框中可以设置导出文件的格式和压缩方式等，并且可以选择仅导出一部分视频，设置后单击“导出”按钮即可导出视频，具体操作过程如下图所示。

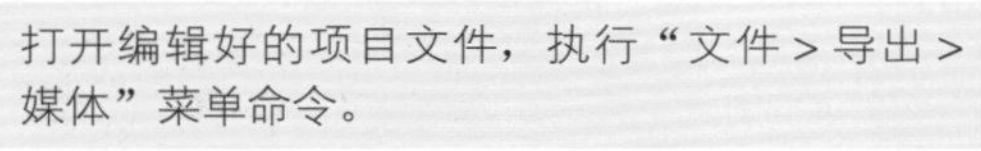

设置导出选项，为避免导出视频时画面品质下降，勾选“使用最高渲染质量”复选框。

在弹出的对话框中显示导出视频的进度，导出完成后会自动关闭此对话框。

7.2　编辑视频素材

在编辑视频时，如果素材不完全合乎要求，就需要先对素材进行一些简单的设置，如调整素材画面位置、裁剪素材画面等。如果需要处理的素材为动态的视频，可以使用 Premiere Pro 直接进行编辑；如果需要处理的素材为静态的图片，还可以使用 Photoshop 进行编辑。

7.2.1　添加素材到时间轴中

在 Premiere Pro 中创建项目并将需要的视频素材添加到“项目”面板中以后，还需要把该素材添加到“时间轴”面板中，并且通过“节目监视器”面板查看素材效果。接下来通过详细的操作讲解如何将导入的素材添加到“时间轴”面板中的时间轴上。

如下图所示，在“项目”面板中可以看到项目文件中包含的视频素材，选中需要添加到时间轴中的素材，将其拖动至时间轴上方，当鼠标指针变为⊕形时，释放鼠标，就可以将选中的素材添加到时间轴中。

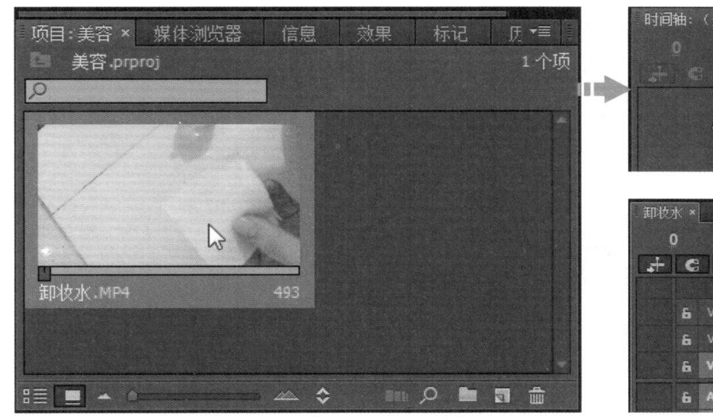

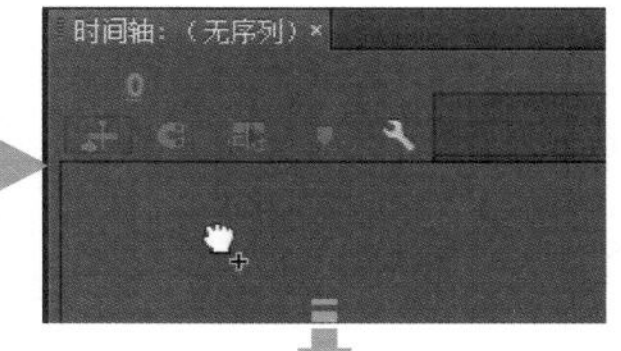

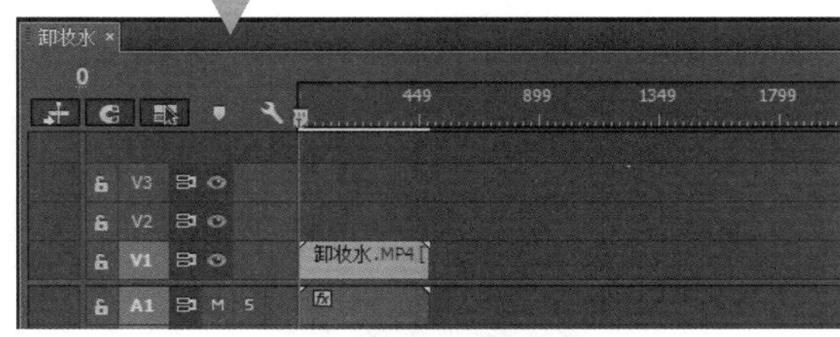

将素材添加到“时间轴”面板后，在时间标尺上拖动播放指示器时，通过“节目监视器”面板可以查看素材播放效果。

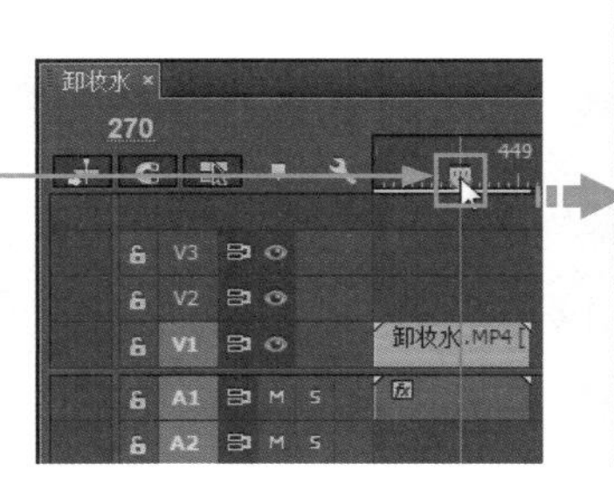

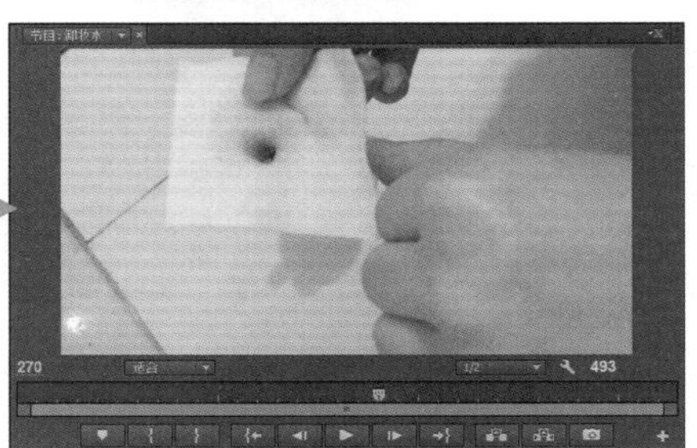

7.2.2 调整素材画面位置

在项目文件中添加视频素材后，如果素材画面放置的位置不理想，不但会影响画面的美观，而且不利于商品的展示。在 Premiere Pro 中可以通过拖动“节目监视器”面板中的素材调整其画面位置，也可以在“效果控件”面板中输入参数值来精确调整素材的画面位置。

如下图所示，打开一个主图视频项目文件，在“节目监视器”面板中可以看到商品在画面中展示的位置不太理想，只显示了局部，效果并不美观。

观察“节目监视器”面板中的视频画面，能够看到由于视频素材的长宽比与设置的序列尺寸不匹配，导致钥匙扣位于画面左下方，需要进一步调整图像的位置，以突出要表现的商品，具体操作如下图所示。

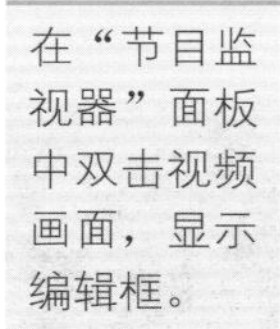
在“节目监视器”面板中双击视频画面，显示编辑框。

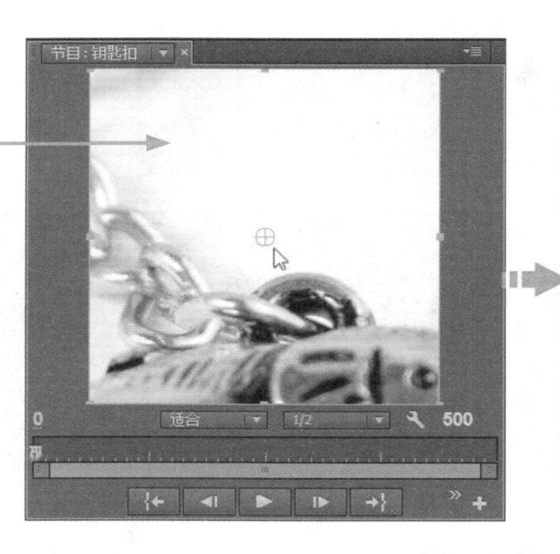

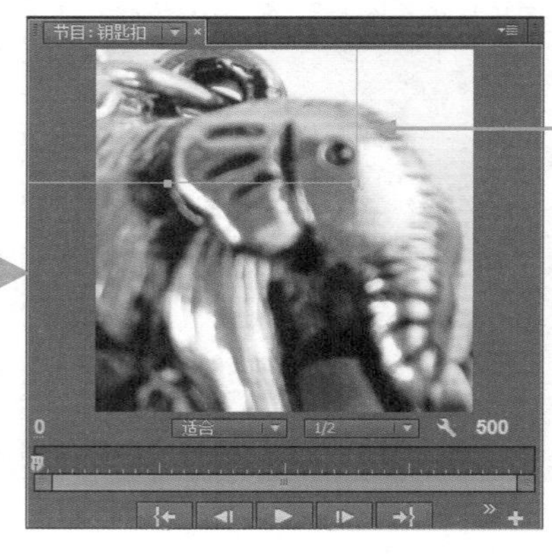

单击并拖动视频画面，直到在窗口中显示钥匙扣的主要部分。

更改画面位置前，在“效果控件”面板中可看到原始的位置参数。

在“节目监视器”面板中调整视频画面位置后，“效果控件”面板中的位置参数随之更改。

7.2.3 裁剪素材画面

在制作网店视频时，如果素材的画面尺寸比例不合适，可以对素材画面进行裁剪，以更好地展示商品。下面分别采用不同的方法裁剪动态视频素材和静态图像素材。

裁剪动态视频

对动态视频素材的画面进行合理裁剪，可以起到优化构图、突出重点的作用。如下图所示，打开一个项目文件，其中添加了一个图像素材和一个视频素材，这里要对视频素材的画面进行裁剪。先在“时间轴”面板中选中视频素材，展开“效果”面板，在“变换”素材箱中选择“裁剪”效果，把该效果拖动到“时间轴”面板中的视频素材上方，释放鼠标即可应用该效果。

对视频素材应用“裁剪”效果后，系统并不会直接进行裁剪，还需要在“效果控件”面板中设置裁剪选项。将鼠标指针移到选项右侧的数值上方，当鼠标指针变为手形图标时，向左、右两侧拖动，设置裁剪值，如果需要更精确地裁剪，可以直接双击然后输入数值。

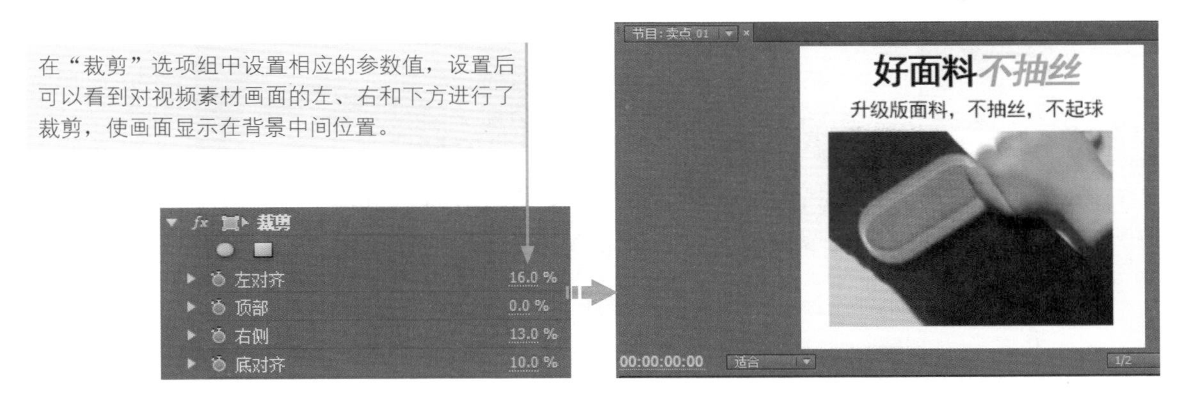

提示

应用“变换”素材箱中的效果，还可以对视频素材的画面进行垂直翻转、水平翻转、羽化边缘等编辑操作。

裁剪静态图像

Premiere Pro 的音、视频编辑功能非常强大，但是在平面图像处理方面的功能就比较弱，这类操作需要借助 Photoshop 来完成。Photoshop 拥有强大的图像编辑功能，可以快速完成素材图像的裁剪操作。应用 Photoshop 处理并保存图像素材后，处理的结果会实时在 Premiere Pro 中反映出来。

打开项目文件，在“节目监视器”面板中可看到因为图像素材与项目的长宽比不一致，导致只显示了图像的一部分，这时就可以通过裁剪素材完整显示出商品。在“时间轴”面板中选中并右击该图像素材，在弹出的快捷菜单中执行“在 Adobe Photoshop 中编辑”命令，如下图所示。

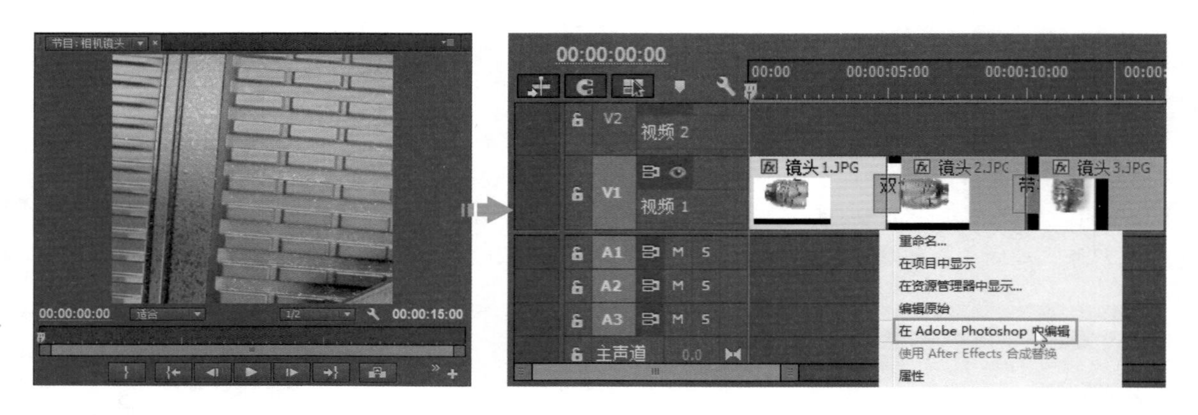

随后会启动 Photoshop 程序，并打开选中的图像素材，选择工具箱中的“裁剪工具”，在选项栏中选择“宽 × 高 × 分辨率”选项，输入裁剪后图像的宽度、高度和分辨率值，在画面中单击并拖动鼠标，绘制裁剪框，按 Enter 键确认裁剪，再存储裁剪后的图像。返回 Premiere Pro 程序，查看效果，如下图所示。

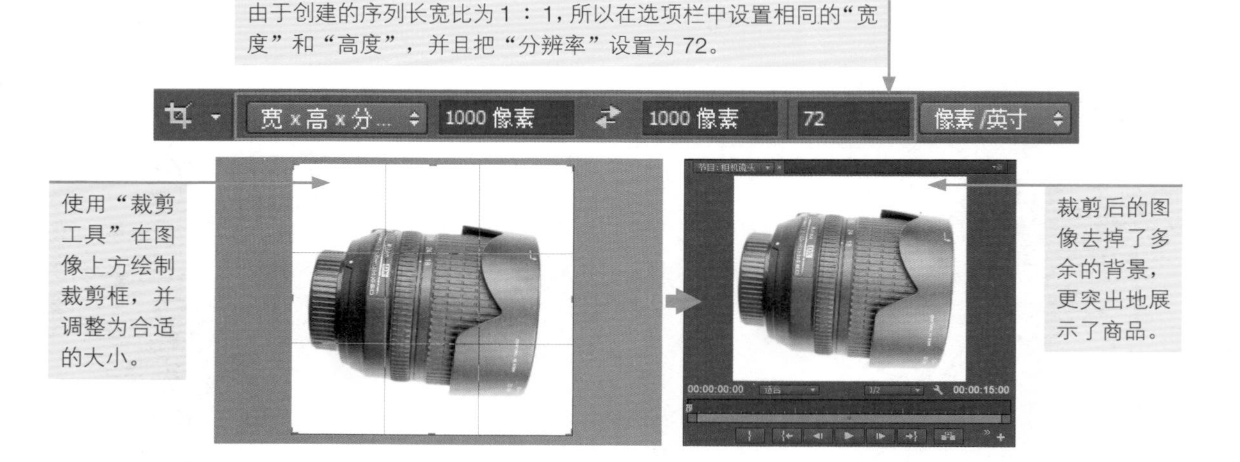

7.2.4 调整素材的颜色

视频的颜色与图像的颜色一样重要。颜色暗淡、画面灰暗的商品视频不但会影响消费者对商品的判断，甚至会引起一些不必要的纠纷。接下来针对商品视频的颜色调整进行讲解。

应用“调整”素材箱调整视频颜色

“视频效果”素材箱内的“调整”素材箱提供了几种用于快速调整素材颜色和明亮度的效果。若拍摄的视频画面太暗或太亮，就可以应用这些效果快速优化视频画面。

在 Premiere Pro 中打开项目文件，双击“时间轴”面板中的视频素材，在“源监视器”面板中显示调整前的画面效果，可以看到画面偏暗，如右图所示。

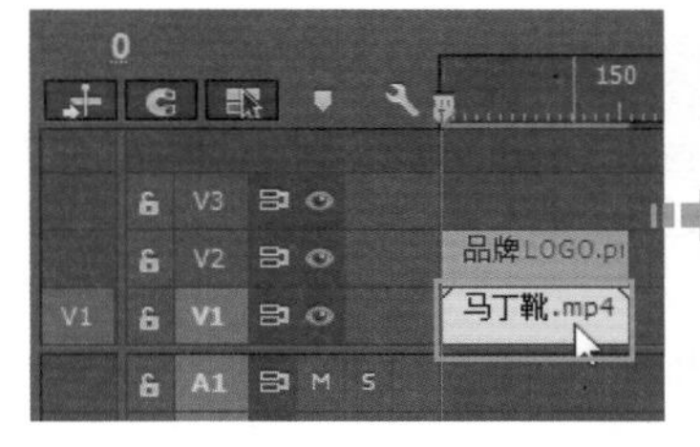

画面亮度不够，看不清鞋子的做工、材质等重要细节特征。

打开“效果”面板，选择“视频效果”素材箱内的“调整”素材箱中的“色阶”效果，将选中的“色阶”效果拖动到“时间轴”面板中的视频素材上方，然后单击“效果控件”面板中的“设置”按钮，打开“色阶设置”对话框，在对话框中直接拖动色阶滑块调整参数，可以通过右侧的预览框查看调整效果，如下图所示。

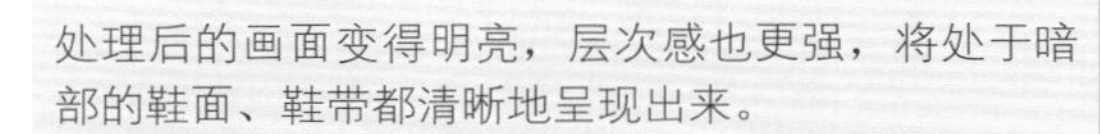

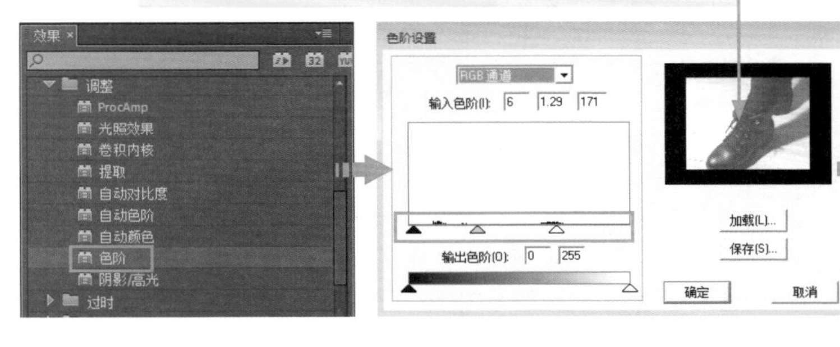

应用“颜色校正”素材箱调整视频颜色

“颜色校正”素材箱与“调整”素材箱作用相似，也是主要用于视频颜色和亮度的调整，而且可以实现更精细的视频调整。

如下图所示，在 Premiere Pro 中打开需要调整的项目文件，双击“时间轴”面板中的视频素材，在“源监视器”面板中查看调整前的视频效果。

因为画面颜色有一定偏差，容易使消费者对商品的颜色产生错误判断，在消费者收到商品实物后就会因颜色不同导致不必要的纠纷。

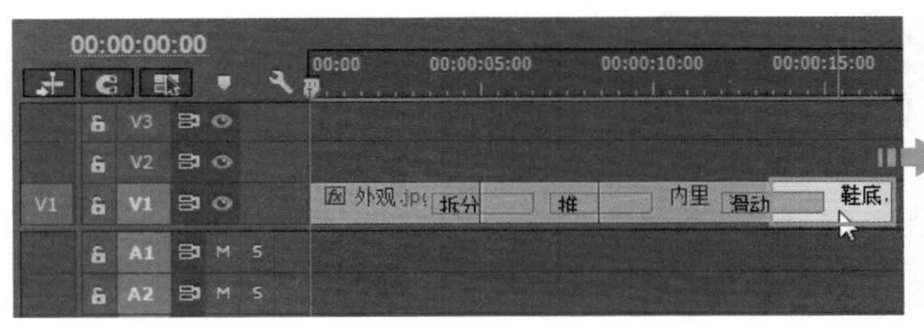

如左图所示，展开“效果”面板，在“视频效果”素材箱内的“颜色校正”素材箱中单击选中“颜色平衡”效果，将该效果拖动到选择的视频素材上方，结合“效果控件”面板，设置各项参数，调整素材颜色。

应用“颜色平衡”效果调整素材颜色，减少黄色和红色，画面中的鞋子颜色更接近实物颜色。

7.2.5 分割和删除素材

拍摄视频时，为了给后期剪辑提供更大的余地，往往会从不同角度拍摄多段视频。这些视频并不能直接拼接起来使用，因为从收集到的数据来看，大多数消费者观看视频的时间并不长。因此，在制作视频时就需要对视频素材进行分割，删除掉与商品关系不大或出现其他杂物的部分，只保留能够突出展示商品的部分。

分割视频素材

在 Premiere Pro 中，可以使用“剃刀工具”将一个视频素材分割为两个或多个视频剪辑，甚至可以用于分割跨多个轨道的视频。将原始视频素材进行分割后，得到的视频剪辑是原始视频的完整版本，只是它们具有不同的入点和出点。

打开项目文件，在“时间轴”面板中选中需要分割的视频素材，然后单击工具面板中的“剃刀工具”按钮，单击序列中要分割该视频素材的时间点，就可以从该时间点将一个视频素材分割为两个视频剪辑，如下图所示。

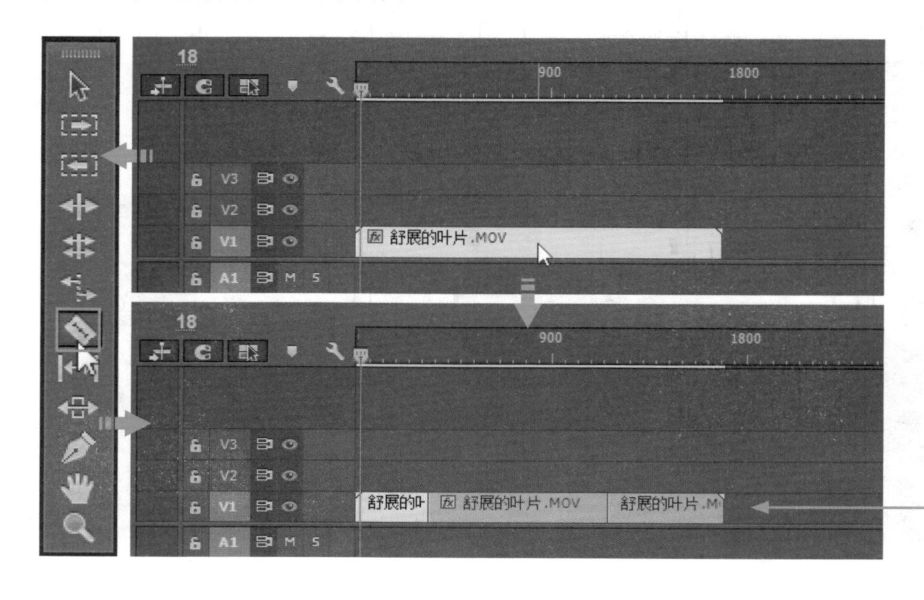

应用“剃刀工具”在视频素材中连续单击，将原始视频素材分割为三段不同长度的视频剪辑。

提示

要分割轨道上的视频素材，除了应用“剃刀工具”，还可以单击所需轨道的头以将其设定为目标轨道，然后将播放指示器置于要分割的位置，执行“序列 > 添加编辑”菜单命令。

删除视频剪辑

将原始视频素材分割后，可以将分割出来的多余的视频剪辑从时间轴中删除。Premiere Pro 提供了两种比较常用的删除视频剪辑的方法：一是选中轨道中的视频剪辑并右击，在弹出的快捷菜单中执行“清除”命令；二是选择视频剪辑后，直接按 Delete 键删除。下图所示即为通过这两种方法删除视频剪辑的操作过程。

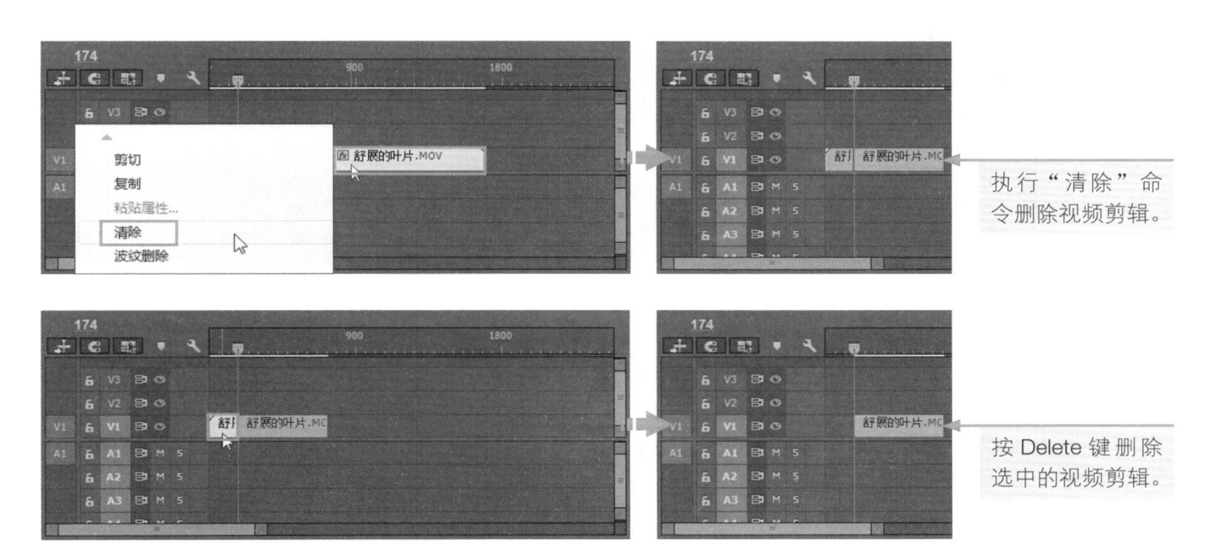

7.3　添加视频过渡效果

过渡效果又名转场效果，是指场景从一个镜头进入到下一个镜头时的切换效果。对于大多数网店视频来说，过渡效果都是必不可少的。通过在两个视频剪辑间应用过渡效果，能实现不同场景的自然切换。Premiere Pro 的“效果”面板内的“视频过渡”素材箱包含多类视频过渡效果，应用它们可以在两段视频素材的衔接处制作出艺术性的场景切换效果。

7.3.1　应用过渡效果

在应用过渡效果时，可以将过渡效果置于两个剪辑之间的剪切线上，也可以只将过渡效果应用于某个剪辑的开头或结尾。如果要在两个剪辑之间放置过渡效果，则这两个剪辑必须在同一轨道上，并且它们之间没有间隔。

打开需要应用过渡效果的项目文件，在“效果”面板中展开“视频过渡”素材箱，然后展开包含要使用的过渡效果的素材箱，单击选中要应用的过渡效果，将其拖到两个剪辑之间的剪切线上，然后在鼠标指针变为“中心切入”图标时松开鼠标，即可在两个剪辑之间应用该过渡效果，如下图所示。

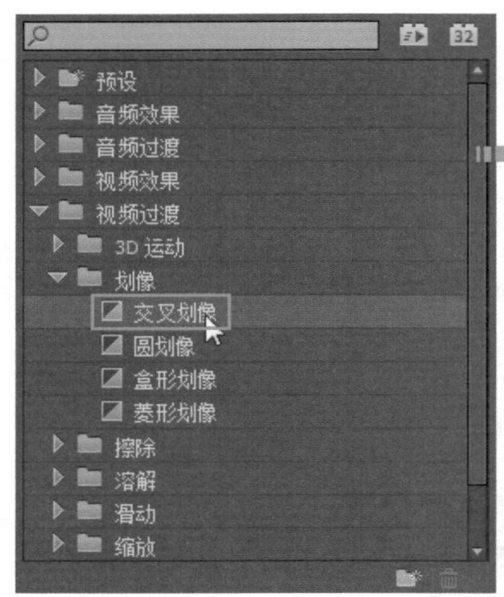

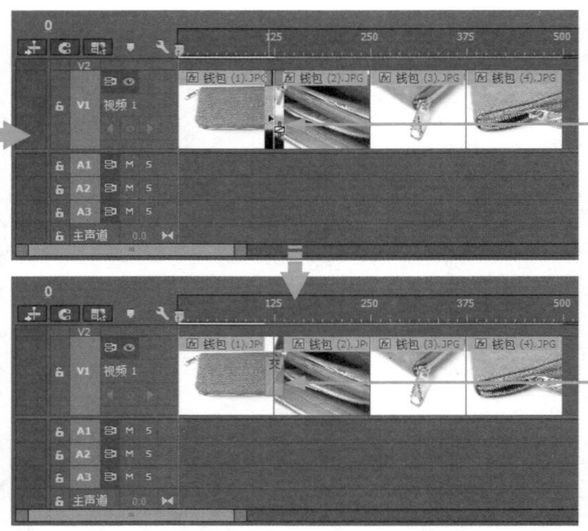

拖动过渡效果到前两个剪辑之间的位置。

在两个剪辑之间应用过渡效果，并显示过渡图示。

一个视频项目往往包含很多个剪辑，可以分别为这些剪辑添加不同的过渡效果，如右图所示。设置完成后，可以通过播放序列或拖动播放指示器，预览过渡效果。

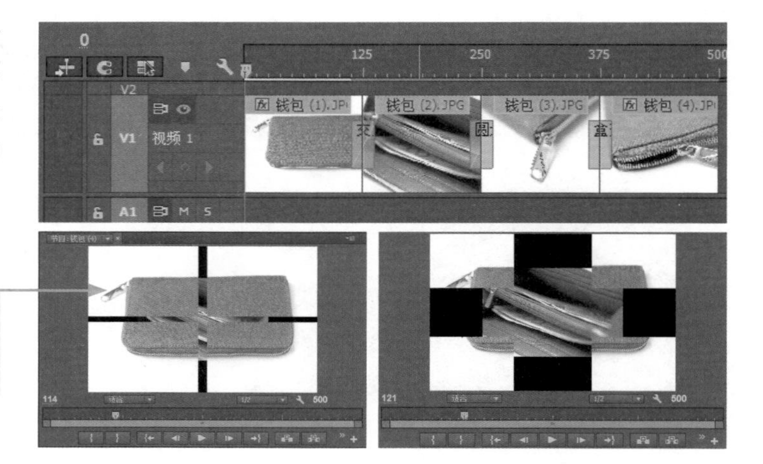

单击“节目监视器”面板下方的“播放 - 停止切换”按钮，播放视频，预览应用的“交叉划像”过渡效果。

7.3.2 添加默认过渡效果

在 Premiere Pro 中，可以指定一种过渡效果作为默认效果，并在序列中的剪辑之间快速应用该效果。在“效果”面板中，默认过渡效果图标具有黄色轮廓标志，其中“交叉溶解”是最初指定的默认过渡效果。如果较为常用其他过渡效果，则可以将其设置为默认过渡效果。

执行“窗口 > 效果”菜单命令，打开“效果”面板，展开“视频过渡”素材箱，选择要设置为默认的过渡效果，然后单击“效果”面板右上角的扩展按钮，或右击该过渡效果，在弹出的菜单中执行 “将所选过渡设置为默认过渡”命令，这时就会将选中的过渡效果更改为新的默认效果，如右图所示。

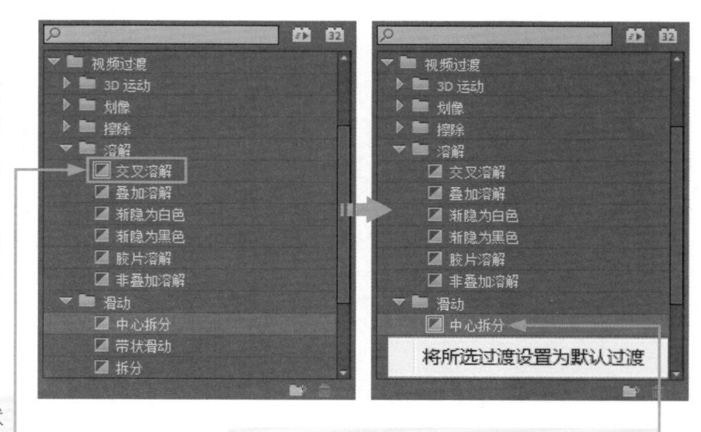

未处理前，“交叉溶解”为默认过渡效果。

处理后，“中心拆分”为默认过渡效果。

更改默认过渡效果后，可以将其应用于一个或多个轨道上的邻接剪辑对。操作方法为：在时间轴中选中两个或更多剪辑，可以通过按住 Shift 键并单击剪辑，或在剪辑上方绘制选框，选中多个剪辑，然后执行“序列 > 应用默认过渡到选择项”菜单命令，就能为选中的多个剪辑应用默认过渡效果。如下图所示为应用默认过渡效果的操作过程。

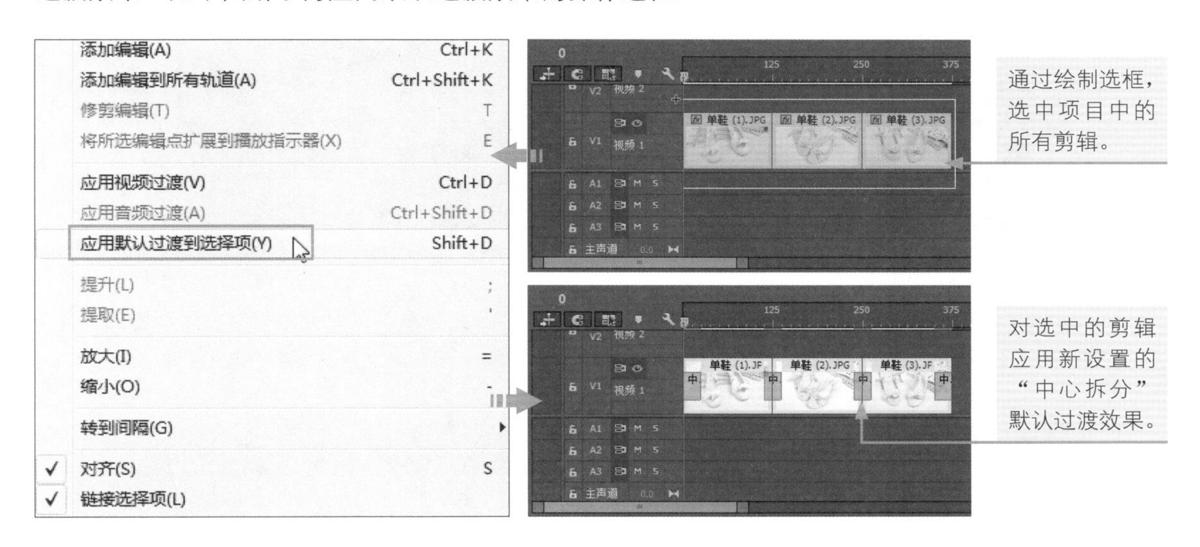

提示

更改默认过渡效果时，更改的是所有项目的默认值，不会影响已经应用于序列的过渡效果。

7.3.3 自定义过渡参数

为商品照片或视频素材添加过渡效果后，可以使用“效果控件”面板来更改添加的过渡效果的设置，例如，调整过渡效果的对齐方式和持续时间等。

在 Premiere Pro 中打开已应用过渡效果的项目文件，在“时间轴”面板中单击选中过渡效果，打开“效果控件”面板，单击“持续时间”选项右侧的文本框，输入数值，更改过渡的持续时间；再单击“对齐”选项下方的下拉按钮，在展开的下拉列表中选择一种对齐方式，更改过渡对齐方式；单击过渡缩略图上的边缘选择器右下角的箭头，更改过渡方向。具体操作如下图所示。

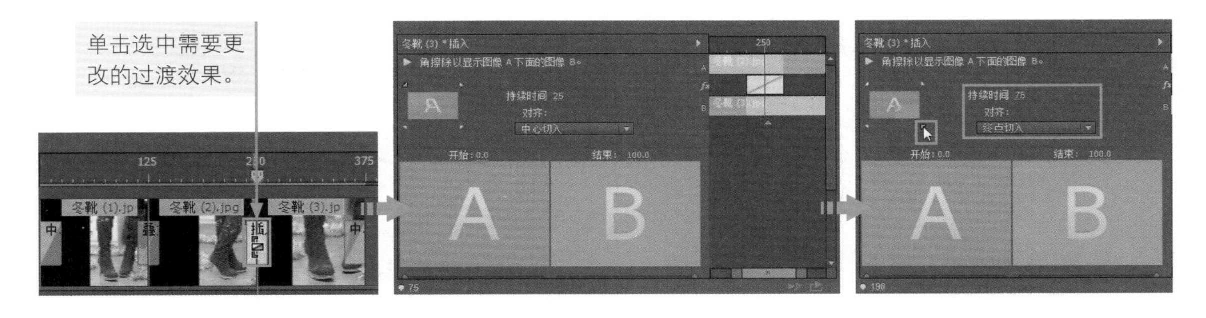

在“效果控件”面板中更改过渡选项后，可以通过“节目监视器”面板播放序列或在“时间轴”面板中拖动播放指示器，预览过渡效果，如下图所示。

处理前，过渡持续时间较短，并从画面左上角开始应用过渡效果。

处理后，延长了过渡的持续时间，并从右下角开始应用过渡效果。

提示

在 Premiere Pro 中，有一些过渡效果位于中心位置，如“圆划像”。当过渡效果存在可以重新调整位置的中心时，可以在“效果控件”面板中拖动 A 预览区域中的小圆形，调整过渡效果的中心位置。

7.3.4 替换和删除过渡效果

制作网店主图视频或详情视频时，会用到各式各样的过渡效果。在输出之前，都可以对已添加的过渡效果进行替换或删除等操作。通过在项目中尝试多种不同的过渡效果，可以得到最适合表现商品的过渡效果。

替换过渡效果

对于项目中已应用的过渡效果，可以使用“效果”面板中的其他过渡效果进行替换。应用新过渡效果替换旧过渡效果时，会丢弃旧过渡效果的设置，并将其替换为新过渡效果的默认设置，但是会保留旧过渡效果的对齐方式和持续时间。

在 Premiere Pro 中打开一个需要替换过渡效果的项目文件，在“时间轴”面板中可以看到项目中已应用的所有过渡效果，在这里要应用“棋盘”过渡效果替换中间的“圆划像”过渡效果。在“效果”面板中展开“视频过渡”素材箱，然后展开“擦除”素材箱，单击选中“棋盘”过渡效果，将其拖到两个剪辑之间的剪切线上，在看到“中心切入”图标时松开鼠标，即可完成过渡效果的替换操作，如下图所示。

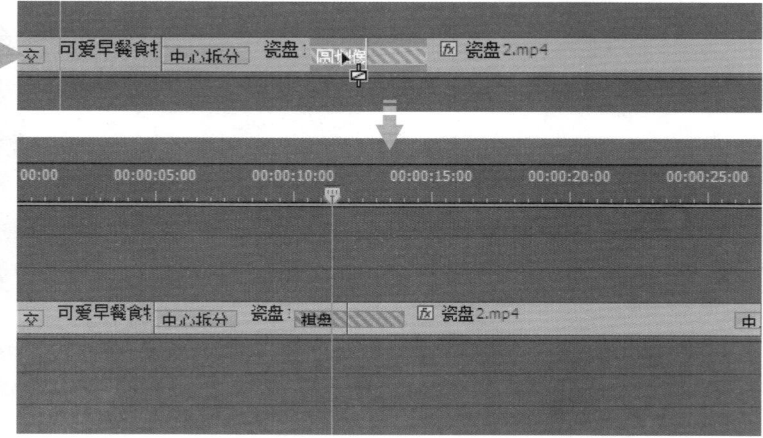

替换过渡效果后，在“时间轴”面板中可看到替换后的过渡图示。如果要预览过渡效果，可以将时间标尺上方的播放指示器拖动到对应的过渡位置，单击“节目监视器”面板中的“播放－停止切换”按钮，播放视频，播放至同一位置时，会呈现不同的过渡效果。

处理前，后一图像呈圆形在前一图像上面展开，最终填满整个屏幕。

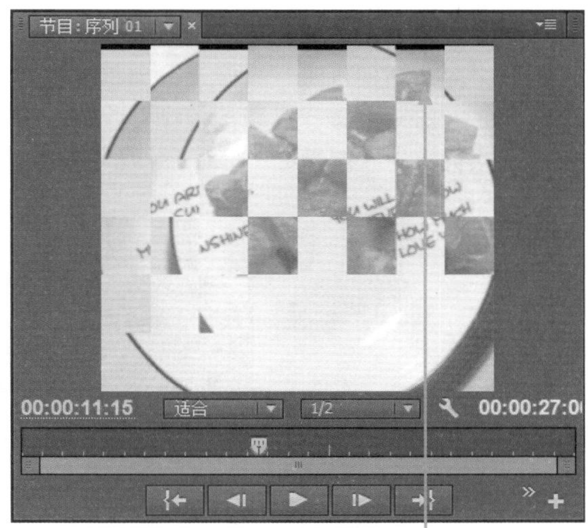

处理后，后一图像呈小方块形在前一图像上面展开，最终填满整个屏幕。

删除过渡效果

在项目中添加过渡效果后，如果不再需要该效果，可以将其删除。Premiere Pro 提供了两种删除过渡效果的方法：一是右击“时间轴”面板中需要删除的过渡图示，在弹出的快捷菜单中执行“清除”命令；二是选中过渡图示后按 Delete 键。下面以执行“清除”命令为例，讲解如何删除已应用的过渡效果。

如下图所示，在打开的项目中，右击第 1 个剪辑上的“交叉溶解”过渡图示，在弹出的快捷菜单中执行“清除”命令，即可将“交叉溶解”过渡效果从时间轴中删除。

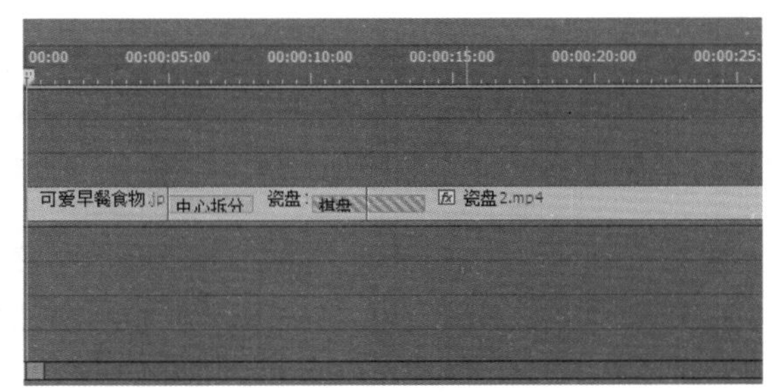

7.4　丰富多彩的视频效果应用

为了让视频能够从视觉上吸引更多的消费者，在后期制作时可以适当添加视频效果。视频效果能够改变素材的颜色和曝光量，这在前面已有介绍，除此之外，它还能修补素材的缺陷、模糊和锐化画面、扭曲视频图像等，创建更丰富的艺术效果。

7.4.1 添加视频效果

Premiere Pro 的“视频效果”素材箱提供了多种视频效果，只需要将这些视频效果拖动到“时间轴”面板中的素材上方，就能在该素材中应用相应的特效。

如下图所示，打开为某品牌茶具制作的视频项目文件，在“节目监视器”面板中可以看到未应用效果时清晰的画面，打开“效果”面板，展开“视频效果”素材箱，在该素材箱内的“模糊与锐化”素材箱中选择“相机模糊”效果，将其拖动到时间轴上的第 1 个剪辑上方，松开鼠标，应用“相机模糊”效果。

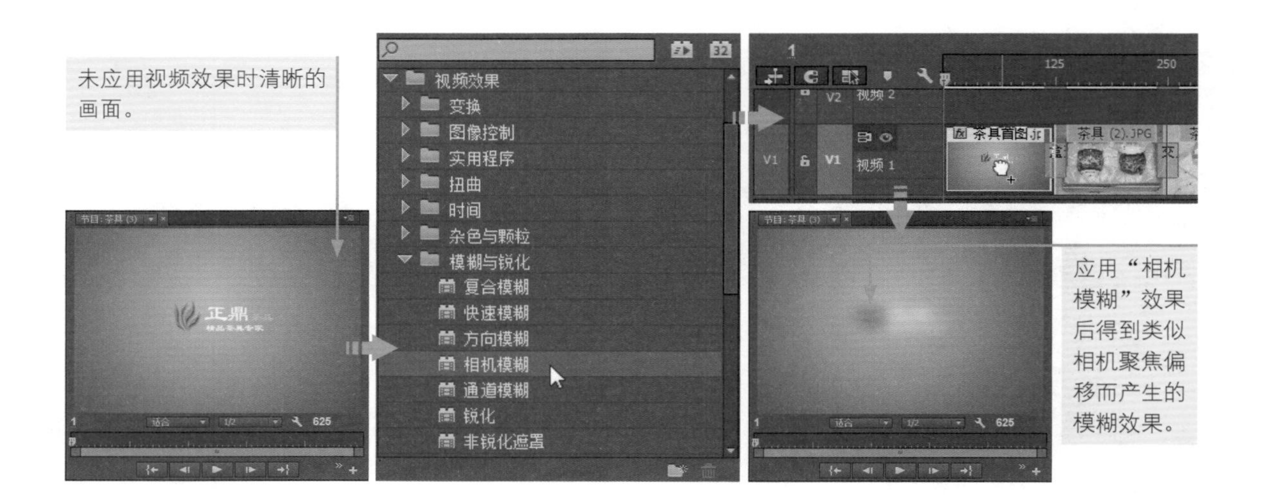

7.4.2 控制视频效果

为项目中的视频或图像素材添加了视频效果后，通常还需要结合“效果控件”面板来为视频添加关键帧，并为关键帧指定各项参数值，以控制视频或图像的动态变化效果。不同的视频效果在“效果控件”面板中显示的选项也不同，但是其控制原理却是相同的。下面以上一小节添加的“相机模糊”效果为例，讲解如何通过“效果控件”面板控制视频效果。具体操作过程如下图所示。

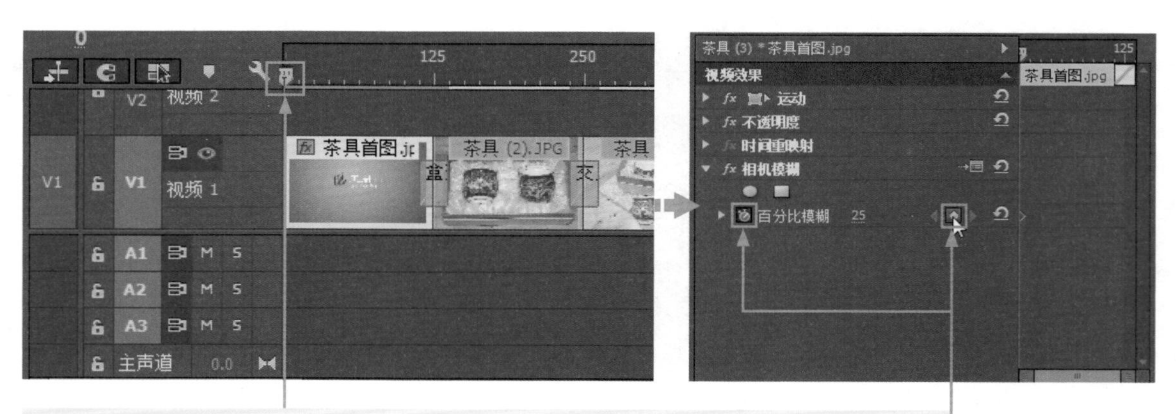

将时间轴上的播放指示器拖动到开始位置。打开“效果控件”面板，展开“相机模糊”效果，单击“切换动画”和“添加 / 移除关键帧”按钮。

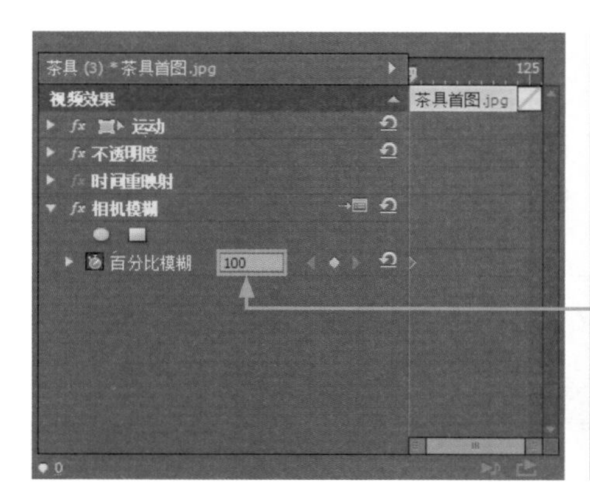

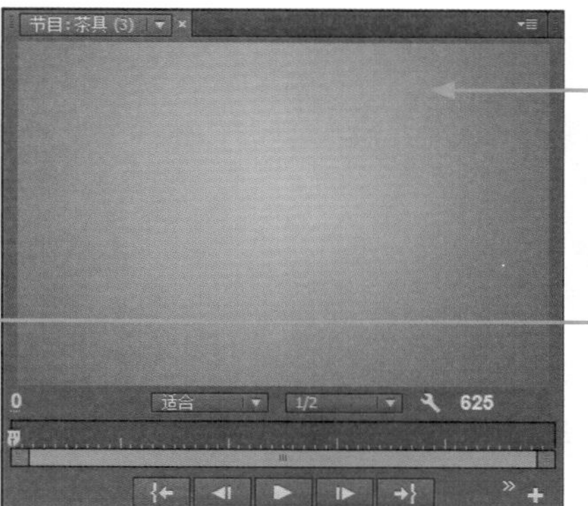

在“百分比模糊”选项右侧输入数值100，在“节目监视器”面板中显示完全模糊的图像效果。

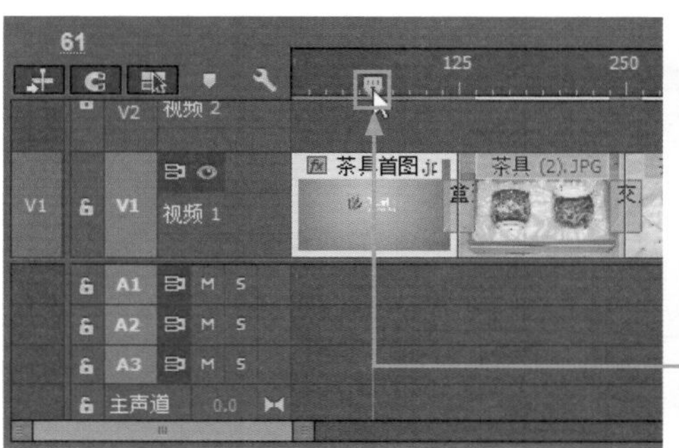

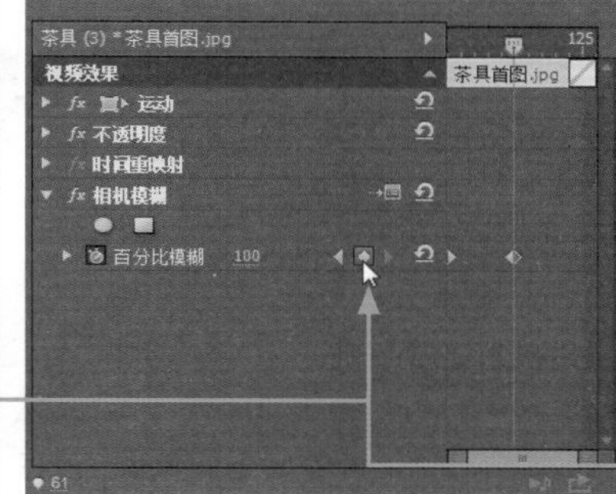

将时间轴上的播放指示器拖动到61位置，展开“相机模糊”效果，单击“添加/移除关键帧”按钮，添加第二个关键帧。

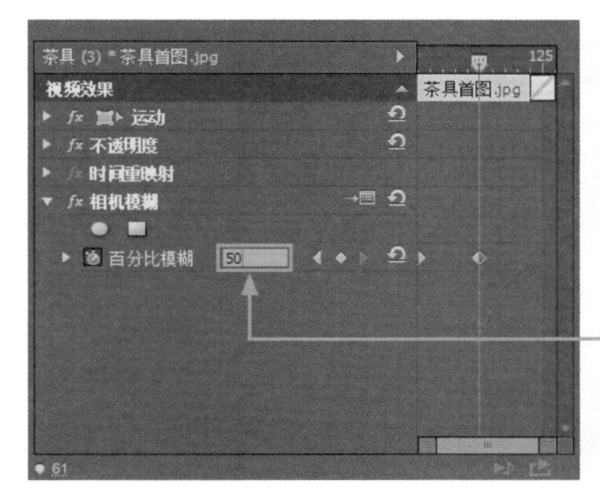

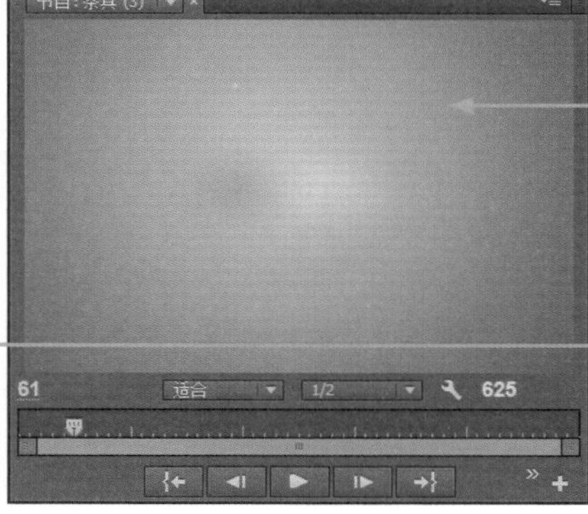

在“百分比模糊”选项右侧输入数值50，在“节目监视器”面板中显示稍微清晰一些的图像效果。

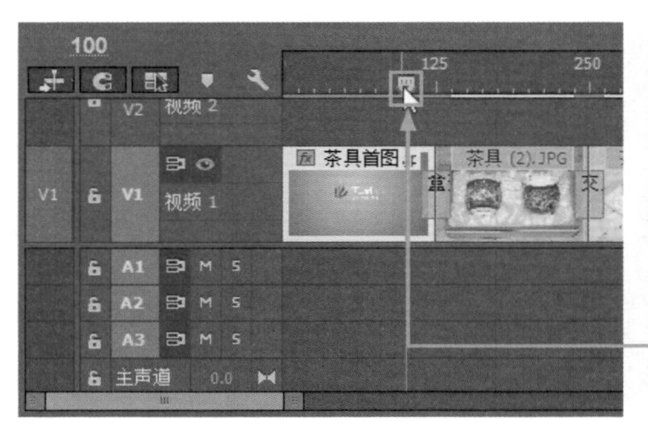

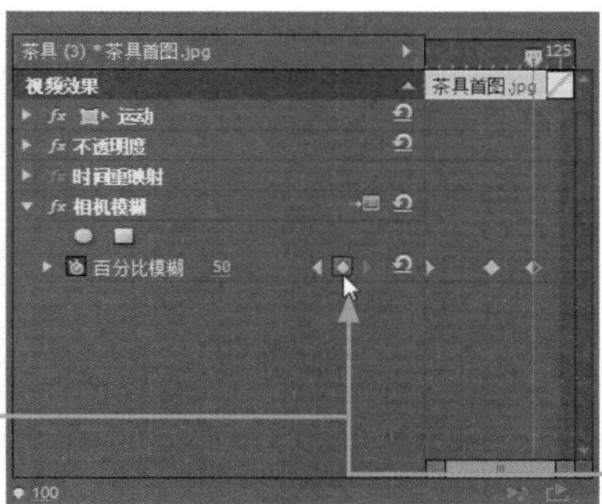

将时间轴上的播放指示器拖动到100位置，展开“相机模糊”效果，单击“添加/移除关键帧”按钮，添加第三个关键帧。

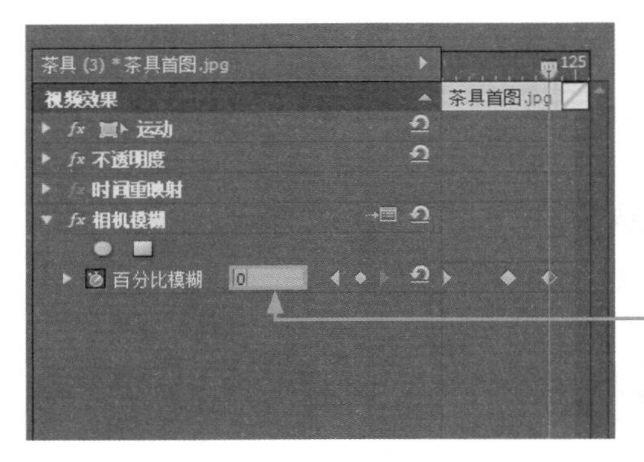

为了查看设置后的视频效果，单击“节目监视器”面板下方的“播放-停止切换”按钮，播放视频项目，可以看到视频画面由模糊到清晰的变化过程，如下图所示。

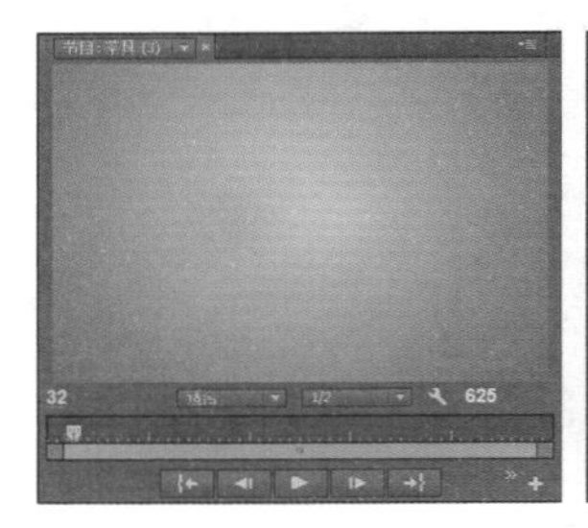

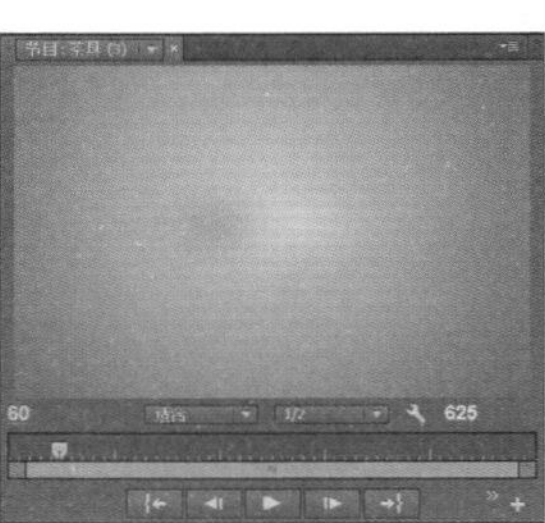

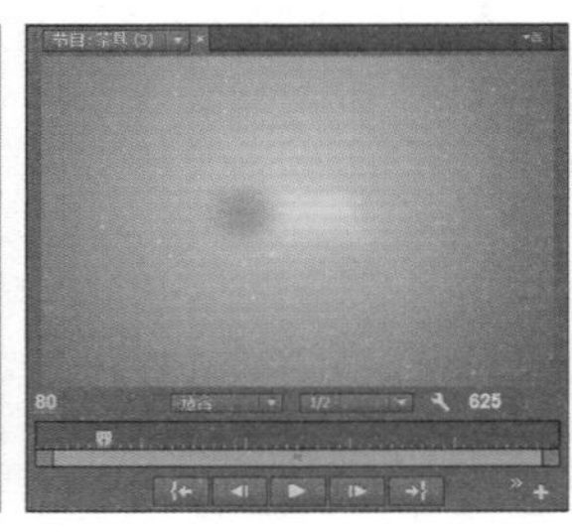

7.4.3 禁用和启用视频效果

应用“效果控件”面板禁用或启用视频效果可以便于对比添加效果前后的视频画面。在Premiere Pro中，要禁用或启用视频效果的操作非常简单，在“效果控件”面板中选择一个或多个效果，如果选中的效果为启用状态，则单击“切换效果开关”按钮，禁用效果。禁用效果后，再次单击该按钮，则可以重新启用效果。

如下图所示，选中项目中应用的“相机模糊”效果，打开“效果控件”面板，单击“相机模糊”效果前的“切换效果开关”按钮，禁用该视频效果，随后播放视频时将不再显示该视频效果。

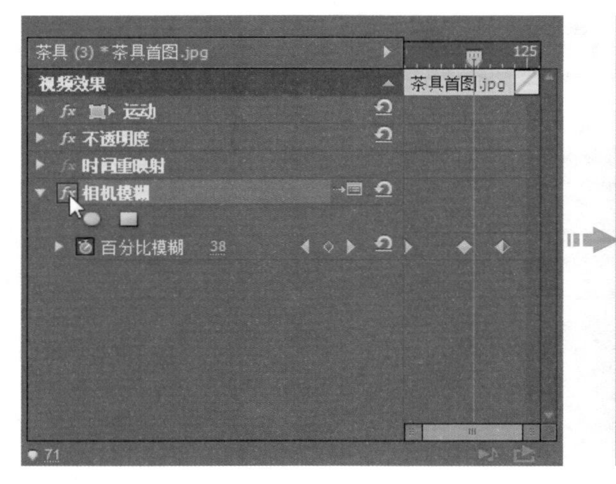

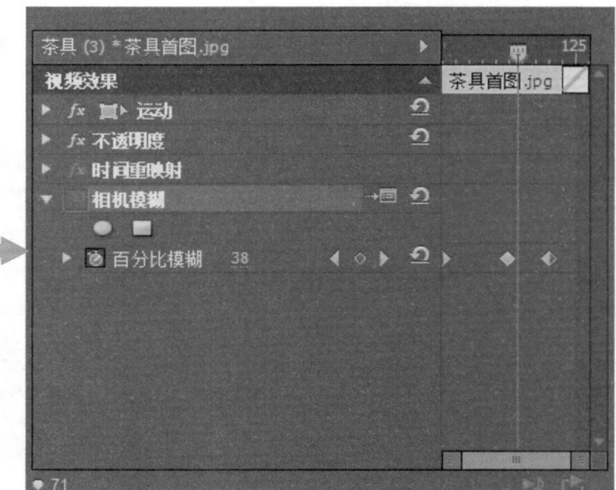

禁用视频效果后，播放视频时，画面中将不再显示“相机模糊”效果。

7.4.4 删除视频效果

在视频或图像素材上添加视频效果后，如果确定不再需要该效果，可以将其删除。在“时间轴”面板中选择剪辑，然后在“效果控件”面板中选择要删除的一个或多个效果，按 Delete 键或执行“效果控件”面板菜单中的“移除所选效果”命令进行删除。下图所示为应用“效果控件”面板菜单命令删除效果的操作过程。

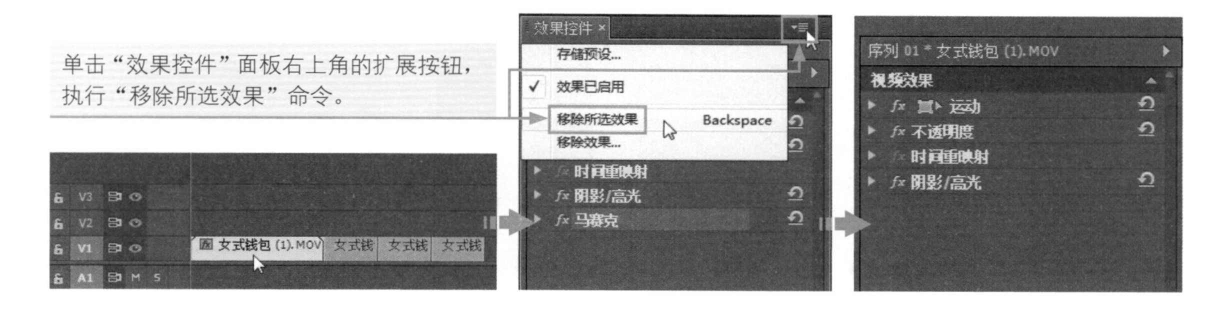

7.5 创建和编辑字幕

字幕是视频中不可或缺的重要组成部分，可以起到说明画面主题、强化感染力的作用。在网店视频中，在片头或片尾添加适当的标题字幕也是突出店铺信息和主要经营范围的常用手段。Premiere Pro 提供了比较强大的字幕设计工具，用户可以根据需要制作字幕文字，并且可以为字幕添加各种特效。

7.5.1 创建静态字幕

Premiere Pro 中的字幕分为默认静态字幕、默认滚动字幕和默认游动字幕 3 种类型，其中默认静态字幕是最为常用的字幕类型。默认静态字幕是指在默认状态下停留在屏幕中的指定位置上静止不动的字幕。对于这类字幕，如果要使它在屏幕中产生运动效果就必须设置关键帧。

打开需要添加字幕的项目文件，执行“文件 > 新建 > 字幕”菜单命令，或执行“字幕 > 新建字幕 > 默认静态字幕”菜单命令，打开“新建字幕”对话框，在对话框中会根据创建的序列调整字幕文件宽度和高度等，这里只需要输入字幕名称，输入后单击“确定”按钮，新建的字幕文件自动保存在“项目”面板中，如下图所示，并打开“字幕”面板。

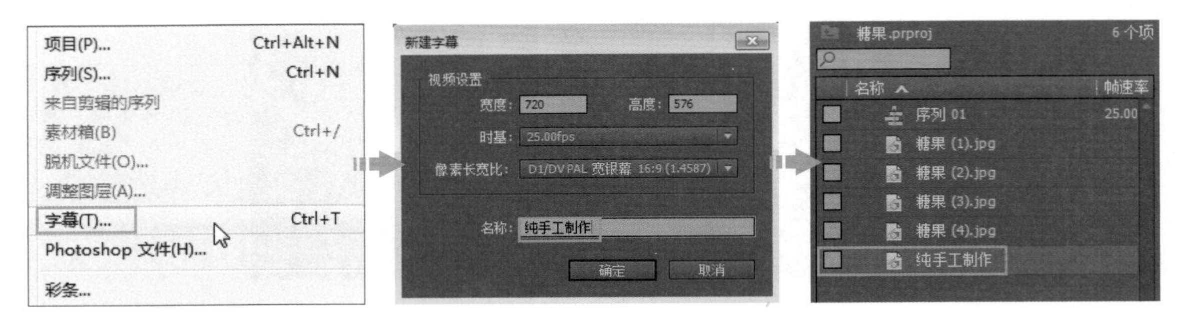

对字幕的设置大多都通过“字幕”面板进行，可以使用该面板中的绘图工具绘制图形，还可以使用文字工具输入字幕文本，进行字幕创作。下图展示了在字幕中绘制图形和创建字幕文字的方法。

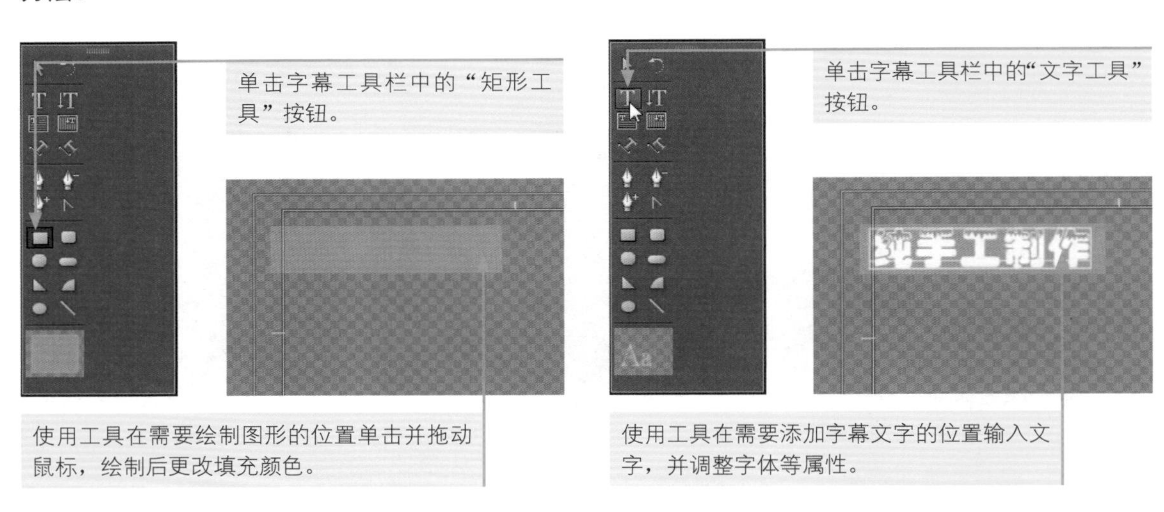

创建字幕文件后，可将创建的字幕文件从“项目”面板拖动到“时间轴”面板中的剪辑上方，并通过播放序列的方式，在“节目监视器”面板中预览创建的静态字幕效果，如下图所示。

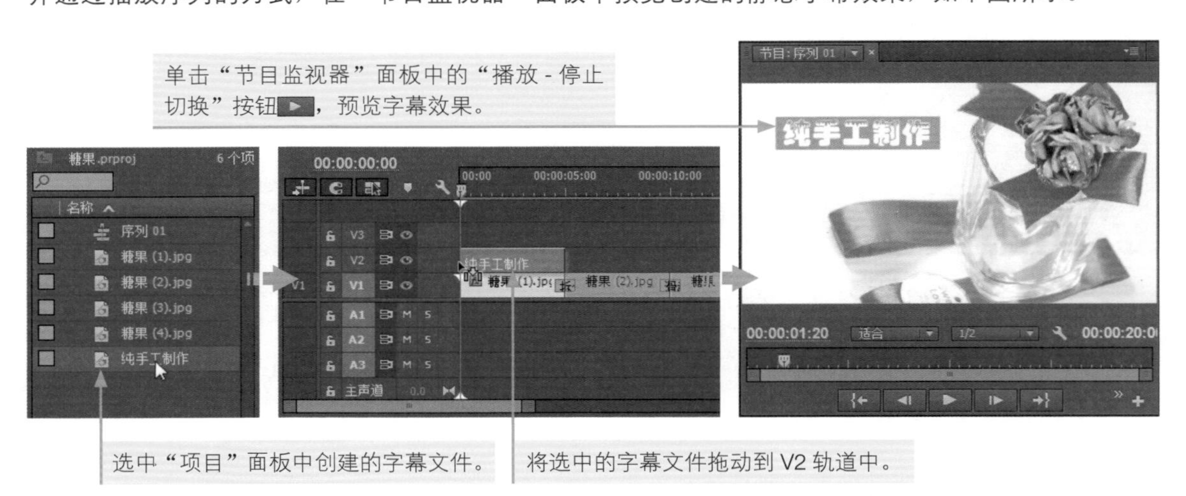

提示

创建字幕时，为帮助确定字幕中的元素在视频画面中的位置，可以单击“字幕”面板最上方的“显示背景视频”按钮，在绘图区域显示素材帧。显示的素材帧仅供参考之用，不会保存为字幕的一部分。

7.5.2 创建动态字幕

在 Premiere Pro 中除了可以创建静态字幕，还可以创建动态字幕。动态字幕包含默认滚动字幕和默认游动字幕两种类型。滚动字幕在被创建之后，默认状态下会在屏幕中从下到上做垂直运动，运动的速度取决于该字幕文件的持续时间；游动字幕在被创建之后，默认状态下会沿屏幕水平方向运动，可以是从左向右运动，也可以是从右向左运动。

滚动或游动字幕的创建方法类似，执行“字幕 > 新建字幕 > 默认滚动字幕”菜单命令或执行“字幕 > 新建字幕 > 默认游动字幕”菜单命令，打开“新建字幕”对话框，在对话框中输入要创建的字幕名称，单击“确定”按钮即可。下图所示为创建滚动字幕的操作过程。

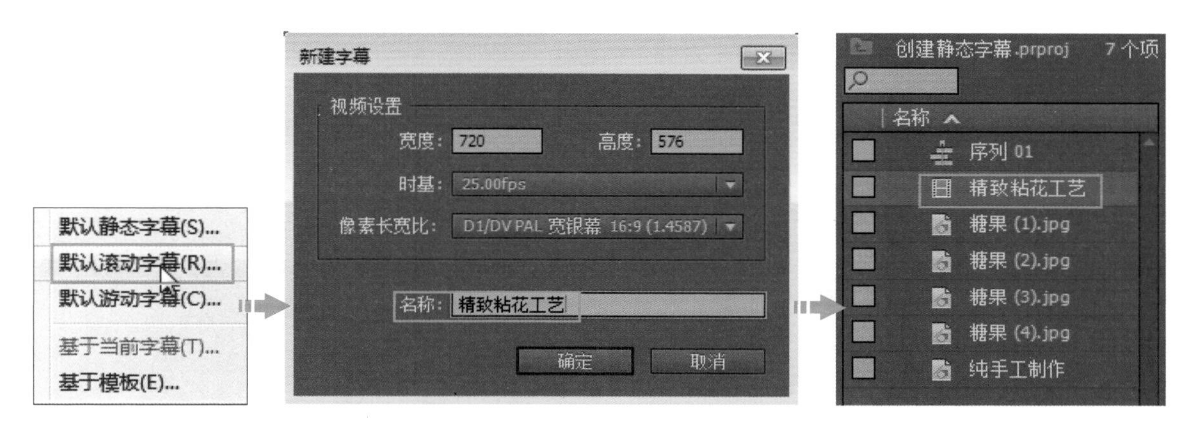

创建滚动或游动字幕后，同样会打开“字幕”面板，在中间的绘图区域输入字幕文字，再单击“字幕”面板上方的“滚动 / 游动选项”按钮，打开“滚动 / 游动选项”对话框，在对话框中设置适当的“字幕类型”和“定时”选项，然后单击“确定”按钮，即可完成滚动或游动字幕的设置，如下图所示。

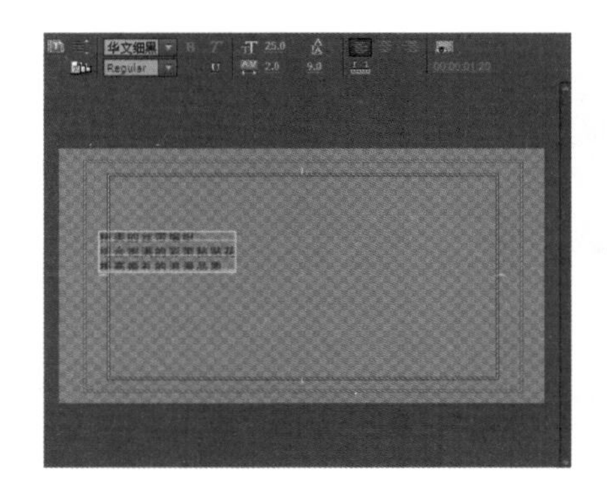

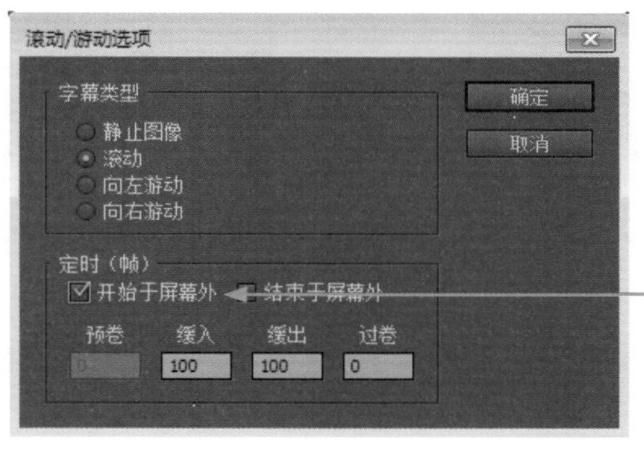

勾选“开始于屏幕外”复选框，设置从视图外开始滚动到视图内，终止于输入字幕的位置。

创建滚动或游动字幕后，只有将其应用到项目中，才能看到应用在视频中的效果。如下图所示，将创建的“精致粘花工艺”字幕文件添加到时间轴中的 V3 轨道中，播放视频，显示动态的字幕效果。

7.5.3 设置字幕文字属性

在视频中插入字幕后，可以应用“字幕”面板中的“标题属性”面板和主菜单栏的“标题”菜单调整字幕文字的位置、大小及对齐方式等基本属性。接下来介绍如何调整字幕文字属性。

下图所示为在“字幕”面板中对不同内容的文字分别进行属性设置的效果。可以看出，不同的字体、大小、颜色等选项的设置，能够直接影响文字的外观效果。在制作网店视频时，需要根据要表现的商品外形、主要功效等，选择合适的字体、字号和颜色等。

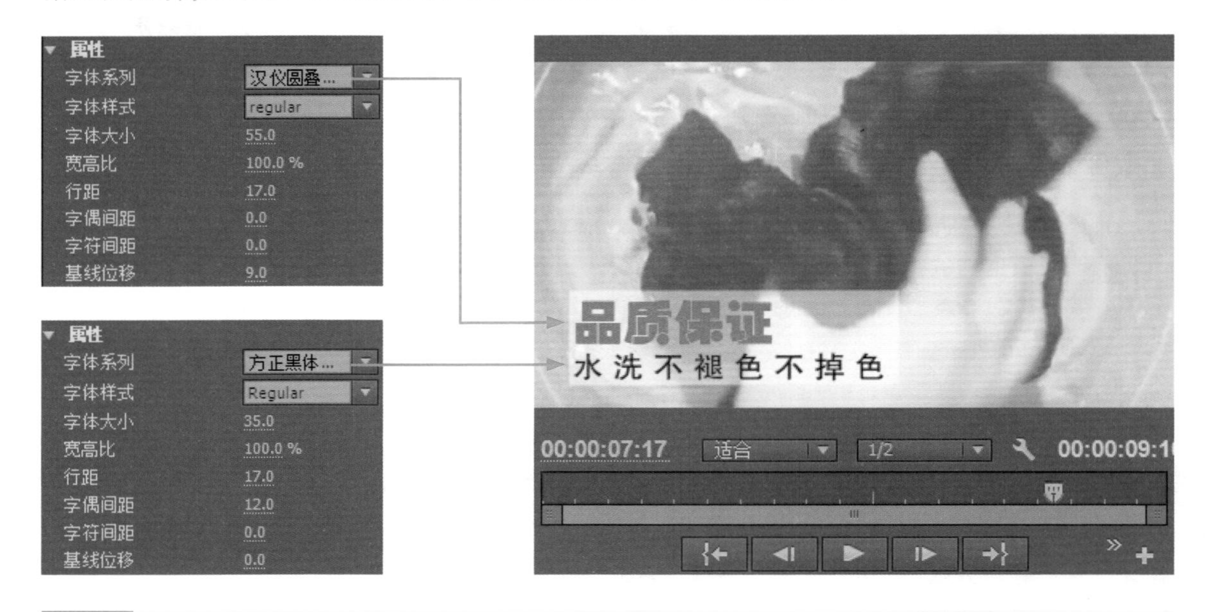

提示

在项目中创建字幕文件后，双击“项目”面板或“时间轴”面板中的字幕文件，都可以打开“字幕”面板。

如果只需要对字幕文件中的部分文字进行设置，则可以先单击“文字工具”，然后在需要编辑的字幕文字上方单击并拖动，将其选中后，再在“字幕”面板中进行设置，完成设置后单击“关闭”按钮，退出字幕编辑状态，即可应用设置的字幕效果。具体操作过程如下图所示。

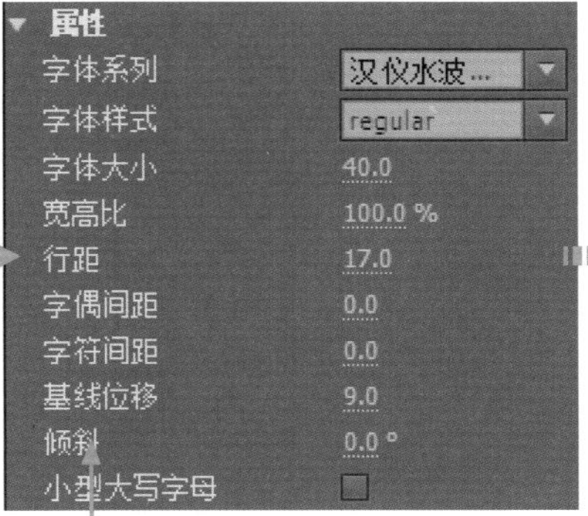

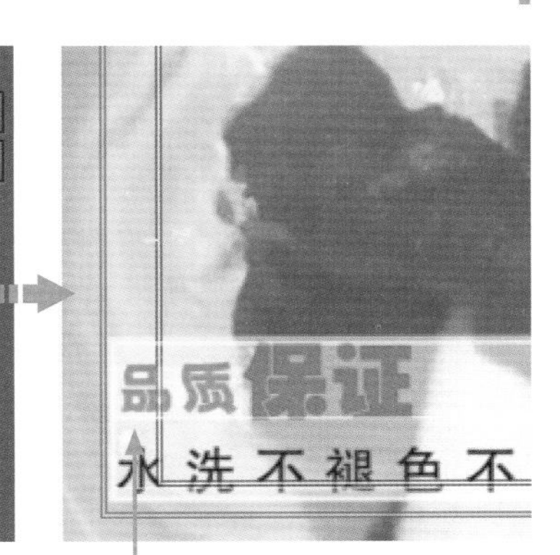

使用“文字工具”在文字上方单击并拖动，选中需要编辑的文字。

在“字幕属性”面板中的“属性”选项组中更改选中文字的字体、字号。

根据设置的字体、字号改变所选文字的外观，文字仍然处于被选中状态。

7.5.4 应用字幕样式

制作网店视频的过程中，为了让视频中的字幕更加精致，可以使用 Premiere Pro 中的字幕样式对字幕进行修饰。字幕样式的应用能让视频变得更加美观，使画面具有更强的视觉冲击力。在 Premiere Pro 中可以通过两种方法在字幕中应用样式：一种是使用“字幕样式”面板；另一种是使用“字幕属性”面板中的“填充”“描边”“阴影”等选项组中的选项。

应用“字幕样式”面板中的预设样式

“字幕样式”面板中显示了创建或加载的样式色板。默认情况下以大色板模式显示已应用加载样式的样本文本。若要在字幕中应用样式，而又不想去设置各种复杂的选项，就可以直接选中字幕文字，然后单击“字幕样式”面板中的样式，快速应用该样式，具体操作如下图所示。

对选中的字幕文字应用单击处的样式效果。

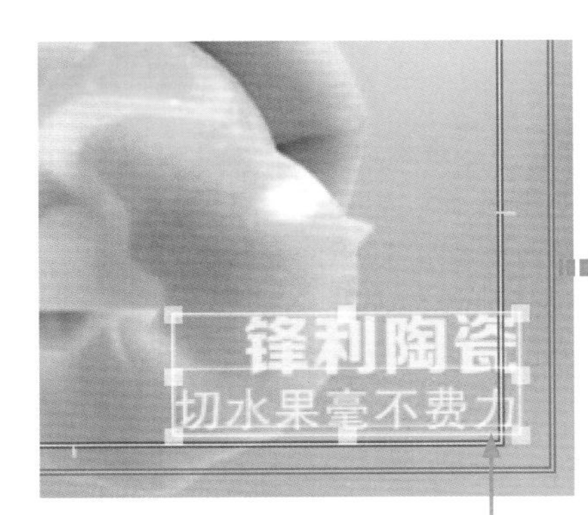

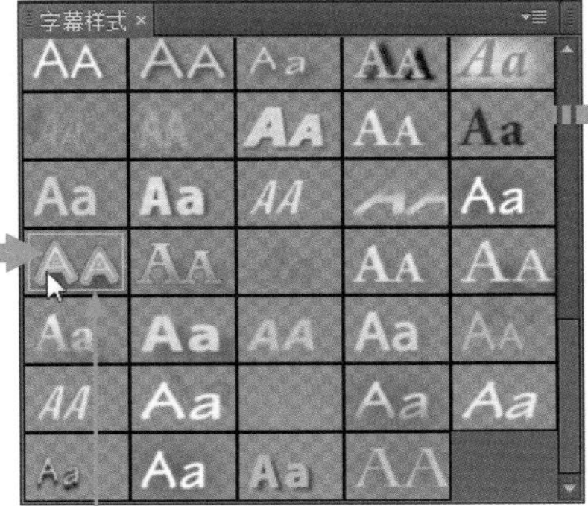

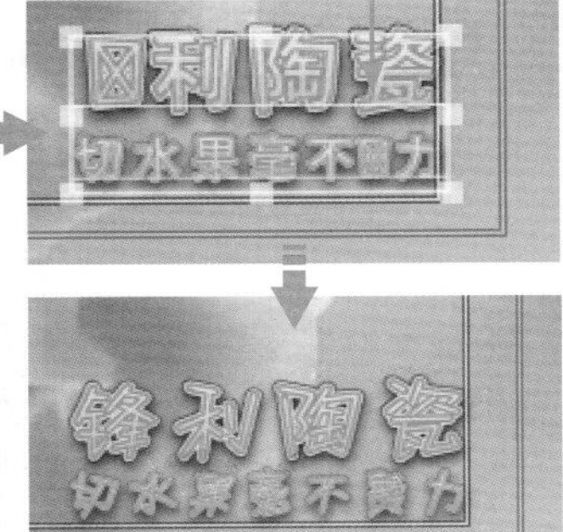

使用“选择工具”单击选中字幕文字。

在“字幕样式”面板中单击样式。

更改字体，显示完整的字幕文字。

在“字幕属性”面板中手动设置样式

对于一些对视频有更高要求的用户，使用预设的样式自然不能满足其需求，这时就可以使用“字幕属性”面板中的“填充”“描边”“阴影”等选项组来自定义字幕样式。单击选项组前的三角形按钮，展开相应的选项，根据实际需求进行各种选项的设置，设置后的效果可以通过中间的绘图区域反映出来，具体操作如下图所示。

使用“文字工具”在字幕文字上单击并拖动，选中需要设置样式的文字。

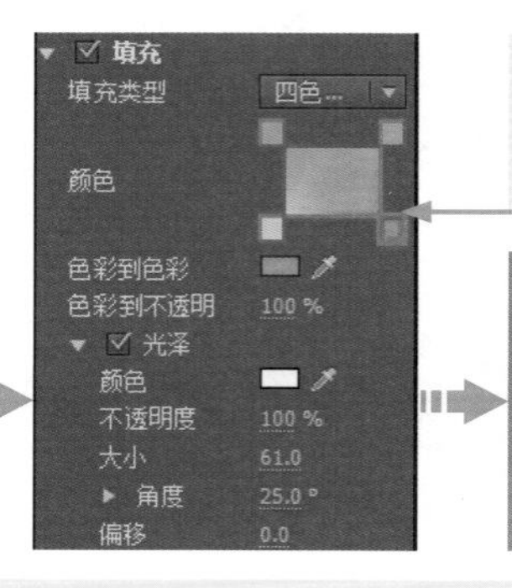

展开“填充”选项组，勾选“填充”和“光泽”复选框，设置填充文字填充样式。

应用设置的“填充”选项为文字填充渐变的颜色，应用设置的“光泽”选项为文字添加光泽，加强其立体感。

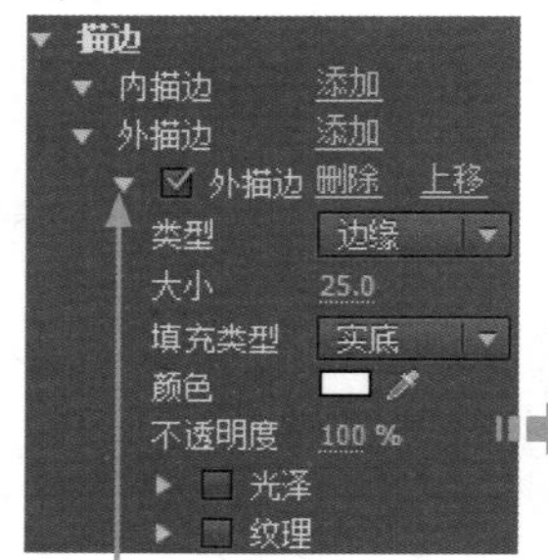

展开“描边”选项组，单击“外描边”右侧的“添加”按钮，设置描边的“类型”和“颜色”等选项，为文字添加外描边效果。

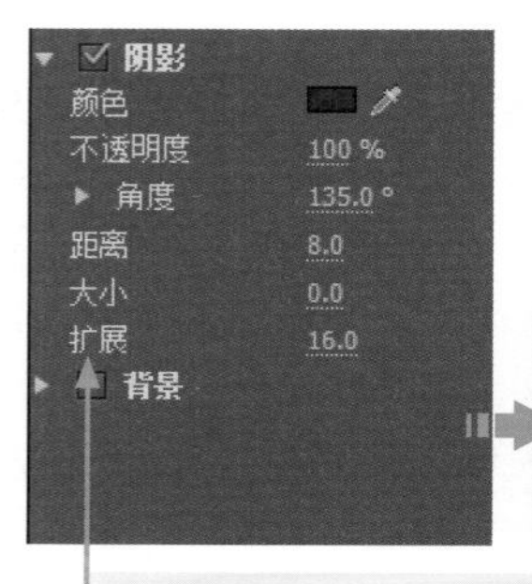

展开“阴影”选项组，勾选“阴影”复选框，激活下方选项，设置阴影的“不透明度”和“角度”等选项，为文字添加阴影效果。

7.6 处理音频

只有画面和字幕的网店视频还不完整，因为还缺少声音。声音可以起到强化主题、辅助画面表达、创造视听节奏等作用。有了精心编排的画面和字幕，再配上动听的背景音乐和悦耳的旁白解说，这样的网店视频才能牢牢抓住消费者的心。Premiere Pro 具有较强的音频编辑能力，不仅可以处理多种格式的音频素材，而且能对音频进行分割、调节播放速度和音量大小、添加淡入淡出效果等处理。

7.6.1 在项目中添加音频素材

网店视频中应用的音频素材可以自己录制，也可以从其他合法渠道购买或获取。Premiere Pro 支持导入 AAC、MP3、WAV、M4A 等常见格式的音频文件。在 Premiere Pro 中添加音频素材的方法与添加视频素材的方法类似。

打开一个需要添加音频素材的项目文件，通过执行“文件 > 导入”菜单命令，将需要使用的音频素材导入到“项目”面板中，并在“项目”面板中单击选中已导入的音频素材，将其拖动到“时间轴”面板中的 A1 音频轨道上，释放鼠标，即可完成音频素材的添加，具体操作过程如下图所示。

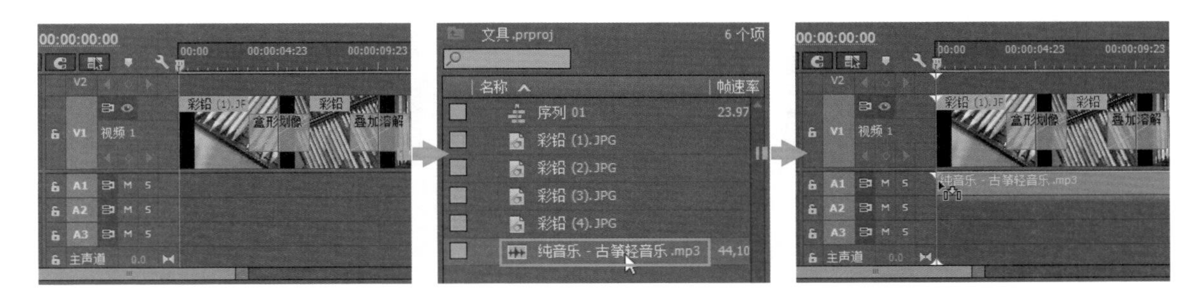

7.6.2 分离和删除音频

拍摄视频素材时，往往会将拍摄环境中的杂音一同记录下来。这些杂音对于商品展示来说是完全无用的，在 Premiere Pro 中进行后期剪辑时，就需要将杂音从视频中分离出来并删除，从而使视频达到“静音”效果，以便另外添加背景音乐和旁白。

分离音频

在项目中导入同时包含视频和音频的剪辑时，视频和音频默认处于链接状态，并且显示为两个对象，每个对象分别位于相应的轨道中。通常，所有编辑功能都会作用于链接剪辑的两个部分，如果希望单独处理音频和视频，可以取消它们之间的链接。

打开一个项目文件，在“时间轴”面板中显示导入的包含视频和音频的素材文件，右击该音频轨道中的音频，在弹出的快捷菜单中执行“取消链接”命令，即可取消视频与音频的链接状态，如下图所示。

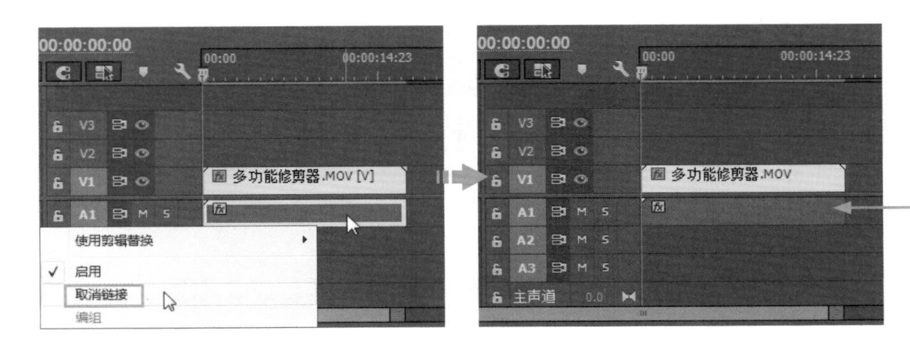

取消视频与音频的链接状态后，可以单击音频轨道中的音频，单独选中它。

删除分离的音频

对于取消链接后的音频，可以将它删除，再给视频添加更为合适的音效或背景音乐。在 Premiere Pro 中，删除音频轨道中的音频有两种方法：方法一是右击音频轨道中的音频，在弹出的快捷菜单中执行“清除”命令；方法二是选中音频轨道中的音频后按 Delete 键。下图所示为执行“清除”命令删除音频的具体操作过程。

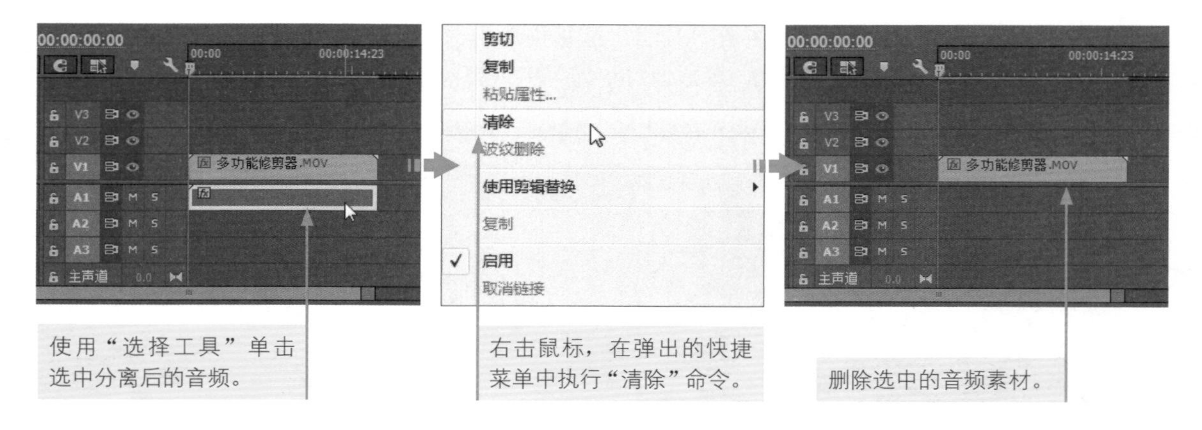

7.6.3 设置音频速度和持续时间

在视频文件中插入音频后，为了使音频与视频的持续时间一致，需要再对音频的播放时间进行调整，以配合视频时长。在 Premiere Pro 中，要调整音频持续时间，既可以使用“速度 / 持续时间”菜单命令进行调整，也可以直接在时间轴中通过拖动进行调整。

■ 拖动调整音频持续时间

打开一个项目文件，在“时间轴”面板中可看到音频的持续时间比视频的持续时间长，当视频播放完毕后，还会继续播放音频。这时就需要调整音频的持续时间。将鼠标指针移到音频末尾位置，当指针变为◀形时，单击并向左拖动到与视频末尾相同的位置，释放鼠标，即可完成调整，如下图所示。

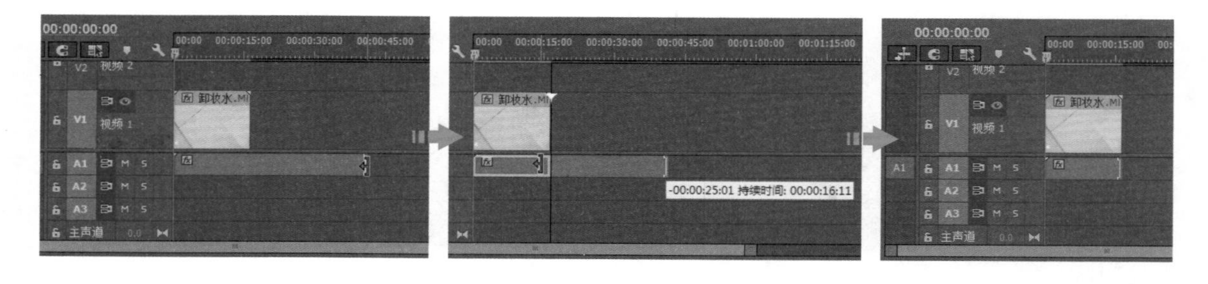

■ 设置“速度/持续时间”控制播放效果

在 Premiere Pro 中，还可以应用“速度 / 持续时间”命令精确设置音频的播放速度，通过加速或降速的方式改变音频的持续时间。

选中时间轴中的音频后，执行“剪辑 > 速度 / 持续时间”菜单命令，或右击选中的音频，在弹出的快捷菜单中选择“速度 / 持续时间”命令，打开“剪辑速度 / 持续时间”对话框，在该对话框中可以在不更改选定剪辑的播放速度的情况下更改持续时间，或者在不更改持续时间的情况下更改播放速度，具体操作如下图所示。

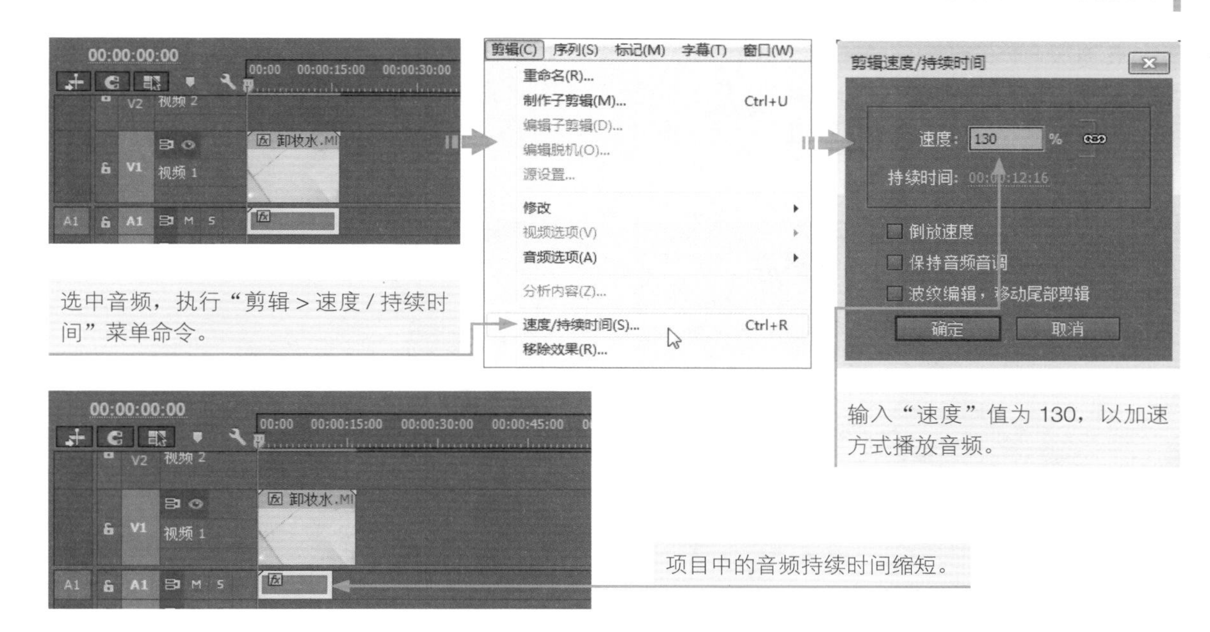

选中音频，执行“剪辑 > 速度 / 持续时间”菜单命令。

输入“速度”值为 130，以加速方式播放音频。

项目中的音频持续时间缩短。

7.6.4 调整音频音量大小

音量的大小也是影响网店视频效果的重要因素之一，音量太小可能会听不清楚，而音量太大又会显得很嘈杂。所以在制作视频时，需要为其设置合适的音量。在 Premiere Pro 中，调整音量有两种比较常用的方法：一是使用“效果控件”面板中的“音量”选项组进行调整；二是使用“音轨混合器”进行调整。

在“效果控件”面板中调整音量

在“效果控件”面板中的“音量”选项组中可以直接拖动“级别”选项滑块，调整音量；也可以选中添加的关键帧，使用“选择工具”或“钢笔工具”向上或向下拖动音量控制柄，增大或减小某一关键帧位置的音量。

若要在音频播放到某一帧位置时降低音量，那么就需要将播放指示器定位到相应的位置，然后在该位置添加一个关键帧，如下图所示。

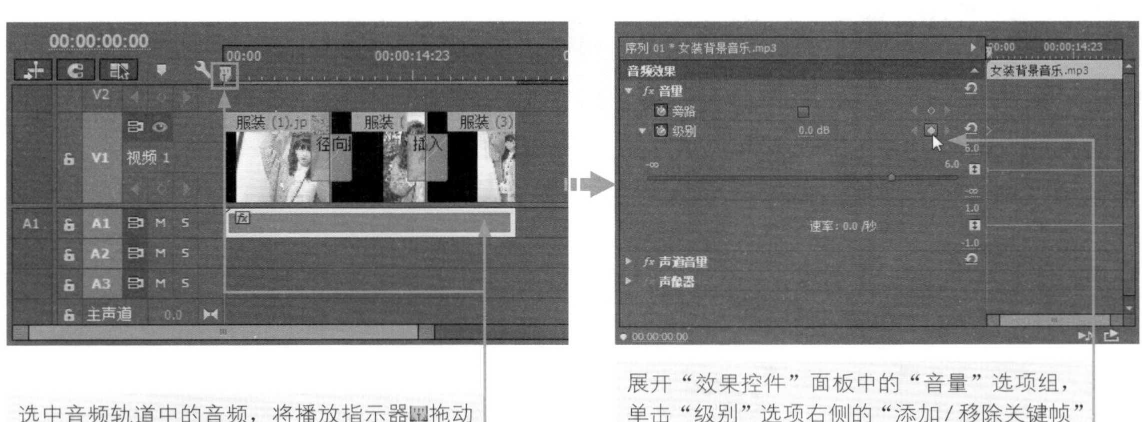

选中音频轨道中的音频，将播放指示器拖动到视频开始的位置。

展开“效果控件”面板中的“音量”选项组，单击“级别”选项右侧的“添加 / 移除关键帧”按钮，添加关键帧。

在添加一个关键帧时，拖动音量控制柄可控制整个音频轨道的音量，若要调整更多关键帧的音量，则需要移动播放指示器，单击“添加/移除关键帧”按钮，添加更多的关键帧，再拖动音量控制柄进行音量设置，如下图所示。设置多个音频关键帧的音量后，在播放音频时，会根据设置更改音量效果。

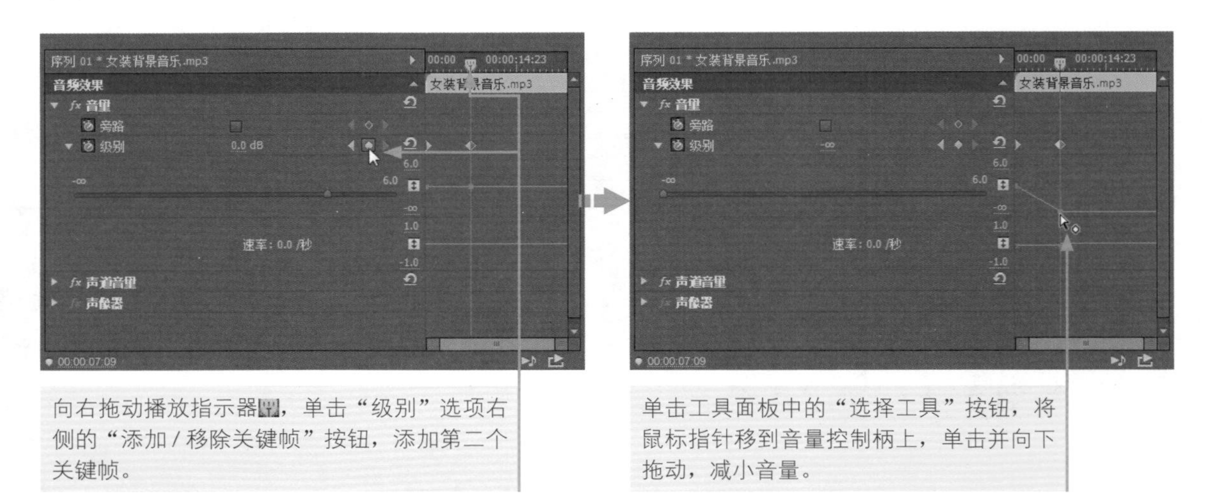

向右拖动播放指示器，单击“级别”选项右侧的“添加/移除关键帧”按钮，添加第二个关键帧。

单击工具面板中的“选择工具”按钮，将鼠标指针移到音量控制柄上，单击并向下拖动，减小音量。

在“音轨混合器”中设置轨道音量

当项目文件中包含多个音轨时，应用“音轨混合器”可以更好地调节两条或多条音轨的相对音量，例如，可以在增大一条音轨上的语音音量的同时减小另一条音轨上的背景音乐音量。在“音轨混合器”中，将任何音轨的音量滑块上移或下移，就可以增大或减小该音轨中音频的音量，若单击音轨上方的M图标，则将该音轨设置为静音效果。下图所示为使用“音轨混合器”调整音量的操作过程。

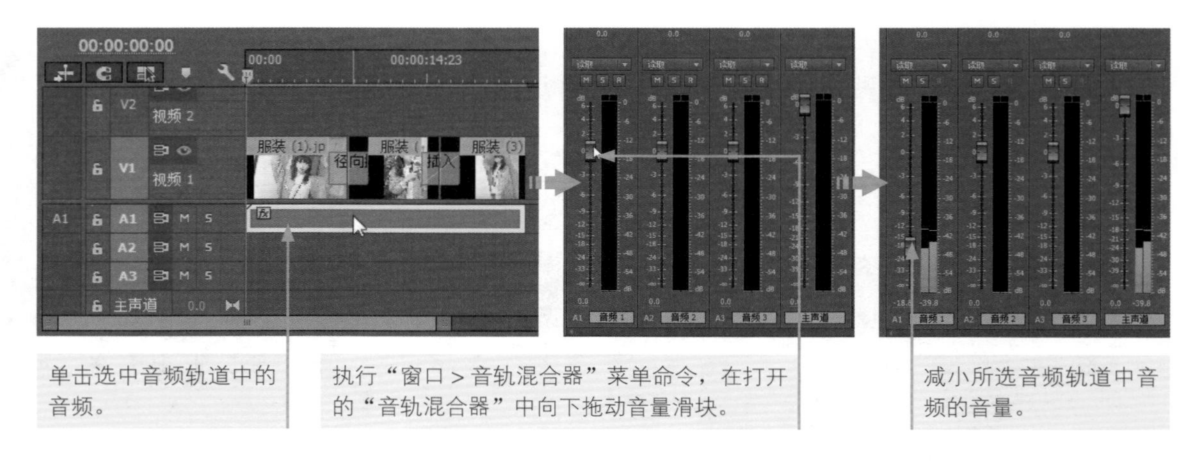

单击选中音频轨道中的音频。

执行“窗口 > 音轨混合器”菜单命令，在打开的“音轨混合器”中向下拖动音量滑块。

减小所选音频轨道中音频的音量。

7.6.5 设置音频过渡效果

如果网店视频中包含多段前后衔接的音频，可以在这些音频之间添加淡入淡出效果，以消除音频切换时的突兀感。音频的淡入淡出效果可用“交叉淡化”过渡效果实现，包括恒定增益、恒定功率、指数淡化三种类型。

在Premiere Pro中，如果要添加默认音频过渡效果，先将播放指示器移动到剪辑之间的编辑点，执行“序列 > 应用音频过渡”菜单命令；如果要添加除默认值之外的音频过渡效果，则在“效果”

面板中展开“音频过渡”素材箱，并将音频过渡效果拖到“时间轴”面板中，置于要进行交叉淡化的两个剪辑之间的编辑点上。如果只有一个音频剪辑，则把音频过渡效果拖动到该剪辑的开始或结束位置即可。下图所示为应用音频过渡效果的操作过程。

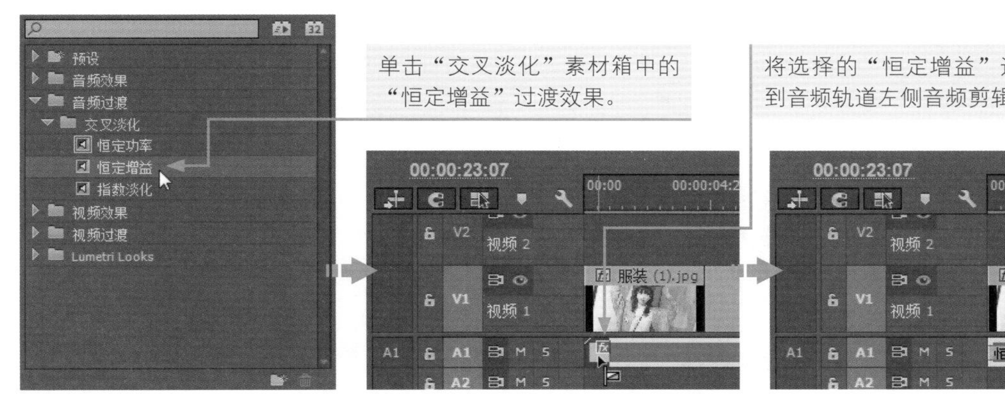

提示

添加音频过渡效果后，可以单击时间轴中的音频过渡图示，打开“效果控件”面板，设置过渡效果持续时间，也可以双击音频过渡图示，在打开的对话框中设置过渡效果持续时间。

读书笔记

网店视频制作实战

上一章学习了 Premiere Pro 的基本使用方法，本章将通过实战对上一章所学进行综合应用，通过典型案例完整解析主图视频和详情视频的制作流程，在实践中帮助读者掌握更多网店视频的制作技巧。

8.1　网店主图视频制作

在电商平台中输入关键字搜索商品时，出现在搜索结果页面中的图片就是商品主图，这些图片都是静态的。如果消费者对某款商品产生兴趣，单击商品主图就可以打开对应的商品详情页面，在该页面左上角的区域会显示与搜索结果页面中相同的商品主图。如果主图中包含视频，则会在图像下方或中间显示播放控制按钮，单击按钮即可播放视频。相比静态的图片式主图，动态的主图视频能够在短时间内以更新奇的方式呈现更多信息，更有效地刺激消费者产生购买商品的欲望，因而成为各大电商平台都在大力推广的商品展示形式。下面就一起来学习主图视频制作的相关知识与技能。

8.1.1　网店主图视频制作要点

总体来说，主图视频的制作要把握这些基本原则：第一，主图视频的制作成本和难度相对较高，因此，不必为每个商品都配备主图视频，要把精力和预算放在主推商品上；第二，应站在消费者的角度考虑主图视频的内容，多展示消费者关心的方面；第三，目前大多数电商平台将主图视频的时长限制放宽到几十秒，但实际上这么长的视频大多数消费者并没有耐心看完，因此要注意控制视频时长，对内容进行取舍，只呈现几个关键的卖点。把握好这些原则，再在拍摄和剪辑的创意性上下点功夫，做好细节的打磨，就能制作出一段优质的主图视频。

如下图所示的女包主图视频，充分站在消费者的角度进行内容编排，将消费者比较关心的外观、做工、容量等通过视频表现出来，突出了女包外观时尚、做工精致、容量大、内部夹层多等主要卖点。

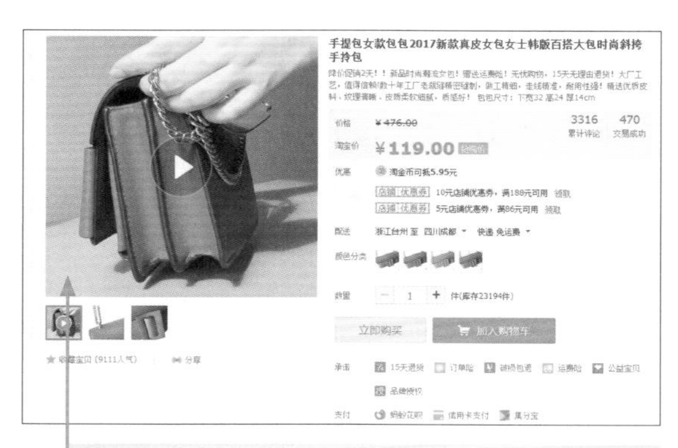

在主图视频开始部分着重展示了这款女包的整体外观及正面、侧面等各个部分的做工。

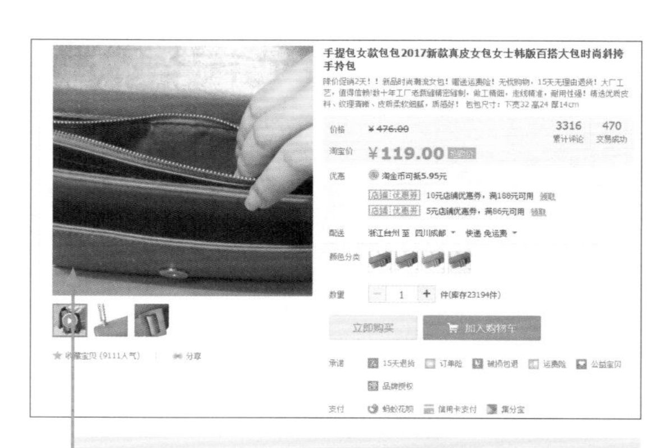

为了突出女包较大的容量，视频中接着展示了女包的内部结构，尤其是多个夹层的设计。

网店主图视频的设计与静态主图一样，也有一定的尺寸要求。淘宝、天猫、京东等主流电商平台的主图视频采用 1 ： 1 或 16 ： 9 的长宽比，然而拍摄的视频素材并不一定是这种长宽比。在进行视频制作时就需要用视频编辑软件将视频画面的长宽比统一设置为 1 ： 1 或 16 ： 9，否则可能导致画面中的商品变形，或者画面太小，影响商品展示效果，从而降低商品的转化率。如下图所示的两个主图视频，虽然展示的都是连衣裙，但是长宽比 1 ： 1 的视频中，画面内容更加饱满，商品更加突出。

主图视频在制作时没有对素材按照电商平台规定的长宽比做处理，使得画面四周留白的区域太多，画面内容整体偏小，虽然也能大致看到裙子，但是视觉效果不美观，作为表现主体的商品不突出。

主图视频在制作时对素材的画面按照电商平台规定的长宽比进行了裁剪，并且去掉了一部分不重要的背景图像，突出了要表现的商品，让消费者能够一眼就看清裙子的外形、材质和质感等要素。

除上述谈到的要点外，主图视频在制作时还要考虑店铺的整体装修风格和具体商品的特点，合理地营造销售氛围，迎合消费者的购物心理，在创意性地展示商品的同时，还能够塑造店铺品牌形象。

8.1.2 过渡效果让场景切换更自然

为制作网店主图视频而拍摄的视频素材通常有多段，例如，拍摄不同角度的商品或商品在不同场景中的应用等。在视频编辑软件中进行素材拼接时，如果直接在不同场景中切换会显得生硬和突兀，此时就需要适当添加过渡效果。过渡效果可以让视频、图像、字幕等实现比较自然的切换。值得一提的是，通过合理应用过渡效果，只用静态的图片素材也能制作出不错的视频，这对于新手来说较容易掌握，设计范例如下图所示。

在视频中通过多张静态图片来展示蛋糕的制作过程，为了更好地吸引消费者，在图像之间添加了过渡效果，使静态的图片也能呈现动感的效果。

8.1.3 网店主图视频制作案例01

◎ 原始文件：下载资源\素材\08\01.mp4、02.jpg～04.jpg、05.mp3
◎ 最终文件：下载资源\源文件\08\网店主图视频制作案例01.prproj

马赛克视频动画：在视频的开头应用马赛克动画，模拟出画面从低分辨率的像素化效果逐渐变清晰的过程，让画面更具设计感。

渐变的文字设计：为了宣传商品品牌，主图中使用笔画较粗的字体搭配蓝色系的渐变颜色来制作品牌徽标，进一步加深消费者对品牌的印象。

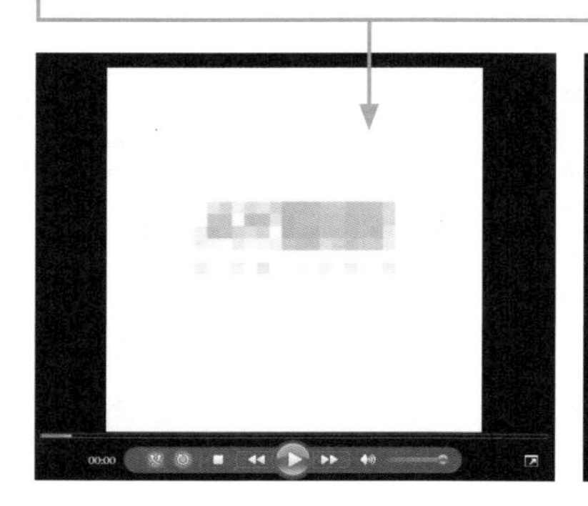

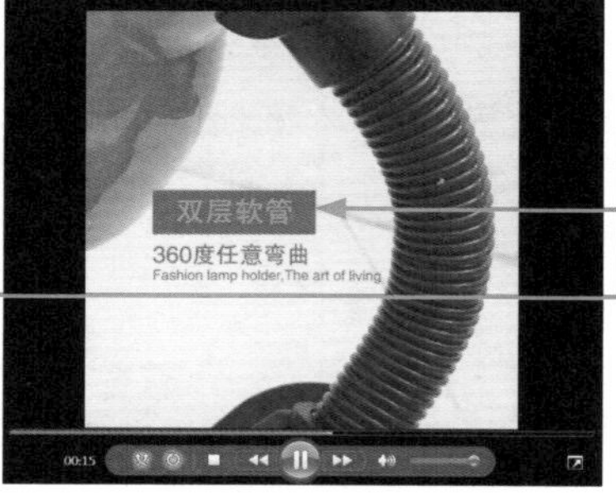

文字与图形结合的字幕设计：视频中表达台灯特性的字幕使用“灰色矩形背景+橙色文字”的设计，强烈的颜色反差更能吸引消费者的注意。

01 启动 Photoshop，执行“文件 > 新建”菜单命令，打开“新建”对话框，在对话框中设置各选项，创建新文件。

02 为了突出商品品牌，选择“横排文字工具”在画面中间位置输入商品品牌名称，结合“字符”面板，调整文字的属性。

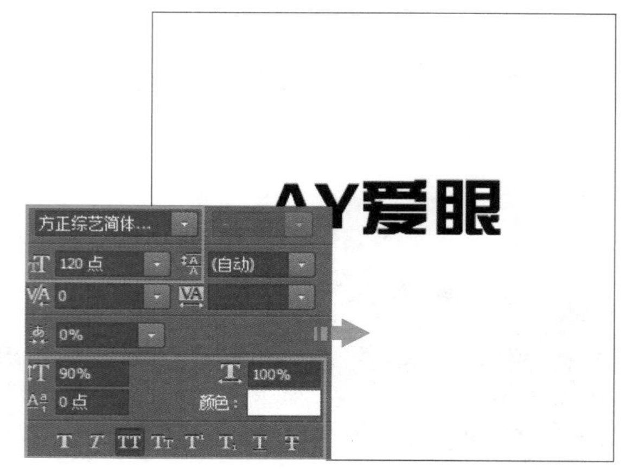

03 双击文字图层，打开“图层样式”对话框，在对话框左侧单击“渐变叠加”样式，在右侧设置渐变颜色及渐变样式，设置后单击“确定”按钮，更改文字颜色。

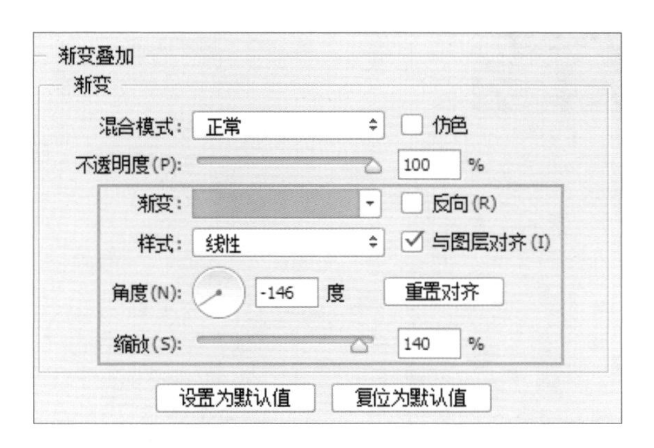

04 使用“横排文字工具”在标题文字下方输入商品广告语，结合“字符”面板，调整文字的大小和字体等。将文件保存为“视频主图.psd”。

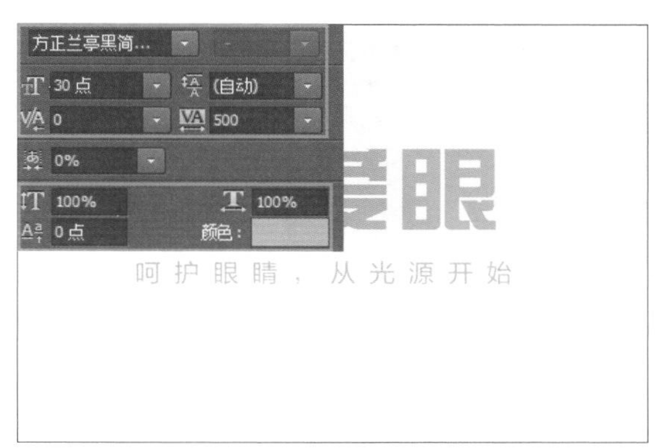

05 启动 Premiere Pro，执行“文件 > 新建 > 项目”菜单命令，打开“新建项目”对话框，在对话框中设置各选项，创建项目文件。

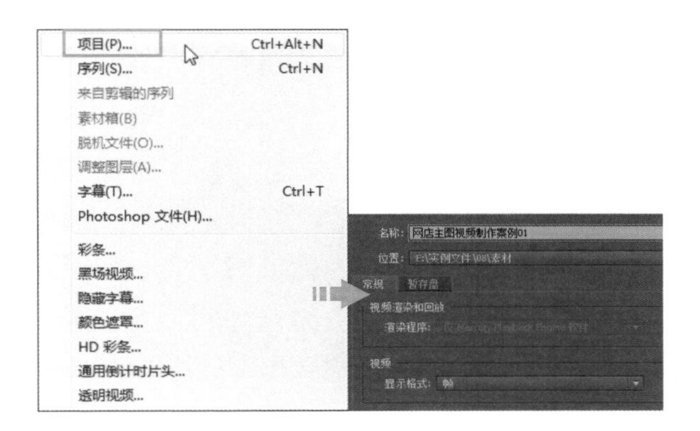

06 执行“文件 > 新建 > 序列”菜单命令，打开“新建序列”对话框，在对话框中设置各选项，创建新的序列。

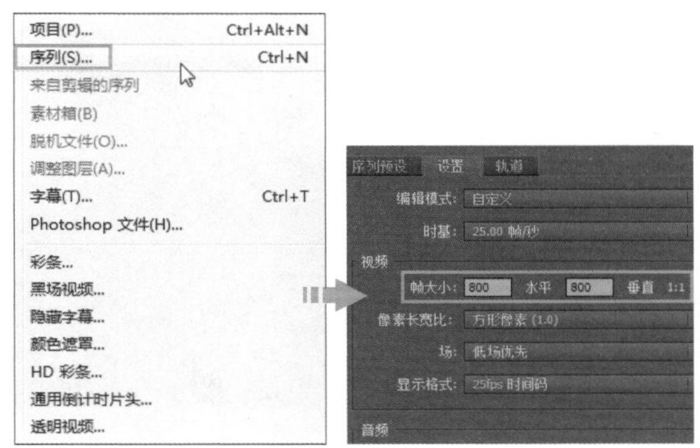

07 打开“项目”面板，在面板中显示创建的序列 01，执行“文件 > 导入”菜单命令，将“视频主图.psd”导入到“项目”面板中。

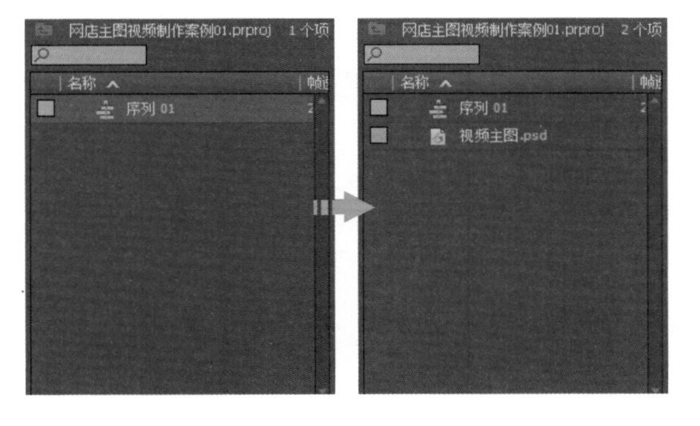

08 选中导入的“视频主图”素材，将其拖动到“时间轴”面板中的 V1 轨道上，释放鼠标，放置剪辑素材，并适当调整素材持续时间。

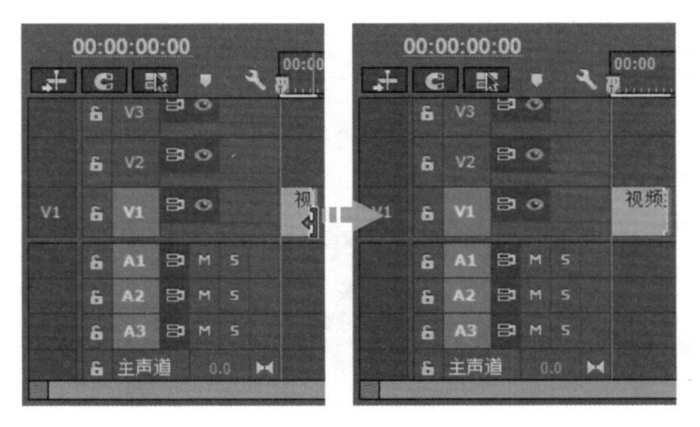

09 打开“效果”面板，展开“视频效果”素材箱，在该素材箱中的“风格化”素材箱中选择“马赛克”视频效果，将该效果拖动到时间轴中的“视频主图”剪辑上，应用默认的马赛克效果。

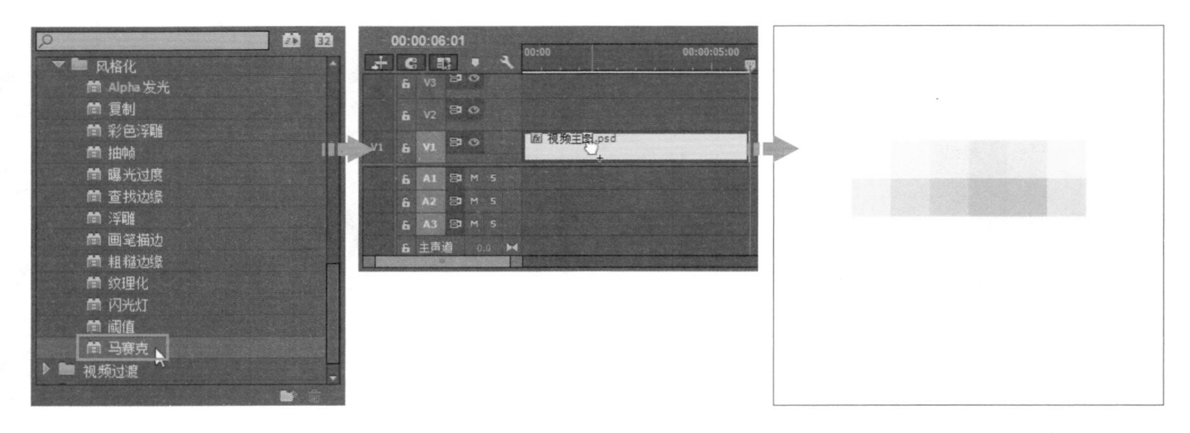

10 打开“效果控件”面板，在面板中将播放指示器移到视频开始位置，展开“马赛克”选项组，在选项组中分别单击“水平块”和“垂直块”左侧的“切换动画”按钮，在视频开始位置添加首个关键帧。

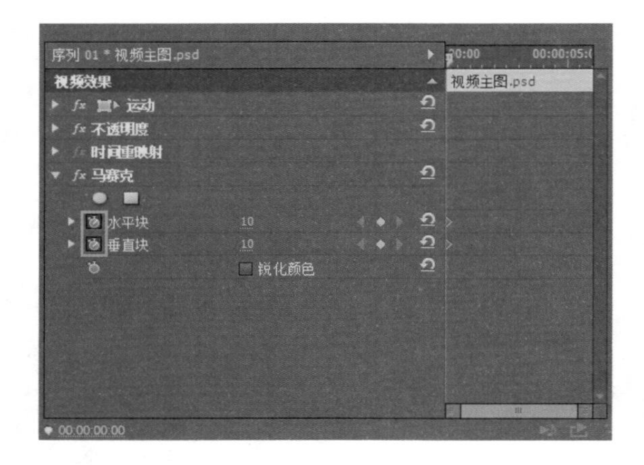

11 将播放指示器向右拖动至合适的位置，分别单击“水平块”和“垂直块”右侧的“添加/移除关键帧”按钮，在视频剪辑中添加第二个关键帧，然后设置“水平块”和“垂直块”值为50，更改图像清晰度。

12 将播放指示器继续向右侧拖动，然后分别单击“水平块”和“垂直块”右侧的“添加/移除关键帧”按钮，在视频剪辑中添加第三个关键帧，设置“水平块”和“垂直块”值为500，继续更改图像清晰度。

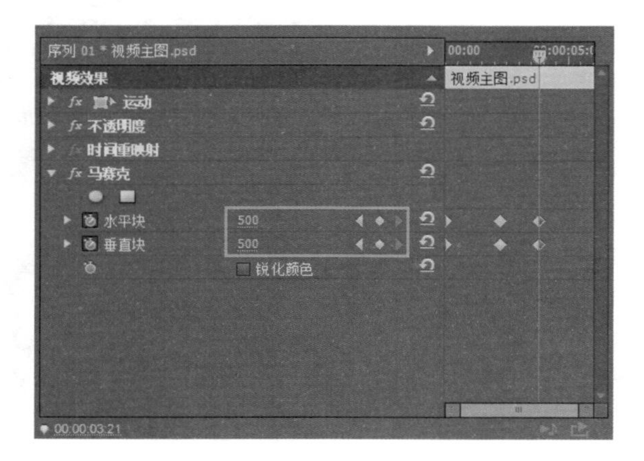

13 经过设置，创建了动态的片头效果。打开“节目监视器”面板，单击面板中的“播放-停止切换”按钮，播放视频，查看设置效果。

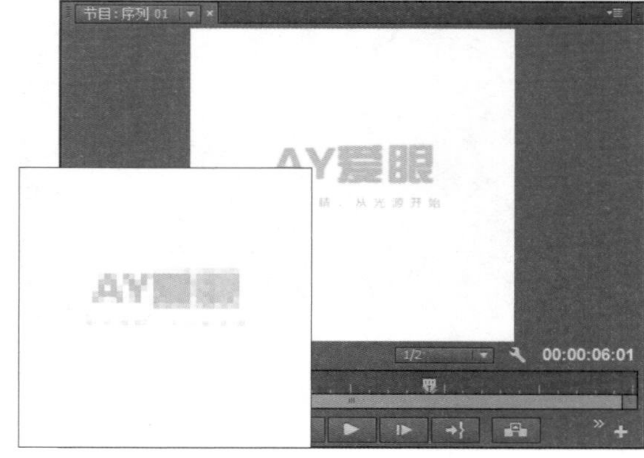

14 按快捷键 Ctrl+I，将 01.mp4、02.jpg ~ 04.jpg 导入到“项目”面板中，选中所有导入的素材文件。

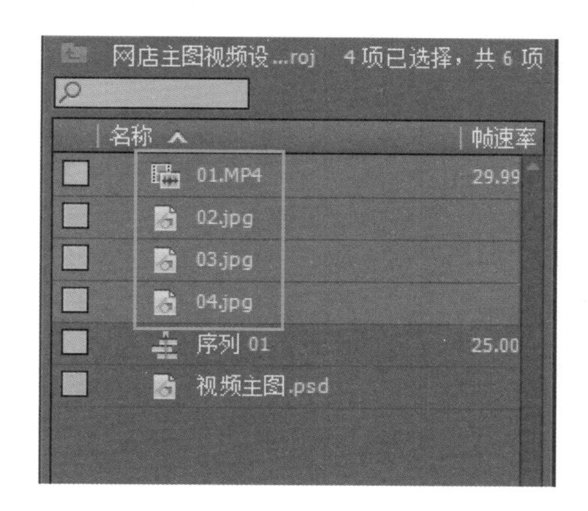

15 将素材拖动到时间轴中，用“选择工具”单击选中 01.mp4 剪辑，单击工具面板中的“剃刀工具”按钮，将鼠标指针移到剪辑上。

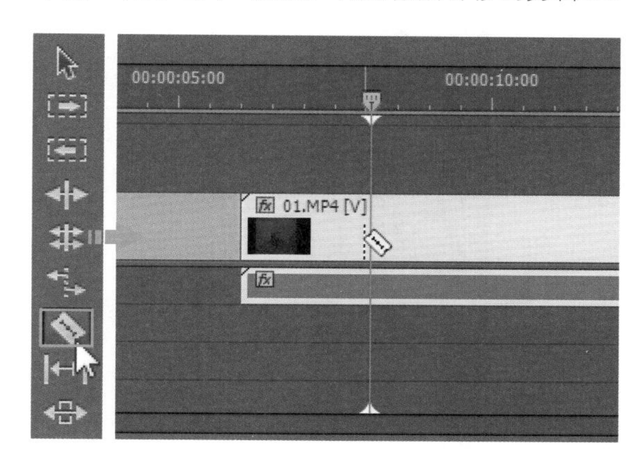

16 单击鼠标，在鼠标单击处分割视频素材，用“选择工具”选择分割出来的前一段视频素材，按 Delete 键将其删除。

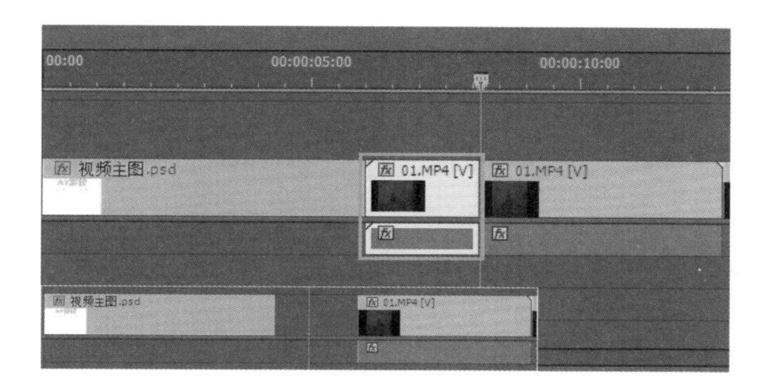

17 继续使用“剃刀工具”分割 01.mp4 素材，然后选中后一段视频素材，按 Delete 键将其删除。

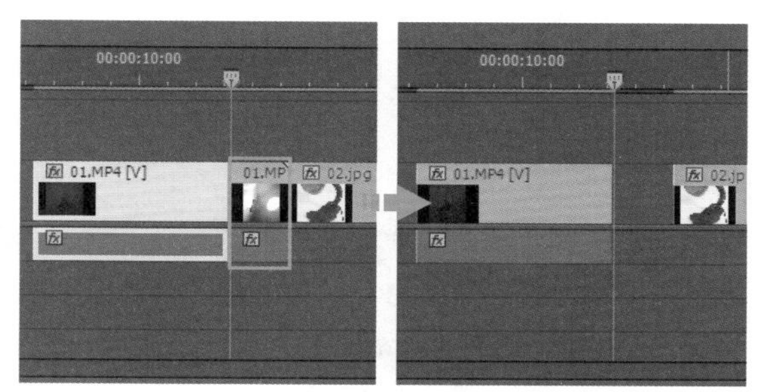

18 选中剩下的一段视频素材，打开“效果控件”面板，单击“运动”选项左侧的三角形按钮，展开“运动”选项组，调整视频的“位置”“缩放”“旋转”选项值。

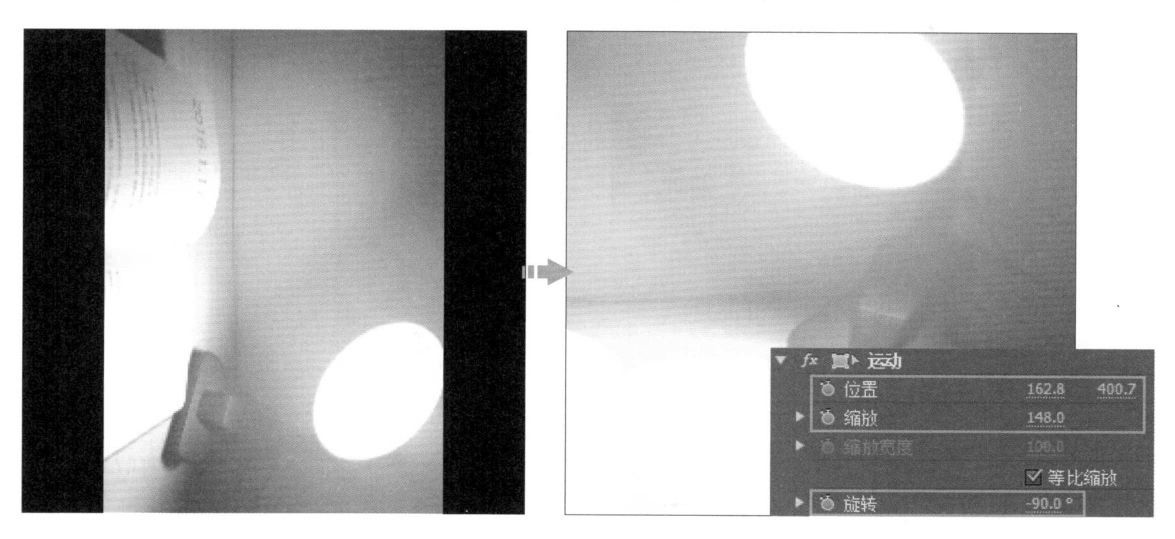

19 选择 02.jpg 剪辑，打开“效果控件”面板，在面板中设置“位置”选项和“缩放”选项，调整图像大小和位置，在“节目监视器”面板中显示台灯散热孔部分。

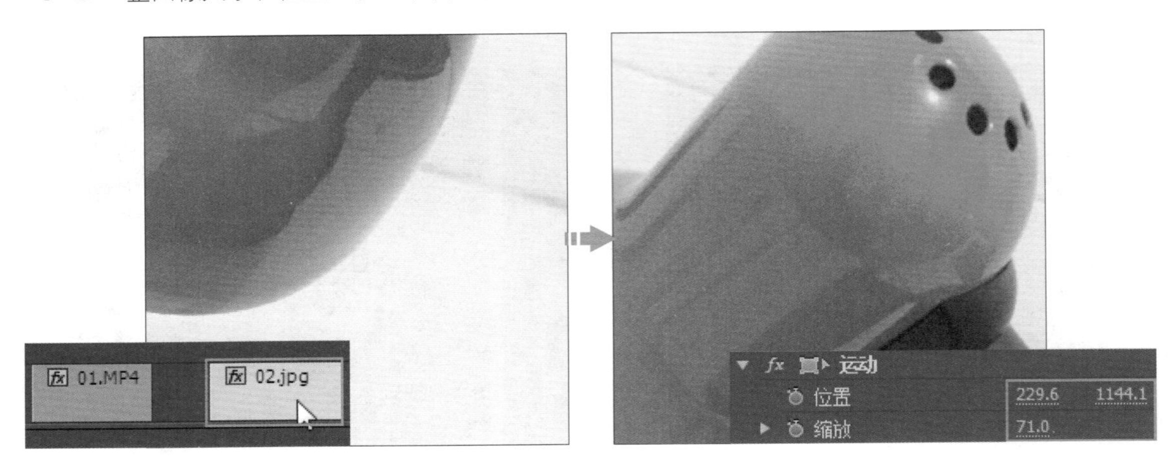

20 选择 03.jpg 剪辑，打开“效果控件”面板，在面板中设置“位置”选项和“缩放”选项，调整图像大小和位置，在“节目监视器”面板中显示灯泡部分。

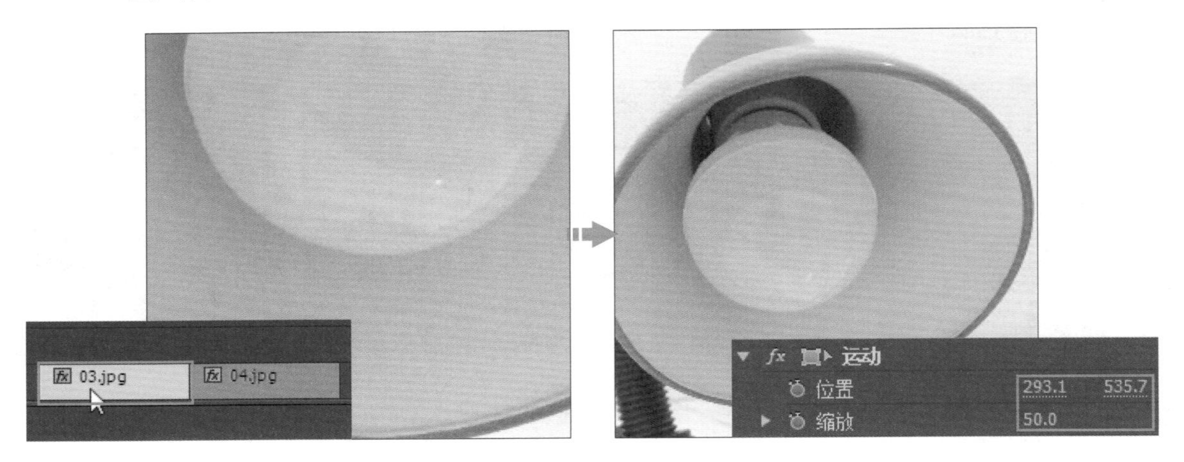

21 选择 04.jpg 剪辑，打开“效果控件”面板，在面板中设置“位置”选项和“缩放”选项，在“节目监视器”面板中显示台灯底座部分。

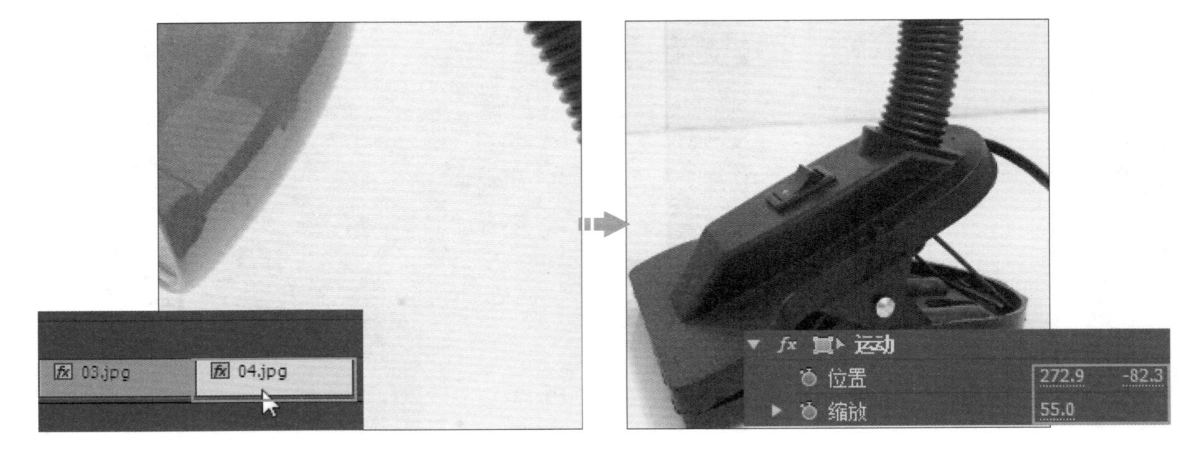

22 将01.mp4和02.jpg向左拖动并首尾衔接起来，选中02.jpg剪辑，右击该剪辑，在弹出的快捷菜单中执行“复制”菜单命令。

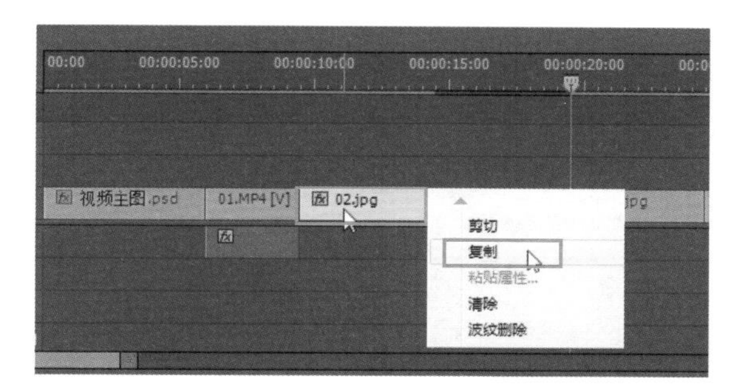

23 将播放指示器拖动到合适的位置上，按快捷键Ctrl+V粘贴02.jpg剪辑，然后调整各剪辑的位置和持续时间，得到连续的视频效果。

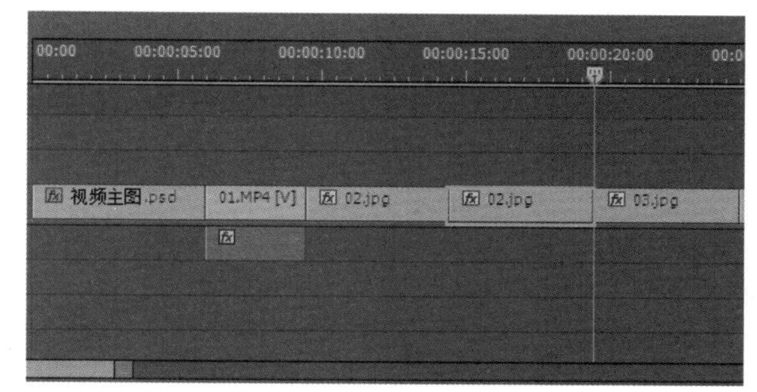

提示

选中剪辑后，按快捷键Ctrl+C也可以复制剪辑。

24 选中复制得到的02.jpg剪辑，打开“效果控件”面板，在面板中设置“位置”选项和“缩放”选项，调整图像大小和位置，在“节目监视器”面板中显示台灯软管部分。

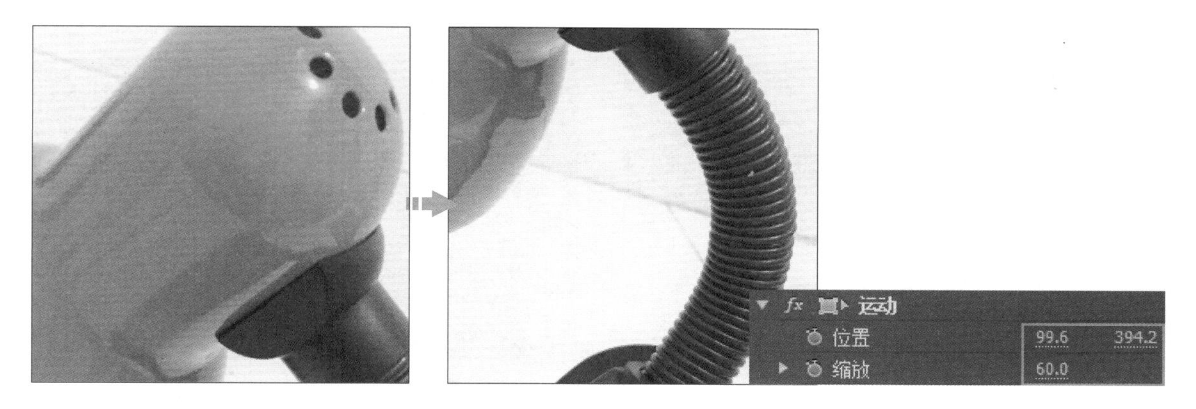

25 单击工具面板中的“选择工具”按钮，在“时间轴”面板中单击并拖动鼠标，框选时间轴中的所有剪辑。

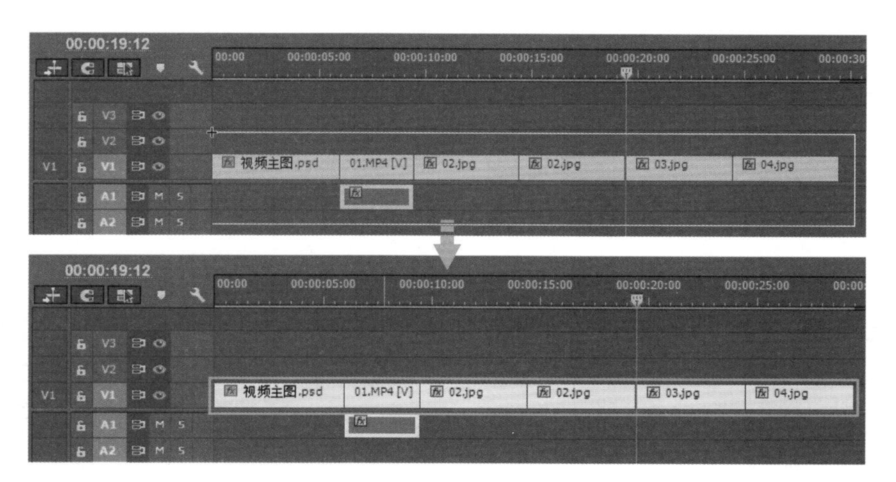

26 执行“序列 > 应用视频过渡”菜单命令，对选中的所有剪辑应用默认的“中心拆分”过渡效果。

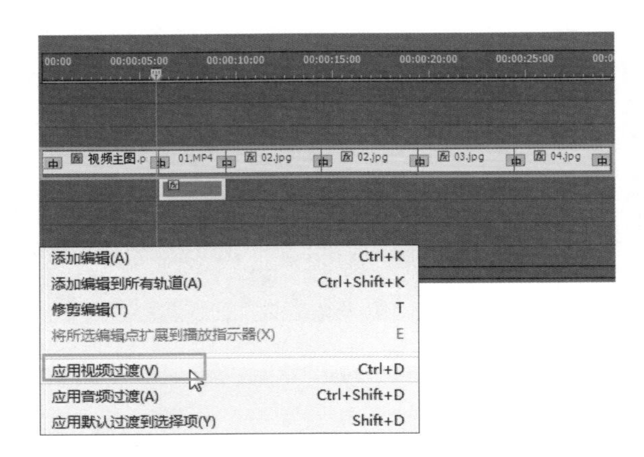

27 打开“效果”面板，展开“视频过渡”素材箱，选中“溶解”素材箱中的“渐隐为黑色”过渡效果，将其拖动到“视频主图”和 01.jpg 剪辑之间，替换过渡效果。

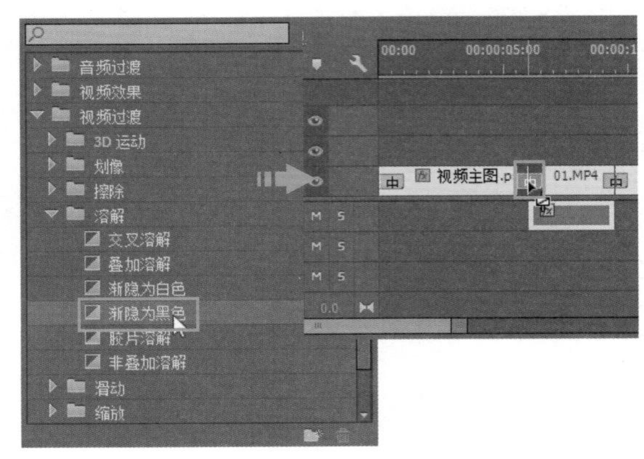

28 选中并右击 01.mp4 剪辑，在弹出的快捷菜单中执行“取消链接”命令，取消视频中的图像与音频的链接状态。

29 选中分离出的音频，按 Delete 键将其删除，然后使用合适的过渡效果替换一部分“中心拆分”过渡效果。

30 为突出台灯的主要特点，可以添加说明性的字幕文字。执行“文件 > 新建 > 字幕”菜单命令，打开“新建字幕”对话框，输入字幕名为“一键式开启”，单击“确定”按钮，新建“一键式开启”字幕文件。

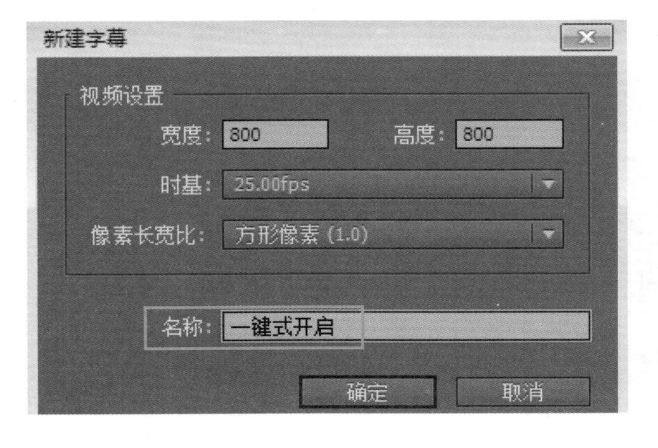

31 打开“字幕”面板，单击工具栏中的“矩形工具”按钮，在画面左下角单击并拖动鼠标，绘制一个矩形，并在右侧的“字幕属性”面板中设置填充属性，将绘制的矩形填充为灰色。

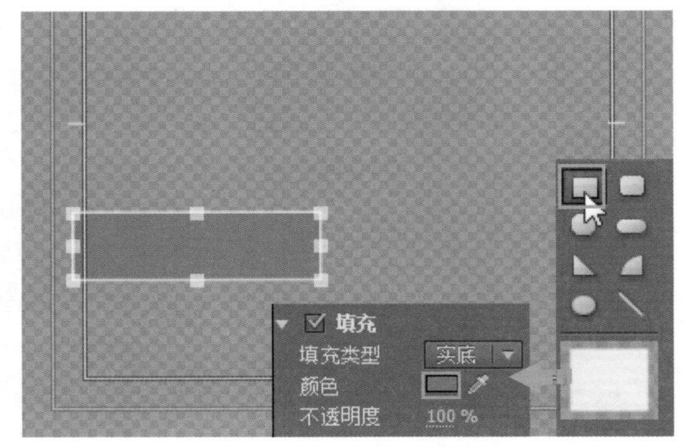

32 单击“文字工具”按钮，在绘制的矩形中单击，输入文字“一键式开启”，在右侧的“字幕属性”面板中设置文字属性和填充颜色，更改字幕文字效果。

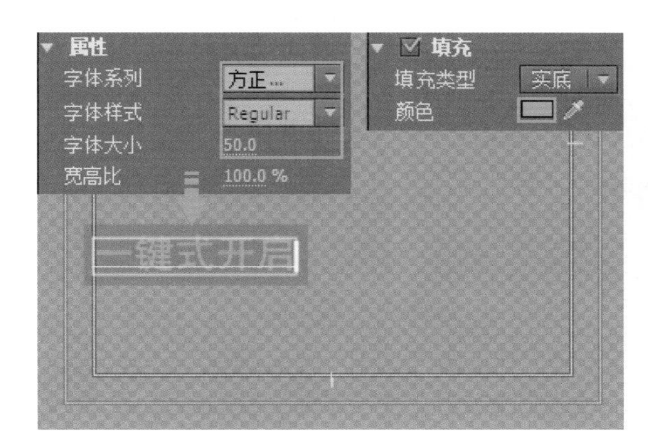

33 选择“文字工具”，在已输入的文字下方单击，输入另外两排字幕文字，然后在“字幕属性”面板中分别调整两排文字的属性，得到更有层次感的字幕文字。

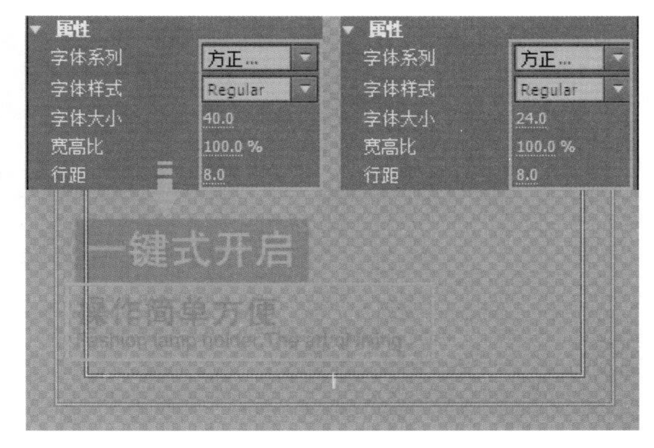

34 选中“项目”面板中创建的“一键式开启”字幕文件，连续按快捷键Ctrl+C和Ctrl+V，复制并粘贴字幕文件，得到另一个字幕文件。

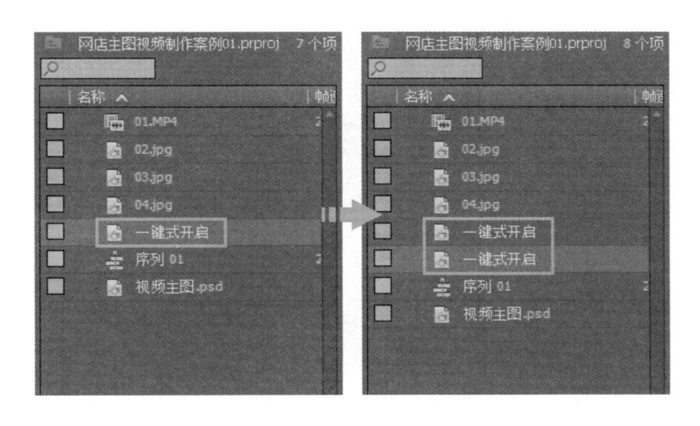

35 为了区别字幕文字，需要更改字幕文件名称。右击下方的“一键式开启”字幕文件，在弹出的快捷菜单中执行“重命名”命令，将字幕文件重命名为“散热孔设计”。

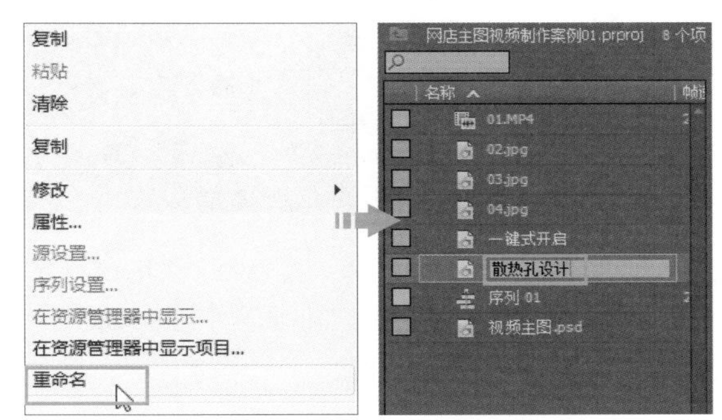

36 双击“散热孔设计”字幕文件，打开“字幕”面板，更改字幕文字内容，并将更改后的字幕文字拖动到适当位置。使用同样的方法，完成更多字幕的设计。

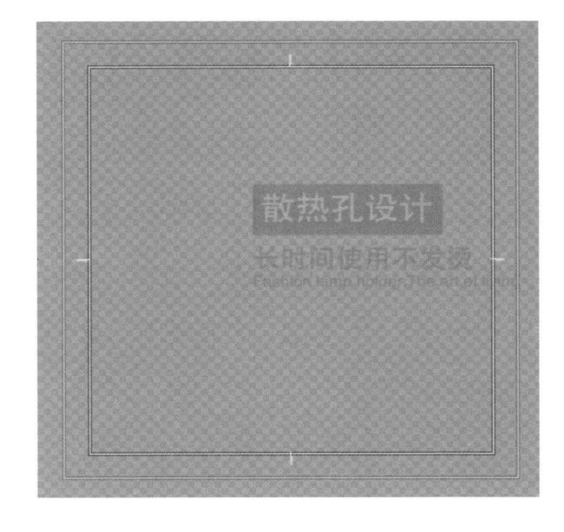

37 在“项目”面板中单击选中“一键式开启”字幕文件，将其拖动到“时间轴”面板中的V2轨道上，然后单击“选择工具”按钮，将鼠标指针移到字幕两侧边缘位置，拖动调整字幕持续时间。

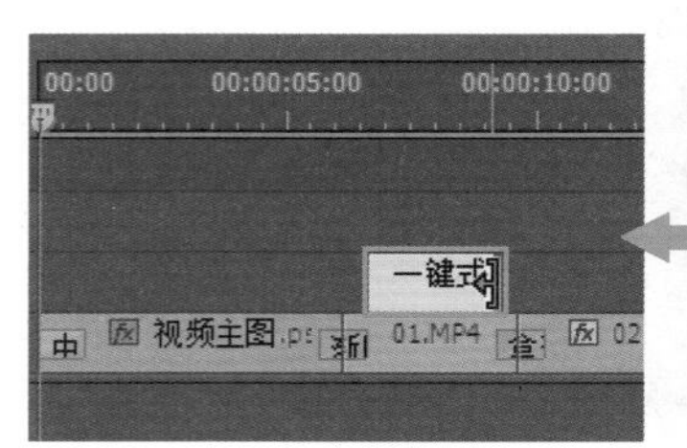

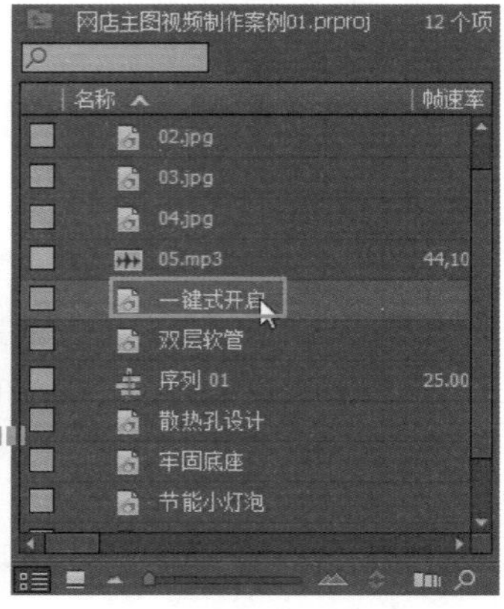

38 选中“项目”面板中的其他字幕文件，分别拖动至时间轴合适的位置上，并调整字幕持续时间，在视频中应用字幕效果。

39 在视频中添加字幕后，将播放指示器拖动到字幕位置，可以在“节目监视器”面板中查看添加的字幕效果。

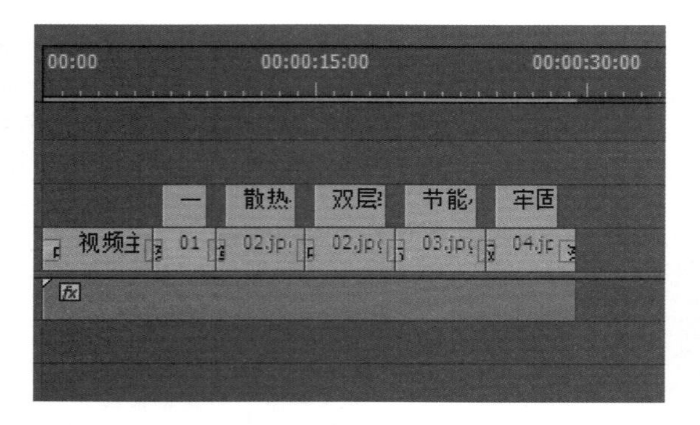

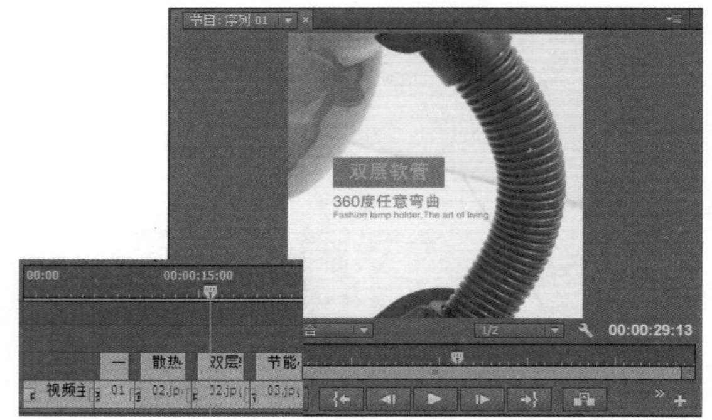

40 执行“文件 > 导入”菜单命令，将05.mp3音频素材导入到“项目”面板，选中导入的音频素材。

41 将选中的音频素材拖动到“时间轴”面板中的A1轨道上，释放鼠标，在视频中添加背景音乐。

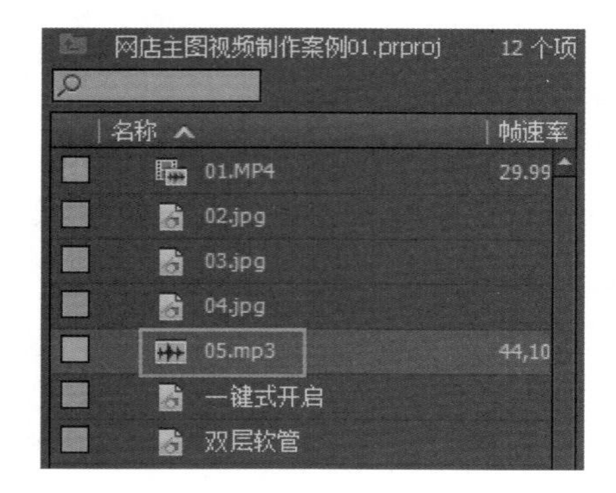

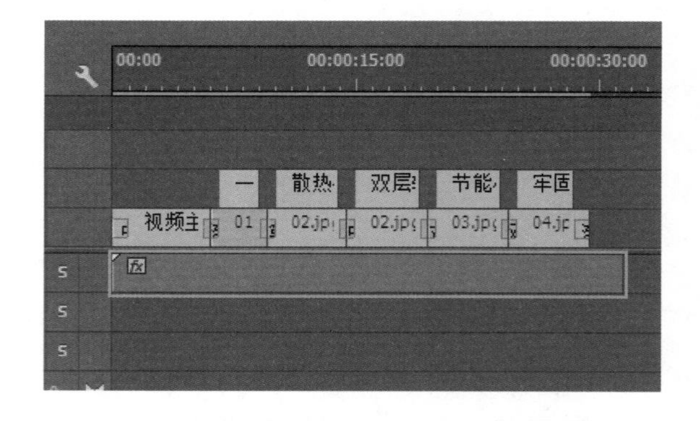

42 单击“选择工具”按钮，选中音频，将鼠标指针移到音频末尾位置，当鼠标指针变为◀形时，单击并向左拖动，调整音频持续时间，使其与视频持续时间相同。至此，已完成本案例的制作。

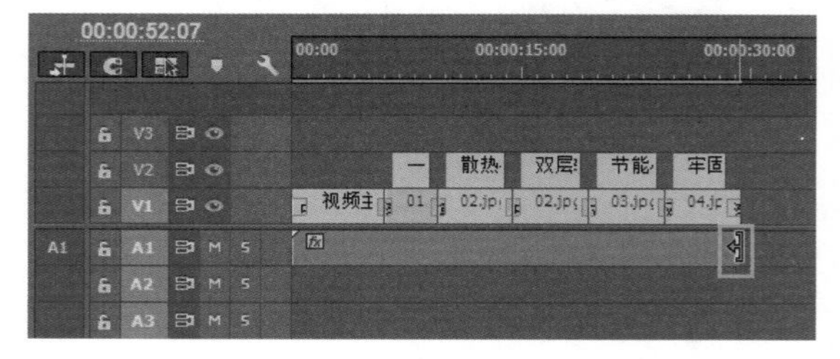

8.1.4 网店主图视频制作案例02

◎ 原始文件：下载资源\素材\08\06.jpg、07.MOV～10.MOV、11.mp3
◎ 最终文件：下载资源\源文件\08\网店主图视频制作案例02.prproj

高斯模糊的视频动画提升用户体验：没有让片头直接出现，而是对视频画面应用高斯模糊特效，使图像从模糊逐渐变化到清晰，观看体验更舒适。

纯色背景突出商品：将茶叶盒图像单独抠取出来，为其填充纯色的背景，鲜明的颜色反差使需要展示的商品对象更加突出。

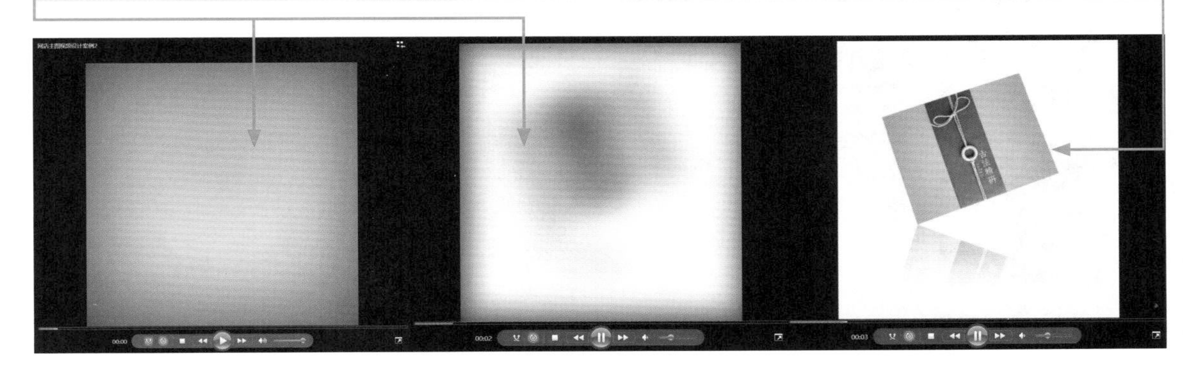

辅助字幕文字表现泡制过程：在视频中加入字幕文字，辅助说明泡茶的操作顺序、水温等注意事项，提升了店铺的专业度和可信度，并能让已经购买茶叶的消费者学习正确的泡茶方法。

形象的视频操作展示：展示泡茶的操作过程，突出表现茶叶的变化、茶汤的颜色等，使消费者有身临其境的直观感受，刺激消费者产生品尝和购买茶叶的欲望。

01 启动Photoshop，打开06.jpg，选择工具箱中的“裁剪工具”，在选项栏中选择“1 ：1（方形）”，在画面中单击并拖动鼠标，扩展画布，将图像设置为正方形，按Enter键确认。执行“图像 > 图像大小”菜单命令，打开“图像大小”对话框，根据网店主图尺寸，调整图像的宽度和高度。

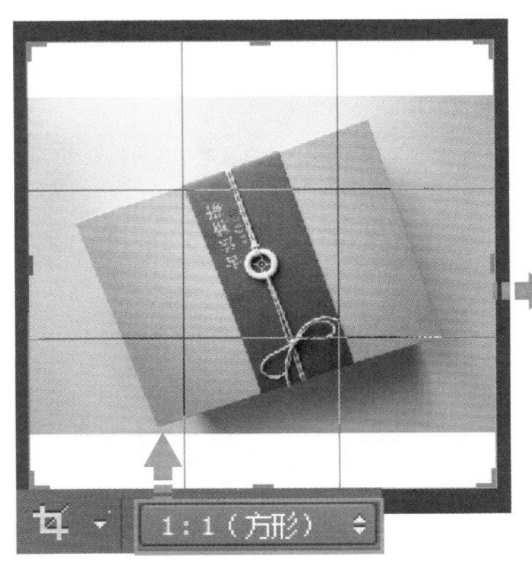

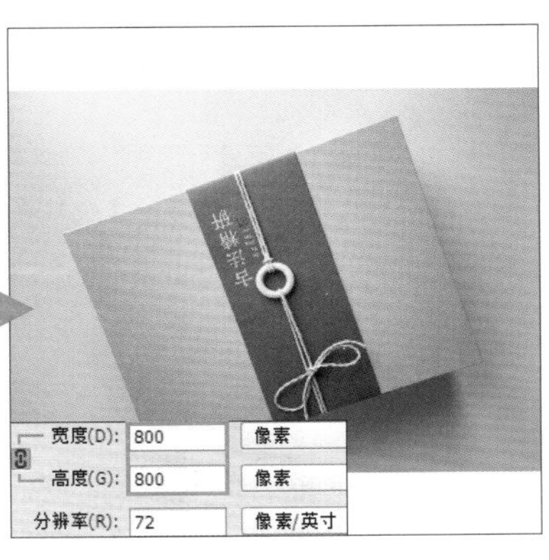

02 单击工具箱中的“多边形套索工具”按钮，沿茶叶包装盒边缘连续单击，创建选区，选中包装盒图像，按快捷键 Ctrl+J 复制选区中的图像，得到“图层 1”图层。

03 打开自由变换编辑框，旋转并缩小抠出的包装盒图像，在“图层 1”下方创建“图层 2”图层，设置前景色为 R248、G248、B248，按快捷键 Alt+Delete，填充纯色背景。

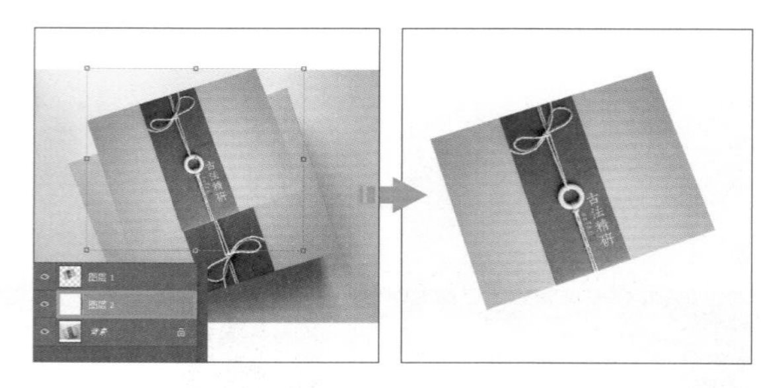

04 创建调整图层，调整图像颜色，然后将包装盒及上方的调整图层盖印，得到“色彩平衡 1（合并）”图层，翻转图层中的图像，创建图层蒙版，选择“渐变工具”，从图像下方往上拖动创建“黑，白渐变”，制作倒影效果。将文件保存为“06.psd”。

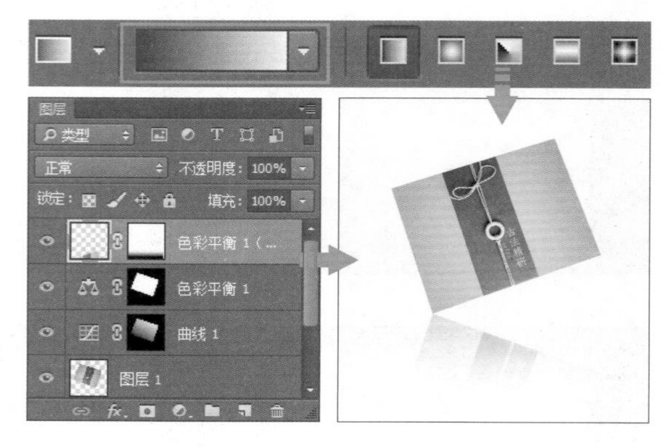

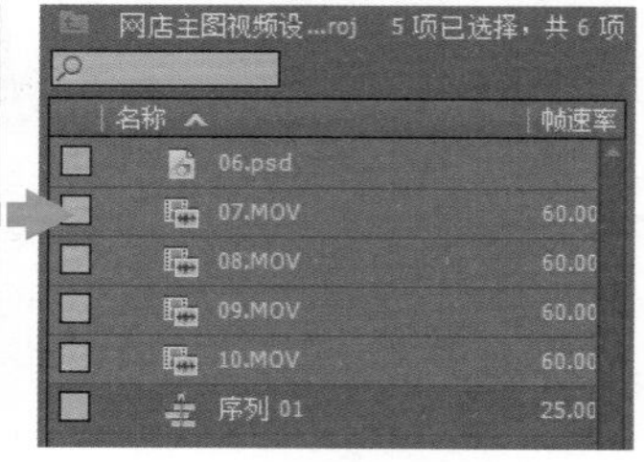

05 启动 Premiere Pro，创建新项目，执行“文件 > 新建 > 序列”菜单命令，打开“新建序列”对话框，在对话框中设置选项，新建一个长宽比为 1 ：1 的序列，然后将处理好的图像及其他视频素材添加到创建的序列中。

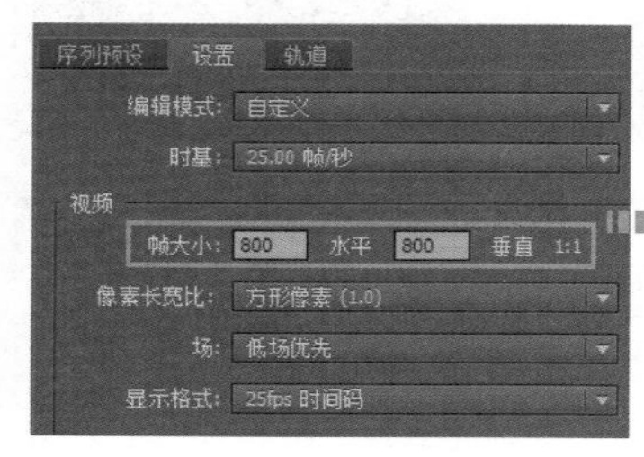

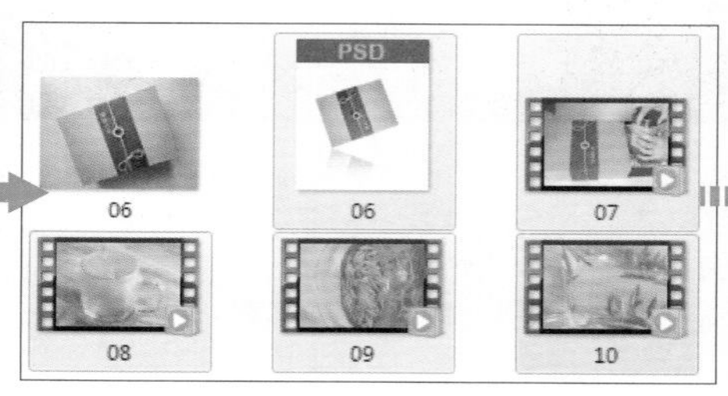

网店主图视频设...roj 5 项已选择，共 6 项

名称	帧速率
06.psd	
07.MOV	60.00
08.MOV	60.00
09.MOV	60.00
10.MOV	60.00
序列 01	25.00

06 单击工具面板中的“剃刀工具”按钮，将鼠标指针移到时间轴中的 07.MOV 视频剪辑上，单击鼠标，将 07.MOV 分割为 4 段视频剪辑。

07　单击工具面板中的“选择工具”按钮，按住 Ctrl 键不放，依次单击选中分割出来的第二段和第四段视频剪辑。

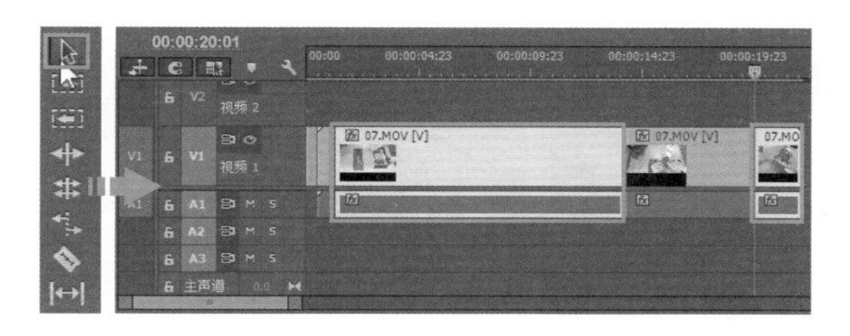

08　删除选中的两段视频剪辑。使用同样的方法，分割另外几个视频剪辑，然后删除分割出来的多余的视频剪辑，将剩余的视频剪辑拖动至首尾相连，得到完整的视频。

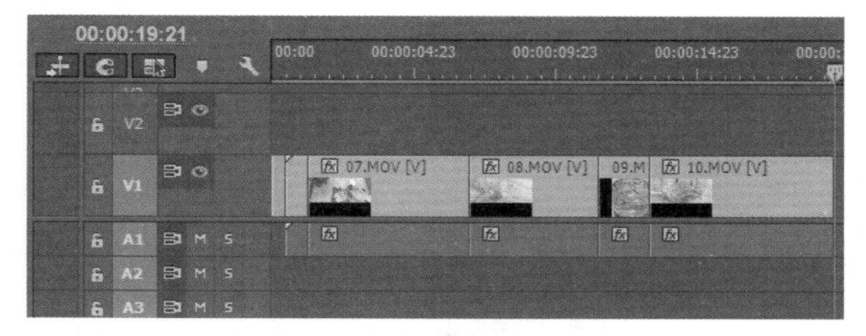

09　单击选中时间轴中的前一个 07.MOV 视频剪辑，右击该剪辑，在弹出的快捷菜单中执行“速度 / 持续时间”命令。

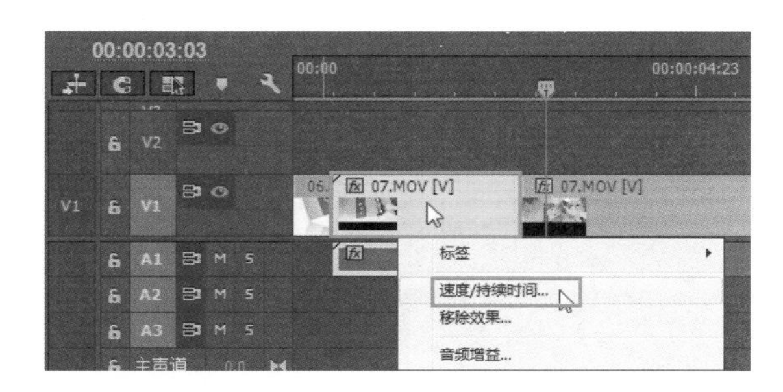

10　打开“剪辑速度 / 持续时间”对话框，在对话框中输入“速度”为 30%，单击“确定”按钮，更改剪辑持续时间。

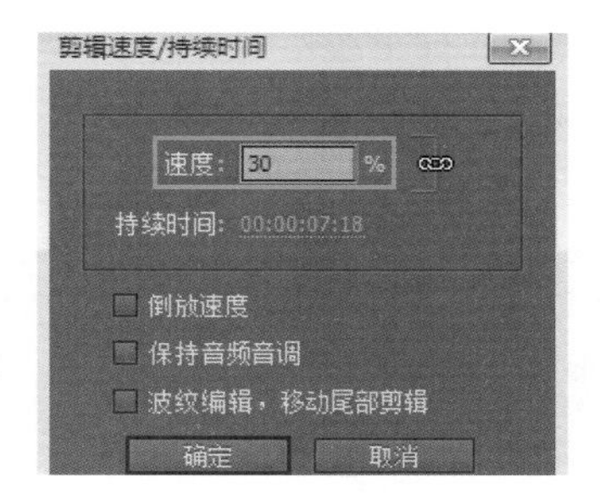

11　单击选中时间轴中的后一个 07.MOV 视频剪辑，右击该剪辑，在弹出的快捷菜单中执行“速度 / 持续时间”命令。

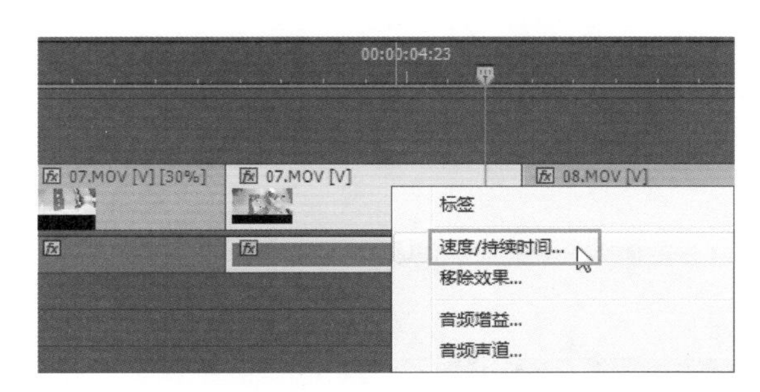

12　打开“剪辑速度 / 持续时间”对话框，在对话框中输入“速度”为 50%，单击“确定”按钮，更改剪辑持续时间。

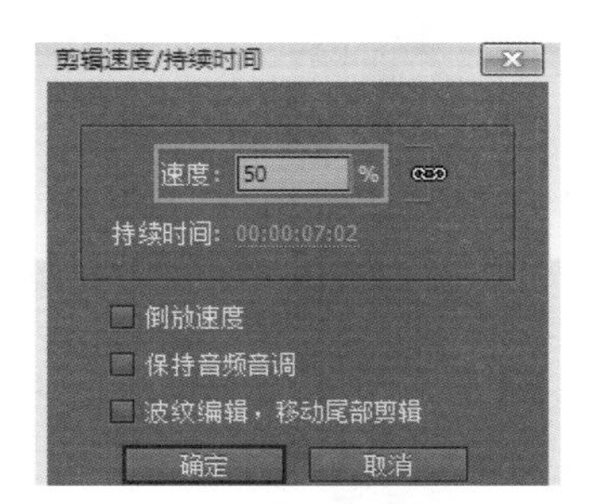

13　选择“选择工具”，在时间轴中单击并拖动，框选时间轴中的所有视频剪辑，然后右击鼠标，在弹出的快捷菜单中执行“取消链接”命令。

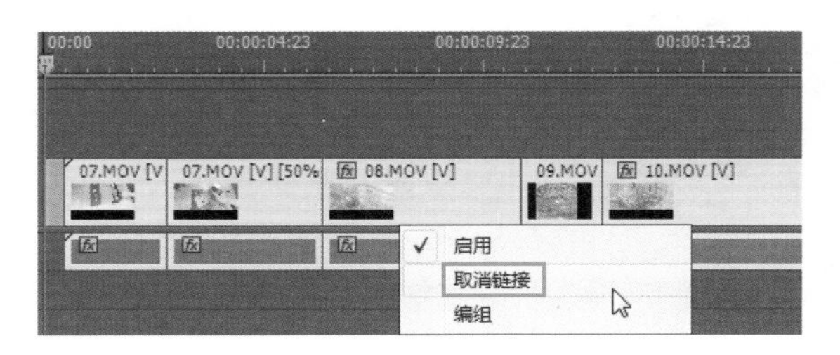

14　使用“选择工具”依次单击视频剪辑下方分离出来的音频剪辑，按 Delete 键删除所有拍摄视频时一同录制下来的声音。

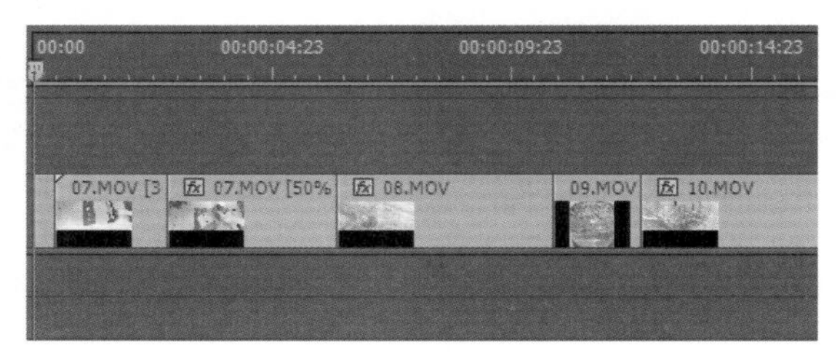

15 应用“选择工具”选中06.psd剪辑，将鼠标指针移到该剪辑右侧边缘位置，当鼠标指针变为形时，单击并向右拖动，调整视频图像持续时间。

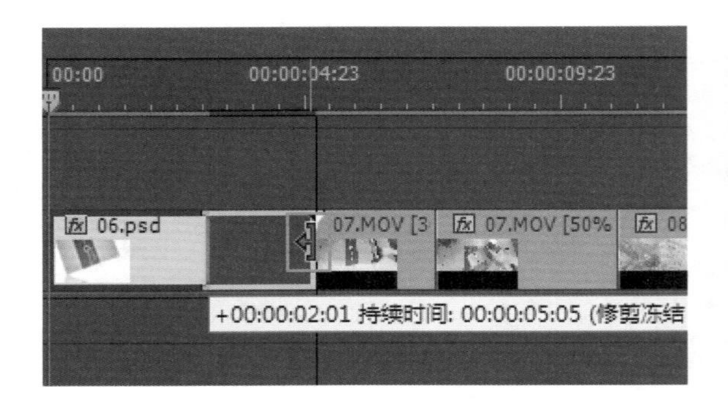

16 打开“效果”面板，展开“视频效果”素材箱，将“模糊与锐化”素材箱中的“高斯模糊”效果拖动到06.psd剪辑上方。

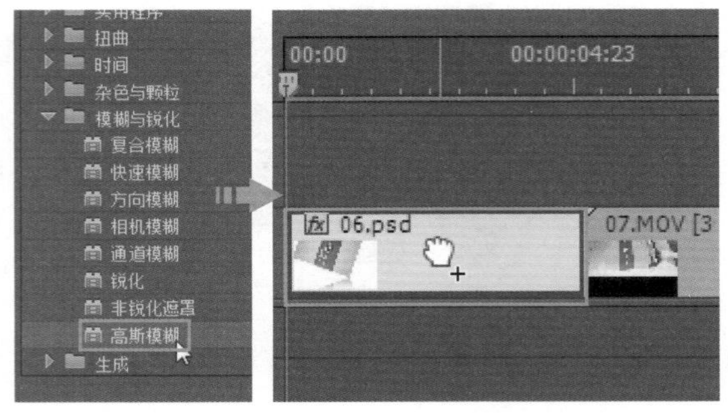

17 打开“效果控件”面板，展开“高斯模糊”选项组，单击“模糊度”左侧的“切换动画”按钮，输入“模糊度”为800。

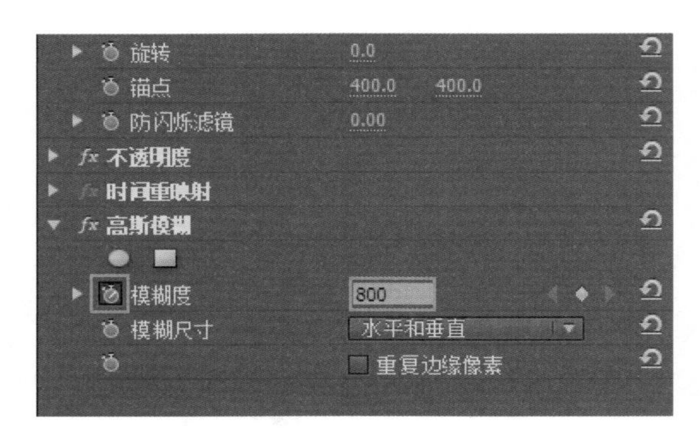

18 设置后将播放指示器移到视频开始位置，在“节目监视器”面板中可查看应用的“高斯模糊”效果。

19 将播放指示器向右拖动至合适的位置，单击“模糊度”右侧的“添加/移除关键帧”按钮，在当前位置添加第二个关键帧，输入“模糊度”为0。

20 设置后，在“节目监视器”面板中可以看到清晰的画面效果，至此，完成视频主图由模糊到清晰的动画效果的设置。

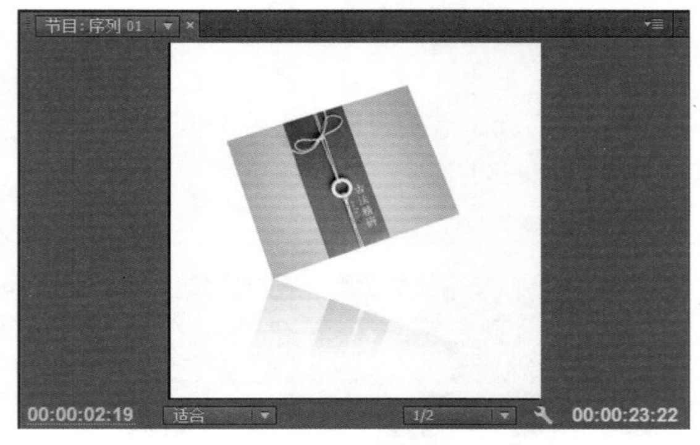

21 打开“效果”面板，展开“视频过渡”素材箱，在下方的“划像”素材箱中单击选中“圆划像”过渡效果，将该效果拖动到视频 07.MOV 的开始位置。

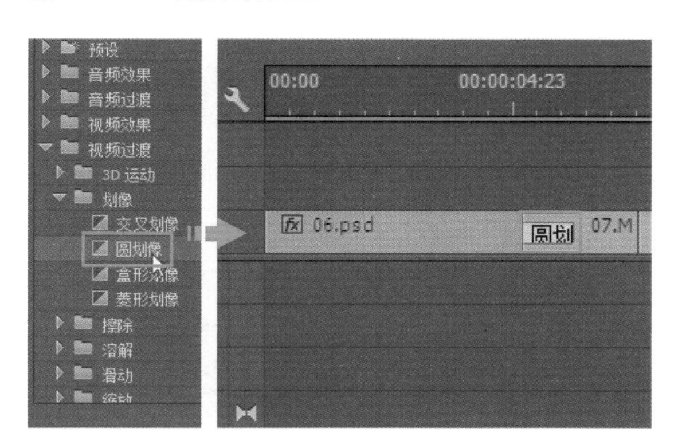

22 单击“时间轴”面板中的“圆划像”过渡图示，打开“效果控件”面板，在面板中单击“对齐”选项下方的下拉按钮，在展开的下拉列表中选择“中心切入”选项，更改对齐方式。

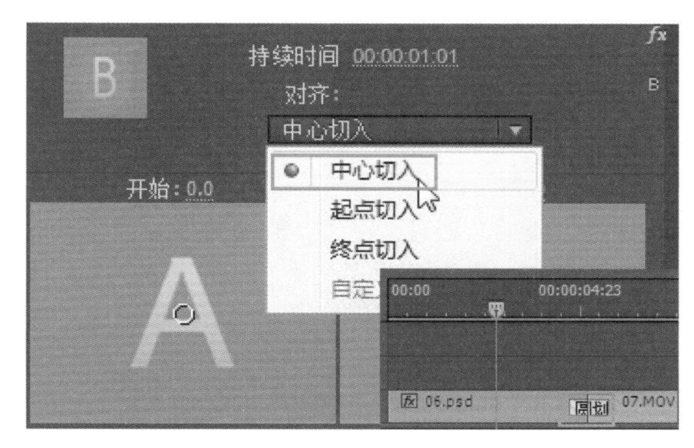

23 使用相同方法将更多的过渡效果拖动到时间轴中两个视频剪辑之间的位置，设置更丰富的过渡效果。

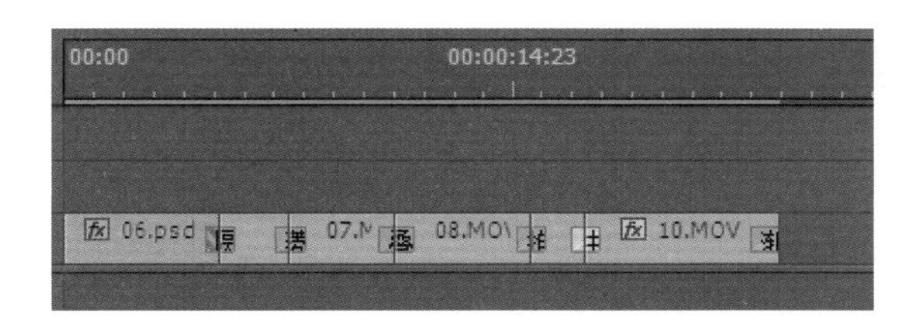

24 单击工具面板中的“选择工具”按钮，双击视频剪辑 09.MOV 和 10.MOV 之间的“中心拆分”过渡图示。

25 打开“设置过渡持续时间”对话框，在对话框中将持续时间更改为 00:00:02:01，单击“确定”按钮，更改过渡持续时间。

26 执行“字幕 > 新建字幕 > 默认游动字幕”菜单命令，打开“新建字幕”对话框，在对话框中输入字幕名称为“古法精研”，单击“确定”按钮，创建字幕文件。

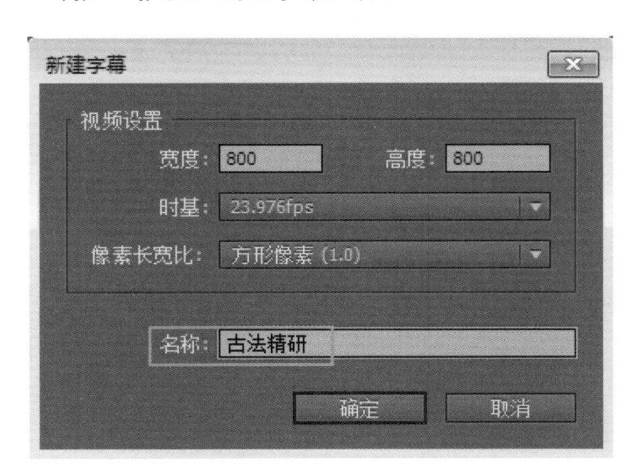

27 打开“字幕”面板，单击工具栏中的“垂直文字工具”按钮，在画面右侧单击并输入字幕文字“精品茶叶”，然后按 Enter 键换行，继续输入文字“古法精研”。

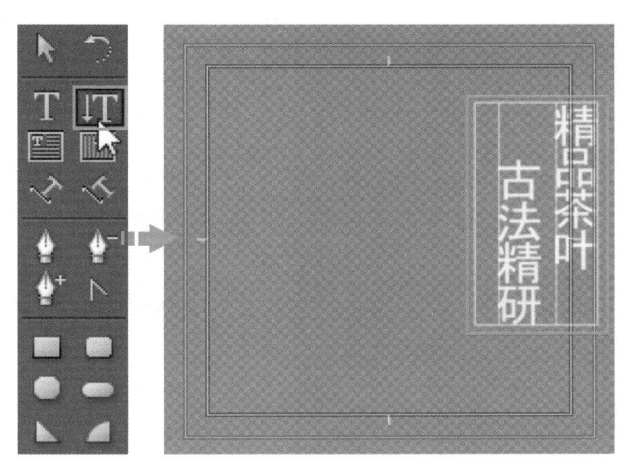

28 使用“垂直文字工具”在输入的文字上单击并拖动，选中文字，展开“填充”选项组，设置填充颜色为R90、G90、B90，将文字颜色更改为灰色。

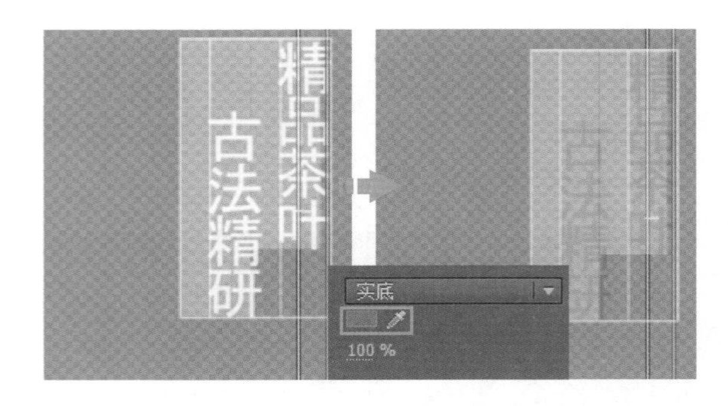

29 使用“垂直文字工具”选中文字“精品茶叶”，设置“字体系列”为“华文行楷”、“字体大小”为41、“字偶间距”为15，选中文字“古法精研”，设置相同的字体，更改“字体大小”为65。

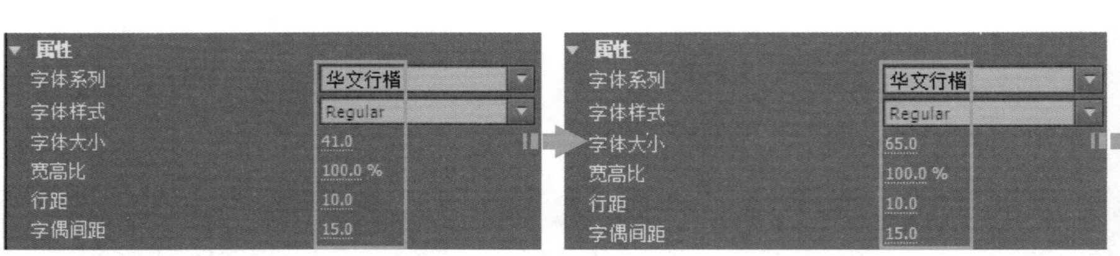

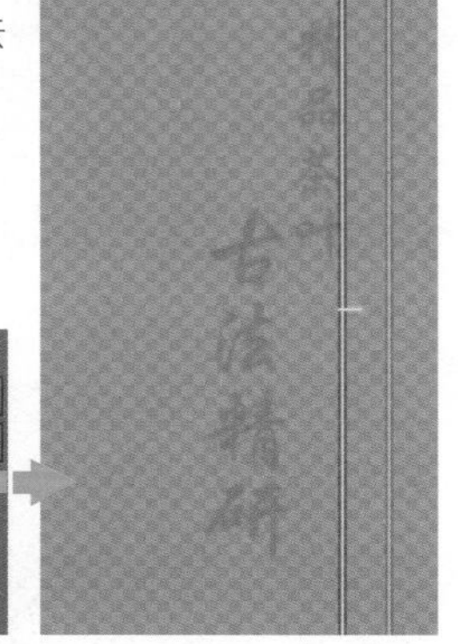

30 为增强字幕文字的立体感，勾选“阴影”复选框，激活下方的阴影选项，然后根据画面整体效果，设置“不透明度”“距离”“大小”等选项，为字幕文字添加阴影效果。

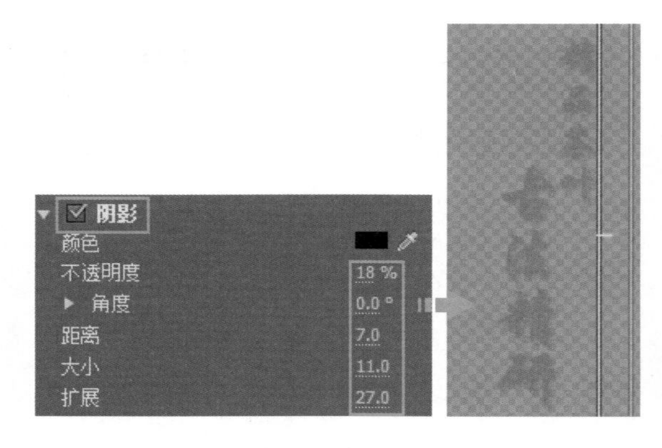

31 单击“字幕”面板中的“滚动/游动选项”按钮，打开“滚动/游动选项”对话框，勾选“开始于屏幕外”复选框，单击“确定”按钮。

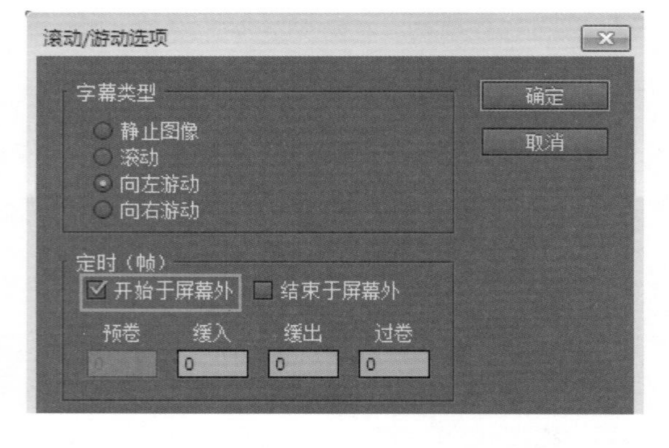

32 应用同样的方法，创建更多字幕文件，将创建的字幕文件拖动到时间轴中合适的位置上，并调整持续时间。

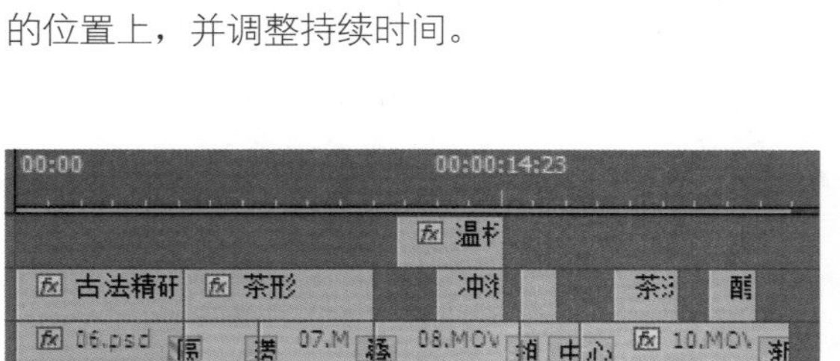

33 执行“文件>导入”菜单命令，导入11.mp3音频素材，将导入的音频素材拖动到“时间轴”面板中的A1轨道上，使用“剃刀工具”将音频素材分割为三段。

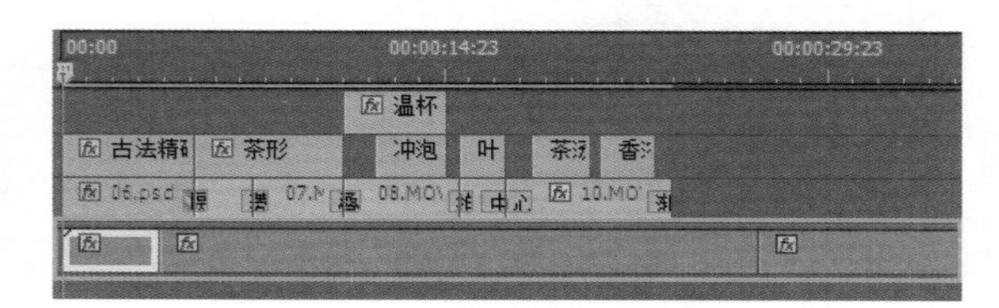

34 用“选择工具”选中前、后两段音频剪辑，按 Delete 键将其删除，将剩下的一段音频剪辑拖动到视频开始位置，将鼠标指针移至音频剪辑末尾，单击并向左拖动调整持续时间。

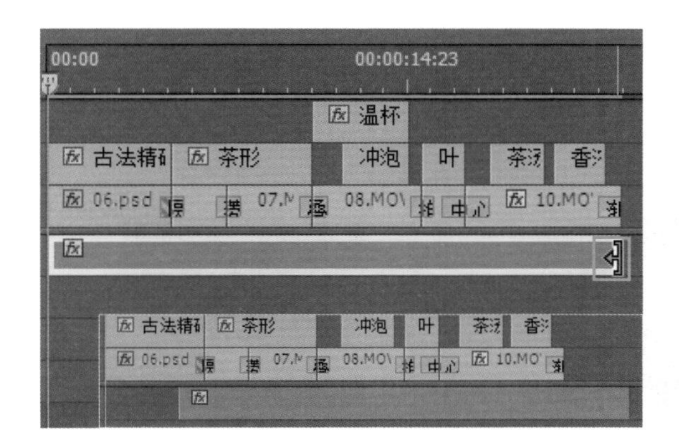

35 打开“效果”面板，展开“音频过渡”素材箱，在“交叉淡化”素材箱中单击选择“恒定增益”过渡效果，将其拖动到音频剪辑的开始和结束位置。

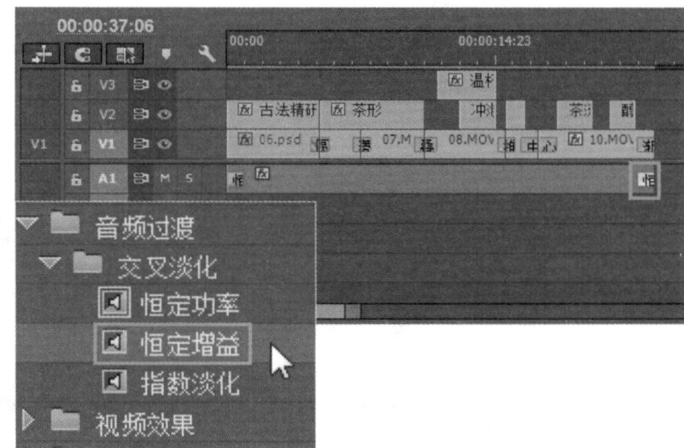

36 双击音频剪辑结束位置的“恒定增益”过渡图示，打开“设置过渡持续时间”对话框，在对话框中输入过渡“持续时间”为00:00:04:30，单击“确定”按钮。

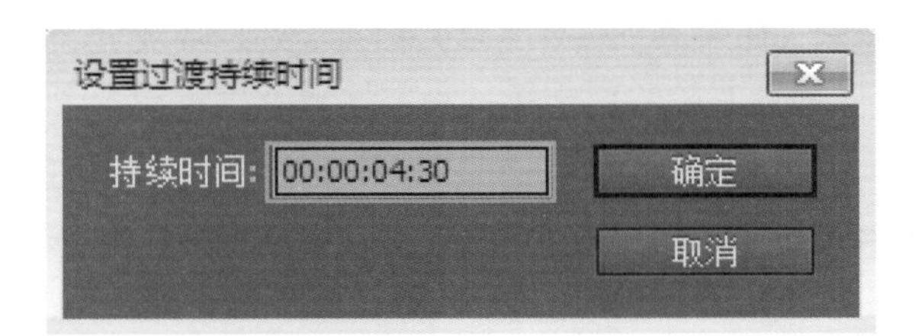

37 根据输入的数值，更改时间轴中的“恒定增益”过渡效果的持续时间，创建淡入和淡出的音频效果。至此，已完成本案例的制作。

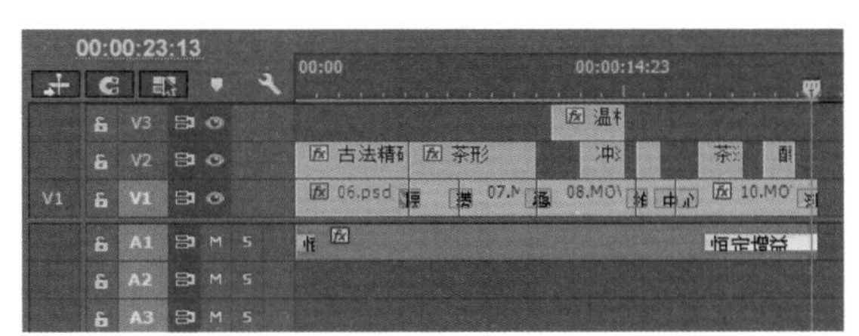

8.2 网店详情视频制作

如果说商品主图决定了消费者是否有兴趣进一步了解商品，那么商品详情页面则是留住消费者并促使其下单的重要因素。商品详情页面的内容通常比较丰富，传统的商品详情页面内容由图片和文字组成，详情视频的应用则让卖家在图片和文字之外拥有了一种崭新的工具，大大拓展了商品展示的形式和手段。详情视频大多用于介绍商品的主要功效、使用方法等。下面就一起来学习详情视频制作的相关知识与技能。

8.2.1 网店详情视频制作要点

在传统的商品详情页面中，要向消费者描述商品只能使用图片和文字两种元素，这就导致有些不法商家会利用强大的图像处理技术手段对商品进行夸大或虚假宣传。各大电商平台推出的视频功能则较好地解决了这个问题。商品详情页面中的视频可以将商品真实、自然的状态呈现在消费者面前，并且由于视频造假较为困难，消费者更不容易被误导。

网店详情视频的制作规范不同于主图视频，对大小基本没有特殊要求，但是视频时长最好不要超过 10 分钟，分辨率尽量采用 1280 像素 ×720 像素（即长宽比 16 ：9）。由于限制较少，详情视频制作时的发挥空间也更大，制作者可以充分展现自己的创意。但要牢记的是，不管是什么风格的详情视频，都要以展示和宣传商品、吸引消费者观看并下单为核心目标。如下图所示的详情视频虽然没有采用新奇的创意，但仍然能较好地促进流量的转化。

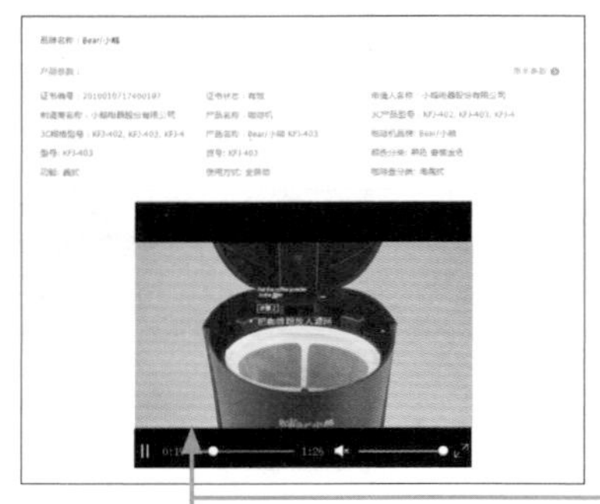

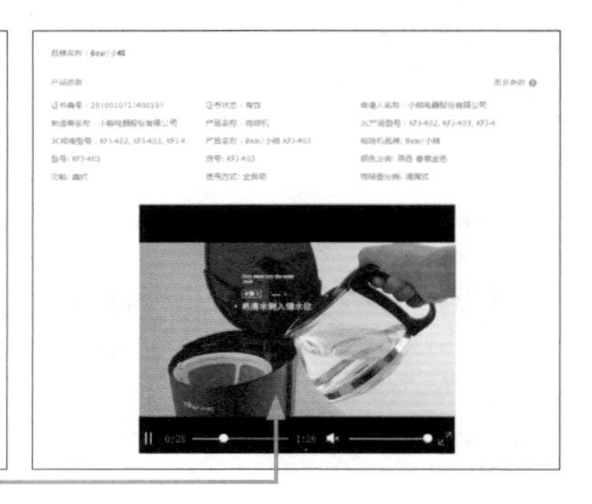

这段详情视频没有添加花哨的特效，只是平实、详细地展示了咖啡机的操作方法，消费者能够感受到这款商品操作起来是很方便和轻松的，从而减小了他们因为担心不会使用而放弃购买的可能性。

如今，电商平台上的商品同质化程度较高，同类商品之间的竞争日趋激烈。如果自家商品有明显不同于同类商品的卖点，在制作详情视频时就可以着重进行表现，让自家商品在竞争中脱颖而出。卖点的表现手法有比较式、实证式、夸大痛点式、比喻象征式、生活片段式、戏剧冲突式、名人代言式等。如下图所示的详情视频对卖点采用了实证式的表现手法，虽然比较直接，但效果很理想。

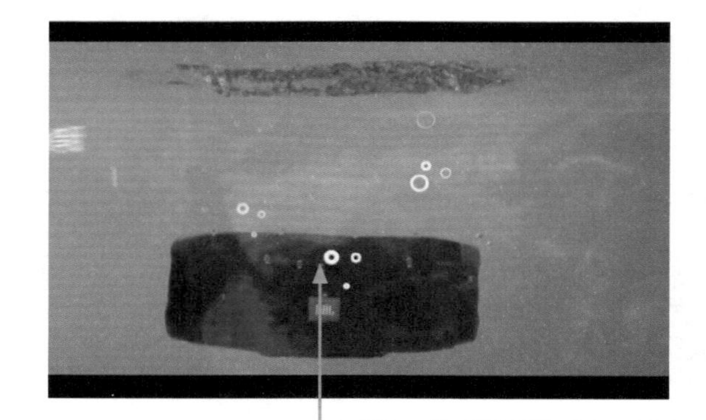
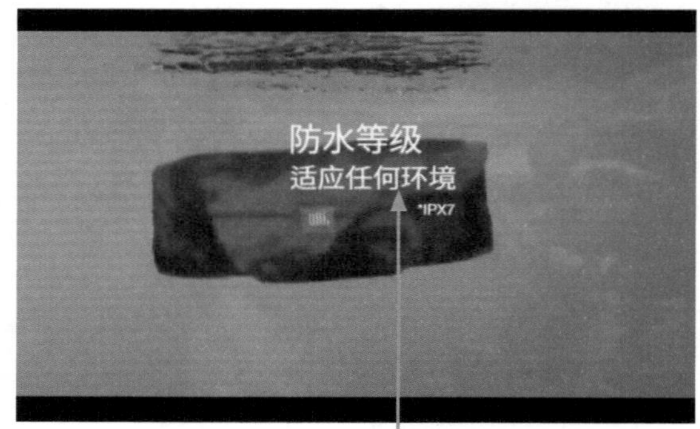

为了突出这款音箱的防水等级高这一与众不同的特性，在详情视频中展示了一段将音箱置于水中的画面，更具震撼力和说服力。

8.2.2 添加字幕辅助说明画面内容

视频的主体部分是画面，但是有些信息仅靠画面是无法表达或难以表达清楚的，消费者从单纯的画面上感受到的商品信息就不够完整。此时可以通过添加字幕或语音解说，对视频画面进行补充说明，增加视频的信息含量。考虑到许多电商平台对视频的默认设置是播放时静音，以免在公共环境中观看时影响他人，在这种情况下，字幕就显得比语音解说更实用。而且，经过精心设计的字幕还能起到美化画面的作用。下面讲解在详情视频中添加字幕的技巧。

添加静态字幕进行解说

在实体店中购买商品时，店铺中的销售人员会详细讲解商品的特点、使用方法等。在商品详情页面中添加了详情视频后，消费者也可以通过视频画面、语音解说和字幕文字获得与当面讲解相差无几的购物体验。在制作详情视频时，可以根据视频画面的内容进行配音，添加对应的字幕文字，带给消费者更真实的感受，从而打动消费者。如果对视频细节要求不太高，则可以在详情视频中添加静态的字幕（出现在画面中某一固定位置），如下图所示。

冲泡茶叶的水温对茶汤的成色有极大影响，这段详情视频中通过静态字幕说明了冲泡这款茶叶时所使用的水温，体现了卖家贴心的服务。

图形与文字结合精确展示细节

在制作详情视频时，如果需要表现商品的某个局部细节，可以将图形与文字结合起来制作字幕，对该局部细节进行指示性说明或针对性讲解，能够达到比语音解说更简洁、更直观、更易懂的效果。并且在后期剪辑时，还可以为字幕添加动画效果，以更好地吸引消费者的注意。具体实例如下图所示。

在字幕中将圆形与线条图形组合成指引线，将画面中要说明的部位与字幕文字一一对应，更准确地表达商品信息。

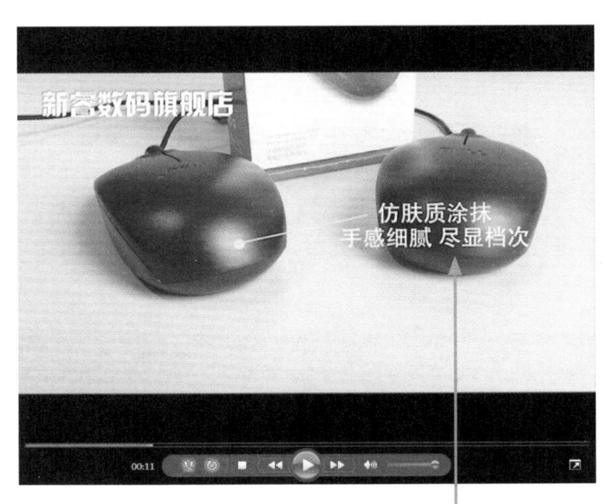

为字幕添加从左到右逐渐显示的动画效果，增强了画面的灵动感，能够更好地吸引消费者的注意。

8.2.3 网店详情视频制作案例01

◎ 原始文件：下载资源\素材\08\12.MOV～16.MOV、17.mp3
◎ 最终文件：下载资源\源文件\08\网店详情视频制作案例01.prproj

动态光晕效果设计：为了让视频画面的整体表现更有视觉冲击力，在视频中结合“镜头光晕”特效和关键帧制作移动的光晕效果，设计感更强，更能吸引消费者的视线。

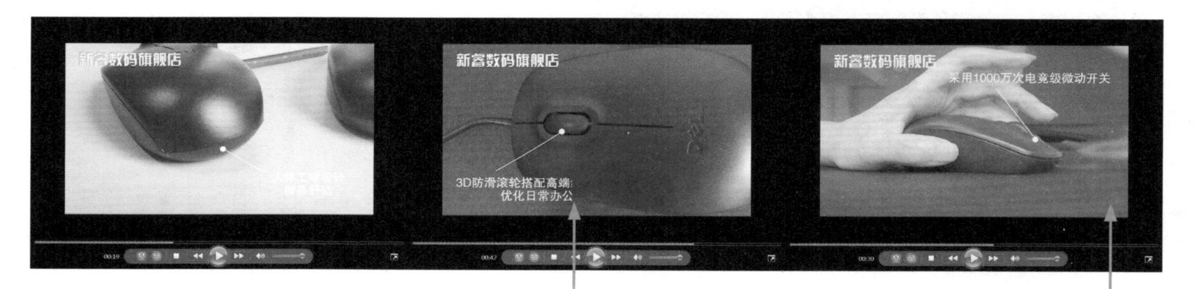

指示性更明确的字幕设计：在字幕中利用圆点、线条等图形将画面图像与文字串接起来，能够将消费者的视线引导至要表现的部位上。

商品使用效果展示：为了让消费者能够直观感受鼠标的手感，实拍了使用效果展示，更能体现卖家贴心的服务。

01 启动 Photoshop，根据网店详情视频的长宽比输入“宽度”和“高度”，创建新文件。选择“椭圆工具”，在选项栏中调整选项后，在画面中单击并拖动，绘制蓝色圆形。

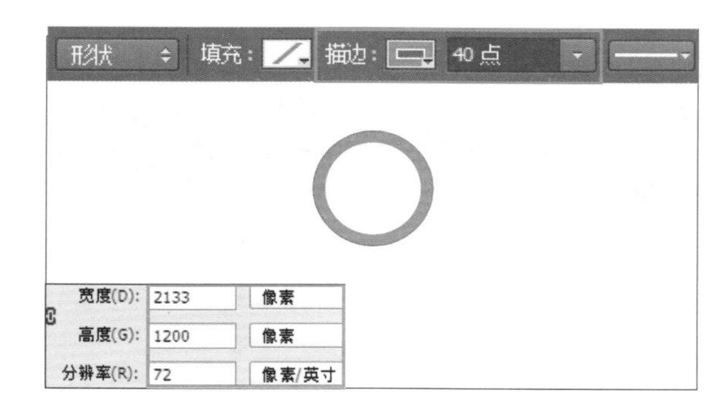

02 选择“横排文字工具”，在绘制的圆形中单击并输入鼠标所属品牌文字，将文字调整至合适的大小。选中字母 E，按快捷键 Ctrl+T，打开自由变换编辑框，单击并拖动，旋转字母 E。

03 选中字母E所在的文字图层，执行“文字 > 转换为形状”菜单命令，将文字转换为图形，然后使用“直接选择工具”选中文字图形，调整锚点位置，变形文字。

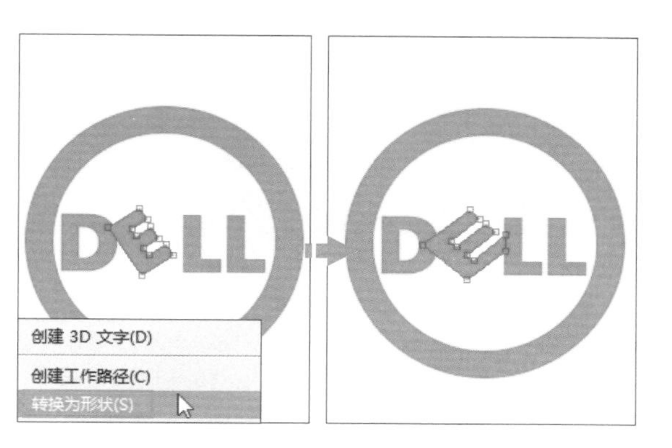

04 使用“横排文字工具”在绘制的标志图形下方输入鼠标名称，在“图层”面板中选中对应的文字图层，单击“选择工具”选项栏中的“水平居中对齐”按钮，对齐文字，存储文件。

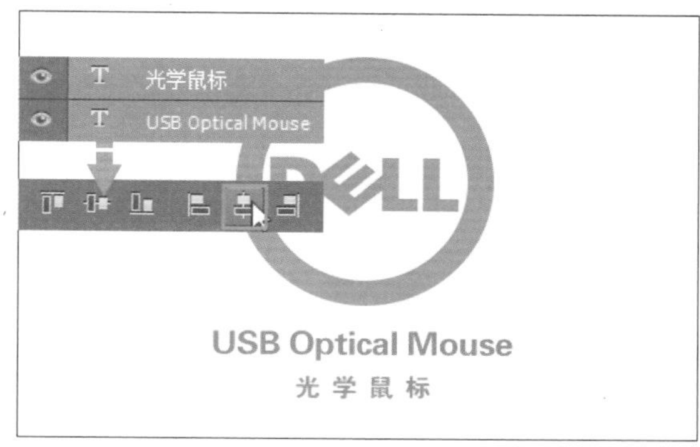

05 启动Premiere Pro，创建新项目，执行“文件 > 新建 > 序列”菜单命令，打开“新建序列”对话框，在对话框中设置选项，创建新序列。

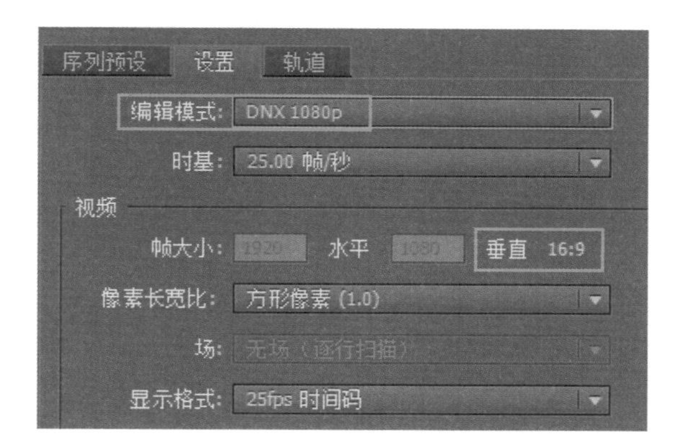

06 执行“文件 > 导入”菜单命令，将制作好的鼠标品牌LOGO.psd、12.MOV～16.MOV和17.mp3素材文件导入到“项目”面板中。

07 选中导入的鼠标品牌LOGO.psd素材，将其拖动到“时间轴”面板上方，释放鼠标，在V1轨道中放置剪辑素材。

08 打开“效果”面板，展开“视频效果”素材箱，选择“生成”素材箱中的“镜头光晕”效果，将其拖动到时间轴上的鼠标品牌LOGO.psd上，应用“镜头光晕”效果。

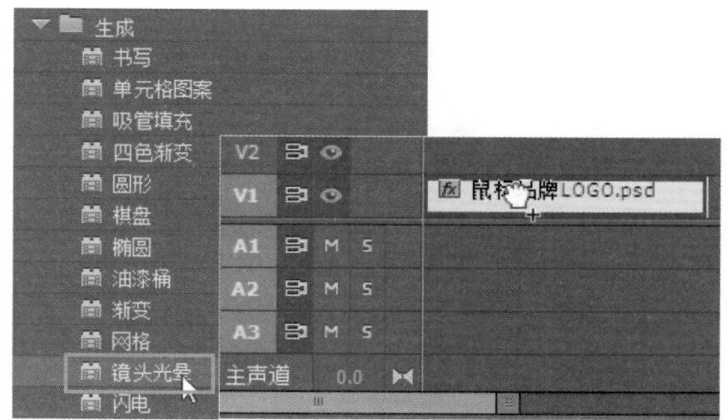

09 使用同样的方法，重复应用“镜头光晕”效果，打开“效果控件”面板，在面板中将播放指示器移到视频开始位置。

提示

右击“效果控件”面板中的效果名，在弹出的快捷菜单中执行“清除”命令，可以删除选中的效果。

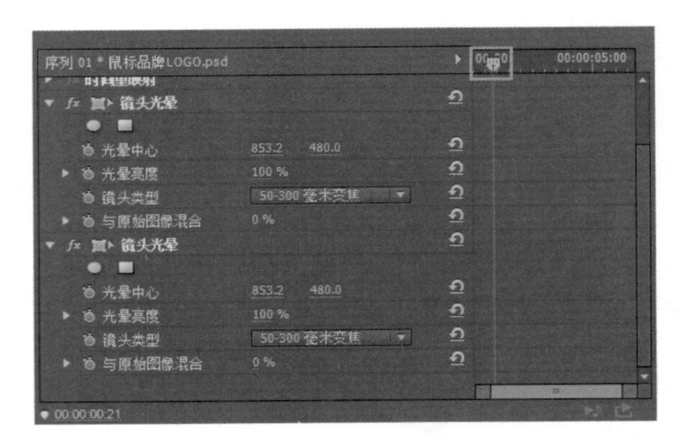

10 单击“光晕中心”和“光晕亮度”左侧的“切换动画”按钮，在视频开始位置添加首个关键帧，并分别调整两个光晕的中心位置和光晕亮度。

11 将播放指示器向右拖动至合适的位置，单击“光晕中心”和“光晕亮度”右侧的“添加/移除关键帧”按钮，添加第二个关键帧，并调整关键帧的光晕中心位置和亮度。

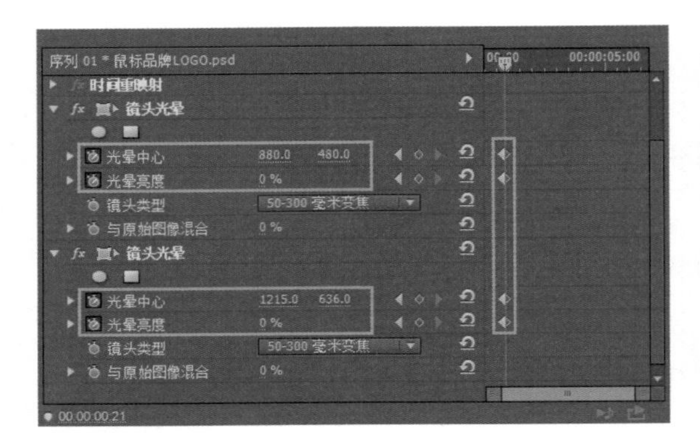

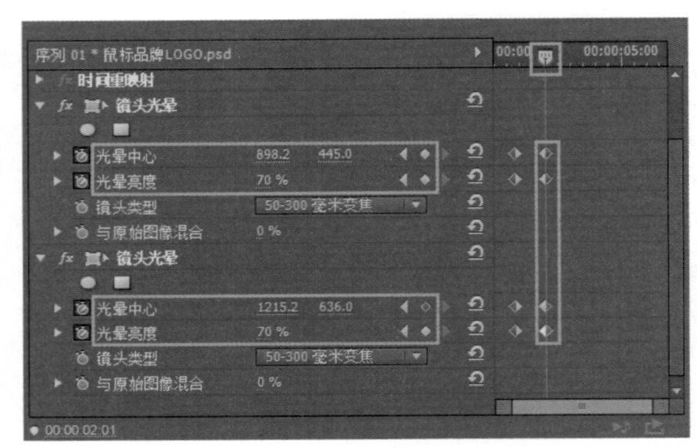

12 向右拖动播放指示器，单击“光晕中心”和“光晕亮度”右侧的“添加/移除关键帧”按钮，添加第三个关键帧，并调整关键帧的光晕中心位置和亮度。

13 向右拖动播放指示器，单击“光晕中心”和“光晕亮度”右侧的“添加/移除关键帧”按钮，添加第四个关键帧，并调整关键帧的光晕中心位置和亮度。

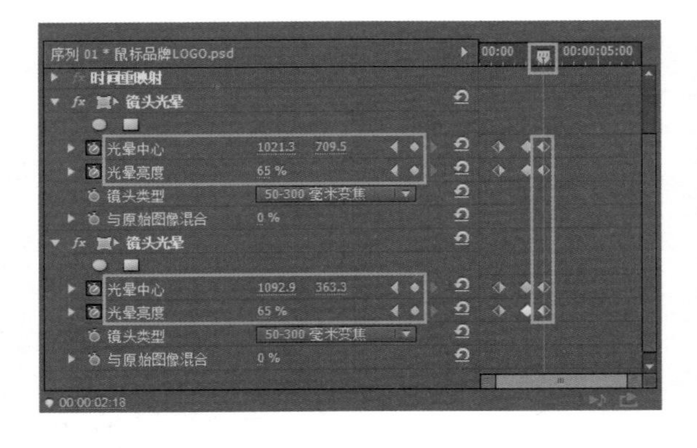

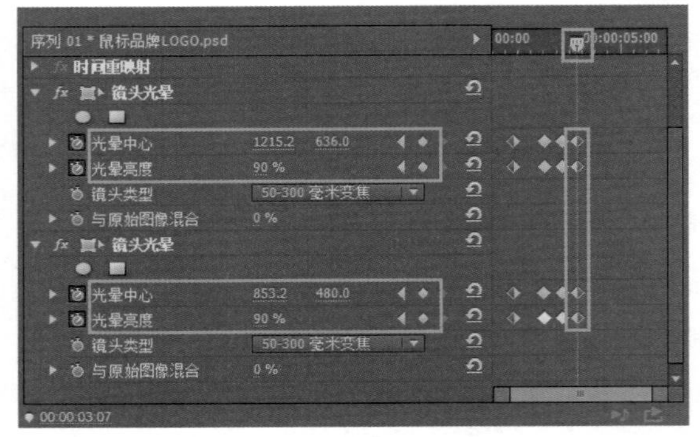

14 经过前面的操作，在画面中添加了移动的光晕动画效果，单击“节目监视器”面板中的“播放-停止切换”按钮，预览动画效果。

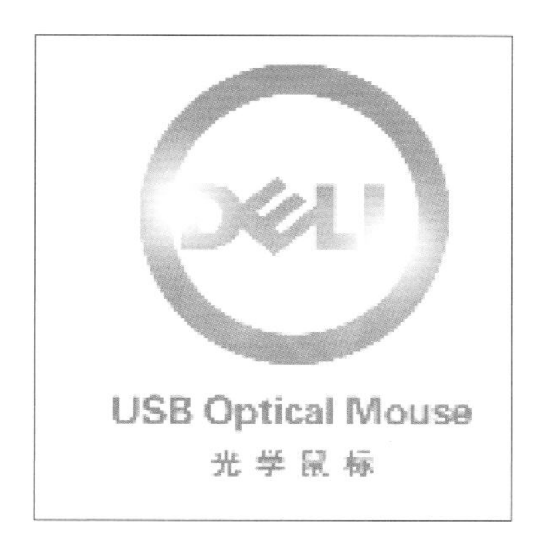

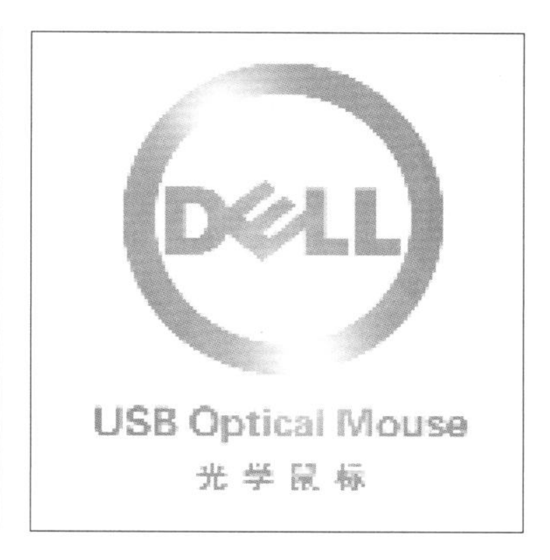

15 单击选中“项目”面板中的12.MOV素材，将其拖动到鼠标品牌LOGO.psd右侧，释放鼠标，添加视频剪辑。

提示

双击添加到“项目”面板中的素材文件，可以打开“源监视器”，查看该素材文件的效果。

16 单击工具面板中的“剃刀工具”按钮，将鼠标指针移到12.MOV剪辑上，单击鼠标分割剪辑。

17 单击工具面板中的“选择工具”按钮，单击选中后面一段视频剪辑，按Delete键将其删除。

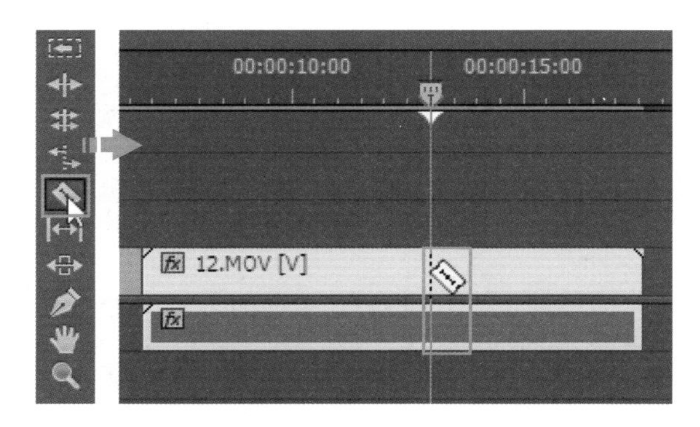

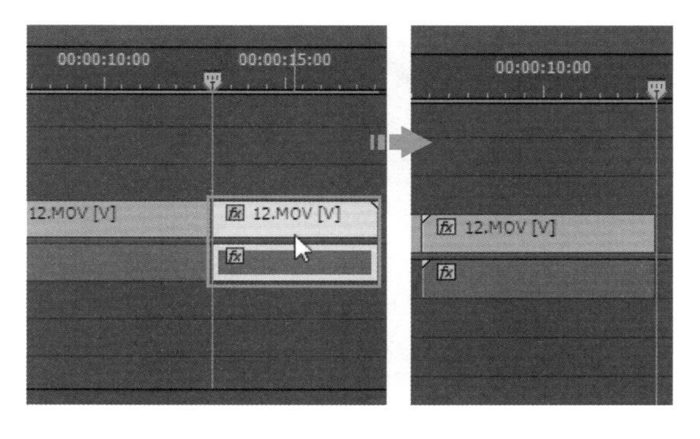

18 右击留下的12.MOV剪辑，在弹出的快捷菜单中执行“取消链接”命令，取消视频画面和音频的链接状态。

19 单击工具面板中的“选择工具”按钮，单击选中取消链接后的音频，按Delete键将其删除。

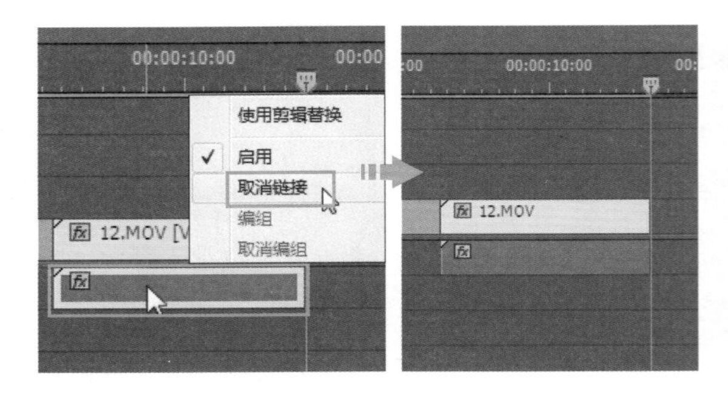

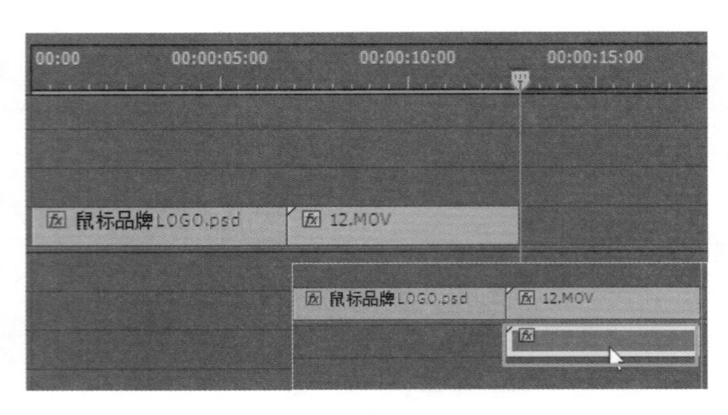

20 打开“效果”面板，展开“视频效果”素材箱，选中“调整”素材箱中的“色阶”效果，将其拖动到 12.MOV 剪辑上。

21 单击“效果控件”面板中的“设置”按钮，打开“色阶设置”对话框，在对话框中调整选项，提亮灰暗的视频画面。

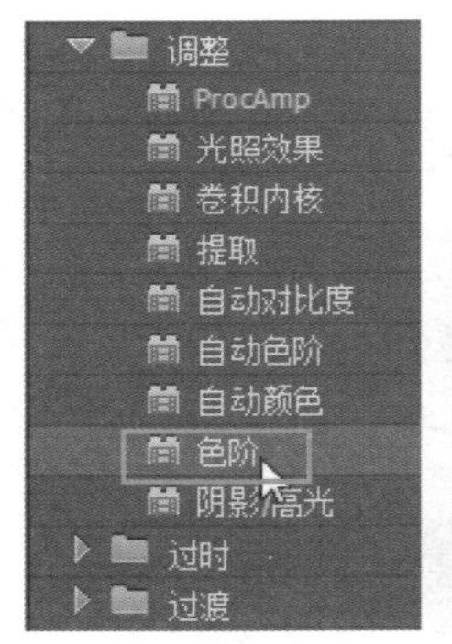

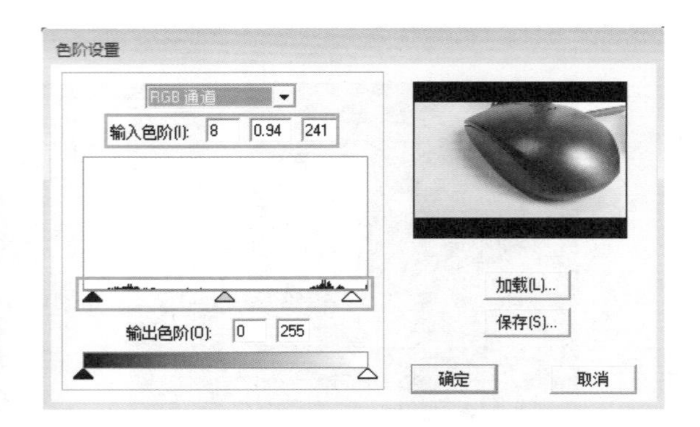

22 打开“效果”面板，展开“视频效果”素材箱，选中“颜色校正”素材箱中的“RGB 曲线”效果，将其拖动到 12.MOV 剪辑上。

23 打开“效果控件”面板，在面板中分别拖动“主要”和“蓝色”下方的曲线，调整图像的亮度和颜色。

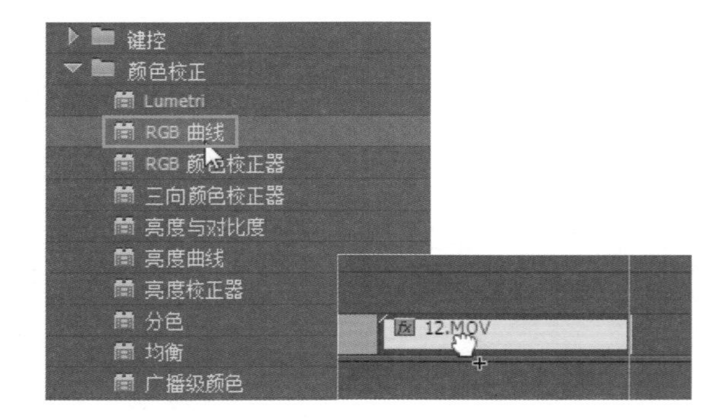

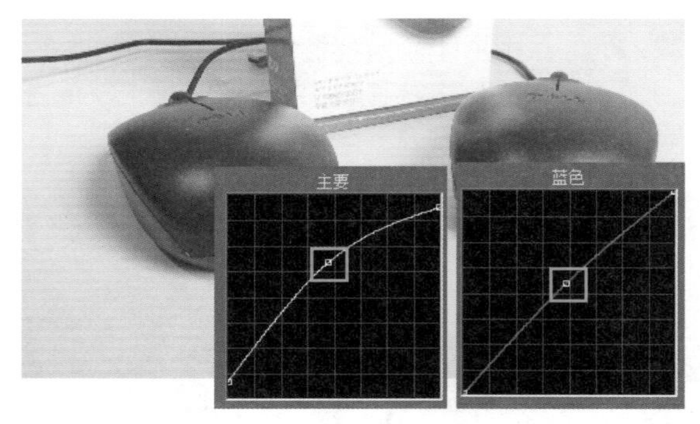

24 为延长 12.MOV 剪辑的持续时间，右击 12.MOV 剪辑，在弹出的快捷菜单中执行“速度 / 持续时间”命令。

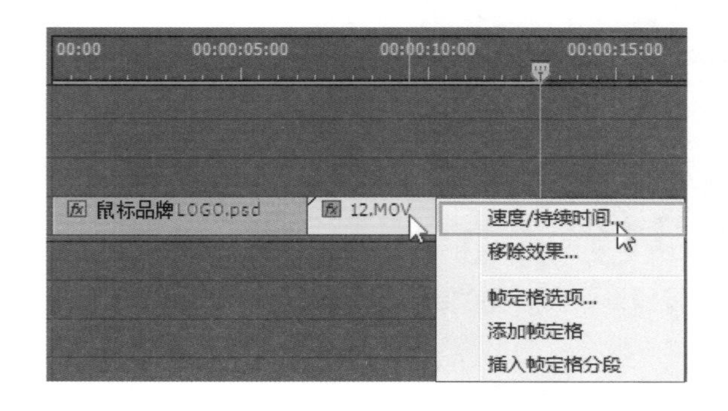

25 打开“剪辑速度/持续时间”对话框，在对话框中输入“速度”为30%，放慢播放的速度，单击“确定”按钮，延长剪辑的持续时间。

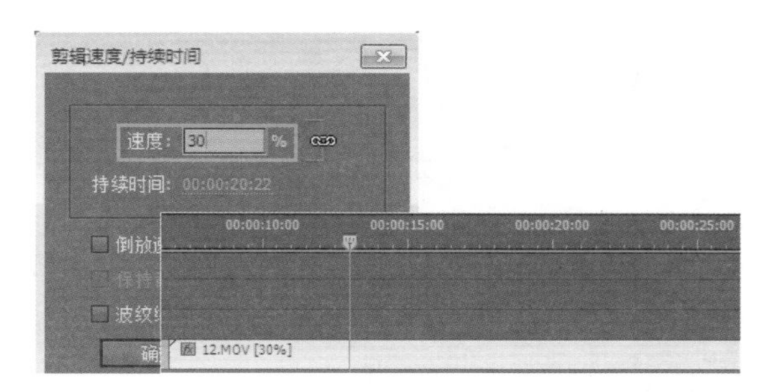

26 将“项目”面板中的14.MOV素材拖动到12.MOV剪辑后方，使用相同的方法，调整14.MOV剪辑的亮度、颜色和播放速度。

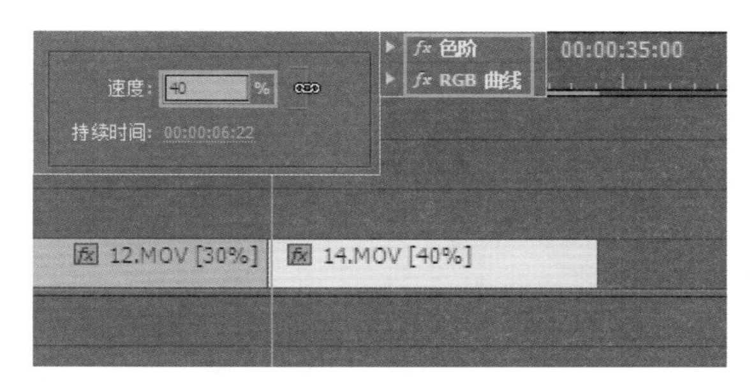

27 打开“效果”面板，展开“视频效果”素材箱，选中“模糊与锐化”素材箱中的“相机模糊”效果，将该效果拖动到14.MOV剪辑上。

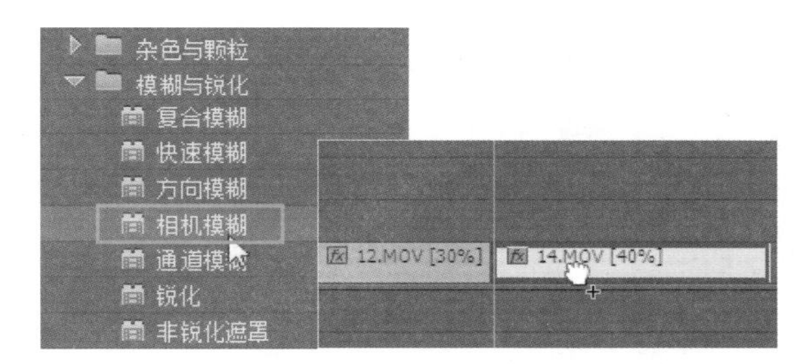

28 展开“效果控件”面板，单击“创建椭圆形蒙版”按钮，创建蒙版，并调整选项，然后在“节目监视器”面板中调整蒙版范围，模糊背景部分。

29 打开“效果”面板，展开“视频过渡”素材箱，选中“溶解”素材箱中的“渐隐为白色”过渡效果，将该过渡效果拖动到鼠标品牌LOGO.psd剪辑开始位置，在视频开始处应用该过渡效果。继续使用同样的方法，添加并调整其他的几段视频素材，完成视频图像的处理。

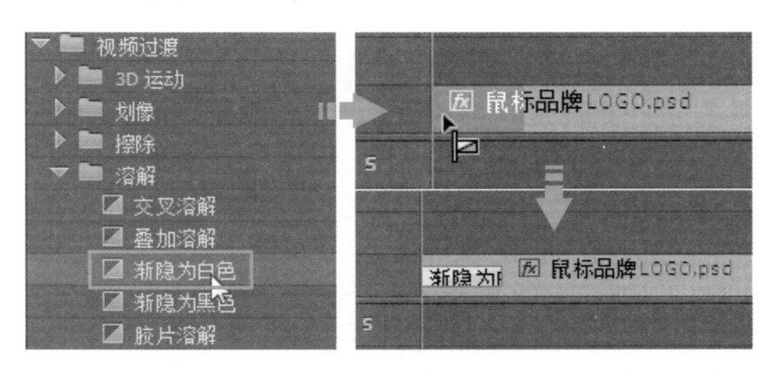

30 执行“文件>新建>字幕”菜单命令，打开“新建字幕”对话框，在对话框中输入字幕名称，单击“确定”按钮，创建字幕文件。

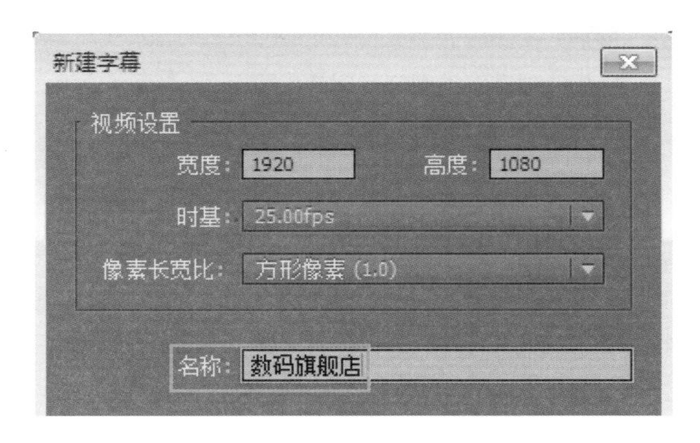

31 打开“字幕”面板，使用“文字工具”在合适位置输入字幕文字，在“字幕属性”面板中调整文字字体、大小、颜色、阴影等。

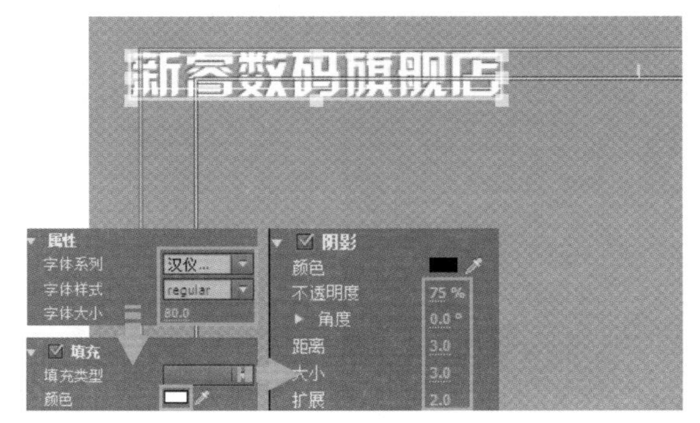

32 执行“文件＞新建＞字幕”菜单命令，创建第二个字幕文件，打开“字幕”面板，单击“显示背景视频”按钮，结合“椭圆工具”和“直线工具”在画面中绘制图形。

33 打开“项目”面板，选中“数码旗舰店”字幕文件，将其拖动到时间轴中的V4轨道上，将鼠标指针移到字幕文件一侧边缘位置，根据情况调整字幕持续时间。

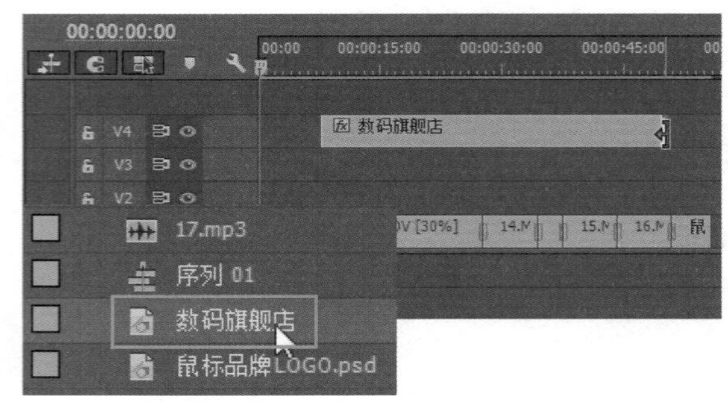

34 使用相同方法创建更多字幕文件，并将创建的字幕文件拖动到时间轴中合适的位置。

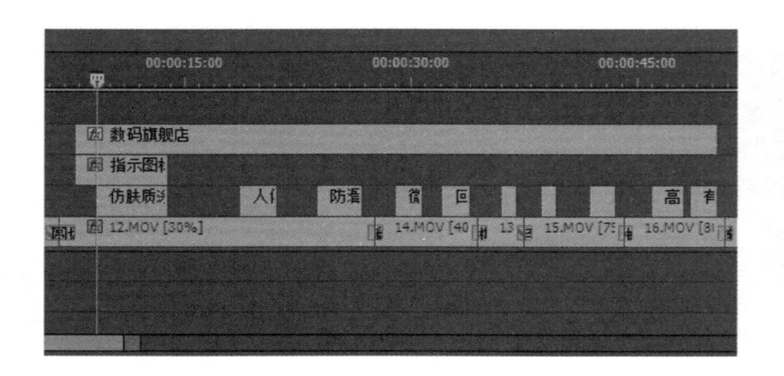

35 在“效果”面板中展开“视频效果”素材箱，选中“过渡”素材箱中的“线性擦除”效果，将其拖动到“指示图标”字幕上。

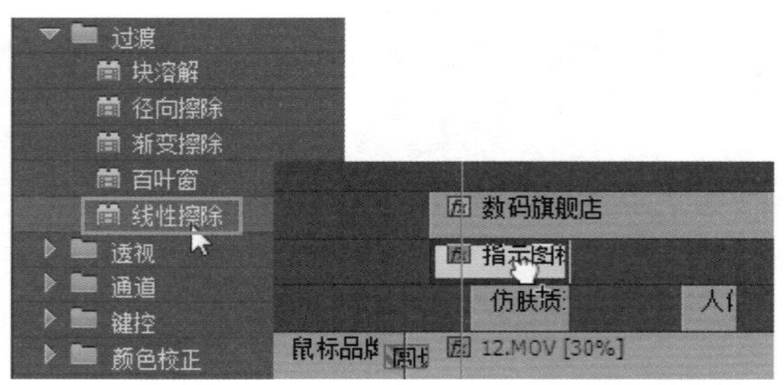

36 打开“效果控件”面板，单击“过渡完成”和“擦除角度”左侧的“切换动画”按钮，这里要创建逐渐显示的动画字幕，因此先输入“过渡完成”为100%，隐藏字幕，并将“擦除角度”调整为-90°。

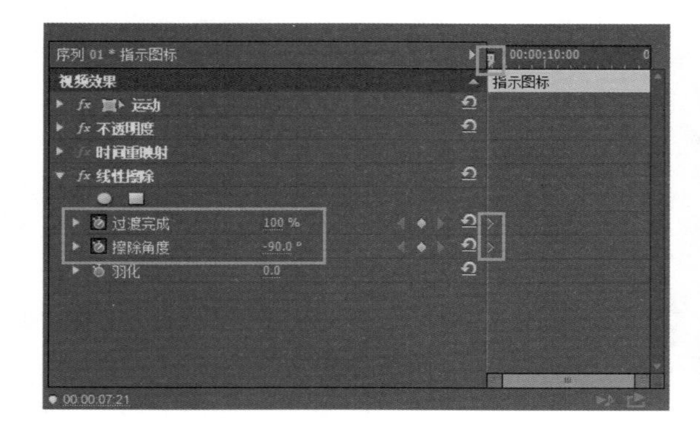

37 将播放指示器向右拖动至合适的位置，单击“过渡完成”和“擦除角度”右侧的“添加/移除关键帧”按钮，添加第二个关键帧，将“过渡完成”设置为0%。

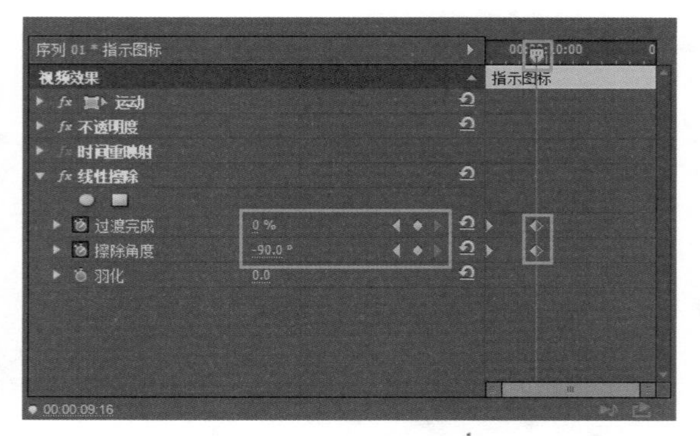

38 经过设置，完成了动画字幕的制作，单击“节目监视器”面板中的“播放-停止切换”按钮，播放动画，可以在面板中看到逐渐擦除显示的字幕图形。

39 打开“效果”面板，展开“视频效果”素材箱，选中“过渡”素材箱中的“线性擦除”效果，将其拖动到“仿肤质涂层”字幕上。

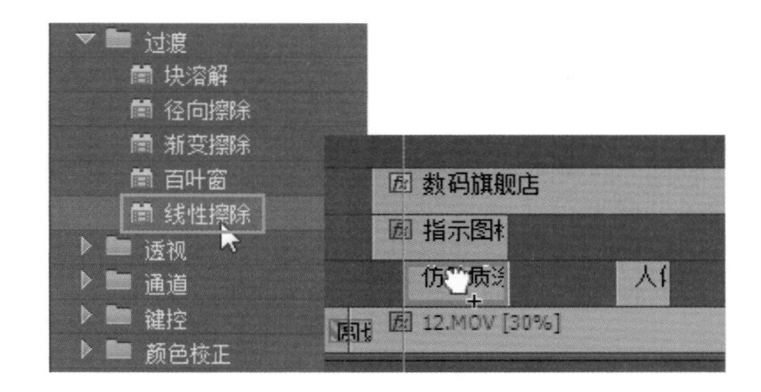

40 将播放指示器向右拖动至合适的位置，单击“过渡完成”和“擦除角度”左侧的“切换动画”按钮，添加关键帧，设置“过渡完成”为100%、“擦除角度”为-90°。

41 向右拖动播放指示器，单击“过渡完成”和“擦除角度”右侧的“添加/移除关键帧”按钮，添加第二个关键帧，设置“过渡完成”为0%。

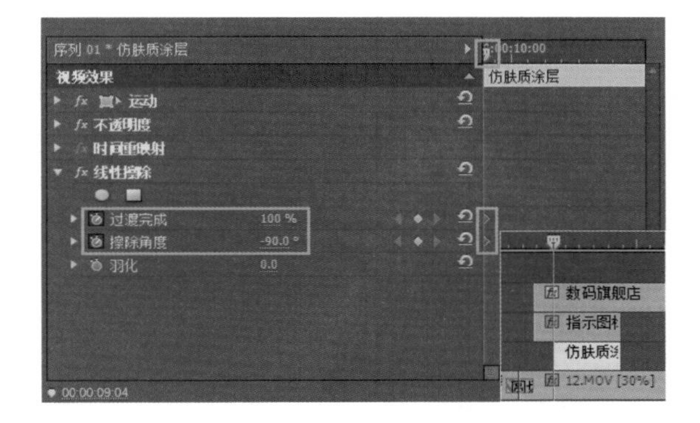
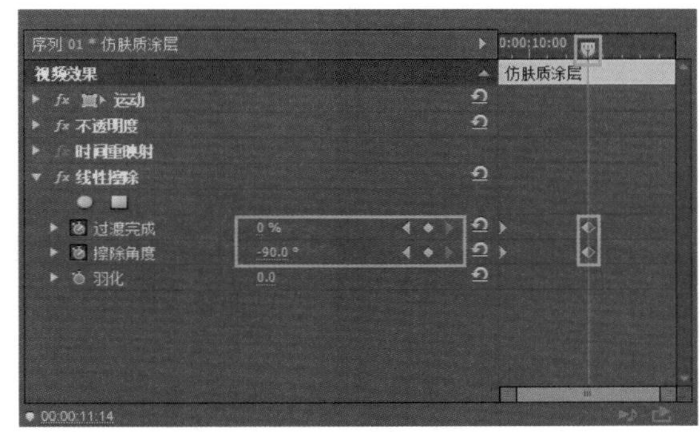

42 经过设置，创建了字幕文字动画，单击“节目监视器”面板中的“播放-停止切换”按钮，播放动画，可以在面板中看到逐渐擦除显示的字幕文字。

43 使用相同方法为其他字幕文字添加相应的动画效果，然后选中“指示图标”字幕图形，按住Alt键单击并拖动，复制出多个相同的字幕图形，再将这些复制的图形移到时间轴中合适的位置。

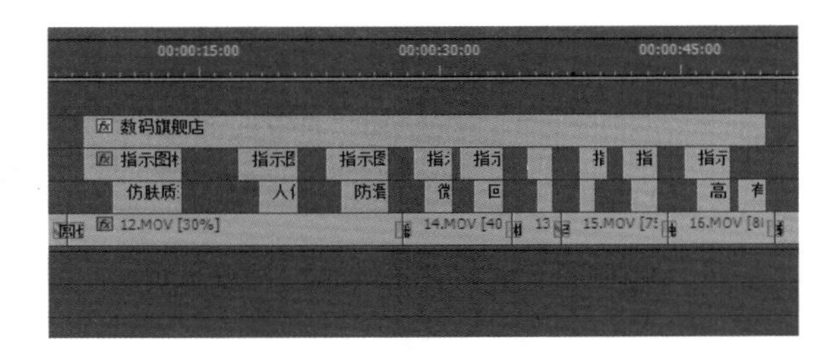

44 将“项目”面板中的17.mp3音频素材添加到时间轴中的A1轨道上，单击工具面板中的“剃刀工具”按钮，在视频画面结束的位置单击，分割音频剪辑。

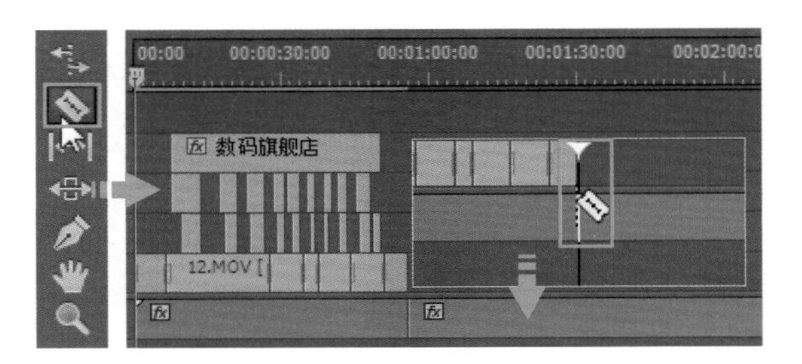

45 单击工具面板中的“选择工具”按钮，单击选中应用“剃刀工具”分割出来的第二段音频剪辑，按 Delete 键将其删除。

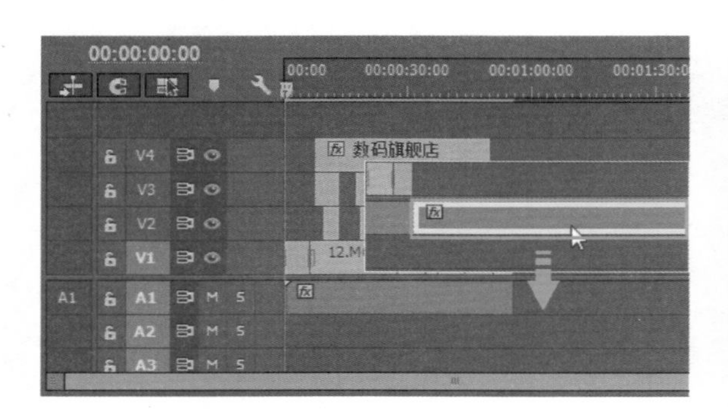

46 为让分割出来的音频呈现自然的过渡效果，打开“效果”面板，展开“音频过渡”素材箱，选中“交叉淡化”素材箱中的“指数淡化”过渡效果，将其拖动到音频剪辑结束位置。

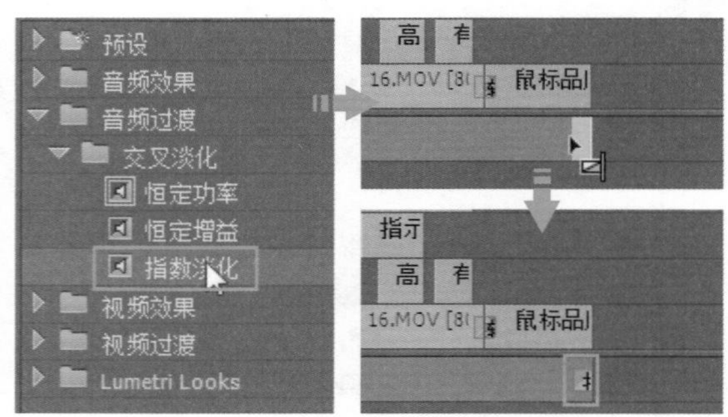

47 应用“指数淡化”音频过渡效果后，由于默认过渡时间太短，需要做进一步的调整。单击时间轴中音频剪辑结束位置的“指数淡化”过渡图示。

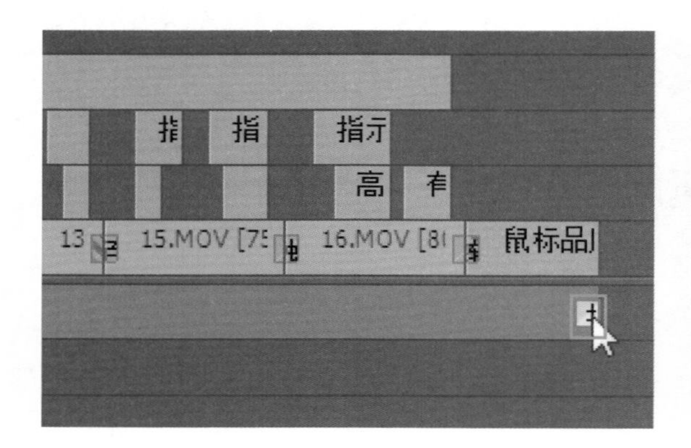

48 打开“效果控件”面板，在面板中将音频过渡持续时间由 00:00:01:00 更改为 00:00:01:20，延长音频过渡时间。

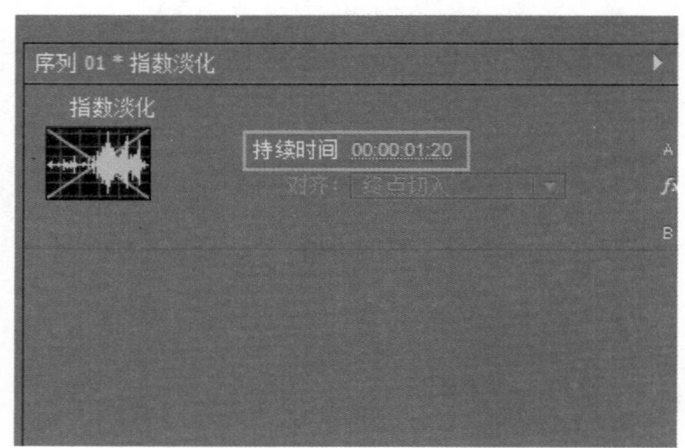

49 最后需要调整音频的音量大小。单击时间轴中的音频剪辑，单击“节目监视器”面板中的“播放 - 停止切换”按钮，播放音频。

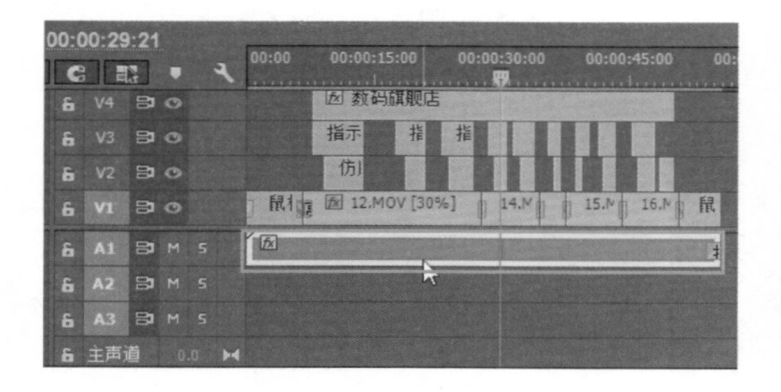

50 打开“音轨混合器”面板，由于本案例只在一个音频轨道中添加音频，所以将鼠标指针移到其对应的“音频 1”轨道上方的音量滑块上，单击并向下拖动，降低背景音乐音量。至此，本案例就全部制作完成了。

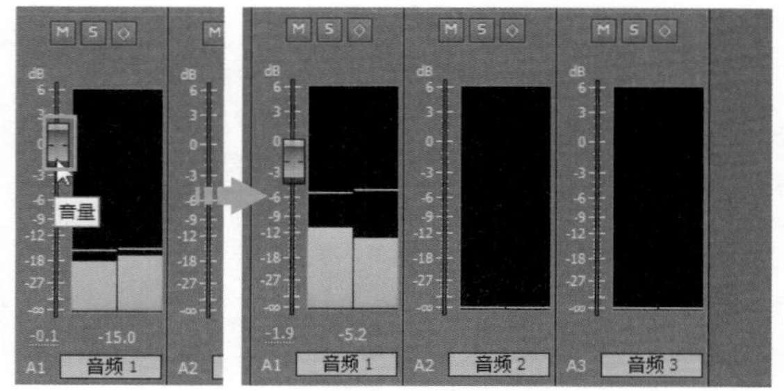

8.2.4 网店详情视频制作案例02

◎ 原始文件：下载资源\素材\08\18.png、19.mp4～22.mp4、23.avi、24.psd、25.mp3

◎ 最终文件：下载资源\源文件\08\网店详情视频制作案例02.prproj

渐隐的过渡动画：在片头部分用图形与文字相结合的方式创建渐隐的动画效果，引出视频主题，激发消费者产生继续观看下去的欲望。

居中排列的文字：把眼影盒所属品牌、包含的颜色等，以文字描述的方式添加到视频画面中间位置，并添加动画效果，让静态的文字变得生动。

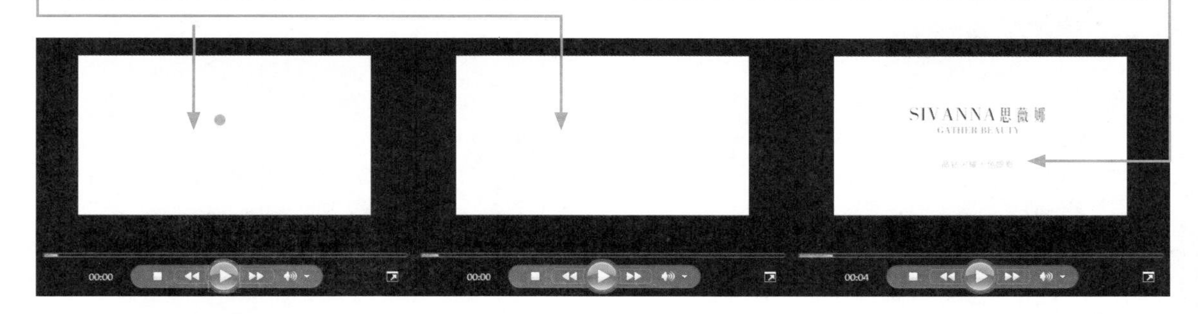

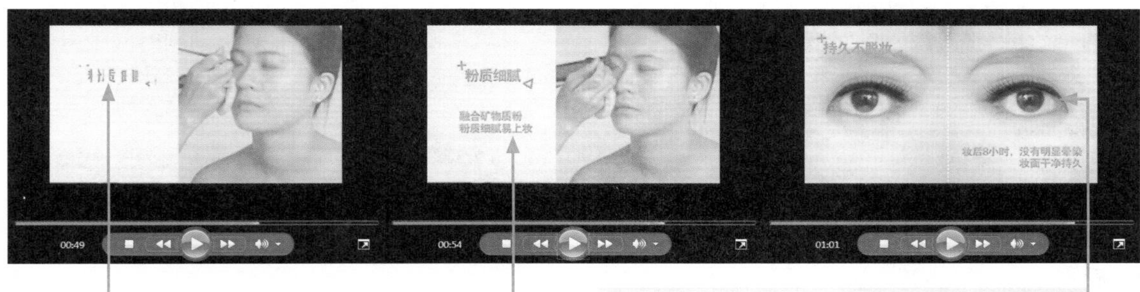

自然的文字过渡设计：为了让文字的出现更有艺术感，在字幕中添加“百叶窗”视频动画效果，让文字的变化也更加丰富。

突出商品卖点的对比展示：抓住消费者的痛点，利用左右对比的表现方式，展示不同时间的眼影效果，着重突出不易掉粉、脱妆的特征，更容易打动消费者。

01 启动 Premiere Pro，创建新项目，执行“文件 > 新建 > 序列”菜单命令，打开“新建序列”对话框，设置选项，创建新序列。

编辑模式：P2 720p 60Hz DVCPROHD
时基：23.976 帧/秒
视频
帧大小：960 水平 720 垂直 16:9
像素长宽比：HD 变形 1080 (1.333)
场：无场（逐行扫描）
显示格式：24fps 时间码

02 执行“文件 > 新建 > 字幕”菜单命令，打开“新建字幕”对话框，输入字幕名称，单击“确定”按钮，创建字幕文件。

新建字幕
视频设置
宽度：960 高度：720
时基：23.976fps
像素长宽比：HD 变形 1080 (1.333)
名称：片头圆
确定 取消

03 打开“字幕”面板，单击“椭圆工具”按钮，在画面中间位置单击并拖动，绘制一个圆形，在“字幕属性”面板中更改图形填充颜色。

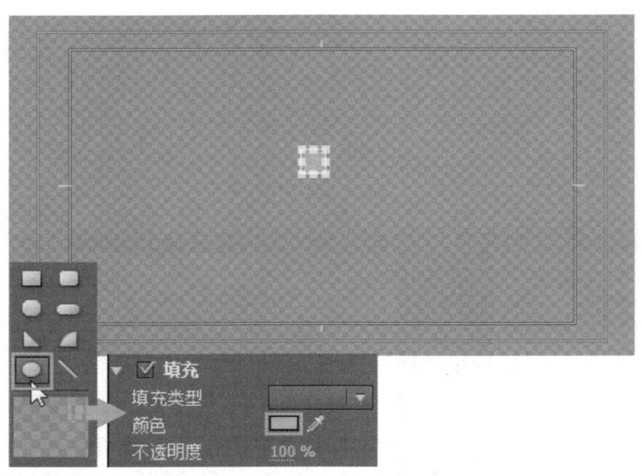

04 执行“文件＞新建＞字幕”菜单命令，打开“新建字幕”对话框，输入字幕名称，单击“确定”按钮，创建第二个字幕文件。

05 打开“字幕”面板，单击“文字工具”按钮，在画面中间位置单击并输入字幕文字，结合“字幕属性”面板，调整输入的字幕文字的字体、大小等属性。

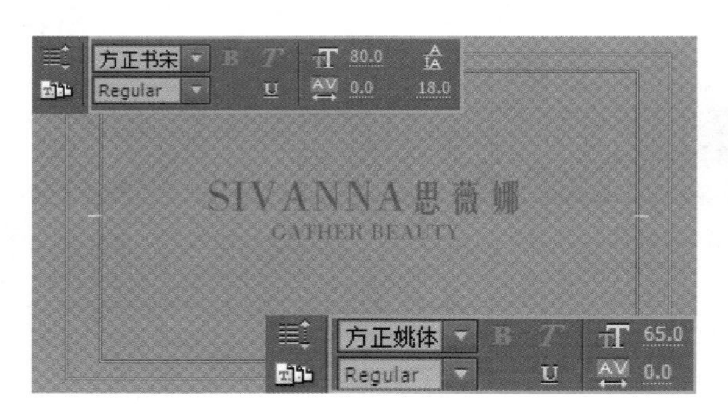

06 使用相同方法创建更多的字幕图形和文字，然后在“项目”面板中选中创建的图形字幕和文字字幕，将其拖动到时间轴中，并调整至合适的持续时间。

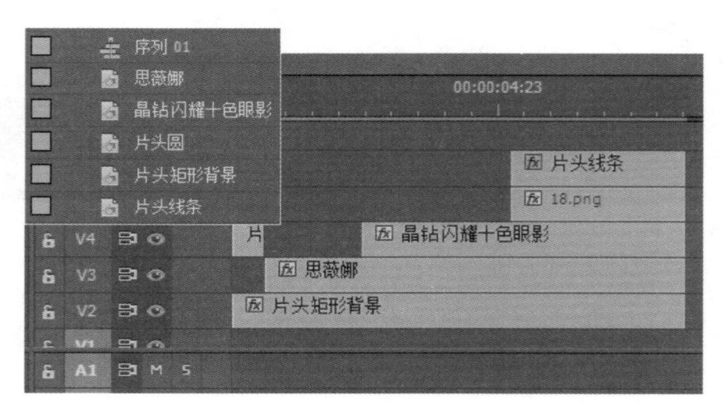

07 将播放指示器拖动到视频开始位置，然后单击工具面板中的“选择工具”按钮，单击选中“片头圆”字幕。

08 打开“效果控件”面板，在面板中单击“位置”选项左侧的“切换动画”按钮，添加第一个字幕关键帧，并调整字幕位置。

09　向右拖动播放指示器，单击“位置”选项右侧的“添加/移除关键帧”按钮，添加第二个关键帧，然后更改“位置”参数，在此关键帧中把圆形移到画面下方。

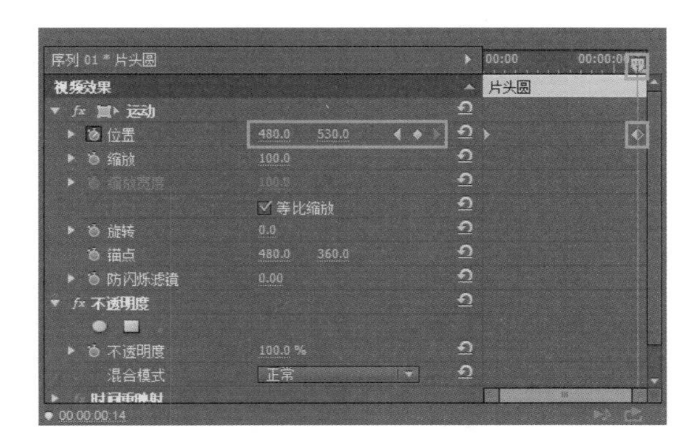

10　选中时间轴中的“思薇娜”字幕，打开“效果控件”面板，将播放指示器移到字幕开始位置，单击“位置”和“不透明度”选项左侧的“切换动画”按钮，添加关键帧，并调整关键帧中文字的位置和不透明度。

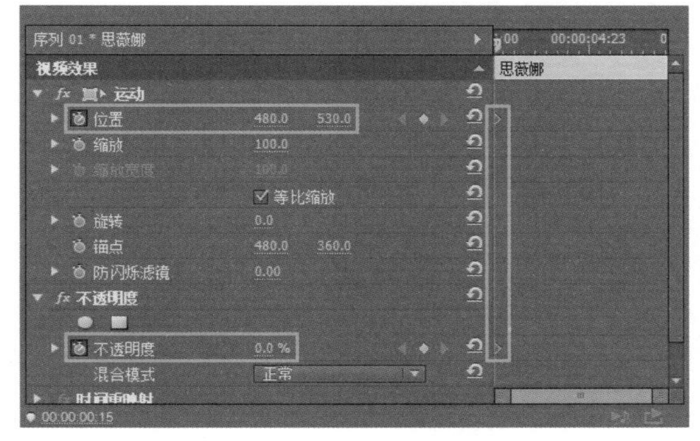

11　将播放指示器向右拖动至合适的位置，分别单击“位置”和“不透明度”选项右侧的“添加/移除关键帧”按钮，添加第二个关键帧，然后更改关键帧中文字的位置和不透明度。

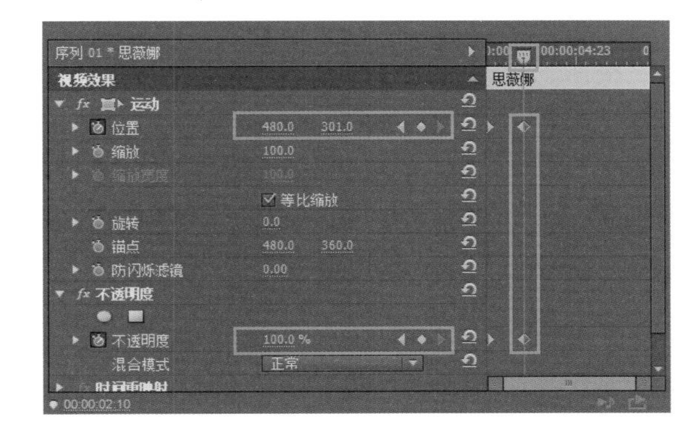

12　打开“效果”面板，展开“视频效果”素材箱，选择“扭曲”素材箱内的“波形变形”效果，将其拖动至时间轴中的“片头线条”图形字幕上。

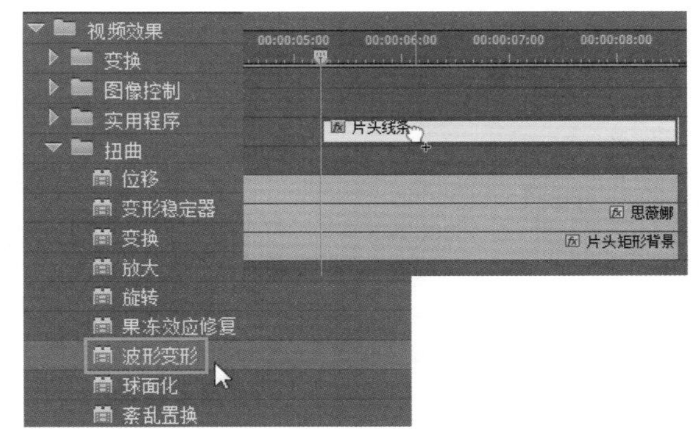

13　打开“效果控件”面板，将播放指示器移到相应的位置上，分别单击“不透明度”“波形高度”“波形宽度”选项左侧的“切换动画”按钮，添加关键帧，并调整参数值。

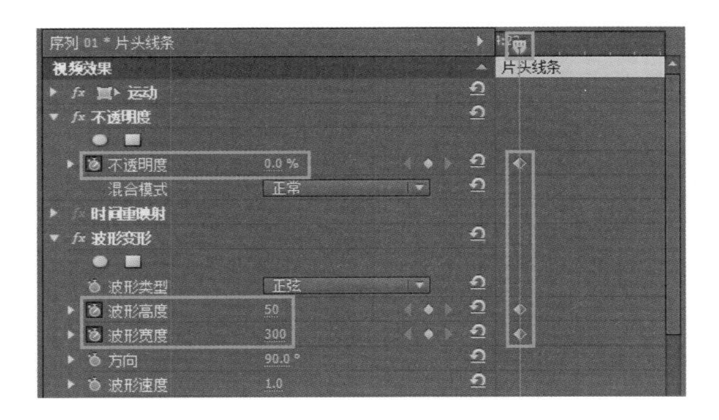

14　向右拖动播放指示器，单击“不透明度”选项右侧的“添加/移除关键帧”按钮，添加关键帧，再将关键帧中线条的不透明度调整为100%。

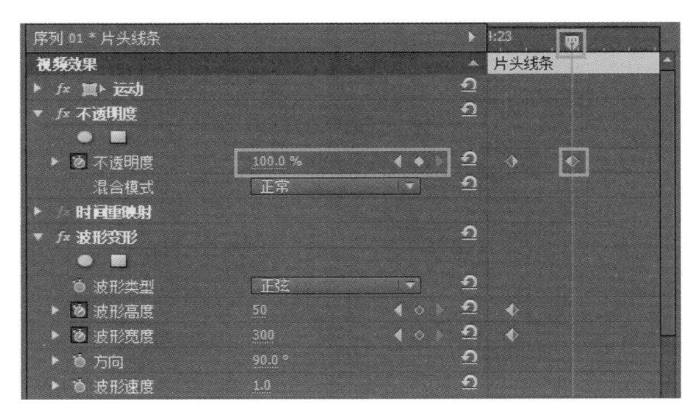

15 向右拖动播放指示器，分别单击“波形高度”和“波形宽度”选项右侧的“添加 / 移除关键帧”按钮，添加关键帧，并调整参数值，更改线条扭曲效果。

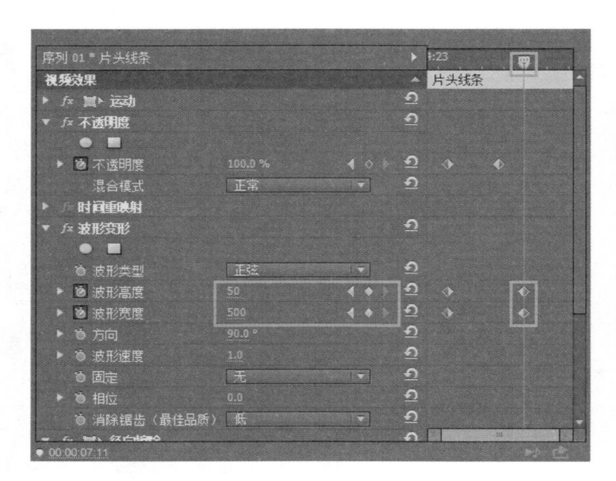

16 向右拖动播放指示器，单击“不透明度”选项右侧的“添加 / 移除关键帧”按钮，添加关键帧，再将关键帧中线条的不透明度调整为 80%。

17 向右拖动播放指示器，分别单击“波形高度”和“波形宽度”选项右侧的“添加 / 移除关键帧”按钮，添加关键帧，并调整参数值，更改线条扭曲效果。

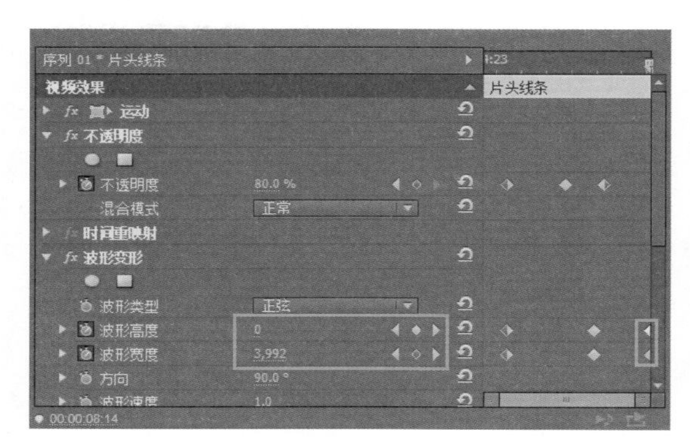

18 将 18.png 等素材导入到“项目”面板，单击选中 19.mp4 素材，将其拖动到时间轴的 V1 轨道上。

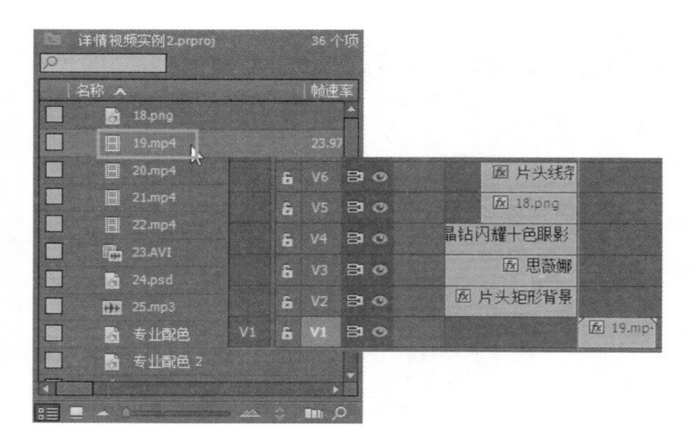

19 接下来需要延长视频持续时间，右击 19.mp4 剪辑，在弹出的快捷菜单中执行“速度 / 持续时间”菜单命令。

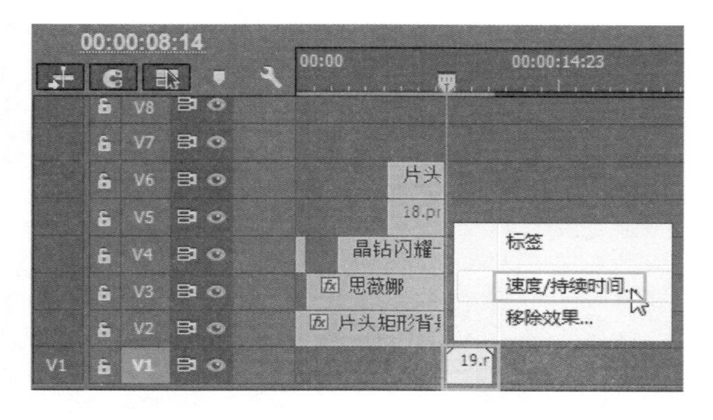

20 打开“剪辑速度 / 持续时间”对话框，在对话框中输入“速度”为 25%，以较慢的速度播放视频。

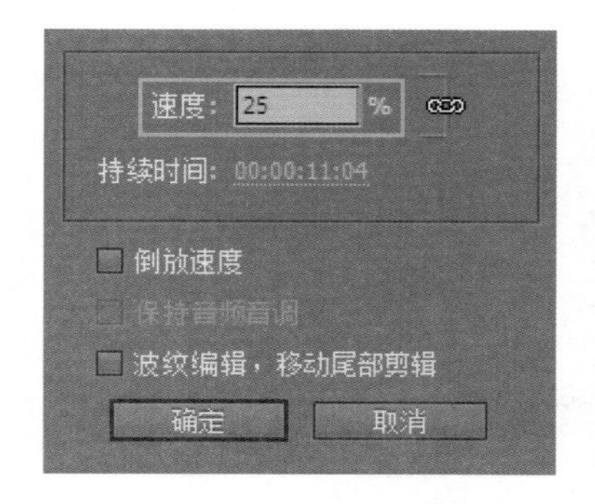

21 设置后单击“确定”按钮，关闭对话框，在“时间轴”面板中可以看到设置后延长的视频效果。

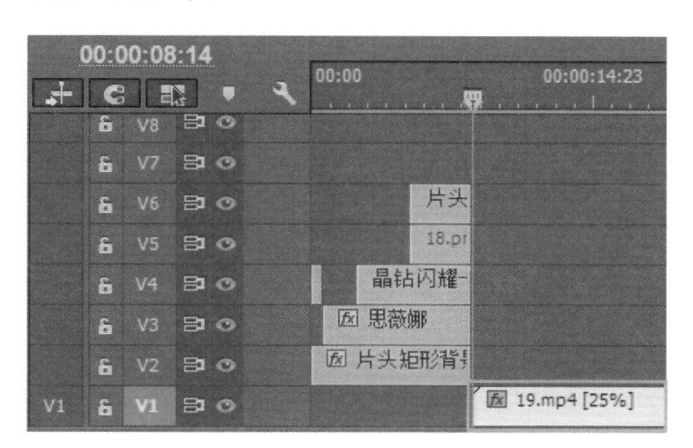

22 使用同样的方法，将其余的视频和图像素材也添加到时间轴中，根据需要调整视频持续时间并添加一些简单的动画效果。

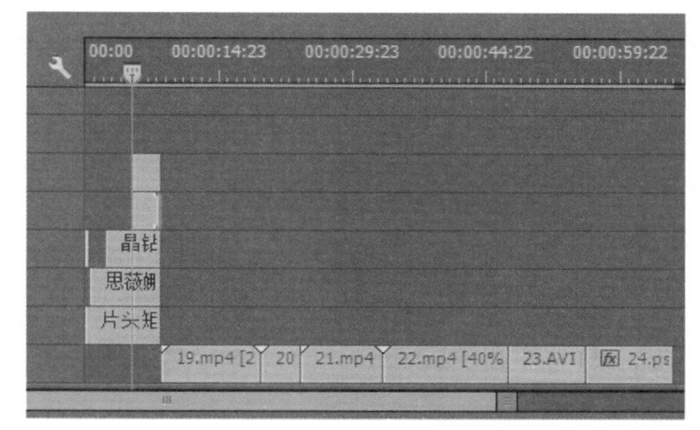

提示

在 Premiere Pro 中，如果要在不更改选定剪辑的播放速度的情况下更改持续时间，可单击“剪辑速度 / 持续时间”对话框中的“绑定”按钮，取消速度和持续时间的链接。取消绑定操作后，还可以在不更改持续时间的情况下更改播放速度。

23 单击选中 19.mp4 剪辑，在“节目监视器”面板中可以看到显示在中间的眼影盒，这里需要将其放大至整个屏幕，因此在“效果控件”面板中把“缩放”设置为 160，放大显示图像。

24 打开“效果”面板，展开“视频效果”素材箱，在“颜色校正”素材箱中单击选中“RGB 曲线”效果，将其拖动到 19.mp4 剪辑上。

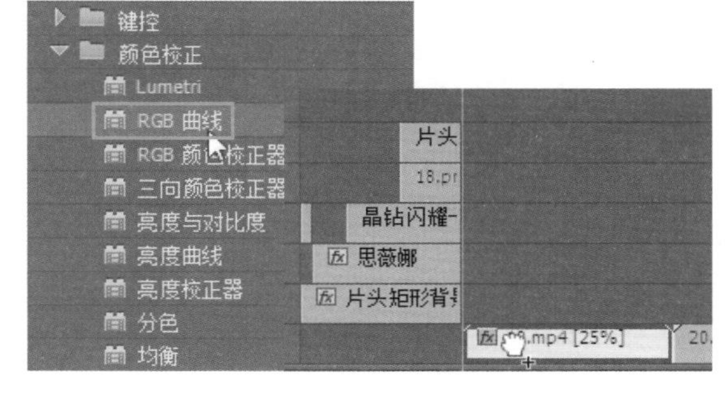

25 打开“效果控件”面板，展开“RGB 曲线”选项组，单击并拖动“主要”曲线，调整图像的亮度和颜色，得到靓丽的眼影效果。

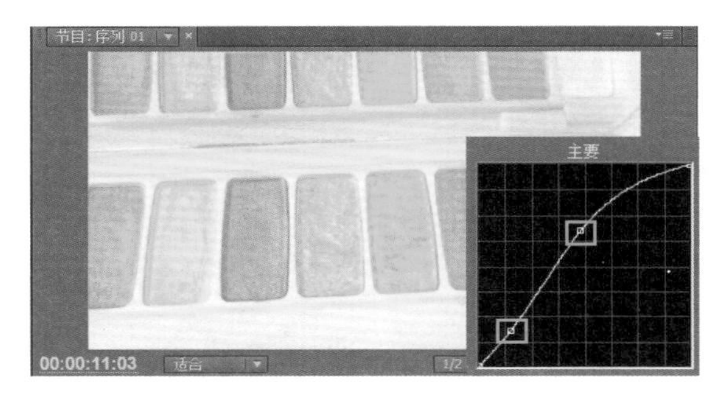

26 使用同样的方法，调整 20 ～ 23 视频剪辑的颜色和亮度。接下来要创建眼妆对比效果，单击选中 V1 轨道中的 24.psd 剪辑。

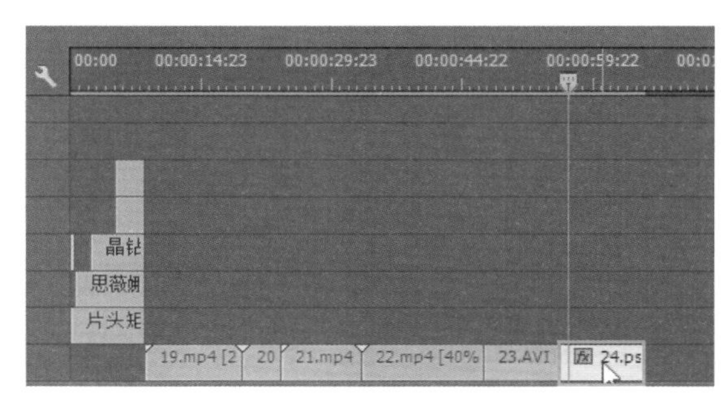

27 打开“效果”面板，展开“视频效果”素材箱，在“变换”素材箱中单击选中“裁剪”效果，将其拖动到24.psd剪辑上。

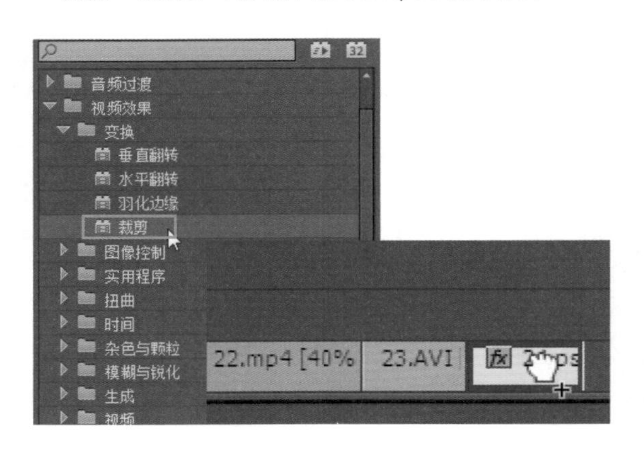

28 打开“效果控件”面板，这里需要只显示一只眼睛上方的眼影，因此设置“右侧”值为22%，裁剪右侧的图像。

29 打开“效果”面板，展开“视频效果”素材箱，在“扭曲”素材箱中单击选中“镜像”效果，将其拖动到24.psd剪辑上。

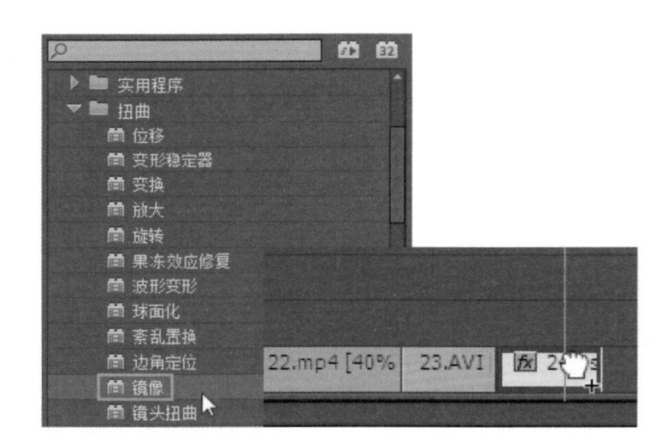

30 打开“效果控件”面板，需要在画面右侧也显示眼影效果，因此调整“反射中心”和“反射角度”值，创建镜像效果。

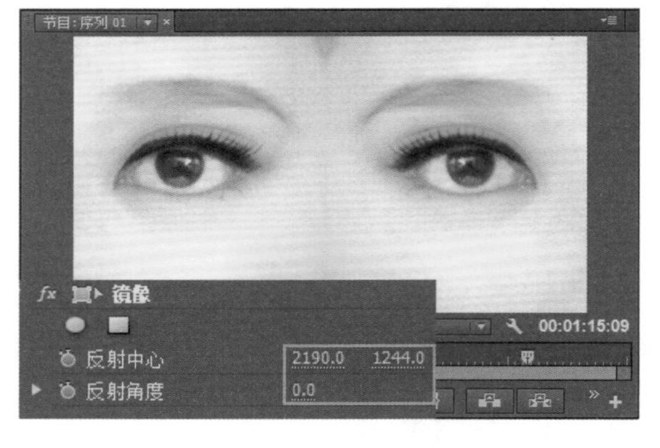

31 新建“虚线”字幕文件，打开“字幕”面板，运用“钢笔工具”在画面中间位置绘制白色线条，复制出更多线条，分割画面。

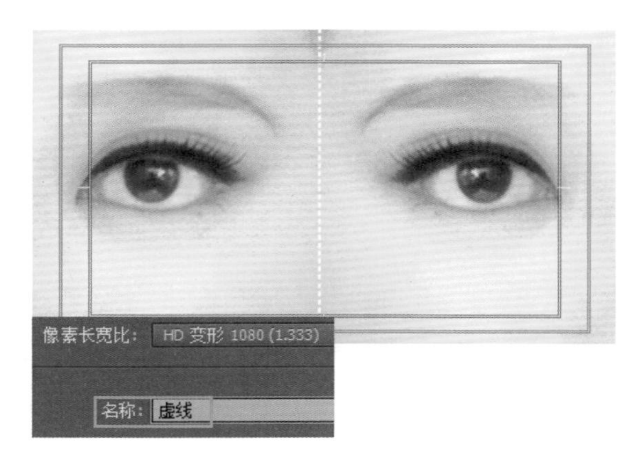

32 新建“持久不脱妆”字幕文件，打开“字幕”面板，用“文字工具”在图像左上角单击并输入字幕文字，在“字幕属性”面板中更改字幕文字字体、大小及颜色等属性。

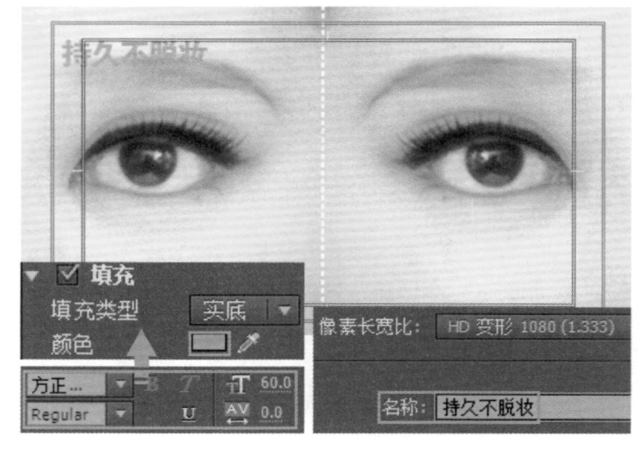

33 运用“钢笔工具”和“直线工具”在已输入的文字两侧绘制图形，然后在“字幕属性”面板中调整图形的填充颜色和线条粗细，完成字幕的编辑。

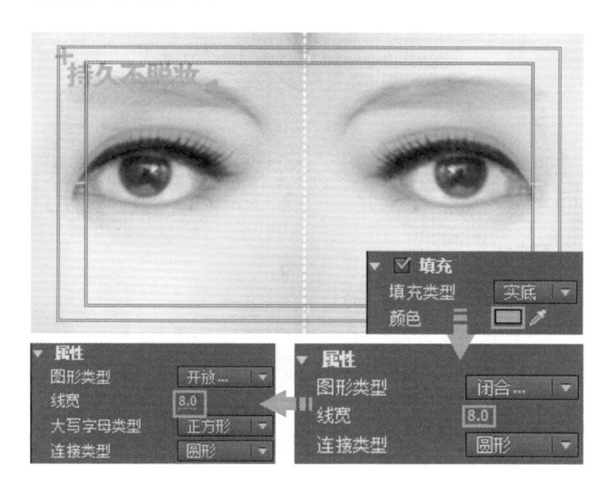

34 将新建的字幕文件拖动到时间轴中，打开“效果”面板，展开“视频效果”素材箱，在“过渡”素材箱中单击选中“百叶窗”效果，将其拖动到“持久不脱妆”字幕上。

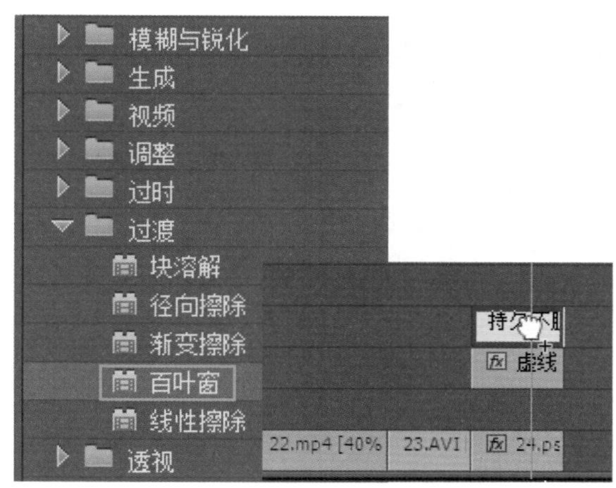

35 打开“效果控件”面板，将播放指示器移到字幕开始位置，设置“宽度”为 50，单击“过渡完成”选项左侧的“切换动画”按钮，设置“过渡完成”值，隐藏过渡文字。

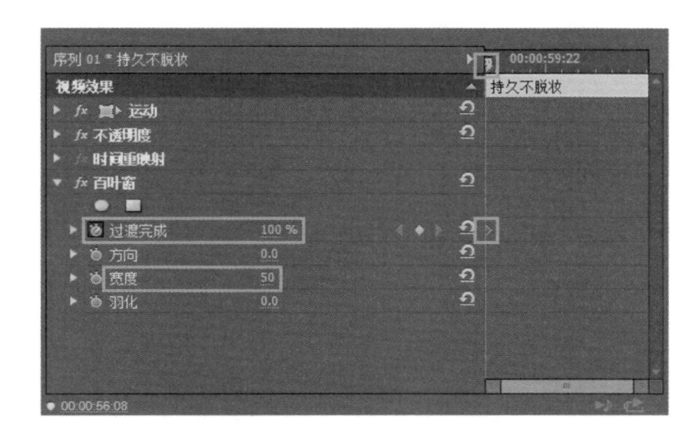

36 向右拖动播放指示器，单击“过渡完成”选项右侧的“添加 / 移除关键帧”按钮，添加第二个关键帧，然后调整“过渡完成”值，设置过渡完成后的字幕效果。

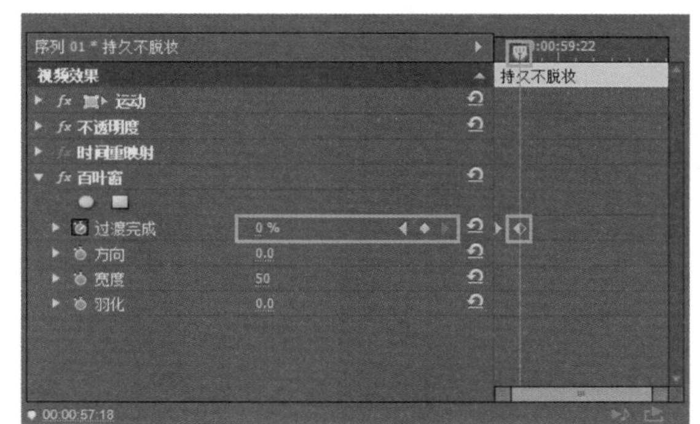

37 新建“持久不脱妆 2”字幕文件，打开“字幕”面板，使用“文字工具”在图像右下角单击并输入字幕文字，在“字幕属性”面板中更改字幕文字字体、大小及颜色等属性。

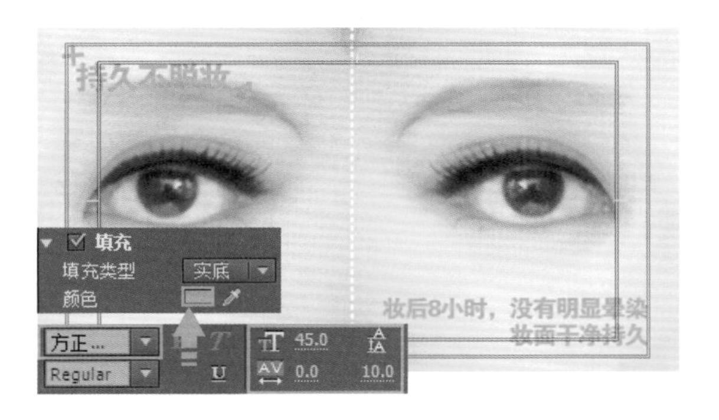

38 选中“项目”面板中创建的“持久不脱妆 2”字幕文件，将其拖动到时间轴中的另一条视频轨道上，用“选择工具”调整字幕持续时间。

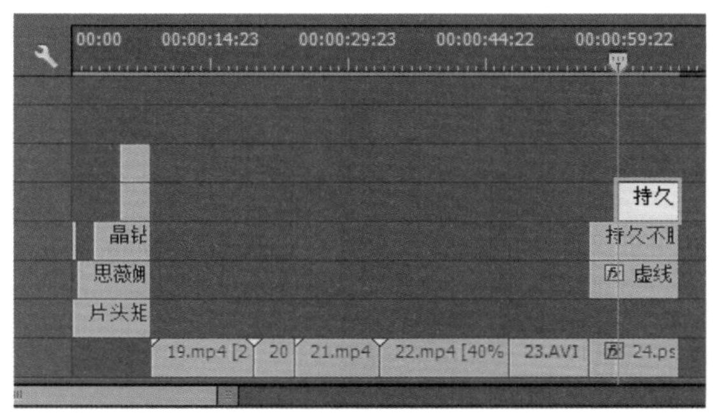

39 打开“效果控件”面板，将播放指示器移到字幕开始位置，单击“位置”和“不透明度”选项左侧的“切换动画”按钮，添加关键帧，然后设置右侧的参数值。

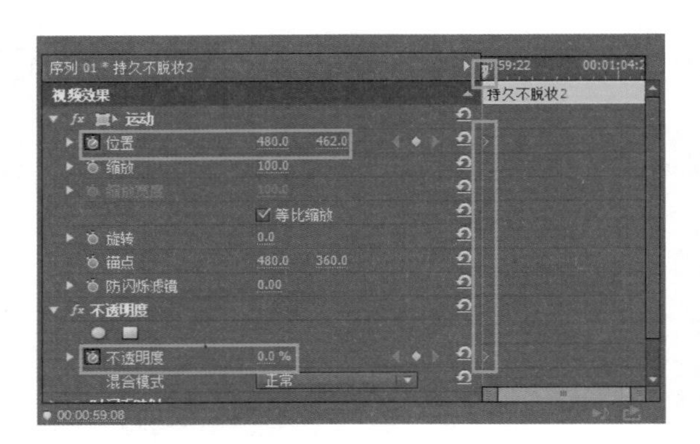

40 向右拖动播放指示器，分别单击“位置”和“不透明度”选项右侧的“添加/移除关键帧”按钮，添加第二个字幕关键帧，设置关键帧中字幕的位置和不透明度。

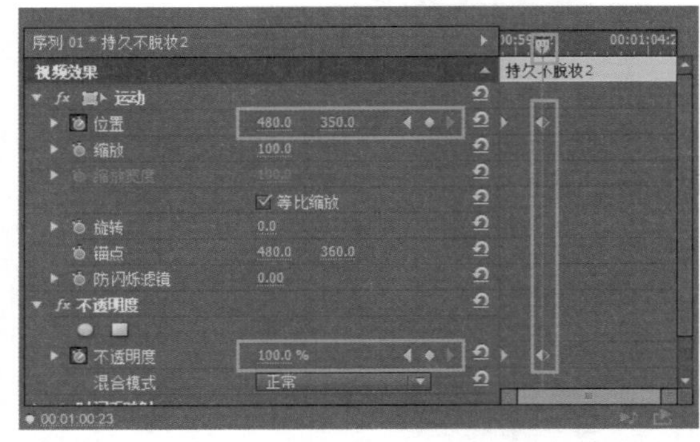

41 使用同样的方法创建更多的字幕文件，将其添加到时间轴中，结合“效果”和“效果控件”面板为其设置合适的动画效果。

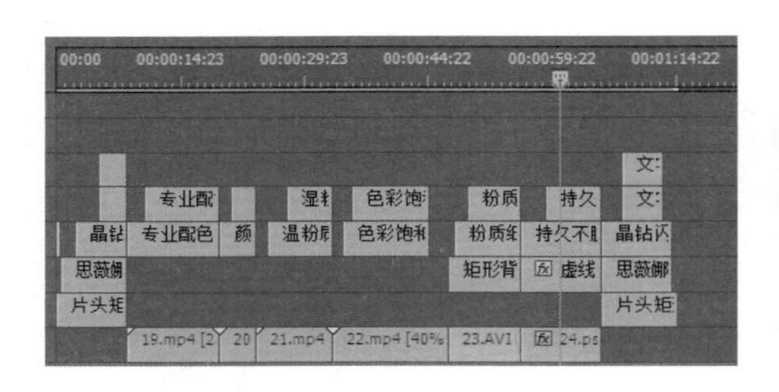

42 打开“效果”面板，展开“视频过渡”素材箱，选中“溶解”素材箱中的“渐隐为白色”过渡效果，将其拖动到最右侧的两个字幕文件上。

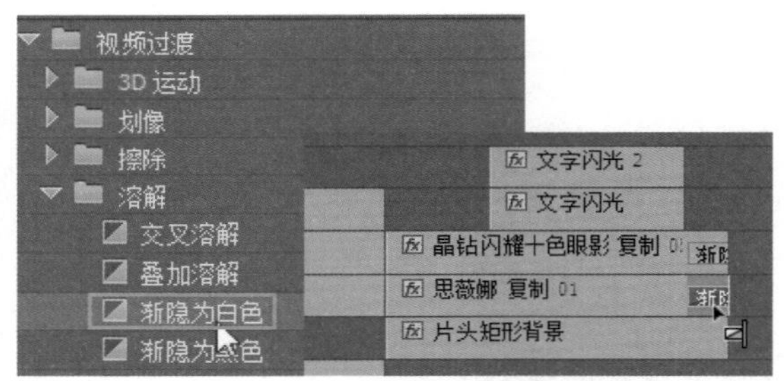

43 分别双击“渐隐为白色”过渡图示，打开“设置过渡持续时间”对话框，将视频过渡持续时间设置为00:00:03:01，单击“确定”按钮。最后为视频添加背景音频，根据视频持续时间，调整音频剪辑的持续时间等，完成本案例的制作。

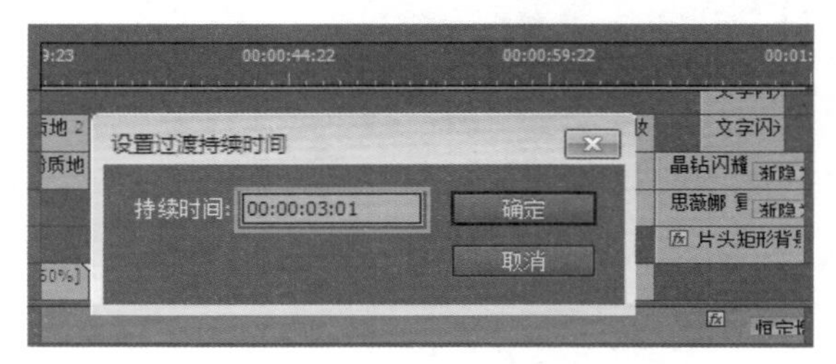

读书笔记

第9章 网页制作入门与进阶

完成网店页面和视频的制作后，需要将图片和视频上传到网店中。在上传之前，可以先对图像进行切片和优化，并通过调整页面布局和设置代码等，将设计好的图片、视频最终应用到网店页面之中。

9.1 设计图的切片与优化

在 Photoshop 中制作完成的网店装修设计图通常不能直接应用于网店装修，为了使图片能够满足网页功能设计及网络传输的要求，在进行图片的发布与应用之前，还需要根据实际情况对设计图进行切片及优化处理。本节将对网店装修设计图的切片、优化进行讲解。

9.1.1 按功能对设计图进行切片

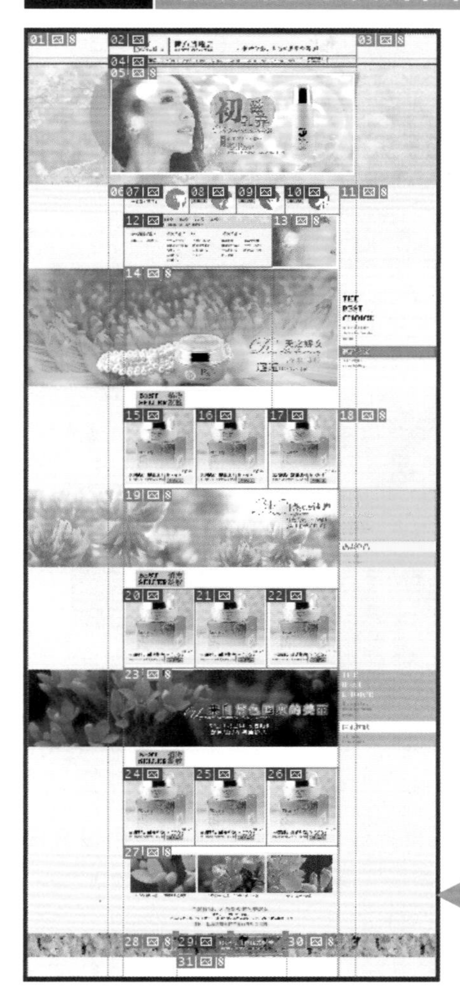

在网店的页面中，很多图片上会有跳转到其他页面的链接或实现特殊功能的热点区域，要制作出这类效果，需要先将设计图分割为不同大小的切片，再针对特定切片进行编辑。接下来就讲解如何使用 Photoshop 中的“切片工具”分割网店装修设计图。

选择工具箱中的“切片工具”，在设计图上单击并拖动，即可创建切片，如下图所示。切割的数量基本上是由将要添加的链接区及功能区的数量决定的。创建切片后，在每个切片的左上角会显示切片的序号，如左图所示。

对于已经创建好的切片，如果想要更改其大小，可以将鼠标指针放在切片边线上，当鼠标指针变为双箭头形状时单击并拖动鼠标即可，如右图所示。

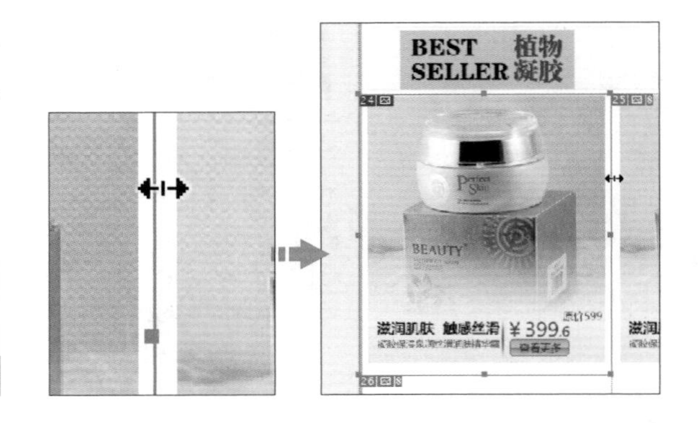

提示

如果想要创建正方形的切片，只需在单击并拖动鼠标时按住 Shift 键即可。

9.1.2 优化切片提升浏览体验

对网店装修设计图进行切片操作，除了出于页面功能设计的需要外，还有一个目的是加快图片的下载速度，提升网页的浏览体验。一方面，一整张大图片需要下载完才能在浏览器中显示出来，如果将其分割成多张小图片，那么浏览器就可以同时下载多张图片，无形中缩短了浏览者的等待时间。另一方面，如果图片的某些区域适合以 GIF 格式进行优化，而其余部分适合以 JPEG 格式进行优化，就可以通过切片操作将整张图片分割，然后分别以不同的图片格式对各切片进行优化，这样便能发挥不同图片格式的优势和特长，既不影响视觉效果，又能缩小图片文件的体积，加快图片的下载速度。

要对切割好的设计图进行优化输出，需要用到 Photoshop 中的“存储为 Web 所用格式”菜单命令。对切片后的设计图执行“文件 > 存储为 Web 所用格式”菜单命令，在打开的“存储为 Web 所用格式”对话框中单击某一个切片，就可以在右边的选项组中为这个切片设置不同的文件格式等参数，根据实际需要对图片进行优化处理，如下图所示。

完成优化设置之后，单击“存储”按钮，打开“将优化结果存储为”对话框，在其中设置保存格式为“HTML 和图像”，并选择文件存储的路径，单击“保存”按钮后将得到一个“images”文件夹和一个 HTML 文件。打开“images”文件夹可以看到，设计图中所有的切片都以独立的图片文件形式保存在其中，如下图所示。

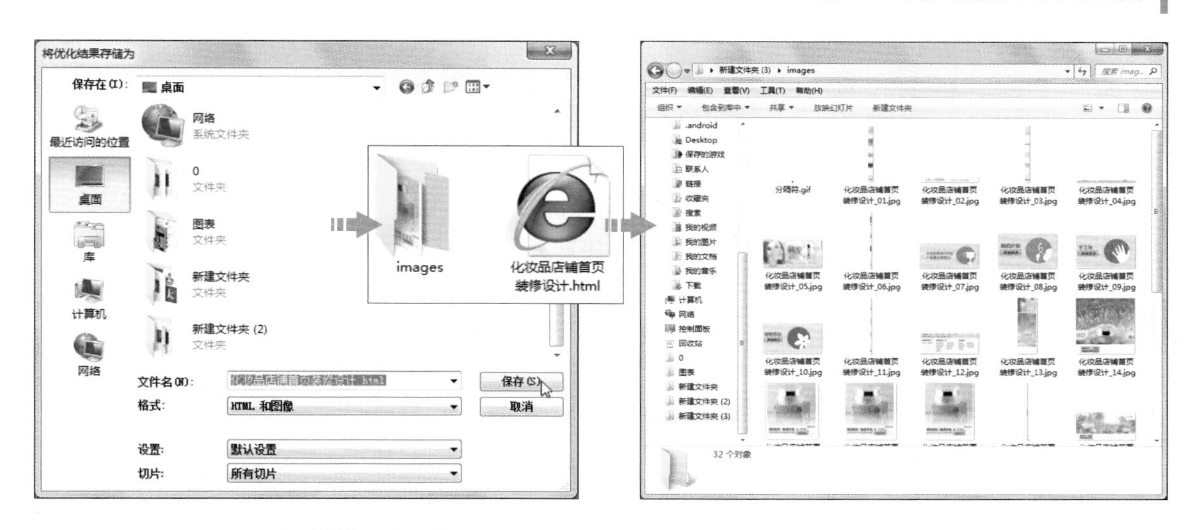

9.2 网页制作入门

网店装修设计实际上就是网页设计与制作，不可避免地要用到网页代码，如 HTML、CSS 等。网页制作中常见的基本操作，如制作表格、插入图像、图文混排、创建链接等，如果完全采用手工编写代码的方式来完成，对一些没有程序设计基础的卖家来说几乎是不可能的。值得庆幸的是，在 Dreamweaver 中可以用近乎于“所见即所得”的方式来完成上述操作。

9.2.1 利用表格展示商品详情信息

网店页面中整齐、美观、大方的商品详情信息或尺码对照表格，并不一定都是使用 Photoshop 制作的，在 Dreamweaver 中也可以轻松制作出表格。下面通过实例详细讲解在 Dreamweaver 中用表格展示商品详情信息的方法。

01 运行 Dreamweaver CC，可以看到欢迎界面的“新建”选项组中包含了多种文件格式的选项，单击“HTML”选项，新建一个空白的 HTML 文件。

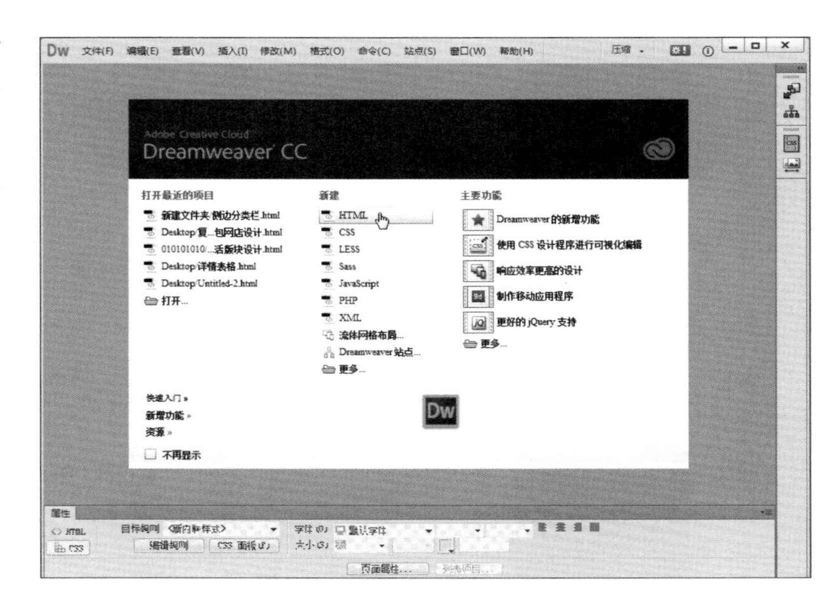

02 单击“插入”面板中的“表格”按钮，打开“表格”对话框，在其中设置表格的行数、列数等参数，具体的设置可以根据商品详情信息的数量和类别来确定。要注意商品详情页面中表格的宽度最大为 740 像素。

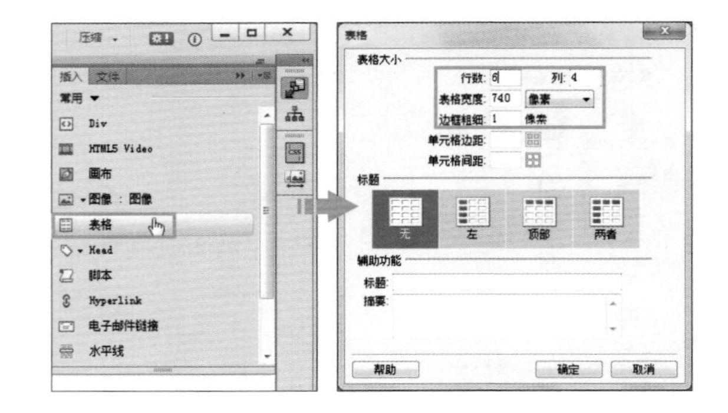

03 完成“表格”对话框的设置后单击“确定”按钮，在预览窗口中可以看到添加的表格。为了直观地观察表格制作效果和代码之间的关系，单击“拆分”按钮，将设计视图和代码视图同时显示出来。

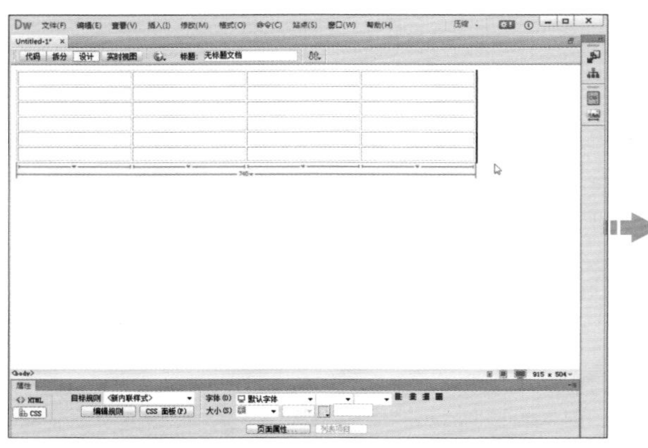

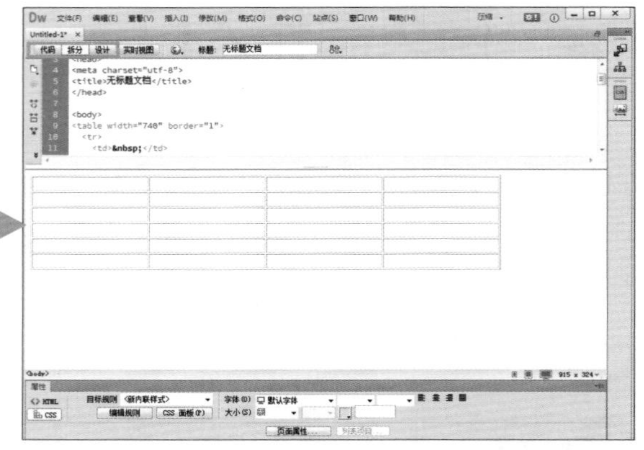

04 添加表格之后，就可以用鼠标在每个单元格中单击，输入商品详情信息，也可以使用键盘上的方向键在单元格之间跳转。可以看到，在表格中输入信息时，代码区域也相应地发生了变化。

05 使用鼠标在表格上单击并拖动，选中第二列单元格，在“属性”面板中设置“水平”选项为“居中对齐”。可以看到第二列单元格中的文字以居中对齐的方式显示，同时代码区域也相应地发生了变化。

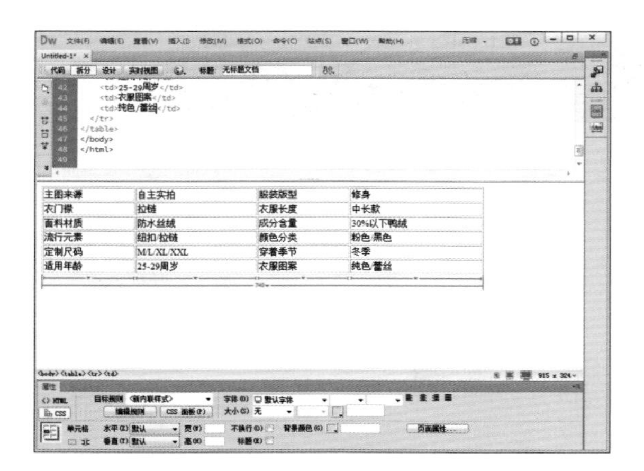

06 参考步骤05的方法，将表格第四列单元格中的文字同样设置为在“水平”方向“居中对齐”。在“属性”面板中，除了可以设置单元格中文字的对齐方式外，还可以设置文字的字体、大小、颜色等属性。

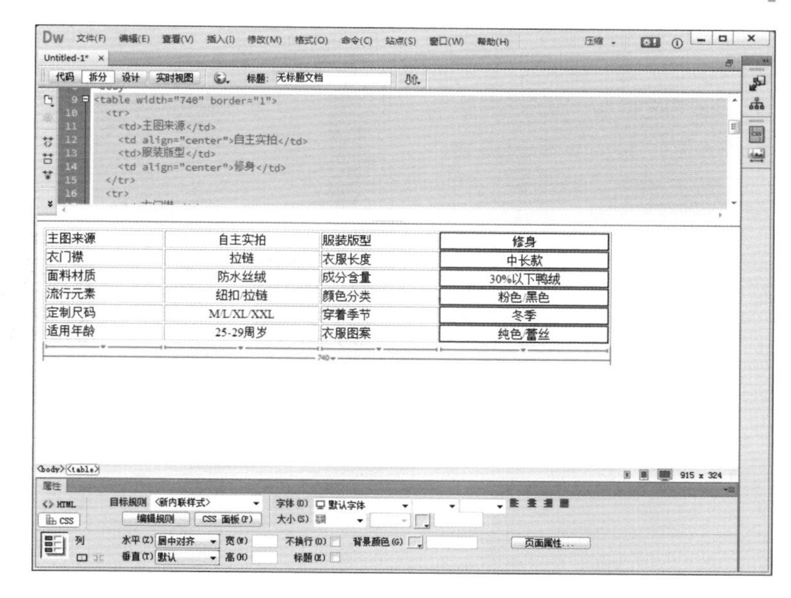

07 继续对表格进行编辑，选中第一列单元格，在“属性”面板中单击“背景颜色”选项后的色块，打开颜色选择面板，在其中单击黑色色块，将第一列单元格的背景设置为黑色。

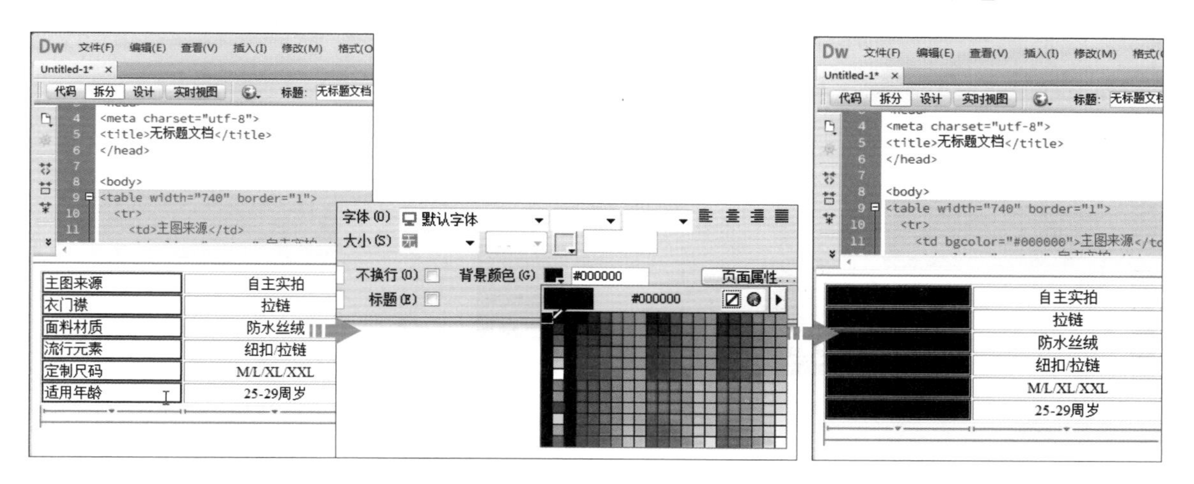

08 保持选中的第一列单元格不变，在“属性”面板中单击文字颜色的色块，在打开的颜色选择面板中选择白色色块，将第一列单元格的文字颜色调整为白色，制作出黑底白字的显示效果。

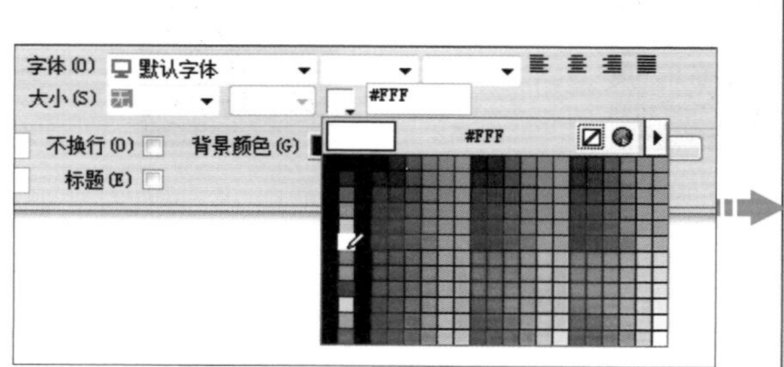

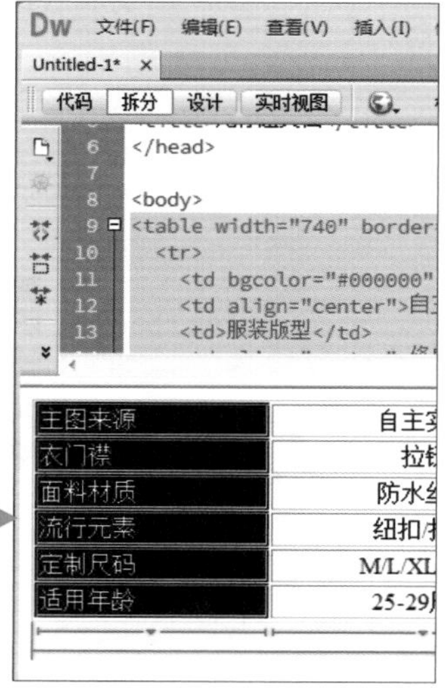

09 参考步骤 07 和 08 的方法，将表格第三列单元格同样设置为黑底白字的显示效果，完成表格的编辑。在代码视图中复制相关代码，即可将编辑后的效果应用到网店装修中。

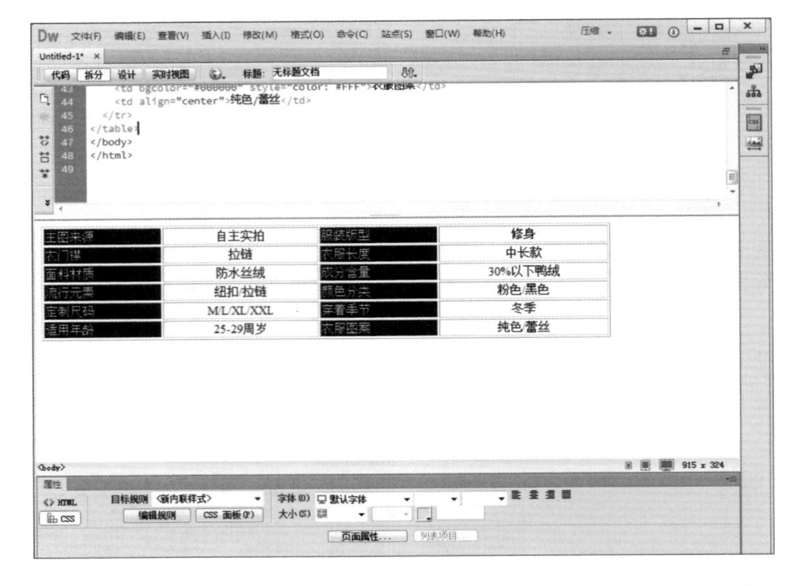

10 完成表格的编辑之后，需要对表格进行保存。执行“文件 > 另存为”菜单命令，打开“另存为”对话框，在其中设置文件的名称、保存格式和保存位置，这里选择使用 HTML 文件格式进行保存，完成设置后单击“保存”按钮。

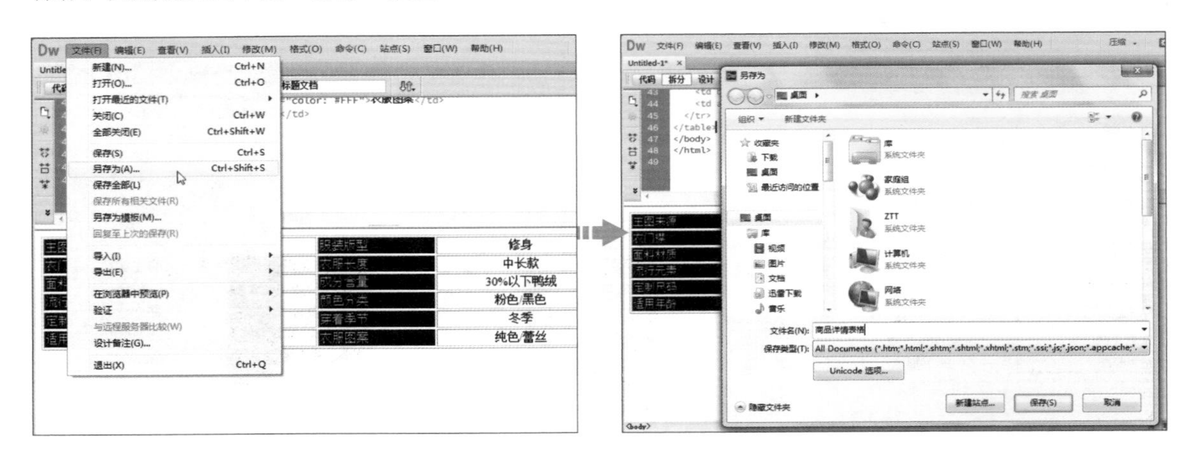

11 完成文件的保存操作后，将得到相应的 HTML 文件。双击该文件，即可使用计算机默认的浏览器打开文件，查看表格效果。

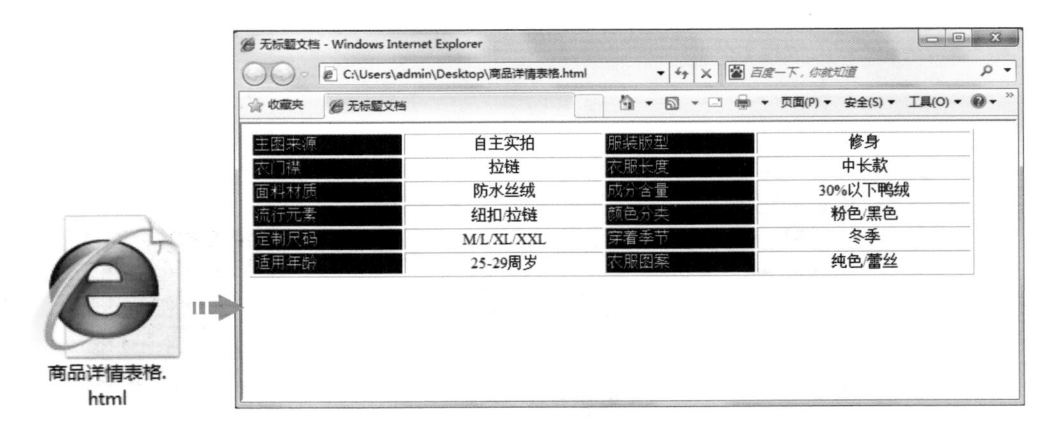

9.2.2 在页面中插入图片

之前通过制作表格展示了商品的详情信息文字，然而网页中仅有文字是不够的，还需要添加图像。在 Dreamweaver 中可以很方便地完成图片的插入和大小调整。

01 在 Dreamweaver 中打开之前制作表格时得到的 HTML 文件，在“插入”面板中单击“图像：图像”按钮，在打开的“选择图像源文件”对话框中选中需要插入到页面中的图片。

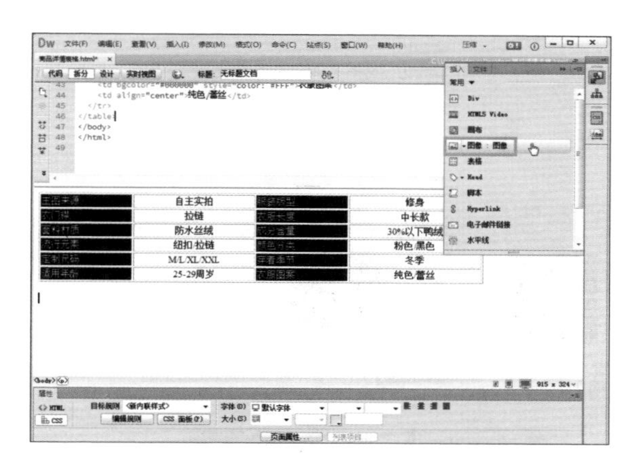

02 单击“确定”按钮，将图片插入到页面中，在设计视图中可以看到插入图片后的效果，同时在代码视图中会显示出该图片在计算机中的存放路径。

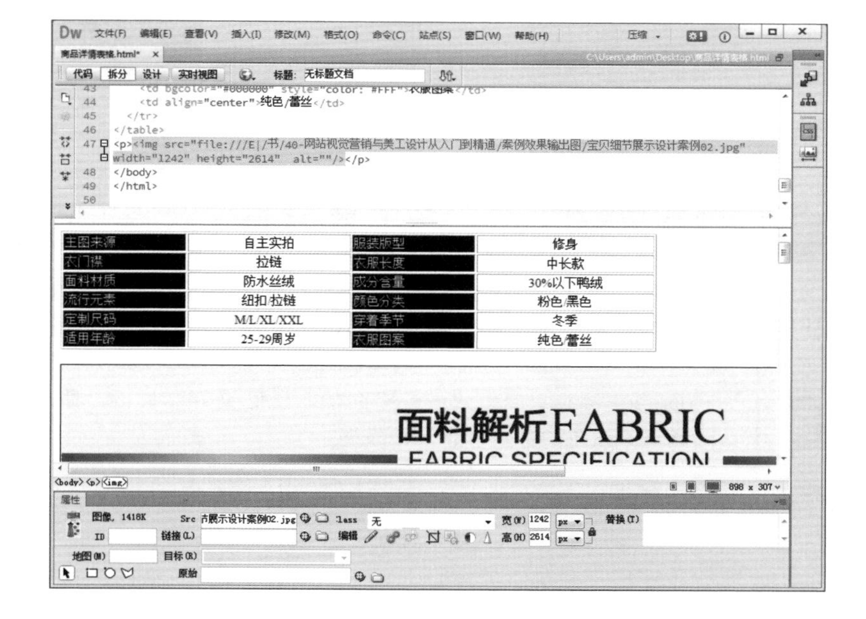

提示

此处为方便讲解选择了本地计算机中的图片，而在实际的网店装修中，需要先将图片上传到网络相册中并获取图片的网址，然后在图片的“属性”面板的“链接”文本框中输入这个网址，否则图片将无法在网页中显示出来。

03 插入图片后，发现图片的宽度与表格的宽度不同，版面显得不工整，因此接着调整图片的宽度。选中图片后，在其“属性”面板中设置“宽”选项，接着单击“提交图像大小”按钮，在弹出的对话框中单击“确定”按钮即可。

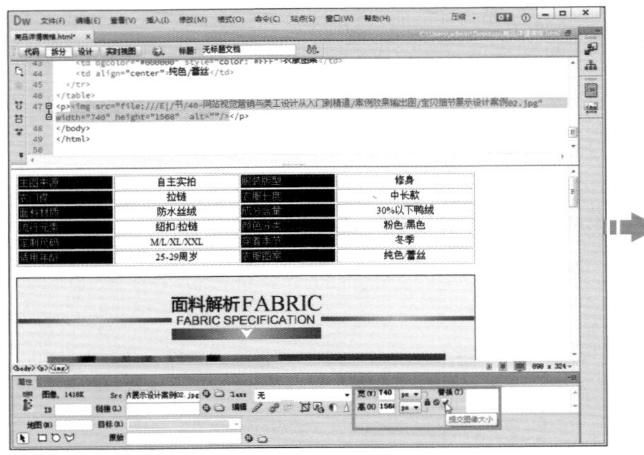

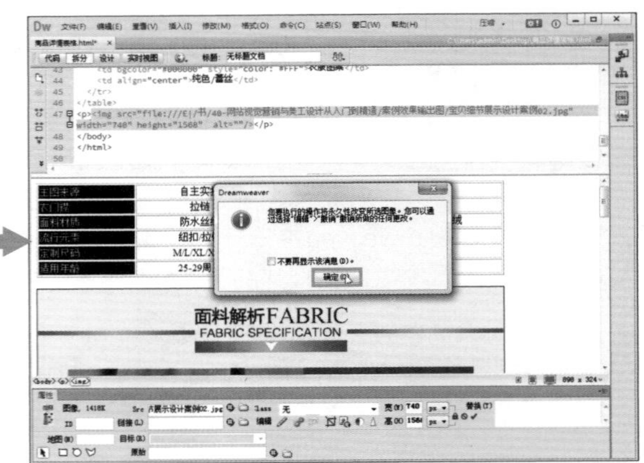

04 调整完图片大小后，切换到“设计”模式，即可看到当前页面的编辑效果。再切换到“代码”模式，复制相关代码，便可将编辑后的效果应用到网店装修中。

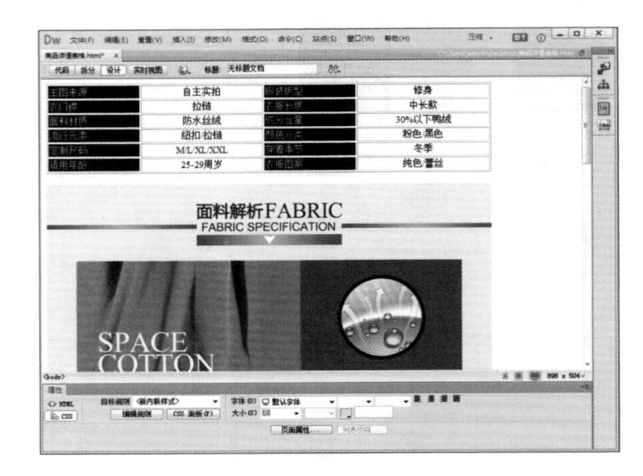

9.2.3 利用表格实现图文混排

图文混排是网店装修中较为常见的一种页面内容编排方法。使用表格来进行图文混排，可以让图像与文字的布局更加工整。接下来通过实例进行讲解。

01 在 Dreamweaver 中创建一个空白的 HTML 文件，执行“插入 > 表格”菜单命令，在打开的对话框中设置参数，创建一个表格。

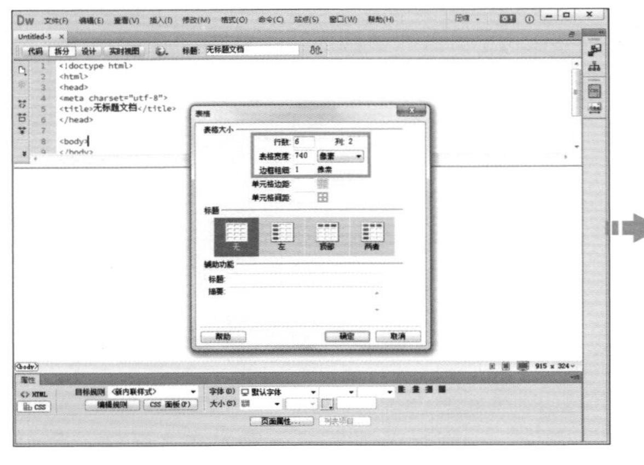

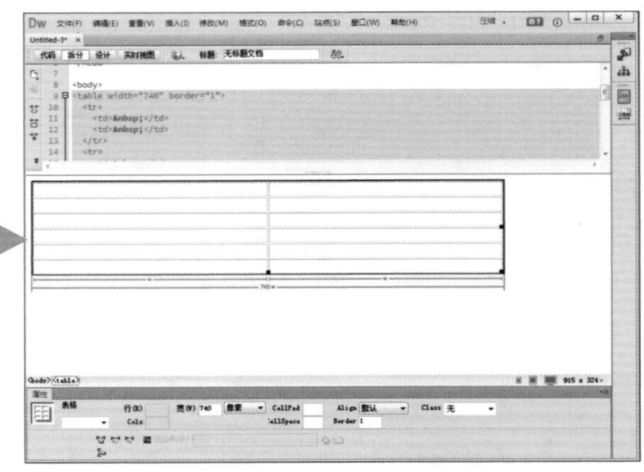

02 选中表格第一列的单元格，接着单击“属性”面板中的“CSS”按钮，切换到CSS编辑模式，单击“单元格”下方的“合并”按钮，将第一列单元格合并在一起。

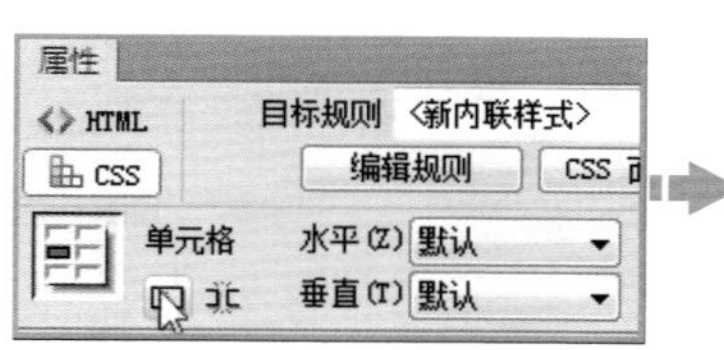

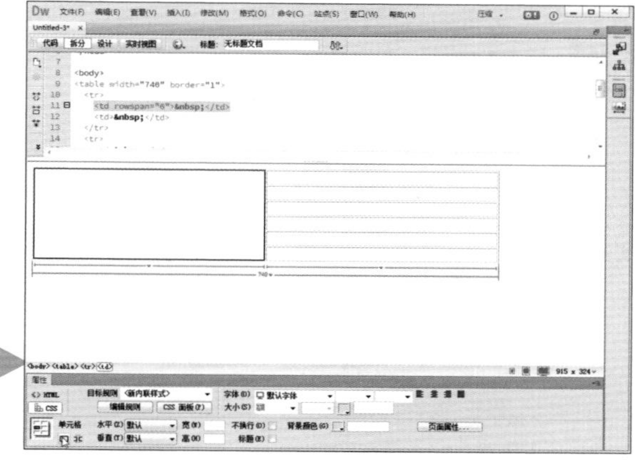

03 单击选中合并后的单元格，执行“插入 > 图像 > 图像”菜单命令，在打开的对话框中选择需要插入到单元格中的图片文件。在设计视图中可以看到插入图片的效果。

04 由于插入的图片是以实际尺寸显示的，还要根据设计要求调整它的大小。选择图片后，在其“属性”面板中设置“宽”选项的参数，再对设置的参数进行确认，让图片的大小与实际的设计要求相符。

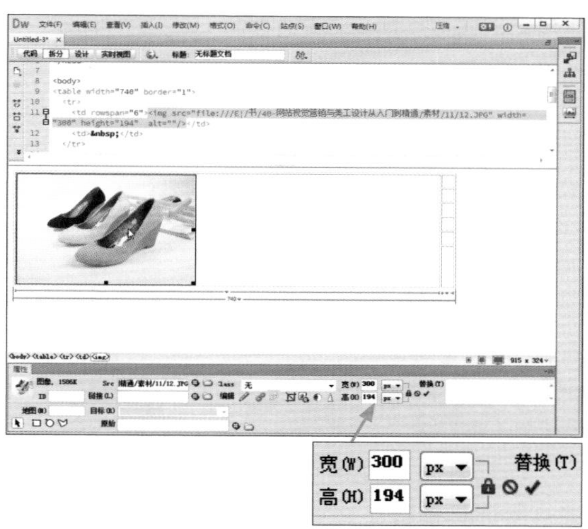

05 接下来需要对插入图像后的表格进行调整，使其更加美观。将鼠标指针放在表格中间的垂直分隔线上，当鼠标指针变为双向箭头形状时，单击并向左拖动鼠标，使图片正好填满左侧的单元格，而表格右侧的单元格相应变宽，为输入文字做好准备。

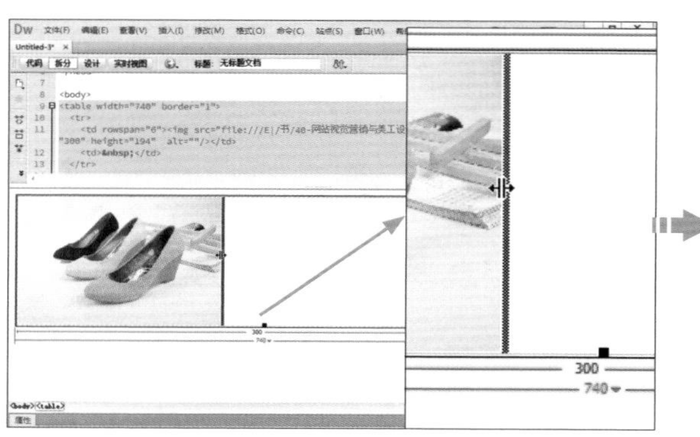

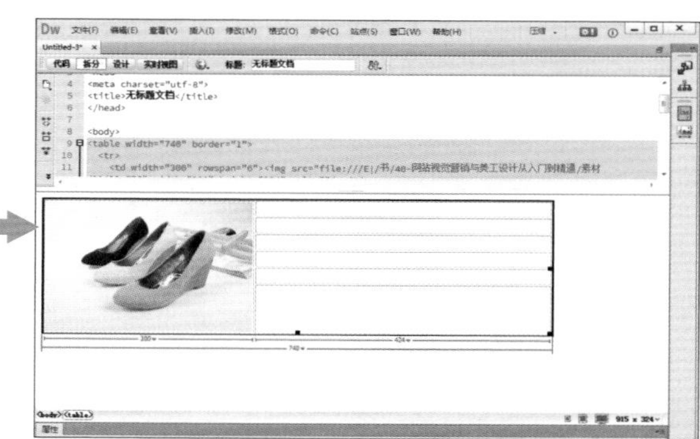

06 使用鼠标分别单击不同的单元格，输入商品信息。为了使文字主次分明，接着调整部分文字的大小。这里设置最后一个单元格中的文字大小为 14 pt，在设计视图中可以看到文字变小了。

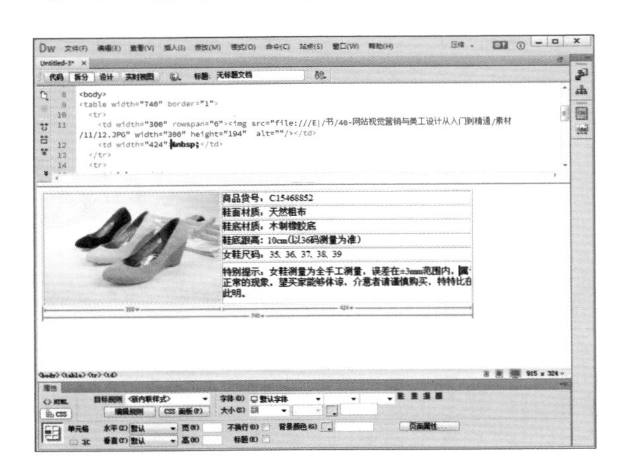

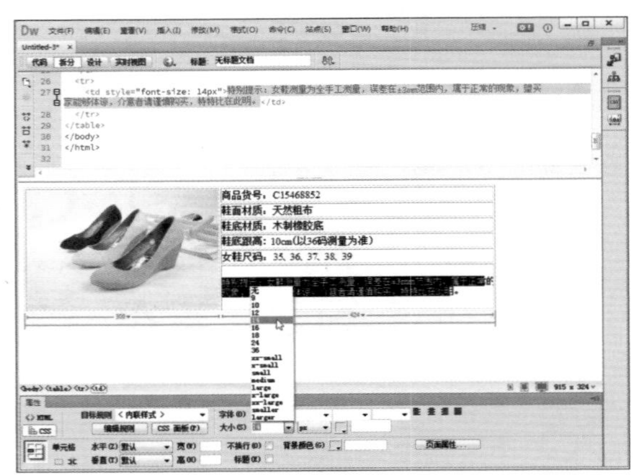

07 完成文字的编辑之后，切换到“设计”模式查看编辑后的效果。再切换到“代码”模式，复制相关代码，便可将编辑后的效果应用到网店装修中。

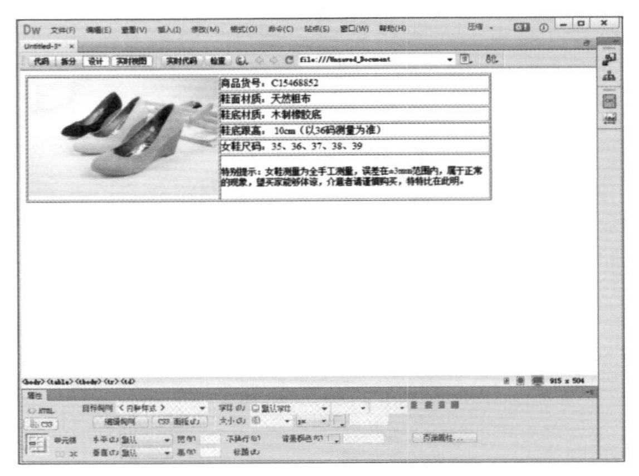

9.2.4 制作链接代码

在某些网店装修设计图中设计了按钮等链接区，供消费者单击后跳转到其他页面。想要使这些链接区具备链接功能，就需要制作链接代码，这一操作同样可以在 Dreamweaver 中完成。

01 运行 Dreamweaver，新建一个 HTML 文件，插入需要编辑的设计图，切换到“拆分”模式以便同时查看设计图和代码。可以看到设计图中有一个“立即购买”按钮，接下来就要为这个按钮添加链接。

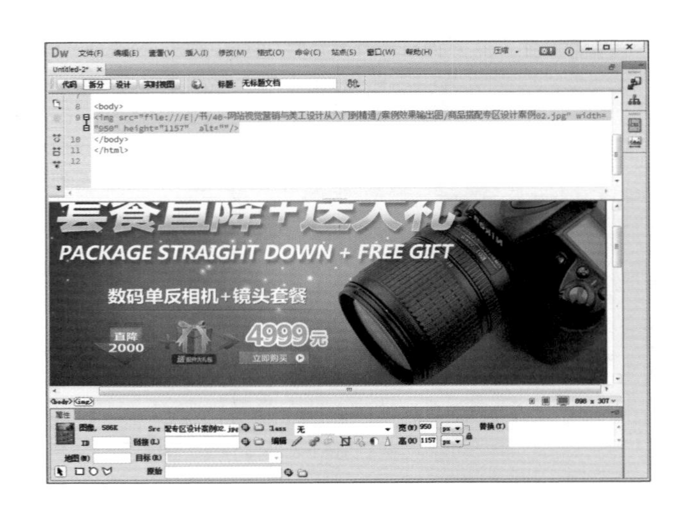

02　单击“属性”面板的绘制链接工具中的Rectangle Hotspot Tool按钮，使用该工具在“立即购买”按钮上单击并拖动，绘制出和按钮大小基本一致的矩形框，作为链接区域。

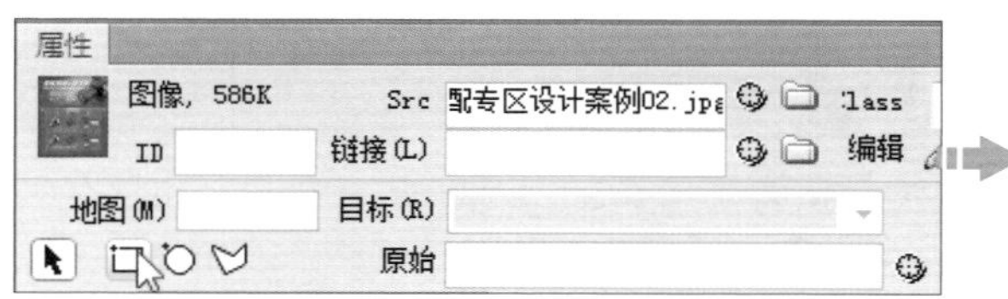

03　链接区域将显示为一个半透明的蓝绿色色块。接着在该链接区域“属性”面板的“链接”文本框中将单击该按钮后要跳转到的网址粘贴进去。

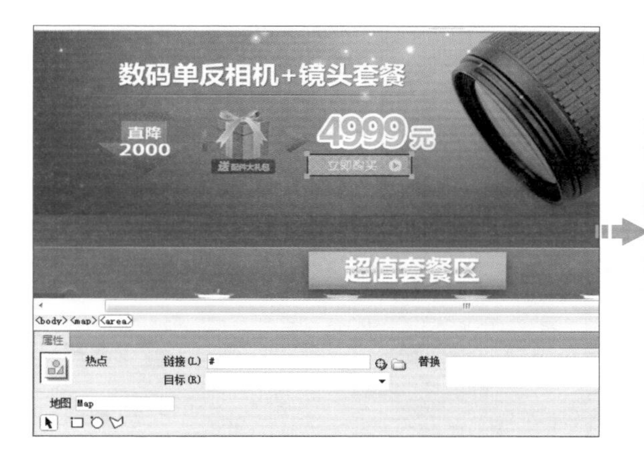

04　在设计图的“属性”面板中，将“链接”文本框中的地址更换为已上传到网络相册中的图片的网址，切换到“代码”模式，可以看到编辑后的代码内容，其中<body>和</body>中间的代码就是链接代码。

9.3 网页制作进阶

前面讲解了在 Dreamweaver 中制作简单网页代码的方法，接下来讲解网页代码的高级应用，包括轮播图、客服区、店铺收藏区、欢迎模块代码的制作及在店铺页面中添加视频等。

9.3.1 制作轮播图代码

轮播图在网店装修中被广泛应用，因为它可以为网店首页带来动态感，同时增加了页面的信息量。接下来介绍一组三图轮播代码模板，如下图所示。这段代码看似复杂，其实应用起来非常简单。

使用文档编辑软件打开“下载资源 \ 素材 \09\ 轮播图代码 .txt”，将红色文字更改为相应的数字和网址。接着在网店装修后台中添加自定义内容区，并在打开的对话框中切换到代码编辑状态，将编辑好的代码复制、粘贴到其中，确认操作后即可在网店首页预览到轮播图效果。具体操作过程如下图所示。

```
<DIV class=custom-area>
<DIV style="BACKGROUND: #ffffff; OVERFLOW: hidden; WIDTH:输入轮播图片的宽度 px; HEIGHT: 输入轮播图片的高度 px; TEXT-ALIGN: center">
<DIV class="slider-promo J_Slider J_TWidget tb-slide" style="HEIGHT: 输入轮播图片的高度 px" data-widget-config="{'effect':'fade','contentCls': 'lst-main', 'navCls': 'lst-trigger', 'activeTriggerCls': 'current'}" data-widget-type="Slide">
<ul class="lst-main tb-slide-list" style="HEIGHT: 输入轮播图片的高度 px">
<li style="DISPLAY: block; Z-INDEX: 9; LEFT: 0px; TOP: 0px; opacity: 0.6"><A href="点击第 1 张轮播图片前往的地址" target=_blank data-attr-replace="[{'type':'href','desc':'点击第 1 张轮播图片前往的地址'}]"><img height=输入轮播图片的高度 px alt="" src="第 1 张轮播图片的网络相册地址" data-attr-replace="[{'type':'src','desc':'第 1 张轮播图片的网络相册地址'}]"></A>
<li style="DISPLAY: block; Z-INDEX: 1; LEFT: 0px; TOP: 0px; opacity: 1"><A href="点击第 2 张轮播图片前往的地址" target=_blank data-attr-replace="[{'type':'href','desc':'点击第 2 张轮播图片前往的地址'}]"><img height=输入轮播图片的高度 px alt="" src="第 2 张轮播图片的网络相册地址" data-attr-replace="[{'type':'src','desc':'第 2 张轮播图片的网络相册地址'}]"></A>
<li style="DISPLAY: block; Z-INDEX: 1; LEFT: 0px; TOP: 0px; opacity: 0"><A href="点击第 3 张轮播图片前往的地址" target=_blank data-attr-replace="[{'type':'href','desc':'点击第 3 张轮播图片前往的地址'}]"><img height=输入轮播图片的高度 px alt="" src="第 3 张轮播图片的网络相册地址" data-attr-replace="[{'type':'src','desc':'第 3 张轮播图片的网络相册地址'}]"></A> </li></ul><ul class=lst-trigger>
<li>1
<li class=current>2
<li>3 </li></ul></DIV></DIV></DIV>
```

9.3.2 制作客服区代码

在浏览淘宝网时，在店铺页面客服区的旺旺头像上单击，可以直接打开阿里旺旺软件和客服交流。要实现这种效果，就需要制作出客服区的代码，这一操作可以在 Dreamweaver 中完成。

01 在 Dreamweaver 中创建一个空白的 HTML 文件，执行“插入 > 表格”菜单命令，在打开的对话框中设置表格的行数、列数、宽度等，单击“确定”按钮，添加一个表格。

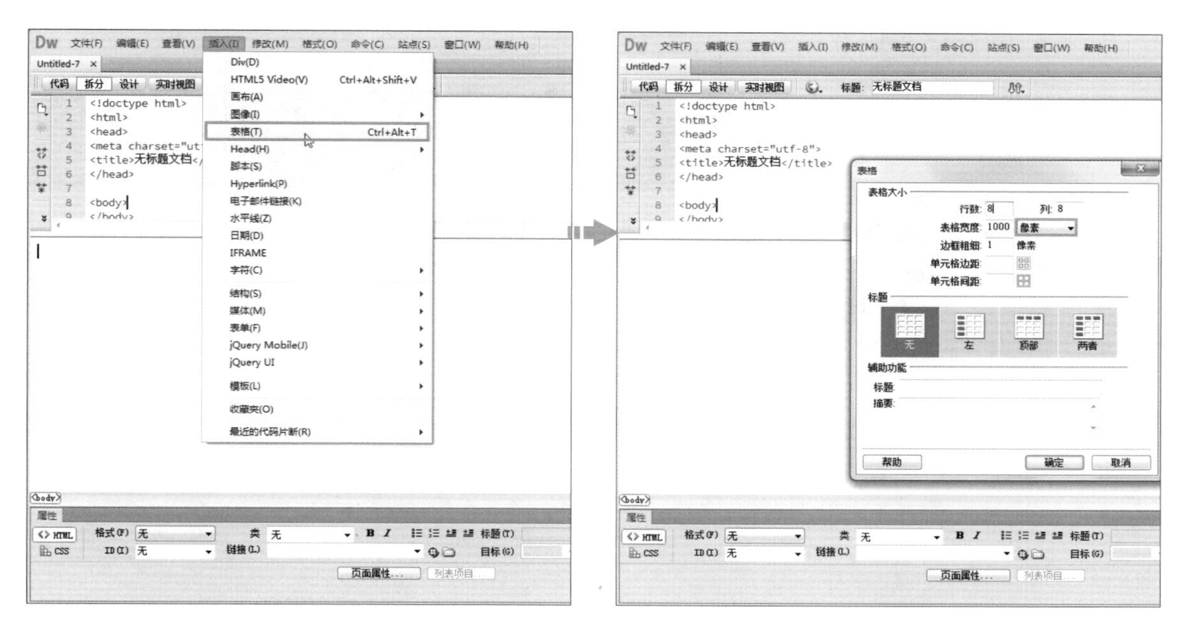

02 切换到“拆分”视图，在代码 <table width="1000" border="1" 后单击鼠标，按 Enter 键换行，在弹出的下拉列表中双击 background 选项，添加代码 background=""，用于设置表格背景图像。

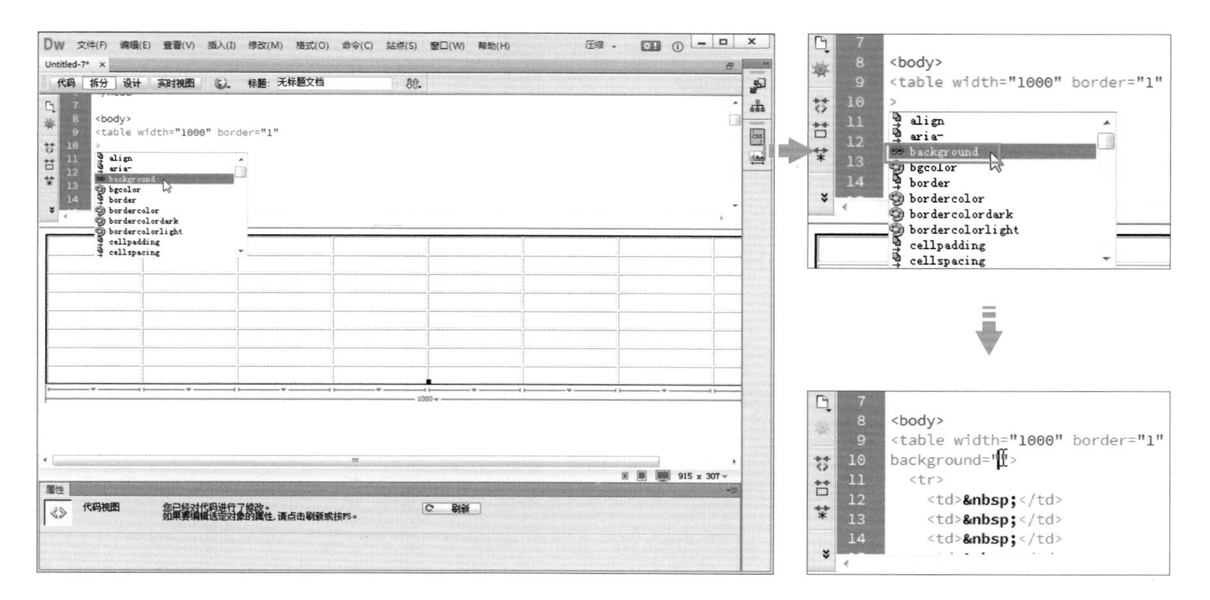

03 将需要使用的客服区设计图上传到网络相册中，接着在网页中打开设计图并右击，在弹出的快捷菜单中执行“复制图片网址”命令，将客服区设计图的网址添加到剪贴板中。

04 返回到 Dreamweaver 中，在代码 background="" 的双引号中单击鼠标，按快捷键 Ctrl+V，将剪贴板中的图片网址粘贴到其中，此时可以看到表格的后方显示出了客服区设计图。

05 在代码视图的图片网址末端的双引号后单击鼠标，按 Enter 键换行，在弹出的下拉列表中双击 height 选项，添加代码 height=""，用于调整表格的高度。

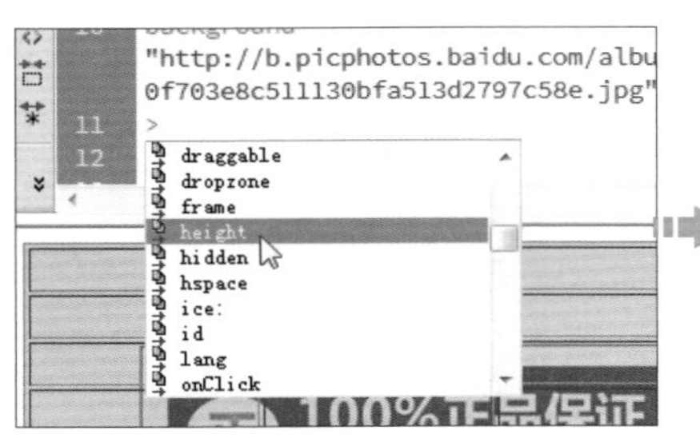

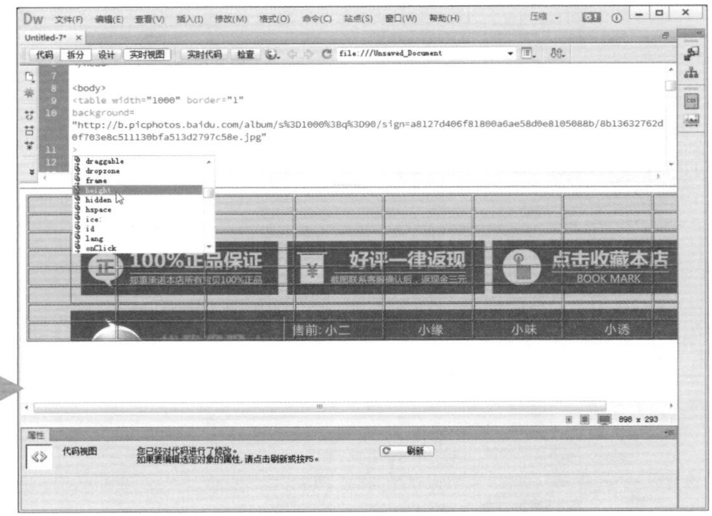

06 根据客服区设计图的高度，在height="" 代码的双引号中单击鼠标，输入350，改变表格的高度，将客服区设计图完整地显示出来。

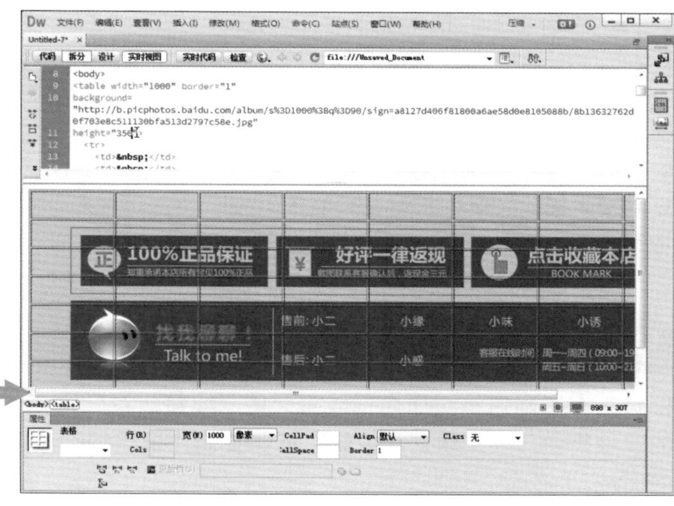

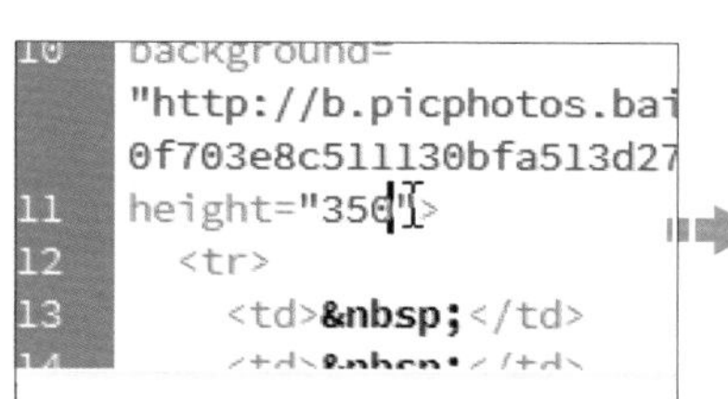

07 在浏览器中打开网址 http://www.taobao.com/wangwang/2011_seller/wangbiantianxia/，这里以添加淘宝旺旺客服为例，选择客服的显示样式，并输入客服的名称，完成后单击“生成网页代码”按钮，最后单击“复制代码”按钮，将代码添加到剪贴板中。

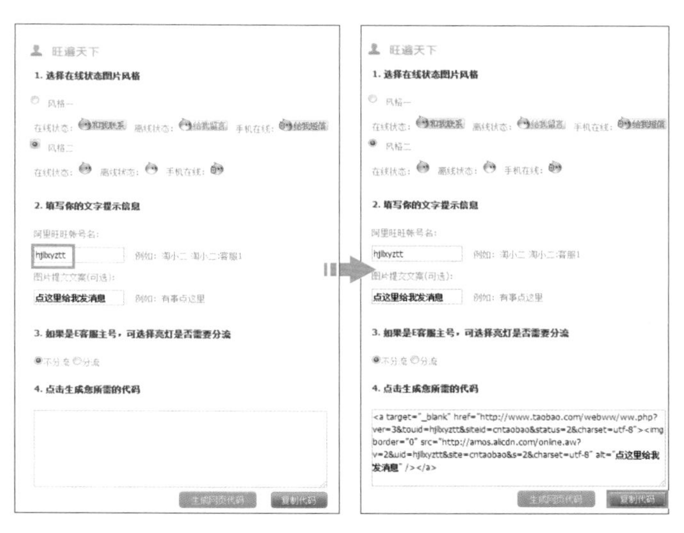

08 回到 Dreamweaver 中，使用鼠标调整表格各个单元格的宽度与高度，使得每个客服名称的后方正好显示出一个单元格。接着单击其中一个单元格，在其“属性”面板的“链接”文本框中将刚才复制的网页代码粘贴进去，即可在设计视图中看到旺旺头像出现在了单元格中。

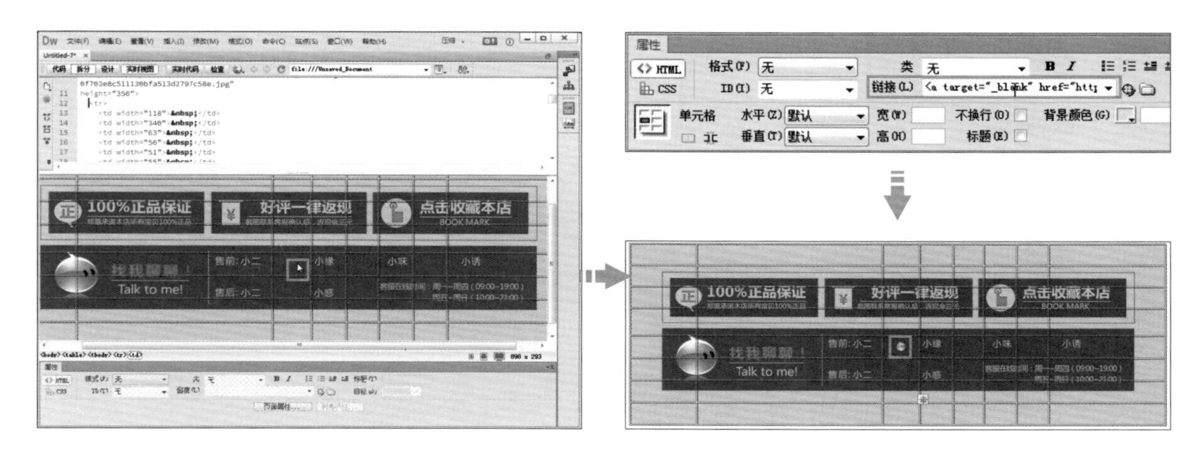

09 参考步骤07和08的操作方法，为其他客服名称后面的单元格添加对应的客服代码，此时每个客服名称后面都显示出了旺旺头像，即完成客服区代码的制作。再切换到“代码”模式，复制相关代码，便可将编辑后的效果应用到网店装修中。

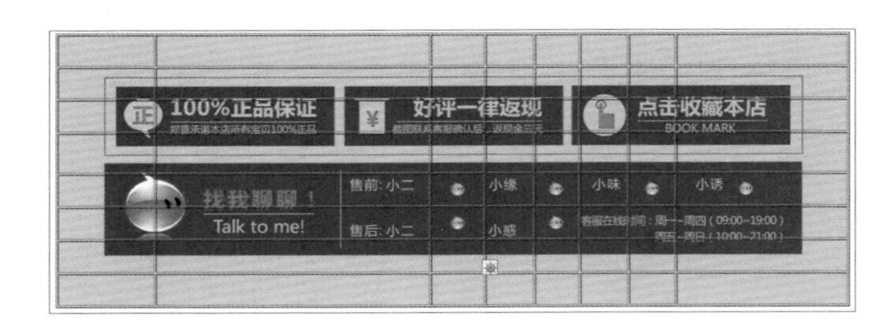

9.3.3 制作店铺收藏区代码

在淘宝网店铺页面店铺收藏区的“收藏店铺”按钮上单击，便可自动将店铺添加到淘宝账号的收藏夹中。要实现这种效果，就需要制作出店铺收藏区的代码，这一操作可以在 Dreamweaver 中完成。

01 在浏览器中登录网店，在自己网店的首页中单击右上角的“收藏店铺”图标，由于自己的账号不能收藏自己的店铺，此时将弹出对话框，其中显示“您不能收藏自己的店铺”字样。

02 在该对话框中右击，在弹出的快捷菜单中执行“属性”命令，打开“属性”对话框，其中“地址”选项后的代码就是自己店铺的收藏店铺代码。选中代码并按快捷键 Ctrl+C，将代码添加到剪贴板中。

03 在 Dreamweaver 中新建网页，添加一张包含“收藏店铺”图像的图片，并将其“链接”改为网络相册中的对应网址，接着单击“属性”面板中的 Rectangle Hotspot Tool 按钮，使用该工具在“收藏店铺”图像上单击并拖动。

04 在“收藏店铺”图像上创建链接区域后，接着在“属性”面板中的“链接”文本框中将刚才复制的收藏店铺代码粘贴进去，用户单击这个链接区域时就会自动收藏店铺。

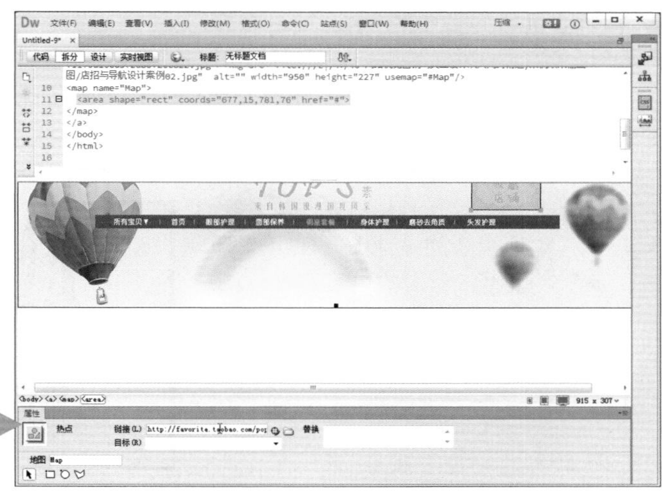

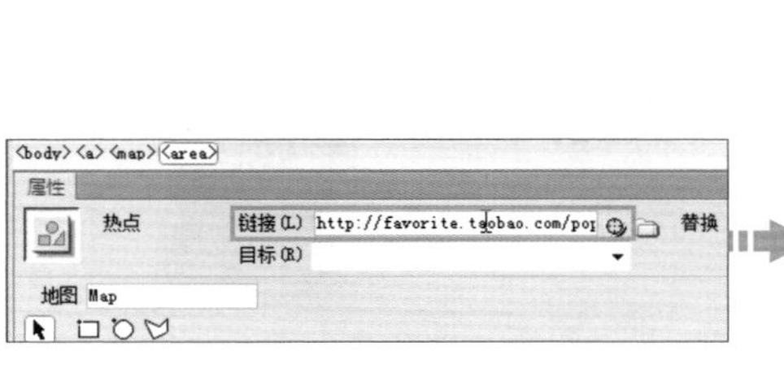

05 切换到“代码”模式，将视图中所有的代码选中，右击鼠标，在弹出的菜单中选择“拷贝”命令，将编辑后的代码复制到剪贴板中，以备后续进行应用。

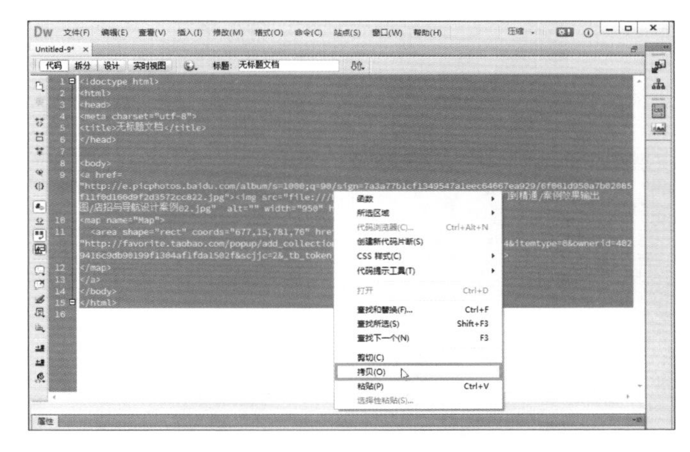

06 进入淘宝网店铺装修的操作界面，由于这里添加的设计图是店招，因此选择店铺的店招模块进行编辑，切换到代码编辑模式，把复制的代码粘贴到其中，单击“保存”按钮。

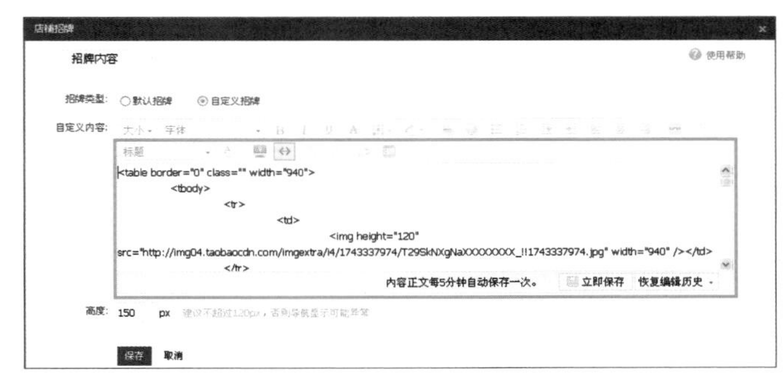

07 对装修后的店招进行预览。为了验证操作是否成功，使用其他淘宝账号登录，单击“收藏店铺”区域，打开相应的收藏店铺的对话框，提示成功收藏店铺，说明代码生效。

9.3.4 制作欢迎模块代码

在 9.1 中讲解了设计图的切片和优化，切片和优化后的设计图还需要经过代码生成操作才能应用到网店装修中。接下来以在淘宝网的店铺首页中添加欢迎模块为例进行详细讲解。

01 在 Photoshop 中打开一张首页欢迎模块的设计图，使用“切片工具”，根据设计图的内容将设计图分割为多个区域。

02 执行“文件 > 存储为 Web 所用格式”菜单命令，在打开的“存储为 Web 所用格式”对话框中对各个切片进行优化设置，完成设置后单击“存储”按钮，Photoshop 会根据设置的参数对图片进行优化处理。

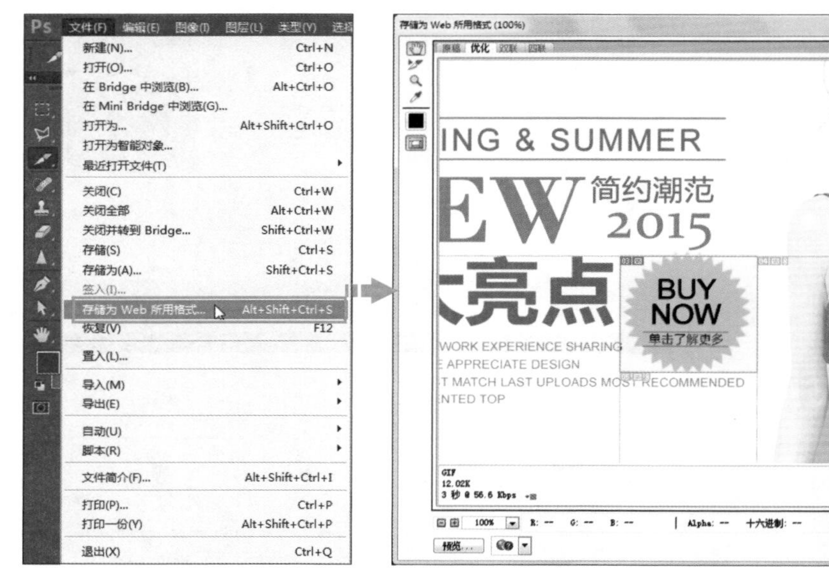

03 在打开的“将优化结果存储为”对话框中设置文件的文件名，选择保存格式为“HTML 和图像”，选择好保存文件的路径，单击“保存”按钮后，将得到一个“images”文件夹和一个 HTML 文件。

04 打开网页浏览器，进入事先申请好的网络相册，将“images”文件夹中的图片全部上传到网络相册中。

05 右击之前优化生成的HTML文件，在弹出的菜单中选择“打开方式>Adobe Dreamweaver CC”选项，将文件在Dreamweaver中打开。可以看到图片是以切片拼接的形式显示的，用鼠标在图片上单击，只可选中其中的一个切片。

06 在网络相册中打开刚才上传的一张图片，在图片上右击，在弹出的菜单中选择“复制图片网址”命令，接着在Dreamweaver中选中相应的图片，在其“属性”面板的“链接”文本框中将图片网址粘贴进去。

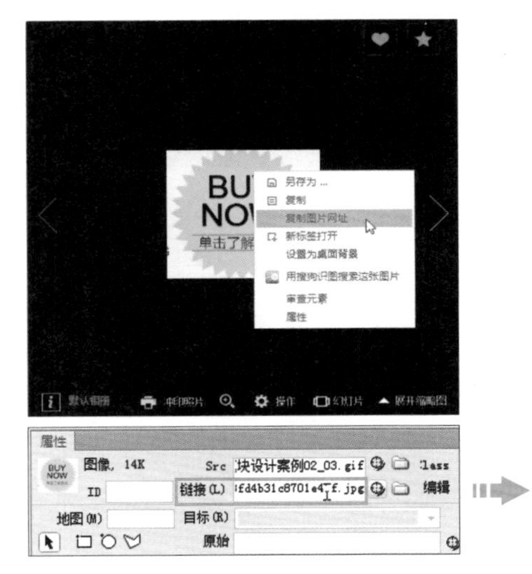

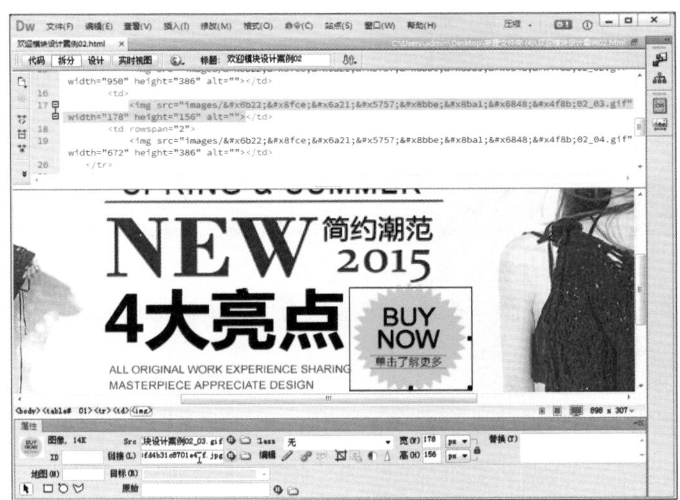

07 参考步骤 06 的方法，在 Dreamweaver 中分别选中每个切片的图片，在“属性”面板的“链接”文本框中粘贴上该图片的网址。编辑完成后切换到代码视图，选中全部代码后右击鼠标，在弹出的菜单中选择“拷贝”命令。

08 进入淘宝网的店铺装修页面，添加自定义内容区，并切换到代码编辑状态，将前面复制的代码粘贴到其中，然后发布装修的结果，进入店铺首页之后就可以预览效果。

9.3.5 在店铺页面中添加视频

在店铺首页或商品详情页面中添加商品或品牌的介绍视频，可让消费者更立体、全面地了解商品的信息。接下来就以淘宝网为例，讲解如何把视频添加到店铺页面中。

首先要把准备好的视频上传到视频网站，由于淘宝网不支持链接站外视频，所以只能将视频上传到“淘宝视频”。进入“淘宝视频”首页，登录淘宝账号，在页面中会显示出该账号所上传的视频的相关信息，如下图所示。

单击页面右上角"上传视频"按钮，进入如下图所示的上传视频页面，单击"选择文件"按钮上传准备好的视频，上传完毕后填写视频标题，选择或上传视频封面，接着填写视频的简介和标签，填写完毕后单击底部的"保存并发布"按钮。等待 30 分钟，若视频审核通过，即发布成功；若 30 分钟后还没正常发布，可尝试重新上传。每次上传视频时都要将必填的信息描述清楚，以便更好地进行管理。

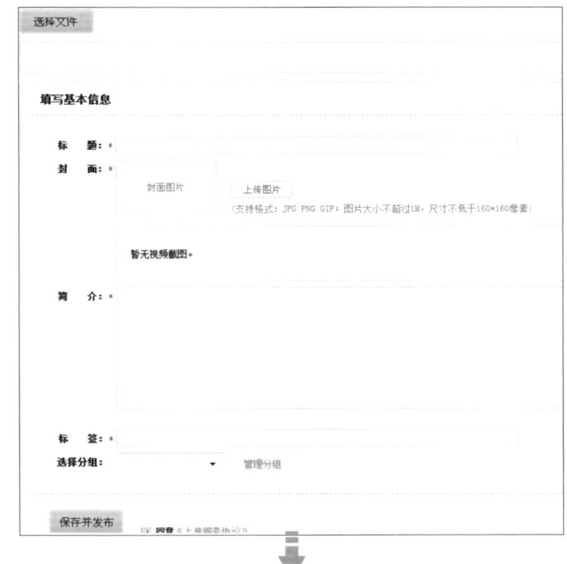

视频发布成功后，单击"复制视频链接"，复制视频的 FLASH 代码，将 FLASH 代码添加到如下页图所示的免费添加视频的代码中，用自己的 FLASH 代码替换下面代码中的黑色代码段。

替换好后，进入淘宝店铺装修界面，在首页新增"自定义内容区"，在代码编辑状态下将刚才制作的代码复制粘贴到自定义内容区内，如下页图所示，然后单击"确定"按钮，就可以看到视频效果。

在商品详情页面中添加视频的操作也是类似的，将代码复制粘贴到"宝贝描述区"，保存即可。

如下图所示为添加视频到淘宝网店铺页面中的显示效果。左边为在店铺首页中添加视频的效果，可以看到视频的背景为白色，如果想要获得更佳的视觉效果，可以对自定义内容区的背景进行编辑，让装修效果更具设计感。右边为在商品详情页面中添加视频的效果，鉴于详情页面的宽度有限，通常情况下视频都是以居中的形式显示，不会进行过多修饰，这也是为了避免过多的装修图片加重网页加载的负担，导致页面显示过慢。

电商设计实务进阶之路

从零起步到专业高效

印刷精美 案例典型 技法专业 素材丰富

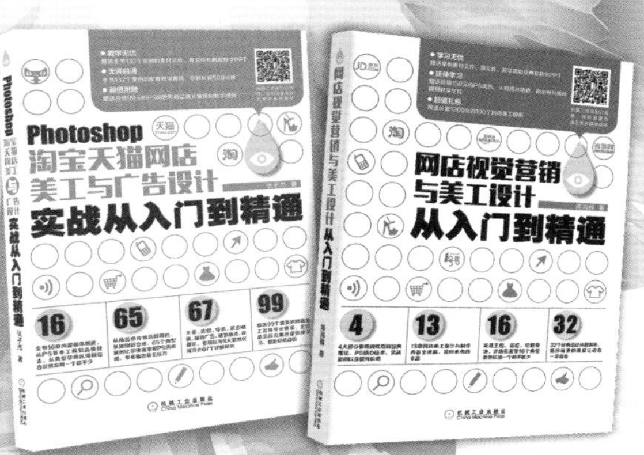

淘宝、天猫开店实操手册

运营策略及案例详解

商家提升销售好助手

高效、专业的电脑办公
Office办公软件职场应用速成

教你亲手描绘身边的美好
素描、色铅笔、水彩、国画
零基础·无压力·入门+提高